新工科系列教材

物理化学

大连理工大学物理化学教研室
王新平　主编

中国教育出版传媒集团
高等教育出版社 · 北京

内容提要

本书是在教育部新工科建设背景下编写的适合工科各专业使用的物理化学课程教材，适用于 80～96 学时。

全书共十一章，包括热力学第一定律、热力学第二定律和第三定律、多组分均相系统热力学、多组分多相系统热力学、相图、界面化学、胶体化学、化学反应动力学、有光参与的化学反应、电化学、统计热力学初步。各章均配有思考题、讨论题、本章概要和习题，并以二维码的形式提供了丰富的数字化扩展学习资料。

本书可作为化学工程、环境工程、生物工程等专业的物理化学课程教材，也可作为学生考研用书或相关科研人员参考用书。

图书在版编目（CIP）数据

物理化学 / 王新平主编. — 北京：高等教育出版社，2022. 3
ISBN 978-7-04-057193-6

Ⅰ.①物… Ⅱ.①王… Ⅲ.①物理化学－高等学校－教材 Ⅳ.①O64

中国版本图书馆 CIP 数据核字（2021）第 207516 号

WULI HUAXUE

策划编辑 翟 怡　责任编辑 翟 怡　封面设计 张雨微　版式设计 徐艳妮
插图绘制 于 博　责任校对 刘娟娟　责任印制 刘思涵

出版发行 高等教育出版社
社 址 北京市西城区德外大街4号
邮政编码 100120
印 刷 北京玥实印刷有限公司
开 本 787 mm×1092 mm 1/16
印 张 23.25
字 数 480千字
购书热线 010-58581118
咨询电话 400-810-0598

网 址 http://www.hep.edu.cn
http://www.hep.com.cn
网上订购 http://www.hepmall.com.cn
http://www.hepmall.com
http://www.hepmall.cn

版 次 2022 年 3 月第 1 版
印 次 2022 年 3 月第 1 次印刷
定 价 47.50 元

物 料 号 57193-00

前　言

以网络化、信息化与智能化深度融合为核心的第四次工业革命，已悄然拉开了序幕，其具体表现是以物联网、大数据、机器人及人工智能等技术所驱动的各行各业生产力和生产方式的变革。能否迅速占领上述科技创新领域的“高地”而取得发展先机，取决于我们是否拥有足够多和足够强的创新型、综合型人才。多专业的紧密协作，则是发展上述科技创新领域并将其与其他专业工程创新相结合的必要条件。在这一形势下，企业对于具有快速学习适应能力、较好协同融合能力的复合型专业人才“翘首以盼”；学生则是希望通过学习达到企业需求，“一展身手”。

人才培养是高等学校的本质职能。本科教育是人才培养的基础和前沿阵地。因材施教，把学生培养成国家最需要的人才，是教育的根本所在，而更加有效、更加快速地培养适应上述形势要求的人才，则是“新工科”教育的根本目标。该教育目标导向必然决定高等学校在教学理念上格外注重对学生爱国情怀、创新思维和团队协作意识的培养；该教育目标导向必然决定高等学校在教学内容上紧跟产业发展的需求，激发学生对学科交叉点探索的兴趣；该教育目标导向也必然决定高等学校在教学模式上鼓励学生多渠道获取资料自学、发表见解、讨论和交流。

无疑，上述教育目标的实现与相应教学过程的实施，都离不开与之配套的教材。本书就是在此背景下所编写的适应新工科教育目标的物理化学课程教材，其适用专业为化学工程、环境工程、生物工程等。

本书具有以下九个方面的突出特点：

（1）注重挖掘物理化学理论提出的创新思维过程和由物理化学理论引出的创新开发应用，以培养学生的逻辑性创新思维和创新开发能力。

（2）把抽象化的理论进行“形象化”的描述，培养学生善于观察日常生活及其他学科的创新事物、并从中获取本专业创新灵感的能力。

（3）注重在物理化学知识构架中融入我国科学、国民经济发展的伟大成就，“润物无声”地培养学生的爱国情怀和强国信念，激发学生报效祖国的热情。

（4）注重挖掘物理化学与其他学科的结合点，培养学生将物理化学理论与其他学科的知识交叉融合、融会贯通的能力。

（5）“深入浅出”地将学生所学物理化学基础理论与相关研究前沿相联系，以开阔学生的科学视野；指出相应研究方向亟待解决的关键问题，引发思考。

（6）自动化控制是第四次工业革命的核心引擎。如何应用物理化学原理开发传感器元件，以实现过程的自动化控制，是本书中培养学生创新灵感的重要内容。

（7）深入挖掘物理化学理论之间的联系，从不同角度对其进行理解，引导、启发和培养学生的自学能力。

（8）将物理化学的基础理论总结、延伸到科学研究前沿，提高学生认知的高阶性。

（9）给出了较多的理论和应用扩展问题，便于教师通过小组讨论等教学模式，培养学生查阅资料、总结分析、讨论交流和团队协作的能力。

本书特别适合80～96学时的本科物理化学课程教学使用。书中三组分系统相图（第5章的最后部分）和统计热力学初步（第11章）属于扩展内容，将其纳入本书的主要目的是便于学生自学，扩展其物理化学知识。当然，这部分内容也可以为长学时物理化学课程教学提供必要的支撑。

为全面夯实学生的物理化学理论基础，有效地培养学生的应用和创新能力，本书还以二维码的形式将下列四部分数字化学习资源布置于相应章节中，以支持学生的自主学习：

（1）开阔科学视野、培养创新思维的扩展内容（A类资源）。

（2）夯实物理化学基础，进一步培养学生解决实际问题能力的扩展内容（B类资源）。

（3）支持学生认知升华的扩展内容（C类资源）。

（4）理论联系实验，支持学生全面提升认知的扩展内容（D类资源）。

为实现对物理化学教学的更好支撑，本书在内容体系上不仅大量吸收了下述参编者的科学研究成果，更是汇集了他们多年来在物理化学教学上的成功经验，渗透着他们的汗水和心血。作为本书主编，借此对他们卓有成效的参编工作表示由衷的敬意和谢意！

这些参编者是：

王旭珍、王新葵（大连理工大学）

邵会波（北京理工大学）

刘坚［中国石油大学（北京）］

姚淑华、张志刚（沈阳化工大学）

贾颖萍、吕洋（大连大学）

王新平

2021年5月1日

目　录

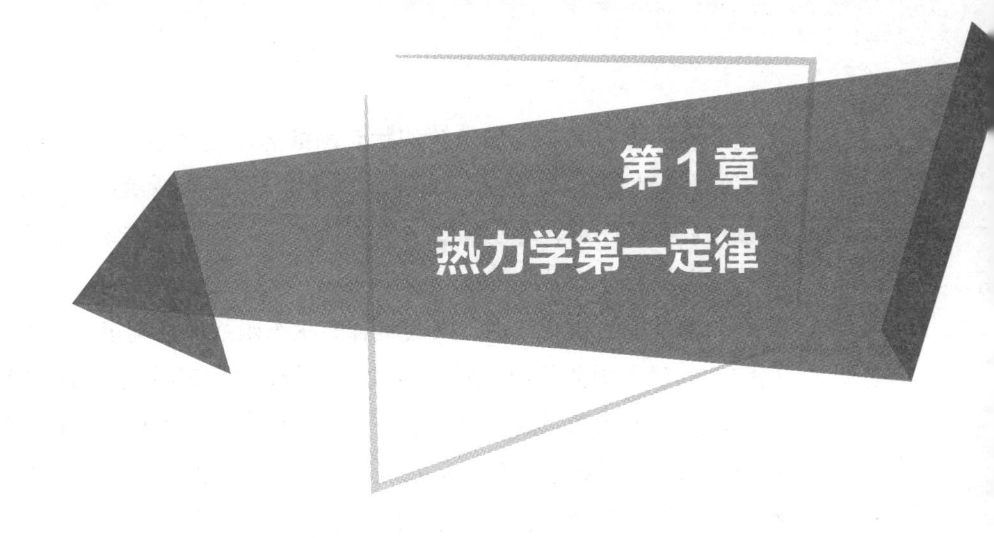

第1章 热力学第一定律

人类对物质、能源不断增长的需求和赖以生存的清洁环境，需要人们不断开发和利用新的过程。准确预测这些过程释放的能量，以及要实现这些过程必须输入的能量，是人类设计、开发和利用这些过程的前提条件。热是过程所涉及的能量形式之一。在本章中，我们将学习如何计算过程所涉及的热量。

B1-1

化学热力学学习导引

1.1 系统和环境之间的能量传递

组成物质的分子、原子及其他更小的粒子，都处于永恒的运动中。因此，在任何指定的时间范围内，在不同的空间之间，都可能存在物质传递和能量传递。这样，热力学研究就需要指明所研究的物质和空间，即系统（system）。相应地，系统以外的物质和空间就构成了该系统的环境（surroundings）。系统与环境之间有热和功两种能量传递形式，分别用 Q（热）和 W（功）表示。

根据系统与环境之间的关系，可将系统分为以下三类：

（1）敞开系统：系统与环境之间既有物质的传递，也有能量的传递。

（2）封闭系统：系统与环境之间只有能量的传递，而没有物质的传递。在封闭系统中，物质的质量不变。我们研究的过程，通常都是在封闭系统中进行的。系统与环境之间传递的热量，简称为热。

（3）隔离系统：系统与环境之间既没有物质的传递也没有能量的传递。在隔离系统中物质的质量和能量都是守恒的。

应该指出的是，对于封闭系统，系统与环境之间是否有热量传递，以及有多少热量传递，并不能仅仅由系统的温度是否发生了变化及相应变化多大来判断。这是因为，系统放出或吸收的热量，很有可能部分或全部来自系统与环境之间的另外一种能量传递，即功的转化。

系统的热力学状态用系统的**状态函数**表述。状态函数有压强 p、体积 V、温度 T，还有热力学能 U、焓 H、亥姆霍兹函数 A、吉布斯函数 G，等等。前面三个状态函数可以直接测量，对于判断系统的状态是否发生了改变具有非常重要的意义。系统的状态函数有如下性质：

如果系统的状态一定，则其所有的状态函数就都确定了。当系统的状态发生变化时，其状态函数的改变量只取决于系统的始态和终态，而与系统变化的途径无关。即，一个状态函数的改变量总是等于系统终态该状态函数值与系统始态该状态函数值的差值。如果用 Z 表示系统的任意一个状态函数，Z_1 为系统在始态时的这个状态函数值，Z_2 为系统在终态时的这个状态函数值，则有

$$\Delta Z = Z_2 - Z_1 \qquad (1.1\text{-}1)$$

如果 Z 的改变量很小，可以表述为

$$\mathrm{d}Z = Z_2 - Z_1 \qquad (1.1\text{-}2)$$

例如，温度 T 和体积 V 是状态函数。当系统从一个状态（n，T_1，V_1）变化至另一个状态（n，T_2，V_2）时，状态函数 T 的改变量即为 $\Delta T = T_2 - T_1$ 或 $\mathrm{d}T = T_2 - T_1$。同样，V 的改变量为 $\Delta V = V_2 - V_1$ 或 $\mathrm{d}V = V_2 - V_1$。

系统的状态用状态函数来描述，如果描述系统的所有状态函数一定，则系统的宏观状态就确定了。

对于定量、单一组分的均相流体（即气体或液体）系统，其状态只需两个独立的状态函数即可确定。即，只要两个独立状态函数的量值一定，其他任一状态函数的值就都确定了。当然，这些状态函数均可由这两个独立的状态函数给出。例如，当 T，p 一定时，$V = f(T,p)$，$U = f(T,p)$，…。

状态函数可分为广度性质的状态函数和强度性质的状态函数。广度性质的状态函数与系统中所含的物质的量成正比，有加和性，如 V，U。强度性质的状态函数则与系统中所含的物质的量无关，无加和性，如 T，p。

如果将体积为 V_1，温度为 T，压强为 p，含有 B 物质的量为 n_1 的系统 **1** 和体积为 V_2，温度为 T，压强为 p，含有 B 物质的量为 n_2 的系统 **2** 中间的隔板抽开，使二者变成一个新系统，则该新系统的体积 V 是原来两个系统体积的加和（$V = V_1 + V_2$），这说明体积 V 有加和性。另一方面，该新系统的温度 T 和压强 p 并没有变化，这说明 T 和 p 没有加和性。

两个不同广度性质函数的比值则为强度性质的函数。例如，体积 V 和物质的量 n 都是广度性质的函数，而摩尔体积 $V_\mathrm{m} = V/n$ 则是强度性质的函数；同理，质量 m 是广度性质的函数，而密度 $\rho = m/V$ 则是强度性质的函数。

系统从一个状态变化到另一个状态的经历，称为系统的**变化过程**。系统的变化过程可分为下列不同的过程。

（1）**等温过程**：过程中系统的温度不变，且始终等于环境的温度。即 $T_1 = T_2 = T_{su}$（T_{su} 表示环境的温度）。

（2）**等压过程**：过程中系统的压强不变，且始终等于环境的压强。即 $p_1 = p_2 = p_{su}$（p_{su} 表示环境的压强）。例如，液态水在常压（101.325 kPa）、100 ℃下蒸发为 101.325 kPa 的水蒸气。

（3）**等容过程**：系统的状态虽在变化，但其体积始终保持恒定。即 $V_1 = V_2$。例如，在不锈钢高压釜中进行的化学反应。

（4）**绝热过程**：在系统状态变化的过程中，系统与环境间没有热量传递。即 $Q = 0$。例如，在绝热良好的系统中发生的过程，以及瞬间发生的爆炸反应（来不及传热）等。

（5）**对抗等外压过程**：系统在其体积膨胀或压缩的过程中所对抗的环境压强 p_{su}=常数。在该过程中，系统的压强在改变。无疑，气体向真空膨胀是一种特殊的对抗恒外压（零恒外压）过程。

（6）**循环过程**：系统经变化后又回到始态。即，系统的终态和始态是同一状态。显然，对于循环过程，所有状态函数的改变值一定为 0。

记住这些过程的不同特点，对于导出和正确使用合适的公式，以及计算热力学状态函数的改变值，都是极为重要的。

1.2 过程的热和功与系统的热力学能变

因系统（system）与环境（surroundings）之间的温度差而传递的能量，称为过程的热 Q。过程热 Q 的正、负，是以系统得到还是失去热量来表述的。当系统得到热（从环境吸热）时，规定 Q 的值为正，即 $Q>0$；反之，当系统失去热（向环境放热）时，则规定 Q 的值为负，即 $Q<0$。这样，一定有 $Q_{sy} = -Q_{su}$。即，系统得到的热（Q_{sy}）等于环境失去的热（$-Q_{su}$）。这是因为，系统得到了多少热，环境就必然失去了多少热。反之亦然。

除热以外，系统与环境之间传递的能量称为过程的功 W。W 的正负规定与 Q 的相同。当系统从环境得到功时，规定 $W>0$；当系统对环境做功（环境得到功）时，规定 $W<0$。功可分为体积功 W_V 和非体积功 W'。**体积功** W_V 是当系统的体积发生变化时系统反抗外压所做的功。非体积功 W' 包括体积功以外的所有功，如电功、光能、机械功等。

系统膨胀时系统对环境做体积功，$W_V<0$；系统被压缩时环境对系统做体积功，$W_V>0$。

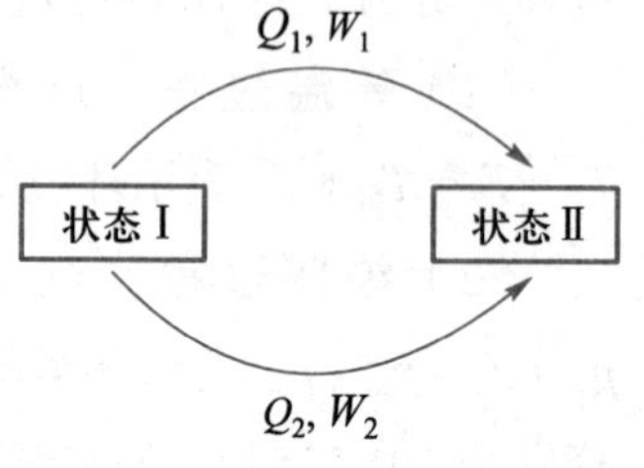

图 1.2.1　热和功的大小均和具体的过程有关

当系统从某一确定的状态Ⅰ变化至另一确定的状态Ⅱ时，对于系统的所有状态函数而言，其改变量都是确定的，但热和功却仍是变数，如图 1.2.1 所示。这是因为，热和功是过程量，它们都因过程的不同而不同。为了将其与状态函数进行区别，微量的热和微量的功分别用 δQ 和 δW 表示。

经过长期的研究，人们发现，虽然热和功是过程的量，但二者的加和 $Q+W$ 却总明显表现为一个状态函数的性质。即当封闭系统从某一确定的状态Ⅰ变化至另一确定的状态Ⅱ时，无论经过什么样的过程，其加和 $Q+W$ 都是定值，即 $Q_1+W_1=Q_2+W_2$。

为什么会存在上述规律呢？经过分析人们认为，当系统发生变化时，给予环境或从环境得到的总能量 $Q+W$，一定与一个描述系统内部能量的状态函数的改变值相等。于是，就将系统的这个状态函数，称为**热力学能**，用符号 U 表示。这样，上述系统从一个确定的状态Ⅰ变化至另一个确定的状态Ⅱ时，$Q+W$ 为定值的实质即可清楚地表示为

$$\Delta U=U_2-U_1=Q+W \quad (\text{封闭系统}) \tag{1.2-1}$$

或

$$\mathrm{d}U=\delta Q+\delta W \quad (\text{封闭系统}) \tag{1.2-2}$$

这样，在 19 世纪 40 年代由英国物理学家焦耳（Joule）、德国物理学家迈耶（Mayer）和亥姆霍兹（Helmholtz）提出的**热力学第一定律**（能量既不能创生，也不能消灭，它只能从一种形式转变为另一种形式）和热功转化当量关系就有了上述明确的数学表示。

不需要环境提供能量就可以对环境持续做功的机器被称为**第一类永动机**。热力学第一定律否定了第一类永动机存在的可能性。这是因为，任何一种能不断工作的机器，其系统一定是循环往复地进行的。当系统经过一个循环时其 $\Delta U=0$，此时它对环境可做的功 $-W=Q$。当它从环境吸收的热量为 0 时，就必然不会对环境做出任何一点功。这就是说，第一类永动机是不可能存在的。

热力学能 U 是表述系统内部一切能量（包括分子之间相互作用的势能，分子的平动、转动、振动动能，电子的动能，原子核能，电子内部的能量等）的状态函数。由于人们目前尚无法得知系统在以上所有层次上粒子的动能和粒子之间（如构成电子的更小粒子之间）相互作用的势能，因此系统在任一指定的状态 i，其热力学能的绝对值 U_i 都是无法得知的。尽管如此，当系统的状态发生改变时，系统热力

学能的改变量 ΔU，仍可以通过描述系统状态的可测状态函数（p，V，T）的改变量得到准确的计算。

1.3 气体的性质

1. 分子运动的速率分布

气体分子在容器中处于不规则的运动中，其运动速率大小不一。由于不断地相互碰撞，与容器器壁碰撞，这些分子的运动速率在不断地改变着。不过，在一个确定的温度下，对于一定宏观量的气体而言，其分子在运动速率上的分布（即具有不同运动速率的分子数目）是不变的。分子的运动速率分布遵循麦克斯韦（Maxwell）速率公式：

$$\mathrm{d}N_v = 4\pi N\left(\frac{m}{2\pi kT}\right)^{\frac{3}{2}}\exp\left(\frac{-mv^2}{2kT}\right)v^2\mathrm{d}v$$

式中，k 为玻尔兹曼常数（$k = 1.38\times10^{-23}\ \mathrm{J\cdot K^{-1}}$）；$m$ 为分子的相对质量；N 为定量气体所含的分子总数。$\mathrm{d}N_v$ 就是运动速率在 $v\sim(v+\mathrm{d}v)$ 区间的分子数。由该麦克斯韦速率公式可知，分子的运动速率分布既是温度的函数，又是分子质量的函数（这将在第 11 章进行学习）。在确定的温度下，对于确定的气体物质，上述 $\mathrm{d}N_v$ 和气体的总量有关，因此，其分子的运动速率分布用与气体的总量无关的 $\mathrm{d}N_v/N$ 来表述。图 1.3.1 给出了 N_2 和 H_2 分别在温度为 100 K 和 300 K 时的分子运动速率分布情况。

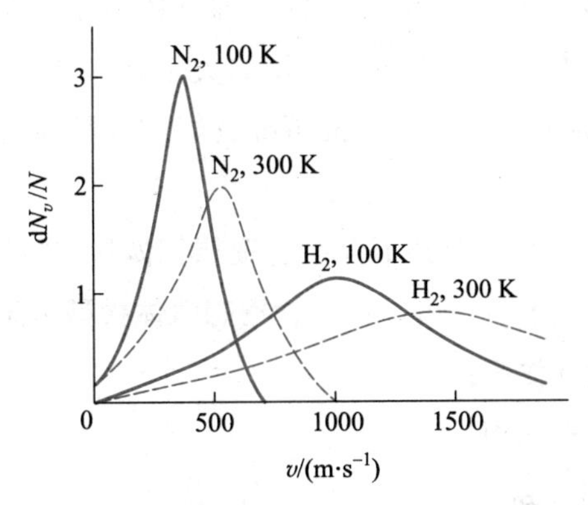

图 1.3.1　N_2 和 H_2 分别在温度为 100 K 和 300 K 时的分子运动速率分布情况

分子的数学平均运动速率 v_a，定义为所有分子运动速率的数学平均值。即

$$v_a = \frac{\sum(vN_v)}{N}$$

对于一般的宏观系统，由于其分子数目非常大（10^{23} 量级），因此可以认为其速率分布是连续的。那么，上式就可以进一步表述为

$$v_a = \frac{\int v \mathrm{d}N_v}{N}$$

将麦克斯韦速率公式代入，对 v 在 0～∞ 之间求定积分，可得**分子的数学平均速率**：

$$v_a = \sqrt{\frac{8kT}{\pi m}} = \sqrt{\frac{8RT}{\pi M}} \tag{1.3-1}$$

式中，M 为气体的摩尔质量。

2. 气体的温度和压强

气体的温度，就是容器中气体分子平均动能大小的表现。气体分子对容器器壁所产生的压强，则是容器中气体分子对容器单位面积器壁碰撞动量所表现出的宏观结果。这就是说，气体分子对容器器壁所产生的压强与分子碰撞在器壁上的频率成正比，与分子的数学平均运动速率成正比。因此，气体的压强与气体的密度、温度均成正比关系。

在 17 世纪中叶，人们就发现，任何温度较高而压强很低的气体，其温度、压强与体积的关系，都大致可用下述经验公式描述：

$$pV=nRT \tag{1.3-2}$$

并且，对于同一种气体，其温度越高，压强越低，就越符合上述经验公式。由此可以合理地推测，如果气体的压强无限低（即气体分子的密度无限稀薄，分子间的距离无限远），则气体温度、压强与体积的关系就应该严格遵守上述经验公式。于是，将这样的气体称为理想气体（perfect gas），该经验公式称为理想气体状态方程。

理想气体是假想的，实际上并不存在。**理想气体**是实际气体的压强趋于 0 时的极限情况。从微观的角度上看，可以认为，**理想气体模型**本质上就是

（1）分子之间无相互作用；

（2）分子本身不占有体积。

3. 实际气体的状态方程

实际气体与理想气体的微观差异在于，前者分子的体积和分子间的相互作用不可忽略。着眼于这一点，荷兰物理学家范德华（van der Waals）为较好地定量描述实际气体 p，V，T 这三个状态函数之间的关系，于 1873 年对式（1.3-2）进行修

正，提出了以下实际气体的状态方程：

$$\left(p+\frac{an^2}{V^2}\right)(V-nb)=nRT \tag{1.3-3}$$

这就是著名的**范德华方程**。式中 nb 为体积修正项，b 的单位为 $m^3\cdot mol^{-1}$，相应于 1 mol 气体分子所占体积的大小，它使分子运动的实际自由体积减小。显然，b 值的大小与温度无关，只取决于分子自身体积的大小；an^2/V^2 为实际气体的实测压强因分子间引力而引起的相对于理想气体压强的减少值。实际气体分子间的引力，减弱了分子对器壁的碰撞强度，这使得其实测压强（范德华方程中的 p）小于按理想气体推测出的压强。因此，对应理想气体的压强就是实测压强再加上该分子间引力引起的压强减小值 an^2/V^2。该分子间引力引起的压强减小值，之所以表现为 an^2/V^2 的形式，是因为气体分子碰撞在器壁上的频率与气体分子的密度 n/V 成正比，而气体分子间的引力也与气体分子的密度 n/V 成正比。a 值的大小与温度无关，而只取决于分子间作用力的大小。表 1.3.1 给出了一些气体的范德华参数。

表 1.3.1　一些气体的范德华参数

气体	$a/(Pa\cdot m^6\cdot mol^{-2})$	$b/(10^{-5}\ m^3\cdot mol^{-1})$
H_2	0.02476	2.661
He	0.00346	2.370
Ar	0.1363	3.219
O_2	0.1378	3.183
N_2	0.1408	3.913
CH_4	0.2283	4.278
CO_2	0.3640	4.267
HCl	0.3716	4.081
NH_3	0.4225	3.707
NO_2	0.5354	4.424
SO_2	0.6803	5.636
C_2H_6	0.5562	6.380
C_6H_6	1.9029	12.08
C_2H_5OH	1.218	8.407

除范德华方程外，还有其他一些经验状态方程描述实际气体 p，V，T 三个状态

函数的关系。这些方程，将在后续的化工热力学专业课程中进行介绍。

4. 气体的液化

由于分子之间的引力作用，气体在降温或 / 和加压的条件下可以变成液体。表 1.3.2 给出了一些常用气体的常压冷凝温度。气体液化的难易，与相应分子之间的引力作用直接相关。这就是说，气体越易于液化（常压冷凝温度越高），在相同的温度和分子密度下，其性质就越偏离理想气体。显然，He 是所有气体中最难液化的气体。

表 1.3.2　一些常用气体的常压冷凝温度

气体	常压冷凝温度 /K	气体	常压冷凝温度 /K
CF_2Cl_2	243.4	O_2	90.2
NH_3	239.8	N_2	77.4
CHF_2Cl	232.4	Ar	87.5
CO_2	216.6	Ne	27.3
CF_3Cl	191.8	H_2	20.3
Xe	166.1	He	4.25
Kr	120.3		

每一种气体都有一个特定的温度。只有在该温度以下，相应气体才可以被加压液化，而在该温度以上，无论被加压到多大压强，也不能被液化。因此，将该特定温度称为气体的临界温度（T_c，critical temperature）。显然，临界温度越高，说明该气体的分子间作用力越强，该气体就越容易被液化。在临界温度将气体液化所需要的压强称为临界压强（p_c），而在临界温度和临界压强的气体摩尔体积称为临界体积（V_c）。气体被加压液化时如何受临界温度限制，可由 CO_2 的 $p-V$ 等温线随温度的改变（见图 1.3.2）得到较好的理解。

如图 1.3.2 所示。在恒定的温度下对 CO_2 气体进行压缩时，在 $p-V$ 图上系统点 s（由 V，p 坐标值标记）移动的轨迹称为 CO_2 的 $p-V$ 等温线。CO_2 在 T_1 的 $p-V$ 等温线表现为，随着体积的减小，其压强开始成反比地增大。当系统点 s 到达 G_1 后，系统中 CO_2 开始由气态变为液态。在此过程（系统点 s 由 G_1 移向 L_1）中，系统的压强不变而体积在不断减小。这是气态的 CO_2 逐渐减少，液态 CO_2 的摩尔体积小于气态 CO_2 的摩尔体积所导致的。当系统点 s 到达 L_1 后，系统中的气态 CO_2 已全部变为液态 CO_2，由于液体极难压缩，随液体 CO_2 体积的微量减小，其压强便大幅度地增大，使相应等温线片段近似竖直地上升。

温度越高（例如，将温度由 T_1 改为 T_2），其 CO_2 开始液化点（G_i）和完全液化点（L_i）之间的距离就越接近。当加压温度提高到 T_c 时，这两点合并在临界点 c。进一步提高温度（例如，温度提高到 T_3），即便使压强增大至高于临界压强 p_c，系统中也不再出现 CO_2 液体。在临界温度 T_c 之上，温度越高，$p-V$ 等温线就越接近理想气体的反比例曲线（例如，在 T_3 下的 $p-V$ 等温线）。

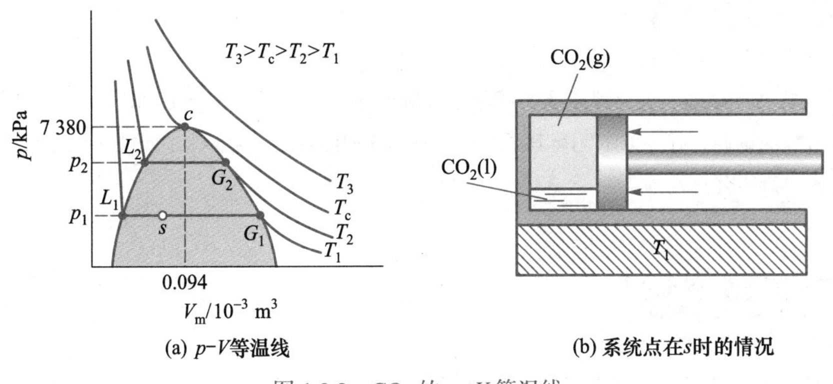

(a) $p-V$等温线　　(b) 系统点在s时的情况

图 1.3.2　CO_2 的 $p-V$ 等温线

对于任一气体物质 B，在其临界温度 T_c 和凝固温度 T_f 之间的任一温度 T，当被加压到某个压强后都可以液化。这个压强与物质 B 的特性有关，它就是后面（见 1.6 节）将要学习的液体 B 在温度 T 下的饱和蒸气压 $p_B^*(T)$（见图 1.3.3）。即，气态物质 B，在等温加压时，总是在压强达到该温度其液态的饱和蒸气压时开始液化。例如，图 1.3.2(a) 中在温度 T_1，T_2 下对 CO_2 气体加压，CO_2 气体之所以分别在压强 p_1，p_2 液化，就是因为 CO_2 液体的饱和蒸气压 $p_B^*(T)$ 在温度 T_1 时为 p_1，在温度 T_2 时为 p_2。

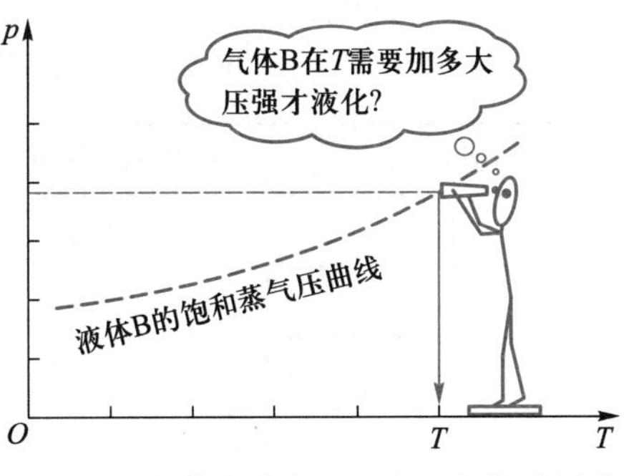

图 1.3.3　气体在确定的温度下液化时所需要的压强

思考题 1.3.1

对于温度相同、压强也相同的 Xe 和 N_2，哪种气体在物理性质上偏离理想气体更大？

思考题 1.3.2

对于温度相同、压强也相同的低压实际气体，哪种实际气体在物理性质上更接近理想气体？

讨论题 1.3.1

理想气体的模型忽略了分子间的作用力和分子的体积。那么，对于一种物质确定、在确定的压强和温度下的实际气体，你认为应该用什么来衡量其性质偏离理想气体的程度，才更具有普适性？

A1-1

修建“天路”的伟大壮举和创新

思考题 1.3.3

参考表 1.3.3 数据讨论：

装满氮气的钢瓶，通常其表压（实际压强等于表压 + 常压）大于 10 MPa。一个刚刚购入的装满丙烷的钢瓶，在 8 ℃下测得其表压却只有 0.5 MPa，是否可以认为这是厂家少装了丙烷所导致的？为什么？

思考题 1.3.4

参考表 1.3.3 数据讨论：

气体混合物由于便于流量控制而常用于实验室的科学研究。总表压为 1.0 MPa，丙烷和氮气配比为 1 : 5 的混合气体钢瓶，在 −12 ℃下是否还可以给出上述恒定配比的混合气体（提示：如果钢瓶内冷凝出现丙烷液体，则不可以）？为什么？

表 1.3.3　丙烷在不同温度下的饱和蒸气压数据

温度 /℃	饱和蒸气压 p^*/kPa	温度 /℃	饱和蒸气压 p^*/kPa
10	634.62	−2	444.45
8	599.39	−4	417.45
6	565.61	−6	391.69
4	533.27	−8	367.14
2	502.32	−10	343.76
0	472.73	−12	321.52

5. 物质的超临界状态与超临界流体

气态物质在稍高于其临界温度，被加压到高于其临界压强之上时所达到的状态，称为该物质的**超临界状态**，处于该状态的物质称为**超临界流体**。

超临界流体是兼具气体和液体某些特性的物质形态。例如，它的黏度与气体相似，因而传质效率远高于液体，但其密度却与液体相近。另一方面，超临界流体的介电常数、极化率及分子行为又与气、液两相均有显著的差别。因此，可以认为超临界流体是气、液、固以外的物质存在形态。

近年来，用超临界流体作为萃取剂萃取生物质中的有机化合物，例如，从茶叶和咖啡豆中提取咖啡碱，从植物中提取中药的有效成分、芳香油等，已发展成为独特的超临界工业技术。由于二氧化碳、乙烷、丙烷不与萃取物反应，临界温度适中（见表 1.3.4），萃取完成后只要降压使其汽化即可与溶质分离，因而作为萃取剂被广泛用于超临界萃取过程。

表 1.3.4　一些气态物质的临界参数（更多数据见本书附表 3）

气态物质	临界温度 T_c/℃	临界压强 p_c/MPa	临界体积 V_c/(10^{-6} $m^3 \cdot mol^{-1}$)
氨	405.6	11.28	73
丙烷	369.8	4.25	203
乙烷	305.4	4.88	148
二氧化碳	304.2	7.39	94
甲烷	190.6	4.64	99
氮气	126.2	3.39	90
氖	44.4	2.76	41.7
氢气	33.2	1.30	65
氦	5.2	0.227	57

1.4 体积功

体积功在本质上属于机械功，可用施加于物体上的作用力乘以物体沿着该作用力方向上的位移来计算。如图 1.4.1 所示，汽缸内储有一定量气体，活塞的截面积为 A，环境施加于活塞上的压力为 F。设活塞在该作用力方向上的位移为 dl，系统的体积因此而改变了 dV，则环境对系统做的体积功 δW_V 为

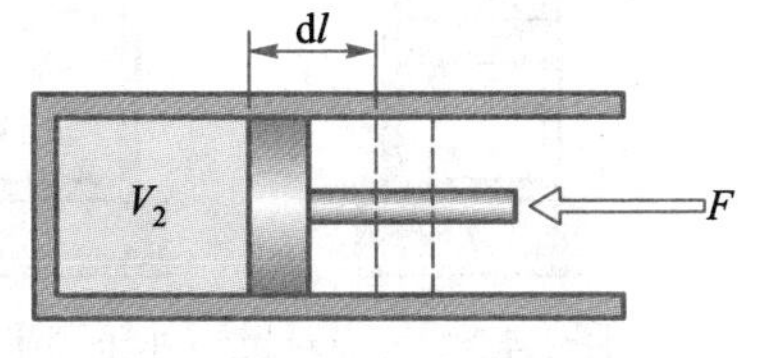

图 1.4.1　环境对系统做功

$$\delta W_V = F_{su}\mathrm{d}l = \frac{F_{su}}{A}(A\mathrm{d}l)$$

在上式中，dl 为正值，即 $F_{su}\mathrm{d}l$ 为正值。又 $A\mathrm{d}l = -\mathrm{d}V$（$V_2 - V_1$ 是负值）。于是，

$$\delta W_V = -p_{su}\mathrm{d}V \qquad (1.4\text{-}1)$$

当活塞移动使系统体积由 V_1 减小到 V_2 时，无论环境的压强 p_{su} 如何改变，过程的功总是

$$W_V = -\int_{V_1}^{V_2} p_{su} \mathrm{d}V \qquad (1.4-2)$$

这就是过程**体积功的计算公式**。

上述体积功的计算公式适用于系统的任何过程。无论环境的压强 p_{su} 为某个确定的值还是可用系统体积 V 的函数来表述，过程的体积功都可由式（1.4−2）计算得到。

式（1.4−2）所表述的实质意义是，在 $p-V$ 图上，这个体积功就是环境的压强 p_{su} 从系统的始态体积 V_1 到终态体积 V_2 扫过的面积，如图 1.4.2 所示。

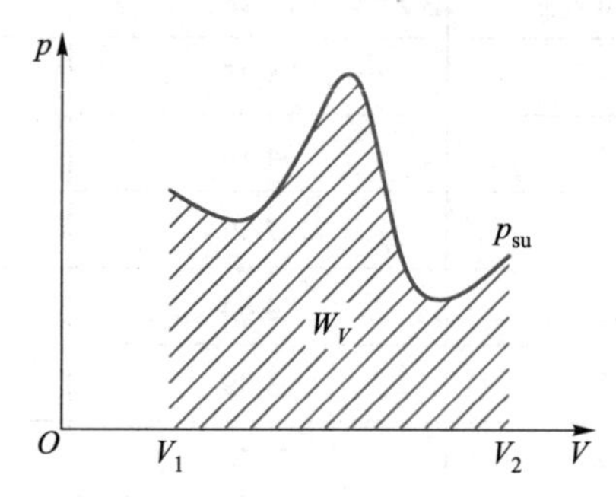

图 1.4.2 过程体积功的图示（阴影面积）

例 1.4.1 如图 1.4.3 所示，干燥空气在 298 K 下由 0.10 m³ 对抗恒外压 0.10 kPa（一个砝码对系统形成的压强 p_w）等温膨胀到 0.40 m³。求该过程的体积功，在 $p-V$ 图上用阴影面积表示该体积功。

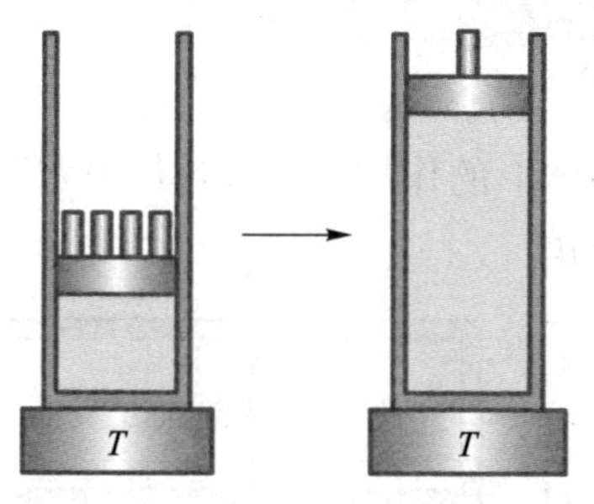

图 1.4.3 一步对抗恒外压膨胀过程

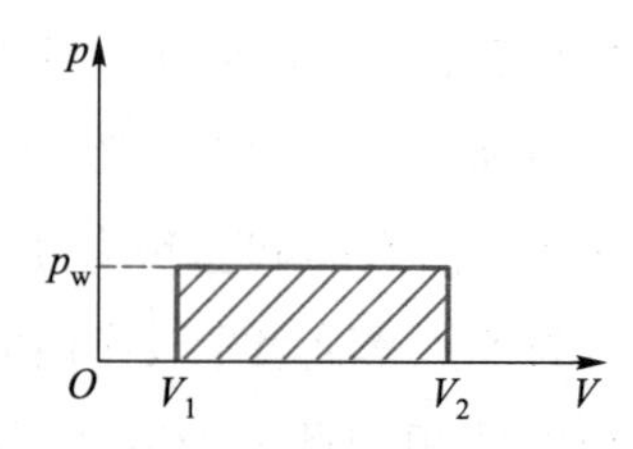

图 1.4.4 一步对抗恒外压膨胀过程的体积功

解：$W_V = -\int_{V_1}^{V_2} p_{su} \mathrm{d}V$，因为 p_{su} 为恒外压，所以，

$$W_V = -p_{su}(V_2 - V_1) = [-0.10 \times (0.40 - 0.10)]\ \mathrm{kJ} = -30\mathrm{J}$$

即系统对环境做体积功 30 J。该体积功如图 1.4.4 所示（阴影部分）。

例 1.4.2 如图 1.4.5 所示，干燥空气在 298 K 下由 0.10 m³ 先后对抗恒外压 0.30 kPa、0.20 kPa 和 0.10 kPa 等温膨胀到 0.40 m³（每次系统膨胀达平衡后再进行下一步膨胀）。求整个过程的体积功，在 $p-V$ 图上用阴影面积表示该体积功。

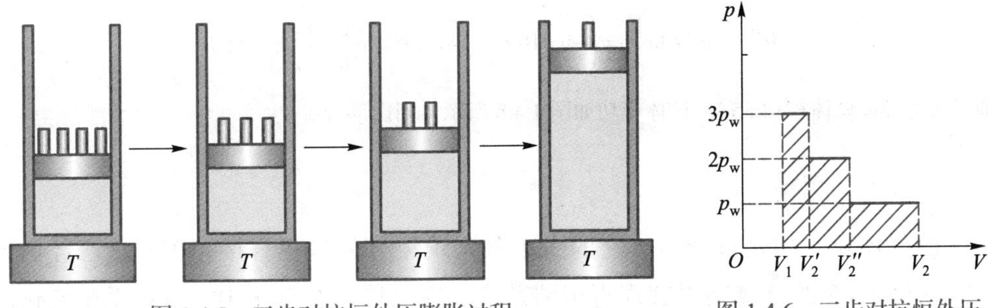

图 1.4.5　三步对抗恒外压膨胀过程

图 1.4.6　三步对抗恒外压膨胀过程的体积功

解: 该干燥空气压强很低，将其视为理想气体。由此可得第一次和第二次膨胀平衡后气体的体积分别为 0.13 m³ 和 0.20 m³。于是，

$$
\begin{aligned}
W_V &= -3p_{\mathrm{w}}(V_2'-V_1)-2p_{\mathrm{w}}(V_2''-V_2')-p_{\mathrm{w}}(V_2-V_2'') \\
&= [-0.30\times(0.13-0.10)-0.20\times(0.20-0.13)-0.10\times(0.40-0.20)]\ \mathrm{kJ} = -43\ \mathrm{J}
\end{aligned}
$$

即系统对环境做体积功 43 J。该体积功如图 1.4.6 所示（阴影部分）。

例 1.4.3 如图 1.4.7 所示，将例 1.4.2 中的四个砝码换成与其等质量的细沙。通过一粒一粒地移去沙粒，使干燥空气的体积在 298 K 下由 0.10 m³ 等温膨胀到 0.40 m³、0.10 kPa。求整个过程的体积功，在 p−V 图上用阴影面积表示该体积功。

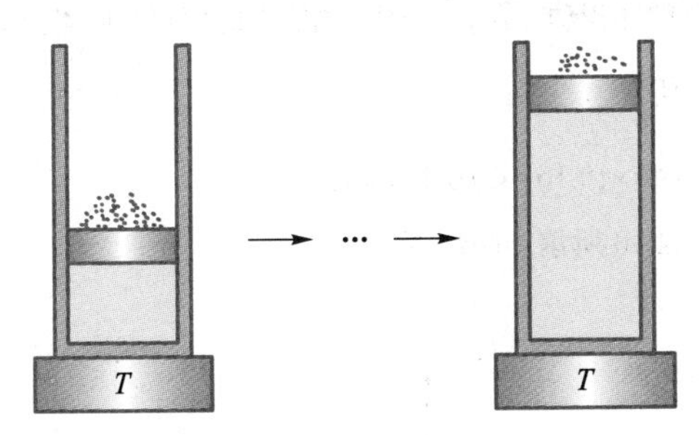

图 1.4.7　准静态膨胀过程

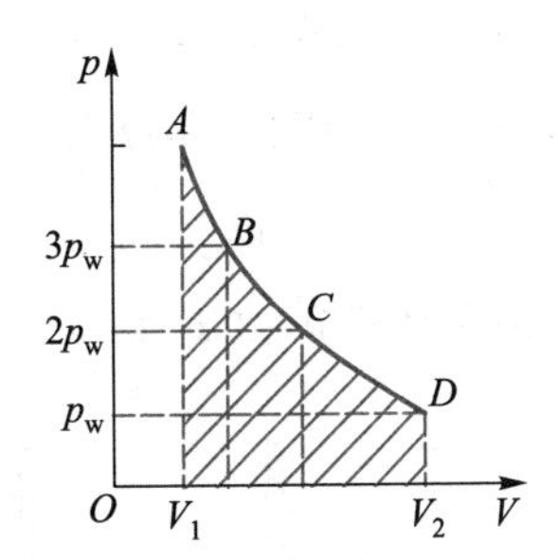

图 1.4.8　准静态膨胀过程的体积功

解: $W_V = -\int_{V_1}^{V_2} p_{\mathrm{su}}\mathrm{d}V$，由于系统的压强 p 在略大于（由一粒细沙引起）和等于环境压强 p_{su} 之间交替地改变，与 p_{su} 相差最大时的差异也极其微小，可以看成 $p = p_{\mathrm{su}}$，因此过程体积功的公式此时变为 $W_V = -\int_{V_1}^{V_2} p\mathrm{d}V$。

此外，该干燥空气压强很低，可将其视为理想气体。于是有

$$
W_V = -\int_{V_1}^{V_2} \frac{nRT}{V}\mathrm{d}V = -nRT\ln\frac{V_2}{V_1}
$$

根据题意，

$$
n = \frac{p_2V_2}{RT} = \left(\frac{0.10\times10^3\times0.40}{8.314\times298}\right)\mathrm{mol} = 0.016\ \mathrm{mol}
$$

则

$$W_V = -nRT\ln\frac{V_2}{V_1} = \left(-0.016\times 8.314\times 298\times \ln\frac{0.40}{0.10}\right)\text{J} = -55\text{ J}$$

即系统对环境做体积功 55 J。该体积功如图 1.4.8 所示（阴影部分）。

1. 准静态过程

前已述及，功是过程量，它的大小和系统经过的过程直接相关，这已经由例 1.4.1～例 1.4.3 的计算结果表现得很清楚了。在上述三个例子中，虽然系统变化的始态和终态都相同，但系统膨胀对环境做功的大小却完全不同。

在例 1.4.3 中，在每取走一粒细沙的瞬间，系统的压强比环境的压强大 dp，而系统再次达到平衡后其压强则再次与环境的压强相等。这样，系统交替地经历无限接近平衡的状态和平衡态，由始态逐渐到达终态的过程称为**准静态过程**。

比较例 1.4.1～例 1.4.3 的计算可到下述规律：**在所有始态和终态都确定的膨胀过程中，准静态膨胀过程对环境所做的功最大。**

下面再讨论三个系统被环境压缩的过程。在这三个过程中，系统的始态和终态都是相同的。

例 1.4.4 如图 1.4.9 所示，干燥空气在 298 K 下由 0.40 m^3 对抗恒外压 0.40 kPa（四个砝码对系统形成的压强 4p_w）被等温压缩到 0.10 m^3。求过程的体积功，在 $p-V$ 图上用阴影面积表示该体积功。

解： $W_V = -\int_{V_1}^{V_2} p_{su}\mathrm{d}V$，因为 p_{su} 为恒外压，所以，

$$W_V = -p_{su}(V_2 - V_1) = [-0.40\times(0.10-0.40)]\text{ kJ} = 120\text{ J}$$

即环境对系统做体积功 120 J。该体积功如图 1.4.10 所示（阴影部分）。

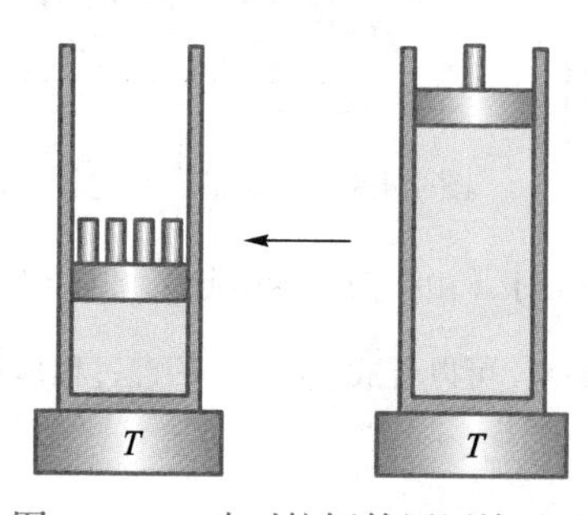

图 1.4.9　一步对抗恒外压压缩过程

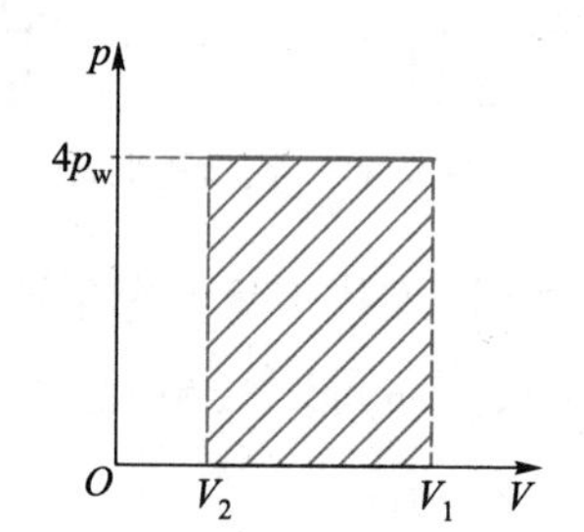

图 1.4.10　一步对抗恒外压压缩过程的体积功

例 1.4.5 如图 1.4.11 所示，干燥空气在 298 K 下由 0.40 m^3 先后对抗 0.20 kPa、0.30 kPa 和 0.40 kPa 恒外压，最终被等温压缩到 0.10 m^3（系统每次被压缩达到平衡后再进行下一步压缩）。求整个过程的体积功，在 $p-V$ 图上用阴影面积表示该体积功。

解： $W_V = -2p_w(V_2 - V_1) - 3p_w(V_3 - V_2) - 4p_w(V_4 - V_3)$

该干燥空气压强很低，将其视为理想气体。由此可得 $V_2=0.20\ \mathrm{m^3}$，$V_3=0.13\ \mathrm{m^3}$，又 $V_1=0.40\ \mathrm{m^3}$，$V_4=0.10\ \mathrm{m^3}$，则

$$W_V=[-0.20\times(0.20-0.40)-0.30\times(0.13-0.20)-0.40\times(0.10-0.13)]\ \mathrm{kJ}=73\ \mathrm{J}$$

即环境对系统做体积功 73 J。该体积功如图 1.4.12 所示（阴影部分）。

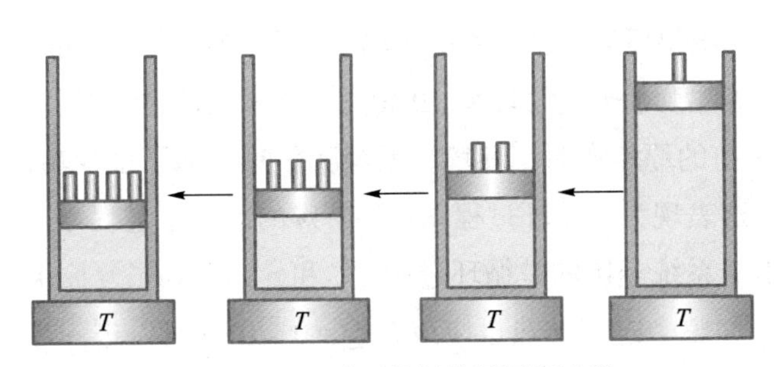

图 1.4.11　三步对抗恒外压压缩过程

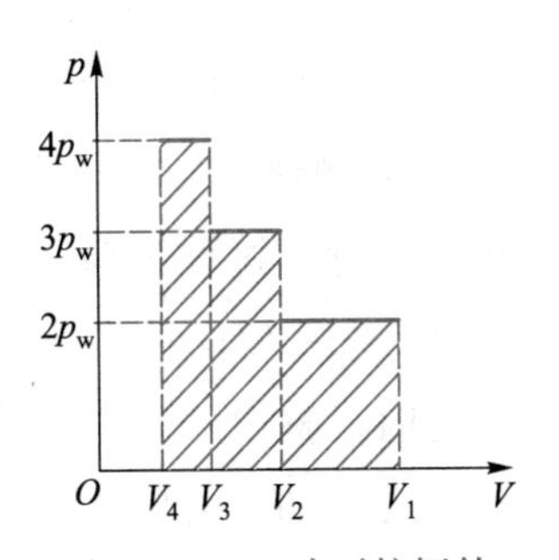

图 1.4.12　三步对抗恒外压压缩过程的体积功

例 1.4.6　如图 1.4.13 所示，干燥空气在 298 K 下由 $0.40\ \mathrm{m^3}$ 经准静态过程等温压缩到体积为 $0.10\ \mathrm{m^3}$，压强为 0.40 kPa。求过程的体积功，在 $p-V$ 图上用阴影面积表示该体积功。

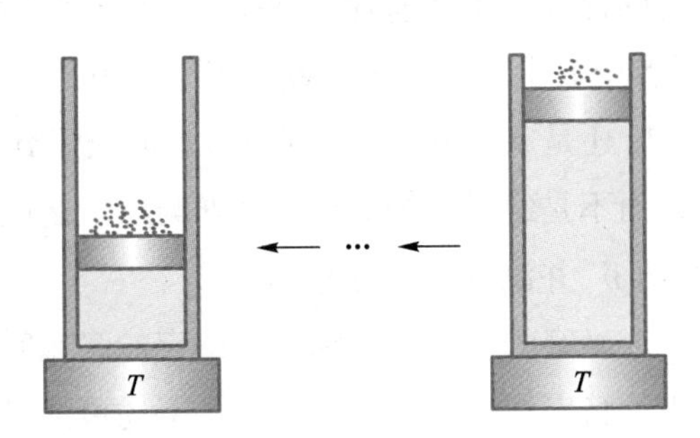

图 1.4.13　准静态压缩过程

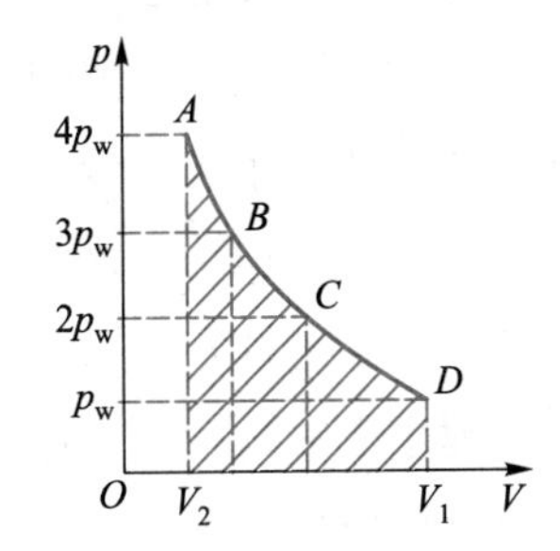

图 1.4.14　准静态压缩过程的体积功

解： $W_V=-\int_{V_1}^{V_2}p_{\mathrm{su}}\mathrm{d}V$，系统的压强 p 与环境压强 p_{su} 相差最大时其差异也极其微小，可以看成 $p=p_{\mathrm{su}}$，则过程的体积功的公式变为 $W_V=-\int_{V_1}^{V_2}p\mathrm{d}V$。

该干燥空气压强很低，可将其视为理想气体。于是有

$$W_V=-\int_{V_1}^{V_2}\frac{nRT}{V}\mathrm{d}V\quad=-nRT\ln\frac{V_2}{V_1}$$

根据题意，

$$n=\frac{p_2V_2}{RT}=\left(\frac{0.10\times10^3\times0.40}{8.314\times298}\right)\mathrm{mol}=0.016\ \mathrm{mol}$$

则

$$W_V=-nRT\ln\frac{V_2}{V_1}=\left(-0.016\times8.314\times298\times\ln\frac{0.10}{0.40}\right)\mathrm{J}=55\ \mathrm{J}$$

即环境对系统做体积功 55 J。该体积功如图 1.4.14 所示（阴影部分）。

显而易见，**在上述始态和终态都确定的压缩过程中，经过准静态过程压缩时，环境对系统所做的功最小。**

2. 可逆过程

比较例 1.4.3 和例 1.4.6 的计算结果可知，系统中的干燥空气由 298 K，0.10 m^3，0.40 kPa 的始态，经准静态过程等温膨胀到达 298 K，0.40 m^3，0.10 kPa 的终态后，再经准静态过程等温压缩回膨胀前的原始态时，环境在系统膨胀时得到了多少功，就在压缩系统时付出了多少功。这表现为，循环过程以这种特殊的准静态过程方式进行时，整个过程的 $W_V = 0$。由于系统经历的是循环过程（V 和 p 都得到了复原），所以 $\Delta U = 0$。由热力学第一定律，整个过程的热也应该有 $Q = 0$。由此可以进一步推论得出，系统经准静态过程到达一个确定的状态后，再让系统循着该过程逆向返回，不仅系统的状态可得到恢复，环境的状态也得到了恢复（环境得到的功和付出的热都被等量地回返）。

不过，在严格的意义上，上述推论并不十分准确。在此，让我们再回顾一下在准静态膨胀过程和准静态压缩过程中关于功的计算：①在前者中拿掉一粒沙子的瞬间环境的压强比系统的压强小 $\mathrm{d}p$，而在后者中放上一粒沙子的瞬间环境的压强比系统的压强大 $\mathrm{d}p$，在积分运算时无论是 $p-\mathrm{d}p$ 还是 $p+\mathrm{d}p$，我们都将其近似成了 p。因此，计算所得体积功应该是近似相等的，而不是绝对相等的；②活塞与汽缸之间的摩擦力不可能绝对为 0，而相应的非体积功 W' 并没有列入讨论。

在物理化学中，为了讨论研究系统从一个确定的始态变化到一个确定的终态时系统可以给环境最大的或环境必须付出最小的特定形式的能量，提出了下述可逆过程的概念：当一个过程发生后，若存在另一个过程能使系统和环境都复原，则原过程称为可逆过程。

按照上述可逆过程的定义，在可逆过程中系统所经历的任一状态都应该是热力学平衡态。即系统的温度和环境的温度、系统的压强和环境的压强都应该始终相等，即 $T = T_{su}$，$p = p_{su}$。这意味着可逆过程实际上并不能实现。这是因为，这样的过程并没有任何推动力。因此，可逆过程只是一个假想的过程。它假定可逆过程能够实现，且系统与环境经循环可逆过程后都能复原，这是相互矛盾的双重属性。

当然，前面讨论的准静态过程，可以近似地视为可逆过程。必须指出的是，严格地区分准静态过程和可逆过程的概念，并没有太大的意义。在研究和生产中所说的可逆过程，实际上都是准静态过程。

这样，例 1.4.3 和例 1.4.6 的计算结果，就可以规律性地总结为：**系统沿可逆途径膨胀时给环境的体积功最大，而系统沿可逆途径被压缩时环境付出的体积功最小。**

1.5 气体的节流膨胀

与理想气体不同，实际气体分子间有相互作用力，这就是说，实际气体分子间的势能对热力学能有贡献。

$$U=f(T,\ V)$$

焦耳（Joule）和汤姆孙（Thomson）在 1852 年成功地用节流过程实验对此进行了证实。

如图 1.5.1 所示，他们用一个气阻较大的多孔塞将绝热圆筒分成两部分。进行实验时，将左方活塞徐徐推进以维持多孔塞左侧汽缸气体的压强为 p_1，让气体经过多孔塞流入右侧汽缸内。在右侧的活塞上施以一定的阻力，从而使得经过多孔塞的气体在右侧汽缸一个较小的压强 p_2 下向右方徐徐推出阻力活塞。同时，他们用温度计监测多孔塞两侧气体的温度。实验发现，气体流经多孔塞后，其温度改变了。

该实际气体的温度随压强而改变的现象称为焦耳-汤姆孙效应。相应的过程称为节流过程。

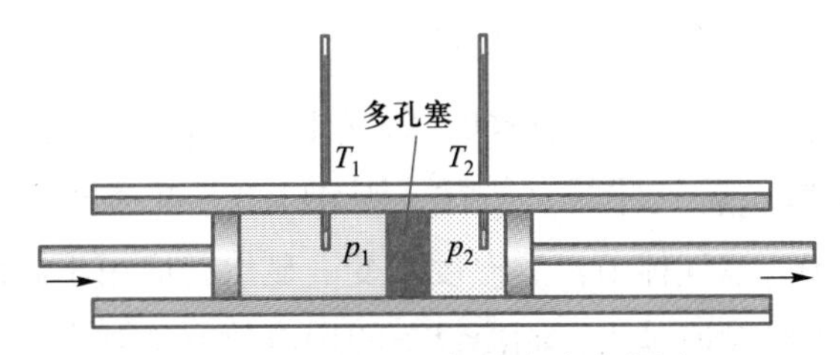

图 1.5.1　焦耳-汤姆孙实验示意图

显然，在上述节流过程中，多孔塞左侧环境的压强应为 p_1，而多孔塞右侧环境的压强应为 p_2。假定左侧汽缸内有体积 V_1 的气体流经多孔塞后变为体积 V_2，则环境在多孔塞左侧对系统做体积功 $W_1=p_1V_1$，系统在多孔塞右侧对环境做体积功 $W_2=-p_2V_2$，则过程的总功为 $W=W_1+W_2=p_1V_1-p_2V_2$。

因为过程是绝热的，所以 $Q=0$。根据热力学第一定律，有 $\Delta U=W$，过程没有非体积功的参与，于是有

$$U_2-U_1=p_1V_1-p_2V_2$$

即

$$U_2+p_2V_2=U_1+p_1V_1$$

因为 U，p 和 V 都是状态函数，所以 $U+pV$ 也必定是状态函数。那么，定义这

个状态函数 $U+pV$ 为焓 H，即

$$H=U+pV \tag{1.5-1}$$

则

$$H_2=H_1$$

该结果表明，节流过程是一个等焓过程。

对于实际气体的节流过程，可以发现，在上述系统的焓保持不变的条件下，温度 T 和压强 p 同时发生了变化。这说明实际气体的 H 不仅是 T 的函数，还是 p 的函数。在节流过程中系统的 H 之所以不随 T 而改变，就是因为 T 和 p 对 H 的影响在节流过程中相互抵消了。

实际气体的节流过程已被广泛应用于日常生活中。例如，冰箱、空调等制冷设备的原理均为节流过程。

在指定压强下，不同气体在室温附近，其 $\left(\frac{\partial T}{\partial p}\right)_H$ 的大小和正负也不同。有的气体，经节流膨胀后温度反而上升。有的气体，其 $\left(\frac{\partial T}{\partial p}\right)_H$ 很小。由于 $\left(\frac{\partial T}{\partial p}\right)_H$ 反映不同气体的内在属性，因此节流过程中温度随压强的变化率 $\left(\frac{\partial T}{\partial p}\right)_H$ 被定义为**焦耳–汤姆孙系数**（即**节流膨胀系数**）：

$$\mu_{\mathrm{J-T}}=\left(\frac{\partial T}{\partial p}\right)_H \tag{1.5-2}$$

因为节流膨胀过程的 $\mathrm{d}p=p_2-p_1<0$，若气体的 $\mu_{\mathrm{J-T}}>0$，则 $\mathrm{d}T<0$，这表示该气体经节流后温度下降；若气体的 $\mu_{\mathrm{J-T}}<0$，则 $\mathrm{d}T>0$，表示该气体经节流后温度上升。若气体的 $\mu_{\mathrm{J-T}}=0$，该气体节流后温度不变。显然，应用于制冷设备的气体，其焦耳–汤姆孙系数的绝对值越大，制冷设备的用电效率就越高。在这一点上，氟利昂虽然优于氨气，但前者因对大气臭氧层有严重的破坏作用，目前已不再应用于制冷设备，而代之以氨气。

冰箱制冷原理如图 1.5.2 所示。氨气的焦耳–汤姆孙系数大于 0，在冰箱外被压缩成高压气体时温度升高，因此在冰箱外侧的高压散热管中向环境放热。当该高压气体被导入冰箱内节流膨胀吸热管（管内有填充物）减压后进行节流膨胀时，因气体压强降低使温度降低，从而从冰箱内吸热。节流膨胀后的氨气在冰箱外再经压缩泵压缩放热。其总结果是：环境对系统（冰箱）做功，将热量从冰箱内低温处移到了冰箱外高温处。

原理与冰箱制冷相同，空调的制热并不是给电热丝通电把电能转化成热能，而是通过电磁阀把压缩泵的加压方向由向室外（向室外放热）切换为向室内（向室内

放热）而实现的。当然，利用空调制热时，节流膨胀在室外进行。这样，通过在室内压缩氨气而在室外节流膨胀，空调就把低温处（室外）的热移到了高温处（室内），起了“热泵”的作用。

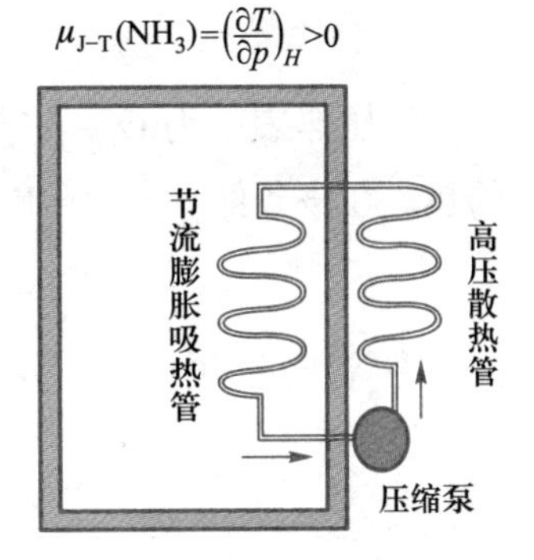

图 1.5.2　冰箱制冷原理示意图

实际可发生的过程，分为自发过程和非自发过程。所谓**自发过程**，是指不需要环境注入非体积功就能够发生的过程。**非自发过程**就是只有在环境给予一定量非体积功的条件下才能发生的过程。自发过程的逆向过程一定是非自发的，反之亦然。例如，热量从高温处向低温处转移是自发过程，而其逆向过程是非自发的。如上所述，冰箱和空调就是通过向系统注入一定非体积功（电能）的办法，实现了将热量从低温移向高温这个非自发过程。在工业上，这样的机器又称为**热泵**。与电热丝通电放热取暖的情况相比，用热泵取暖的效率是前者的数倍。

A1-2
低温科学技术

1.6 等容热和等压热

在一个过程中，如果系统的体积始终不变，且非体积功 W' 为 0，那么这个过程放出或吸收的热量就称为**等容热**。例如，在密闭的高压釜中进行的反应所放出的热量就是等容热。如果在过程中系统的压强不变且没有非体积功，则这个过程放出或吸收的热量就称为**等压热**。例如，在常压下碳钢的冶炼，家庭中煤气燃烧放出的热量，水在常压下汽化吸收的热量都是等压热。准确计算等容热和等压热，是安全设计工业过程、有效利用能源的基础。

1. 等容热

等容热表示为 Q_V，它是在等容，非体积功 W' 为 0 的条件下，系统与环境交换的热。因为过程等容（$W_V=0$）且 $W'=0$，所以 $W=0$，由热力学第一定律有

$$Q_V=\Delta U\text{（等容，}W'=0\text{）}\qquad(1.6-1)$$

该式表明，对于非体积功为 0 的**等容过程**，封闭系统从环境吸收的热量，等于系统热力学能的增加。即，等容过程将吸收的热量全部变为系统的热力学能而储存于系统中。相反，对于非体积功为 0 的等容过程，封闭系统对环境放出的热量，则全部来自系统热力学能的消耗。式（1.6-1）表明，**要求算等容过程的热，就是计算系统的 ΔU**。

2. 等压热

等压热表示为 Q_p，它是在等压，非体积功 W' 为 0 的条件下，系统与环境交换的热。在该条件下，$W=W_V=-p_{su}\Delta V$。于是，热力学第一定律就是

$$\Delta U=Q_p-p_{su}\Delta V=Q_p-p_{su}(V_2-V_1)$$

因为在等压过程中，$p_1=p_2=p_{su}$，则上式变为

$$\Delta U=U_2-U_1=Q_p-p_2V_2+p_1V_1$$

整理为 $Q_p=(U_2+p_2V_2)-(U_1+p_1V_1)=\Delta(U+pV)=\Delta H$，即

$$Q_p=\Delta H\ (\text{等压，}W'=0) \tag{1.6-2}$$

该式表明，对于非体积功为 0 的**等压过程**，封闭系统从环境所吸收的热量，全部用于系统焓的增加。相反，对于非体积功为 0 的等压过程，封闭系统向环境放出的热量，则全部来自系统焓的消耗。公式（1.6-2）表明，**要求算等压过程的热，就是计算系统的 ΔH**。

前已述及，系统在任一指定的状态 i，其热力学能 U_i 的绝对值都不可得知。由于 $H=U+pV$，这使得系统在任一指定状态下焓 H_i 的绝对值也不可得知。

3. 标准等压摩尔热容和标准等容摩尔热容

系统在 $W'=0$、无相变、无化学变化的条件下，升高单位热力学温度时需要吸收的热量，称为热容。系统被加热升温时，同样升高单位热力学温度，在等容还是在等压下需要吸收的热量并不相同。这是因为，在等容条件下，系统的体积不变，系统吸收的热全部用以增加系统中分子的动能（温度升高）。在等压条件下，系统的体积随温度升高而增加，系统吸收的热除了一部分用以增加系统中分子的动能外，还需要以下两部分的热量：一部分热转化为因系统体积增大而导致的分子间势能（分子之间的距离）增大；另一部分热转化为因系统体积增大而对环境所做的体积功。因此，**对于同一种气态物质，在同一温度下等压热容 C_p 总是大于等容热容 C_V**。但是，对于液态和固态物质而言，由于升温时二者体积的增量很小，可以认为 C_p 和 C_V 近似相等。

在此必须说明的是，热容是一个广度性质的量。即，它与系统中存在的物质的量有关。此外，热容还是温度和压强的函数。通常在热力学手册中查到的热容数据为，物质在标准态（固态、液态物质处于 100 kPa 的压强下，气态物质的压强为 100 kPa）下的等压摩尔热容 $C_{p,m}^{\ominus}(T)$。前人实测了很多物质的 $C_{p,m}^{\ominus}(T)$ 数据（见本书附表 4），并将它们表示为

$$C_{p,m}^{\ominus}(T)=a+bT+cT^2$$

或

$$C_{p,\mathrm{m}}^{\ominus}(T)=a+bT+c'T^{-2}$$

式中，a，b，c 和 c' 为不同物质的对应参数。当温度改变不大或计算不要求很精确时，也可以查表选取相应确定的常数值。例如，1 mol 液态的水在 277～372 K 时，其 $C_{p,\mathrm{m}}^{\ominus}(T)$ 都是 75.300 $\mathrm{J\cdot K^{-1}}$。

对于处于固态、液态及远低于临界压强的低压气态物质，无论压强如何，其 $C_{p,\mathrm{m}}(T)$ 与 $C_{p,\mathrm{m}}^{\ominus}(T)$ 都极为接近，因而可直接使用 $C_{p,\mathrm{m}}^{\ominus}(T)$ 数据代替 $C_{p,\mathrm{m}}(T)$。但是，对于已接近临界压强的高压气体而言，其等压摩尔热容 $C_{p,\mathrm{m}}(T)$ 则要比标准等压摩尔热容 $C_{p,\mathrm{m}}^{\ominus}(T)$ 大得多（这将在化工热力学课程中学习）。

根据定义，$C_{p,\mathrm{m}}(T)=\dfrac{1}{n}\dfrac{\delta Q_p}{\mathrm{d}T}$。因为在等压条件下 $\delta Q_p=\mathrm{d}H$ ［见式（1.6−2）］，所以有

$$C_{p,\mathrm{m}}(T)=\frac{1}{n}\left(\frac{\partial H}{\partial T}\right)_p=\left(\frac{\partial H_\mathrm{m}}{\partial T}\right)_p \tag{1.6-3}$$

等容摩尔热容用 $C_{V,\mathrm{m}}(T)$ 表示。因为在等容条件下 $\delta Q_V=\mathrm{d}U$ ［见式（1.6−1）］，所以有

$$C_{V,\mathrm{m}}(T)=\frac{1}{n}\left(\frac{\partial U}{\partial T}\right)_V=\left(\frac{\partial U_\mathrm{m}}{\partial T}\right)_V \tag{1.6-4}$$

4. 等压热和等容热的计算

由式（1.6−2）可知，要求一个等压过程的热，就是计算系统经该等压过程的焓变 ΔH。也就是说，等压过程的热，是通过计算系统状态函数 H 的改变 ΔH 得知的。在等压条件下，将等式 $C_{p,\mathrm{m}}(T)=\left(\dfrac{\partial H_\mathrm{m}}{\partial T}\right)_p$ 两端同时乘以 $\mathrm{d}T$，则有 $\mathrm{d}H_\mathrm{m}=C_{p,\mathrm{m}}\mathrm{d}T$ 及 $\mathrm{d}H=nC_{p,\mathrm{m}}\mathrm{d}T$。将等式两端积分，得

$$\Delta H=\int_{T_1}^{T_2}nC_{p,\mathrm{m}}\mathrm{d}T \tag{1.6-5}$$

这就是系统在等压条件下，在 T_1～T_2 温度区间改变温度（只发生 p，V，T 变化，没有相变和化学变化）时的**焓变和过程热的计算公式**。

同理，由式（1.6−1）可知，要求一个等容过程的热，就是计算系统经该等容过程的热力学能变 ΔU。在等容条件下，将等式 $C_{V,\mathrm{m}}(T)=\left(\dfrac{\partial U_\mathrm{m}}{\partial T}\right)_V$ 两端同时乘以 $\mathrm{d}T$，有 $\mathrm{d}U_\mathrm{m}=C_{V,\mathrm{m}}\mathrm{d}T$ 及 $\mathrm{d}U=nC_{V,\mathrm{m}}\mathrm{d}T$。将等式两端积分，得

B1-4
等容和等压过程热之间的关系

$$\Delta U=\int_{T_1}^{T_2} nC_{V,\mathrm{m}}\mathrm{d}T \tag{1.6-6}$$

这就是系统在等容条件下，在 $T_1\sim T_2$ 温度区间改变温度（只发生 p，V，T 变化，没有相变和化学变化）时的**热力学能变和过程热的计算公式**。

5. 理想气体的热力学能变和焓变

对于气态物质，其温度的高低决定其分子平均动能的大小，而其体积的大小（即分子间距离的远近）则决定其分子间的势能的高低。对于理想气体而言，由于其分子间没有作用力，因而不存在分子间的势能。这样，理想气体的热力学能 U 便仅为其分子动能与其分子内部的能量之和。于是，对于定量理想气体而言，其热力学能 U 的大小仅取决于其温度的高低，而与其体积（或压强）的大小毫不相干。所以，理想气体的热力学能只是温度的函数。这可以用公式表述为

$$\left(\frac{\partial U}{\partial V}\right)_T=0\ ,\ \left(\frac{\partial U}{\partial p}\right)_T=0$$

由此还可以得出以下推论：定量理想气体的焓只是温度的函数（见例 1.6.1）。

例 1.6.1 求证：定量理想气体的焓只是温度的函数。

证明：

$$H=U+pV$$

$$\left(\frac{\partial H}{\partial V}\right)_T=\left(\frac{\partial U}{\partial V}\right)_T+\left[\frac{\partial(pV)}{\partial V}\right]_T$$

对于理想气体，有

$$\left(\frac{\partial H}{\partial V}\right)_T=0+\left[\frac{\partial(nRT)}{\partial V}\right]_T=0$$

同理可得

$$\left(\frac{\partial H}{\partial p}\right)_T=0$$

因此，定量理想气体的焓只是温度的函数。

由统计热力学（这将在本书第 11 章中进行讨论），可以计算得出单原子、双原子理想气体的 $C_{V,\mathrm{m}}^{\ominus}$ 和 $C_{p,\mathrm{m}}^{\ominus}$（见表 1.6.1）。这些理论计算数据，与实测结果（见本书附表 4）非常接近。例如，N_2 为双原子分子，按照上述统计热力学计算结果，N_2(g) 的 $C_{p,\mathrm{m}}^{\ominus}=\frac{7}{2}R$=29.10 J·K^{-1}·mol^{-1}，附表 4 给出的相应实测数据为 29.12 J·K^{-1}·mol^{-1}。

表 1.6.1　由统计热力学计算得出的单原子分子和双原子分子理想气体的 $C_{V,\mathrm{m}}^{\ominus}$ 和 $C_{p,\mathrm{m}}^{\ominus}$

项目	单原子分子	双原子分子
$C_{V,\mathrm{m}}^{\ominus}$	$\frac{3}{2}R$	$\frac{5}{2}R$

续表

项目	单原子分子	双原子分子
$C_{p,\mathrm{m}}^{\ominus}$	$\frac{5}{2}R$	$\frac{7}{2}R$
热容比 $\gamma=\frac{C_{p,\mathrm{m}}^{\ominus}}{C_{V,\mathrm{m}}^{\ominus}}$	$\frac{5}{3}$	$\frac{7}{5}$

$C_{p,\mathrm{m}}^{\ominus}$ 与 $C_{V,\mathrm{m}}^{\ominus}$ 之比称为**热容比**（γ），也是一个常用的热力学数据。对于任意理想气体，可以证明，其 $C_{p,\mathrm{m}}^{\ominus}$ 与 $C_{V,\mathrm{m}}^{\ominus}$ 之差等于 R（见例 1.6.2）。

例 1.6.2 求证：理想气体的 $C_{p,\mathrm{m}}$ 与 $C_{V,\mathrm{m}}$ 之差等于 R。

证明：

$$C_{p,\mathrm{m}}-C_{V,\mathrm{m}}=\left(\frac{\partial H_\mathrm{m}}{\partial T}\right)_p-\left(\frac{\partial U_\mathrm{m}}{\partial T}\right)_V=\left[\frac{\partial(U_\mathrm{m}+pV_\mathrm{m})}{\partial T}\right]_p-\left(\frac{\partial U_\mathrm{m}}{\partial T}\right)_V$$

$$=\left(\frac{\partial U_\mathrm{m}}{\partial T}\right)_p+p\left(\frac{\partial V_\mathrm{m}}{\partial T}\right)_p-\left(\frac{\partial U_\mathrm{m}}{\partial T}\right)_V \quad (\mathrm{I})$$

因 $\mathrm{d}U_\mathrm{m}=\left(\frac{\partial U_\mathrm{m}}{\partial T}\right)_V\mathrm{d}T+\left(\frac{\partial U_\mathrm{m}}{\partial V}\right)_T\mathrm{d}V$ ［将 U 看成 T 和 V 的函数，即 $U=f(T,V)$］，则在等压条件下，将等式两边同时除以 $\mathrm{d}T$，得 $\left(\frac{\partial U_\mathrm{m}}{\partial T}\right)_p=\left(\frac{\partial U_\mathrm{m}}{\partial T}\right)_V+\left(\frac{\partial U_\mathrm{m}}{\partial V_\mathrm{m}}\right)_T\left(\frac{\partial V_\mathrm{m}}{\partial T}\right)_p$。

将上式代入式（Ⅰ），得

$$C_{p,\mathrm{m}}-C_{V,\mathrm{m}}=\left[\left(\frac{\partial U_\mathrm{m}}{\partial V_\mathrm{m}}\right)_T+p\right]\left(\frac{\partial V_\mathrm{m}}{\partial T}\right)_p \quad (\mathrm{II})$$

对于理想气体有 $\left(\frac{\partial U_\mathrm{m}}{\partial V_\mathrm{m}}\right)_T=0$，由理想气体的状态方程 $pV_\mathrm{m}=RT$ 可得 $\left(\frac{\partial V_\mathrm{m}}{\partial T}\right)_p=\frac{R}{p}$，将其代入式（Ⅱ），即得 $C_{p,\mathrm{m}}-C_{V,\mathrm{m}}=R$。

A1-3
证明理想气体 $C_{p,\mathrm{m}}=C_{p,\mathrm{m}}^{\ominus}$，$C_{V,\mathrm{m}}=C_{V,\mathrm{m}}^{\ominus}$

既然理想气体的热力学能和焓都仅是温度的函数，那么，**对于理想气体而言，只要它的始态和终态的温度一定，不论经历什么过程，其热力学能变和焓变，总可由下述公式进行计算：**

$$\Delta U=\int_{T_1}^{T_2}nC_{V,\mathrm{m}}\mathrm{d}T,\quad \Delta H=\int_{T_1}^{T_2}nC_{p,\mathrm{m}}\mathrm{d}T$$

例 1.6.3 将 2.55 mol N_2 由 10 kPa、328 K 加压压缩至 100 kPa、428 K 后，再将该气体对抗恒外压降温膨胀至 50 kPa、358 K。求该 N_2 经上述总过程后的 ΔU 和 ΔH。

B1-5
理想气体 p,V,T 变化过程的 ΔU 和 ΔH

解： 因 N_2 的压强始终不高，可以视为理想气体，则其热力学能和焓都仅是温度的函数。所以，ΔU 和 ΔH 与体积、压强的变化无关。又，热力学能和焓都是状态函数，所以，ΔU 和 ΔH 只与系统的始态和终态温度有关。于是有

$$\Delta U=\int_{T_1}^{T_2}nC_{V,\mathrm{m}}\mathrm{d}T=nC_{V,\mathrm{m}}(T_2-T_1)$$

$$=\left[2.55\times\frac{5}{2}\times 8.314\times(358-328)\right]\text{J}$$
$$=1.59\ \text{kJ}$$
$$\Delta H=\Delta U+\Delta(pV)=\Delta U+nR\Delta T$$
$$=1.59\ \text{kJ}+(2.55\times 8.314\times 30)\ \text{J}$$
$$=2.23\ \text{kJ}$$

1.7 相变热

相，用来描述系统中物质存在的聚集形态。物质的物理性质和化学性质都完全相同的聚集形态，称为一相。系统根据所含相的数目，可分为**均相系统**和**多相系统**。物质的气态、液态和固态通常分别用符号 **g**、**l** 和 **s** 表示。例如，$H_2O(g)$ 表示水蒸气。根据具体情况，系统中存在的液相和固相都可能有多个。例如，液态苯和液态水；固态的 $CaCO_3$ 和固态的 CaO。但是，在通常的系统中，气相却只有一个，例如，空气（其中含有 N_2，O_2，CO_2 等），以及水蒸气和空气组成的气相等。

相变，是指物质从一种聚集形态转变为另一种聚集形态。相变有液体的汽化（vaporization）、气体的液化（liquefaction）、液体的凝固（solidification）、固体的熔化（fusion）、固体的升华（sublimation）、气体的凝华（condensation）、固体在不同晶形间的转化（crystal form transition），等等。

1. 液体的饱和蒸气压

在一定温度下，当向一抽空的刚性密闭容器中注入一种液态物质时，该物质能量较高的分子便不断脱出液面由液相进入气相。同时，进入气相的该物质分子碰到液面时，也会受到液面分子的吸引而进入液相。在最初阶段，由于气相中该物质的分子密度较小，单位时间内由气相进入液相的分子数也较少。但是，随着由液相进入气相的分子数不断增多，气相中该物质的分子密度越来越大，单位时间内由气相进入液相和由液相进入气相的分子数便越来越接近，最后二者达到相等。此时虽然气、液两相之间的分子交换运动仍在继续进行，但只要温度不变，测量所得液面上蒸气的压强便不再随时间而变化，即达到了气、液两相之间的动态平衡。像这样，在一定温度下，达到气、液两相平衡时，液面上物质 B 蒸气的压强，称为该物质 B 在该温度的**饱和蒸气压**。纯物质 B 的饱和蒸气压常用 p_B^* 来表示（其中“*”表示纯物质）。

当然，在确定的温度下，不同的物质具有不同的饱和蒸气压 p^*。无疑，液态分子间的作用力越大，物质 B 的分子就越不易从液面脱出而进入气相，即液体 B 越不易挥发，在相同的温度下液体 B 的饱和蒸气压就越小。

B 的饱和蒸气压是温度 T 的函数。对于同一种物质 B，当温度升高时，由于能量较高的 B 分子数相对增多，这使得达到气、液两相平衡时气相的 B 分子浓度加大，则 B 的饱和蒸气压变大。

2. 液体的沸点

沸腾，指液体在液面和液体的内部同时汽化的现象。要观察到液体 B 在其内部汽化，就是要观察到由气态 B 分子形成的气泡在液体 B 内部能够长大和溢出液面。这就是说，要实现液体 B 的沸腾，就得把液体加热到使其饱和蒸气压达到外界压强，否则液体 B 的蒸气气泡在液体中就无法长大，液体就不沸腾。

当液体被加热时，随液体温度的升高，液体的饱和蒸气压逐渐变大。当液体的饱和蒸气压达到外界压强时，液体就开始沸腾了。此时对应的温度称为液体的沸点。正因为如此，水在一个大气压（常压）下的沸点为 100 ℃（如图 1.7.1 所示）。

图 1.7.1　水的饱和蒸气压随温度的变化

（1 mmHg = 0.133 kPa）

显然，液体的沸点必然与液面上的压强直接相关。液体在常压（101.325 kPa）下的沸点称为该液体的正常沸点。液体在标准压强（100 kPa）下的沸点称为该液体的标准沸点。例如，水的正常沸点为 100 ℃，水的标准沸点为 99.67 ℃。

基于液体的沸点是液面所受压强的函数这一认知，人们发明了高压锅（见图 1.7.2）。液体的沸点随液面所受压强的增大而升高，在化工生产设备和实验装置方面也得到了广泛的应用。例如，分子筛的水热合成要在高压水热釜中进行。要使水热合成能

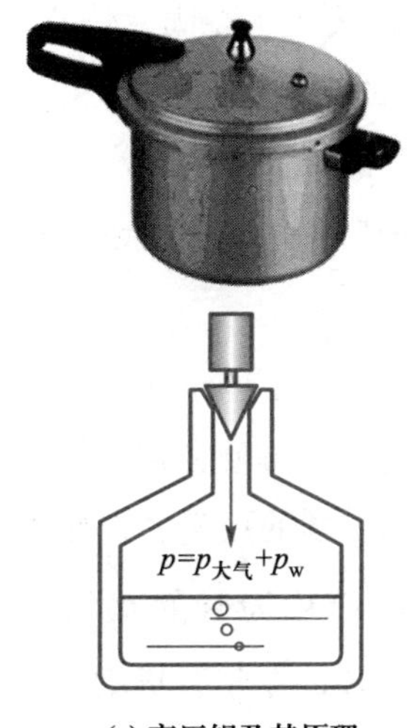

(a) 高压锅及其原理

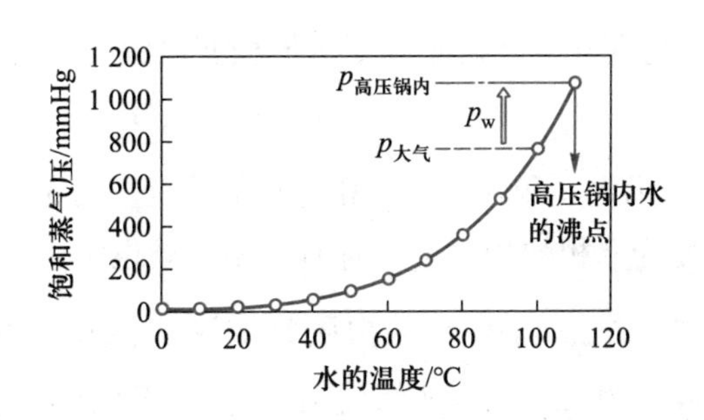

(b) 水的饱和蒸气压随水温变化的曲线(1 mmHg=0.133 kPa)

图 1.7.2　高压锅设计原理

在水热釜中 180 ℃下安全进行，水热釜起码必须能耐受相应温度下饱和水蒸气的压强。液相反应若要在高于混合液体常压沸点的温度下实现，也需要在高压反应器中进行。这就是说，**液体在相应温度下的饱和蒸气压是设计对应反应器耐压强度的基本依据**。

讨论题 1.7.1　“热棒”（见二维码 A1-1）中的氨气能在零下几摄氏度冷凝吗？

氨的常压冷凝温度是-33.5 ℃，为什么“热棒”中的氨气在远高于该冷凝温度下就可以冷凝成液氨？要使“热棒”中的氨气刚好在-5 ℃冷凝，需要什么数据？请给出设计的“热棒”和其中氨气应该呈现的物理数据。

3. 固体的熔点

在一定温度下，确定的固体物质也有确定的饱和蒸气压。与液体物质的饱和蒸气压类似，固体物质的饱和蒸气压也是温度的函数。不过，对于同一种物质 B 而言，其液体的饱和蒸气压和固体的饱和蒸气压随温度变化的曲线不同（如图 1.7.3 所示）。

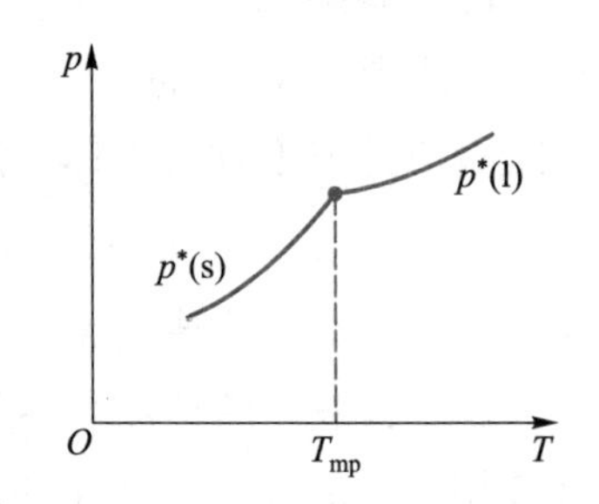

图 1.7.3　物质 B 的饱和蒸气压和熔点 T_{mp}

图 1.7.3 中两条曲线交点对应的温度，就是固体物质 B 的熔点。这就是说，**在物质 B 的熔点，固体物质 B 和液体物质 B 具有相同的饱和蒸气压**。无论液体物质还是固体物质，其饱和蒸气压除了是温度的函数外，还是外压的函数。因此，固体物质 B 熔点的高低，在一定程度上受外压影响（这将在本书第 2 章中学习）。

4. 相变热

物质聚集态发生的变化称为相变。相变包括汽化、液化、凝固、熔化、升华、凝华及晶体晶形的转化。在相变过程中系统吸收或放出的热量称为相变热。

纯物质的相变通常在等温、等压下进行。例如，在常压下液体的汽化和固体的熔化。由式（1.6-2）可知，当 $W'=0$ 时，等压过程的热等于该过程导致的系统焓变。因此，等压相变热总是等于等压相变对应的焓变：

$$Q_p = \Delta_\alpha^\beta H \qquad (1.7\text{-}1)$$

式中 $\Delta_\alpha^\beta H$ 表示由 α 相转变为 β 相过程的焓变。为了表述上的方便，将该焓变简称为由 α 相转变为 β 相的相变焓。有时，相变焓也常用转化过程的英文名称作为下标进行表述。如：$\Delta_{vap}H_m(B)$ 表示物质 B 的摩尔汽化焓变（简称为 B 的摩尔汽化焓），$\Delta_{fus}H_m(B)$ 表示物质 B 的摩尔熔化焓，$\Delta_{sub}H_m(B)$ 表示物质 B 的摩尔升华焓。

由于 H 为状态函数，所以

$$\Delta_{sub}H_m(B) = \Delta_{fus}H_m(B) + \Delta_{vap}H_m(B)$$

思考题 1.7.1

为什么上式成立？

对于同一种物质 B，其任何相反的变化过程，总有

$$\Delta_{\alpha}^{\beta}H_{\mathrm{m}}(\mathrm{B})=-\Delta_{\beta}^{\alpha}H_{\mathrm{m}}(\mathrm{B})$$

思考题 1.7.2

为什么上式成立？

例 1.7.1 已知液体 A 的正常沸点为 350 K，相应汽化焓 $\Delta_{\mathrm{vap}}H_{\mathrm{m}}=38\ \mathrm{kJ\cdot mol^{-1}}$。A 蒸气的平均等压摩尔热容为 $30\ \mathrm{J\cdot K^{-1}\cdot mol^{-1}}$，求其经下列过程的 ΔH：

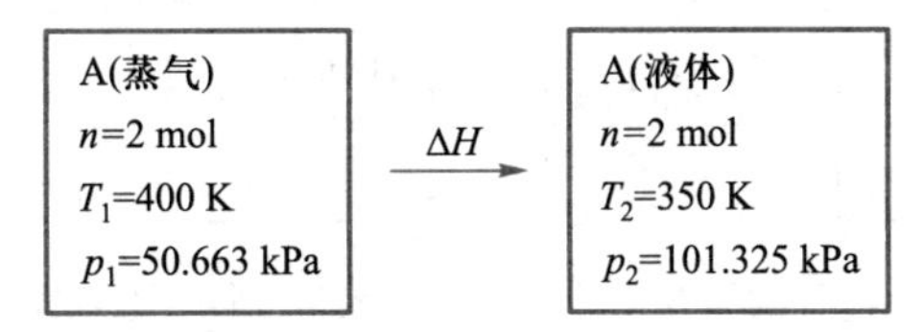

解： 由于 H 是状态函数，其改变值只由变化的始态和终态决定，而与变化的途径无关。因此，设计下列变化途径求上述变化的 ΔH：

A(蒸气)		A(蒸气)		A(液体)
n=2 mol	$\xrightarrow[\mathrm{I}]{\Delta H_1}$	n=2 mol	$\xrightarrow[\mathrm{II}]{\Delta H_2}$	n=2 mol
T_1=400 K		T_2=350 K		T_3=350 K
p_1=50.663 kPa		p_2=101.325 kPa		p_3=101.325 kPa

因 A 蒸气在上述两状态压强不高，可将其视为理想气体。于是，

$$\Delta H_1=nC_{p,\mathrm{m}}(T_2-T_1)=[2\times30\times(-50)]\ \mathrm{J}=-3.0\ \mathrm{kJ}$$

（在过程 I 中，虽然系统的温度和压强均发生了变化，但理想气体的焓变只与温度变化的差值有关。）

$$\Delta H_2=n\times(-\Delta_{\mathrm{vap}}H_{\mathrm{m}})=(-2\times38)\ \mathrm{kJ}=-76\ \mathrm{kJ}$$

$$\Delta H=\Delta H_1+\Delta H_2=(-3.0-76)\ \mathrm{kJ}=-79\ \mathrm{kJ}$$

需要说明的是，对于气、液之间的相变而言，在不同的外压（环境压强）下，同一种物质有不同的相变焓。在热力学数据表中，给出的摩尔相变焓一般都是常压下的相应数据。由于液体的沸点是外压的函数，所以液体在不同沸点下汽化时，有不同的汽化焓。

物质的熔点和不同晶相间的相转变温度受压强的影响很小，因此固体物质的熔化焓和晶形转化焓受压强的影响也很小（通常忽略不计）。

基于液体在正常沸点下的汽化焓，同一液体在非正常沸点下的摩尔汽化焓，可按例 1.7.2 的方法求得。

例 1.7.2 求水在 47.360 kPa 外压下的摩尔汽化焓。已知水在该外压下的沸点为 80 ℃。$C_{p,m}(H_2O,l)=75.20\ J\cdot mol^{-1}\cdot K^{-1}$，$C_{p,m}(H_2O,g)=33.57\ J\cdot mol^{-1}\cdot K^{-1}$。在正常沸点下，水的摩尔汽化焓为 $40.67\ kJ\cdot mol^{-1}$。

解： 设计下列途径求得 47.360 kPa 外压下水的摩尔汽化焓。

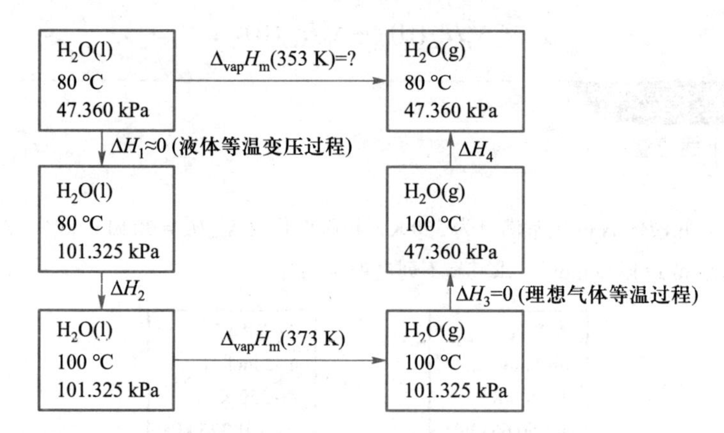

ΔH_1 为液态水等温变压过程的焓变，其值小到可忽略；将气态水视为理想气体，则 ΔH_3 为理想气体等温过程的焓变，于是 $\Delta H_3=0$。因此，有

$$
\begin{aligned}
\Delta_{vap}H_m(353K) &\approx \Delta H_2+\Delta_{vap}H_m(373\ K)+\Delta H_4\\
&=\int_{353K}^{373K}C_{p,m}(H_2O,l)dT+\Delta_{vap}H_m(373K)+\int_{373K}^{353K}C_{p,m}(H_2O,g)dT\\
&=\Delta_{vap}H_m(373K)+\int_{373K}^{353K}\Delta C_{p,m}(H_2O)dT\\
&=[40.67-20\times(33.57-75.20)\times10^{-3}]\ kJ\cdot mol^{-1}\\
&=41.50\ kJ\cdot mol^{-1}
\end{aligned}
$$

由上述例题推导结果

$$\Delta_{vap}H_m(353\ K)=\Delta_{vap}H_m(373\ K)+\int_{373K}^{353K}\Delta C_{p,m}(H_2O)dT$$

可以看出，如果已知物质 B 在正常沸点（T_1）下的汽化焓，则物质 B 在温度 T_2 的汽化焓就是

$$\Delta_{vap}H_m\ (T_2)=\Delta_{vap}H_m\ (T_1)+\int_{T_1}^{T_2}\Delta C_{p,m}(B)\ dT \qquad (1.7-2)$$

式中，$\Delta C_{p,m}$ 为物质 B 的终态相与始态相的等压摩尔热容之差。

思考题 1.7.3

如果把式（1.7-2）中的 $\Delta_{vap}H_m$ 改成 $\Delta_{liq}H_m$、$\Delta_{sub}H_m$ 或 $\Delta_{con}H_m$，相应公式是否也成立？

1.8 化学反应热

1. 化学反应进度

若将一个化学反应写为 $0=\sum \nu_B B$（例如，将反应 $aA+bB=yY+zZ$ 写为 $0=-aA-bB+yY+zZ$），其中 B 代表任一反应参与物（即任一反应物或生成物），则将 ν_B 称为反应参与物 B 的化学计量数（例如，A 的化学计量数为 $-a$，Y 的化学计量数为 y）。

对于任一化学反应 $0=\sum \nu_B B$，用化学反应进度 ξ 来表示在一个确定的时间点上化学反应进行的程度。对于任一反应参与物 B，如果因反应使其物质的量的改变为 dn_B，则反应进度 ξ 的改变值为

$$d\xi=\frac{dn_B}{\nu_B}$$

2. 化学反应的摩尔焓和标准摩尔焓

与物质 B 的摩尔相变焓 $\Delta_\alpha^\beta H_m(B)$ 类似，化学反应的摩尔焓变简称为化学反应的摩尔焓。**化学反应的摩尔焓 $\Delta_r H_m(T)$** 指的是，在一定温度和压强下，化学反应按给定的方程式进行 1 mol 反应进度时所引起的系统焓变。化学反应进行 1 mol 反应进度时，刚好所有反应参与物 B 在物质的量的改变上均为其对应的化学计量数 ν_B。当然，**要求在温度 T、压强 p 下化学反应进行 1 mol 反应进度时的反应热（Q_p），就是要计算相应的 $\Delta_r H_m(T)$**。

化学反应的标准摩尔焓 $\Delta_r H_m^\ominus(T)$ 与 $\Delta_r H_m(T)$ 是两个不同的概念。$\Delta_r H_m^\ominus(T)$ 指的是，在一定温度下，所有反应参与物均为该温度的**标准态**时，化学反应按给定的方程式进行 1 mol 反应进度时所引起的系统焓变。例如，在无机化学中学过的标准摩尔生成焓 $\Delta_f H_m^\ominus$（B，298.15 K）、标准摩尔燃烧焓 $\Delta_c H_m^\ominus$（B，298.15 K）等。

物理化学对纯物质的标准态进行了如下规定：气体的标准态是在标准压强（100 kPa）下纯的并表现为理想气体性质的状态；液体和固体的标准态是在标准压强下纯液体和指定晶形的纯固体的状态。于是，化学反应的标准摩尔焓 $\Delta_r H_m^\ominus(T)$ 的定义式可以表述为

$$\Delta_r H_m^\ominus(T)=\sum \nu_B H_m^\ominus(B,T) \tag{1.8-1}$$

思考题 1.8.1

有人说："如果一个化学反应在标准压强下进行，则相应化学反应的 $\Delta_r H_m(T)$ 就是 $\Delta_r H_m^\ominus(T)$"，该说法对吗？为什么？

实际上，由于反应参与物B的摩尔焓 $H_m^\ominus(B,T)$ 均未知，因此式（1.8-1）并不能直接用于化学反应标准摩尔焓的计算。那么，如何计算化学反应标准摩尔焓 $\Delta_r H_m^\ominus(T)$ 呢?

（1）298.15 K下化学反应的标准摩尔焓 $\Delta_r H_m^\ominus(298.15K)$

对于一般的反应参与物B，在热力学数据表（例如，本书附表4）中都可查得其在298.15 K下的标准摩尔生成焓 $\Delta_f H_m^\ominus$ (B,298.15 K)或标准摩尔燃烧焓 $\Delta_c H_m^\ominus$ (B,298.15 K)。对于有机化合物，后者由于更容易测定，因此更易查得。通过无机化学的学习，我们已经掌握了如何求得在298.15 K下化学反应的标准摩尔焓 $\Delta_r H_m^\ominus(298.15\,K)$：

$$\Delta_r H_m^\ominus(298.15\,K) = \sum_B \nu_B \Delta_f H_m^\ominus(B,\ 298.15K)$$

$$\Delta_r H_m^\ominus(298.15\,K) = -\sum_B \nu_B \Delta_c H_m^\ominus(B,\ 298.15K)$$

$\Delta_r H_m^\ominus(298.15\,K)$ 数据是计算 $\Delta_r H_m^\ominus(T)$ 的重要基础。

（2）任意温度 T 下化学反应的标准摩尔焓 $\Delta_r H_m^\ominus(T)$

反应温度 T 不同时，同一化学反应的标准摩尔焓 $\Delta_r H_m^\ominus(T)$ 可能显著不同。准确计算在实际反应温度下化学反应的标准摩尔焓，是设计工业反应装置的必要依据。

对于指定的化学反应，若已知它在温度 T_1 下的标准摩尔焓 $\Delta_r H_m^\ominus(T_1)$，则其在温度 T 下的标准摩尔焓 $\Delta_r H_m^\ominus(T)$ 可通过设计如下过程推导得到。

虽然 $\Delta_r H_m^\ominus(T)$ 是反应如 $aA+bB \xrightarrow{T} yY+zZ$ 在温度 T 下进行时的焓变，但依据 H 的状态函数性质可知，它与通过设计途径（三步）进行的对应总焓变 $\Delta H_{总}$ 相等：

$$\begin{array}{ccccc}
aA + bB & \xrightarrow{\Delta_r H_m^\ominus(T)} & yY + zZ \\
\downarrow \Delta H_1 \quad \downarrow \Delta H_2 & & \uparrow \Delta H_3 \quad \uparrow \Delta H_4 \\
aA + bB & \xrightarrow{\Delta_r H_m^\ominus(T_1)} & yY + zZ
\end{array}$$

则
$$\Delta_r H_m^\ominus(T) = \Delta H_{总} = \Delta H_1 + \Delta H_2 + \Delta_r H_m^\ominus(T_1) + \Delta H_3 + \Delta H_4$$

如果当温度在 $T_1 \sim T$ 之间改变时，反应参与物A、B、Y和Z均没有相变，那么，

$$\Delta H_1 = \int_T^{T_1} aC_{p,m}^\ominus(A)dT = \int_{T_1}^{T} -aC_{p,m}^\ominus(A)dT$$

$$\Delta H_2 = \int_T^{T_1} bC_{p,m}^\ominus(B)dT = \int_{T_1}^{T} -bC_{p,m}^\ominus(B)dT$$

$$\Delta H_3 = \int_{T_1}^{T} yC_{p,\mathrm{m}}^{\ominus}(\mathrm{Y})\mathrm{d}T$$

$$\Delta H_4 = \int_{T_1}^{T} zC_{p,\mathrm{m}}^{\ominus}(\mathrm{Z})\mathrm{d}T$$

则

$$\Delta_{\mathrm{r}}H_{\mathrm{m}}^{\ominus}(T) = \Delta_{\mathrm{r}}H_{\mathrm{m}}^{\ominus}(T_1) + \int_{T_1}^{T}\sum_{\mathrm{B}}\nu_{\mathrm{B}}C_{p,\mathrm{m}}^{\ominus}(\mathrm{B})\mathrm{d}T \tag{1.8-2}$$

式中，$\sum_{\mathrm{B}}\nu_{\mathrm{B}}C_{p,\mathrm{m}}^{\ominus}(\mathrm{B}) = yC_{p,\mathrm{m}}^{\ominus}(\mathrm{Y}) + zC_{p,\mathrm{m}}^{\ominus}(\mathrm{Z}) - aC_{p,\mathrm{m}}^{\ominus}(\mathrm{A}) - bC_{p,\mathrm{m}}^{\ominus}(\mathrm{B})$，相应各$C_{p,\mathrm{m}}^{\ominus}$数据可从热力学数据表（本书附表 4）中查得。该公式由基尔霍夫（Kirchhoff，德国物理学家、化学家）导出，因此被称为**基尔霍夫公式**。

显然，如果在 $T_1 \sim T$ 之间不涉及反应参与物的相变，只要已知温度 T_1 下化学反应的标准摩尔焓 $\Delta_{\mathrm{r}}H_{\mathrm{m}}^{\ominus}(T_1)$，由基尔霍夫公式即可求得任一温度 T 下反应的标准摩尔焓 $\Delta_{\mathrm{r}}H_{\mathrm{m}}^{\ominus}(T)$。

令 $T_1 = 298.15\ \mathrm{K}$，则有

$$\Delta_{\mathrm{r}}H_{\mathrm{m}}^{\ominus}(T) = \Delta_{\mathrm{r}}H_{\mathrm{m}}^{\ominus}(298.15\ \mathrm{K}) + \int_{298.15\mathrm{K}}^{T}\sum_{\mathrm{B}}\nu_{\mathrm{B}}C_{p,\mathrm{m}}^{\ominus}(\mathrm{B})\mathrm{d}T \tag{1.8-3}$$

如前所述，$\Delta_{\mathrm{f}}H_{\mathrm{m}}^{\ominus}$（298.15 K）可由反应参与物 B 的 $\Delta_{\mathrm{f}}H_{\mathrm{m}}^{\ominus}$ (B,298.15 K) 或 $\Delta_{\mathrm{c}}H_{\mathrm{m}}^{\ominus}$ (B,298.15K) 计算得到。

需要注意的是，如果在 $T_1 \sim T$ 之间相应化学反应有反应参与物的相变发生，则 $\Delta_{\mathrm{r}}H_{\mathrm{m}}^{\ominus}(T)$ 的计算便不可利用公式（1.8−2），否则将会出现错误。这是因为，过程中将涉及相变焓及不同相态的等压摩尔热容。此时，必须通过设计具体的途径才能得到 $\Delta_{\mathrm{r}}H_{\mathrm{m}}^{\ominus}(T)$ 的正确数据。

思考题 1.8.2

如果把同一种物质的两个不同相态分别看成反应物和生成物，那么公式（1.8−2）是否可以代表公式（1.7−2）？

例 1.8.1 计算在常压、498 K 下反应 $\mathrm{H_2(g)} + \frac{1}{2}\mathrm{O_2(g)} \longrightarrow \mathrm{H_2O(g)}$ 的标准摩尔焓。

已知 $\mathrm{H_2O(g)}$ 的 $\Delta_{\mathrm{r}}H_{\mathrm{m}}(298.15\ \mathrm{K}) = -241.83\ \mathrm{kJ \cdot mol^{-1}}$，$\mathrm{H_2(g)}$、$\mathrm{O_2(g)}$ 和 $\mathrm{H_2O(g)}$ 的标准等压摩尔热容分别为 28.83 $\mathrm{J \cdot K^{-1} \cdot mol^{-1}}$、29.37 $\mathrm{J \cdot K^{-1} \cdot mol^{-1}}$ 和 33.57 $\mathrm{J \cdot K^{-1} \cdot mol^{-1}}$。

解： $\Delta_{\mathrm{r}}H_{\mathrm{m}}^{\ominus}(298.15\ \mathrm{K}) = \Delta_{\mathrm{f}}H_{\mathrm{m}}^{\ominus}(298.15\ \mathrm{K}) = -241.83\ \mathrm{kJ \cdot mol^{-1}}$

$$\sum_{\mathrm{B}}\nu_{\mathrm{B}}C_{p,\mathrm{m}}^{\ominus}(\mathrm{B}) = \left(33.57 - \frac{1}{2}\times 29.37 - 28.83\right)\mathrm{J \cdot K^{-1} \cdot mol^{-1}} = -9.94\ \mathrm{J \cdot K^{-1} \cdot mol^{-1}}$$

$$\begin{aligned}\Delta_r H_m^\ominus(T) &= \Delta_r H_m^\ominus(298.15\text{K}) + \int_{298.15\text{K}}^{T} \sum_B \nu_B C_{p,m}^\ominus(\text{B})\text{d}T \\ &= -241.83\ \text{kJ}\cdot\text{mol}^{-1} + (498\ \text{K} - 298.15\ \text{K}) \times (-9.94\ \text{J}\cdot\text{K}^{-1}\cdot\text{mol}^{-1}) \\ &= -244\ \text{kJ}\cdot\text{mol}^{-1}\end{aligned}$$

3. 等压化学反应热

正如在 1.6 节中讨论的那样，如果化学反应在等温、等压下进行，化学反应热 Q_p 在量值上必与该反应系统的 $\Delta_r H_m(T)$ 相等。

在前面我们已经学习了如何计算 $\Delta_r H_m^\ominus(T)$。要给出化学反应热 Q_p，就必须弄清 $\Delta_r H_m(T)$ 与 $\Delta_r H_m^\ominus(T)$ 之间的关系。

例 1.8.2 已知反应 $H_2(g) + \frac{1}{2}O_2(g) \longrightarrow H_2O(g)$ 的 $\Delta H_m^\ominus(498\ \text{K}) = -244\ \text{kJ}\cdot\text{mol}^{-1}$。计算该反应在常压、498 K 下连续流动管式反应器中进行 1 mol 进度时的反应热。

解： 为求 $\Delta_r H_m(T)$，设计下列过程

$$H_2(g, \tfrac{2}{3}\times 101.325\ \text{kPa}) + \tfrac{1}{2}O_2(g, \tfrac{1}{3}\times 101.325\ \text{kPa}) \xrightarrow{T} H_2O\ (g, 101.325\ \text{kPa})$$

$$\Delta H_1 = 0 \qquad \Delta H_2 = 0 \qquad \Delta H_3 = 0$$

$$H_2(g, p^\ominus) + \tfrac{1}{2}O_2(g, p^\ominus) \xrightarrow{T} H_2O\ (g, p^\ominus)$$

$$\Delta_r H_m(T) = \Delta H_1 + \Delta H_2 + \Delta_r H_m^\ominus(T) + \Delta H_3 = \Delta_r H_m^\ominus(T)$$

所以
$$\Delta_r H_m(498\ \text{K}) = \Delta_r H_m^\ominus(498\ \text{K}) = -244\ \text{kJ}\cdot\text{mol}^{-1}$$

$$Q_p = \Delta_r H_m(T) = -244\ \text{kJ}\cdot\text{mol}^{-1}$$

如例 1.8.2 所示，如果反应温度较高，混合气体反应时的压强显著低于任一反应参与物的临界压强，则可将反应气体视为理想气体（相应反应称为**理想气体反应**）。反应即使有凝聚态（l，s）反应参与物，各反应参与物的摩尔焓也与压强无关。因此，在上述各类情况下，都有 $\Delta_r H_m(T) = \Delta_r H_m^\ominus(T)$。

但是，对于反应温度较低且有气体反应参与物的高压反应，其 $\Delta_r H_m(T)$ 与 $\Delta_r H_m^\ominus(T)$ 之间会有较大的差别。

有些反应参与物，因其结构上的特殊性或模糊性，很难查到相应的 $\Delta_f H_m^\ominus$ (B, 298.15 K)、$\Delta_c H_m^\ominus$ (B,298.15 K) 及 $C_{p,m}^\ominus$(B) 的数据。因而难以利用基尔霍夫公式计算化学反应热。不过，在这种情况下，仍可以通过化学键的平均键焓数据（见表 1.8.1）对反应热进行比较接近实际结果的估算（见例 1.8.3）。其理论依据是，化学反应热基本来自反应中一些化学键断裂时吸收热量与另一些化学键形成时放出

热量的净结果。

表 1.8.1　一些常见化学键的平均键焓

化学键	平均键焓 /($kJ\cdot mol^{-1}$)	化学键	平均键焓 /($kJ\cdot mol^{-1}$)
H — H(H_2)	436	C — O	360
C — C	348	C — H	412
C ═ C	612	N — H	388
C ≡ C	838	O — H	463
C — N	305	O ═ O (O_2)	497
C ≡ N	890	O — O	146
C ═ O	743	N ≡ N (N_2)	946

例 1.8.3 异丁烯在 40～50 ℃，强路易斯酸（如无水 $AlCl_3$）的催化作用下，按以下反应式发生低聚反应：

$$(6\sim10)C_4H_8(g)\longrightarrow(C_4H_8)_{6\sim10}(l)$$

（1）按 8 个异丁烯分子聚合考虑，计算反应热。（2）发生 1 mol 异丁烯低聚反应，需要多少 20 ℃的水进行冷却才可使反应系统恒温在 45 ℃附近？

解：（1）若均按 8 个异丁烯分子聚合发生上述 1 mol 异丁烯低聚反应考虑，要断开 8 个 C ═ C 双键中的 π 键，形成 7 个 C — Cσ 单键。

查表 1.8.1 给出的 C ═ C 双键和 C — Cσ 单键键能数据可知，

$$\Delta_r H_m = -[8\times(348-612)+7\times348]\ kJ\cdot mol^{-1} = -324\ kJ\cdot mol^{-1}$$

即反应放热为 $324\ kJ\cdot mol^{-1}$。

（2）设需冷却水的物质的量为 n，则 $\Delta H_{H_2O}=\int_{293K}^{318K} nC_{p,m}^{\ominus}(H_2O,l)dT = 324\ kJ\cdot mol^{-1}$。

由本书附表 4 查得，$C_{p,m}^{\ominus}(H_2O,l)=75.30\ J\cdot K^{-1}\cdot mol^{-1}$，代入上式解得 n=172.1 mol。即异丁烯发生 1 mol 低聚反应，需要通入 172.1 mol 20 ℃的水进行冷却。

4. 绝热反应

有些反应由于进行得非常快，在反应过程中产生的热不能及时逸散出去而几乎全部用于反应产物的升温。这类反应，可以按绝热反应过程处理（见例 1.8.4）。

例 1.8.4 计算乙炔在化学计量比氧气中燃烧时，“氧炔焰”理论上可达到的最高温度。

解：乙炔在氧气中燃烧的化学计量式为 $2C_2H_2(g)+5O_2(g)\longrightarrow 4CO_2(g)+2H_2O(g)$。由本书附表 5 查得 $\Delta_c H_m^{\ominus}(C_2H_2,g,298\ K)=-1299.59\ kJ\cdot mol^{-1}$，由附表 4 查得 $\Delta_f H_m^{\ominus}(H_2O,g,298\ K)=-241.83\ kJ\cdot mol^{-1}$，$\Delta_f H_m^{\ominus}(H_2O,l,298\ K)=-285.84\ kJ\cdot mol^{-1}$。则依据如下过程：

$$
\begin{array}{ccc}
2C_2H_2(g)+5O_2(g) & \xrightarrow{\Delta_r H_m^\ominus} & 4CO_2(g)+2H_2O(g) \\
\searrow 2\Delta_c H_m^\ominus(C_2H_2,g) & & \nearrow 2\Delta_f H_m^\ominus(H_2O,g)-2\Delta_f H_m^\ominus(H_2O,l) \\
& 4CO_2(g)+2H_2O(l) &
\end{array}
$$

有 $\Delta_r H_m^\ominus(298\ \mathrm{K}) = 2\Delta_c H_m^\ominus(C_2H_2,g,298\ \mathrm{K}) + 2\Delta_f H_m^\ominus(H_2O,g,298\ \mathrm{K}) - 2\Delta_f H_m^\ominus(H_2O,l,298\ \mathrm{K})$

$= (-1299.59\times 2 - 241.83\times 2 + 285.84\times 2)\ \mathrm{kJ\cdot mol^{-1}} = -2511.2\ \mathrm{kJ\cdot mol^{-1}}$

反应放出的热（$2511.2\ \mathrm{kJ\cdot mol^{-1}}$）全部被生成的 $CO_2(g)$ 和 $H_2O(g)$ 吸收。设“氧炔焰”的温度为 T，则有 $-\Delta_r H_m^\ominus(298\ \mathrm{K}) = \int_{298\mathrm{K}}^{T}\left[4C_{p,m}^\ominus(CO_2,g) + 2C_{p,m}^\ominus(H_2O,g)\right]\mathrm{d}T$。

由附表 4 查得

$$C_{p,m}^\ominus(CO_2,g) = 44.14\ \mathrm{J\cdot K^{-1}\cdot mol^{-1}} + 9.04\times 10^{-3}T\ \mathrm{J\cdot K^{-2}\cdot mol^{-1}}$$
$$C_{p,m}^\ominus(H_2O,g) = 30.12\ \mathrm{J\cdot K^{-1}\cdot mol^{-1}} + 11.30\times 10^{-3}T\ \mathrm{J\cdot K^{-2}\cdot mol^{-1}}$$

于是有

$$-\Delta_r H_m^\ominus(298\ \mathrm{K}) = \int_{298\mathrm{K}}^{T}[(4\times 44.14 + 2\times 30.12)\ \mathrm{J\cdot K^{-1}\cdot mol^{-1}} + (4\times 9.04 + 2\times 11.30)\times 10^{-3}T\ \mathrm{J\cdot K^{-2}\cdot mol^{-1}}]\mathrm{d}T$$

即 $$2511.2\ \mathrm{kJ\cdot mol^{-1}} = \int_{298\mathrm{K}}^{T}[(236.8 + 0.05876\,T/\mathrm{K})\ \mathrm{J\cdot K^{-1}\cdot mol^{-1}}]\,\mathrm{d}T$$

处理上述定积分方程，有 $0.02938(T/\mathrm{K})^2 + 236.8(T/\mathrm{K}) - 2584375 = 0$，由此解得 $T = 6178\ \mathrm{K}$，即“氧炔焰”最高温度点的温度为 6178 K。

思考题 1.8.3

为什么乙炔在化学计量比的空气中燃烧时，形成的“空气炔焰”的温度比“氧炔焰”的温度要低得多？

1.9 本章概要

1. 理想气体

理想气体忽略分子之间的相互作用，因此它的热力学能不包括分子间的势能。正因为如此，理想气体的 U 和 H 只和温度有关。即，理想气体的 p，V，T 变化时下述两个公式恒成立。

$$\Delta U = \int_{T_1}^{T_2} nC_{V,m}\mathrm{d}T,\quad \Delta H = \int_{T_1}^{T_2} nC_{p,m}\mathrm{d}T$$

实际上，理想气体并不存在。实际气体在压强很低时，可视为理想气体。

2. 体积功的计算

体积功的计算公式为

$$W_V = -\int_{V_1}^{V_2} p_{\mathrm{su}} \mathrm{d}V$$

无论环境的压强 p_{su} 为某个确定的值还是可用系统体积 V 的函数来表述，过程的体积功都可由积分准确计算得到。

3. 等容热和等压热

要求得等容过程的热，就是计算过程的 ΔU；要求得等压过程的热，就是计算过程的 ΔH。

如系统在等容条件下只发生 p，V，T 变化，则有

$$Q_V = \Delta U = \int_{T_1}^{T_2} nC_{V,\mathrm{m}} \mathrm{d}T$$

如系统在等压条件下只发生 p，V，T 变化，则有

$$Q_p = \Delta H = \int_{T_1}^{T_2} nC_{p,\mathrm{m}} \mathrm{d}T$$

4. 非可逆相变的 ΔH

非可逆相变的 ΔH 可通过设计始、终态与变化过程相同的可逆途径进行计算。

凝聚态（s 和 l）的等温变压过程，其焓变很小，$\Delta H \approx 0$；气态物质的等温变压过程，其 $\Delta H = 0$（视为理想气体）。

5. 任意温度 T 下的等压反应热

如果在 298.15 K～T 之间不涉及反应参与物的相变，则有

$$\Delta_{\mathrm{r}} H_{\mathrm{m}}^{\ominus}(T) = \Delta_{\mathrm{r}} H_{\mathrm{m}}^{\ominus}(298.15\ \mathrm{K}) + \int_{298.15\ \mathrm{K}}^{T} \sum_{\mathrm{B}} \nu_{\mathrm{B}} C_{p,\mathrm{m}}^{\ominus}(\mathrm{B}) \mathrm{d}T$$

由于 $Q_p = \Delta_{\mathrm{r}} H_{\mathrm{m}}$，在一般情况下 $\Delta_{\mathrm{r}} H_{\mathrm{m}} = \Delta_{\mathrm{r}} H_{\mathrm{m}}^{\ominus}$，因此 $Q_p = \Delta_{\mathrm{r}} H_{\mathrm{m}}^{\ominus}$。

C1-1
体积功计算总结

习题

1. 计算下列各过程的体积功 W_V。

（1）1 mol N_2 由 400 K、1.00 MPa 等容条件下加热到 500 K；

（2）1 mol N_2 由 400 K、1.00 MPa 等压条件下加热到 500 K（可将该条件下的 N_2 视为理想气体）；

（3）1 mol O_2 由 30 ℃、1013.25 Pa 的始态自由膨胀到 101.325 Pa；

（4）1 mol 冰在 273 K、101.325 kPa 条件下的熔化过程（已知该条件下，冰和水的密度分别为 920 kg · m^{-3} 和 1000 kg · m^{-3}）；

（5）1 mol 水在 373.15 K、101.325 kPa 条件下蒸发为水蒸气（可将该条件下的水蒸气视为理想

气体）。

2. 1 mol H_2 由 300 K、1.00 MPa（可视为理想气体）的始态，分别经下述四种不同途径变到 300 K、1.00 kPa 的终态，试计算该变化沿不同途径进行时的 Q、W 及系统的 ΔU。

（1）自由膨胀；

（2）反抗恒外压 1.00 kPa 膨胀；

（3）等温可逆膨胀。

3. 已知冰的正常熔点为 273.15 K，摩尔熔化焓为 $\Delta_{fus}H_m = 6.02\ kJ \cdot mol^{-1}$，冰与水的等压摩尔热容分别为 $C_{p,m}^{\ominus}(H_2O,s) = 37.6\ J \cdot K^{-1} \cdot mol^{-1}$ 和 $C_{p,m}^{\ominus}(H_2O,l) = 75.3\ J \cdot K^{-1} \cdot mol^{-1}$。求：将 1 mol 263.15 K 的过冷水在 101.325 kPa 的外压下凝固为同温、同压下的冰时，吸收或放出的热。

4. 在 101.325 kPa 下，把一个极微小的冰块作为晶种投入 100 g 温度为 268 K 的过冷水中，结果使一定数量的水凝结为冰，并使系统温度升至 273 K。由于该过程进行得很快，故可以看成绝热的。已知冰的熔化热为 $6.00\ kJ \cdot mol^{-1}$，在 268～273 K 下水的等压摩尔热容为 $75.86\ J \cdot K^{-1} \cdot mol^{-1}$。求系统经此过程的 ΔH 及析出冰的质量。

5. 已知 $H_2O(l)$ 在 100 ℃的摩尔汽化焓为 $40.67\ kJ \cdot mol^{-1}$，水和水蒸气的等压摩尔热容分别为 $75.31\ J \cdot K^{-1} \cdot mol^{-1}$ 和 $33.6\ J \cdot K^{-1} \cdot mol^{-1}$，求下列变化过程的 Q，W_V，ΔU 和 ΔH。

（1）2 mol 液态 H_2O 在 100 ℃、常压下汽化为同温、同压的水蒸气；

（2）2 mol 液态 H_2O 在 25.0 ℃、常压下汽化为同温、同压的水蒸气。

6. 理想气体反应：$CH_3OH(g) \xlongequal{} HCHO(g) + H_2(g)$，已知各物质在 298 K 下的热力学数据如下：

物质	$\Delta_f H_m^{\ominus}(298\ K)/(kJ \cdot mol^{-1})$	$C_{p,m}^{\ominus}(298\ K)/(J \cdot K^{-1} \cdot mol^{-1})$
$CH_3OH(g)$	−201.2	20.4
$HCHO(g)$	−115.9	18.8
$H_2(g)$	0	29.1

若将所有反应参与物的 $C_{p,m}^{\ominus}$ 视为与温度无关，试计算该反应在 600 K 的 $\Delta_r H_m^{\ominus}$。

7. 氯乙烯生产 $\left[C_2H_2(g) + HCl(g) \xrightarrow{HgCl_2} CH_2CHCl(g)\right]$ 目前已成为世界范围内最重要的化工产业之一。已知氯乙烯、乙炔、氯化氢在 298 K 下的标准摩尔生成焓分别为 $35.6\ kJ \cdot mol^{-1}$、$226.7\ kJ \cdot mol^{-1}$ 和 $-92.3\ kJ \cdot mol^{-1}$，水的等压摩尔热容为 $75.9\ J \cdot K^{-1} \cdot mol^{-1}$，冷却水的初始温度为 10 ℃。若原料摩尔比为 1∶1，反应能进行得很完全，试计算为保持反应温度恒定在 25 ℃，反应 1 kg 氯化氢所需要冷却水的质量。

第 2 章
热力学第二定律和第三定律

克劳修斯

开尔文

和热力学第一定律一样，热力学第二定律的得出也是来自人们对大量实践的认识和总结。

克劳修斯（Clausius，德国物理学家和数学家）于 1850 年提出："不可能把热由低温物体转移到高温物体，而不留下其他变化。"

开尔文（Kelvin，英国数学家和物理学家）于 1851 年提出："不可能从单一热源吸热使之完全变为功，而不留下其他变化。"

他们的上述表述，被称为**经典的热力学第二定律**。

当然，经典的热力学第二定律表明，"第二类永动机"（持续从单一热源吸热而做功的机器）是不可能造成的。这是因为，若要它持续吸热而做功，其工作物质的温度就不能越来越高，而要使温度已经升高的工作物质再降回其起始温度，就必须还有一个相应的低温热源。这样，热机才能再次从高温热源吸热而做功。

处于地球引力下的水自动由高处流向低处；当氧气和氮气中间的隔板被抽去时，两种气体可自动混合；氢气和氧气接触时（在合适的条件下）可自动生成水……由 1.6 节的学习已知，像这样在一定的条件下不需要环境注入非体积功就能进行的过程，为自发过程。自发过程的反向过程，即非自发过程。例如，把水从低处移向高处，把空气分离成纯氧和纯氮等气体，由水制备氢气和氧气……要实现它们，就必须向环境注入一定的非体积功。毫无疑问，如果能够准确地判断一个过程的自发性并掌握其自发趋势的大小，人类就能更有效地利用这些过程获取能量。同样，对于一个非自发过程，只有能够判断必须注入多少非体积功才可实现它，人类才能初步权衡这个过程的经济性，进而受惠于其带来的经济效益。因此，我们必须掌握能够准确判定过程自发性的判据。

在本章中，我们将认知前人如何从前述热机吸热做功的基本规律，推导给出上述所需的过程自发性判据，启发科学创新思维和掌握该自发性判据的应用。

2.1 理想气体的绝热可逆过程

由 1.6 节已知，不管理想气体经历任何 p，V，T 变化过程，均有 $dU=nC_{V,m}(T)dT$。对于理想气体的绝热过程，根据热力学第一定律，有 $dU=\delta W$，若 $W'=0$，则有 $nC_{V,m}dT=-p_{su}dV$。若理想气体在绝热、$W'=0$ 条件下进行的是一个可逆过程，则有

$$nC_{V,m}dT=-pdV=-nRT\frac{dV}{V} \qquad (注：可逆过程的 p=p_{su})$$

B2-1

理想气体的绝热可逆过程

整理可得

$$\frac{dT}{T}+\frac{R}{C_{V,m}}\frac{dV}{V}=0$$

对于理想气体，$C_{p,m}-C_{V,m}=R$，又 $\frac{C_{p,m}}{C_{V,m}}=\gamma$，将二者代入上式，可得

$$\frac{dT}{T}+(\gamma-1)\frac{dV}{V}=0$$

对于理想气体，可将 γ 视为常数。于是，对上式积分可得

$$\ln\{T\}+(\gamma-1)\ln\{V\}=B \qquad (B 为积分常数)$$

B2-2

理想气体绝热可逆过程体积功的推导

由此可得到

$$TV^{\gamma-1}=常数$$

即

$$T_1V_1^{\gamma-1}=T_2V_2^{\gamma-1} \tag{2.1-1}$$

该式称为**理想气体的绝热可逆过程方程式**。该式表明，在 $W'=0$ 的条件下，定量理想气体进行绝热可逆过程时，在任意两个温度（或体积）下，其 $TV^{\gamma-1}$ 都是相等的。

2.2 卡诺定理和卡诺循环

1. 卡诺定理

如图 2.2.1 所示，一个工作在两个热源之间的热机 E，如果它从高温热源（T_1）吸热 Q_1，对外（环境）做功 $-W$，将余热传给低温热源（T_2），则其热机效率 η_E 为

$$\eta_E=\frac{-W}{Q_1}=\frac{Q_1+Q_2}{Q_1}$$

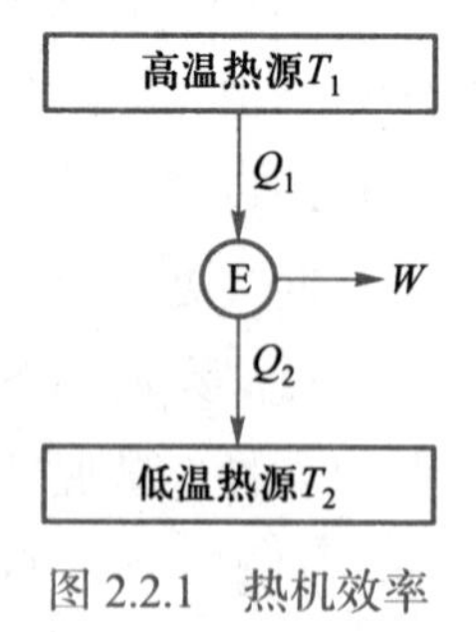

图 2.2.1　热机效率

对于热机效率，**卡诺**（Carnot，法国物理学家）在 1824 年提出："所有工作于同温热源和同温冷源之间的热机，其热机效率都不可能超过可逆热机。"这就是**卡诺定理**。所谓**可逆热机**，就是借助工作物质的可逆循环过程而工作的热机。

卡诺

卡诺定理虽然提出较早，但当时却无法证明其成立。直到 1850 年才由克劳修斯提出的热力学第二定律给出了证明。

卡诺定理的证明：

设有一个热机 E，与可逆热机 R 工作在同温热源 T_1（即高温热源）和同温冷源 T_2（即低温热源）之间［见图 2.2.2(a)］。假定其热机效率 η_E 大于可逆热机效率 η_R，即 $\frac{W}{Q_1}>\frac{W}{Q_1'}$。

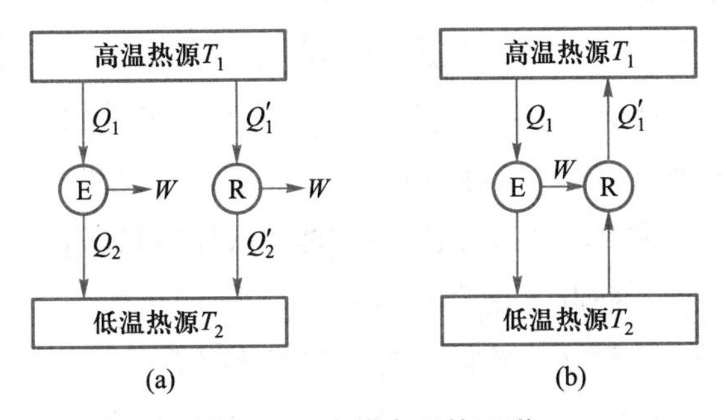

图 2.2.2　卡诺定理的证明

现用该热机 E 带动可逆热机 R，使可逆热机 R 反转工作。可逆热机 R 所需的功由热机 E 提供，如图 2.2.2(b) 所示，则可逆热机 R 从低温热源 T_2 吸热，连同从热机 E 所得的功一起以热能 Q_1'向高温热源 T_1 放出。当两个热机组成的复合热机中的工作物质刚好经过一个循环过程时，两热机中的工作物质都恢复到了原状态。因为 $\frac{W}{Q_1}>\frac{W}{Q_1'}$，即 $Q_1'>Q_1$。这就是说，该过程把 $Q_1'-Q_1>0$ 的热量在没有引起其他变化的条件下从低温热源转移到高温热源。显然，该结果违反克劳修斯提出的热力学第二定律，因此上述假定不成立。也就是说，工作在同温热源和同温冷源之间的热机，其热机效率不可能超过可逆热机。卡诺定理得证。

根据卡诺定理，还可以进一步得到以下推论：**所有工作于同温热源与同温冷源之间的可逆热机，其热机效率都相等。**

证明：

假设两个可逆热机 R1 和 R2 工作于同温热源和同温冷源之间。若以 R1 向 R2 输出功带动后者使其反转工作，则基于上述卡诺定理的证明，必有 $\eta_{R2}\geqslant\eta_{R1}$；反之，若以 R2 带动 R1，让 R1 反转工作，则又有 $\eta_{R1} \geqslant \eta_{R2}$。这就是说，工作在同温热源和同温冷源之间的两个可逆热机 R1 和 R2，其热机效率只能相等。

上述推论的实质就是，无论可逆热机使用工作物质的性质如何，也无论其工作物质的可逆循环以何种方式进行，只要其工作于确定温度的热源与冷源之间，其热机效率就是相等的。

2. **卡诺循环**

为便于推导在确定热源和冷源之间工作热机的最大热机效率，克拉佩龙（Clapeyron，法国物理学家）设想了工作物质为理想气体的进行下述可逆循环的可逆热机模型。如图 2.2.3 所示，该热机中工作物质的状态循环由下述 4 个简单过程构成：

克拉佩龙

Ⅰ. 汽缸与高温热源 T_1 接触，汽缸内的理想气体由状态 A（p_A,V_A,T_1）在 T_1 下吸热 Q_1，等温可逆膨胀至状态 B（p_B,V_B,T_1）。

Ⅱ. 汽缸离开高温热源 T_1，汽缸内的理想气体由状态 B（p_B,V_B,T_1）绝热可逆膨胀至状态 C（p_C,V_C,T_2），温度降为 T_2。

Ⅲ. 汽缸与低温热源 T_2 接触，汽缸内的理想气体由状态 C（p_C,V_C,T_2）被等温压缩到状态 D（p_D,V_D,T_2），向低温热源 T_2 放热 Q_2。

Ⅳ. 汽缸离开低温热源 T_2，汽缸内的理想气体接着由状态 D（p_D,V_D,T_2）被绝热可逆压缩回到最起始的状态 A（p_A,V_A,T_1），使系统内的理想气体恢复到始态。

该循环过程被称为卡诺循环。

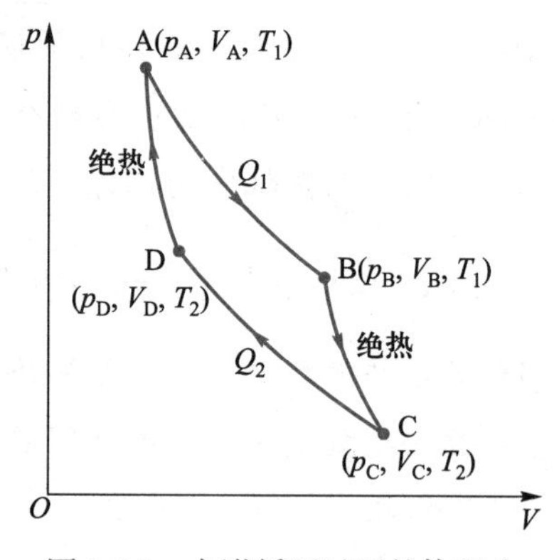

图 2.2.3　卡诺循环过程的体积功

由于热机系统内为理想气体，因此系统在上述等温（$\Delta U=0$）可逆膨胀过程 Ⅰ 中，从高温热源 T_1 吸收的热量 Q_1 全部对环境做功（功的计算见例 1.4.3）：

$$Q_1 = nRT_1 \ln \frac{V_B}{V_A}$$

在等温过程Ⅲ中，系统被等温可逆压缩，从环境得到的功（功的计算见例1.4.6）全部转化为热而传给低温热源 T_2：

$$Q_2 = nRT_2 \ln \frac{V_D}{V_C}$$

对于理想气体的绝热可逆膨胀过程Ⅱ，有 $T_1V_B^{\gamma-1} = T_2V_C^{\gamma-1}$［见公式（2.1−1）］，而对于理想气体的绝热可逆压缩过程Ⅳ，则有 $T_1V_A^{\gamma-1} = T_2V_D^{\gamma-1}$。将该两式相除有

$$\frac{V_B}{V_A} = \frac{V_C}{V_D}$$

于是，$Q_1 + Q_2 = nR(T_1 - T_2)\ln \frac{V_B}{V_A}$，则

$$\eta_{卡} = \frac{Q_1 + Q_2}{Q_1} = \frac{T_1 - T_2}{T_1} \qquad (2.2-1)$$

这就是工作在确定温度（T_1）的热源和确定温度（T_2）的冷源之间工作热机的最大热机效率——卡诺热机效率。

无论是否为可逆热机，都有 $\eta = \frac{Q_1 + Q_2}{Q_1}$，而只有可逆热机才有 $\eta_{可逆} = \frac{T_1 - T_2}{T_1}$，所以 $\frac{T_1 - T_2}{T_1} \geqslant \frac{Q_1 + Q_2}{Q_1}$（可逆热机取 =，不可逆热机取＞）。

2.3 克劳修斯不等式和熵增原理

1. 熵的定义式

整理式（2.2−1），可得

$$\frac{Q_1}{T_1} + \frac{Q_2}{T_2} \leqslant 0 \qquad （可逆热机取=，不可逆热机取＜）$$

如果热机工作在多个不同的环境温度 T_1，T_2，T_3，…的热源之间，则有

$$\frac{Q_1}{T_1} + \frac{Q_2}{T_2} + \frac{Q_3}{T_3} + \cdots \leqslant 0 \qquad （可逆热机取=，不可逆热机取＜）$$

即

$$\sum \frac{\delta Q}{T_{su}} \leqslant 0 \qquad （可逆热机取=，不可逆热机取＜）$$

对于可逆热机，系统经历的循环过程为可逆过程。对于可逆过程，系统的温度 T 总是等于环境的温度 T_{su}，且相应加和可用积分表述。因此，上式可以写为：对于可逆循环过程，$\oint \frac{\delta Q_r}{T} = 0$；对于不可逆循环过程，$\sum \frac{\delta Q_{ir}}{T_{su}} < 0$（其中 Q_r 表示可逆过

程的热，而 Q_{ir} 表示不可逆过程的热）。

$\frac{\delta Q_r}{T}$ 的封闭曲线积分为零，表明该被积分的变量为某个状态函数的全微分（积分定理）。用 S（称为熵，单位为 $J \cdot K^{-1}$）表示该状态函数，则该状态函数 S 的全微分就是 $dS = \frac{\delta Q_r}{T}$。这就是微熵的定义式。

2. 克劳修斯不等式

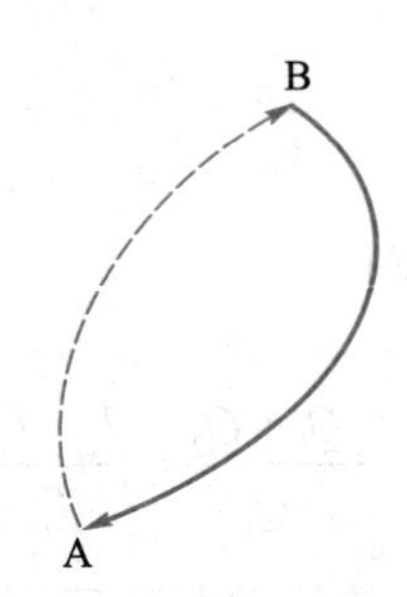

图 2.3.1　不可逆循环过程 A → B → A

设有一个由 A → B 和再由 B → A 两步过程实现的不可逆循环过程（A → B → A）。其中第一步为不可逆过程，第二步为可逆过程，如图 2.3.1 所示。因为该循环过程属于不可逆循环过程，所以

$$\sum_{A \to B} \frac{\delta Q_{ir}}{T_{su}} + \int_B^A \frac{\delta Q_r}{T} < 0$$

将 $\int_B^A \frac{\delta Q_r}{T}$ 移至不等式右侧，有

$$\sum_{A \to B} \frac{\delta Q_{ir}}{T_{su}} < -\int_B^A \frac{\delta Q_r}{T}$$

因为

$$-\int_B^A \frac{\delta Q_r}{T} = \int_A^B \frac{\delta Q_r}{T} = \int_A^B dS = \Delta S(A \to B)$$

即

$$\Delta S(A \to B) = \int_A^B \frac{\delta Q_r}{T} \qquad (2.3-1)$$

又

$$\sum_{A \to B} \frac{\delta Q_{ir}}{T_{su}} < -\int_B^A \frac{\delta Q_r}{T}$$

则

$$\Delta S(A \to B) > \int_A^B \frac{\delta Q_{ir}}{T_{su}}$$

将该式和式（2.3-1）合并，得

$$\Delta S(A \to B) \geqslant \int_A^B \frac{\delta Q}{T_{su}} \qquad (=\text{可逆}，>\text{不可逆}) \qquad (2.3-2)$$

对于微小的过程，则

$$dS \geqslant \frac{\delta Q}{T_{su}} \quad (=可逆，>不可逆) \qquad (2.3-3)$$

式（2.3-2）和式（2.3-3）称为克劳修斯不等式，即热力学第二定律的数学表达式，是化学热力学最重要的基础。

3. 熵增原理

如果系统由状态 A 至状态 B 的变化过程是绝热过程，则克劳修斯不等式（2.3-2）就变为

$$\Delta S_{绝热}(A \rightarrow B) \geqslant 0 \quad (=可逆，>不可逆) \qquad (2.3-4)$$

该式称为**熵增原理**。它表明，在绝热条件下，所有不可逆过程，都使系统的熵增大。反之，在绝热条件下，使系统的熵不变的过程，一定是可逆过程。**在绝热条件下，不会发生使系统的熵值变小的过程**。

该熵增原理从能够实现的热机出发，一步一步由严密的逻辑导出。那么，上述结论，其实质到底是什么？

其实质就是，**在绝热条件下，使系统熵值变小的过程不可能实现**。

在通常情况下，可视为绝热过程的情况很少。但是，若把真正发生变化的系统和环境（它们之间有热交换）一并视为一个大系统，则这个大系统中既包括原系统，也包括原环境。这样，这个大系统就一定是一个隔离系统。自然，这个隔离系统就满足了应用熵增原理的条件，即

$$\Delta S_{隔离} = \Delta S_{原系统}(A \rightarrow B) + \Delta S_{原环境}(A \rightarrow B) \geqslant 0 \quad (=可逆，>不可逆) \qquad (2.3-5)$$

不可逆过程，可能自发地发生，也可能非自发地发生。

因此，由式（2.3-5）计算所得 $\Delta S_{隔离}$，可对原系统内的过程 A → B 进行如下判断：

① 如果 $\Delta S_{隔离} > 0$，则原系统内的过程 A → B 可以不可逆（自发或非自发）地发生。

② 如果 $\Delta S_{隔离} = 0$，则原系统内的过程 A → B 可逆地发生。

③ 如果 $\Delta S_{隔离} < 0$，则原系统内的过程 A → B 没有可能发生（即无法实现）。

式（2.3-5）由于对原系统内的过程 A → B 的上述判定作用，被广泛称为**熵判据**。

2.4 系统经 p，V，T 变化及相变过程的熵变

既然熵判据为我们提供了判定一个过程能否实际发生的普适性方法，准确计算系统和环境的熵变，就成为了物理化学的基础内容。

1. 环境的熵变

对于封闭系统，环境的体积和热容可看作无限大。因此，无论环境在过程中从系统吸收或向系统放出多少热量，以及系统体积的变化如何，环境的温度和体积均可视为定值。这样，无论系统发生的过程如何，环境向系统提供热量或接受系统放出热量的方式总是可逆的。因此，环境的熵变总是

$$\Delta S_{su} = \frac{Q_{su}}{T_{su}} = \frac{-Q}{T_{su}} \tag{2.4-1}$$

式中，Q 是实际过程的热。

2. 系统的熵变

（1）气态、液态、固态物质的等容变温过程

系统的等容变温过程可以可逆地实现，因此，

$$\delta Q_r = \delta Q_V = dU = nC_{V,m}\,dT$$

$$\Delta S = \int \frac{\delta Q_V}{T} = \int_{T_1}^{T_2} \frac{nC_{V,m}dT}{T} \tag{2.4-2}$$

当 $C_{V,m}$ 为常数时，
$$\Delta S = nC_{V,m}\ln\frac{T_2}{T_1}$$

（2）气态、液态、固态物质的等压变温过程

与上述等容变温过程一样，等压变温过程也可以可逆地实现。

$$\Delta S = \int \frac{\delta Q_p}{T} = \int_{T_1}^{T_2} \frac{nC_{p,m}dT}{T} \tag{2.4-3}$$

当 $C_{p,m}$ 为常数时，
$$\Delta S = nC_{p,m}\ln\frac{T_2}{T_1}$$

（3）理想气体的 p，V，T 变化过程

熵是状态函数，因此系统的熵变只取决于系统的始态和终态。令理想气体的 p，V，T 变化过程沿可逆途径进行，且 $\delta W'=0$，则

$$\delta Q_r = dU + pdV$$

$$dS = \frac{\delta Q_r}{T} = \frac{dU + pdV}{T}$$

又 $dU = nC_{V,m}dT$，于是

$$dS = \frac{nC_{V,m}dT}{T} + \frac{nRdV}{V}$$

积分可得

$$\Delta S=n\left(C_{V,\mathrm{m}}\ln\frac{T_2}{T_1}+R\ln\frac{V_2}{V_1}\right) \qquad (2.4-4)$$

例 2.4.1 如图 2.4.1 所示，隔板的左侧为 O_2，物质的量为 n_1；右侧为 N_2，物质的量为 n_2。两气体的温度均为 T，压强均为 p。提起隔板，使两气体等温等压混合，求过程的 ΔS。

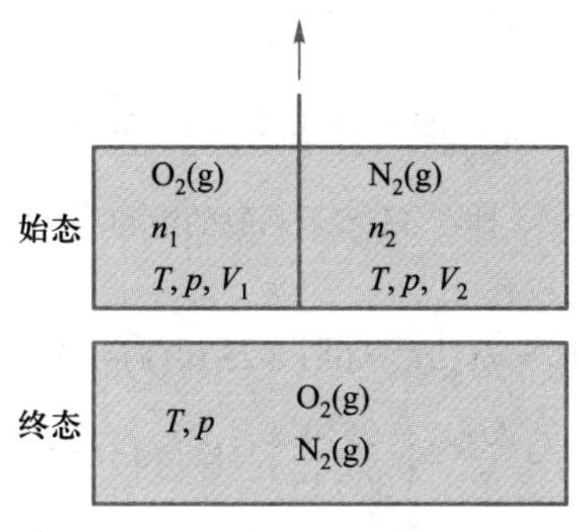

图 2.4.1 气体的等温等压混合

解：对于理想气体的等温过程，有

$$\Delta S=nR\ln\frac{V_{终}}{V_{始}} \qquad [见式（2.4-4）]$$

O_2 和 N_2 均为系统内的物质，则

$$\Delta_{\mathrm{mix}}S=\Delta S(O_2)+\Delta S(N_2)$$

则
$$\Delta_{\mathrm{mix}}S=n_1R\ln\frac{V_1+V_2}{V_1}+n_2R\ln\frac{V_1+V_2}{V_2}=n_1R\ln\frac{n_1+n_2}{n_1}+n_2R\ln\frac{n_1+n_2}{n_2}$$

理想气体 p，V，T 变化过程的熵变（用于本章复习）

（4）正常相变

正常相变，即在可逆条件下的相变，又称为**可逆相变**。

$$\Delta S=\frac{Q_{\mathrm{r}}}{T}=\frac{Q_p}{T}=\frac{n\Delta H_{\mathrm{m}}}{Y} \qquad (2.4-5)$$

由于 $\Delta_{\mathrm{fus}}H_{\mathrm{m}}>0$，$\Delta_{\mathrm{vap}}H_{\mathrm{m}}>0$，因此相应熵变大于 0。于是可知，在一定 T，p 下，同一物质气、液、固三态的熵，其相对大小总是 $S_{\mathrm{m}}(\mathrm{s})<S_{\mathrm{m}}(\mathrm{l})<S_{\mathrm{m}}(\mathrm{g})$。

（5）非正常相变

系统的熵变，只取决于系统的始态和终态。因此，非正常相变的熵变，可在系统的始态和终态确定的条件下，通过（设计的）可逆途径进行计算（见例 2.4.2）。

例 2.4.2 乙醚的正常沸点为 35 ℃，汽化焓为 25.10 kJ · mol^{-1}。有一装有 0.1 mol 乙醚液体的小玻璃泡，置于与环境热交换良好、容积 10 dm^3、充满 101.325 kPa 氮气的 35 ℃等温容器中。若将小玻璃泡打破，让其中的乙醚全部汽化。求：（1）氮气的 $\Delta H(N_2)$，$\Delta S(N_2)$；（2）乙醚的 ΔH（乙醚），ΔS（乙醚）；（3）系统的 ΔH，ΔS。（注：乙醚蒸气、氮气及其混合气体均可视为理想气体。）

解：（1）混合前后氮气的温度没有改变，因此 $\Delta H(N_2)=0$；又体积未变，因此 $\Delta S(N_2)=0$。

（2）可求得乙醚全部汽化后其分压为 $p_{乙醚}=25.620\ \text{kPa}$。乙醚的状态可设计为按下列过程进行：

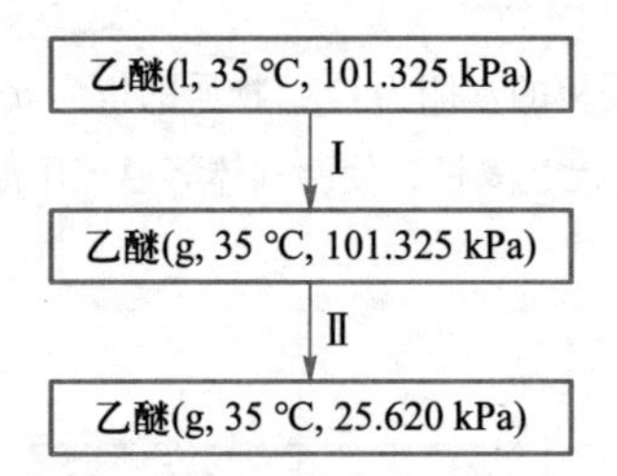

由于乙醚的正常沸点为 35 ℃，即在 35 ℃下乙醚的饱和蒸气压为 101.325 kPa，则过程 I 为等温、等压下的可逆相变过程。所以有

$$\Delta H_1=n\Delta_{\text{vap}}H_{\text{m}}=(0.1\times 25.10)\ \text{kJ}=2.510\ \text{kJ}$$

$$\Delta S_1=\frac{\Delta H_1}{T}=\left(\frac{2510}{308.15}\right)\text{J}\cdot\text{K}^{-1}=8.145\ \text{J}\cdot\text{K}^{-1}$$

过程 II 为理想气体的等温膨胀过程，故 $\Delta H_2=0$，则

$$\Delta S_2=nR\ln\frac{p_1}{p_2}=\left(0.1\times 8.314\times\ln\frac{101.325}{25.620}\right)\text{J}\cdot\text{K}^{-1}=1.143\ \text{J}\cdot\text{K}^{-1}$$

则

$$\Delta H（乙醚）=\Delta H_1+\Delta H_2=2.510\ \text{kJ}$$

$$\Delta S（乙醚）=\Delta S_1+\Delta S_2=(8.145+1.143)\ \text{J}\cdot\text{K}^{-1}=9.288\ \text{J}\cdot\text{K}^{-1}$$

（3）

$$\Delta H=\Delta H（乙醚）+\Delta H(N_2)=2.510\ \text{kJ}$$

$$\Delta S=\Delta S（乙醚）+\Delta S(N_2)=9.288\ \text{J}\cdot\text{K}^{-1}$$

例 2.4.3 已知水在 100 ℃的汽化焓为 40.67 $\text{kJ}\cdot\text{mol}^{-1}$，水和水蒸气的等压摩尔热容分别为 75.3 $\text{J}\cdot\text{K}^{-1}\cdot\text{mol}^{-1}$ 和 33.6 $\text{J}\cdot\text{K}^{-1}\cdot\text{mol}^{-1}$。试判断，在 90 ℃、常压下，水 $H_2O(l)$ 变为同温同压水蒸气 $H_2O(g)$ 的过程能否实际发生？

解：常压下水在 100 ℃下变为水蒸气是正常相变，而上述过程则是一个非正常相变过程，因此设计过程按以下途径进行：

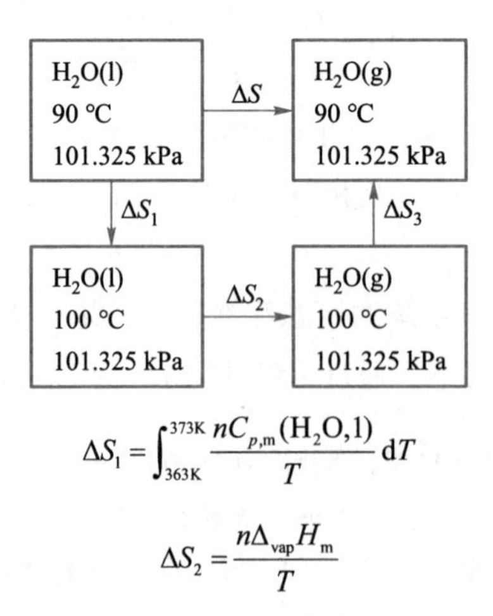

$$\Delta S_1=\int_{363\text{K}}^{373\text{K}}\frac{nC_{p,\text{m}}(H_2O,l)}{T}\,dT$$

$$\Delta S_2=\frac{n\Delta_{\text{vap}}H_{\text{m}}}{T}$$

$$\Delta S_3=\int_{373\text{K}}^{363\text{K}}\frac{nC_{p,\text{m}}(\text{H}_2\text{O,g})}{T}\text{d}T$$

$$\Delta S=\Delta S_1+\Delta S_2+\Delta S_3=\int_{373\text{K}}^{363\text{K}}\frac{n[C_{p,\text{m}}(\text{H}_2\text{O,g})-C_{p,\text{m}}(\text{H}_2\text{O,l})]}{T}\text{d}T+\frac{n\Delta_{\text{vap}}H_\text{m}}{T}$$

令 $n=1\ \text{mol}$，则

$$\Delta S=\left(-41.7\times\ln\frac{363}{373}+\frac{40670}{373}\right)\text{J}\cdot\text{K}^{-1}=110\ \text{J}\cdot\text{K}^{-1}$$

又 $$\Delta H=\Delta H_1+\Delta H_2+\Delta H_3=\int_{373\text{K}}^{363\text{K}}n[C_{p,\text{m}}(\text{H}_2\text{O,g})-C_{p,\text{m}}(\text{H}_2\text{O,l})]\text{d}T+n\Delta_{\text{vap}}H_\text{m}$$

$n=1\ \text{mol}$时，

$$\Delta H=(41.7\times10+40670)\text{J}=41087\ \text{J}$$

因为过程为等压过程，所以 $Q_p=41087\ \text{J}$，

$$\Delta S_{\text{su}}=\frac{-Q_p}{T}=\left(\frac{-41087}{363}\right)\text{J}\cdot\text{K}^{-1}=-113\ \text{J}\cdot\text{K}^{-1}$$

所以 $$\Delta S_{\text{隔}}=\Delta S_{\text{sy}}+\Delta S_{\text{su}}=(110-113)\ \text{J}\cdot\text{K}^{-1}=-3\ \text{J}\cdot\text{K}^{-1}$$

由于过程对应的 $\Delta S_{\text{隔}}<0$，因此该过程不能实际发生。

B2-4 不能实际发生的过程

例 2.4.4 将物质的量为 n，温度为 T_1，体积为 V_1 的理想气体，在绝热条件下压缩到体积为 V_2。通过计算系统在下列两种不同压缩方式下的熵变，验证熵增原理的正确性。

（1）以可逆方式进行；

（2）以任意不可逆方式进行。

解： 由热力学第一定律，环境在绝热条件下对系统压缩时所付出的功全部转化为系统的热力学能。即理想气体的温度一定升高，而其最终温度，与环境所付出功的大小直接相关。

（1）在绝热条件下沿可逆方式进行的压缩，即绝热可逆压缩。设用该方式将理想气体从体积 V_1 压缩至体积 V_2 时，其温度升至 T_2。则由理想气体的绝热可逆过程公式 $T_1V_1^{\gamma-1}=T_2V_2^{\gamma-1}$ 得

$$\ln\frac{T_2}{T_1}=(\gamma-1)\ln\frac{V_1}{V_2}$$

因 $C_{p,\text{m}}-C_{V,\text{m}}=R$，$\dfrac{C_{p,\text{m}}}{C_{V,\text{m}}}=\gamma$，则有

$$C_{V,\text{m}}\ln\frac{T_2}{T_1}=-R\ln\frac{V_2}{V_1}$$

由理想气体的熵变计算公式

$$\Delta S=n\left(C_{V,\text{m}}\ln\frac{T_2}{T_1}+R\ln\frac{V_2}{V_1}\right)\tag{1}$$

可得 $\Delta S=0$。

（2）当用不可逆方式对绝热筒中的理想气体压缩时，环境所付出的功比以准静态方式进行压缩时所付出的功大，当理想气体的体积达到 V_2 时，相应的温度 $T'_2>T_2$。由式（1），必有 $\Delta S>0$。

上述结果，与直接由熵增原理 $\Delta S_{绝热}$（A → B）≥0（= 可逆，> 不可逆）判断所得结果完全相同。

例 2.4.5 将和环境有良好接触的温度均为 T、体积均为 V_1、物质的量分别为 n_1 和 $4n_1$ 的 O_2 和 N_2（可视为理想气体）等温混合（过程Ⅰ）。然后，将混合气体等温压缩为 V_1（过程Ⅱ）。（1）用热力学第二定律验证过程Ⅰ的不可逆性；（2）让过程Ⅱ分别以不可逆和可逆的方式进行，验证热力学第二定律对过程可逆性判断的正确性。

解：（1）过程Ⅰ：

$$\Delta S(O_2) = n_1 R \ln \frac{2V_1}{V_1} = n_1 R \ln 2$$

$$\Delta S(N_2) = 4n_1 R \ln \frac{2V_1}{V_1} = 4n_1 R \ln 2$$

$$\Delta S_{sy}(\text{Ⅰ}) = \Delta S(O_2) + \Delta S(N_2) = 5n_1 R \ln 2$$

该过程为等容过程时，$W=0$；该过程为理想气体等温过程时，$\Delta U=0$。根据热力学第一定律，则 $Q=0$。因此，

$$\Delta S_{su}(\text{Ⅰ}) = \frac{-Q}{T_{su}} = 0$$

$$\Delta S_{孤立}(\text{Ⅰ}) = \Delta S_{sy}(\text{Ⅰ}) + \Delta S_{su}(\text{Ⅰ}) = 5n_1 R \ln 2 > 0$$

由这一结果可知，该气体等温混合过程为不可逆过程，完全符合实际规律。

（2）过程Ⅱ：压缩前 $p_1 = \dfrac{5n_1 RT}{2V_1}$，压缩后 $p_2 = \dfrac{5n_1 RT}{V_1}$。

$$\Delta S_{sy}(\text{Ⅱ}) = 5n_1 R \ln \frac{V_1}{2V_1} = -5n_1 R \ln 2$$

虽然熵变为 $\Delta S_{sy}(\text{Ⅱ}) = -5n_1 R\ln 2$，但环境的熵变依压缩方式不同而不同。该压缩过程为理想气体等温过程，则 $\Delta U=0$，而 $Q_{su}=-Q=W$。

① 以 $p_{su} = p_2 = \dfrac{5n_1 RT}{V_1}$ 恒外压不可逆地压缩：

$$Q_{su} = W = -p_2(V_1 - 2V_1) = \frac{5n_1 RT}{V_1} \cdot V_1 = 5n_1 RT$$

$$\Delta S_{su}(\text{Ⅱ}) = \frac{Q_{su}}{T_{su}} = \frac{5n_1 RT}{T} = 5n_1 R$$

则
$$\Delta S_{孤立}(\text{Ⅱ}) = \Delta S_{sy}(\text{Ⅱ}) + \Delta S_{su}(\text{Ⅱ}) = -5n_1 R\ln 2 + 5n_1 R = 5n_1 R(1-\ln 2) > 0$$

该结果说明，用热力学第二定律可以准确判断出，所采用的压缩过程为不可逆过程。

② 以环境的压强等于系统的压强 $p_{su}=p$ 对系统加压压缩：

$$Q'_{su} = W' = -\int_{2V}^{V_1} p_{su} \mathrm{d}V = -\int_{2V}^{V_1} p \mathrm{d}V = -\int_{2V}^{V_1} \frac{5n_1 RT}{V} \mathrm{d}V = 5n_1 RT \ln 2$$

则
$$\Delta S'_{孤立}(\text{Ⅱ}) = \Delta S_{sy}(\text{Ⅱ}) + \Delta S'_{su}(\text{Ⅱ}) \approx -5n_1 R\ln 2 + 5n_1 RT\ln 2 = 0$$

该结果说明，用热力学第二定律可以准确判断出，所采用的压缩过程为可逆过程。

由例 2.4.4 和例 2.4.5 可以看出，用热力学第二定律可以判断过程的可能性、可逆性，而不能判断过程的自发性。一个不可逆过程，可能是自发的，也可能是非自发的（即过程反向自发）。可自动进行的不可逆过程，才是自发过程。例如，例 2.4.5 中的不可逆过程 I 和以不可逆方式进行的过程 II，虽然它们都是不可逆过程（即 $\Delta S_{孤立}>0$），但前者是自发过程，而后者却是非自发过程。

2.5 热力学第三定律

1. 热力学第三定律的提出

1902 年，理查德（Richard，美国科学家）在研究低温下的电池反应时，发现随着反应温度 T 趋于 0 K，ΔG 和 ΔH 趋于同一个值。对此他提出，这可能是反应温度 T 趋于 0 K 时，$\Delta S\to 0$ 的结果。

能斯特

直到 1906 年，能斯特（Nernst，德国物理学家）发现，当温度 T 趋于 0 K 时，$\left(\frac{\partial \Delta G}{\partial T}\right)_p$ 和 $\left(\frac{\partial \Delta H}{\partial T}\right)_p$ 同时趋于 0（如图 2.5.1 所示）。

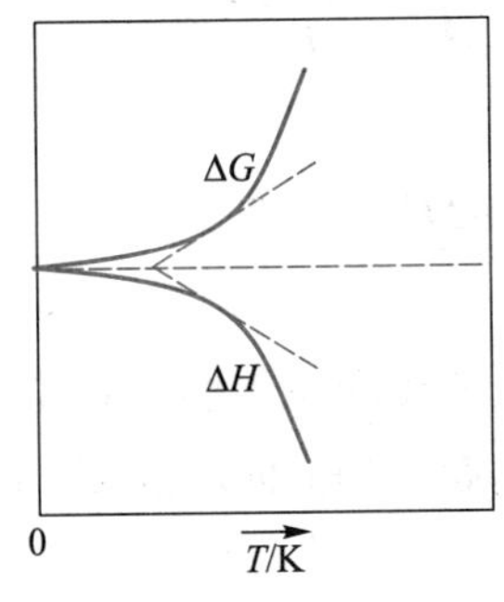

图 2.5.1　当温度趋于 0 K 时，ΔG 和 ΔH 随温度的变化趋势

普朗克

据此他提出，在温度 T 趋于 0 K 的等温过程中，系统的熵不变。该认知被称为**能斯特热定理**。该定理说明，当温度 T 趋于 0 K 时，$\Delta S\to 0$。

在此基础上，普朗克（Planck，德国物理学家）于 1912 年提出，在 0 K 时，纯凝聚态物质的熵值为 0。

路易斯

路易斯（Lewis，美国化学家）和吉布森（Gibson）于 1920 年指出，有的纯晶体，如 CO 晶体，在 0 K 时仍然可能存在…CO CO OC CO OC…无序的排列。只有纯的完美晶体（例

如，在 CO 晶体中 CO 全部以…CO CO CO CO CO…的形式有序排列），在 0 K 时的熵值才为零。

这样，能斯特热定理经过这些界定之后，就有了以下更准确的表述：

纯物质的完美晶体，在 0 K 时的熵值为零。这就是**热力学第三定律**。它可以写成

$$S_m^*（完美晶体，0\,K）=0\,J\cdot K^{-1}$$（“*”表示纯物质）

2. 标准摩尔熵

有了热力学第三定律，任一状态下物质 B 的摩尔熵，都可以通过计算由 0 K 的完美晶体物质 B 变为该状态物质 B 的摩尔熵变 ΔS_m 得到。因为相应始态的摩尔熵值为 0，因此物质 B 在该终态的摩尔熵值即为相应的摩尔熵变 ΔS_m。

由于这样得到的物质 B 在指定状态的摩尔熵值是基于热力学第三定律这一规定得到的，因此相应摩尔熵值被称为物质 B 的“规定摩尔熵”。当物质 B 所处的压强为标准压强（$p^\ominus$=100 kPa）时，其“规定摩尔熵”就称为**标准摩尔熵**，用 $S_m^\ominus(B,\beta,T)$ 表示。

因为在等压、没有相变的条件下改变温度时，熵变的计算公式为

$$\Delta S(T_1 \to T_2)=\int_{T_1}^{T_2}\frac{nC_{p,m}dT}{T}$$

而正常相变的熵变计算公式为

$$\Delta S=\frac{n\Delta H_m}{T}$$

所以，通常在热力学数据表中查到的物质的标准摩尔熵是通过下述步骤求得的（对于固态物质，为前两项的和；对于液态物质，为前四项的和；而对于气态物质，则为六项的总和）：

$$S_m^\ominus(g,T,p^\ominus)=\int_0^{10K}\frac{aT^3}{T}dT+\int_{10K}^{T_f^*}\frac{C_{p,m}^\ominus(s,T)}{T}dT+\frac{\Delta_{fus}H_m^\ominus}{T_f^*}+\int_{T_f^*}^{T_b^*}\frac{C_{p,m}^\ominus(l,T)}{T}dT+\frac{\Delta_{vap}H_m^\ominus}{T_b^*}+\int_{T_b^*}^{T}\frac{C_{p,m}^\ominus(g,T)}{T}dT$$

在上式中，由于 $C_{p,m}^\ominus$ 数据在 10 K 以下难以由实验测得，因此在 10 K 以下，$C_{p,m}^\ominus$ 由德拜（Debye）公式 $C_{p,m}=C_{V,m}=aT^3$（$T\leqslant 10$ K）得到。

实际上，前人已经利用上面的方法计算给出了很多物质在 298.15 K 下不同物态 B 的标准摩尔熵 $S_m^\ominus(B,\beta,298.15\,K)$。在热力学手册中可直接查到所需物质及物态在

298.15 K 下的标准摩尔熵 $S_{\mathrm{m}}^{\ominus}(\mathrm{B},\beta,298.15\,\mathrm{K})$。而在温度 T、压强 $p^{\ominus}$ 下的气态物质 B，其标准摩尔熵 $S_{\mathrm{m}}^{\ominus}(\mathrm{B},\mathrm{g},T,p^{\ominus})$ 也可直接方便地利用公式（2.5−1）求得：

$$S_{\mathrm{m}}^{\ominus}(\mathrm{B},\mathrm{g},T,p^{\ominus})=S_{\mathrm{m}}^{\ominus}(\mathrm{B},\mathrm{s},298.15\,\mathrm{K},p^{\ominus})+\int_{298.15\mathrm{K}}^{T_{\mathrm{f}}^{*}}\frac{C_{p,\mathrm{m}}^{\ominus}(\mathrm{s},T)}{T}\mathrm{d}T+\frac{\Delta_{\mathrm{fus}}H_{\mathrm{m}}^{\ominus}}{T_{\mathrm{f}}^{*}}+\int_{T_{\mathrm{f}}^{*}}^{T_{\mathrm{b}}^{*}}\frac{C_{p,\mathrm{m}}^{\ominus}(\mathrm{l},T)}{T}\mathrm{d}T+\frac{\Delta_{\mathrm{vap}}H_{\mathrm{m}}^{\ominus}}{T_{\mathrm{b}}^{*}}+\int_{T_{\mathrm{b}}^{*}}^{T}\frac{C_{p,\mathrm{m}}^{\ominus}(\mathrm{g},T)}{T}\mathrm{d}T \quad (2.5-1)$$

3. 化学反应熵变的计算

根据前面的学习，化学反应的标准摩尔熵变就有了下述两种计算方法。

第一种方法：先计算得到所有反应参与物 B 的标准摩尔熵，再通过公式（2.5−2）计算化学反应的标准摩尔熵变。

$$\Delta_{\mathrm{r}}S_{\mathrm{m}}^{\ominus}(T)=\sum_{\mathrm{B}}\nu_{\mathrm{B}}S_{\mathrm{m}}^{\ominus}(\mathrm{B},\beta,T) \quad (2.5-2)$$

第二种方法：如果反应的所有参与物 B 在 298.15 K 和温度 T 之间均没有相变，则用公式（2.5−3）计算化学反应的标准摩尔熵变。

$$\Delta_{\mathrm{r}}S_{\mathrm{m}}^{\ominus}(T)=\Delta_{\mathrm{r}}S_{\mathrm{m}}^{\ominus}(298.15\mathrm{K})+\int_{298.15\mathrm{K}}^{T}\frac{\sum\nu_{\mathrm{B}}C_{p,\mathrm{m}}^{\ominus}(\mathrm{B})}{T}\mathrm{d}T \quad (2.5-3)$$

显然，通过与基尔霍夫公式推导相类似的方法，该公式很容易得到证明。

2.6 过程的自发方向判据

熵判据式（2.3−5），只能用于判断一个过程能否实现。但是，对于一个能实现的过程，到底是自发地发生还是要在接受一定量的功的条件下才能发生这一问题，它则无法判断。

能实现的不可逆过程包括自发过程和非自发过程。

本节讨论如何判断一个过程是否自发，以及其自发趋势。为此，在本节有必要先引入两个新的状态函数——亥姆霍兹函数和吉布斯函数。

1. 亥姆霍兹函数

由热力学第二定律，有 $\mathrm{d}S\geqslant\frac{\delta Q}{T_{\mathrm{su}}}$（=可逆，>不可逆）。对于等温过程，对其积分可得

$$\Delta S\geqslant\frac{Q}{T_{\mathrm{su}}}$$

即 $$T_{su}(S_2-S_1)\geqslant Q$$

因为在等温过程中，$T_2=T_1=T_{su}$，所以上式就是 $T_2S_2-T_1S_1\geqslant Q$。由热力学第一定律有

$$Q=\Delta U-W$$

所以 $$T_2S_2-T_1S_1\geqslant \Delta U-W$$

即 $$-[(U_2-T_2S_2)-(U_1-T_1S_1)]\geqslant -W$$

因为 U，TS 都是状态函数，则二者之差也一定是状态函数。于是，定义该状态函数

$$A=U-TS \tag{2.6-1}$$

将其称为**亥姆霍兹函数**。

引入亥姆霍兹函数的定义后，前式就是

$$-\Delta A_T\geqslant -W \quad (=\text{可逆，}>\text{不可逆}) \tag{2.6-2}$$

这是一个非常重要的推导中间式。以下所有判据，将相继由该中间式导出。

2. 亥姆霍兹函数判据

（1）如果过程没有非体积功 W'，且为等容过程，则在系统和环境之间没有功的传递。没有功传递下的不可逆过程，就是自发过程。因此，在没有非体积功 W'、等容的条件下，式（2.6-2）就变为

$$\Delta A_{T,V}\leqslant 0 \quad (=\text{可逆，}<\text{自发}) \tag{2.6-3}$$

该式表明，在等温、等容的条件下：

如果 $\Delta A_{T,V}<0$，则过程自发地进行，也就是说，只要在该条件下系统的亥姆霍兹函数减小，那么这个过程就是自发的（见图 2.6.1）。说到底，在等温、等容的条件下，系统亥姆霍兹函数减小是等温、等容过程自发进行的驱动力。

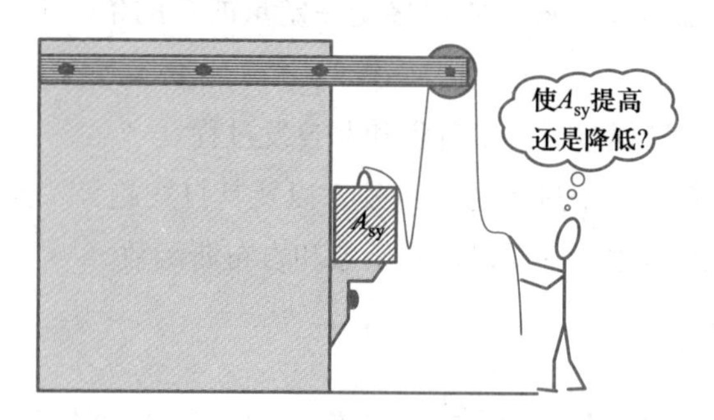

图 2.6.1　等温、等容过程自发还是非自发

如果 $\Delta A_{T,V}=0$，则过程实际处于平衡状态。

当然，如果 $\Delta A_{T,V}>0$，则过程一定是非自发的。这是因为其逆向过程一定为 $\Delta A_{T,V}<0$，是自发的。

式（2.6–3）就是在等温、等容条件下过程自发性的判据——**亥姆霍兹函数判据**。

［注：如果过程仅是等温而不等容的，那么从式（2.6–2）推导到式（2.6–3）时，不难发现，相应过程可进行的判据就是 $\Delta A_T \leqslant W_V$（= 可逆，<不可逆）。］

（2）所有自发过程都能为环境做功。例如，水从高处向低处自发地流动，人们利用该自发过程获取电能或机械能。有的自发过程能为环境做的功很多，而有的自发过程能为环境做的功很少，所以要更有效地探寻新能源（例如，设计给出电能更多的燃料电池；设计给出光能更大的化学激光源），就有必要知道什么样的自发过程能为环境提供的功更多。当然，对于确定的过程，人们也希望知道它能为环境提供的最大功是多少。

在等温、等容的条件下，式（2.6–2）就变为

$$-\Delta A_{T,V} \geqslant -W' \quad (=\text{可逆}，>\text{不可逆}) \tag{2.6–4}$$

该式表明，一个 $\Delta A_{T,V}<0$ 的过程（即等温、等容的条件下的自发过程），它能对环境做的非体积功（$-W'$）不大于系统亥姆霍兹函数变的绝对值（见图 2.6.2）。所以，式（2.6–4）是判断等温、等容条件下，一个自发过程最多能为环境提供多少非体积功的**亥姆霍兹函数判据**。

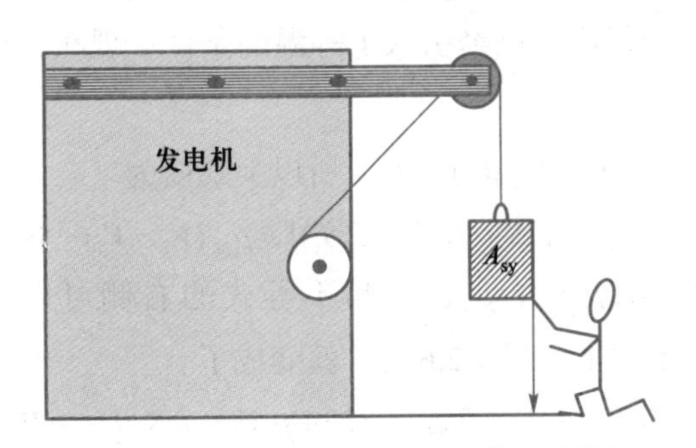

图 2.6.2　等温、等容过程可做非体积功的大小

（3）非自发过程并不是不能实现。只是，要实现非自发过程，环境必须为之付出一定量的非体积功。例如，水从低处向高处流动是非自发过程，要让水从低处流向高处，就得注入电能或机械能。要注入的非体积功的量值，与相应水位差有关。

那么，在等温、等容条件下，要实现一个非自发的目标过程，至少需要注入多少非体积功呢（见图 2.6.3）？

将式（2.6–4）两端同时乘以 −1，则有

$$\Delta A_{T,V} \leqslant W' \quad (=\text{可逆}，<\text{不可逆}) \tag{2.6–5}$$

上式表明，对于一个等温、等容条件下的非自发过程（其 $\Delta A_{T,V}>0$），要想实现

它，环境向系统注入的非体积功就必须超过系统的亥姆霍兹函数变 $\Delta A_{T,V}$。所以，式（2.6−5）是在等温、等容条件下，要实现非自发过程时，判断环境至少要向系统注入多少非体积功的亥姆霍兹函数判据。

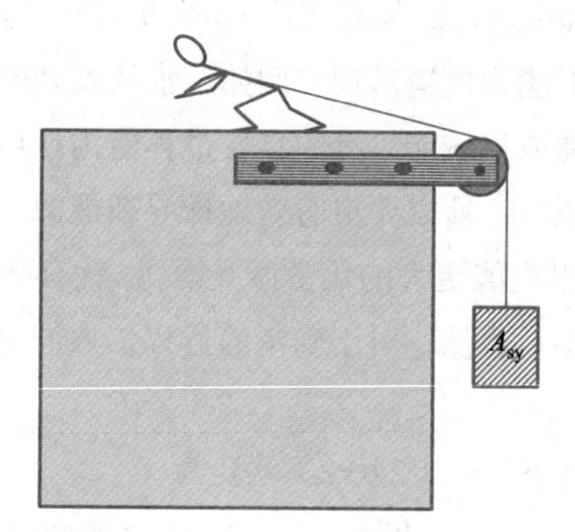

图 2.6.3　等温、等容条件下 $\Delta A_{T,V}>0$ 的过程

3. 吉布斯函数

式（2.6−2）就是

$$-[(U_2-T_2S_2)-(U_1-T_1S_1)]\geqslant -W \qquad (=\text{可逆，}>\text{不可逆})$$

需要注意的是，该式的得出，已经引入了等温的条件。现在，讨论过程在等温、等压下进行的情况：

由于 $W=W_V+W'=-p_{su}(V_2-V_1)+W'$，所以上式变为

$$-[(U_2-T_2S_2)-(U_1-T_1S_1)]\geqslant p_{su}(V_2-V_1)-W'$$

因过程为等压过程，则 $p_1=p_2=p_{su}$，于是不等式的右侧可以写成 $p_2V_2-p_1V_1-W'$。这样，在等温、等压条件下，式（2.6−2）就变成了

$$-[(U_2+p_2V_2-T_2S_2)-(U_1+p_1V_1-T_1S_1)]\geqslant -W'$$

显然，$(U+pV-TS)$ 也是一个状态函数。那么，定义该状态函数为**吉布斯函数 G**：

$$G=U+pV-TS=H-TS=A+pV \qquad (2.6-6)$$

4. 吉布斯函数判据

由吉布斯函数的定义，前式就是

$$-\Delta G_{T,p}\geqslant -W' \qquad (=\text{可逆，}>\text{不可逆}) \qquad (2.6-7)$$

（1）如果 $W'=0$，则这个在没有非体积功条件下的不可逆过程一定是自发过程。于是，式（2.6−7）就是

$$\Delta G_{T,p}\leqslant 0 \qquad (=\text{平衡，}<\text{自发}) \qquad (2.6-8)$$

该式表明，在等温、等压条件下：

如果 $\Delta G_{T,p}<0$，则过程自发地进行。也就是说，只要在等温、等压条件下系统的吉布斯函数减小，那么这个过程就是自发的。即在等温、等压条件下，系统吉布斯函数减小，是系统自发进行这个过程的驱动力。

这就是在等温、等压条件下，过程自发性的**吉布斯函数判据**。

如果 $\Delta G_{T,p}=0$，则在等温、等压条件下的过程实际上处于平衡状态。

如果 $\Delta G_{T,p}>0$，则在等温、等压条件下，过程是非自发的。即，其逆向过程自发。

讨论题 2.6.1

用式（2.6−8）判定在等温、等压条件下发生的过程是否自发时，是否允许在相应过程中系统向环境给出体积功或环境向系统输入体积功？为什么？

（2）现在我们再来讨论式（2.6−7）

$$-\Delta G_{T,p}\geqslant -W' \quad (=\text{可逆，}>\text{不可逆})$$

所给出的意义。该式表明，对于一个 $\Delta G_{T,p}<0$ 的过程（即一个在等温、等压条件下的自发过程），它能对环境做的非体积功（$-W'$）不大于系统吉布斯函数的减小值（如图 2.6.4 所示）。所以，式（2.6−7）是判断等温、等压条件下的自发过程能为环境最多提供多少非体积功的**吉布斯函数判据**。

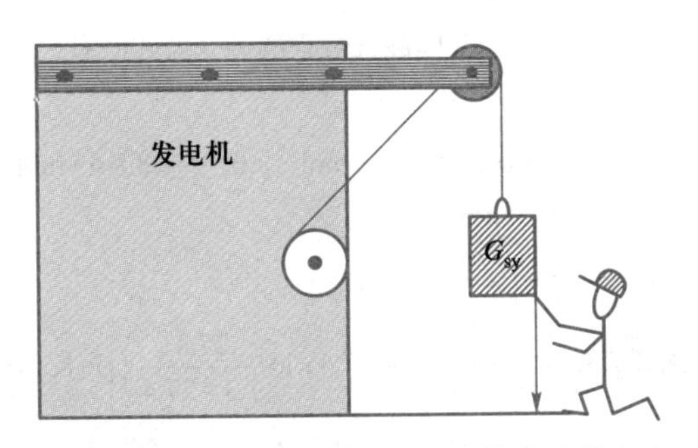

图 2.6.4　等温、等压过程可做非体积功的大小

（3）对于等温、等压条件下的非自发过程，要实现它时至少需要注入多少非体积功？

将式（2.6−7）两端同时乘以 −1，则有

$$\Delta G_{T,p}\leqslant W' \quad (=\text{可逆，}<\text{不可逆}) \tag{2.6-9}$$

该式表明，对于一个等温、等压条件下的非自发过程（其 $\Delta G_{T,p}>0$），要实现它，环境要向系统注入的非体积功必须超过系统的吉布斯函数变 $\Delta G_{T,p}$。所以，式（2.6−9）

B2-5

过程的定性判据总结

B2-6

理想气体等温等压混合过程的 ΔS 和 ΔG

就是判断要实现等温、等压条件下的非自发过程时，环境至少要向系统注入多少非体积功的**吉布斯函数判据**。

式（2.6-3）给出的亥姆霍兹函数判据和式（2.6-8）给出的吉布斯函数判据，分别是判断等温、等容过程和等温、等压过程的自发性的依据。虽然由熵增原理本身不能判断过程的自发性，但正是基于熵增原理，即热力学第二定律，上述两个亥姆霍兹函数判据和吉布斯函数判据才得以导出，因此，可以认为，热力学第二定律是给出过程自发性规律认知的基础。

例 2.6.1 将 1 kg 25 ℃、常压的空气完全分离为同温、常压下的纯 O_2 和 N_2，至少需要耗费多少非体积功（空气、O_2 和 N_2 均视为理想气体）？

［分析］这是一个等温、等容过程，可表述为

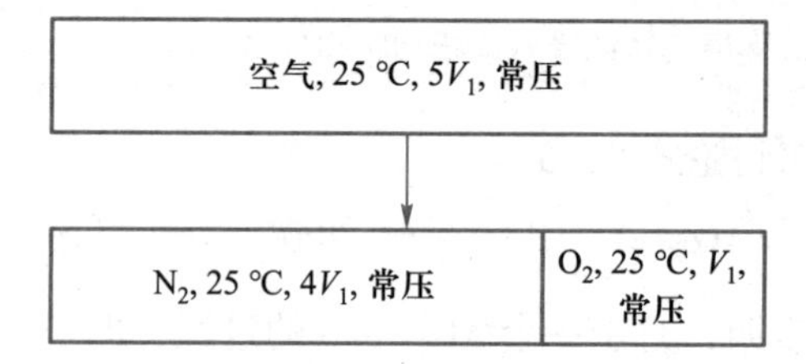

要使分离过程不可逆进行，必须 $W'>\Delta A_T$。

而 $\quad \Delta A_T=\Delta(U-TS)=\Delta U-\Delta(TS)$

$=-\Delta(TS)$ （$\Delta U=0$，理想气体的热力学能只是温度的函数）

$=-T\Delta S$ （等温过程）

分离过程为混合过程的逆过程，而理想气体混合过程的熵变公式已有。

解：空气的平均摩尔质量为

$$32\ \text{g}\cdot\text{mol}^{-1}\times 0.21+28\ \text{g}\cdot\text{mol}^{-1}\times 0.79=28.8\ \text{g}\cdot\text{mol}^{-1}$$

由此可求得 $n(O_2)=7.3$ mol，$n(N_2)=27.4$ mol。

将这些 O_2 和 N_2 等温、等压混合的熵变为

$$\Delta S'=\left[-8.314\times\left(7.3\times\ln\frac{7.3}{7.3+27.4}+27.4\times\ln\frac{27.4}{7.3+27.4}\right)\right]\text{J}\cdot\text{K}^{-1}=148.4\ \text{J}\cdot\text{K}^{-1}$$

$$\Delta S(\text{分离})=-\Delta S'=-148.4\ \text{J}\cdot\text{K}^{-1}$$

$$\Delta U(\text{分离})=0 \quad （理想气体，等温过程）$$

$$\Delta A_T=-T\Delta S=(298.15\times 148.4)\ \text{J}=44.2\ \text{kJ}$$

$$W'\geqslant\Delta A_T=44.2\ \text{kJ}$$

即，至少需要耗费 44.2 kJ 的非体积功才能将 1 kg 25 ℃、常压的空气完全分离为同温、常压下的纯 O_2 和 N_2。

例 2.6.2 苯在正常沸点 353 K 时摩尔汽化焓为 30.75 kJ·mol^{-1}。现将 353 K、101.325 kPa 下的 1 mol 液态苯向真空等温蒸发变为同温同压的苯蒸气。

（1）求此过程的 Q，W，ΔU，ΔH，ΔS，ΔA 和 ΔG；

（2）判断过程是否为自发过程。

解：（1）该相变虽然为非正常相变，但其 ΔG 与 101.325 kPa、353 K 下可逆相变过程的 $\Delta G'$ 相同。所以，ΔG（该非正常相变）$=\Delta G'$（正常相变）$=0$。

其他状态函数的改变 ΔU，ΔH，ΔS，ΔA 也分别与后者的 $\Delta U'$，$\Delta H'$，$\Delta S'$，$\Delta A'$ 相同。

即
$$\Delta H=\Delta H'=n\,\Delta_{\text{vap}}H_{\text{m}}=1\ \text{mol}\times 30.75\ \text{kJ}\cdot\text{mol}^{-1}=30.75\ \text{kJ}$$

$$\Delta S=\Delta S'=\frac{\Delta H'}{T}=\frac{30.75\times 10^3\ \text{J}}{353\text{K}}=87.1\ \text{J}\cdot\text{K}^{-1}$$

$$\Delta U=\Delta U'=\Delta H'-p\Delta V=\Delta H'-nRT$$ （忽略液态苯的体积，并将苯蒸气视为理想气体）

$$=30.75\ \text{kJ}-8.314\ \text{J}\cdot\text{K}^{-1}\cdot\text{mol}^{-1}\times 353\ \text{K}\times 1\ \text{mol}$$

$$=27.8\ \text{kJ}$$

$$\Delta A=\Delta U-T\Delta S$$

$$=27.8\ \text{kJ}-353\ \text{K}\times 87.1\times 10^{-3}\ \text{kJ}\cdot\text{K}^{-1}=-2.95\ \text{kJ}$$

在相变过程中，液体向真空蒸发，$p_{\text{su}}=0$，故 $W=0$。

因
$$\Delta U=Q+W$$

所以
$$Q=\Delta U=27.8\ \text{kJ}$$

（2）因为 $\Delta A_T<0$，而 $W_V=0$，故 $\Delta A_T\leqslant W_V$。所以，该过程为不可逆过程。又因为没有非体积功，所以是自发过程。

A2-1

应怎样判断该过程的自发性？

B2-7

理想气体等温变化过程的 ΔA 和 ΔG

A2-2

“熵判据”能用于判定非隔离系统过程的自发性吗？

2.7 重要的热力学函数关系式

在前面已学习了描述系统状态的 8 个状态函数，其中包括 3 个便于直接观测的状态函数 p，V，T，1 个可由计算得到量值的状态函数 S，以及 4 个量值总是未知的状态函数 U，H，A，G。

对于指定的等温、等容或等温、等压过程，A 和 G 的量值虽然无法得知，但其改变量却可通过 p，V，T 及 S 的值或其改变量求得。这样，根据过程的具体条件，适当地选用亥姆霍兹函数或吉布斯函数判据，对过程的自发方向就可以给出科学的判断。

除了定义式

$$H=U+pV$$
$$A=U-TS$$
$$G=H-TS=A+pV=U+pV-TS$$

外，这 8 个状态函数之间还存在多种关系式，包括**热力学基本方程**、**麦克斯韦关系式**、**热力学状态方程**和**吉布斯-亥姆霍兹方程**。下面将逐一地导出或证明这些关系式，举例说明它们的重要应用。

1. 热力学基本方程

在封闭系统中，若发生一非体积功为 0 的微小可逆过程，则 $\delta W_{\text{r}}=-p\text{d}V$。由热

力学第一定律，有

$$dU = \delta Q_r + \delta W_r$$

由热力学第二定律，有 $\delta Q_r = TdS$，于是，

$$dU = TdS - pdV \tag{2.7-1}$$

由 $H = U + pV$，可得 $dH = dU + Vdp + pdV$，将式（2.7-1）代入可得

$$dH = TdS + Vdp \tag{2.7-2}$$

由 $A = U - TS$，可得 $dA = dU - SdT - TdS$，将式（2.7-1）代入可得

$$dA = -SdT - pdV \tag{2.7-3}$$

由 $G = H - TS$，可得 $dG = dH - SdT - TdS$，将式（2.7-2）代入可得

$$dG = -SdT + Vdp \tag{2.7-4}$$

以上式（2.7-1）～式（2.7-4）统称为热力学基本方程。

在一定条件下，由这四个热力学基本方程

$$dU = TdS - pdV$$

$$dH = TdS + Vdp$$

$$dA = -SdT - pdV$$

$$dG = -SdT + Vdp$$

还可以得到很多其他公式。例如，在等容（$dV=0$）的条件下，热力学基本方程式（2.7-1）就是

$$dU_V = TdS$$

等式两端同时除以 dS，则有

$$\left(\frac{\partial U}{\partial S}\right)_V = T$$

思考题 2.7.1

下列各公式分别是在什么条件下，由哪个热力学基本方程得到的？

$$\left(\frac{\partial A}{\partial V}\right)_T = -p，\left(\frac{\partial H}{\partial p}\right)_S = V，\left(\frac{\partial G}{\partial p}\right)_T = V，\left(\frac{\partial A}{\partial T}\right)_V = -S，\left(\frac{\partial G}{\partial T}\right)_p = -S$$

牢记热力学基本方程，并根据具体情况灵活运用，可得到很多需要的公式，这对于解决实际问题非常方便。

例 2.7.1 求证：在等温条件下，封闭系统中物质的摩尔吉布斯函数随压强的增大而增大。

证明： 由热力学基本方程 $dG = -SdT + Vdp$（等式两端同除以物质的量 n），有 $dG_m = -S_m dT + V_m dp$。

在等温条件下，等式两边同时除以 dp，可得

$$\left(\frac{\partial G_m}{\partial p}\right)_T = V_m$$

因为物质的摩尔体积 $V_m>0$，所以在等温条件下，物质的摩尔吉布斯函数随压强的增大而增大。

B2-8

由热力学基本方程出发的证明方法（1）

例 2.7.2 在 −59℃下，过冷 CO_2 液体的饱和蒸气压为 460 kPa，CO_2 固体的饱和蒸气压为 430 kPa。在该温度、100 kPa 下，过冷 CO_2 液体能否自动凝固为固体？

解：CO_2 固体与液体的饱和蒸气压不相等，因此该过程不是可逆相变过程。因该过程的条件为等温、等压，因此可用系统的 ΔG 判断过程的自发性。现设计以下途径求 ΔG：

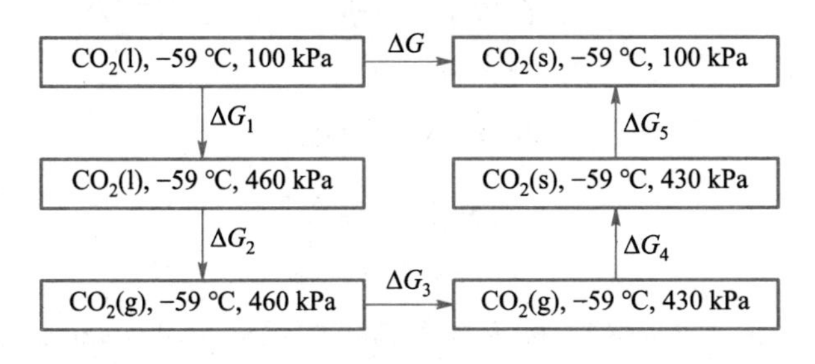

$$\Delta G = \Delta G_1 + \Delta G_2 + \Delta G_3 + \Delta G_4 + \Delta G_5$$

其中，$\Delta G_1 + \Delta G_5 \approx 0$（过程 1 和 5 均为凝聚态的等温、变压过程）；$\Delta G_2 = 0$，$\Delta G_4 = 0$（过程 2 和 4 均为等温、等压下的正常相变过程）。则

$$\Delta G \approx \Delta G_3$$

由热力学基本方程 $dG = -SdT + Vdp$，在等温条件下，可得

$$dG_T = Vdp$$

$$\Delta G_3 = \int_{p_1}^{p_2} Vdp = nRT\int_{p_1}^{p_2} \frac{1}{p}dp$$

$$= nRT\ln\frac{p_2}{p_1} = \left(8.314 \times 214.15 \times \ln\frac{430}{460}\right)\text{J} = -120\ \text{J}$$

即 $\Delta G = -120$ J。因该过程为等温、等压过程，且 $\Delta G < 0$，因此过冷 CO_2(l) 凝固为固体的过程自发进行。

2. 麦克斯韦关系式

在高等数学中已学过，若函数 z 可表示为 $z = f(x, y)$，且 z 有连续的二阶偏微商，则 $dz = \left(\frac{dz}{dx}\right)_y dx + \left(\frac{dz}{dy}\right)_x dy = Mdx + Ndy$，也必有

$$\left(\frac{\partial M}{\partial y}\right)_x = \left(\frac{\partial N}{\partial x}\right)_y$$

即，函数 z 对其两个自变量的二阶偏导数与求导顺序无关。

能够用热力学基本方程描述的状态函数，刚好符合上述前提条件，因此，由 $dU = TdS - pdV$ 可得

$$\left(\frac{\partial T}{\partial V}\right)_S=-\left(\frac{\partial p}{\partial S}\right)_V \quad (2.7-5)$$

由

$$dH=TdS+Vdp$$

可得

$$\left(\frac{\partial T}{\partial p}\right)_S=\left(\frac{\partial V}{\partial S}\right)_p \quad (2.7-6)$$

由

$$dA=-SdT-pdV$$

可得

$$\left(\frac{\partial S}{\partial V}\right)_T=\left(\frac{\partial p}{\partial T}\right)_V \quad (2.7-7)$$

由

$$dG=-SdT+Vdp$$

可得

$$-\left(\frac{\partial S}{\partial p}\right)_T=\left(\frac{\partial V}{\partial T}\right)_p \quad (2.7-8)$$

B2-9 麦克斯韦关系式的特点

式（2.7-5）～式（2.7-8），称为**麦克斯韦关系式**（Maxwell's relations）。各式表示的是，系统在同一状态下不同状态函数特定变化率的量值相等。通过它们，可以将不能直接测定的变化率由实验可测的变化率代换得到（见以下例题）。

A2-3 典型解题方法

例 2.7.3 某实际气体的状态方程为 $pV_m=RT+bp$（其中 b 是常数）。物质的量为 n 的该气体在恒定的温度下由 p_1 变到 p_2，求 ΔS。

解： $\Delta S=\int_{p_1}^{p_2}\left(\frac{\partial S}{\partial p}\right)_T dp$，由麦克斯韦关系式有 $\Delta S=\int_{p_1}^{p_2}\left(-\frac{\partial V}{\partial T}\right)_p dp$，由该实际气体的状态方程，有 $pV=nRT+nbp$，则

$$\left(-\frac{\partial V}{\partial T}\right)_p=-\frac{nR}{p}$$

$$\Delta S=-\int_{p_1}^{p_2}\frac{nR}{p}dp=-nR\ln\frac{p_2}{p_1}$$

例 2.7.4 求证：气体的熵值随压强的增大而减小（注：在气体的状态方程没有指定的条件下，引入任何气体状态方程进行证明都会使上述命题涵盖范围缩小，因而都是错误的）。

证明： 在等压下，气体的体积随温度的升高而增大，即 $\left(\frac{\partial V}{\partial T}\right)_p>0$。由麦克斯韦关系式 $\left(\frac{\partial S}{\partial p}\right)_T=-\left(\frac{\partial V}{\partial T}\right)_p$ 可知，$\left(\frac{\partial S}{\partial p}\right)_T<0$。即，气体的熵值随压强的增大而减小。

例 2.7.5 由热力学基本方程出发，证明公式 $\left(\frac{\partial H}{\partial V}\right)_T=T\left(\frac{\partial p}{\partial T}\right)_V+V\left(\frac{\partial p}{\partial V}\right)_T$ 成立。

证明： $dH=TdS+Vdp$，在等温下，$dH_T=TdS_T+Vdp_T$，在等式两端同时除以 dV（注意：不是对 V 求偏导），则有

$$\left(\frac{\partial H}{\partial V}\right)_T=T\left(\frac{\partial S}{\partial V}\right)_T+V\left(\frac{\partial p}{\partial V}\right)_T$$

将麦克斯韦关系式$\left(\frac{\partial S}{\partial V}\right)_T=\left(\frac{\partial p}{\partial T}\right)_V$代入上式，得

$$\left(\frac{\partial H}{\partial V}\right)_T=T\left(\frac{\partial p}{\partial T}\right)_V+V\left(\frac{\partial p}{\partial V}\right)_T$$

命题得证。

由热力学基本方程 $dU=TdS-pdV$ 出发，也可以类似地证明得到

$$\left(\frac{\partial U}{\partial p}\right)_T=T\left(\frac{\partial V}{\partial T}\right)_p-p\left(\frac{\partial V}{\partial p}\right)_T$$

这样，不能直接观测的$\left(\frac{\partial U}{\partial p}\right)_T$和$\left(\frac{\partial H}{\partial V}\right)_T$，就转化成了 p，V，T 间的偏导关系。于是，只要气体的状态方程已知，后者即可直接求得。

3. 热力学状态方程

因　$dU=TdS-pdV$，等温条件下，有

$$dU_T=TdS_T-pdV_T$$

等式两边同时除以 dV 得

$$\left(\frac{\partial U}{\partial V}\right)_T=T\left(\frac{\partial S}{\partial V}\right)_T-p$$

B2-10
由热力学基本方程出发的证明方法（2）

由麦克斯韦关系式$\left(\frac{\partial S}{\partial V}\right)_T=\left(\frac{\partial p}{\partial T}\right)_V$，于是有

$$\left(\frac{\partial U}{\partial V}\right)_T=T\left(\frac{\partial p}{\partial T}\right)_V-p \qquad (2.7-9)$$

同理，由 $dH=TdS+Vdp$ 可得

$$\left(\frac{\partial H}{\partial p}\right)_T=-T\left(\frac{\partial V}{\partial T}\right)_p+V \qquad (2.7-10)$$

B2-11
由热力学基本方程出发的证明方法（3）

式（2.7-9）和式（2.7-10）称为**热力学状态方程**。显然，只要气体的状态方程已知，那么由这两个公式就可以得到$\left(\frac{\partial U}{\partial V}\right)_T$和$\left(\frac{\partial H}{\partial p}\right)_T$。

例 2.7.6 某实际气体的状态方程为 $pV_m=RT+bp$（其中 b 是常数）。物质的量为 n 的该气体在等温条件下由 p_1 变到 p_2，求 ΔU 和 ΔH。

解：$\Delta U=\int_{p_1}^{p_2}\left(\frac{\partial U}{\partial p}\right)_T dp$，而$\left(\frac{\partial U}{\partial p}\right)_T=\left(\frac{\partial U}{\partial V}\right)_T\left(\frac{\partial V}{\partial p}\right)_T=\left[T\left(\frac{\partial p}{\partial T}\right)_V-p\right]\left(\frac{\partial V}{\partial p}\right)_T$。由 $pV_m=RT+bp$

得

$$pV=nRT+nbp$$

则
$$T\left(\frac{\partial p}{\partial T}\right)_V-p=T\cdot\frac{nR}{V-nb}-\frac{nRT}{V-nb}=0$$

则$\left(\frac{\partial U}{\partial p}\right)_T=0$，于是$\Delta U=0$，

$$\Delta H=\int_{p_1}^{p_2}\left(\frac{\partial H}{\partial p}\right)_T\mathrm{d}p=\int_{p_1}^{p_2}\left[-T\left(\frac{\partial V}{\partial T}\right)_p+V\right]\mathrm{d}p$$
$$=\int_{p_1}^{p_2}\left(-T\cdot\frac{nR}{p}+V\right)\mathrm{d}p=\int_{p_1}^{p_2}nb\mathrm{d}p=nb(p_2-p_1)$$

应该注意的是，上述实际气体的热力学能虽然也仅是温度T的函数，但其焓还是压强p的函数，这与理想气体不同。通常，在较高压强下的实际气体，其热力学能也是压强p的函数。

4. 吉布斯-亥姆霍兹方程

由导数的性质，有

$$\left[\frac{\partial(G/T)}{\partial T}\right]_p=\frac{1}{T}\left(\frac{\partial G}{\partial T}\right)_p-\frac{G}{T^2}$$

因$\mathrm{d}G=-S\mathrm{d}T+V\mathrm{d}p$，则有$\left(\frac{\partial G}{\partial T}\right)_p=-S$。将其代入上式得

$$\left[\frac{\partial(G/T)}{\partial T}\right]_p=\frac{1}{T}\left(\frac{\partial G}{\partial T}\right)_p-\frac{G}{T^2}=-\frac{S}{T}-\frac{G}{T^2}=-\frac{TS+G}{T^2}=-\frac{H}{T^2}$$

即
$$\left[\frac{\partial(G/T)}{\partial T}\right]_p=-\frac{H}{T^2} \qquad (2.7-11)$$

B2-12
由热力学基本方程出发的证明方法（4）

同理，可导出
$$\left[\frac{\partial(A/T)}{\partial T}\right]_V=-\frac{U}{T^2} \qquad (2.7-12)$$

式（2.7-11）和式（2.7-12）称为吉布斯-亥姆霍兹方程。在以后的学习中，将经常用到它们。

2.8 克拉佩龙方程

1. 克拉佩龙方程的导出

在等温、等压的条件下，当纯物质B在α和β两相间达成平衡时，根据吉布斯

函数判据［式（2.6−8）］有

$$\Delta G_{\mathrm{m}}^{*}=G_{\mathrm{m}}^{*}(\beta)-G_{\mathrm{m}}^{*}(\alpha)=0 \qquad （式中“*”表示纯物质）$$

即
$$G_{\mathrm{m}}^{*}(\alpha)=G_{\mathrm{m}}^{*}(\beta)$$

这可表示为
$$\mathrm{B}^{*}(\alpha,T,p)\xleftrightarrow{\text{平衡}}\mathrm{B}^{*}(\beta,T,p)$$

在该平衡的基础上，如果将系统温度改变 $\mathrm{d}T$，即将系统温度变为 $T+\mathrm{d}T$，当系统再次达到平衡时，设压强变为 $p+\mathrm{d}p$，则再次达到的平衡可表示为

$$\mathrm{B}^{*}(\alpha,T+\mathrm{d}T,p+\mathrm{d}p)\xleftrightarrow{\text{平衡}}\mathrm{B}^{*}(\beta,T+\mathrm{d}T,p+\mathrm{d}p)$$

因为温度和压强的改变，α 相和 β 相的摩尔吉布斯函数也必然随之发生改变，分别变为 $G_{\mathrm{m}}^{*}(\alpha)+\mathrm{d}G_{\mathrm{m}}^{*}(\alpha)$ 和 $G_{\mathrm{m}}^{*}(\beta)+\mathrm{d}G_{\mathrm{m}}^{*}(\beta)$，但它们仍然彼此相等，即

$$G_{\mathrm{m}}^{*}(\alpha)+\mathrm{d}G_{\mathrm{m}}^{*}(\alpha)=G_{\mathrm{m}}^{*}(\beta)+\mathrm{d}G_{\mathrm{m}}^{*}(\beta)$$

于是，可以得到以下推论：α 相和 β 相的摩尔吉布斯函数的改变量也彼此相等，即

$$\mathrm{d}G_{\mathrm{m}}^{*}(\alpha)=\mathrm{d}G_{\mathrm{m}}^{*}(\beta)$$

因为 $\mathrm{d}G=-S\mathrm{d}T+V\mathrm{d}p$，于是有

$$-S_{\mathrm{m}}^{*}(\alpha)\mathrm{d}T+V_{\mathrm{m}}^{*}(\alpha)\mathrm{d}p=-S_{\mathrm{m}}^{*}(\beta)\mathrm{d}T+V_{\mathrm{m}}^{*}(\beta)\mathrm{d}p$$

移项，整理得

$$\frac{\mathrm{d}p}{\mathrm{d}T}=\frac{S_{\mathrm{m}}^{*}(\beta)-S_{\mathrm{m}}^{*}(\alpha)}{V_{\mathrm{m}}^{*}(\beta)-V_{\mathrm{m}}^{*}(\alpha)}=\frac{\Delta_{\alpha}^{\beta}S_{\mathrm{m}}^{*}}{\Delta_{\alpha}^{\beta}V_{\mathrm{m}}^{*}}$$

又 $\Delta_{\alpha}^{\beta}S_{\mathrm{m}}^{*}=\dfrac{\Delta_{\alpha}^{\beta}H_{\mathrm{m}}^{*}}{T}$，则

$$\frac{\mathrm{d}p}{\mathrm{d}T}=\frac{\Delta_{\alpha}^{\beta}H_{\mathrm{m}}^{*}}{T\Delta_{\alpha}^{\beta}V_{\mathrm{m}}^{*}} \tag{2.8-1}$$

该式就是**克拉佩龙方程**。

A2-4
克拉佩龙方程的应用

显然，克拉佩龙方程也可以写成

$$\frac{\mathrm{d}T}{\mathrm{d}p}=\frac{T\Delta_{\alpha}^{\beta}V_{\mathrm{m}}^{*}}{\Delta_{\alpha}^{\beta}H_{\mathrm{m}}^{*}} \tag{2.8-2}$$

上述克拉佩龙方程表明，纯物质在任意两相（α 和 β）间建立平衡时，如果温度一定，则平衡压强一定。反之亦然。即，两相平衡的温度和压强不能同时自由地改变。这是因为，平衡压强随平衡温度的变化率［式（2.8−1）］及平衡温度随平衡压强的变化率［式（2.8−2）］一定。若其中一个发生变化，则另一个必然变化且只能按克拉佩龙方程的关系改变。

2. 克拉佩龙-克劳修斯方程

克劳修斯将克拉佩龙方程

$$\frac{\mathrm{d}p^*}{\mathrm{d}T}=\frac{\Delta_{\mathrm{vap}}H_{\mathrm{m}}^*}{T[V_{\mathrm{m}}^*(\mathrm{g})-V_{\mathrm{m}}^*(\mathrm{l})]}$$

用于凝聚相（液相或固相）与气相之间达到的两相平衡时，做了以下近似处理：

① 因$V_{\mathrm{m}}^*(\mathrm{g})$远大于$V_{\mathrm{m}}^*(\mathrm{l})$，所以$V_{\mathrm{m}}^*(\mathrm{g})-V_{\mathrm{m}}^*(\mathrm{l})\approx V_{\mathrm{m}}^*(\mathrm{g})$;

② 将蒸气视为理想气体，即$V_{\mathrm{m}}^*(\mathrm{g})=\dfrac{RT}{p^*}$，代入上式可得$\dfrac{\mathrm{d}p^*}{\mathrm{d}T}=\dfrac{\Delta_{\mathrm{vap}}H_{\mathrm{m}}^*}{RT^2}p^*$，即

$$\frac{\mathrm{d}\ln\{p^*\}}{\mathrm{d}T}=\frac{\Delta_{\mathrm{vap}}H_{\mathrm{m}}^*}{RT^2} \tag{2.8-3}$$

该式被称为**克拉佩龙-克劳修斯方程**的微分式，简称为克-克方程的微分式。

将$\Delta_{\mathrm{vap}}H_{\mathrm{m}}^*$视为与温度$T$无关的常数，对式（2.8-3）进行不定积分，则可得

$$\ln\{p^*\}=-\frac{\Delta_{\mathrm{vap}}H_{\mathrm{m}}^*}{RT}+B \tag{2.8-4}$$

这就是**克-克方程的不定积分式**。显然，这是一个线性方程。如果能通过实验测得一系列温度T下纯B的饱和蒸气压$p^*(T)$，或一系列外压p下液体B的沸点，则以$\ln\{p^*\}$或$\ln\{p\}$对$\dfrac{1}{T/\mathrm{K}}$作图，由直线斜率$-\dfrac{\Delta_{\mathrm{vap}}H_{\mathrm{m}}^*}{R}$即可得到物质B的蒸发焓$\Delta_{\mathrm{vap}}H_{\mathrm{m}}^*$。这是在科学研究中测定物质$\Delta_{\mathrm{vap}}H_{\mathrm{m}}^*$的常用方法。

将克-克方程的微分式进行分离变量和定积分（p^*：$p_1^*\to p_2^*$；T：$T_1\to T_2$），可得到下式：

$$\ln\frac{p_2^*}{p_1^*}=\frac{\Delta_{\mathrm{vap}}H_{\mathrm{m}}^*}{R}\left(\frac{1}{T_1}-\frac{1}{T_2}\right) \tag{2.8-5}$$

这就是**克-克方程的定积分式**。通过式（2.8-5），很容易由液体B的蒸发焓和某一已知温度下的饱和蒸气压，求得任一温度下的饱和蒸气压。

显然，对于固相$\xleftrightarrow{T,p}$气相的两相平衡，进行类似的近似和推导，也可得到：

$$\ln\{p^*\}=-\frac{\Delta_{\mathrm{sub}}H_{\mathrm{m}}^*}{RT}+B \tag{2.8-6}$$

$$\ln\frac{p_2^*}{p_1^*}=\frac{\Delta_{\mathrm{sub}}H_{\mathrm{m}}^*}{R}\left(\frac{1}{T_1}-\frac{1}{T_2}\right) \tag{2.8-7}$$

虽然克拉佩龙方程适用于任意两相间的相变，但因克-克方程在推导过程中引

入了两处近似，使得后者只能用于凝聚相（液相或固相）和气相间的两相平衡，而不能应用于凝聚相之间的平衡。

讨论题 2.8.1

某医院要设计一个用 120 ℃水蒸气杀菌消毒的大型高压蒸锅。蒸锅上方压重阀处的蒸气出口半径为 5 mm。为了工作安全，将蒸锅的安全系数定为 3（即蒸锅的实际最高耐受压强为工作压强的 3 倍）。那么蒸锅的最高耐受压强应达到多少个表压（以大气压为单位高出常压的压强）？蒸锅的重阀质量应该多大？

例 2.8.1 已知常压下纯 A 液体的饱和蒸气压与温度的关系为 $\ln\dfrac{p^*}{\text{Pa}}=-\dfrac{4200}{T/\text{K}}+22.513$，试计算下列图示过程的 ΔS，ΔH 和 ΔG（将物质的蒸气视为理想气体）。

1 mol, l, 350 K, p^* → 1 mol, g, 350 K, 18.4 kPa

解： 将 $T=350$ K 代入 p^*-T 关系式，有 $\ln\dfrac{p^*}{\text{Pa}}=-\dfrac{4200}{350}+22.513=10.5$，由此可得纯 A 液体在 350 K 时的饱和蒸气压为 $p^*=36.3$ kPa。该过程为非正常相变（350 K 下液体 A 的饱和蒸气压为 36.3 kPa $\neq$ 18.4 kPa）。因此设计如下可逆过程计算各状态函数的改变：

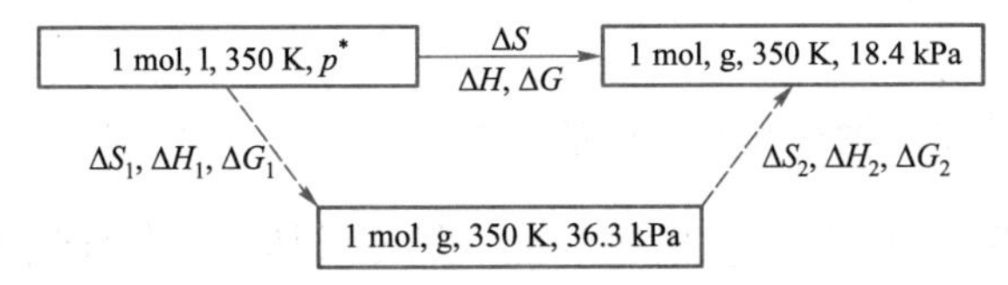

将 p^*-T 关系式 $\ln\dfrac{p^*}{\text{Pa}}=-\dfrac{4200}{T/\text{K}}+22.513$ 与克－克方程的不定积分式相比较，可得

$$\Delta H_1=1\ \text{mol}\times 4\,200\ \text{K}\times R=1\ \text{mol}\times 4\,200\ \text{K}\times 8.314\ \text{J}\cdot\text{mol}^{-1}\cdot\text{K}^{-1}=34.92\ \text{kJ}$$

$$\Delta H_2=0\text{（理想气体的等温过程）}$$

则

$$\Delta H=\Delta H_1+\Delta H_2=34.92\ \text{kJ}$$

$$\Delta S_1=\frac{\Delta H_1}{T}=\left(\frac{34.92\times10^3}{350}\right)\text{J}\cdot\text{K}^{-1}=99.8\ \text{J}\cdot\text{K}^{-1}$$

$$\Delta S_2=-nR\ln\frac{p_2}{p_1}=-1\ \text{mol}\times8.314\ \text{J}\cdot\text{mol}^{-1}\cdot\text{K}^{-1}\times\ln\frac{18.4}{36.3}=5.65\ \text{J}\cdot\text{K}^{-1}$$

则

$$\Delta S=\Delta S_1+\Delta S_2=105.4\ \text{J}\cdot\text{K}^{-1}$$

由 $\Delta G_1=0$（可逆相变），又 $\text{d}G=-S\text{d}T+V\text{d}p$，等温下 $\text{d}G=V\text{d}p$，则

$$\Delta G_2=\int_{p_1}^{p_2}nV_\text{m}\text{d}p=nRT\ln\frac{p_2}{p_1}$$

$$=1\ \text{mol}\times8.314\ \text{J}\cdot\text{mol}^{-1}\cdot\text{K}^{-1}\times350\text{K}\times\ln\frac{18.4}{36.3}=-1.98\ \text{kJ}$$

$$\Delta G=\Delta G_1+\Delta G_2=-1.98\ \text{kJ}$$

3. 液体的蒸发焓与温度的关系

在推导克-克方程式（2.8-6）和式（2.8-7）时，除忽略了物质B凝聚相的体积和将物质B的蒸气相视为理想气体外，还引进了第三处近似，即将$\Delta_{vap}H_m^*$视为与温度无关。实际上，$\Delta_{vap}H_m^*$与温度是有关的。当温度跨度较大时，要得到更能反映实际的数据，相应关系应给以考虑（注：p^*和p_1^*分别为B在温度T和T_1下的饱和蒸气压）：

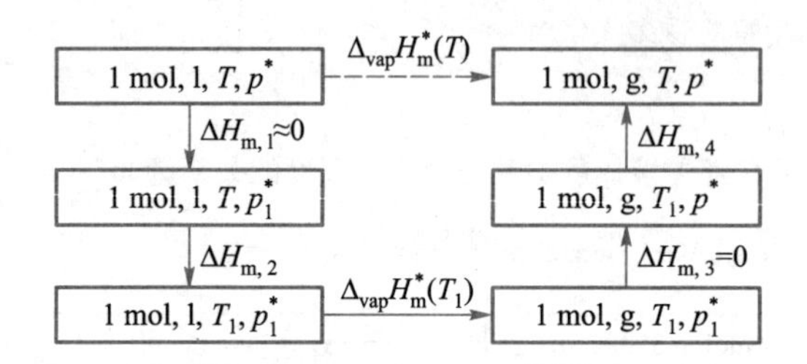

$$\Delta_{vap}H_m^*(T)=\Delta_{vap}H_m^*(T_1)+\Delta H_{m,2}+\Delta H_{m,4}$$
$$=\Delta_{vap}H_m^*(T_1)+\int_{T_1}^{T}[C_{p,m}(g)-C_{p,m}(l)]\,dT$$

实际上，该公式即**基尔霍夫公式**，可用于不同温度下相变焓的计算。这在1.6节中已经学习过。

4. 外压对液（固）体饱和蒸气压的影响

在同一温度下，液（固）体的饱和蒸气压随外压的增加而增加。该规律可得到如下证明。

设在一定温度T、压强p下，液体B与其蒸气（分压为p^*）达成平衡：

$$B^*(l,T,p^*,p)\xleftrightarrow{\text{平衡}}B^*(g,T,p)$$

则有　　$G_m^*(l)=G_m^*(g)$　　（等温、等压条件下的平衡相变，$\Delta G=0$）

在该温度下将外压变为$p+dp$。设液体B的饱和蒸气压因此变为p^*+dp^*。由于上述外压的改变，液相和气相的摩尔吉布斯函数分别变为$G_m^*(l)+dG_m^*(l)$和$G_m^*(g)+dG_m^*(g)$。平衡再次建立后，有

$$G_m^*(l)+dG_m^*(l)=G_m^*(g)+dG_m^*(g)$$

由于$G_m^*(l)=G_m^*(g)$，则一定有$dG_m^*(l)=dG_m^*(g)$。

对于等温过程，热力学基本方程$dG=-SdT+Vdp$变为$dG=Vdp$。因此有

$V_m^*(l)dp(l)=V_m^*(g)dp^*(g)$　　（注：液体的压强，即加在液面上的压强p）

上式可变为

$$\frac{\mathrm{d}p^*(\mathrm{g})}{\mathrm{d}p(\mathrm{l})}=\frac{V_\mathrm{m}^*(\mathrm{l})}{V_\mathrm{m}^*(\mathrm{g})}$$

C2-1
实际气体 p、V、T 变化过程的 ΔU 和 ΔH

因 $\frac{V_\mathrm{m}^*(\mathrm{l})}{V_\mathrm{m}^*(\mathrm{g})}>0$，所以 $\frac{\mathrm{d}p^*(\mathrm{g})}{\mathrm{d}p(\mathrm{l})}>0$。这表明液体的饱和蒸气压随外压（加在液面上的压强 p）的增加而增大。但是，因 $\frac{V_\mathrm{m}^*(\mathrm{l})}{V_\mathrm{m}^*(\mathrm{g})}$ 是一个很小的分数，所以液体的饱和蒸气压随外压的改变不是很大。因此，在通常的计算中，可将外压对液体饱和蒸气压的影响忽略。

C2-2
实际气体等温变化过程的 ΔS

2.9 本章概要

C2-3
理想气体 p、V、T 变化过程的 ΔA 和 ΔG

1. 熵增原理

$$\Delta S_{绝热}(\mathrm{A}\rightarrow\mathrm{B})\geqslant 0 \quad (=可逆，>不可逆)$$

在绝热条件下不可能发生使系统的熵值变小的过程。

2. 熵判据

如果原系统的熵变 $\Delta S_{原系统}(\mathrm{A}\rightarrow\mathrm{B})$ 与原环境的熵变 $\Delta S_{原环境}(\mathrm{A}\rightarrow\mathrm{B})$ 之和大于零，则原系统内的过程 $\mathrm{A}\rightarrow\mathrm{B}$ 可以不可逆（自发或非自发）地发生；如果二者之和小于零，则原系统内的过程 $\mathrm{A}\rightarrow\mathrm{B}$ 不可能实现。如果原系统的熵变 $\Delta S_{原系统}(\mathrm{A}\rightarrow\mathrm{B})$ 与原环境的熵变 $\Delta S_{原环境}(\mathrm{A}\rightarrow\mathrm{B})$ 之和等于零，则原系统在两个宏观态 A 和 B 之间达到平衡。

3. 亥姆霍兹函数判据

$$\Delta A_{T,V}\leqslant 0 \quad (=可逆，<不可逆)$$

没有非体积功 W' 的等容过程，$\Delta A_{T,V}<0$，则过程自发地进行；反之，过程为非自发。

$$-\Delta A_{T,V}\geqslant -W' \quad (=可逆，>不可逆)$$

一个在等温、等容条件下的自发过程，最多能为环境提供的非体积功为系统亥姆霍兹函数变的相反值 $-\Delta A_{T,V}$。

$$\Delta A_{T,V}\leqslant W' \quad (=可逆，<不可逆)$$

一个在等温、等容条件下的非自发过程，要想不可逆地实现它，环境向系统注入的非体积功必须超过系统的亥姆霍兹函数变 $\Delta A_{T,V}$。

4. 吉布斯函数判据

与亥姆霍兹函数判据类似的三个吉布斯函数判据为

$$\Delta G_{T,p} \leqslant 0 \quad (=\text{可逆}，<\text{不可逆})$$

$$-\Delta G_{T,p} \geqslant -W' \quad (=\text{可逆}，>\text{不可逆})$$

$$\Delta G_{T,p} \leqslant W' \quad (=\text{可逆}，<\text{不可逆})$$

习题

C2-4 正常相变的状态函数改变

C2-5 实际气体等温变化过程的 ΔA 和 ΔG

1. 将 1 mol N_2 从 298 K、25 dm^3 的始态（可视为理想气体），经绝热可逆膨胀到 250 dm^3，求该过程的 ΔU、ΔH 和 ΔS。

2. 1 mol Ar 从 273.15 K、1013.25 kPa 的始态（可视为理想气体），反抗恒定外压 101.325 kPa，绝热膨胀至终态压强为 101.325 kPa，求该过程的 ΔS。

3. 1 mol N_2 由 300 K、200 kPa 的始态，分别进行下列三种变化：（1）在等温下压强变为原来的 3 倍；（2）在等压下体积变为原来的 3 倍；（3）在等容下压强变为原来的 3 倍。试计算上述各过程系统的 ΔS。

4. 已知水的等压摩尔热容为 75.3 $J\cdot K^{-1}\cdot mol^{-1}$。在常压下，将 1.00 kg、10.0 ℃的 $H_2O(l)$，经下列两种不同过程加热成 100 ℃的 $H_2O(l)$。求各过程系统的熵变、环境的熵变，以及系统和环境一并构成的隔离系统的总熵变。

（1）系统与 100 ℃的热源接触；

（2）系统先与 55.0 ℃的热源接触至热平衡，再与 100 ℃的热源接触。

5. 已知苯的正常沸点为 80.1 ℃，$\Delta_{vap}H_m = 30.88\ J\cdot mol^{-1}$，液态苯的等压摩尔热容 $C_{p,m}=$ 142.7 $J\cdot K^{-1}\cdot mol^{-1}$。现将 40.53 kPa、80.1 ℃ 的 1 mol 苯蒸气先等温可逆压缩至 101.325 kPa，并凝结成液态苯，再在等压条件下将其冷却至 60 ℃。求整个过程的 ΔS。

6. 已知水在 100 ℃的摩尔汽化焓为 40.67 $kJ\cdot mol^{-1}$，水和水蒸气的等压摩尔热容分别为 75.30 $J\cdot K^{-1}\cdot mol^{-1}$ 和 33.57 $J\cdot K^{-1}\cdot mol^{-1}$。现将 2 mol 液态水在 50.0 ℃、常压下汽化为同温、同压的水蒸气，求该过程的 ΔS。

7. 已知气相反应 $CH_3OH \xlongequal{} HCHO + H_2$ 在 298 K 下各反应参与物的热力学数据如下所示：

物质	$S_m^\ominus(298\ K)/(J\cdot K^{-1}\cdot mol^{-1})$	$C_{p,m}^\ominus(298\ K)/(J\cdot K^{-1}\cdot mol^{-1})$
$CH_3OH(g)$	237.8	20.4
$HCHO(g)$	220.2	18.8
$H_2(g)$	130.7	29.1

试计算该反应在 600 K 进行时的 $\Delta_r S_m^\ominus$。

8. 已知空气的平均等压摩尔热容 $C_{p,m} = 29.3\ J\cdot K^{-1}\cdot mol^{-1}$。有人试图研制一种绝热装置以实现下述过程：在中部通入 21 ℃、404 kPa 的 2 mol 压缩空气，使一侧输出 −18 ℃、101 kPa 的 1 mol 冷空气，而另一侧输出 60 ℃、101 kPa 的 1 mol 热空气。通过计算判断这种装置是否有可能制成。

9. 已知 Ag_2O 的分解反应 $Ag_2O(s) = 2Ag(s)+\frac{1}{2}O_2(g)$，其各反应参与物在 298 K 下的热力学数据如下所示：

C2-6
非正常相变的 ΔH 和 ΔS

物质	$\Delta_f H_m^{\ominus}(298\ \mathrm{K})/(\mathrm{kJ\cdot mol^{-1}})$	$S_m^{\ominus}(298\ \mathrm{K})/(\mathrm{J\cdot K^{-1}\cdot mol^{-1}})$
$Ag_2O(s)$	−30.56	121.7
$Ag(s)$	0	42.71
$O_2(g)$	0	205.1

试判断在 298 K、$p^{\ominus}$ 下，Ag_2O 的分解能否发生。

C2-7
非正常相变的 ΔG

10. 已知 298.15 K 时水的饱和蒸气压为 3 167 Pa，摩尔蒸发焓为 43.93 $\mathrm{kJ\cdot mol^{-1}}$。计算在 101.325 kPa、298.15 K 下，1.00 mol 过饱和水蒸气变为同温同压下的液态水这一过程的 ΔS 和 ΔG，并判断该过程能否自发进行。

11. 已知人体的正常体温为 37 ℃。蔗糖在 298 K 的标准摩尔燃烧焓是 −5 797 $\mathrm{kJ\cdot mol^{-1}}$，相应标准摩尔吉布斯函数为 −6 333 $\mathrm{kJ\cdot mol^{-1}}$。估算人体通过消耗 1 mol 蔗糖可以获得多少非体积功。

C2-8
利用自发反应获取非体积功（1）

12. 已知水在 100 ℃、101.3 kPa 的摩尔汽化焓为 40.64 $\mathrm{kJ\cdot mol^{-1}}$。设水蒸气为理想气体。现将一封入 1 mol 液态水（373.2 K、101.3 kPa）的小玻璃瓶放入真空容器中，该真空容器恰好能容纳 1 mol 水蒸气（373.2 K、101.3 kPa）。若保持整个系统的温度为 373.2 K，将小瓶击破后，水将全部汽化为水蒸气。计算该过程的 Q，W，ΔU，ΔH，ΔS，ΔA，ΔG。根据计算结果说明此过程是否可逆。

13. 某实际气体服从状态方程 $pV_m=RT+bp$，$b=2.67\times10^{-5}\ \mathrm{m^3\cdot mol^{-1}}$。

（1）$n=1$ mol，$T=298$ K，始压为 $10p^{\ominus}$，对抗恒外压 $p^{\ominus}$ 等温膨胀，求过程的 W，ΔU，ΔH，ΔS，ΔA，ΔG；

（2）求算该气体的 C_p-C_V 值。

C2-9
利用自发反应获取非体积功（2）

14. 已知冰的熔化焓为 6.01 $\mathrm{kJ\cdot mol^{-1}}$，正常熔点 T_f^* 为 273.2 K，冰的密度为 920 $\mathrm{kg\cdot m^{-3}}$，水的密度为 1 000 $\mathrm{kg\cdot m^{-3}}$。每只溜冰鞋下面的冰刀与冰接触的地方，长度为 8.00×10^{-2} m，宽度为 2.50×10^{-5} m。试计算体重为 60 kg 的人，脚穿两只溜冰鞋站立在冰面上，冰刀与冰接触处冰的熔点。

15. 已知液体和固体 CO_2 的饱和蒸气压 $p(\mathrm{l})$ 及 $p(\mathrm{s})$ 与温度的关系式分别为

$$\ln\frac{p(\mathrm{l})}{\mathrm{Pa}}=-\frac{2\ 013}{T/\mathrm{K}}+22.405,\quad \ln\frac{p(\mathrm{s})}{\mathrm{Pa}}=-\frac{3\ 113}{T/\mathrm{K}}+27.650$$

试计算下述过程的 ΔG：

$$CO_2(\mathrm{s,1\ mol,100\ kPa,200\ K})\longrightarrow CO_2(\mathrm{l,1\ mol,100\ kPa,200\ K})$$

C2-10
注入非体积功实现非自发过程

第 3 章 多组分均相系统热力学

由两种或两种以上的物质组成的系统称为多组分系统。在多组分系统中，各组成成分（即系统的各种物质）称为组分。多组分系统可以表现为均相，也可以表现为多相。本章讨论多组分均相（单相）系统的热力学性质。

3.1 多组分液态系统组成的表述

对于一个组成确定的多组分系统，其组成的定量表述应该不受温度的影响。下面给出几种常用的具有该特点的多组分系统组成的表述方法。

1. 物质 B 的摩尔分数

摩尔分数也称为物质的量的分数，液相多组分系统中物质 B 的**摩尔分数** x_B 定义为

$$x_B = n_B \Big/ \sum_A n_A \qquad (3.1\text{-}1)$$

式中，n_B 为系统中 B 的物质的量；$\sum_A n_A$ 为各组分物质的量的总和（包括物质 B 在内）。对于气相多组分系统，物质 B 的摩尔分数一般表示为

$$y_B = n_B \Big/ \sum_A n_A$$

2. 物质 B 的质量分数

物质 B 的**质量分数** w_B 定义为，系统中 B 的质量与多组分均相系统中各组分质量的总和之比：

$$w_B = m_B \Big/ \sum_A m_A \qquad (3.1\text{-}2)$$

3. 物质 B 的质量摩尔浓度

物质 B 的**质量摩尔浓度** b_B 定义为，单位质量溶剂中溶解溶质 B 的物质的量。其单位为 $mol \cdot kg^{-1}$。

$$b_B = \frac{n_B}{n_A M_A} \tag{3.1-3}$$

式中，n_B 和 n_A 分别为系统中溶质 B 和溶剂 A 的物质的量；M_A 为溶剂 A 的摩尔质量。质量摩尔浓度常用于表述溶液中的溶质浓度。

由于物质的量浓度受温度影响，即对于确定组成的溶液，其浓度的大小仍然是温度的函数，因此它很少用于溶液组成的表述。

在多组分均相系统中，各组分的分子相互均匀地分散、混合在一起。多组分均相系统的分类如图 3.1.1 所示。

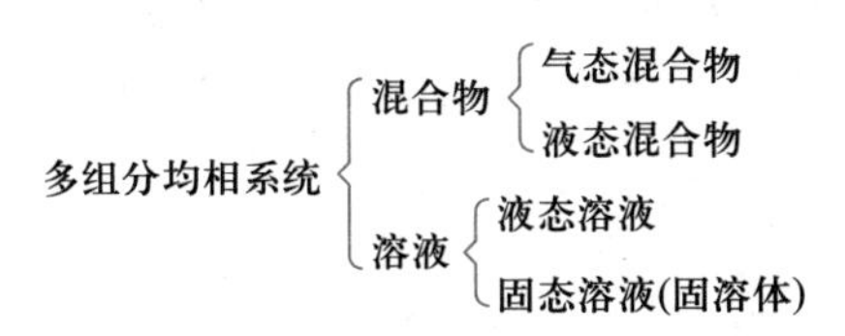

图 3.1.1　多组分均相系统的分类

多组分均相系统可以表现为气相（如空气）、液相（如乙醇溶于水中，苯溶于甲苯中）或固相（如少量 Pt 与 Ag 形成的合金）。多组分均相系统可分为溶液和混合物。**溶液**的特点是，所含的组分在结构和性质上的差异较大，而**混合物**的特点是，各组分的结构和性质比较接近。例如，将乙醇溶于水中（醇少水多）或水溶于乙醇中（水少醇多）所得均相液体视为溶液，而将苯溶于甲苯中或甲苯溶于苯中所得均相液体视为液态混合物。

在此必须说明的是，之所以将均相液体分为溶液和液态混合物，是由于后二者在性质上遵循不同的规律。不过，对于一含有多个组分的均相液体，到底应将其视为溶液还是视为液态混合物更合适，有时仅从结构上看难以界定，那就要看它更适合哪一类的规律。

对于液态溶液和液态混合物，由于其上述规律不同，因而在本章中将分别进行讨论。

3.2 多组分均相系统的热力学基本方程

均相系统又称为单相系统。对于单组分均相系统，所有广度性质，都表现出严格的加和性。例如，在等温、等压下，物质的量为 n_1 的乙醇和物质的量为 n_2 的乙醇混合在一起，其总体积一定是 $V_{总}=n_1V_m^*+n_2V_m^*$。但是，对于多组分均相系统，情况就比较复杂了。

先看看下面的实验现象：

苯和甲苯无论以怎样的物质的量之比混合，所得液体总体积总是近似等于二者混合前的体积之和。但是，当把水和乙醇混合时却发现，所得液体总体积总是明显小于它们混合前的体积之和。例如，在精准控制的 25 ℃下，把 50.2 mL 水加入 63.4 mL 乙醇中时，混合液体的总体积与原来乙醇的体积相比，增量仅为 46.0 mL，液体总体积为 109.4 mL，明显低于二者的体积之和。继续研究发现，即使把 50.2 mL 水，加入同一温度、由不同物质的量的乙醇和水配比形成的同一总体积乙醇 – 水混合溶液中时，液体总体积的增加量也各不相同。这些现象表明，对于多组分均相系统，系统的广度性质不仅受系统内各组分性质的影响，还与系统的组成 x_B 直接相关。因此，对于多组分系统，必须引入新的概念代替纯物质所用的摩尔量，才能准确描述该多组分系统的性质。

1. 偏摩尔量

设多组分均相系统由组分 A，B，C，D，…多个组分所组成。用 Z 代表系统的任一广度性质（V，U，H，S，A，G）。于是，Z 可以表示为

$$Z=f(T,p,n_A,n_B,\cdots)$$

其全微分就是

$$dZ=\left(\frac{\partial Z}{\partial T}\right)_{p,n_B}dT+\left(\frac{\partial Z}{\partial p}\right)_{T,n_B}dp+\left(\frac{\partial Z}{\partial n_A}\right)_{T,p,n_{C\neq A}}dn_A+\left(\frac{\partial Z}{\partial n_B}\right)_{T,p,n_{C\neq B}}dn_B+\cdots$$

定义

$$Z_B=\left(\frac{\partial Z}{\partial n_B}\right)_{T,p,n_{C\neq B}} \qquad (3.2-1)$$

将其称为物质 B 的**偏摩尔量** Z。其中下标 T，p 表示温度和压强恒定，$n_{C\neq B}$ 表示除组分 B 以外，其余所有组分（以 C 代表）的物质的量均保持恒定不变。例如，物质 B 的偏摩尔吉布斯函数 $G_B=\left(\frac{\partial G}{\partial n_B}\right)_{T,p,n_{C\neq B}}$，物质 B 的偏摩尔体积 $V_B=\left(\frac{\partial V}{\partial n_B}\right)_{T,p,n_{C\neq B}}$，等等。

显然，对于物质 B 的偏摩尔量 Z（Z_B），其物理意义就是，在指定的 T，p 及除 B 外其他所有组分的物质的量都确定的条件下，向系统中加入 B 的物质的量为 dn_B 时，所引起系统的广度性质 Z 的微变 dZ 与 dn_B 的比值。当然，它就是在指定的 T，p 和系统组成下，多组分均相系统的广度性质 Z 随 B 的物质的量的变化率。以 B 的

偏摩尔体积来说，它就是指在指定的 T，p 和系统组成下，系统的体积随 B 的物质的量的变化率。无疑，在不同的系统组成下，物质 B 有不同的偏摩尔体积。这就是把相同体积的水加入同一温度、由不同的乙醇和水配比组成的同一总体积乙醇-水混合溶液中时，液体总体积的增加量各不相同的原因。

要取得多组分均相系统中组分 C 在一个确定系统组成（x_A，x_B，x_C，x_D，…）下的偏摩尔体积，需首先配制一个除 C 以外其他组分共存的混合液体，使 A 与 B 的物质的量的比例在该混合液体中为 x_A/x_B，A 与 D 的物质的量的比例为 x_A/x_D，以此类推。然后，在精确控制的温度 T 下多次向其中加入 C 进行混合，使得混合液体中组分 C 的摩尔分数从 0 依次增加到 x_1，x_2，x_3，x_4，$x_5(x_5=x_C)$，x_6，x_7，x_8，…，并记录各混合液体中加入 C 的累计物质的量 n_C，及所得各相应混合液体的体积 V。将混合液体的体积 V 对相应 C 的摩尔分数 x_C 作图，则曲线上横坐标为 x_5 那一点处切线的斜率 $\left(\dfrac{\partial V}{\partial n_C}\right)_{T,p,n_{B(B\neq C)}}$，就是 C 在系统组成为 x_A，x_B，x_C，x_D，…的偏摩尔体积（如图 3.2.1 所示）。

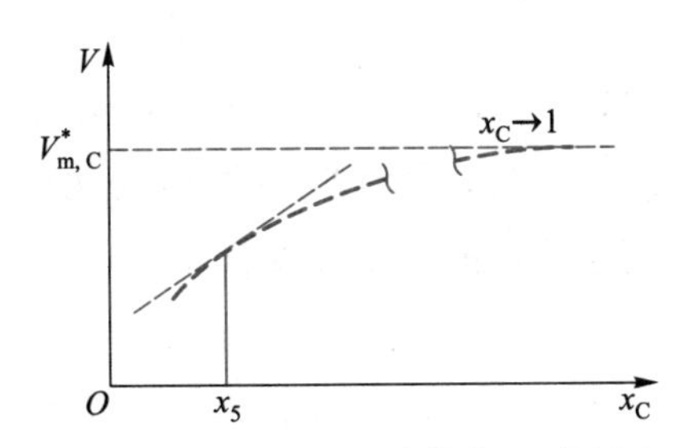

图 3.2.1　多组分均相液体中 V_C 的测定

当然，如果能用函数式 $V=f(n_C)$ 准确表示混合液体体积 V 随累计加入 C 的物质的量 n_C 的变化关系，则根据偏摩尔体积的定义，直接求得在 x_5 处混合液体体积 V 对 n_C 的偏导 $\left(\dfrac{\partial V}{\partial n_C}\right)_{T,p,n_{B(B\neq C)}}$，即为相应 C 在系统组成为 x_A，x_B，x_C，x_D，…的偏摩尔体积。

例 3.2.1 在 25 ℃、常压条件下，当向 1.000 kg 水 (A) 中加入 HAc(B) 时发现，所得溶液的体积 V 与加入 HAc 的累计物质的量 n_B 之间在 $n_B=0.16\sim2.5$ mol 范围内符合下述关系：

$$V=[1\,002.935+51.832\times(n_B/\text{mol})+0.139\,4\times(n_B/\text{mol})^2]\ \text{cm}^3$$

求 $n_B=0.500$ mol 时的 V_B。

解： $V_B=\left(\dfrac{\partial V}{\partial n_B}\right)_{T,p,n_A}=[51.832+0.278\,8\times(n_B/\text{mol})]\ \text{cm}^3\cdot\text{mol}^{-1}$

当 n_B=0.500 mol 时，$V_B=(51.832+0.2788\times0.500)\ \mathrm{cm^3\cdot mol^{-1}}=51.971\mathrm{cm^3\cdot mol^{-1}}$。

按照偏摩尔量的定义，对于单组分的均相系统，物质 B 的偏摩尔量 Z 就是物质 B 的摩尔量 Z。即

$$Z_B=\left(\frac{\partial Z}{\partial n_B}\right)_{T,p,n_{C\neq B}}=Z^*_{m,B}\qquad（单组分均相系统）$$

例如，单组分均相系统的 $G_B=\left(\frac{\partial G}{\partial n_B}\right)_{T,p,n_{C\neq B}}=G^*_{m,B}$，$V_B=\left(\frac{\partial V}{\partial n_B}\right)_{T,p,n_{C\neq B}}=V^*_{m,B}$。

将偏摩尔量 Z_B 的定义式代入前述广度性质 Z 的全微分式，有

$$dZ=\left(\frac{\partial Z}{\partial T}\right)_{p,n_B}dT+\left(\frac{\partial Z}{\partial p}\right)_{T,n_B}dp+Z_A dn_A+Z_B dn_B+\cdots$$

那么，由上式可知，在等温、等压（$dT=0$，$dp=0$）条件下，如果均相系统中共存在 s 种组分，上式就是

$$dZ=Z_A dn_A+Z_B dn_B+\cdots=\sum_{B=A}^{s}Z_B dn_B\qquad(3.2-2)$$

在此必须说明的是，虽然 Z 是广度性质的状态函数，但 B 物质的偏摩尔量 Z（Z_B）与其摩尔量 Z（$Z^*_{m,B}$）一样，属于强度性质的状态函数。这就是说，在等温、等压条件下，Z_B 与系统中物质的总量并没有关系，而只取决于系统中各组分的比例。

现在讨论一个由 n_A，n_B，n_C，…混合组成的均相系统。如果假定这个均相系统中各组分的物质的量从无到有、从少到多，每次向系统中加入的总物质的量为 $dn=dn_A+dn_B+dn_C+\cdots$，且总是 $dn_A:dn_B:dn_C:\cdots=n_A:n_B:n_C:\cdots$，直到系统中各组分的物质的量分别达到 n_A，n_B，n_C，…。那么，由于系统的组成始终为 $n_A:n_B:n_C:\cdots$，系统中各物质的偏摩尔量 Z（Z_B）便始终不变，即 Z_B 为常数。

那么，对 $dZ=Z_A dn_A+Z_B dn_B+\cdots=\sum_{B=A}^{s}Z_B dn_B$ 积分，得

$$\int_0^Z dZ=Z_A\int_0^{n_A}dn_A+Z_B\int_0^{n_B}dn_B+Z_B\int_0^{n_C}dn_C+\cdots=\sum_{B=A}^{s}Z_B n_B$$

于是有

$$Z=\sum_{B=A}^{s}n_B Z_B\qquad(3.2-3)$$

该式表明，对于一个多组分均相系统，其任一广度性质，等于系统中各组分物质的量与相应偏摩尔量乘积的加和。例如，

$$V=\sum_{B=A}^{s} n_B V_B$$

这样，在前面提到的水和乙醇混合后所得溶液的总体积就是

$$V_{总}=n_{水}V_{水}+n_{乙醇}V_{乙醇}$$

式中，$V_{水}$和 $V_{乙醇}$分别为水和乙醇的偏摩尔体积。

当把同样体积为 50.2 mL 的水分别加入由不同量乙醇和水配成的乙醇－水混合溶液中时，由于每次水的偏摩尔体积 $V_{水}$都不相同，必然使所得混合溶液的总体积与混合前各组分体积之和的偏离值 ΔV 不同：

$$\Delta V=(n_{乙醇}V_{乙醇}+n_{水}V_{水})-(n_{乙醇}V^{*}_{m,乙醇}+n_{水}V^{*}_{m,水})$$

2. 不同组分同一偏摩尔量间的关系

下面再讨论，这个均相系统中各组分的物质的量虽然也是从无到有、从少到多，但其中各组分 A，B，C，… 不是同时按比例加入，而是交替地微量加入的情况。在这种情况下，无论向系统中加入 dn 的是 A、是 B、还是 C，由于系统的组成因此而改变，系统中各物质的偏摩尔量 Z 都会改变。这样，在等温、等压条件下，系统广度性质 Z 的微变就是

$$dZ=n_A dZ_A+Z_A dn_A+n_B dZ_B+Z_B dn_B+n_C dZ_C+Z_C dn_C+\cdots=\sum_{B=A}^{s} Z_B dn_B+\sum_{B=A}^{s} n_B dZ_B$$

将该式与式（3.2−2）比较，有

$$\sum_{B=A}^{s} n_B dZ_B=0$$

将上式等号两端同除以系统中物质的量的总和 $n_{总}=n_A+n_B+n_C+\cdots$，得

$$\sum_{B=A}^{s} x_B dZ_B=0 \qquad (3.2-4)$$

该公式称为**吉布斯－杜安（Gibbs－Duhem）公式**。它给出了在等温、等压条件下，多组分系统中不同组分同一偏摩尔量之间的关系。

下面就二组分均相系统，说明吉布斯－杜安公式的意义。它表明，在一个确定的系统组成（x_B）下，如果物质 A 的偏摩尔量 Z（Z_A）正在随 x_B 的增大而减小，则物质 B 的偏摩尔量 Z（Z_B）一定正在随 x_B 的增大而增大。图 3.2.2 给出了 A−B 二组分均相系统中 A 和 B 的偏摩尔体积随 x_B 改变的关系。

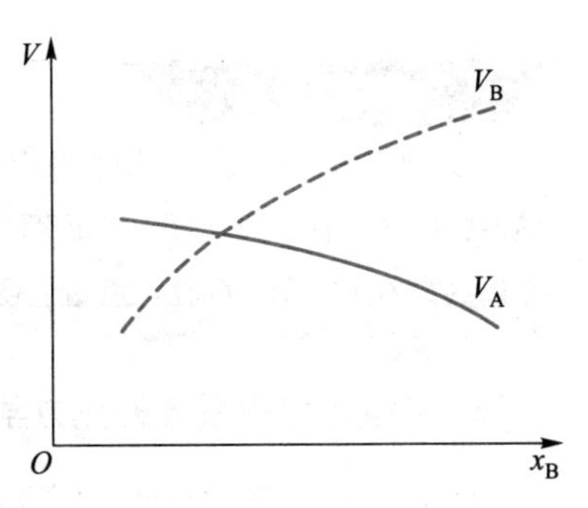

图 3.2.2　A−B 二组分均相系统中 A 和 B 的偏摩尔体积随 x_B 改变的关系

3. 同一组分不同偏摩尔量间的关系

对于多组分均相系统，其任一组分 B 的不同偏摩尔量之间，仍然保留了单组分均相系统中纯物质各广度性质摩尔量间的关系。例如，

$$H_{\rm B}=U_{\rm B}+pV_{\rm B}$$

$$A_{\rm B}=U_{\rm B}-TS_{\rm B}$$

$$G_{\rm B}=H_{\rm B}-TS_{\rm B}=U_{\rm B}+pV_{\rm B}-TS_{\rm B}$$

$$\left(\frac{\partial H_{\rm B}}{\partial p}\right)_{T,n_{\rm C}}=V_{\rm B}$$

$$\left(\frac{\partial G_{\rm B}}{\partial T}\right)_{p,n_{\rm C}}=-S_{\rm B}$$

4. 化学势

在第二章中已经讨论清楚，在等温、等压条件下，过程的自发方向一定是系统的吉布斯函数减小的方向。根据式（3.2-3），对于含有 s 种组分的均相系统，其吉布斯函数就是 $G=\sum\limits_{\rm B=A}^{s}n_{\rm B}G_{\rm B}$。因此，要判断在等温、等压条件下多组分均相系统中一个过程的自发情况，组分 B 的偏摩尔吉布斯函数 $G_{\rm B}$ 的表述在化学热力学中必占有特殊的地位。

将 B 的偏摩尔吉布斯函数 $G_{\rm B}$ 定义为组分 B 的化学势，用符号 $\mu_{\rm B}$ 表示，即

$$\mu_{\rm B}=G_{\rm B}=\left(\frac{\partial G}{\partial n_{\rm B}}\right)_{T,p,n_{\rm C\neq B}} \qquad (3.2\text{-}5)$$

这样，根据式（3.2-3）有

$$G=\sum_{\rm B=A}^{s}n_{\rm B}\mu_{\rm B} \qquad (3.2\text{-}6)$$

思考题 3.2.1

如果系统中物质以 α 和 β 两相存在。在这两相中，具有相同的组分和组分数目（共 s 种），这两相的区别仅在于各组分在这两相中的含量不同。那么，你能准确而简单地表述出系统的吉布斯函数 G（提示：G 是广度性质函数）吗？

5. 多组分均相系统的热力学基本方程

对于在第一章中讨论的定量纯物质构成的均相系统而言，只需确定两个状态函数（如 T，p 一定）就可以确定系统的状态。但是，对于多组分的均相系统而言，

系统的状态还和系统的组成有关。例如，系统的吉布斯函数

$$G = f(T, p, n_A, n_B, \cdots)$$

所以，G 的全微分为

$$\mathrm{d}G = \left(\frac{\partial G}{\partial T}\right)_{p,n_B} \mathrm{d}T + \left(\frac{\partial G}{\partial p}\right)_{T,n_B} \mathrm{d}p + \left(\frac{\partial G}{\partial n_A}\right)_{T,p,n_{C\neq A}} \mathrm{d}n_A + \left(\frac{\partial G}{\partial n_B}\right)_{T,p,n_{C\neq B}} \mathrm{d}n_B + \cdots$$

$$= \left(\frac{\partial G}{\partial T}\right)_{p,n_B} \mathrm{d}T + \left(\frac{\partial G}{\partial p}\right)_{T,n_B} \mathrm{d}p + \sum_B \left(\frac{\partial G}{\partial n_B}\right)_{T,p,n_{C\neq B}} \mathrm{d}n_B$$

在系统总量不变（即封闭系统）、组成不变的条件下，有

$$\left(\frac{\partial G}{\partial T}\right)_{p,n_B} = -S$$

$$\left(\frac{\partial G}{\partial p}\right)_{T,n_B} = V$$

于是，相应**多组分均相系统的热力学基本方程**就是

$$\mathrm{d}G = -S\mathrm{d}T + V\mathrm{d}p + \sum_B \mu_B \mathrm{d}n_B \qquad (3.2-7)$$

显然，按照单组分均相系统热力学基本方程的推导方法［见式（2.7-2）的导出］，还可得到另外三个多组分均相系统的热力学基本方程：

$$\mathrm{d}A = -S\mathrm{d}T - p\mathrm{d}V + \sum_B \mu_B \mathrm{d}n_B \qquad (3.2-8)$$

$$\mathrm{d}H = T\mathrm{d}S + V\mathrm{d}p + \sum_B \mu_B \mathrm{d}n_B \qquad (3.2-9)$$

$$\mathrm{d}U = T\mathrm{d}S - p\mathrm{d}V + \sum_B \mu_B \mathrm{d}n_B \qquad (3.2-10)$$

令 $\mathrm{d}T=0$，$\mathrm{d}V=0$（即等温、等容），$\mathrm{d}n_{C(C\neq B)}=0$（即除物质 B 以外，其他组分的物质的量均保持恒定），则式（3.2-8）就变成 $\mathrm{d}A=\mu_B\mathrm{d}n_B$。于是有

$$\mu_B = \left(\frac{\partial A}{\partial n_B}\right)_{T,V,n_{C\neq B}} \qquad (3.2-11)$$

显然，这是化学势的又一种表现形式。

思考题 3.2.2

化学势除了式（3.2-5）和式（3.2-11）的表现形式外，还有另外两种不同的表现形式。你能参考式（3.2-11）的导出，由式（3.2-9）和式（3.2-10）分别推导出它们吗？

6. 均相系统自发、平衡的化学势判据

由 2.6 节的讨论已知，**在等温、等压条件下，过程的自发方向是系统的吉布斯函数减小的方向**。也就是说，**在等温、等压条件下，系统自发发生 $\mathrm{d}G<0$ 的过程**即系统自发地降低其吉布斯自由能。这样，在等温、等压条件下，当系统达到平衡时，系统的吉布斯函数一定处于该条件的最低点位，如图 3.2.3 所示。

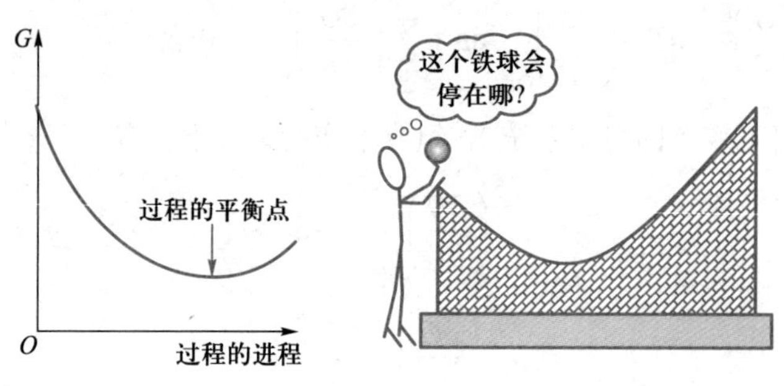

图 3.2.3　均相系统等温、等压过程的平衡点

由式（3.2−7）可知，系统自发发生的是其 $\sum_{\mathrm{B}}\mu_{\mathrm{B}}\mathrm{d}n_{\mathrm{B}}<0$ 的过程。在等温、等压条件下，如果 $\mathrm{d}G=0$，则系统处于平衡。此时，就是 $\sum_{\mathrm{B}}\mu_{\mathrm{B}}\mathrm{d}n_{\mathrm{B}}=0$ 。所以，对于在等温、等压条件下的均相多组分系统，可导出下列判据：

$$\mathrm{d}G=\sum_{\mathrm{B}}\mu_{\mathrm{B}}\mathrm{d}n_{\mathrm{B}}(T,p)\leqslant 0 \qquad (=\text{可逆，}<\text{不可逆}) \qquad (3.2-12)$$

该判据称为**均相系统自发、平衡的化学势判据**。该判据表明：在等温、等压条件下，只要均相系统内所有物质 B 的吉布斯函数微变 $\mathrm{d}G_{\mathrm{B}}=\mu_{\mathrm{B}}\mathrm{d}n_{\mathrm{B}}$ 的和小于 0，则整个系统的吉布斯函数微变 $\mathrm{d}G=\sum_{\mathrm{B}}\mathrm{d}G_{\mathrm{B}}$ 就小于 0，系统自发；若均相系统内所有物质 B 的吉布斯函数微变 $\mathrm{d}G_{\mathrm{B}}=\mu_{\mathrm{B}}\mathrm{d}n_{\mathrm{B}}$ 的和等于 0，则整个系统的吉布斯函数微变 $\mathrm{d}G$ 就等于 0，系统处于平衡态。

当然，**等温、等容条件下，过程的自发方向是系统的亥姆霍兹函数减小的方向**。即**在没有非体积功时，在等温、等容条件下只能自发发生 $\mathrm{d}A<0$ 的过程**。这样，均相系统在等温、等容条件下，其平衡点就是系统亥姆霍兹函数随过程进程变化的最低点，如图 3.2.4 所示。

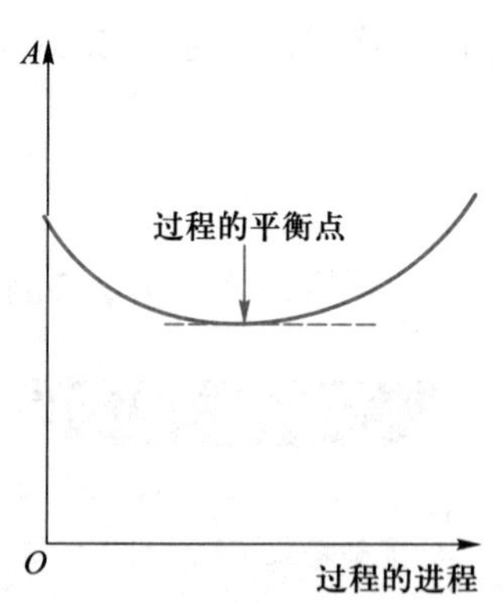

图 3.2.4　均相系统等温、等容过程的平衡条件

由式（3.2−8）有

$$dA=\sum_{B}\mu_{B}dn_{B}(T,V)\leqslant 0 \qquad (=\text{可逆}，<\text{不可逆}) \qquad (3.2-13)$$

该判据表明：在等温、等容条件下，只要均相系统内所有物质 B 的亥姆霍兹函数微变 $dA_B=\mu_B dn_B$ 的和小于 0，则整个系统的亥姆霍兹函数微变 dA 就小于 0，系统自发；若所有 $dA_B=\mu_B dn_B$ 的和等于 0，则整个系统的亥姆霍兹函数微变 dA 就等于 0，系统处于平衡态。

在此需要说明的是，虽然判据式（3.2−12）和式（3.2−13）在表现形式上相同，但在前者中 μ_B 的意义为 $\left(\dfrac{\partial G}{\partial n_B}\right)_{T,p,n_{C\neq B}}$，而在后者中则为 $\left(\dfrac{\partial A}{\partial n_B}\right)_{T,V,n_{C\neq B}}$。当然，由同一状态出发的同一均相化学反应，分别在等温、等压和等温、等容条件下进行时，虽然它们均在 $\sum_{B}\mu_B dn_B=0$ 时达到化学平衡，但它们的化学平衡态（点）在绝大多数情况下是完全不同的。

显然，对于均相系统，无论是等温、等压过程还是等温、等容过程，要利用化学势判据判断其自发方向，就需要均相系统中每一组分的化学势。前已述及，对于不同的均相系统（气体混合物、溶液、液体混合物），由于其中各组分之间相互作用形式的差异，各组分的化学势在表现形式上也理应有所不同。这些内容将在本章 3.3～3.6 节中逐一介绍。

3.3 混合气体

对于气相反应，要通过式（3.2−12）或式（3.2−13）解决其自发方向及平衡问题，必须知道每一气相组分的化学势 $\mu_B^{\ominus}(g,p,T)$。但是，因为物质 B 的化学势就是 B 的偏摩尔吉布斯函数，因此气体混合物中各气体组分的化学势和纯物质的摩尔吉布斯函数一样，其绝对值都无法得知。不过，如前所述，上两式［式（3.2−12）和式（3.2−13）］表述的实质就是，当系统内 B 的物质的量增大 dn_B 时，会导致系统的吉布斯函数 G（或系统的亥姆霍兹函数 A）如何改变，即 dG（或 dA）是大于 0、小于 0，还是等于 0。这就是说，对于系统中的每一种气体组分 B，虽然其 $\mu_B^{\ominus}(g,p,T)$ 的绝对值无法得知，但只要在上述微变 dn_B 发生前后其化学势能从一个基准（参考状态）出发用函数表述出来，那么，系统中各组分的微变 dG_B（或 dA_B）就仍然可知。这样，就可得到所需要的 $dG(\text{或}dA)=\sum_{B}dG_B(\text{或}dA_B)=\sum_{B}\mu_B dn_B$ 的准确值了。

从理论上来说，对于气体组分 B，无论怎样选取其状态（压强 p，纯态或与气体组分的混合态）作为参考状态，来讨论其物质的量的改变（dn_B）所导致的 $dG(或dA)=\sum_B \mu_B dn_B$，都会得到同一结果。但是，为了讨论简便，对于任一温度为 T 的气体组分 B，都以它在该温度 T 下，单独存在（即其纯气体），压强为标准压强（$p=100\ \text{kPa}$），并表现为理想气体特性的状态为参考状态。该参考状态的化学势表示为 $\mu_B^\ominus(g,T)$。

1. 理想气体的化学势

先讨论温度为 T，压强为 p 的纯理想气体 B 的化学势。已知同一温度 T、标准压强的纯气体 B 是其参考状态。那么，下面的问题就是如何将上述状态的化学势用参考状态的化学势表述出来。既然这个参考状态的化学势为 $\mu_B^\ominus(g,T)$，则上述状态的化学势 $\mu_B^*(g,T,p)$ 就应为从其参考状态变为该状态的摩尔吉布斯函数改变 ΔG_m 与其参考状态化学势 $\mu_B^\ominus(g,T)$ 的和（如下所示）：

$$\mu_B^*(g,T,p)=\mu_B^\ominus(g,T)+\Delta G_m$$

B(g, p, T, μ*)　$\mu_B^*(g,T,p)$

↑ ΔG_m

B(g, $p^\ominus$, T, $\mu^\ominus$)　$\mu_B^\ominus(g,T)$

由热力学基本方程 $dG=-SdT+Vdp$ 可知，在等温下，有 $dG_m=V_m dp$，则 $\Delta G_m=\int_{p^\ominus}^{p}V_m dp$，因理想气体 $V_m=\dfrac{RT}{p}$，于是 $\Delta G_m=RT\ln\dfrac{p}{p^\ominus}$，因此有

$$\mu_B^*(g,T,p)=\mu_B^\ominus(g,T)+RT\ln\frac{p}{p^\ominus} \qquad (3.3\text{-}1)$$

这就是温度为 T，压强为 p 的纯理想气体 B 的化学势。

下面再讨论理想气体混合物中，气体组分 B 的化学势。在理想气体混合物中，各分子间无作用力。因此，理想气体混合物中每一气体组分的行为与该气体组分单独占有混合气体总体积时的行为完全相同。这就是说，理想气体混合物中任一气体组分 B（分压为 p_B）的化学势与该气体组分 B 单独占有混合气体总体积（相应压强为 p_B）时的化学势完全相同。于是，对于理想气体混合物中的气体组分 B，其化学势必然为

$$\mu_B(g,T,p,y_B)=\mu_B^\ominus(B,g,T)+RT\ln\frac{p_B}{p^\ominus}$$

即

$$\mu_B(g,T,p,y_B)=\mu_B^\ominus(g,T)+RT\ln\frac{py_B}{p^\ominus} \qquad (3.3\text{-}2)$$

2. 实际气体的化学势

对于实际气体，其分子间作用力及分子体积均不可忽略，这使得实际气体偏离理想气体状态方程的描述。因此，路易斯于 1901 年提出，将实际气体的压强通过乘以一个校正因子 ϕ（称为逸度因子）变成**逸度（f）**后，在化学势的表述上，应与理想气体具有相似的形式。

$$f=\phi p \tag{3.3-3}$$

$$\lim_{p\to 0}\frac{f}{p}=\lim_{p\to 0}\phi=1$$

即对于纯的实际气体 B，其化学势应表述为

$$\mu_{\mathrm{B}}^{*}(\mathrm{g},T,p)=\mu^{\ominus}(\mathrm{g},T)+RT\ln\frac{f}{p^{\ominus}}$$

即

$$\mu_{\mathrm{B}}^{*}(\mathrm{g},T,p)=\mu^{\ominus}(\mathrm{g},T)+RT\ln\frac{\phi p}{p^{\ominus}} \tag{3.3-4}$$

当实际气体的压强趋于 0 时（即理想气体），$\phi=1$，$f=p$。这样，任何纯实际气体 B，无论是否可以看成理想气体，其化学势都可以用式（3.3−4）统一表述。

对于压强为 p 的实际混合气体中的任一组分 B，基于上述讨论，也很容易得到与之统一的化学势表述：

$$\mu_{\mathrm{B}}(\mathrm{g},T,p,y_{\mathrm{B}})=\mu^{\ominus}(\mathrm{B},\mathrm{g},T)+RT\ln\frac{f_{\mathrm{B}}}{p^{\ominus}}$$

式中，$f_{\mathrm{B}}=y_{\mathrm{B}}f=y_{\mathrm{B}}\phi p$ 为该实际气体中组分 B 的逸度，上式即

$$\mu_{\mathrm{B}}(\mathrm{g},T,p,y_{\mathrm{B}})=\mu^{\ominus}(\mathrm{B},\mathrm{g},T)+RT\ln\frac{y_{\mathrm{B}}\phi p}{p^{\ominus}} \tag{3.3-5}$$

在此应该说明的是，ϕ 是纯实际气体 B 在温度 T 下，以压强 p 存在时的逸度因子；ϕp 是当组分 B 在温度 T 下，以压强 p 单独存在时的逸度。

相应地，对于处于不同温度、压强的纯实际气体 B，通过简单的方法获取其符合实际情况的逸度因子 ϕ，就成为利用化学势判据判定有实际气体参与过程自发性的重要一环。

实际气体之所以在物理性质上偏离理想气体，是因为其分子之间的相互作用。在 1.3 节中已经讨论，对于气体 B，其临界温度与其分子间作用力直接相关（临界温度越高，反映该气体分子之间的作用力越强）；而对于确定的气体，其温度越高，压强越小，就越接近理想气体。因此，处于温度 T、压强 p 的实际气体 B，其逸度因子 ϕ 一定和其所处状态的对比温度 $T_{\mathrm{r}}=\dfrac{T}{T_{\mathrm{c}}}$、对比压强 $p_{\mathrm{r}}=\dfrac{p}{p_{\mathrm{c}}}$（其中 T_{c} 和 p_{c} 分别

为该实际气体 B 的临界温度和临界压强，见本书附表 3）直接相关。对比温度 T_r 和对比压强 p_r 数据不仅科学地反映了气体 B 所处的具体状态，还科学地纳入了气体 B 分子间作用力的信息，因此，利用 T_r 和 p_r 数据，人们绘制了气体在不同 T_r 条件下，逸度因子 ϕ 随 p_r 的变化关系曲线（如图 3.3.1 所示）。由于利用该图查找逸度因子 ϕ 时，气体 B 的特性已经纳入对比温度 T_r 和对比压强 p_r 中，具有相同对比温度 T_r 和相同对比压强 p_r 的不同气体具有同一逸度因子 ϕ，因此该图被称为气体的普遍化逸度因子图。

当然，还有其他方法可以获取实际气体的逸度因子 ϕ。这些方法将在化工热力学专业课程中学习，在此不进行讨论。

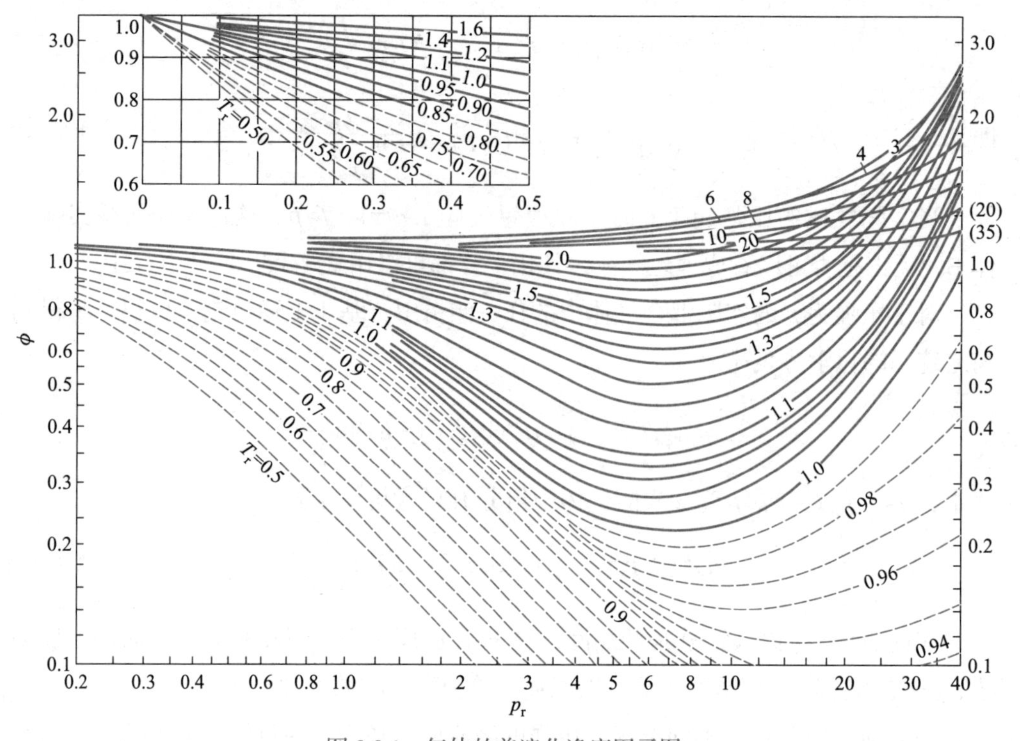

图 3.3.1　气体的普遍化逸度因子图

3.4 溶液

溶液是由在结构和性质上差异较大的组分构成物质的存在形态。溶液通常表现为液态，但有时也表现为固态（称为固体溶液或固溶体）。对于由两种液态物质混溶所得的溶液，将其中相对量较多的组分称为溶剂，将其中相对量较少的组分称为溶质。对于气态或固态组分溶于液态组分所得的溶液，则通常将气态或固态组分称为溶质，而将液态组分称为溶剂。

要讨论溶液中溶剂和溶质的化学势表述，必须首先探讨在等温、等压条件下，物质在两相之间自发转移及平衡的规律。

1. 物质在两相之间自发转移及平衡的规律

对于单组分 A 的多相系统，例如，液态水和水蒸气共存的系统，系统的吉布斯函数除了是系统的温度 T、压强 p 的函数以外，还是各相中 A 的物质的量的函数。

$$G = f(T, p, n_{\mathrm{A}}^{\alpha}, n_{\mathrm{A}}^{\beta}, \cdots) \qquad (3.4\text{-}1)$$

系统吉布斯函数的全微分就是

$$\begin{aligned} \mathrm{d}G &= \left(\frac{\partial G}{\partial T}\right)_{p,n_{\mathrm{A}}} \mathrm{d}T + \left(\frac{\partial G}{\partial p}\right)_{T,n_{\mathrm{A}}} \mathrm{d}p + \left(\frac{\partial G}{\partial n_{\mathrm{A}}^{\alpha}}\right)_{T,p,n_{\mathrm{A}}} \mathrm{d}n_{\mathrm{A}}^{\alpha} + \left(\frac{\partial G}{\partial n_{\mathrm{A}}^{\beta}}\right)_{T,p,n_{\mathrm{A}}} \mathrm{d}n_{\mathrm{A}}^{\beta} + \cdots \\ &= -S\mathrm{d}T + V\mathrm{d}p + \mu_{\mathrm{A}}^{\alpha}\mathrm{d}n_{\mathrm{A}}^{\alpha} + \mu_{\mathrm{A}}^{\beta}\mathrm{d}n_{\mathrm{A}}^{\beta} + \cdots \end{aligned}$$

在等温、等压条件下，当单组分系统中只有 α、β 两相（即只有 A 的 α 相和 β 相）时，上述全微分变为

$$\mathrm{d}G = \mu_{\mathrm{A}}^{\alpha}\mathrm{d}n_{\mathrm{A}}^{\alpha} + \mu_{\mathrm{A}}^{\beta}\mathrm{d}n_{\mathrm{A}}^{\beta}$$

根据等温、等压、没有非体积功条件下的吉布斯函数判据，有

$$\mu_{\mathrm{A}}^{\alpha}\mathrm{d}n_{\mathrm{A}}^{\alpha} + \mu_{\mathrm{A}}^{\beta}\mathrm{d}n_{\mathrm{A}}^{\beta} \leqslant 0 \qquad (=\text{可逆}，<\text{不可逆})$$

下面推导使得物质 A 自发由 α 相转移到 β 相的 $\mathrm{d}n_{\mathrm{A}}^{\beta}$（$\mathrm{d}n_{\mathrm{A}}^{\beta}>0$）的条件：

将上式两边同除以$\mathrm{d}n_{\mathrm{A}}^{\beta}$，并注意在封闭系统中 $\mathrm{d}n_{\mathrm{A}}^{\beta} = -\mathrm{d}n_{\mathrm{A}}^{\alpha}$ 这一关系，则上式可变为

$$\mu_{\mathrm{A}}^{\alpha} \geqslant \mu_{\mathrm{A}}^{\beta} \qquad (=\text{可逆}，>\text{不可逆}) \qquad (3.4\text{-}2)$$

该式称为**物质在两相之间自发转移及平衡的化学势判据**。它表明，在等温、等压条件下：

若 $\mu_{\mathrm{A}}^{\alpha} = \mu_{\mathrm{A}}^{\beta}$，则物质 A 在 α、β 两相之间达到平衡，反之亦然。换言之，A 在 α、β 两相中的化学势相等，与 A 在 α、β 两相之间达到平衡互为因果关系。

若 $\mu_{\mathrm{A}}^{\alpha} > \mu_{\mathrm{A}}^{\beta}$，则物质 A 自发从 α 相转移到 β 相，反之亦然。

我们知道，在一定温度、压强下，当气、液两相达到平衡时，如果气、液两相中同时存在多种组分，则此时组分 B 的分压即该温度和压强下物质 B 的饱和蒸气压。由上述讨论还可知，此时气、液两相中任一组分 B 均满足 $\mu_{\mathrm{B}}^{\mathrm{g}} = \mu_{\mathrm{B}}^{\mathrm{l}}$。当然，当该液体中只含物质 B（即纯物质 B 的液体）时，$\mu_{\mathrm{B}}^{\mathrm{g}} = \mu_{\mathrm{B}}^{\mathrm{l}}$ $(G_{\mathrm{B}}^{\mathrm{g}} = G_{\mathrm{B}}^{\mathrm{l}})$ 就是 $G_{\mathrm{m}}^{*}(\mathrm{g,B}) = G_{\mathrm{m}}^{*}(\mathrm{l,B})$（见 2.8 节）。

由 3.2 节，我们已知如何表述气相中组分 B 的化学势。那么，借助确定温度 T 下气、液两相达到平衡时，液相中组分 B 的化学势满足 $\mu_B^l=\mu_B^g$ 的关系，已不难给出溶液中组分 B 的化学势 μ_B^l 了。既然如此，就有必要先理清液面平衡气相中溶剂、溶质分压（p_A，p_B）与稀溶液的浓度（x_A，b_B）之间的关系。

2. 稀溶液的两个经验定律

关于稀溶液中各组分的饱和蒸气压，有两个重要的经验定律。这两个经验定律分别是由拉乌尔（Raoult，法国化学家）和亨利（Henry，英国化学家）通过总结在等温条件下多种稀溶液与其液面上气相达到平衡时的诸多结果而得出的。

（1）拉乌尔定律

1887 年，拉乌尔发现，在溶剂中加入非挥发性溶质后，溶剂的饱和蒸气压降低，表现为下述经验性的定量规律：

在稀溶液的液面上，溶剂 A 的平衡蒸气分压 p_A 等于同一温度下相应纯溶剂的饱和蒸气压 p_A^* 与稀溶液中溶剂摩尔分数 x_A 的乘积：

$$p_A=p_A^*x_A \tag{3.4-3}$$

这就是**拉乌尔定律**。

后来人们发现，拉乌尔定律并不受限于非挥发性溶质的情况。凡是稀溶液，无论溶质是否具有非挥发性，其平衡液面上溶剂的饱和蒸气压都遵守拉乌尔定律。

（2）亨利定律

1803 年，亨利发现，在等温下气体 B 在其稀溶液中（例如，O_2、N_2 溶于水）的摩尔分数 x_B，与该气体在气相中 B 的平衡分压 p_B 成正比。即

$$p_B=K_{x,B}x_B \tag{3.4-4}$$

式中 $K_{x,B}$ 称为**亨利系数**，它与温度、液面压强，以及溶剂、溶质的性质有关，单位为 $[p]$。

实验表明，亨利定律不仅适用于溶解度很小的气体，还适用于稀溶液中挥发性溶质 B 的气 - 液两相平衡。这样，亨利定律又可表述为在一定温度下，稀溶液中挥发性溶质 B 在气相中的平衡分压 p_B，与该溶质 B 在液相中的质量摩尔浓度 b_B 成正比。即

$$p_B=K_{b,B}b_B \tag{3.4-5}$$

亨利定律还有其他表现形式，例如：

$$x_B=K'_{x,B}p_B$$

$$b_B=K'_{b,B}p_B$$

对于亨利定律的以上四种不同表现形式，其亨利系数的单位各不相同。在应用时，通过数据表中亨利系数的单位，就可以确定与之匹配的亨利定律形式。

虽然亨利定律仅是一个经验定律，但它无论对于科学研究、工业生产还是对于日常生活，都起着重要的指导作用。例如，宇航员安全出舱进行“太空行走”时，必须先“吸氧排氮”，将血液中溶解的 N_2 排除，再进入低压舱和出舱进入太空。否则，当宇航员从常压环境突然进入低压环境时，根据亨利定律，减压使气体溶解度降低，血液中溶解的 N_2 必然迅速析出，会导致其血管中“N_2 气栓”的形成而危及生命。与其类似，打开啤酒瓶时能看到大量气泡产生也是同一道理。在夏天，装有啤酒的不合格酒瓶容易爆裂，就是温度升高，式（3.4−4）中亨利系数显著变大，使瓶内 CO_2 压强显著增高所导致的。

思考题 3.4.1

对于用式（3.4−5）表述的亨利定律，当温度升高时，亨利系数变大还是变小？对于亨利定律的另外几种表述形式呢？

亨利定律只适用于在气、液两相中 B 的存在形态相同时的情况。否则，在定量关系上将较大地偏离亨利定律。例如，HCl 溶于苯中形成稀溶液时，在气相和液相中 HCl 的存在形态均为 HCl 分子，因此亨利定律是适用的。但是，当 HCl 溶于水时，在液相中 HCl 以 H^+ 与 Cl^- 的形态存在。此时，虽然当盐酸浓度增大时气相中 HCl 的平衡分压也增大，但较大地偏离了亨利定律。

例 3.4.1 已知在 20 ℃和 40 ℃时，压强为常压的 CO_2 在 1 kg 水中可分别溶解 1.7 g 和 1.0 g。如果用最大承压为 2.026×10^5 Pa 的瓶子在 20 ℃时封装饱和溶解 CO_2 的饮料，那么在 20 ℃下封装该饮料时所用 CO_2 的压强应低于多少才能确保这种瓶装饮料在 40 ℃下也不爆裂？

解： $K_{b,\mathrm{B}}(20\,℃)=\dfrac{p_\mathrm{B}(20\,℃)}{b_\mathrm{B}(20\,℃)}=\dfrac{1.013\times10^5\,\mathrm{Pa}}{(1.7\,\mathrm{g\cdot kg^{-1}})/(44\,\mathrm{g\cdot mol^{-1}})}=2.6\times10^6\,\mathrm{Pa\cdot mol^{-1}\cdot kg}$

$$K_{b,\mathrm{B}}(40\,℃)=\frac{p_\mathrm{B}(40\,℃)}{b_\mathrm{B}(40\,℃)}=\frac{1.013\times10^5\,\mathrm{Pa}}{(1.0\,\mathrm{g\cdot kg^{-1}})/(44\,\mathrm{g\cdot mol^{-1}})}=4.5\times10^6\,\mathrm{Pa\cdot mol^{-1}\cdot kg}$$

在 40 ℃下，与压强为 2.026×10^5Pa 的 CO_2 气体平衡的 CO_2 水溶液的质量摩尔浓度为

$$b_\mathrm{B}(40\,℃)=\frac{p_\mathrm{B}}{K_{b,\mathrm{B}}(40\,℃)}=\frac{2.026\times10^5\,\mathrm{Pa}}{4.5\times10^6\,\mathrm{Pa\cdot mol^{-1}\cdot kg}}=0.045\,\mathrm{mol\cdot kg^{-1}}$$

在 20 ℃下，与该质量摩尔浓度的 CO_2 水溶液平衡的 CO_2 气体压强为

$$p_\mathrm{B}=K_{b,\mathrm{B}}(20\,℃)b_\mathrm{B}(40\,℃)=2.6\times10^6\,\mathrm{Pa\cdot mol^{-1}\cdot kg}\times0.045\,\mathrm{mol\cdot kg^{-1}}=1.2\times10^5\,\mathrm{Pa}$$

即，在 20 ℃下瓶内 CO_2 的压强应低于 1.2×10^5 Pa。

3. 理想稀溶液

所谓**理想稀溶液**，就是在一定温度下，溶剂和溶质分别服从拉乌尔定律和亨利定律的溶液。当然，这样理想的稀溶液，其浓度一定很低。如果要求溶剂和溶质分

别严格遵守上述两个定律，溶液就得无限稀才行。这与气体要严格遵守理想气体的状态方程，其压强就得无限低是一样的。

如果理想稀溶液中溶质也具有挥发性，则理想稀溶液与其液面上蒸气达到气－液两相平衡时，气相的平衡总压为

$$p = p_A^* x_A + K_{x,B} x_B$$

或

$$p = p_A^* x_A + K_{b,B} b_B$$

（1）理想稀溶液中溶剂 A 的化学势

在确定的温度 T 和压强 p 下，纯物质 A 的液体与其蒸气达到平衡时，A 在气、液两相的化学势一定相等。即

$$\mu_A^*(\mathrm{l},T) = \mu_A^*(\mathrm{g},T) = \mu_A^\ominus(\mathrm{g},T) + RT\ln\frac{p_A^*}{p^\ominus}$$

同样，在确定的温度 T 和压强 p 下，溶剂 A 在理想稀溶液中与在其液面上的混合蒸气达到平衡时，溶剂 A 在气、液两相的化学势也一定相等。即

$$\mu_A(\text{理想稀溶液}, T, p) = \mu_A(\text{混合气}, T, p)$$

将液面上的气相视为理想气体，气相中 A 的化学势为

$$\mu_A(\text{混合气}, T, p) = \mu_A^\ominus(\mathrm{g},T) + RT\ln\frac{p_A}{p^\ominus}$$

那么，在理想稀溶液中溶剂 A 的化学势必为

$$\mu_A(\text{理想稀溶液}, T, p) = \mu_A^\ominus(\mathrm{g},T) + RT\ln\frac{p_A}{p^\ominus}$$

将 $p_A = p_A^* x_A$ 代入上式，得

$$\mu_A(\text{理想稀溶液}, T, p) = \mu_A^\ominus(\mathrm{g},T) + RT\ln\frac{p_A^*}{p^\ominus} + RT\ln x_A$$

显然，上式等号右侧的前两项既是纯溶剂 A 在温度 T、压强 p 下的饱和蒸气（压强为 p_A^*）的化学势，也是纯溶剂 A 在同一温度、压强下的化学势。所以，理想稀溶液中溶剂 A 的化学势就是

$$\mu_A(\text{理想稀溶液}, T, p) = \mu_A^*(\mathrm{l},p,T) + RT\ln x_A$$

式中，$\mu_A^*(\mathrm{l},p,T)$ 为纯溶剂 A 在温度 T、压强 p 下的化学势，即温度 T、压强 p 下纯溶剂 A 的摩尔吉布斯函数 $G_m^*(\mathrm{A},\mathrm{l},p,T)$。对于凝聚态的物质 A 而言，其摩尔吉布斯函数受压强的影响很小，即

$$G_m^*(\mathrm{A},\mathrm{l},p,T) \approx G_m^\ominus(\mathrm{A},\mathrm{l},T)$$

所以，有

$$\mu_A(\text{理想稀溶液}, T,p)=\mu_A^{\ominus}(\text{l},T)+RT\ln x_A \tag{3.4-6}$$

式中，$\mu_A^{\ominus}(\text{l},T)$ 是纯溶剂 A 在温度 T、标准压强下的化学势。也就是说，在温度 T 下，理想稀溶液中溶剂 A 的化学势，是以同一温度 T、标准压强（100 kPa）下纯溶剂的化学势为参考化学势而进行标度的。

A3-1

水分为什么能从地表自发地移到高高的树顶?

（2）理想稀溶液中溶质 B 的化学势

设溶质 B 具有挥发性，其稀溶液的浓度为 b_B，其平衡气相中 B 的分压为 p_B，则

$$\mu_B(\text{理想稀溶液},T,p)=\mu_B(\text{混合气},T,p)=\mu_B^{\ominus}(\text{g},T)+RT\ln\frac{p_B}{p^{\ominus}}$$

因为理想稀溶液中的溶质 B 遵循亨利定律，因此，代入 $p_B=K_{b,B}b_B$，得

$$\mu_B(\text{理想稀溶液},T,p)=\mu_B^{\ominus}(\text{g},T)+RT\ln\frac{K_{b,B}b_B}{p^{\ominus}}$$

即

$$\mu_B(\text{理想稀溶液},T,p)=\mu_B^{\ominus}(\text{g},T)+RT\ln\frac{K_{b,B}b_B^{\ominus}}{p^{\ominus}}+RT\ln\frac{b_B}{b_B^{\ominus}}$$

在上式中，引入 $b_B^{\ominus}$ 是为了去掉等式右侧第三项 b_B 的单位，以便进行对数运算。赋予 $b_B^{\ominus}$ 的定义是，B 的浓度为 $1\ \text{mol}\cdot\text{kg}^{-1}$。

分析上式中等号右侧前两项的和的意义，可知它就是在溶质的浓度为 $b_B^{\ominus}$，且符合亨利定律的溶液中溶质 B 的化学势。既然如此，就把在温度 T 下该溶液（浓度为 $b_B^{\ominus}$，且遵守亨利定律）中 B 的化学势［表示为 $\mu_{b,B}^{\ominus}(T)$ ］作为理想稀溶液中溶质 B 化学势的表述标准。

因为 $\mu_{b,B}^{\ominus}(T)=\mu_B^{\ominus}(\text{g},T)+RT\ln\dfrac{K_{b,B}b_B^{\ominus}}{p^{\ominus}}$，所以上式就是

$$\mu_B(\text{理想稀溶液},T,p)=\mu_{b,B}^{\ominus}(T)+RT\ln\frac{b_B}{b_B^{\ominus}} \tag{3.4-7}$$

在此必须说明的是，当溶液中 B 的浓度达到 $b_B^{\ominus}$（$1\ \text{mol}\cdot\text{kg}^{-1}$）时，在事实上已不可能遵守亨利定律。这就是说，对于理想稀溶液中溶质 B 的化学势表述，实际上是选定了一个不存在的溶液作为溶质 B 化学势的表述标准。不过，这并没有关系。只要在溶液中溶质 B 都采用该同一标准进行表述，那么在过程发生前后的系统总 $\text{d}G$ 就不受任何影响［见化学势判据式（3.2-12）］。

例 3.4.2 实践经验表明，在等温、等压条件下，如果一种溶质可同时溶解在两种互不相溶的

溶剂中形成两个溶液相时，只要达到溶解平衡，不管系统中溶质的总量如何，溶质在两个溶液相中的浓度之比恒为定值。该规律称为分配定律，而该定值称为分配系数。它被广泛应用于溶质的萃取设计。试用溶质的化学势表述，证明上述规律在理论上成立。

证明：设溶质 B 在两种不同的溶剂中分别形成溶液相 α 和 β。达到溶解平衡时，有

B3-1

理想稀溶液的液-液-气三相平衡

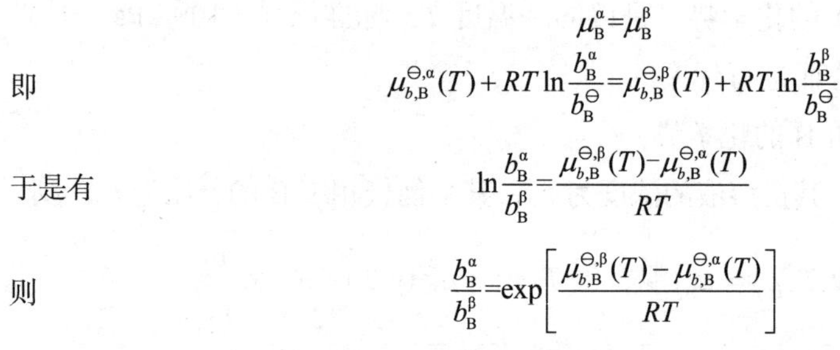

$$\mu_{\mathrm{B}}^{\alpha}=\mu_{\mathrm{B}}^{\beta}$$

即

$$\mu_{b,\mathrm{B}}^{\ominus,\alpha}(T)+RT\ln\frac{b_{\mathrm{B}}^{\alpha}}{b_{\mathrm{B}}^{\ominus}}=\mu_{b,\mathrm{B}}^{\ominus,\beta}(T)+RT\ln\frac{b_{\mathrm{B}}^{\beta}}{b_{\mathrm{B}}^{\ominus}}$$

于是有

$$\ln\frac{b_{\mathrm{B}}^{\alpha}}{b_{\mathrm{B}}^{\beta}}=\frac{\mu_{b,\mathrm{B}}^{\ominus,\beta}(T)-\mu_{b,\mathrm{B}}^{\ominus,\alpha}(T)}{RT}$$

则

$$\frac{b_{\mathrm{B}}^{\alpha}}{b_{\mathrm{B}}^{\beta}}=\exp\left[\frac{\mu_{b,\mathrm{B}}^{\ominus,\beta}(T)-\mu_{b,\mathrm{B}}^{\ominus,\alpha}(T)}{RT}\right]$$

由于两溶液相 α 和 β 的溶剂不同，所以 $\mu_{b,\mathrm{B}}^{\ominus,\beta}(T)$ 和 $\mu_{b,\mathrm{B}}^{\ominus,\alpha}(T)$ 不同。但是，二者在等温下均一定。因此，上式等号右侧在等温下也为定值。设该定值为 K，则有

$$\frac{b_{\mathrm{B}}^{\alpha}}{b_{\mathrm{B}}^{\beta}}=K$$

因此，上述规律在理论上成立。

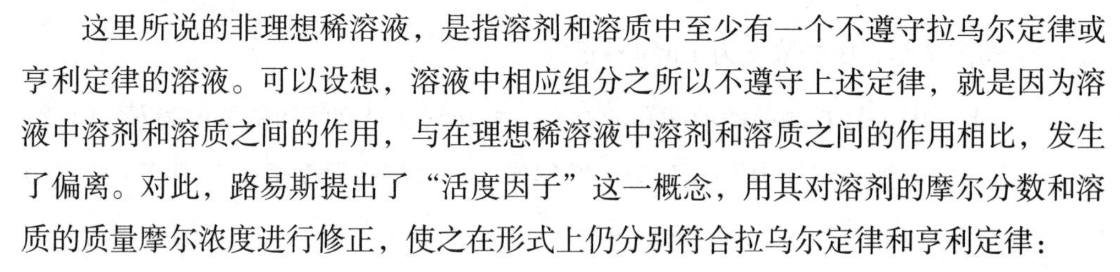

4. 非理想稀溶液

B3-2

液-液-气三相平衡实例

这里所说的非理想稀溶液，是指溶剂和溶质中至少有一个不遵守拉乌尔定律或亨利定律的溶液。可以设想，溶液中相应组分之所以不遵守上述定律，就是因为溶液中溶剂和溶质之间的作用，与在理想稀溶液中溶剂和溶质之间的作用相比，发生了偏离。对此，路易斯提出了“活度因子”这一概念，用其对溶剂的摩尔分数和溶质的质量摩尔浓度进行修正，使之在形式上仍分别符合拉乌尔定律和亨利定律：

将溶剂 A 的摩尔分数 x_{A}，修正成溶剂 A 的**活度** $a_{\mathrm{A}}=\gamma_{\mathrm{A}}x_{\mathrm{A}}$。其中 γ_{A} 为溶剂 A 的**活度因子**，满足 $\lim\limits_{x_{\mathrm{A}}\to 1}\gamma_{\mathrm{A}}=1$。于是，对于非理想稀溶液，其溶剂就符合了修正的拉乌尔定律：

$$p_{\mathrm{A}}=p_{\mathrm{A}}^{*}\gamma_{\mathrm{A}}x_{\mathrm{A}} \tag{3.4-8}$$

将溶质 B 的质量摩尔浓度，修正成 $\gamma_{b,\mathrm{B}}b_{\mathrm{B}}$［注：$\gamma_{b,\mathrm{B}}b_{\mathrm{B}}$ 不是溶质 B 的活度，见式（3.4-11）］。其中 $\gamma_{b,\mathrm{B}}$ 为溶质 B 的活度因子，满足 $\lim\limits_{\sum b_{\mathrm{B}}\to 0}\gamma_{b,\mathrm{B}}=1$（溶液中可以含有多种溶质）。于是，非理想稀溶液经修正后其溶质就符合了亨利定律的形式：

$$p_{\mathrm{B}}=K_{b,\mathrm{B}}\gamma_{b,\mathrm{B}}b_{\mathrm{B}} \tag{3.4-9}$$

通过测定给出非理想稀溶液液面上溶剂和溶质的饱和蒸气压，将其分别与溶剂的摩尔分数 x_{A} 和溶质的质量摩尔浓度 b_{B} 相联系，就可以得到相应 γ_{A} 和 $\gamma_{b,\mathrm{B}}$ 的值。

这样，这个非理想稀溶液中溶剂和溶质的化学势就可以表述了。

（1）非理想稀溶液中溶剂 A 的化学势

$$\mu_A(\text{非理想稀溶液},\ T,p)=\mu_A(\text{混合气},\ T,p)=\mu_A^\ominus(g,T)+RT\ln\frac{p_A}{p^\ominus}$$

将 $p_A=p_A^*\gamma_A x_A=p_A^* a_A$ 代入上式，得

$$\mu_A(\text{非理想稀溶液},\ T,p)=\mu_A^\ominus(g,T)+RT\ln\frac{p_A^*}{p^\ominus}+RT\ln a_A$$

接着进行与推导理想稀溶液中溶剂 A 的化学势时完全相同的推导，可得

$$\mu_A(\text{非理想稀溶液},\ T,p)=\mu_A^\ominus(l,T)+RT\ln a_A \tag{3.4-10}$$

这就是非理想稀溶液中溶剂 A 的化学势表述式。显然，在非理想稀溶液中，溶剂 A 的化学势与理想稀溶液中溶剂 A 一样，也是以同一温度 T、标准压强（100 kPa）下纯溶剂的化学势为标准进行标度的。

（2）非理想稀溶液中溶质 B 的化学势

$$\mu_B(\text{非理想稀溶液},\ T,p)=\mu_B(\text{混合气},\ T,p)=\mu_B^\ominus(g,T)+RT\ln\frac{p_B}{p^\ominus}$$

将 $p_B=K_{b,B}\gamma_B b_B$ 代入上式，得

$$\mu_B(\text{非理想稀溶液},\ T,p)=\mu_B^\ominus(g,T)+RT\ln\frac{K_{b,B}\gamma_B b_B}{p^\ominus}$$

即
$$\mu_B(\text{非理想稀溶液},\ T,p)=\mu_B^\ominus(g,T)+RT\ln\frac{K_{b,B}b_B^\ominus}{p^\ominus}+RT\ln\frac{\gamma_B b_B}{b_B^\ominus}$$

对于非理想稀溶液，与理想稀溶液一样，也是把同一温度 T 下浓度为 $b_B^\ominus$，且遵守亨利定律这一假想溶液中 B 的化学势 $\mu_{b,B}^\ominus(T)$ 作为溶质 B 化学势的表述标准。于是，上式就是

$$\mu_B(\text{非理想稀溶液},\ T,p)=\mu_{b,B}^\ominus(T)+RT\ln\frac{\gamma_B b_B}{b_B^\ominus}$$

令溶质 B 的活度

$$a_B=\frac{\gamma_B b_B}{b_B^\ominus} \tag{3.4-11}$$

则
$$\mu_B(\text{非理想稀溶液},\ T,p)=\mu_{b,B}^\ominus(T)+RT\ln a_B \tag{3.4-12}$$

这就是非理想稀溶液中溶质 B 的化学势表述式。显然，非理想稀溶液中溶质 B 的化学势表述，也是选定了浓度为 $b_B^\ominus$，且遵守亨利定律的这个实际不存在的溶液作为溶质 B 化学势的表述标准。

5. 稀溶液中溶剂的依数性

对于非挥发性溶质，其稀溶液中溶剂的**饱和蒸气压下降**、**沸点升高凝固点降低**、及**渗透压**等与稀溶液溶质的本性无关，而仅是稀溶液中存在的溶质质点数（溶质在稀溶液中的分子浓度或离子的总浓度）的函数。因此，把这些性质统称为稀溶液中溶剂的**依数性**。

（1）饱和蒸气压下降

稀溶液的**饱和蒸气压下降**是指稀溶液中溶剂的饱和蒸气压低于相同温度下其纯溶剂饱和蒸气压的现象。溶剂 A 的饱和蒸气压下降的量值 Δp，与稀溶液中所有溶质的摩尔分数 x_B 之和成正比：

$$\Delta p = p_A^* - p_A = p_A^* \sum_B x_{B(B\neq A)} \tag{3.4-13}$$

例 3.4.3 由拉乌尔定律，在理论上推导给出稀溶液的饱和蒸气压下降的经验规律。

解：稀溶液中溶剂 A 的饱和蒸气压为 $p_A = p_A^* x_A$，则

$$\Delta p = p_A^* - p_A = p_A^* - p_A^* x_A = p_A^*(1 - x_A)$$

于是，当稀溶液中只含有一种溶质 B 时，有 $\Delta p = p_A^*(1-x_A) = p_A^* x_B$；当稀溶液中含有多种溶质时，有 $\Delta p = p_A^*(1-x_A) = p_A^* \sum_B x_B$。

（2）沸点升高

稀溶液的**沸点升高**是指在确定的外压下，稀溶液与相应的纯溶剂相比沸点提高的现象。这一现象，很容易通过图 3.4.1 所示的稀溶液饱和蒸气压下降现象来理解。

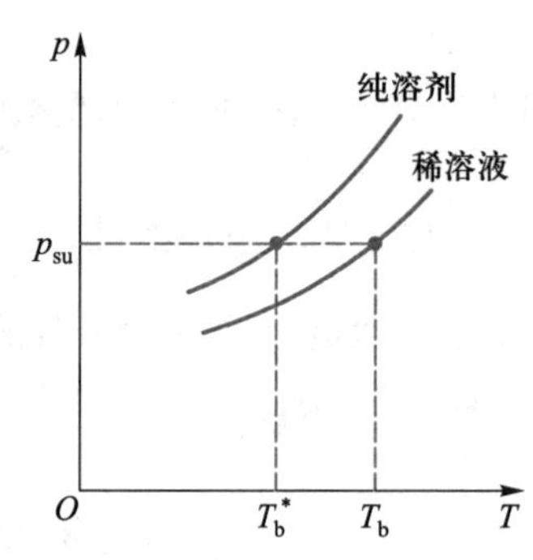

图 3.4.1 稀溶液沸点升高原理

因为液体总是在其饱和蒸气压达到外压 p_{su} 时沸腾，含不挥发性溶质 B 的稀溶液，其饱和蒸气总压即为其溶剂 A 的饱和蒸气压，而该饱和蒸气压在同一温度下又总是低于纯溶剂的蒸气压。因此，稀溶液只有被加热到比纯溶剂更高的温度才会使得其饱和蒸气压达到同一外压 p_{su}，这就是稀溶液的沸点 T_b 高于纯溶剂的沸点 T_b^* 的原因。

A3-2

关于 $K_{b,A}=\dfrac{R(T_{b,A}^*)^2 M_A}{\Delta_{vap}H_{m,A}^*}$ 的证明

稀溶液沸点的升高，其量值 ΔT_b 与稀溶液的质量摩尔浓度成正比：

$$\Delta T_b = T_b - T_b^* = K_{b,A} \sum_B b_B \tag{3.4-14}$$

其比例系数 $K_{b,A}$（称为沸点升高系数）与溶剂的性质有关，而与溶质的性质无关。

$$K_{b,A}=\frac{R(T_{b,A}^*)^2M_A}{\Delta_{vap}H_{m,A}^*} \tag{3.4-15}$$

（3）凝固点降低

凝固点降低是指在一定外压下逐渐降低稀溶液的温度时，溶剂结晶析出所需的温度低于相应纯溶剂凝固点的现象。

大量的实验结果表明，稀溶液凝固点降低的量值 ΔT_f 与稀溶液中所含溶质的质量摩尔浓度成正比：

$$\Delta T_f=T_f^*-T_f=K_{f,A}b_B \tag{3.4-16}$$

该公式中的比例系数 $K_{f,A}$ 称为凝固点降低常数。也可以通过热力学方法证明，K_f 仅由溶剂的性质决定，而与溶质的性质和浓度无关：

$$K_{f,A}=\frac{R(T_{f,A}^*)^2M_A}{\Delta_{fus}H_{m,A}^*}$$

式中，$T_{f,A}^*$ 为常压下纯溶剂 A 的沸点；M_A 为溶剂 A 的摩尔质量；$\Delta_{fus}H_{m,A}^*$ 为溶剂 A 的摩尔熔化焓变。

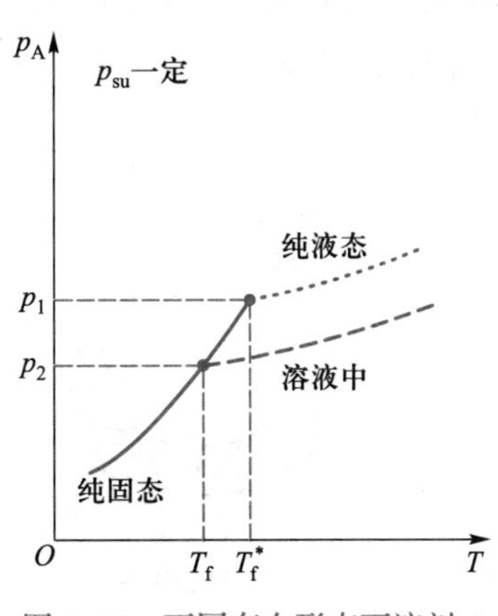

图 3.4.2　不同存在形态下溶剂 A 的饱和蒸气压

稀溶液的凝固点降低现象，很容易通过稀溶液的饱和蒸气压下降现象来理解。如图 3.4.2 所示，在外压 p_{su} 下，固态纯溶剂 A 与液态纯溶剂 A 在温度 T_f^* 下的饱和蒸气压均为 p_1，因此固态纯溶剂 A 与液态纯溶剂 A 在该温度 T_f^* 下达到两相平衡，即在温度 T_f^* 下固态纯溶剂 A 可于液态纯溶剂 A 中析出。A 在稀溶液中与在固态纯溶剂中相比，其饱和蒸气压较低。这样，即使在温度 T_f^* 下将固态纯溶剂 A 加入溶剂为 A 的稀溶液中，固态纯溶剂 A 也将溶解消失。当把温度降低到 T_f 时，固态纯溶剂 A 的饱和蒸气压才与稀溶液中 A 的饱和蒸气压相等（p_2），此时固态纯溶剂 A 与稀溶液中的 A 才能达到两相平衡。这就是稀溶液的凝固点降低的原因。

思考题 3.4.2

当固态纯溶剂 A 与溶剂为 A 的稀溶液相接触时，若固态纯溶剂 A 的饱和蒸气压与稀溶液中 A 的饱和蒸气压相等，则固态纯溶剂 A 与稀溶液中的 A 就达到两相平衡。这个饱和蒸气压判据成立吗？为什么？

稀溶液的凝固点降低，被广泛用于生产、生活和科学研究中。例如，在冬季进行水泥浇筑施工时，在水泥浆中加入适量的防冻剂使水泥浆中的水以稀溶液形式存在，可以确保在 -10 ℃以内水泥浆不冻结而有效地固化；气温在 0℃以下时，将融雪剂（$CaCl_2$）撒在充满积雪的道路上融化冰雪；在实验室，把 NaCl 与冰块搅在一起可以获得比冰块自身温度低得多的盐-冰-溶液三相混合物……

思考题 3.4.3

请从理论上说明，为什么将常温的 NaCl 和 -5 ℃的冰块在绝热条件下混合，可以得到零下十几摄氏度的盐-冰-溶液三相混合物。

（4）渗透压

稀溶液产生渗透压，可通过下述现象得到认知：

在 U 形管中间用一种只允许溶剂透过但不允许溶质透过的半透膜将一稀溶液与相应纯溶剂隔开后放置。可以发现溶液的液面逐渐上升，而纯溶剂的液面逐渐下降，直到两液面达到一定的高度差为止。要使两液面保持在原有相同高度而不发生相对位移，必须在溶液一侧的液面上施加一定的附加压强 Π（如图 3.4.3 所示）。该附加压强 Π 来源于纯溶剂中的 A 和稀溶液中的 A 通过半透膜向另一相渗透能力的不同，因此将其称为溶液的渗透压。

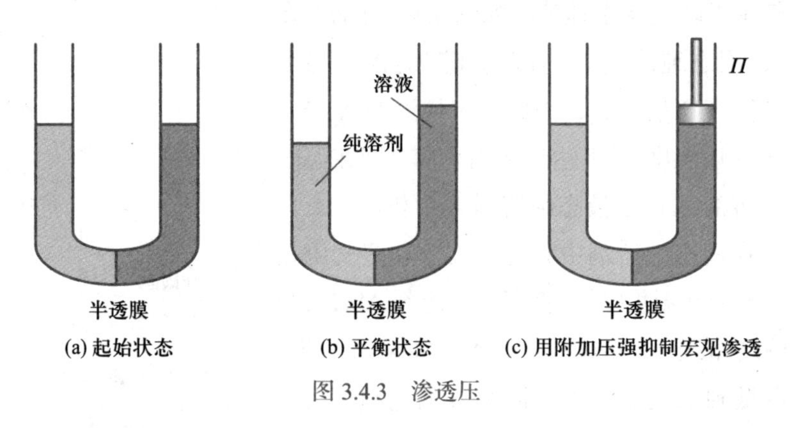

图 3.4.3　渗透压

渗透压 Π 与溶质 B 的体积质量摩尔浓度 c_B 成正比，比例系数为 RT：

$$\Pi = c_B RT \tag{3.4-17}$$

稀溶液与其相应纯溶剂之间产生渗透压，也来源于在同一温度下稀溶液中相应溶剂饱和蒸气压的降低。在纯溶剂中，A 的化学势与其饱和蒸气（压强为 p_A^*）的化学势相等；在 A 为溶剂的稀溶液中，A 的化学势虽然也与其饱和蒸气（压强为 p_A）的化学势相等，但 $p_A < p_A^*$：

$$\mu_A^*(\text{纯溶剂}) = \mu_A^*(\text{g}) = \mu^\ominus(\text{g},T) + RT\ln\frac{p_A^*}{p^\ominus}$$

$$\mu_{A}(\text{稀溶液})=\mu_{A}(g)=\mu^{\ominus}(g,T)+RT\ln\frac{p_{A}}{p^{\ominus}}$$

这使得 A 在稀溶液中的化学势 μ_{A} 小于在纯溶剂中的化学势 μ_{A}^{*}，这必然导致纯溶剂中的 A 在宏观上表现为自发向稀溶液中扩散，从而产生渗透压。在溶液一侧施加一附加压强 Π（与上述产生的渗透压相等）时，可使得在同一温度下 A 在稀溶液中减小的饱和蒸气压，由增大外压对饱和蒸气压的影响得到补偿（同一温度下，液体的饱和蒸气压随外压的增大而增加，见 2.8 节）。

当在溶液液面上施加的额外压强大于渗透压 Π 时，溶液中的溶剂会通过半透膜渗透到溶剂中去。这种现象称为**反渗透**。

渗透和反渗透作用是膜分离技术的理论基础。制备高效、高强度、无隙孔的大面积半透膜，是利用渗透和反渗透作用造福于人类的关键技术。例如，半透膜可用于海水的淡化和工业废水的处理。渗透和反渗透作用广泛存在于生物体内。合适的渗透和反渗透作用是动植物体内水吸收平衡，从而正常生长的关键。还可以预见，在航空母舰上利用反渗透技术直接由海水获取纯水具有巨大的战略意义。

讨论题 3.4.1

到底是 Na^{+} 的半径小还是水分子的半径小？为什么在图 3.4.3 所示的实验中所用的半透膜能做到只允许水分子通过而不允许 Na^{+} 和 Cl^{-} 通过？在实验开始时，左侧的水分子是否单向穿过半透膜转移到右侧？你的答案是否与物质在两相之间自发转移的化学势判据矛盾？为什么？当右侧液面不再升高时，对于半透膜两侧液体中的水而言，第三个相等的因素是什么？

3.5 液态混合物

1. 理想液态混合物

理想液态混合物的模型为，在一定温度下，液态混合物中的任一组分 B 在全部组成范围（$x_{B}=0\sim1$）内都遵守拉乌尔定律。

不难想象，理想液态混合物，要表现其定义的性质，无论分子的自身体积还是与周围任一分子之间的作用力，对液态混合物中所有组分而言都必须完全相同。只有这样，在理想液态混合物的液面上，任一分子周围各种分子分布的概率才会相同，才能表现出理想液态混合物定义的性质。因此，理想液态混合物是为了导出接近具有定义性质混合物中各组分的化学势而提出的又一个理想化的模型。

（1）理想液态混合物中各组分的化学势

在 3.4 节中已经对理想稀溶液中溶剂的化学势进行了详细的推导。既然理想液

态混合物中的任一组分 B 都遵守拉乌尔定律，那么其任一组分 B 的化学势就是

$$\mu_B(\text{l,混}) = \mu_B^\ominus(\text{l},T) + RT\ln x_B \quad (3.5\text{-}1)$$

式中，$\mu_B^\ominus(\text{l},T)$ 是纯液体 B 在温度 T、标准压强下的化学势。理想液态混合物中任一组分 B 的化学势，均以同一温度 T、标准压强（100 kPa）下相应纯液体 B 的化学势作为其参考标准。

（2）理想液态混合物的辨识

既然理想液态混合物中各组分的分子体积都相同，且任一组分的分子间作用力都完全相同，那么就一定在宏观上表现出下述性质：

① 在等温、等压条件下，由各纯组分混合成理想液态混合物的焓变为零。

$$\Delta_{\text{mix}}H = 0 \quad (3.5\text{-}2)$$

即纯组分在等温、等压条件下混合时，既不放热，也不吸热。

② 在等温、等压条件下，由各纯组分混合成理想液态混合物时没有体积变化。

$$\Delta_{\text{mix}}V = \sum_B n_B V_B - \sum_B n_B V_{\text{m,B}}^* = 0 \quad (3.5\text{-}3)$$

由上述两个宏观特征，很容易判定一个液态混合物是否可以视为理想液态混合物。这两个宏观特征，对于判定一个液态混合物是否为理想液态混合物非常重要。这是因为，如果一个液相反应可视为理想液态混合物的反应，就会在研究其化学反应平衡时省去测定多个活度因子的麻烦（见 3.6 节）。

（3）理想液态混合物的气－液平衡

下面讨论两组分理想液态混合物达到气－液两相平衡时，气相的蒸气总压 p 与平衡液相组成 x_B 的关系。由于

$$p_A = p_A^* x_A,\ p_B = p_B^* x_B$$

则 $$p = p_A + p_B = p_A^* x_A + p_B^* x_B$$

又 $$x_A = 1 - x_B$$

代入上式，可得

$$p = p_A^* + (p_B^* - p_A^*)x_B \quad (3.5\text{-}4)$$

显然，理想液态混合物液面上的平衡气相总压，是一条关于组分 B 摩尔分数 x_B 的直线，如图 3.5.1 所示。

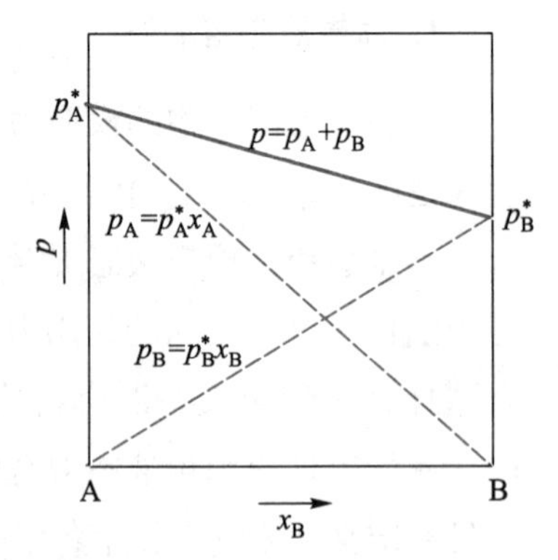

图 3.5.1　A－B 两组分理想液态混合物的饱和蒸气压与液相组成的关系图

例 3.5.1　已知纯苯 (A) 的标准沸点和蒸发焓分别为 353.3 K 和 30 762 J·mol^{-1}，纯甲苯 (B) 的标准沸点和蒸发焓分别为 383.7 K 和 31 999 J·mol^{-1}。苯和甲苯形成的液态混合物可以

A3-3

证明在等温、等压条件下，由各纯组分混合成理想液态混合物的焓变为零

A3-4

证明在等温、等压条件下，由各纯组分混合成理想液态混合物的总体积不变

A3-5

证明在等温、等压条件下，由各纯组分混合成理想液态混合物时，混合熵变满足 $\Delta_{\text{mix}}S = -R\sum n_B \ln x_B$

A3-6

证明在等温、等压条件下，纯组分混合成理想液态混合物自发进行

视为理想液态混合物。常压下，某一组成的该液态混合物在 373.1 K 时沸腾，计算该液相组成。

解：（1）求在 373.1 K 下纯 A 的饱和蒸气压。

$$\ln\frac{p_2^*}{p_1^*}=\frac{\Delta_{\mathrm{vap}}H_{\mathrm{m}}^*}{R}\left(\frac{1}{T_1}-\frac{1}{T_2}\right)$$

其中 $T_1=353.3\ \mathrm{K}$，$T_2=373.1\ \mathrm{K}$，$p_1^*=100\ \mathrm{kPa}$，$\Delta_{\mathrm{vap}}H_{\mathrm{m}}^*=30762\ \mathrm{J\cdot mol^{-1}}$。代入得 $p_{2,\mathrm{A}}^*=176.5\ \mathrm{kPa}$。

（2）求在 373.1 K 下纯 B 的饱和蒸气压。

$$\ln\frac{p_2^*}{p_1^*}=\frac{\Delta_{\mathrm{vap}}H_{\mathrm{m}}^*}{R}\left(\frac{1}{T_1}-\frac{1}{T_2}\right)$$

其中 $T_1=383.7\ \mathrm{K}$，$T_2=373.1\ \mathrm{K}$，$p_1^*=100\ \mathrm{kPa}$，$\Delta_{\mathrm{vap}}H_{\mathrm{m}}^*=31999\ \mathrm{J\cdot mol^{-1}}$。代入得 $p_{2,\mathrm{B}}^*=76.2\ \mathrm{kPa}$。

（3）求混合物的液相组成。

因液态混合物在常压下沸腾，此时蒸气总压等于常压（101.325 kPa）。将 $p_{2,\mathrm{A}}^*=176.5\ \mathrm{kPa}$，$p_{2,\mathrm{B}}^*=76.2\ \mathrm{kPa}$，$p=101.325\ \mathrm{kPa}$ 代入 $p=p_{\mathrm{A}}^*+(p_{\mathrm{B}}^*-p_{\mathrm{A}}^*)x_{\mathrm{B}}$，得 $x_{\mathrm{B}}=0.75$，则 $x_{\mathrm{A}}=0.25$。

2. 实际液态混合物

实际液态混合物的组分不遵守拉乌尔定律。显然，这是液态混合物中不同组分分子体积的不同，以及不同分子间作用力的较大差别所导致的。对于这样的液态混合物，其平衡蒸气总压 p 相对于液相的组成（液相线）不再是直线。在一些情况下，液体的平衡蒸气总压 p 大于由拉乌尔定律计算所得结果（**正偏差**），使气相总压 p 曲线上凸；而在另一些情况下，液体的平衡蒸气总压低于由拉乌尔定律计算所得结果（**负偏差**），使气相总压 p 曲线下凹。例如，25 ℃下丙酮和二硫化碳形成的混合溶液即属于前一种情况［见图 3.5.2(a)］，而 35 ℃下丙酮和氯仿形成的混合溶液则属于后一种情况［见图 3.5.2(b)］。

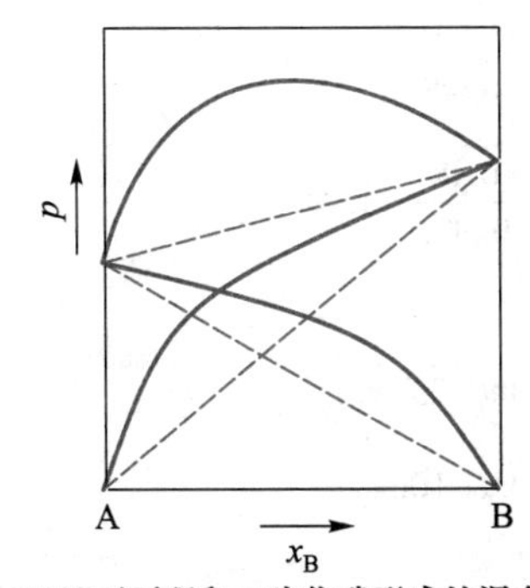

(a) 25 ℃下丙酮和二硫化碳形成的混合溶液
($\mathrm{A—CH_3COCH_3}$; $\mathrm{B—CS_2}$)

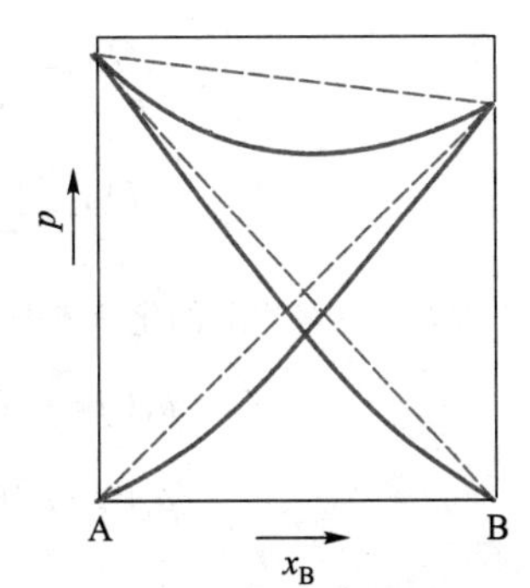

(b) 35 ℃下丙酮和氯仿形成的混合溶液
($\mathrm{A—CH_3COCH_3}$; $\mathrm{B—CHCl_3}$)

图 3.5.2　气相总压和组分分压与液相组成的关系

对于实际液态混合物，由于组分 B 的化学势不符合理想液态混合物中组分 B 的化学势表示式，所以正如处理实际溶液的溶剂化学势一样，引入一个修正因子，即**活度因子** γ_B，将组分 B 的摩尔分数修正成组分 B 的**活度** $a_B=\gamma_B x_B$。其中 γ_B 满足 $\lim\limits_{x_B\to 1}\gamma_B=\lim\limits_{x_B\to 1}\left(\dfrac{a_B}{x_B}\right)=1$。

这样，实际液态混合物中任意组分 B 的化学势就是

$$\mu_B(l)=\mu_B^{\ominus}(l,T)+RT\ln a_B \tag{3.5-5}$$

式中，其标准态 $\mu_B^{\ominus}(l,T)$ 与理想液态混合物的标准态 $\mu_B^{\ominus}(l,T)$ 是完全相同的，都以同一温度的纯液体 B 在标准压强下的化学势为参考标度。

对于实际液态混合物，其各组分 B 的活度因子 γ_B 取值，很容易通过测定其相应温度下的气相组成 y_B、液相组成 x_B 及气相总压 p 三个数据，由下式得到

$$py_B=p_B^*\gamma_B x_B \tag{3.5-6}$$

式（3.5−6）实际就是以活度因子 γ_B 修正的拉乌尔定律。显然，对于图 3.5.2(a) 中液体的平衡蒸气总压 p 高于 $p_A^*x_A+p_B^*x_B$ 的情况，活度因子大于 1；而对于图 3.5.2(b) 中液体的平衡蒸气总压 p 低于 $p_A^*x_A+p_B^*x_B$ 的情况，活度因子则小于 1。

例 3.5.2 在常压下，一个由丙酮 (A) 和甲醇 (B) 混合所得液态混合物在 330.3 K 下沸腾。测得其气相回流组成 $y_A=0.519$，其液相组成 $x_A=0.400$。已知在该温度下纯丙酮和纯甲醇的饱和蒸气压分别为 104791 Pa 和 73460 Pa。求：（1）该液态混合物中各组分的活度因子；（2）该液态混合物中各组分的化学势表示式。

解：（1）在 330.3 K 下，该液态混合物在常压下沸腾，表明该液态混合物在 330.3 K 时的饱和蒸气总压 p 为 101325 Pa。

$$\gamma_A=\frac{py_A}{p_A^*x_A}=\frac{101325\ \text{Pa}\times 0.519}{104791\ \text{Pa}\times 0.400}=1.255$$

$$\gamma_B=\frac{py_B}{p_B^*x_B}=\frac{101325\ \text{Pa}\times 0.481}{73460\ \text{Pa}\times 0.600}=1.106$$

（2）该液态混合物中各组分的化学势表示式为

$$\mu_A(l)=\mu_A^{\ominus}(l,T)+RT\ln(1.255x_A)$$

$$\mu_B(l)=\mu_B^{\ominus}(l,T)+RT\ln(1.106x_B)$$

3.6 均相系统的化学平衡

对于在温度 T 下进行的化学反应 $0=\sum\nu_B B$，在第 1 章我们已经学习了计算 $\Delta_r H_m^\ominus(T)$ 的方法：

$$\Delta_r H_m^\ominus(T)=\Delta_r H_m^\ominus(298.15\mathrm{K})+\int_{298.15\mathrm{K}}^{T}\sum_B \nu_B C_{p,m}^\ominus(B)\mathrm{d}T$$

在第 2 章我们已经学习了计算 $\Delta_r S_m^\ominus(T)$ 的方法：

$$\Delta_r S_m^\ominus(T)=\Delta_r S_m^\ominus(298.15\ \mathrm{K})+\int_{298.15\mathrm{K}}^{T}\frac{\sum_B \nu_B C_{p,m}^\ominus(B)}{T}\mathrm{d}T$$

基于吉布斯函数 G 的定义，有

$$\Delta_r G_m^\ominus(T)=\Delta_r H_m^\ominus(T)-T\Delta_r S_m^\ominus(T) \qquad (3.6-1)$$

对于在 298.15 K 下进行的反应，其 $\Delta_r G_m^\ominus(298.15\ \mathrm{K})$ 除了可用上式求算外，还可以通过各反应参与物的 $\Delta_f G_m^\ominus(B,\beta,298.15\ \mathrm{K})$ 数据（见本书附表 4）直接计算得到。

$\Delta_f G_m^\ominus(B,\beta,298.15\ \mathrm{K})$ 的定义是，在 298.15 K 下由稳定相态的单质（若为磷元素，则特殊规定单质为白磷）生成化学计量数 $\nu_B=1$，相态为 β，处于标准态的 B 时，反应的摩尔吉布斯函数变。这样，除了红磷［其 $\Delta_f G_m^\ominus(298.15\ \mathrm{K})$ 为负值］外，任何热力学稳定相态的单质（如石墨、O_2 等），其 $\Delta_f G_m^\ominus(298.15\ \mathrm{K})$ 均为 0。于是，对于 298.15 K 下进行的化学反应 $0=\sum_B \nu_B B$：

$$\Delta_r G_m^\ominus(298.15\ \mathrm{K})=\sum_B \nu_B \Delta_f G_m^\ominus(B,\beta,298.15\ \mathrm{K}) \qquad (3.6-2)$$

在式（3.6−1）中给出的 $\Delta_f G_m^\ominus(T)$，实际上就是 $\sum_B \nu_B G_m^*(B,\beta,T,p^\ominus)$，而不能错误地将其理解为封闭系统在温度 T、压强 $p^\ominus$ 下进行 1 mol 进度反应时，化学反应的吉布斯函数改变值。其真正的意义是，在封闭系统中，所有反应参与物的压强均为 $p^\ominus$ 且单独存在，在温度 T 下进行 1 mol 进度反应时，化学反应的吉布斯函数改变值。

对于一个气相反应 $a\mathrm{A}+b\mathrm{B}\longrightarrow y\mathrm{Y}+z\mathrm{Z}$，其 $\Delta_r G_m^\ominus(T)$ 的实际意义可用图 3.6.1 所示的范托夫反应箱模型表述。在该反应箱模型中，标准压强的反应物 A 和 B 分别由只允许 A 或 B 通过的半透膜进入反应室。随反应的进行，为反应提供物料 A 和 B 的活塞逐渐向内推进，以确保 A 和 B 在各自物料腔内的压强始终保持标准压强。同时，产物 Y 和 Z 则分别由只允许 Y 或 Z 通过的半透膜移出反应室。随反应的进行，为移出反应产物 Y 和 Z 的活塞逐渐向外抽出，以确保 Y 和 Z 相应产物腔内的压强始终保持标准压强。在这样的反应箱模型中，反应 $a\mathrm{A}(p^{\ominus})+b\mathrm{B}(p^{\ominus})\longrightarrow y\mathrm{Y}(p^{\ominus})+z\mathrm{Z}(p^{\ominus})$ 进行 1 mol 进度对应的 $\Delta_{\mathrm{r}}G(T)$ 才是 $\Delta_{\mathrm{r}}G_{\mathrm{m}}^{\ominus}(T)$。

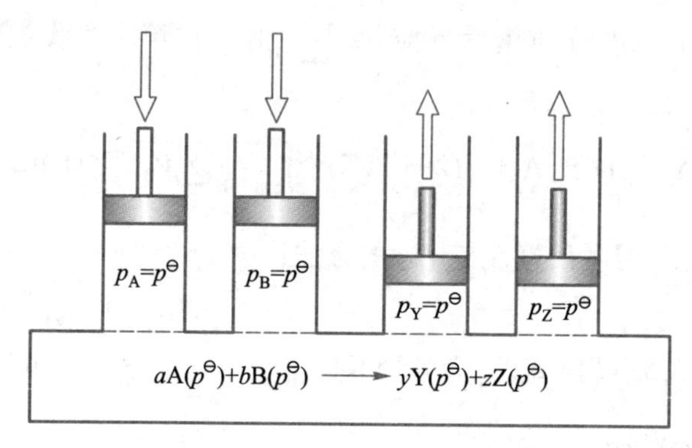

图 3.6.1　范托夫反应箱模型

对于绝大多数化学反应，各反应参与物所处的压强并非标准压强，各反应参与物也并非单独存在。因此，不能直接用 $\Delta_{\mathrm{r}}G_{\mathrm{m}}^{\ominus}(T)$ 的正负来判断相应反应自发进行的方向。那么，计算给出 $\Delta_{\mathrm{r}}G_{\mathrm{m}}^{\ominus}(T)$ 有何实际意义？又应如何正确判断一个确定宏观条件下反应系统的自发进行方向呢？

1. 均相反应的化学平衡点

由 3.2 节给出的均相系统自发、平衡化学势判据

$$\mathrm{d}G=\sum_{\mathrm{B}}\mu_{\mathrm{B}}\cdot\mathrm{d}n_{\mathrm{B}}(T,p)\leqslant 0\qquad(=\text{平衡，}<\text{自发})$$

对于等温、等压条件下的均相化学反应 $0=\sum_{\mathrm{B}}\nu_{\mathrm{B}}\mathrm{B}$，当其反应进度的微变为 $\mathrm{d}\xi$ 时，有 $\mathrm{d}n_{\mathrm{B}}=\nu_{\mathrm{B}}\mathrm{d}\xi$，则该判据就变为

$$\mathrm{d}G=\sum_{\mathrm{B}}\nu_{\mathrm{B}}\mu_{\mathrm{B}}\cdot\mathrm{d}\xi\ (T,p)\leqslant 0\qquad(=\text{平衡，}<\text{自发})\tag{3.6-3}$$

显然，如果 $\sum_{\mathrm{B}}\nu_{\mathrm{B}}\mu_{\mathrm{B}}<0$，则反应进度增大（即 $\mathrm{d}\xi>0$）将使 $\mathrm{d}G_{T,p}<0$。这就是说，只要 $\sum_{\mathrm{B}}\nu_{\mathrm{B}}\mu_{\mathrm{B}}<0$，在等温、等压条件下反应必正向自发进行。

如果 $\sum_{\mathrm{B}}\nu_{\mathrm{B}}\mu_{\mathrm{B}}=0$，则有 $\mathrm{d}G_{T,p}=0$。这就是说，当 $\sum_{\mathrm{B}}\nu_{\mathrm{B}}\mu_{\mathrm{B}}=0$ 时，在等温、等压条件下反应便达到了平衡。

如果 $\sum_{\mathrm{B}}\nu_{\mathrm{B}}\mu_{\mathrm{B}}>0$，则反应进度减小（即 $\mathrm{d}\xi<0$）将使 $\mathrm{d}G_{T,p}<0$。这就是说，只要 $\sum_{\mathrm{B}}\nu_{\mathrm{B}}\mu_{\mathrm{B}}>0$，在等温、等压条件下逆向反应一定是自发的。

对于均相反应系统，系统组成（$py_{\rm B}$，$x_{\rm B}$ 或 $b_{\rm B}$）不断随着反应进度 ξ 的增大而改变。这就是说，在均相系统中，所有反应参与物 B 的化学势都是反应进度 ξ 的函数。这必然使得 $\sum_{\rm B}\nu_{\rm B}\mu_{\rm B}$ 不断随反应进度 ξ 的改变而改变。对于反应物而言，随 ξ 的逐渐增大，其分压（或摩尔分数、质量摩尔浓度）逐渐减小，导致其化学势逐渐减小。对于产物而言，随 ξ 的逐渐增大，其分压（或摩尔分数、质量摩尔浓度）逐渐增大，导致其化学势逐渐增大。

下面讨论在等温、等压条件下，均相封闭系统中反应开始时 $\sum_{\rm B}\nu_{\rm B}\mu_{\rm B}<0$ 的情况。

由于所有反应物 B 的化学势随 ξ 的增大而减小，而所有产物 B 的化学势随 ξ 的增大而增大，这必然使得 $\sum_{\rm B}\nu_{\rm B}\mu_{\rm B}$ 在某一确定的 ξ 下由“<0”逐渐变为“$=0$”，那么反应将由自发逐渐变为平衡。

在等温、等压条件下，将等式 $\mathrm{d}G=\sum_{\rm B}\nu_{\rm B}\mu_{\rm B}\cdot\mathrm{d}\xi\ (T,p)$ 两端同时除以 $\mathrm{d}\xi$，则有

$$\left(\frac{\partial G}{\partial \xi}\right)_{T,p}=\sum_{\rm B}\nu_{\rm B}\mu_{\rm B}$$

该式表明，均相反应的 $\sum_{\rm B}\nu_{\rm B}\mu_{\rm B}$ 所表述的就是等温、等压条件下，系统的 G 随反应进度 ξ 的即时变化情况。因此，当反应由自发逐渐变为平衡时，系统的 G 随反应进度 ξ 的变化 $\left(\frac{\partial G}{\partial \xi}\right)_{T,p}$ 刚好变为 0。

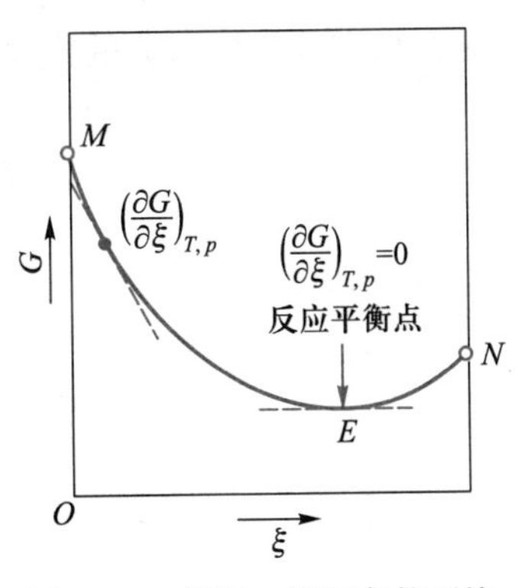

图 3.6.2　等温、等压条件下均相化学反应的平衡条件

如图 3.6.2 所示，用 M 点表示所有反应物均匀混合，反应进度 ξ 为 0（即未发生反应）时系统的 G，N 点表示反应进度 ξ 为 1（即只有反应产物均匀混合）时系统的 G。在该过程中，系统在 G–ξ 图上由 M 点逐渐移向吉布斯函数的最低点 E，反应达到平衡。此时，曲线的斜率 $\left(\frac{\partial G}{\partial \xi}\right)_{T,p}$ 刚好变为 0。

在等温、等容条件下的均相化学反应，$\mathrm{d}A=\sum_{\rm B}\mu_{\rm B}\mathrm{d}n_{\rm B}(T,V)$ 就是 $\mathrm{d}A=\sum_{\rm B}\nu_{\rm B}\mu_{\rm B}\cdot\mathrm{d}\xi(T,V)$。将该等式两端同时除以 $\mathrm{d}\xi$，则有

$$\left(\frac{\partial A}{\partial \xi}\right)_{T,V}=\sum_{\rm B}\nu_{\rm B}\mu_{\rm B}$$

如图 3.6.3 所示，等温、等容条件下均相化学反应的$\sum_{B}\nu_{B}\mu_{B}$可以用$\left(\frac{\partial A}{\partial \xi}\right)_{T,V}$表述。在 $A-\xi$ 图上，等温、等容条件下均相化学反应系统无论开始时处于 M 点还是 N 点，总是自发地向其亥姆霍兹函数 A 减小的方向进行，最终达到$\left(\frac{\partial A}{\partial \xi}\right)_{T,V}=0$的平衡态。

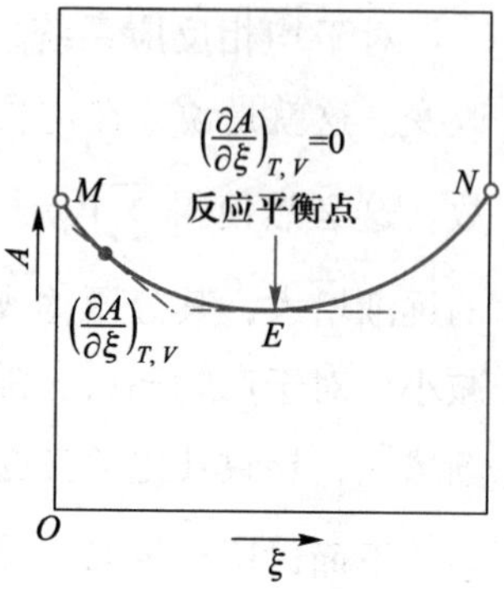

图 3.6.3　等温、等容条件下均相化学反应的平衡条件

2. 范托夫等温方程和化学反应标准平衡常数

将 $\mathrm{d}G=\sum_{B}\nu_{B}\mu_{B}\cdot\mathrm{d}\xi(T,p)\leqslant 0$ 等式部分在 $\xi=0\rightarrow 1$ 范围内进行定积分，可得

$$\Delta_{r}G_{m}(T)=\sum_{B}\nu_{B}\mu_{B}(T)\ (T,p)\leqslant 0 \qquad (=\text{可逆，}<\text{自发}) \qquad (3.6-4)$$

该式对于不同的均相反应系统，所表现的具体形式有所不同。

（1）理想气体的反应

对于气体反应 $0=\sum_{B}\nu_{B}B$，例如 $a\mathrm{A(g)}+b\mathrm{B(g)}=\!=\!=y\mathrm{Y(g)}+z\mathrm{Z(g)}$，假定反应系统在某一个确定的反应进度 $\xi(0\leqslant\xi\leqslant 1)$ 下，各气体组分的分压分别为 p_{A}，p_{B}，p_{Y}，p_{Z}，那么相应各气体组分的化学势就是

$$\mu_{A}(T,p_{A})=\mu_{A}^{\ominus}(\mathrm{g},T)+RT\ln\frac{p_{A}}{p^{\ominus}}$$

$$\mu_{B}(T,p_{B})=\mu_{B}^{\ominus}(\mathrm{g},T)+RT\ln\frac{p_{B}}{p^{\ominus}}$$

$$\mu_{Y}(T,p_{Y})=\mu_{Y}^{\ominus}(\mathrm{g},T)+RT\ln\frac{p_{Y}}{p^{\ominus}}$$

$$\mu_{Z}(T,p_{Z})=\mu_{Z}^{\ominus}(\mathrm{g},T)+RT\ln\frac{p_{Z}}{p^{\ominus}}$$

于是，根据式（3.6-4）有

$$\Delta_{r}G_{m}(T)=\Delta_{r}G_{m}^{\ominus}(T)+RT\sum_{B}\ln\left(\frac{p_{B}}{p^{\ominus}}\right)^{\nu_{B}} \qquad (3.6-5)$$

式中，$\Delta_{r}G_{m}^{\ominus}=\sum_{B}\nu_{B}\mu_{B}^{\ominus}(T)=y\mu_{Y}^{\ominus}(\mathrm{g},T)+z\mu_{Z}^{\ominus}(\mathrm{g},T)-a\mu_{A}^{\ominus}(\mathrm{g},T)-b\mu_{B}^{\ominus}(\mathrm{g},T)$。

式（3.6-5）称为理想气体反应的范托夫等温方程。

对于理想气体反应 $a\mathrm{A(g)}+b\mathrm{B(g)}=\!=\!=y\mathrm{Y(g)}+z\mathrm{Z(g)}$，范托夫等温方程就是

$$\Delta_r G_m(T) = \Delta_r G_m^{\ominus}(T) + RT \ln \frac{\left(\frac{p_Y}{p^{\ominus}}\right)^y \left(\frac{p_Z}{p^{\ominus}}\right)^z}{\left(\frac{p_A}{p^{\ominus}}\right)^a \left(\frac{p_B}{p^{\ominus}}\right)^b}$$

在等温、等压条件下，当反应达到平衡时，$\Delta_r G_m(T) = \sum_B \nu_B \mu_B(T) = 0$，则

$$\Delta_r G_m^{\ominus}(T) = -RT \ln \frac{\left(\frac{p_Y^{eq}}{p^{\ominus}}\right)^y \left(\frac{p_Z^{eq}}{p^{\ominus}}\right)^z}{\left(\frac{p_A^{eq}}{p^{\ominus}}\right)^a \left(\frac{p_B^{eq}}{p^{\ominus}}\right)^b}$$

在等温条件下，由于给定的化学反应的 $\Delta_r G_m^{\ominus}(T)$ 为定值，因此等式右侧对数项中的值也必为定值。对于理想气体反应 $aA(g) + bB(g) \longrightarrow yY(g) + zZ(g)$，定义

$$K^{\ominus}(T) = \frac{\left(\frac{p_Y^{eq}}{p^{\ominus}}\right)^y \left(\frac{p_Z^{eq}}{p^{\ominus}}\right)^z}{\left(\frac{p_A^{eq}}{p^{\ominus}}\right)^a \left(\frac{p_B^{eq}}{p^{\ominus}}\right)^b} \tag{3.6-6}$$

并将 $K^{\ominus}(T)$ 称为该理想气体反应的**标准平衡常数**。

对于具有普遍意义的理想气体反应 $0 = \sum_B \nu_B B$，按照上述推导方法，很容易得出

$$K^{\ominus}(T) = \prod_B \left(\frac{p_B^{eq}}{p^{\ominus}}\right)^{\nu_B} = \prod_B \left(\frac{y_B^{eq} p^{eq}}{p^{\ominus}}\right)^{\nu_B} \tag{3.6-7}$$

对于给定的反应（反应方程式一定），则有关系式

$$\Delta_r G_m^{\ominus}(T) = -RT \ln K^{\ominus}(T) \tag{3.6-8}$$

只要反应温度一定，根据式（3.6−8）可知，标准平衡常数 $K^{\ominus}(T)$ 一定。由 $\Delta_r G_m^{\ominus}(T)$，即可求得该化学反应在温度 T 下的标准平衡常数 $K^{\ominus}(T)$。

例 3.6.1 已知：对于反应 $C_2H_4(g) + H_2(g) \longrightarrow C_2H_6(g)$，$\sum_B \nu_B C_{p,m} = -28.33 + 0.0310\ T/K$，其他数据如下：

反应参与物	$\frac{\Delta_f H_m^{\ominus}(298K)}{kJ \cdot mol^{-1}}$	$\frac{S_m^{\ominus}(298K)}{J \cdot K^{-1} \cdot mol^{-1}}$
$C_2H_4(g)$	52.28	219.4

续表

反应参与物	$\frac{\Delta_f H_m^\ominus(298K)}{kJ\cdot mol^{-1}}$	$\frac{S_m^\ominus(298K)}{J\cdot K^{-1}\cdot mol^{-1}}$
$H_2(g)$	0	130.6
$C_2H_6(g)$	−84.67	229.5

求 400 ℃下反应的 $K^\ominus$ 。

解： $\Delta_r H_m^\ominus(298K)=(-84.67-52.28)\ kJ\cdot mol^{-1}=-136.95\ kJ\cdot mol^{-1}$

$$\Delta_r S_m^\ominus(298K)=(229.5-219.4-130.6)\ J\cdot K^{-1}\cdot mol^{-1}=-120.5\ J\cdot K^{-1}\cdot mol^{-1}$$

$$\begin{aligned}\Delta_r H_m^\ominus(673K)&=\Delta_r H_m^\ominus(298K)+\int_{298K}^{673K}\sum\nu_B C_{p,m}(B)dT\\&=[-136.95\times10^3-28.33\times(673-298)+0.5\times0.0310\times(673^2-298^2)]\ J\cdot mol^{-1}\\&=-141.93\ kJ\cdot mol^{-1}\end{aligned}$$

$$\begin{aligned}\Delta_r S_m^\ominus(673K)&=\Delta_r S_m^\ominus(298K)+\int_{298K}^{673K}\frac{\sum\nu_B C_{p,m}(B)}{T}dT\\&=[-120.5-28.33\times\ln(673/298)+0.0310\times(673-298)]\ J\cdot K^{-1}\cdot mol^{-1}\\&=-132.0\ J\cdot K^{-1}\cdot mol^{-1}\end{aligned}$$

$$\begin{aligned}\Delta_r G_m^\ominus(673K)&=\Delta_r H_m^\ominus(673K)-T\Delta_r S_m^\ominus(673K)\\&=(-141.93\times10^3+673\times132.0)\ J\cdot mol^{-1}=-53.09\ kJ\cdot mol^{-1}\end{aligned}$$

由 $\Delta_r G_m^\ominus(T)=-RT\ln K^\ominus(T)$，可得 $K^\ominus(673K)=1.32\times10^4$ 。

（2）实际气体的反应

对于实际气体，气体组分 B 的化学势为 $\mu_B(T,p_B)=\mu_B^\ominus(g,T)+RT\ln\frac{\phi_B p_B}{p^\ominus}$，按照上述理想气体反应的推导方法，可以得出实际气体反应的范托夫等温方程：

$$\Delta_r G_m(T)=\Delta_r G_m^\ominus(T)+RT\ln\left[\prod_B\left(\frac{\phi_B^{eq}p_B^{eq}}{p^\ominus}\right)^{\nu_B}\right] \tag{3.6-9}$$

和标准平衡常数：

$$K^\ominus(T)=\prod_B\left(\frac{\phi_B^{eq}p_B^{eq}}{p^\ominus}\right)^{\nu_B}=\prod_B\left(\frac{\varphi_B^{eq}y_B^{eq}p^{eq}}{p^\ominus}\right)^{\nu_B} \tag{3.6-10}$$

（3）液态混合物的反应

对于液态混合物，其中任一组分 B 的化学势为 $\mu_B(l)=\mu_B^\ominus(l,T)+RT\ln(f_B x_B)$，则液态混合物的范托夫等温方程为

$$\Delta_r G_m(T) = \Delta_r G_m^{\ominus}(T) + RT \ln\left[\prod_B (f_B x_B)^{\nu_B}\right] \quad (3.6-11)$$

B3-3 范托夫定温方程

在等温、等压条件下，当反应达到平衡时 $\Delta_r G_m(T) = 0$，则

$$\Delta_r G_m^{\ominus}(T) = -RT \ln\left[\prod_B (f_B^{eq} x_B^{eq})^{\nu_B}\right]$$

于是

$$K^{\ominus}(T) = \prod_B (f_B^{eq} x_B^{eq})^{\nu_B} \quad (3.6-12)$$

显然，对于理想液态混合物的反应，在式（3.6−11）和式（3.6−12）中，只要将 f_B 取 1，即可分别得到相应模型反应的范托夫等温方程和标准平衡常数。

3. 范托夫等温方程的应用

在前面已经讨论，范托夫等温方程给出了 $\Delta_r G_m(T)$ 和 $\Delta_r G_m^{\ominus}(T)$ 的关系。对于等温、等压条件下的化学反应，当反应进行到某一个确定的反应进度 $\xi(0 \leqslant \xi \leqslant 1)$ 时，可用 $\Delta_r G_m(T) = \sum_B \nu_B \mu_B < 0$、$=0$ 和 >0 直接判断反应是正向自发进行的、处于平衡的还是逆向自发进行的。

A3-7 溶液中的酸碱反应能否绝对进行到底?

在此需要指出的是，在均相反应系统中，所有反应参与物的化学势 μ_B 都是反应进度 ξ 的函数。因此，对于等温、等压条件下的均相化学反应，由 $\Delta_r G_m(T) < 0$（或 >0）的结果，只能判断反应还能向右（或向左）自发进行一小步（$d\xi$）。至于之后反应是否还继续自发进行，则需要由相应条件下的化学势数据再次进行判断。但可以肯定的是，**任何均相反应，都不能自发进行到底，只能最终走向平衡。**

B3-4 反应热和平衡常数

> **讨论题 3.6.1**
>
> “在等温下，只要系统中只有反应物而没有生成物，任何均相反应在开始时都是自发的”，对吗？为什么？

3.7 本章概要

1. 均相反应的化学平衡点

C3-1 液－液－气三相平衡（1）

均相化学反应，由于反应物和产物的混合吉布斯函数变 $\Delta_{mix} G = RT \sum_B n_B \ln x_B < 0$，任何均相化学反应都不可能绝对进行到底。当均相化学反应在等温、等压条

C3-2 液－液－气三相平衡（2）

C3-3 理想液态混合物混合过程的 ΔS 和 ΔG

C3-4 理想液态混合物中B的偏摩尔量

件下进行时，其平衡点位于 $\left(\frac{\partial G}{\partial \xi}\right)_{T,p}=\sum_{\mathrm{B}}\nu_{\mathrm{B}}\mu_{\mathrm{B}}=0$ 处。在该平衡点上，一定有 $\Delta_{\mathrm{r}}G_{\mathrm{m}}(T)=\sum_{\mathrm{B}}\nu_{\mathrm{B}}\mu_{\mathrm{B}}(T)=0$。

由 $\Delta_{\mathrm{r}}G_{\mathrm{m}}^{\ominus}(T)$，利用范托夫等温方程 $\Delta_{\mathrm{r}}G_{\mathrm{m}}(T)=\Delta_{\mathrm{r}}G_{\mathrm{m}}^{\ominus}(T)+RT\ln J^{\ominus}(T)$，可直接计算得到 $\Delta_{\mathrm{r}}G_{\mathrm{m}}(T)$。对于不同的均相系统，$J^{\ominus}$ 有不同的表述。对于理想气体的反应、实际气体的反应、理想液态混合物的反应和液态混合物的反应，$J^{\ominus}$ 分别为 $\prod_{\mathrm{B}}\left(\frac{p_{\mathrm{B}}}{p^{\ominus}}\right)^{\nu_{\mathrm{B}}}$，$\prod_{\mathrm{B}}\left(\frac{\varphi_{\mathrm{B}}py_{\mathrm{B}}}{p^{\ominus}}\right)^{\nu_{\mathrm{B}}}$，$\prod_{\mathrm{B}}x_{\mathrm{B}}^{\nu_{\mathrm{B}}}$ 和 $\prod_{\mathrm{B}}(f_{\mathrm{B}}x_{\mathrm{B}})^{\nu_{\mathrm{B}}}$。

2. 化学反应的标准平衡常数

由 $\Delta_{\mathrm{r}}G_{\mathrm{m}}^{\ominus}(T)$，可直接计算得到化学反应的标准平衡常数 $\Delta_{\mathrm{r}}G_{\mathrm{m}}(T)=-RT\ln K^{\ominus}(T)$。对于实际气体的反应和液态混合物的反应，$K^{\ominus}$ 分别为 $\prod_{\mathrm{B}}\left(\frac{\varphi_{\mathrm{B}}^{\mathrm{eq}}py_{\mathrm{B}}^{\mathrm{eq}}}{p^{\ominus}}\right)^{\nu_{\mathrm{B}}}$ 和 $\prod_{\mathrm{B}}(f_{\mathrm{B}}^{\mathrm{eq}}x_{\mathrm{B}}^{\mathrm{eq}})^{\nu_{\mathrm{B}}}$。对于理想气体的反应和理想液态混合物的反应，各组分的活度因子 $\phi_{\mathrm{B}}^{\mathrm{eq}}=1$ 或 $f_{\mathrm{B}}^{\mathrm{eq}}=1$。

习题

1. 已知氧气的临界温度 $T_{\mathrm{c}}=-118.57$ ℃，临界压强 $p_{\mathrm{c}}=5043$ kPa。把 25 ℃的氧气充入 40 dm^3 的氧气钢瓶中，压强达到 2.027×10^4 kPa。试用普遍化逸度因子图求钢瓶中氧气的质量。

2. 已知在 36.9 ℃下，含有 0.45%（质量分数）乙醇的血液液面上方乙醇的分压为 1.0×10^4 Pa。法律上规定血液中的乙醇含量超过 0.050%（质量分数）便算酒醉。醉酒呼吸分析仪是通过人的呼出气体进行采样的系统。测量原理基于以下反应：

$$2Cr_2O_7^{2-}+3C_2H_5OH+16H^+\longrightarrow 4Cr^{3+}+3CH_3COOH+11H_2O$$

若某人呼出的 50 cm^3 气体鼓泡通过重铬酸钾盐溶液，产生了 3.3×10^{-5} mol 的 Cr^{3+}，试判断此人是否为法定的酒醉。

3. 已知在 100 ℃下，纯 CCl_4 及纯 $SnCl_4$ 的饱和蒸气压分别为 1.933×10^5 Pa 及 0.666×10^5 Pa。在该温度下这两种液体组成理想液态混合物。假定以某种配比混合成的液态混合物，在外压 1.013×10^5 Pa 下加热到 100 ℃时开始沸腾。试计算：

（1）沸腾时该液态混合物的液相组成；

（2）该液态混合物开始沸腾时的第一个气泡的组成。

4. 已知苯蒸气和液态苯在 25 ℃下的标准摩尔生成焓 $\Delta_{\mathrm{f}}H_{\mathrm{m}}^{\ominus}$ 分别为 82.93 kJ·mol^{-1} 和 48.66 kJ·mol^{-1}，苯的正常沸点是 80.1 ℃。若 25 ℃时甲烷在苯中的平衡组成为 $x(CH_4)=0.0043$，与其平衡的气相中甲烷的分压为 245 kPa，试计算：

（1）当 $x(CH_4)=0.01$ 时的甲烷苯溶液的蒸气总压 p；

（2）与上述溶液成平衡的气相组成 $y(CH_4)$。

C3-5

偏摩尔体积

5. 已知在 288.2 K 下，纯水的饱和蒸气压为 1705 Pa，1 mol NaOH 溶解在 4.599 mol H_2O 中形成溶液的蒸气压为 596.5 Pa。试计算：

（1）溶液中水的活度；

（2）溶液中的水和纯水相比，化学势相差多少？

6. 已知在 350 K 下，A(l) 和 B(l) 的饱和蒸气压分别为 $p_A^*=100$ kPa 和 $p_B^*=200$ kPa。现有该温度下 $x_B=0.1$ 的 A 和 B 完全互溶液体，该液体与气相达到气 - 液平衡。

（1）若将该互溶液体按理想液态混合物处理，求平衡气相组成 y_B 及蒸气总压 p；

（2）若实际测定气相总压为 123 kPa，B 的分压为 24 kPa，求以拉乌尔定律为参考时该液态混合物中 A 的活度因子。

C3-6

液态混合物中组分 B 的活度

7. 已知反应 $N_2O_4(g) \longrightarrow 2NO_2(g)$ 参与物的热力学数据如下所示：

反应参与物	$\Delta_f H_m^\ominus(298\ \text{K})$ / $\text{kJ}\cdot\text{mol}^{-1}$	$S_m^\ominus(298\ \text{K})$ / $\text{J}\cdot\text{K}^{-1}\cdot\text{mol}^{-1}$	$C_{p,m}^\ominus(298\ \text{K})$ / $\text{J}\cdot\text{K}^{-1}\cdot\text{mol}^{-1}$
$N_2O_4(g)$	9.160	304.2	95.80
$NO_2(g)$	33.28	240.0	45.50

C3-7

标准平衡常数

试回答以下问题：

（1）该反应在 400 K 下的 $\Delta_r H_m^\ominus$，$\Delta_r S_m^\ominus$，$\Delta_r G_m^\ominus$ 和 $K^\ominus$；

（2）对于 $N_2O_4(g)$ 和 $NO_2(g)$ 摩尔分数分别为 0.1 和 0.9 的混合气体，为避免 $N_2O_4(g)$ 在 400 K 时分解，总压 p 应控制为多少？

C3-8

范托夫方程不定积分式

第 4 章 多组分多相系统热力学

系统中存在不止一个相的多组分系统，称为多组分多相系统。

4.1 多组分多相系统的热力学基本规律

1. 多组分多相系统的热力学基本方程

在第 3 章中讨论的多组分均相系统，其热力学基本方程之一为 $\mathrm{d}G=-S\mathrm{d}T+V\mathrm{d}p+\sum\limits_{\mathrm{B}}\mu_{\mathrm{B}}\mathrm{d}n_{\mathrm{B}}$。当系统以多相存在时，系统的吉布斯函数为各相吉布斯函数之和。系统吉布斯函数的微变 $\mathrm{d}G$，当然也就是系统中各相吉布斯函数的微变之和。

$$\mathrm{d}G=\sum_{\alpha}-S^{\alpha}\mathrm{d}T^{\alpha}+\sum_{\alpha}V^{\alpha}\mathrm{d}p^{\alpha}+\sum_{\alpha}\sum_{\mathrm{B}}\mu_{\mathrm{B}}^{\alpha}\mathrm{d}n_{\mathrm{B}}^{\alpha}$$

当各相的温度 T、压强 p 都相同时，有

$$\mathrm{d}G=\sum_{\alpha}-S^{\alpha}\mathrm{d}T+\sum_{\alpha}V^{\alpha}\mathrm{d}p+\sum_{\alpha}\sum_{\mathrm{B}}\mu_{\mathrm{B}}^{\alpha}\mathrm{d}n_{\mathrm{B}}^{\alpha}$$

即

$$\mathrm{d}G=-S\mathrm{d}T+V\mathrm{d}p+\sum_{\alpha}\sum_{\mathrm{B}}\mu_{\mathrm{B}}^{\alpha}\mathrm{d}n_{\mathrm{B}}^{\alpha} \qquad (4.1-1)$$

这就是多组分多相系统关于吉布斯函数的热力学基本方程。

按照单组分均相系统热力学基本方程的推导方法［见式（2.7-1）～式（2.7-4）的导出］，可得到多组分多相系统的另外三个热力学基本方程：

$$\mathrm{d}A=-S\mathrm{d}T-p\mathrm{d}V+\sum_{\alpha}\sum_{\mathrm{B}}\mu_{\mathrm{B}}^{\alpha}\mathrm{d}n_{\mathrm{B}}^{\alpha} \qquad (4.1-2)$$

$$\mathrm{d}H=T\mathrm{d}S+V\mathrm{d}p+\sum_{\alpha}\sum_{\mathrm{B}}\mu_{\mathrm{B}}^{\alpha}\mathrm{d}n_{\mathrm{B}}^{\alpha}$$

$$\mathrm{d}U = T\mathrm{d}S - p\mathrm{d}V + \sum_{\alpha}\sum_{\mathrm{B}}\mu_{\mathrm{B}}^{\alpha}\mathrm{d}n_{\mathrm{B}}^{\alpha}$$

在非体积功为 0，等温、等压条件下，过程的自发方向是系统的吉布斯函数减小的方向。即在该条件下，若 $\mathrm{d}G<0$，则过程自发发生；而若 $\mathrm{d}G=0$，则过程处于平衡。于是，由式（4.1−1）有

$$\sum_{\alpha}\sum_{\mathrm{B}}\mu_{\mathrm{B}}^{\alpha}\mathrm{d}n_{\mathrm{B}}^{\alpha}(T,p) \leqslant 0\ (=\text{平衡，}<\text{自发进行}) \qquad (4.1-3)$$

在式（4.1−3）中，相应的化学势就是式（3.2−5）所表述的 $\mu_{\mathrm{B}} = \left(\dfrac{\partial G}{\partial n_{\mathrm{B}}}\right)_{T,p,n_{\mathrm{C}\neq\mathrm{B}}}$。

在非体积功为 0，等温、等容条件下，过程的自发方向是系统的亥姆霍兹函数减小的方向。即在该条件下，若 $\mathrm{d}A<0$，则过程自发发生；而若 $\mathrm{d}A=0$，则过程处于平衡。于是，由式（4.1−2）有

$$\sum_{\alpha}\sum_{\mathrm{B}}\mu_{\mathrm{B}}^{\alpha}\mathrm{d}n_{\mathrm{B}}^{\alpha}(T,V) \leqslant 0\ (=\text{平衡，}<\text{自发进行}) \qquad (4.1-4)$$

在式（4.1−4）中，相应的化学势就是式（3.2−11）所表述的 $\mu_{\mathrm{B}} = \left(\dfrac{\partial A}{\partial n_{\mathrm{B}}}\right)_{T,V,n_{\mathrm{C}\neq\mathrm{B}}}$。

2. 多相系统化学反应的平衡和自发方向

把 $\mathrm{d}n_{\mathrm{B}}=\nu_{\mathrm{B}}\mathrm{d}\xi$ 代入式（4.1−3），有

$$\sum_{\alpha}\sum_{\mathrm{B}}\nu_{\mathrm{B}}^{\alpha}\mu_{\mathrm{B}}^{\alpha}\mathrm{d}\xi(T,p) \leqslant 0\ (=\text{平衡，}<\text{自发进行}) \qquad (4.1-5)$$

于是可得，在等温、等压条件下：

如果 $\sum_{\alpha}\sum_{\mathrm{B}}\nu_{\mathrm{B}}^{\alpha}\mu_{\mathrm{B}}^{\alpha}<0$，则 $\mathrm{d}\xi>0$ 的方向自发进行，即反应正向自发进行；

如果 $\sum_{\alpha}\sum_{\mathrm{B}}\nu_{\mathrm{B}}^{\alpha}\mu_{\mathrm{B}}^{\alpha}=0$，则反应达到平衡；

如果 $\sum_{\alpha}\sum_{\mathrm{B}}\nu_{\mathrm{B}}^{\alpha}\mu_{\mathrm{B}}^{\alpha}>0$，则 $\mathrm{d}\xi<0$ 的方向自发进行，即反应逆向自发进行。

当系统只有一相时，$\sum_{\alpha}\sum_{\mathrm{B}}\nu_{\mathrm{B}}^{\alpha}\mu_{\mathrm{B}}^{\alpha}$ 就是 $\sum_{\mathrm{B}}\nu_{\mathrm{B}}\mu_{\mathrm{B}}$。这就是说，该多相化学反应的平衡规律的表述也概括了均相化学反应的相应平衡规律。

3. 多相系统化学反应的范托夫等温方程和标准平衡常数

对于多相化学反应，$\Delta_{\mathrm{r}}G_{\mathrm{m}}(T)=\sum_{\alpha}\sum_{\mathrm{B}}\nu_{\mathrm{B}}^{\alpha}\mu_{\mathrm{B}}^{\alpha}$。将反应系统各反应参与物化学势的表述式代入，即得相应范托夫等温方程：

$$\Delta_{\mathrm{r}}G_{\mathrm{m}}(T) = \sum_{\alpha}\sum_{\mathrm{B}}\nu_{\mathrm{B}}^{\alpha}\mu_{\mathrm{B}}^{\ominus\alpha}(T) + RT\ln J^{\ominus} \qquad (4.1-6)$$

式中，$\sum_{\alpha}\sum_{\mathrm{B}}\nu_{\mathrm{B}}^{\alpha}\mu_{\mathrm{B}}^{\ominus\alpha}(T)=\Delta_{\mathrm{r}}G_{\mathrm{m}}^{\ominus}(T)$；$J^{\ominus}=\prod_{\mathrm{B}}a_{\mathrm{B}}^{\nu_{\mathrm{B}}}$。如果组分 B 为纯液体或纯固体，其

a_{B} 为 1；如果 B 为气体组分，其 a_{B} 为 $\dfrac{\varphi_{\mathrm{B}} p y_{\mathrm{B}}}{p^{\ominus}}$；如果 B 为液态混合物组分，则其 a_{B} 为 $f_{\mathrm{B}} x_{\mathrm{B}}$。

多相系统化学反应的**标准平衡常数 $K^{\ominus}$**，就是平衡条件下的 $J^{\ominus}$。即 $K^{\ominus}=\prod_{\mathrm{B}}(a_{\mathrm{B}}^{\mathrm{eq}})^{\nu_{\mathrm{B}}}$。

4.2 没有反应限度的多相化学反应

1. 固体物质 B 的化学势

纯固体组分 B，其化学势以标准压强下的同温、同一纯固体作为参考状态，即其标准化学势为 $\mu_{\mathrm{B}}^{\ominus}(\mathrm{s},T)$。由于固体组分 B 在同一温度 T 下由压强 p 变为压强 $p^{\ominus}$ 的 $\Delta G_{\mathrm{m}}^{\ominus}\approx 0$，因此 $\mu_{\mathrm{B}}(\mathrm{s},T,p)\approx\mu_{\mathrm{B}}^{\ominus}(\mathrm{s},T)$。这就是说，可以将固体组分 B 在温度 T、压强 p 下的化学势视为等于其标准化学势 $\mu_{\mathrm{B}}^{\ominus}(\mathrm{g},T)$。

2. 没有反应限度的固相反应

因为化学势是强度性质函数，所以其大小与物质的量没有关系。于是，对于**固相反应**［反应参与物均为固体，如 $\mathrm{BaO(s)+TiO_2(s)\longrightarrow BaTiO_3(s)}$］而言，所有反应参与物的化学势都不再是反应进度 ξ 的函数，即不会随反应进度的增加而改变。其结果是，$\sum_{\alpha}\sum_{\mathrm{B}}\nu_{\mathrm{B}}^{\alpha}\mu_{\mathrm{B}}^{\alpha}$ 不随反应进度而变。这就是说，固体反应没有限度。即

若 $\sum_{\alpha}\sum_{\mathrm{B}}\nu_{\mathrm{B}}^{\alpha}\mu_{\mathrm{B}}^{\alpha}<0$，反应向右自发进行到底；

若 $\sum_{\alpha}\sum_{\mathrm{B}}\nu_{\mathrm{B}}\mu_{\mathrm{B}}^{\alpha}>0$，反应向左自发进行到底。

在理论上说，对于 $\sum_{\alpha}\sum_{\mathrm{B}}\nu_{\mathrm{B}}^{\alpha}\mu_{\mathrm{B}}^{\alpha}=0$ 的固相反应而言，由于没有驱动力，反应既不能向左又不能向右进行，而只能停留在原态。当然，这仅在理论讨论上有意义，实际上这种情况出现的概率可以认为接近 0。

3. 没有反应限度的其他类型反应

在等温、等压条件下，一些特殊类型的化学反应，例如

$$\mathrm{A(s)=\!=\!=Y(g)}$$
$$\mathrm{A(s)=\!=\!=Y(g)+Z(g)}$$
$$\mathrm{A(s)=\!=\!=Y(s)+Z(g)}$$
$$\mathrm{A(s)+B(s)=\!=\!=Y(g)+Z(g)}$$

以及它们的逆向类型的化学反应，如果在反应开始时，系统中的反应物（或产物）间的配比刚好符合化学反应式的化学计量比，且没有其他气体物质（包括产物）存在，那么因反应物与产物不处于同相中，则反应系统中任一反应参与物的化学势将不随反应进度而变化。这也必然使 $\sum_{\alpha}\sum_{B}\nu_B^{\alpha}\mu_B^{\alpha}$ 与反应进度无关。

如在 4.1 节中所述，一个化学反应在确定的温度下有确定的标准平衡常数 $K^{\ominus}=\prod_{B}(a_B^{eq})^{\nu_B}$。因为气体组分 B 的活度 a_B 为 $\dfrac{\varphi_B p y_B}{p^{\ominus}}$，所以，对于具有上述特点的化学反应，只要反应温度一定，则相应反应的平衡压强便为定值。即上述特点的化学反应在每一确定的温度下，都有一个确定的平衡压强。

于是，在等温、等压条件下，只要环境的压强不是相应反应温度下的平衡压强，这些具有上述特点的反应必将和固相反应一样，不存在化学反应平衡。也就是说，它们同固相反应一样，也符合前述向左或向右自发进行到底的规律。

思考题 4.2.1

在常温、常压条件下，用硫粉清除洒落的汞液。反应 S(s)+Hg(l) ══ HgS(s) 可否进行到底？为什么？

这里必须注意的是，上述反应如果改在等温、等容条件下进行，由于气体反应参与物的分压随反应进度而变（即其化学势随反应进度而变），这一定会导致反应走向化学平衡，而不是向某一方向进行到底。换一个角度说，随反应进度的改变，系统的压强一定会到达平衡压强，从而达到平衡。

思考题 4.2.2

对于上述在等温、等压条件下的各类反应，如果系统中存在一些惰性气体，反应是否还能向某一方向进行到底？为什么？（提示：见图 4.2.1 给出的等压反应系统模型。）

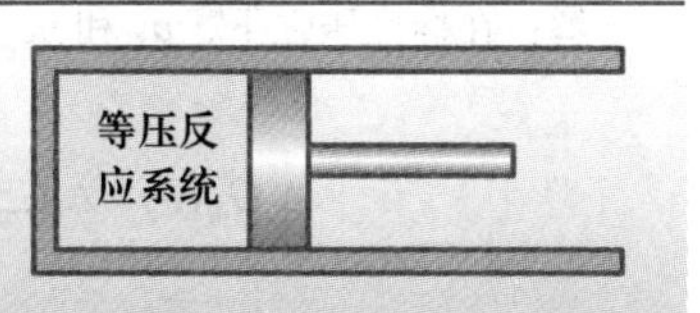

图 4.2.1 等压反应系统模型

例 4.2.1 已知反应 A(s)⟶X(s)+2Y(g) 的 $\Delta_r G_m^{\ominus}(673\ \text{K})$ 为 5.12 kJ·mol⁻¹。计算给出在 673 K 和 50 kPa 下，反应的自发方向和相应的自发程度。

解：方法（1） 由于任一反应参与物的化学势与反应进度无关，因此反应能否自发进行取决于 $\Delta_r G_m(673\ \text{K})$ 的正负。$\Delta_r G_m^{\ominus}(673\ \text{K})$ 的意义是，在所有反应参与物均处于 673 K、单独存在且压强为标准压强的条件下，上述反应进行 1mol 反应进度时吉布斯函数的改变量。现设计下列过程，利用 $\Delta_r G_m^{\ominus}(673\ \text{K})$ 计算给定反应条件下的 $\Delta_r G_m(673\ \text{K})$。

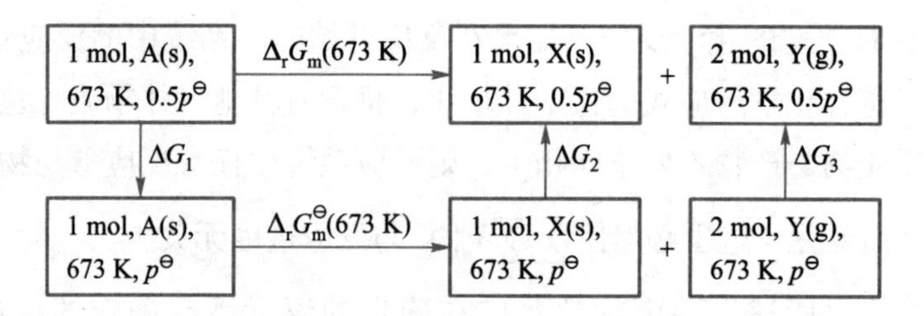

因 $\Delta G_1 \approx 0$，$\Delta G_2 \approx 0$（凝聚相等温、变压），

$$\Delta G_3 = \int_{p^\ominus}^{p} V(\mathrm{Y,g})\mathrm{d}p = n_\mathrm{Y}RT\ln\frac{p}{p^\ominus} = \left(2\times 8.314\times 673\times\ln\frac{0.5p^\ominus}{p^\ominus}\right)\mathrm{J} = -7.76\ \mathrm{kJ}$$

则

$$\begin{aligned}\Delta_r G_m(673\ \mathrm{K}) &= \Delta_r G_m^\ominus(673\ \mathrm{K}) + \Delta G_3 \\ &= (5.12-7.76)\ \mathrm{kJ\cdot mol^{-1}} = -2.64\ \mathrm{kJ\cdot mol^{-1}}\end{aligned}$$

因 $\Delta_r G_m(673\ \mathrm{K})$ 为负，因此反应可在 50 kPa 的外压下进行到底。

方法（2） 在 50 kPa 下，$p_\mathrm{Y} = 50$ kPa。由范托夫等温方程，有

$$\begin{aligned}\Delta_r G_m(673\ \mathrm{K}) &= \Delta_r G_m^\ominus(673\ \mathrm{K}) + RT\ln\left(\frac{p_\mathrm{Y}}{p^\ominus}\right)^2 \\ &= 5.12\ \mathrm{kJ\cdot mol^{-1}} + \left[\frac{8.314\times 673}{1000}\times\ln\left(\frac{50}{100}\right)^2\right]\mathrm{kJ\cdot mol^{-1}} \\ &= -2.64\ \mathrm{kJ\cdot mol^{-1}}\end{aligned}$$

因各反应参与物的化学势不随反应进度而变，且 $\Delta_r G_m(673\ \mathrm{K})$ 为负，因此反应可在 50 kPa 的外压下进行到底。

例 4.2.2 已知反应 $\mathrm{A(s)} \longrightarrow \mathrm{X(g)} + 2\mathrm{Y(g)}$ 在 673 K 下的 $\Delta_r G_m^\ominus(673\ \mathrm{K})$ 为 5.0 $\mathrm{kJ\cdot mol^{-1}}$。计算说明，反应在标准压强下的自发方向和相应的自发程度。

解：在标准压强下，p_X 和 p_Y 分别为 $\frac{1}{3}p^\ominus$ 和 $\frac{2}{3}p^\ominus$，则

$$\begin{aligned}\Delta_r G_m(T) &= \Delta_r G_m^\ominus(673\ \mathrm{K}) + RT\ln\left[\left(\frac{p_\mathrm{X}}{p^\ominus}\right)\left(\frac{p_\mathrm{Y}}{p^\ominus}\right)^2\right] \\ &= 5.0\ \mathrm{kJ\cdot mol^{-1}} + \left\{\frac{8.314\times 673}{1000}\times\ln\left[\left(\frac{1}{3}\right)\left(\frac{2}{3}\right)^2\right]\right\}\mathrm{kJ\cdot mol^{-1}} \\ &= -5.68\ \mathrm{kJ\cdot mol^{-1}}\end{aligned}$$

因各反应参与物的化学势不随反应进度而变，且 $\Delta_r G_m(673\ \mathrm{K})$ 为负，因此反应可在标准压强下正向自发进行到底。

4. 固体化合物的分解压

如果纯固体化合物分解时生成的产物中有气态物质，例如：

$$\mathrm{CaCO_3\,(s) = CaO\,(s) + CO_2\,(g)}$$

那么，将确定反应温度下固体物质分解的平衡压强，称为在该温度下固体物质的分

解压。固体化合物的分解压是在刚性的等容反应器中测得的，如图 4.2.2 所示。

图 4.2.2　在等温、等容条件下测定固体化合物分解压的反应器

由于纯固体的活度为 1，则该反应的标准平衡常数为

$$K^{\ominus}(T)=p^{\mathrm{eq}}(\mathrm{CO_2})/p^{\ominus}$$

固体化合物的分解压在等容条件下非常容易测定，因此，这类反应的标准平衡常数可以直接测得。这就是说，对于这类反应，在等容反应器中测定其分解压，是获取其基础热力学数据的一个有效途径。

在此应该说明的是，当该反应在等温、等压条件下进行时，其标准平衡常数已失去了可计算平衡转化率的意义。这是因为，当环境的压强高于该固体化合物在该温度下的分解压时，该分解反应根本不能进行；而当环境的压强低于该固体化合物在该温度下的分解压时，该固体化合物的分解必然自发进行到底。

讨论题 4.2.1

用图 4.2.2 所示的方法测得的固体化合物分解反应［例如 $\mathrm{NH_4HCO_3(s) = NH_3(g) + H_2O(g) + CO_2(g)}$］的 $K^{\ominus}(T)$，能用于计算该反应在等温、等压条件下进行时的 $\Delta_r G_m^{\ominus}(T)$ 吗？为什么？

4.3 有反应限度的多相化学反应

绝大多数多相化学反应，与均相化学反应一样有平衡限度。这些具有平衡限度的多相化学反应，其共同特点是，至少有一种反应参与物的化学势随反应进度的改变而改变。

这样，除固相反应外，即使在等温、等压条件下能进行到底的反应，当其在等温、等容条件下进行时，也一定有平衡限度。此外，对于一些反应，例如 $\mathrm{A(s) = Y(g) + Z(g)}$ 型和 $\mathrm{Y(g) + Z(g) = A(s) + B(s)}$ 型反应，即使其在等温、等压条件下进行，只要在反应起始时系统中气态反应参与物的物质的量不相等，或系统中存在其他气体，则气态反应参与物的化学势必然均随反应进度的改变而改变。这样，反应必然有平衡限度。

例 4.3.1　查本书附录计算：

（1）反应 $\mathrm{Fe_2O_3(s) + 3H_2(g) \longrightarrow 2Fe(s,\alpha) + 3H_2O(g)}$ 在 598 K 下的标准平衡常数；

（2）在 598 K、常压、$p_{H_2O}/p_{H_2}=0.1$ 的气氛中，该反应的摩尔吉布斯函数变；

（3）指出在上述条件下反应是否自发进行。

解：（1）由附表 4 查得，$Fe_2O_3(s)$ 和 $H_2O(g)$ 的 $\Delta_f H_m^\ominus(298\ K)$ 分别为 $-822.1\ kJ\cdot mol^{-1}$ 和 $-241.825\ kJ\cdot mol^{-1}$；$Fe_2O_3(s)$、$H_2(g)$、$Fe(s,\alpha)$ 和 $H_2O(g)$ 的 $C_{p,m}^\ominus(298\ K)$ 分别为 $104.6\ J\cdot K^{-1}\cdot mol^{-1}$、$28.83\ J\cdot K^{-1}\cdot mol^{-1}$、$25.23\ J\cdot K^{-1}\cdot mol^{-1}$ 和 $33.571\ J\cdot K^{-1}\cdot mol^{-1}$。则

$$\Delta_r H_m^\ominus(298\ K)=\sum \nu_B \Delta_f H_m^\ominus=[3\times(-241.8)-(-822.1)]kJ\cdot mol^{-1}=96.7\ kJ\cdot mol^{-1}$$

$$\begin{aligned}\Delta_r H_m^\ominus(598\ K)&=\Delta_r H_m^\ominus(298K)+\int_{298K}^{598K}\sum \nu_B C_{p,m}(B)dT\\&=96.7\ kJ\cdot mol^{-1}+[300\times(2\times25.23+3\times33.571-104.6-3\times28.83)]\ J\cdot mol^{-1}\\&=84.7\ kJ\cdot mol^{-1}\end{aligned}$$

又由附表 4 查得，$Fe_2O_3(s)$、$H_2(g)$、$Fe(s,\alpha)$ 和 $H_2O(g)$ 的 $S_m^\ominus(298\ K)$ 分别为 $90.0\ J\cdot K^{-1}\cdot mol^{-1}$、$130.695\ J\cdot K^{-1}\cdot mol^{-1}$、$27.15\ J\cdot K^{-1}\cdot mol^{-1}$ 和 $188.823\ J\cdot K^{-1}\cdot mol^{-1}$。则

$$\begin{aligned}\Delta_r S_m^\ominus(298K)&=\sum \nu_B S_m^\ominus(298K)=(2\times27.15+3\times188.823-90.0-3\times130.695)\ J\cdot K^{-1}\cdot mol^{-1}\\&=138.7\ J\cdot K^{-1}\cdot mol^{-1}\end{aligned}$$

$$\begin{aligned}\Delta_r S_m^\ominus(598K)&=\Delta_r S_m^\ominus(298K)+\int_{298K}^{598K}\frac{\sum \nu_B C_{p,m}(B)}{T}dT\\&=[138.7+(2\times25.23+3\times33.571-104.6-3\times28.83)\times\ln(598/298)]\ J\cdot K^{-1}\cdot mol^{-1}\\&=110.9\ J\cdot K^{-1}\cdot mol^{-1}\end{aligned}$$

$$\begin{aligned}\Delta_r G_m^\ominus(598K)&=\Delta_r H_m^\ominus(598K)-T\Delta_r S_m^\ominus(598K)\\&=(84.7\times10^3-598\times110.9)\ J\cdot mol^{-1}=18.4\ kJ\cdot mol^{-1}\end{aligned}$$

由 $\Delta_r G_m^\ominus(598K)=-RT\ln K^\ominus(598K)$，可得 $K^\ominus(598K)=0.0247$。

（2）
$$\begin{aligned}\Delta_r G_m(598K)&=\Delta_r G_m^\ominus(598K)+RT\ln J^\ominus(598K)\\&=\Delta_r G_m^\ominus(598K)+RT\ln\left(\frac{p_{H_2O}/p^\ominus}{p_{H_2}/p^\ominus}\right)^3\\&=\Delta_r G_m^\ominus(598K)+RT\ln\left(\frac{p_{H_2O}}{p_{H_2}}\right)^3\\&=18.4\ kJ\cdot mol^{-1}+(8.314\times598\times3\times\ln0.1)J\cdot mol^{-1}\\&=-15.9\ kJ\cdot mol^{-1}\end{aligned}$$

（3）在该等温、等压条件下，反应的 $\Delta_r G_m(598K)<0$，故反应自发进行。

例 4.3.2 对于例 4.3.1 给出的化学反应，说明改变外压不影响封闭系统中该反应的自发方向。

解： $p_{外}=p_{H_2O}+p_{H_2}$，当改变外压时，虽然 H_2O 和 H_2 的分压 p_{H_2O} 和 p_{H_2} 都会随之改变，但二者的比值并不发生变化。这决定了该条件下反应的 $\Delta_r G_m(598K)$ 不变，因此改变外压并不影响封闭系统中该反应的自发方向。

例 4.3.3 对于例 4.3.1 给出的化学反应，说明其在封闭系统中进行时和在连续流动管式反应器中进行时最终结果的不同。

解：当该化学反应在封闭系统中进行时，p_{H_2O} 和 p_{H_2} 的比值将会随着反应进度的增加而增大，因此反应最终将在 $K^{\ominus}(598K)=0.0247$ 对应的宏观系统状态处达到化学平衡。当该化学反应在连续流动管式反应器（敞开系统）中进行时，从管式反应器流入气体，若流入气体的 p_{H_2O} 和 p_{H_2} 的比值始终为 0.1，则反应一直自发进行下去，直到 $Fe_2O_3(s)$ 全部转化为 Fe(s) 为止。

4.4 影响化学反应平衡的因素

关于影响化学反应平衡的因素，对于均相反应和多相反应，在此一并进行讨论。

1. 温度对反应平衡的影响

在第 2 章中，我们推导了吉布斯–亥姆霍兹方程 $\left[\dfrac{\partial(G/T)}{\partial T}\right]_p=-\dfrac{H}{T^2}$。将其应用于反应参与物均为标准态的化学反应，有

$$\frac{\partial[\Delta_r G_m^{\ominus}(T)/T]}{\partial T}=-\frac{\Delta_r H_m^{\ominus}(T)}{T^2}$$

把 $\Delta_r G_m^{\ominus}(T)=-RT\ln K^{\ominus}(T)$ 代入上式，则为

$$\frac{\mathrm{d}\ln K^{\ominus}(T)}{\mathrm{d}T}=\frac{\Delta_r H_m^{\ominus}(T)}{RT^2} \qquad (4.4-1)$$

该式由诺贝尔化学奖获得者范托夫 (van't Hoff) 于 1901 年提出，被称为**范托夫微分方程**。由该微分方程，很容易分析反应温度对化学反应平衡的影响：

若 $\Delta_r H_m^{\ominus}(T)>0$（即吸热反应），则等式右侧为正，这表明反应平衡常数随温度升高而增加。因此，当温度升高时，反应平衡常数增大，反应平衡向右移动。若 $\Delta_r H_m^{\ominus}(T)<0$（即放热反应），则等式右侧为负，反应平衡常数随温度升高而减小，当温度升高时反应平衡向左移动。

以范托夫微分方程为基础，还可以对反应平衡常数随温度的改变进行估算。在基尔霍夫公式中，若 $\sum_B \nu_B C_{p,m}^{\ominus}(B)$ 不大，或温度改变较小，可将 $\Delta_r H_m^{\ominus}$ 近似看作与温度 T 无关的常数。这样，将范托夫微分方程分离变量后作不定积分，可得

$$\ln K^{\ominus}(T)=-\frac{\Delta_r H_m^{\ominus}}{RT}+B \qquad (4.4-2)$$

该式称为**范托夫方程不定积分式**，式中 B 为积分常数。显然，这是一条 $\ln K^{\ominus}(T)$ 相对于 $1/T$ 的直线，直线斜率为 $k=-\dfrac{\Delta_r H_m^{\ominus}}{R}$。

将范托夫微分方程分离变量后，在 $T_1\sim T_2$ 温度区间作定积分，可得 T_1、T_2 两个温度下的标准平衡常数 $K^{\ominus}(T_1)$ 及 $K^{\ominus}(T_2)$ 与 $\Delta_r H_m^{\ominus}$ 的关系：

A4-1

若已知$\Delta_r H_m^\ominus(T)$函数，范托夫微分式直接积分得$K^\ominus(T)$，是否与常规法所得结果相同？为什么？给出证明。

$$\ln\frac{K^\ominus(T_2)}{K^\ominus(T_1)}=\frac{\Delta_r H_m^\ominus}{R}\left(\frac{1}{T_1}-\frac{1}{T_2}\right) \tag{4.4-3}$$

该式称为**范托夫方程定积分式**。在缺少反应参与物$C_{p,m}^\ominus(B)$数据的情况下，用范托夫方程不定积分式或定积分式，可粗略地估算反应平衡常数随温度的改变。

例 4.4.1 对于反应 $C_2H_5OH(g) = C_2H_4(g) + H_2O(g)$，已知各反应参与物在 298.15 K 下的热力学数据如下：

反应参与物	$\frac{\Delta_f H_m^\ominus(298.15K)}{kJ\cdot mol^{-1}}$	$\frac{S_m^\ominus(298.15K)}{J\cdot K^{-1}\cdot mol^{-1}}$
$C_2H_5OH(g)$	−235.30	282.0
$C_2H_4(g)$	52.283	219.45
$H_2O(g)$	−241.80	188.74

试估算反应在 400 K 下的$K^\ominus$［假定$\Delta_r H_m^\ominus(T)$为常数］。

解：

$$\begin{aligned}\Delta_r H_m^\ominus(298.15K) &= \sum_B \nu_B \Delta_f H_m^\ominus(298.15K)\\ &= (52.283-241.80+235.30)\ kJ\cdot mol^{-1}\\ &= 45.78\ kJ\cdot mol^{-1}\end{aligned}$$

$$\begin{aligned}\Delta_r S_m^\ominus(298.15K) &= \sum_B \nu_B S_m^\ominus(298.15K)\\ &= (219.45+188.74-282.0)\ J\cdot K^{-1}\cdot mol^{-1}\\ &= 126.2\ J\cdot K^{-1}\cdot mol^{-1}\end{aligned}$$

$$\begin{aligned}\Delta_r G_m^\ominus(298.15K) &= \Delta_r H_m^\ominus(298.15K) - 298.15K\times\Delta_r S_m^\ominus(298.15K)\\ &= (45.78\times10^3 - 298.15\times126.2)\ J\cdot mol^{-1}\\ &= 8153.5\ J\cdot mol^{-1}\end{aligned}$$

由$\Delta_r G_m^\ominus(T)=-RT\ln K^\ominus(T)$，得$K^\ominus(298.15\ K)=3.728\times10^{-2}$。

由$\ln\frac{K^\ominus(T_2)}{K^\ominus(T_1)}=\frac{\Delta_r H_m^\ominus}{R}\left(\frac{1}{T_1}-\frac{1}{T_2}\right)$及$T_1=298.15\ K, T_2=400\ K$，可得$K^\ominus(400\ K)=4.1$。

2. 系统压强对反应平衡的影响

对于指定的化学反应，$\Delta_r G_m^\ominus(T)$只是反应温度的函数，由式（3.6−8）可知，反应系统的压强对$K^\ominus(T)$没有影响。但是，对于有气体参与物的反应，反应系统的压强却可能影响反应平衡的位置。为简单起见，该可能的影响以理想气体的反应进行说明：

$$K^\ominus(T)=\prod_B\left(\frac{y_B^{eq}p^{eq}}{p^\ominus}\right)^{\nu_B}=\left(p^{eq}/p^\ominus\right)^{\sum_B \nu_B}\prod_B (y_B^{eq})^{\nu_B}$$

若 $\sum_{B}\nu_B>0$（反应后气体的分子数增加），则压强（即 p^{eq}）增加使得 $\left(p^{eq}/p^{\ominus}\right)^{\sum_B \nu_B}$ 变大。因为等温下 $K^{\ominus}(T)$ 一定，则压强增加必使 $\prod_B (y_B^{eq})^{\nu_B}$ 减小，即平衡向左移动。

若 $\sum_{B}\nu_B<0$（反应后气体的分子数减少），则压强增加使平衡向右移动。

若 $\sum_{B}\nu_B=0$（反应后气体的分子数不变），则压强的改变不影响平衡。

3. 系统中惰性气体对反应平衡的影响

在此讨论的惰性气体泛指不参与反应的气体。例如，合成氨反应原料气中的 CH_4、Ar；对于 O_2 氧化 NO 生成 NO_2 反应，原料气中的 N_2 等。现仍以理想气体反应为例进行讨论：

$$y_B=\frac{n_B}{\sum_B n_B}$$

则

$$K^{\ominus}(T)=\prod_B\left(\frac{y_B^{eq}p^{eq}}{p^{\ominus}}\right)^{\nu_B}=\left[p^{eq}\Big/\left(p^{\ominus}\sum_B n_B^{eq}\right)\right]^{\sum_B \nu_B}\prod_B (n_B^{eq})^{\nu_B}$$

在等压（p^{eq} 一定）下，系统中惰性气体的存在使 $\sum_B n_B^{eq}$ 增大。当 $\sum_B \nu_B>0$（反应后气体分子数增加）时，则系统中惰性气体的存在使 $\left[p^{eq}\Big/\left(p^{\ominus}\sum_B n_B^{eq}\right)\right]^{\sum_B \nu_B}$ 的值减小。因等温下 $K^{\ominus}(T)$ 一定，则惰性气体的存在必使 $\prod_B (n_B^{eq})^{\nu_B}$ 增大，即平衡向右移动。

显然，系统中惰性气体的存在和压强（p^{eq}）的减小所产生的效果一致（均使 $\left[p^{eq}\Big/\left(p^{\ominus}\sum_B n_B^{eq}\right)\right]^{\sum_B \nu_B}$ 项的值减小）。因此，二者所引起的平衡移动的方向总是一致的。

不过，为使平衡转化率增加，有些气体分子数增加的有机反应，在工业上不是控制反应在负压下（反应系统低于常压）运行，而是向反应系统中引入一些惰性气体（如在乙苯脱氢制苯乙烯生产中向反应系统中引入一定分压的水蒸气）。这是因为，虽然二者都可有效地使平衡右移，但前者给生产引入了很大的安全隐患（一旦反应装置泄漏，空气将进入反应系统，极易导致爆炸事故）而不被工业生产采用。

4.5 同时平衡与耦合反应的平衡

在一个系统中，同一反应参与物可能涉及多个不同反应的同时化学平衡。在一定条件下同时达到平衡的两个反应包括以下两种情况：（1）两反应涉及同一种反应物（平行反应）；（2）一个反应的反应物又是另一反应的生成物（连串反应）。

1. 同时平衡

在同一反应系统中，当目的反应与其平行竞争的副反应，例如

$$A+B=\!=\!=Y+Z \quad（目的反应）$$

$$2B=\!=\!=C+D \quad（平行竞争的副反应）$$

达到同时平衡时，虽然两个反应各自有独立的平衡反应进度，但它们共同的反应参与物 B 的分压对两个反应来说是相同的。下面的例题给出了该类同时平衡的一般处理方法。

例 4.5.1 在压强 p、温度 500 K 下，向管式反应器中通入物质的量之比为 $n:1$ 的反应物 A(g) 和 B(g)。问：当目的反应 $A(g)+B(g)=\!=\!=Y(g)+Z(g)$（标准平衡常数为$K_1^\ominus$）与其副反应 $2B(g)=\!=\!=C(g)+D(g)$（标准平衡常数为$K_2^\ominus$）同时达到平衡时，如何计算反应物的平衡转化率？

解：设单位时间内通入的 A(g) 和 B(g) 物质的量分别为 n mol 和 1 mol；达同时平衡时，由反应（Ⅰ）实现的 B 的转化率为 x，由反应（Ⅱ）实现的 B 的转化率为 y。则

$$\begin{array}{cccc} A(g) & +\ B(g) & =\!=\!=\ Y & +\ Z \\ n-x & 1-x-y & x & x \end{array} \qquad（Ⅰ）$$

$$\begin{array}{ccc} 2B(g) & =\!=\!=\ C(g) & +\ D(g) \\ 1-x-y & y/2 & y/2 \end{array} \qquad（Ⅱ）$$

平衡时总的物质的量为 $[(n-x)+(1-x-y)+2x+y]\ \text{mol}=(n+1)\ \text{mol}$

则

$$K_1^\ominus=\frac{\left(py_Y^{eq}/p^\ominus\right)\left(py_Z^{eq}/p^\ominus\right)}{\left(py_A^{eq}/p^\ominus\right)\left(py_B^{eq}/p^\ominus\right)}=\frac{y_Y^{eq}y_Z^{eq}}{y_A^{eq}y_B^{eq}}=\frac{x^2}{(n-x)(1-x-y)} \qquad (1)$$

$$K_2^\ominus=\frac{(py_C^{eq}/p^\ominus)(py_D^{eq}/p^\ominus)}{(py_B^{eq}/p^\ominus)^2}=\frac{y_C^{eq}y_D^{eq}}{(y_B^{eq})^2}=\frac{(y/2)^2}{(1-x-y)^2} \qquad (2)$$

上述（1）、（2）两方程联立，即可解得 x 和 y，则 A 的平衡转化率为 $x+y$。

2. 耦合反应的平衡

耦合反应即连串反应。例如，

$$A(g)+B(g)=\!=\!=Y+Z \qquad（Ⅰ）$$

$$Y(g)+C(g)=\!=\!=D(g) \qquad（Ⅱ）$$

因此，（Ⅰ）、（Ⅱ）两个反应构成连串反应。如果系统中的两个连串反应是人为设计

的，以便利用后一个反应拉动前一个反应，从而提高前一个反应的平衡转化率，通常将这两个反应之间的关系称为耦合（见图 4.5.1）。

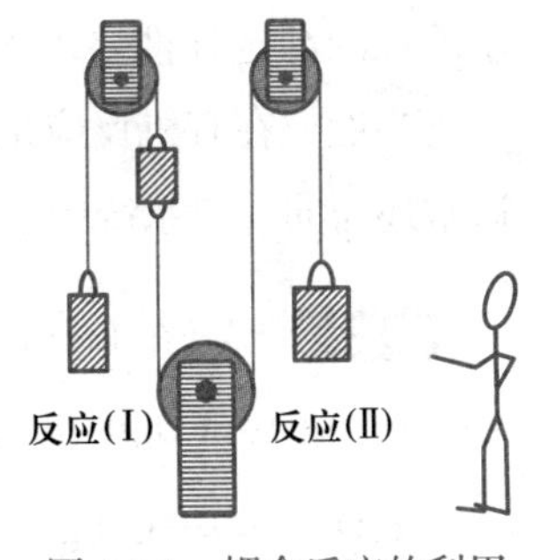

图 4.5.1　耦合反应的利用

如果目的反应（Ⅰ）的 $\Delta_r G^{\ominus}_{m,\mathrm{I}}(T)$ 正值较大、$K^{\ominus}(T)$ 很小，其反应物的平衡转化率过低无法为实际生产所接受，则可以设计一个 $\Delta_r G^{\ominus}_{m,\mathrm{II}}(T)$ 负值很大的反应（Ⅱ）与其相耦合，使耦合所得总反应的 $\Delta_r G^{\ominus}_{m,总}(T)$ 负值较大，即可使目的反应的产物得到较高的平衡收率。例如，反应

$$CH_3OH(g) = HCHO(g) + H_2(g) \tag{1}$$

的 $\Delta_r G^{\ominus}_{m,1}(298.15\mathrm{K}) = 88.95\ \mathrm{kJ \cdot mol^{-1}}$，平衡常数 $K^{\ominus}_1(298.15\mathrm{K})$ 仅为 2.60×10^{-16}。向反应系统中引入少量 O_2 后，则系统中可同时发生反应

$$H_2(g) + \frac{1}{2}O_2(g) = H_2O(g) \tag{2}$$

因后者的 $\Delta_r G^{\ominus}_{m,2}(298.15\mathrm{K}) = -228.58\ \mathrm{kJ \cdot mol^{-1}}$，平衡常数 $K^{\ominus}_2(298.15\mathrm{K})$ 为 1.12×10^{40}，这使得所得总耦合反应

$$CH_3OH(g) + \frac{1}{2}O_2(g) = HCHO(g) + H_2O(g) \tag{3}$$

的 $\Delta_r G^{\ominus}_{m,3}(298.15\mathrm{K}) = \Delta_r G^{\ominus}_{m,1}(298.15\mathrm{K}) + \Delta_r G^{\ominus}_{m,2}(298.15\mathrm{K}) = -139.63\ \mathrm{kJ \cdot mol^{-1}}$，平衡常数 $K^{\ominus}_3(298.15\mathrm{K}) = K^{\ominus}_1(298.15\mathrm{K}) \cdot K^{\ominus}_2(298.15\mathrm{K}) = 2.91 \times 10^{24}$。

在工业上正是由于采用了上述耦合反应，从而实现了甲醇的高转化率。

实际上，很多烷烃脱氢制烯烃的反应，其平衡常数都很小，若将其与反应 $H_2(g) + \frac{1}{2}O_2(g) = H_2O(g)$ 相耦合，利用后者 $\Delta_r G^{\ominus}_m(T)$ 负值很大这一特点，即可解决平衡转化率较低的问题。例如，为了实现由天然气生产乙烯，全球很多学者正在进行甲烷氧化耦合反应 $2CH_4(g) + O_2(g) = C_2H_4(g) + 2H_2O(g)$ 的研究。该反应就是 $2CH_4(g) = C_2H_4(g) + 2H_2(g)$ 与 $2H_2(g) + O_2(g) = 2H_2O(g)$ 两反应的耦合。

当然，在原来的反应系统中引入新的反应进行耦合，往往会导入一些不希望存在的竞争副反应。例如，在甲烷脱氢反应系统中引入少量 O_2 后，这些 O_2 除了与 H_2 反应外，还和反应物甲烷以及目的产物乙烯发生燃烧反应：

$$CH_4(g) + 2O_2(g) = CO_2(g) + 2H_2O(g)$$

$$C_2H_4(g) + 3O_2(g) = 2CO_2(g) + 2H_2O(g)$$

这些燃烧反应均有负值很大的 $\Delta_r G^{\ominus}_m(T)$。显然，要使有生产价值的乙烯有较高的收率，必须依靠催化剂实现对目的产物的高选择性。因催化剂尚未达到甲烷选择氧化制乙烯的高选择性要求，使得由天然气制乙烯迄今尚未在世界上实现工业化。

当然，在有机反应系统中引入 O_2 进行耦合时，也同时引进了不安全的生产因素。通常还需向反应系统中引入惰性气体，如水蒸气、CO_2、N_2 等，以避开爆炸界限。

例 4.5.2 已知在 1393 K 下，下述两反应的标准平衡常数为

$$Fe_2O_3(s)+3CO(g) \xlongequal{} 2Fe(\alpha)+3CO_2(g) \qquad K_1^{\ominus}(1393\ \mathrm{K})=0.0495 \qquad (1)$$

$$2CO_2(g) \xlongequal{} 2CO(g)+O_2(g) \qquad K_2^{\ominus}(1393\ \mathrm{K})=1.40\times10^{-12} \qquad (2)$$

求：在 1393 K 下，要防止 $Fe_2O_3(s)$ 被 CO(g) 还原为 Fe(α)，系统中 $O_2(g)$ 的分压应保持在多少？

解：反应 (1) + 反应 (2) $\times\dfrac{3}{2}$ 可得

$$Fe_2O_3(s) \xlongequal{} 2Fe(\alpha)+\frac{3}{2}O_2(g) \qquad (3)$$

因

$$\Delta_r G_{m,3}^{\ominus}(T)=\Delta_r G_{m,1}^{\ominus}(T)+\frac{3}{2}\Delta_r G_{m,2}^{\ominus}(T)$$

所以

$$K_3^{\ominus}=K_1^{\ominus}\left(K_2^{\ominus}\right)^{\frac{3}{2}}$$

又 $K_3^{\ominus}=\left[\dfrac{p^{eq}(O_2)}{p^{\ominus}}\right]^{\frac{3}{2}}$，则

C4-1

分解压

$$p^{eq}(O_2)=(K_3^{\ominus})^{\frac{2}{3}}p^{\ominus}=K_2^{\ominus}(K_1^{\ominus})^{\frac{2}{3}}p^{\ominus}$$

将$K_1^{\ominus}(1393\ \mathrm{K})=0.0495$、$K_2^{\ominus}(1393\ \mathrm{K})=1.40\times10^{-12}$及 $p^{\ominus}=100\mathrm{kPa}$ 代入，得 $p^{eq}(O_2)=1.89\times10^{-8}\ \mathrm{Pa}$。

因此，要防止 $Fe_2O_3(s)$ 被 CO(g) 还原为 Fe(α)，$O_2(g)$ 的分压应满足 $p(O_2)>1.89\times10^{-8}\ \mathrm{Pa}$。

4.6 本章概要

1. 没有反应限度的多相反应

在等温、等压条件下，与均相反应不同的是，在多相反应中有一些反应不受化学平衡限制。这些多相反应的特征是，**任一反应参与物的化学势都不随反应进度而改变**。

这些多相反应，只要环境的压强不是相应反应温度下的平衡压强，则不是正向进行到底就是逆向进行到底。其标准平衡常数 $K^{\ominus}(T)$ 的意义，仅在于通过定义指示相应反应温度的平衡压强。

2. 耦合反应

对于由两个连串反应 (Ⅰ) 和 (Ⅱ) 构成的耦合反应 (Ⅲ)，如果该耦合反应可用这两个连串反应表述为

$$耦合反应(\text{Ⅲ}) = n\,反应(\text{Ⅰ}) + m\,反应(\text{Ⅱ})$$

则

$$\Delta_r G_{m,\text{Ⅲ}}^{\ominus}(T) = n\Delta_r G_{m,\text{Ⅰ}}^{\ominus}(T) + m\Delta_r G_{m,\text{Ⅱ}}^{\ominus}(T)$$

$$K_{\text{Ⅲ}}^{\ominus}(T) = [K_{\text{Ⅰ}}^{\ominus}(T)]^n \cdot [K_{\text{Ⅱ}}^{\ominus}(T)]^m$$

习题

1. 由于某学生使用汞时违反操作规程，将汞洒落在地面上。为清除地面上残留的汞，覆盖以过量的硫黄粉（斜方硫），试图通过反应 Hg(l) + S(斜方) ══ HgS(s) 实现上述目的。已知该反应参与物在 298 K 下的热力学数据为

反应参与物	$\Delta_f H_m^{\ominus}$ / (kJ · mol^{-1})	$S_m^{\ominus}$ / (J · K^{-1} · mol^{-1})
Hg(l)	0	76.02
S(斜方)	0	31.80
HgS(s)	−58.16	82.40

有人认为，利用上述反应在 298 K 下不能将汞清除完全，理由是化学反应总归要达到平衡。对此，请依据热力学数据，从热力学角度给出你的见解。

2. 已知 NH_4Cl(s) 的分解反应为 NH_4Cl(s) ══ NH_3(g) + HCl(g)，在 700 K 和 732 K 时的分解压强分别为 607.9 kPa 和 1115 kPa。求：

（1）这两个温度下 NH_4Cl(s) 分解反应的标准平衡常数 $K^{\ominus}$；

（2）在 732 K 下该分解反应的 $\Delta_r G_m^{\ominus}$，$\Delta_r H_m^{\ominus}$ 和 $\Delta_r S_m^{\ominus}$。

3. 已知 Ag_2S(s) 和 H_2S(g) 在 298 K 的 $\Delta_f G_m^{\ominus}$ 分别为 −40.25 kJ · mol^{-1} 和 −32.93 kJ · mol^{-1}。在一定条件下因反应 H_2S (g) + 2 Ag (s) ══ Ag_2S (s) + H_2 (g)，Ag(s) 可能受到 H_2S(g) 的腐蚀。通过热力学计算判断，在常压、298 K 下，将 Ag(s) 放在由等体积的 H_2(g) 和 H_2S(g) 组成的混合气中时：

（1）银能否被腐蚀而形成硫化银？

（2）在混合气中，硫化氢的含量低于多少才不致发生上述腐蚀？

4. 对于反应 2A(g) ══ B(g)，各反应参与物的热力学数据如下所示：

反应参与物	$\dfrac{\Delta_f H_m^{\ominus}(298\ \text{K})}{\text{kJ} \cdot \text{mol}^{-1}}$	$\dfrac{S_m^{\ominus}(298\ \text{K})}{\text{J} \cdot \text{K}^{-1} \cdot \text{mol}^{-1}}$	$\dfrac{C_{p,m}^{\ominus}(298\ \text{K})}{\text{J} \cdot \text{K}^{-1} \cdot \text{mol}^{-1}}$
A(g)	35.0	250	38.0
B(g)	10.0	300	76.0

试计算：A 和 B 的摩尔分数（y_A 和 y_B）均为 0.500 的混合气体，在 310 K、100 kPa 下向哪个方向进行反应？若通过改变下列单一因素改变这一反应的方向，请给出这个因素的控制条件：

（1）总压强 p；（2）温度 T；（3）y_A。

5. 苯乙烯工业化生产是由石油裂解得到的乙烯与苯作用生成乙苯，再由乙苯脱氢生成苯乙烯。

（1）乙苯直接脱氢的工艺条件一般为常压、700～1000 K，反应原料气为过热水蒸气（惰性组分）与乙苯蒸气分子比为 9∶1 的混合气。已知 700～1000 K 之间反应热效应的平均值为 $\Delta_r H_m^\ominus = 124.4\ \text{kJ} \cdot \text{mol}^{-1}$，而 $\Delta_r G_m^\ominus(700\ \text{K}) = 33.26\ \text{kJ} \cdot \text{mol}^{-1}$。当采用银基催化剂时，由于该催化剂在 973 K 以上烧结现象严重，故反应温度一般控制在 923 K。试求该温度下的平衡转化率。

（2）通过热力学分析说明，为什么乙苯脱氢制苯乙烯的工艺条件常采用高温、常压及充入惰性水蒸气。

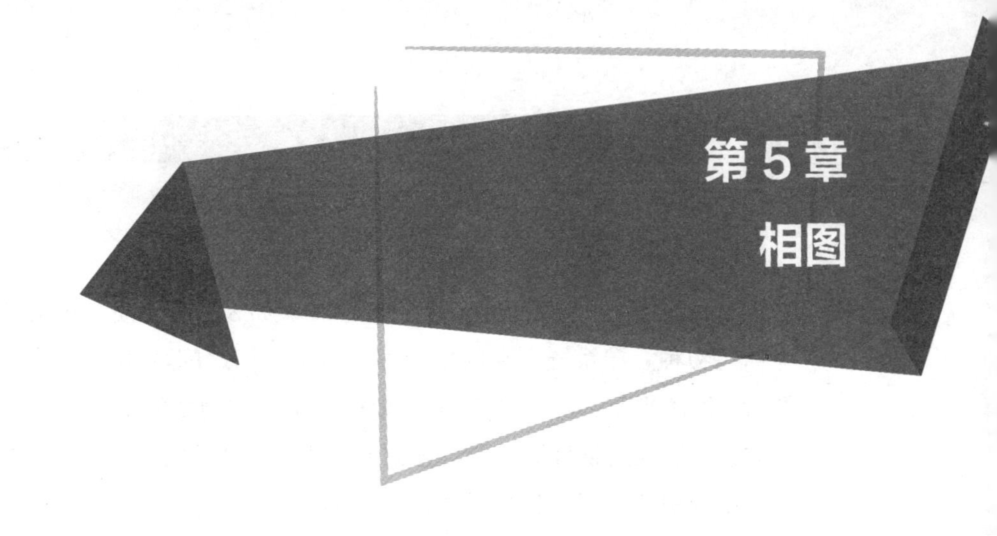

第5章 相图

在前面的章节中，两相间的平衡关系均使用函数关系直接进行讨论。例如，在2.8节和2.9节中，用克拉佩龙方程和克-克方程讨论了两相平衡规律。借助物质气-液两相和气-固两相的相平衡，还得出了纯物质的液-固两相平衡时，两相的饱和蒸气压一定相等的推论。在3.3节中，又从化学势的角度，讨论了物质B在α、β两相达到平衡时的规律 $\mu_B^\alpha=\mu_B^\beta$ 。

实际上，相平衡和化学平衡在理论上是相通的。相平衡问题，可以应用化学平衡的规律得到解决。例如，将化学反应在不同反应温度的摩尔焓变关系（基尔霍夫公式）

$$\Delta_r H_m^\ominus(T)=\Delta_r H_m^\ominus(T_1)+\int_{T_1}^{T}\sum_B \nu_B C_{p,m}^\ominus(B)dT$$

应用于不同温度的正常相变，就是

$$\Delta_{vap}H_m(T)=\Delta_{vap}H_m(T_1)+\int_{T_1}^{T}\Delta C_{p,m}(B)dT$$

在本章，我们虽然继续学习和讨论化学热力学中相平衡问题，但要换一个角度，改用图形对相平衡进行讨论。这个表示相平衡系统的组成与温度、压强之间关系的图形，称为**相图**。

很多函数关系，如液体饱和蒸气压随温度的变化关系、平衡相组成随温度的变化关系、溶解度随温度的变化关系等，在相图中就是一条曲线或直线。因此，相图是用图形表述化学热力学中的相平衡关系。与用函数关系解决相平衡问题相比，用相图解决相平衡问题直观、快速，但也较粗略。

认知相图，在相图上可以直接提取溶解、蒸馏、萃取、结晶提纯过程所需要的重要信息，还可以利用相图数据计算液态混合物中各组分的活度、活度因子等热力学数据。研究利用相图，对于探寻如何从天然资源、生产过程产物中分离出所需要的成分，如何利用天然矿物炼制出性能更好的金属及合金，以及如何烧制人工熔盐（如水泥、陶瓷）等，都具有非常重要的实际意义。

5.1 相律

1. 独立组分数

在通常条件下，系统中可能存在多种（如 S 种）物质。在相图的研究中把它们统称为**物种**。在系统存在的物种中，由于它们之间可能存在化学平衡（包括结晶平衡、解离平衡、沉淀平衡等），使得系统中在物质的量上不受其他物种制约的物种数目（**独立的物种数，即组分数**）往往少于系统实际存在的**物种数** S。例如，若一个系统中起始只有固体的 $NH_4HCO_3(s)$，当其分解反应 $NH_4HCO_3(s) \rightleftharpoons NH_3(g) + H_2O(g) + CO_2(g)$ 达到平衡时，系统中存在的物种数 $S=4$，它们分别是 $NH_4HCO_3(s)$、$NH_3(g)$、$H_2O(g)$ 和 $CO_2(g)$。这些物种，分别处于固相和气相中。在同一气相中，在物质的量上存在下列两个独立的关系：

$$n(NH_3,g)=n(H_2O,g),\quad n(CO_2,g)=n(H_2O,g)$$

[注：虽然也有 $n(CO_2,g)=n(NH_3,g)$，但它不是独立的关系，即它可以由前两个关系得到。]

在系统内同一相中有几个物质的量上的独立关系，就会使独立的物种数减少几个。此外，系统内的化学平衡关系式也给出了系统内物种数在物质的量上的关系。在系统内存在几个化学平衡，就会再使独立的物种数减少几个。既然如此，从系统实际存在的物种数 S 中扣除系统中存在的**化学平衡数 R**，再扣除**同一相中存在的物质的量的关系数** R'，就是**组分数 C**。于是，系统中的组分数和物种数之间的关系就是

$$C=S-R-R' \qquad (5.1-1)$$

在系统中，如果起始时有任意量的 $NH_4HCO_3(s)$、$NH_3(g)$、$H_2O(g)$ 和 $CO_2(g)$，那么当建立反应平衡时，则会有 $S=4$，$R=1$，但 $R'=0$。这是因为，此时气相中 NH_3、H_2O 和 CO_2 三者在物质的量上已不再存在必然相等或倍数上的关系了。

A5-1
相律的推导

2. 自由度数 f

系统在维持原有的相数和相态的条件下，可以改变的变量数称为**自由度数** f。可以推导（推导过程见二维码）得出，系统的自由度数 f 与系统的**相数** ϕ、**组分数** C 之间有下列关系：

$$f=C-\phi+2 \qquad (5.1-2)$$

该相律由吉布斯导出，因此称为**吉布斯相律**。

有时，为研究在某些指定条件下系统随其他自由度的变化规律，系统的某些自由度（如两个自由度 T、p）被指定不能变化，则此时系统剩下的自由度 f' 称为**条件**

自由度（或剩余自由度）：

$$f'=f-b \tag{5.1-3}$$

式中，b 为被指定不能变化的自由度数。例如，通常所说的“在等温、等压条件下”，就是 T、p 都被指定不能变化。此时，$b=2$。

例 5.1.1　等压下仅由 $NaHCO_3(s)$ 部分分解，建立如下反应平衡：

$$2NaHCO_3(s) = Na_2CO_3(s) + CO_2(g) + H_2O(g)$$

求系统的独立组分数和自由度数。

解： 由题意有 $S=4$，$R=1$，$R'=1$（Na_2CO_3 不在气相中），则

$$C=S-R-R'=2$$

$$f=C-\phi+2=2-3+2=1 \quad [Na_2CO_3(s)\text{ 和 }NaHCO_3(s)\text{ 是两种不同物质的固相}]$$

$$f'=f-1\text{（压强一定）}=0$$

例 5.1.2　在水溶液中，Na_2CO_3 只能以 $Na_2CO_3 \cdot H_2O(s)$、$Na_2CO_3 \cdot 7H_2O(s)$ 或 $Na_2CO_3 \cdot 10H_2O(s)$ 晶体析出。问：在 30℃的过饱和 Na_2CO_3 水溶液中，最多能同时存在上述几种水合物？

解： 由题意有 $C=S=2$。在恒温下，$f'=C-\phi+1=3-\phi$，f' 最小（为零）时，ϕ 最大（三相）。现已有水溶液一相，故最多还能有两种水合物平衡共存。

5.2 单组分系统相图

对于单组分系统，$C=1$，则 $f=1-\phi+2=3-\phi$。因 $f\geqslant 0$，所以 $\phi\leqslant 3$。这就是说，单组分平衡系统最多只能有 3 个相，而此时系统的强度性质是完全确定的（$f=0$）；若 $\phi=2$，则 $f=1$，即系统只能有一个强度性质独立地改变（例如，纯物质以气-液两相平衡存在时，若温度改变，则其饱和蒸气压只能按照克-克方程而改变）；若 $\phi=1$，则 $f=2$，即在不影响系统的相数、相态的条件下，系统最多可有两个强度性质独立地改变。

1. 水的相图

在通常压强下，水可以单相（水、汽或冰）存在，也可以两相（水-汽，冰-汽，或冰-水）或三相（冰-水-汽）平衡共存。表 5.2.1 给出了不同温度下水的相平衡数据。表中第 2 列和第 3 列数据为不同形态 H_2O 在不同温度下的饱和蒸气压；第 4 列数据为冰-水两相要在相应温度下共存时所需要的外界压强。

将表 5.2.1 中数据绘成 $p-t$ 图，就是水的相图（如图 5.2.1 所示）。

图 5.2.1 中，OC 线为水的饱和蒸气压随温度的变化曲线（符合克-克方程），即水在不同温度下的气-液两相共存线。在 OC 线区间的任一温度下，压强在 OC 线以

表 5.2.1　不同温度下水的相平衡数据

t/℃	两相平衡			三相平衡
	水或冰的饱和蒸气压 /kPa		平衡压强 /MPa	平衡压强 /kPa
	水-汽	冰-汽	冰-水	冰-水-汽
−20	0.126*	0.103	199.6	—
−15	0.191*	0.165	161.1	—
−10	0.287*	0.260	115.0	—
−5	0.422*	0.414	61.8	—
0.01	0.611	0.611	6.11×10^{-4}	0.611
20	2.338	—	—	—
60	19.916	—	—	—
100	101.325	—	—	—
150	476.02	—	—	—
250	3975.4	—	—	—
350	16532	—	—	—
374.2	22119	—	—	—

* 为过冷水的蒸气压

下为气态水，增加压强至 OC 线以上则可使气态水液化。因此，OC 线以下的相区为气相区，而 OC 线以上位于 OA 线右侧的相区为液相区。C 点对应临界温度 374.2 ℃和临界压强 22119 kPa，在该点气、液的差别已开始消失。当温度和压强均超过 C 点所在位置，系统成为超临界水。

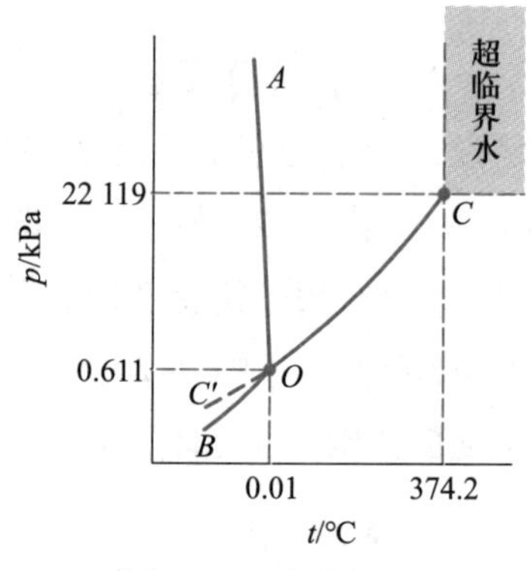

图 5.2.1　水的相图

（注：该图坐标为非等分坐标）

OB 线是冰的饱和蒸气压曲线（符合克-克方程），即水的固-气两相共存的 p-t 线。OB 线以下为水的气相区，OB 线以上则为水的固相区。水的气-液两相共存线 OC 和固-气两相共存线 OB 的交点 O 点就是水的三相共存点，对应的温度为 0.01 ℃。在该温度下，冰和水具有相同的饱和蒸气压 0.611 kPa。

OA 线为冰的熔点随压强的变化曲线。OA 线斜率为负值（可由克拉佩龙方程得到证明），表明随压强增加，冰的熔点降低。

OC' 线为过冷水在不同温度下的饱和蒸气压曲线。过冷水是一种热力学亚稳定态的水，是在低于水的凝固点温度下尚未结冰的水（这将在 6.4 节中进一步讨论）。

水的相图分为 BOA，AOC，BOC 三个相区，分别为固、液、气的单相平衡区。各区内 $f=2$，p 和 t 都可以在有限范围内独立地改变而不引起原相的消失和新相的生成。OA，OB，OC 为两相平衡线，在线上 $f=1$，p 和 t 中只有一个可独立改变，另一个只能随之而变，否则将使系统离开平衡曲线而改变相数。O 点为三相共存点，在该点 $f=0$。在此条件下无论改变系统温度和压强中的哪一个，都会导致三相中的一相或两相消失。

在相图中，由系统的强度性质（如 p 和 t）给出的点称为系统点。这样，由系统点在上述区域（区、线、点）内所处的位置，即可知平衡系统的相数和相的聚集态。

水的三相点温度之所以不是通常的冰点（0 ℃），有以下两点原因：

（1）三相点对应的系统压强为 0.611 kPa（水蒸气本身的压强），而冰点对应的外压为常压（101.325 kPa）。

（2）通常的水实际上是溶有空气的饱和稀溶液。

压强的增加和水中溶有空气均使其凝固点降低，二者共同作用的结果，是使冰点（0℃）低于三相点温度（0.01℃）。

2. 二氧化碳的相图

CO_2 的相图如图 5.2.2 所示。OA 线为 CO_2 的熔点随压强的变化曲线。与 H_2O 的情况不同，CO_2 的 OA 线斜率为正值，表明其熔点随压强增加而升高。OB 线为 CO_2 的固－气两相平衡曲线，它给出了不同温度下 CO_2 固体的饱和蒸气压。

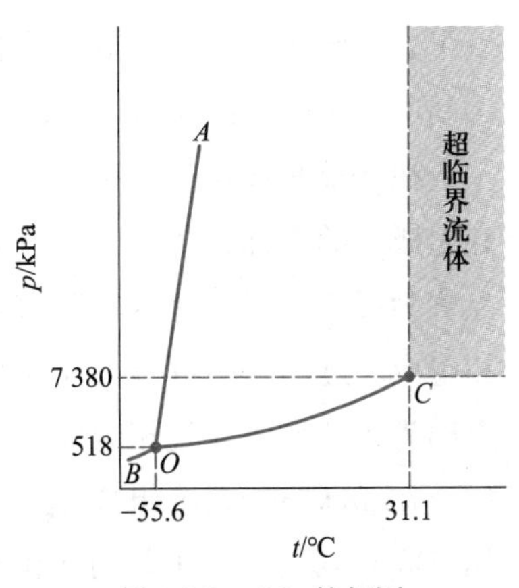

图 5.2.2 CO_2 的相图

（注：该图坐标为非等分坐标）

OC 线为 CO_2 的气－液平衡曲线，即液态 CO_2 的饱和蒸气压曲线。BOA，AOC，BOC 三个相区，分别为 CO_2 的固、液、气的单相平衡区。C 点为 CO_2 的临界点，对应的温度为 31.1 ℃，压强为 7380 kPa。进一步增加温度和压强，CO_2 的气、液界面消失，成为超临界 CO_2 流体。OB 线与 OC 线的交点 O 为 CO_2 的三相点，对应的温度为 −55.6 ℃，压强为 518 kPa。

5.3 二组分液体完全互溶的气－液平衡相图

对于二组分系统，其 $C=2$，$f = 2 - \phi + 2 = 4-\phi$。若 $f=0$，则 $\phi=4$。这表明该

系统在特定的条件下最多可出现四相平衡。若 $\phi=1$，则 $f=3$，即系统的最大自由度数为 3。因此，描述该系统的相态和组成，需要 3 个独立的强度性质变量。这三个独立强度性质变量分别为系统的温度、压强和组成。这就是说，要完整描述该系统，就需要三维坐标图（即温度、压强和组成三个坐标）。

实际上，在研究中需要的相图通常是某一指定条件下（例如，压强确定或温度确定）的相图，此时的 $f'=2$。当温度被指定时，另两个强度性质变量就分别是压强和组成，则相应二维相图就是压强-组成相图（$p-x$ 相图）。若指定了压强，则相图就是温度-组成相图（$t-x$ 相图）。下面，就 $p-x$ 相图和 $t-x$ 相图的特点分别进行讨论。

1. $p-x$ 相图

如图 5.3.1 所示，蒸气总压 p 随液相组成 x_B 变化的曲线称为液相线（图中上方的线），蒸气总压 p 随气相组成 y_B（或液相组成 x_B）变化的曲线称为气相线（图中下方的线）。

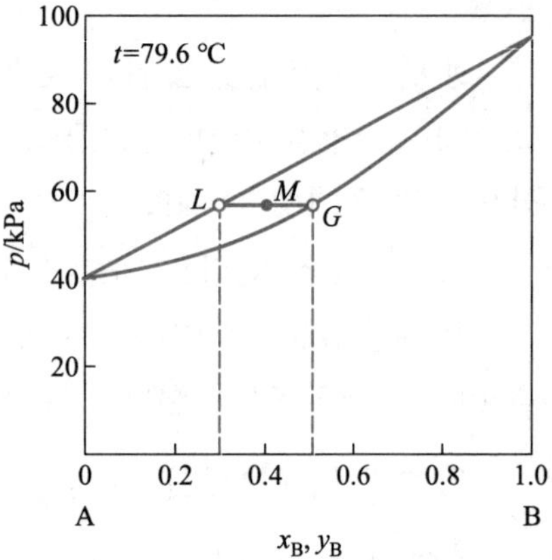

图 5.3.1 甲苯 (A)-苯 (B) 在 79.6℃下的 $p-x$ 相图

气相线和液相线把 $p-x$ 相图分成三个区。在液相线以上，系统完全处于液相；在气相线以下，系统完全处于气相；在液相线和气相线之间的区域则为系统的气-液两相平衡共存区。

在 $p-x$ 相图中，用来表示系统状态（压强和组成）的点称为**系统点**；用来表示一个相（气相或液相）状态（压强和组成）的点称为**相点**。当系统点（如 M 点）落入气-液两相平衡区时，表明系统由气、液两相组成。过 M 点作平行于横坐标的水平线分别交气相线和液相线于 G 点和 L 点，G 点即为表述该系统气相组成的气相点，L 点即为表述该系统液相组成的液相点。例如，在 58 kPa，系统组成 X_B 为 0.4（即系统点在 M 点）时，液相组成 $x_B=0.3$，气相组成 $y_B=0.5$。由于苯的饱和蒸气压大于甲苯，因此在气相中苯的平衡摩尔分数大于其在液相中的平衡摩尔分数。

当系统点位于两相区时，对于处于平衡的两相，其每一相物质（A，B）的总量 (A+B) 都可以由**杠杆规则**求出。在图 5.3.1 中，由于 G 点和 L 点的压强相等，因此将 G 点和 L 点之间的连线称为**等压联结线**。系统点 M 将等压联结线 $\overline{LG}$ 分为了两段。以此为例表述的杠杆规则就是：以系统点 M 为杠杆的支点，液相总的物质的量 n_l 与线段 $\overline{LM}$ 之积等于气相总的物质的量 n_g 与线段 $\overline{MG}$ 之积。即

$$n_l(X_M - x_L) = n_g(x_G - X_M) \tag{5.3-1}$$

若系统中总的物质的量 $n_{总}=n_g+n_l$ 已知，则可由式（5.3-1）计算得到各相物质总的物质的量。

A5-2

用等温气-液平衡法绘制二组分的 $p-x$ 相图

例 5.3.1 由图 5.3.1 所示相图，粗略计算在 79.6 ℃下，将 11.0 mol 甲苯和 9.0 mol 苯的混合蒸气缓慢加压至 58 kPa 时，处于气相、液相的物质的量，以及在气相、液相中甲苯、苯的物质的量。

解：系统组成为 $X_B=\dfrac{9.0}{11.0+9.0}=0.45$（用 A 表示甲苯，B 表示苯），由相图可知在该压强下气相组成 $y_B=0.5$，液相组成 $x_B=0.3$，则根据杠杆规则，有

$$n_l(0.45-0.3)=n_g(0.5-0.45) \tag{1}$$

又

$$n_l+n_g=20.0\ \text{mol} \tag{2}$$

B5-1

有关杠杆平衡的计算

方程（1）、（2）联立，解得 $n_g=15.0\ \text{mol}$，$n_l=5.0\ \text{mol}$，于是：

处于气相中甲苯 (A) 的物质的量为 $n_g\times y_A=n_g\times(1-y_B)=15.0\ \text{mol}\times0.5=7.5\ \text{mol}$

处于液相中甲苯 (A) 的物质的量为 $n_l\times x_A=n_l\times(1-x_B)=5.0\ \text{mol}\times0.7=3.5\ \text{mol}$

处于气相中苯 (B) 的物质的量为 $n_g\times y_B=15.0\ \text{mol}\times0.5=7.5\ \text{mol}$

处于液相中苯 (B) 的物质的量为 $n_l\times x_B=5.0\ \text{mol}\times0.3=1.5\ \text{mol}$

2. $t-x$ 相图

图 5.3.2 为甲苯 (A)-苯 (B) 在常压下的 $t-x$ 相图。在 $t-x$ 相图中，气相线在上而液相线在下。气相线以上为气相区，液相线以下为液相区。气相线和液相线之间的区域为气-液两相平衡区。

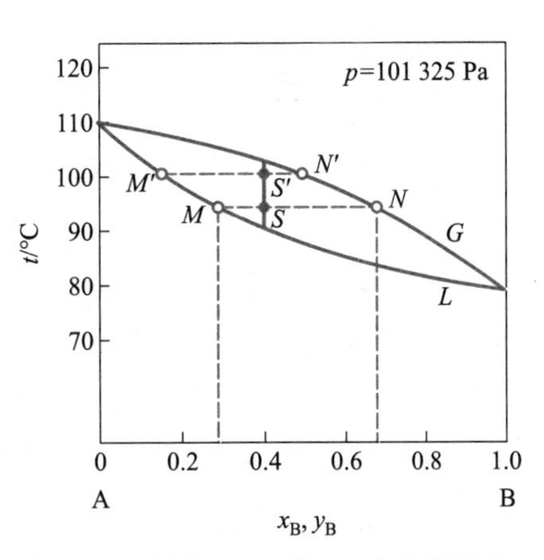

图 5.3.2 甲苯 (A)-苯 (B) 在常压下的 $t-x$ 相图

如果系统点位于气-液两相平衡区，过系统点作**等温联结线**，则其液相组成 x_B、气相组成 y_B 可分别由该等温联结线与液相线、气相线的交点（M 点和 N 点）读出。$y_B>x_B$，这与苯 (B) 比甲苯 (A) 沸点低［在同一温度下甲苯 (A) 比苯 (B) 的饱和蒸气压高］有关。当平衡温度改变时，系统的液相组成和气相组成将分别沿着液相线和气相线变化。例如，当把平衡温度由 94 ℃提高到 100 ℃（系统点由 S 点移动至 S' 点）时，气相组成由 N 点沿气相线（G）移动至 N' 点，而液相组成由 M 点沿液相线（L）移动至 M' 点。在 $t-x$ 相图上，只要系统点处于两相区，**杠杆规则**就成立，这一点与 $p-x$ 相图的情况相同。即在 $t-x$ 相图上的各平衡温度，系统在液相和在气相中总的物质的量也可由杠杆规则计算得到。

如图 5.3.3 所示，如果系统开始时在液相区 S 点，当被加热至 S_1 点所在温度时，系统中便开始出现第一个气泡，气泡的组成可在相应气相线的 N 点读出。由于系统被加热时气相总是在系统点到达液相线时开始出现，因此液相线也被称为“**泡点线**”。当系统继续被加热而升高温度时，系统中液相物质的量逐渐减少而气相物质的量逐渐增多。当系统被加热到 S_2 点所在温度时，系统中与气相物质平衡的液相物质就减少为只有一滴了。

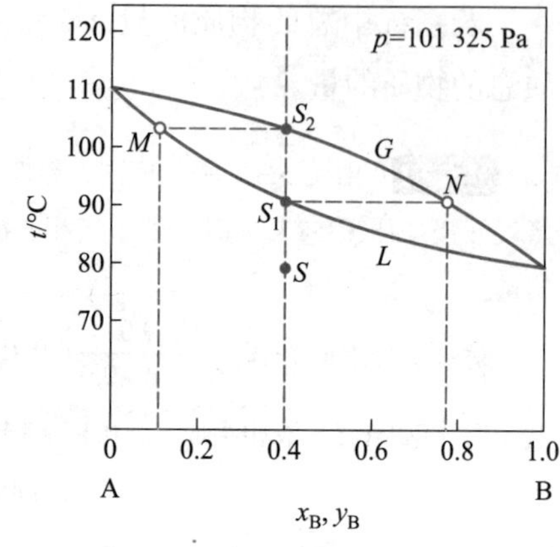

图 5.3.3　甲苯 (A)- 苯 (B) 在常压下的 $t-x$ 相图

A5-3
用等压气 - 液平衡法绘制二组分的 $t-x$ 相图

如果系统点开始时在气相区，当系统被降温至 S_2 点所在温度时（如图 5.3.3 所示），系统中便开始出现第一滴液体，该液体的组成可在相应液相线的 M 点读出。由于系统在降温时第一滴液体总是在系统点到达气相线时开始出现，因此气相线也被称为“**露点线**”。当系统被降温至 S_1 点所在温度时，系统中与液相物质平衡的气相物质就减少为只有一个气泡了。该气泡的组成可由 N 点读出。

3. 精馏原理

将液态混合物同时进行多次部分汽化和多次部分冷凝，从而使其中易挥发组分和不易挥发组分分离的操作过程称为**精馏**。如图 5.3.4 所示，系统点处于 S 点的液态混合物同时含有高沸点的 A 和低沸点的 B，在等压下将系统加热至系统点 S_1，混合液部分汽化，液相点为 M_1，气相点为 N_1。将气液分开后的液相（组成点为 M_1）继续加热至 S_2，液体又部分汽化。将气液分开后的液相（组成点为 M_2）继续加热至 S_3，再使液体部分汽化……每当液体部分汽化一些，釜内剩余液体中易挥发组分 (B) 的含量就少一些，其成分就更趋近于纯 A 一些。这样，液态混合物经不断地部分汽化后，在精馏塔的塔釜内最终就留下了不易挥发的纯 A 组分。

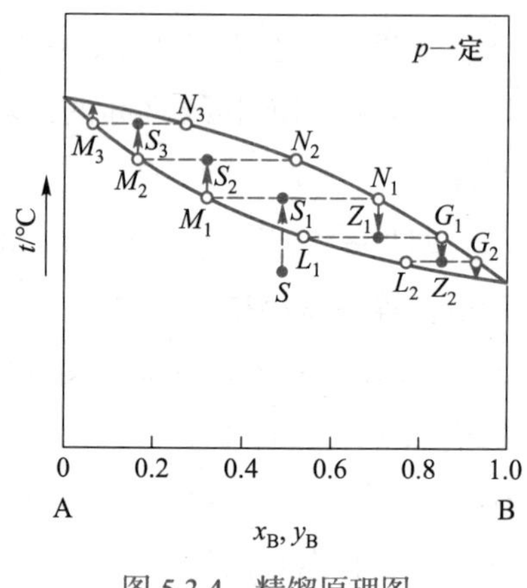

图 5.3.4　精馏原理图

另一方面，分离出来的气相物（如组成点为 N_1 的气相物）每经降温使其部分冷凝一次，分离所得气相物的组成就向纯 B 趋近一些。这样，气相点由 N_1 至 G_1，再至 G_2……经多次部分冷凝后，最终在精馏塔塔顶就得到了纯 B 蒸气。

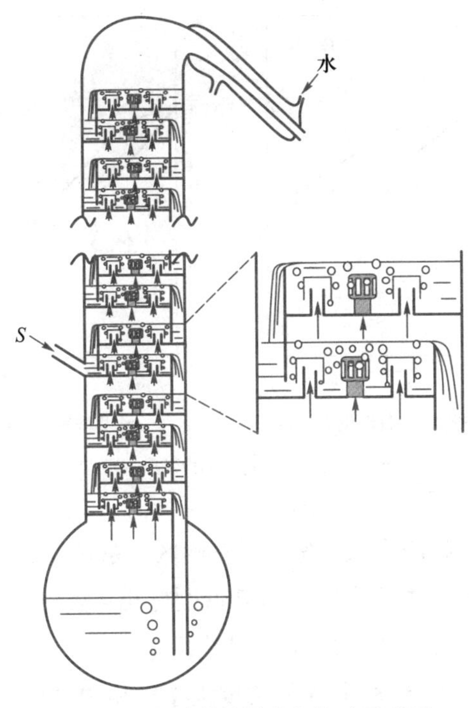

图 5.3.5 板式精馏塔内部构造示意图

依据被分离物的性质和分离要求，精馏塔内部构造可选用填料式和板式两种。图 5.3.5 给出了板式精馏塔内部构造示意图。根据图 5.3.4 所示的相图，可以粗略给出达到指定精馏分离要求时必需的理论塔板数。有时，由于被分离物的沸点非常接近，要求的塔板数很多，使得精馏塔达几十层楼房的高度。该部分更深入的内容，将在化工原理课程中介绍。

4. 有共沸物生成的 t–x 相图

有时，尽管 A、B 二组分存在相当大的沸点差，但并不能通过精馏的方法由二者的混合液将二者分离为纯物质。其原因是，两组分之间有较强的相互作用，使二者形成共沸物。有共沸物形成时，A、B 二组分的 t–x 相图如图 5.3.6 所示。

该 t–x 相图的特点是，气相线和液相线有切点（C），它使气–液两相平衡区分成了两部分。在恒沸点 C，对液相系统加热或对气相系统降温所得气–液两相平衡的组成是完全相同的。该共沸组成随外压大小不同而改变，因此在指定外压下的共沸物虽然有恒定的组成，但并不能将其理解为由 A 和 B 形成的化合物。

如果恒沸点 C 的温度高于在其他任何组成时的温度，则该温度称为**最高恒沸点**[在图 5.3.6(a) 中]，反之称为**最低恒沸点** [在图 5.3.6(b) 中]，相应共沸物分别称为**最高恒沸点共沸物**和**最低恒沸点共沸物**。

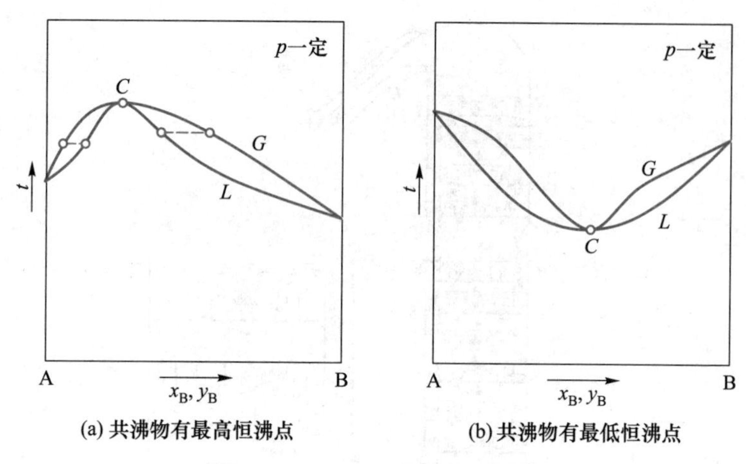

图 5.3.6　A、B 二组分 $t-x$ 相图

在该类 $t-x$ 相图上有两个气-液两相平衡区。系统在这两个气-液两相平衡区内，各组分在气相和液相中浓度的相对高低刚好相反。例如，在图 5.3.6(a) 所示的两个气-液两相平衡区内，分别作等温联结线可知，在系统组成低于恒沸组成的气-液两相平衡区（左半支），液相中 B 的浓度大于气相中 B 的浓度，而在系统组成高于恒沸组成的气-液两相平衡区（右半支），液相中 B 的浓度小于气相中 B 的浓度。由于这一原因，当 A 和 B 形成共沸物时，此共沸物便不能通过精馏的方法分离而同时得到纯 A 和纯 B。

假如 A 和 B 形成最高恒沸点共沸物，如图 5.3.6(a) 所示，当系统中 B 组分的浓度低于恒沸组成时，则将在精馏塔塔顶得到纯 A，塔底得到 A 和 B 的液体共沸物；而当系统中 B 组分的浓度高于恒沸组成时，则将在精馏塔塔顶得到纯 B，塔底得到 A 和 B 的液体共沸物。

假如 A 和 B 形成最低恒沸点共沸物，如图 5.3.6(b) 所示，在精馏塔塔顶则总是得到 A 和 B 的液体共沸物。

A5-4
例 5.3.2 解析

例 5.3.2 A、B 二组分在液态下完全互溶。已知液体 B 在 80 ℃下的饱和蒸气压为 101.325 kPa，其汽化焓为 30.76 kJ · mol^{-1}。组分 A 的正常沸点比组分 B 高 10℃。在 101.325 kPa 下将 8 mol A 和 2 mol B 混合后加热到 60 ℃时发现出现第一个气泡，测得其组成为 $y_B = 0.4$。继续在等压封闭条件下缓慢加热该液体，发现温度升高到 70 ℃时液体仅剩下最后一滴，测得其组成为 $x_B = 0.1$。又在 101.325 kPa 下将 7 mol B 和 3 mol A 的混合气体冷却，发现冷却至 65 ℃时产生第一滴液体，测得其组成为 $x_B = 0.9$。继续在等压封闭条件下缓慢冷却，发现冷却至 55 ℃时剩下最后一个气泡，测得其组成为 $y_B = 0.6$。

（1）画出该二组分系统在 101.325 kPa 下的沸点-组成图。

（2）在 101.325 kPa、65 ℃下，由 8 mol B 和 2 mol A 所形成的二组分系统。计算或回答：

① 平衡气相的总物质的量。

② 该温度和组成的系统，其液相中组分 B 的活度和活度因子。

③ 能否用简单精馏法将此混合物中的组分 B 和 A 分离为纯 B 和纯 A？为什么？

解：（1）由题意画得该二组分系统在 101.325 kPa 下的沸点-组成图如图 5.3.7 所示。

（2）8 mol B 和 2 mol A 所形成的二组分系统，其组成为 $x_B = 0.8$。

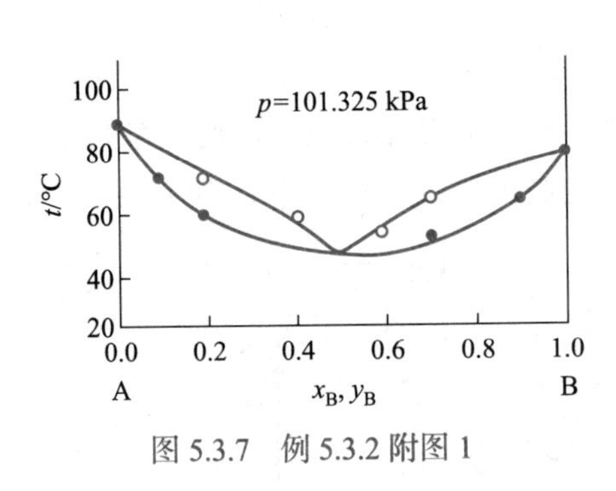

图 5.3.7　例 5.3.2 附图 1

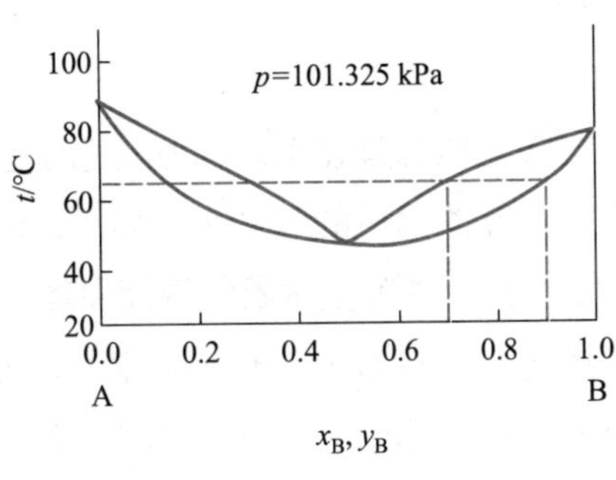

图 5.3.8　例 5.3.2 附图 2

① 由杠杆规则，可得 $n_g = \left[\dfrac{(2+8)\times(0.9-0.8)}{0.9-0.7}\right]\text{mol} = 5\ \text{mol}$。

② 在 65 ℃下，由图 5.3.8 读得 $x_B = 0.9$，$y_B = 0.7$。在该温度下，纯 B 的饱和蒸气压可由克-克方程求得

$$\ln\frac{p_B^*(338\text{K})}{p_B^*(353\text{K})} = \frac{\Delta_{vap}H_m}{R}\left(\frac{1}{353} - \frac{1}{338}\right)$$

将 $\Delta_{vap}H_m = 30.76\ \text{kJ}\cdot\text{mol}^{-1}$ 及 $p_B^*(353\ \text{K}) = 101.325\ \text{kPa}$ 代入可得

$$p_B^*(338\ \text{K}) = 63.6\ \text{kPa}$$

对于 $x_B = 0.9$ 的 A、B 二组分液相有

$$p_B = p_B^* f_B x_B = p_B^* a_B$$

将 $p_B^*(338\ \text{K}) = 63.6\ \text{kPa}$，$p_B(338\ \text{K}) = py_B = 101.325\ \text{kPa}\times 0.7 = 70.9\ \text{kPa}$ 代入上式，可得 $a_B = 1.1$，则 $f_B = 1.2$。

③ 不能用简单精馏法将此混合物中的组分 B 和 A 分离为纯 B 和纯 A，因为 B 和 A 形成共沸物，将该 $x_B = 0.8$ 的二组分液相进行简单精馏时，只能在塔顶得到该二组分的共沸物。

A5-5

蒸馏分离与测定液体沸点时温度计水银球应处的位置为什么不同？

A5-6

常压气－液平衡相图是否可用于指导相应简单蒸馏？

讨论题 5.3.1

在图 5.3.6 的共沸点 C 处的条件自由度数 f' 是多少？为什么？

5.4 二组分液体完全不互溶的液–液及气–液平衡相图

若系统中两种液体完全不互溶，如水与芳香烃，则系统中每个组分的性质与它们单独存在时便完全相同。在等温下，系统的蒸气总压就等于系统中两种纯液体在相同温度下的蒸气压之和：

$$p = p_A^* + p_B^* \qquad (5.4-1)$$

由于液体总是在系统的蒸气总压达到外界压强时开始沸腾，因此当系统中有两种完全不互溶物质的液体时，界面处液体的沸腾温度就一定低于其中任一单一组分液体的沸点，这就是**水蒸气蒸馏原理**。

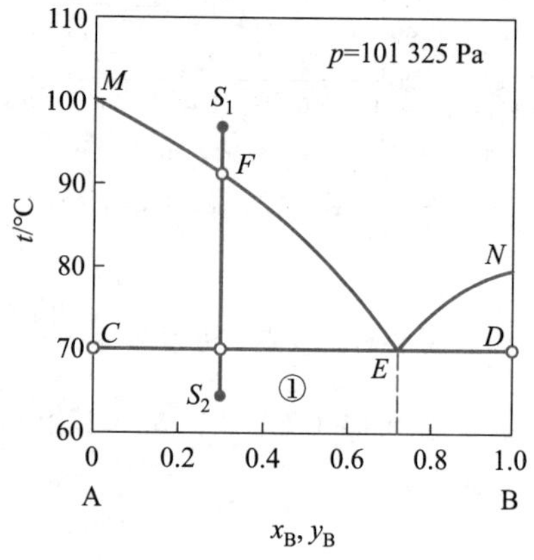

图 5.4.1 水 (A)–苯 (B) 完全不互溶二组分系统在 101 325 Pa 下的 t–x 相图

图 5.4.1 为水 (A)–苯 (B) 完全不互溶二组分系统在 101 325 Pa 下的 t–x 相图。整个相图分为 4 个相区：*MEN* 气相线以上为气相区；*CED* 线以下为纯 A 和纯 B 的两个液相平衡（液体呈现为两层）区；*MCE* 相区为液态水和混合蒸气两相平衡区；*NDE* 相区为液态苯和混合蒸气两相平衡区。*ME* 和 *NE* 分别为 *MCE* 和 *NDE* 相区的气相线。如果 S_1 为系统点，则当系统被冷却（系统点沿 S_1 向 S_2 移动）至 F 点时，系统将出现第一滴液体（该液体为纯水，由 F 点作等温联结线即可得知），系统开始进入气–液两相平衡区。当温度进一步被降至 *CED* 线所在温度时，系统中将开始出现一个新的液相（纯苯），从而使系统变为三相。若进一步降温，让系统温度降至 *CED* 线所在温度以下，则系统的气相（其组成由 E 点表示）消失，系统由 l(A) + l(B) + g(A+B) 三相变为 l(A) + l(B) 两相。与之相反，当系统由 S_2 点加热（系统点沿 S_2 向 S_1 移动）至 *CED* 线所在温度时，系统将开始出现气相（其组成可由 E 点表示），系统由原来的两个液相变为 l(A) + l(B) + g(A+B) 三相。显然，只要系统点位于 *CED* 线上（C 点和 D 点除外），系统就表现为 l(A) + l(B) + g(A+B) 三相（且气相组成可由 E 点表示）。因此，将 *CED* 水平线称为**三相线**。

B5–2
完全不互溶二组分液体的气–液平衡相图绘制

由该相图很容易看出，无论系统中 l(A) + l(B) 的相对量如何，只要二者同时存在（$0>x_B>1$），系统的沸点就是三相线所在温度，即其沸点为 A、B 二组分形成最低恒沸点的温度。

在图 5.4.1 中 *MCE* 相区、*NDE* 相区和 *CED* 线以下相区这三个两相区内，只要系统点的位置确定，则在两相中总物质的量的比例可由杠杆规则求得。

> **思考题 5.4.1**
>
> 在图 5.4.1 二组分 $t-x$ 相图的三相线上，自由度 f' 有何特点？

> **思考题 5.4.2**
>
> 如果系统点在图 5.4.1 的①区，系统表现为几相？怎样得知各相的组成？

5.5 液态部分互溶的液-液及气-液平衡相图

由于 A 和 B 两组分在结构上的差异和基团间的相互作用，它们可能仅在一定温度范围内无限混溶，而在另外的温度下，A 中只能溶解一定比例的 B，B 中也只能溶解一定比例的 A。而且，其相互间的最大溶解比例与温度直接相关。

1. 液态部分互溶的液-液平衡相图

图 5.5.1 为水 (A)-异丁醇 (B) 的 $t-x$ 平衡相图。曲线 CKD 把整个相图分成了两个相区，曲线外的区域为两个组分的单相混溶区；曲线内的区域为双液相区。该双液相区分别为，在 A 中溶有少量的 B 所形成的液相 $l_\alpha(A+B)$ 和在 B 中溶有少量的 A 所形成的液相 $l_\beta(A+B)$。这两个液相称为**共轭液相**。

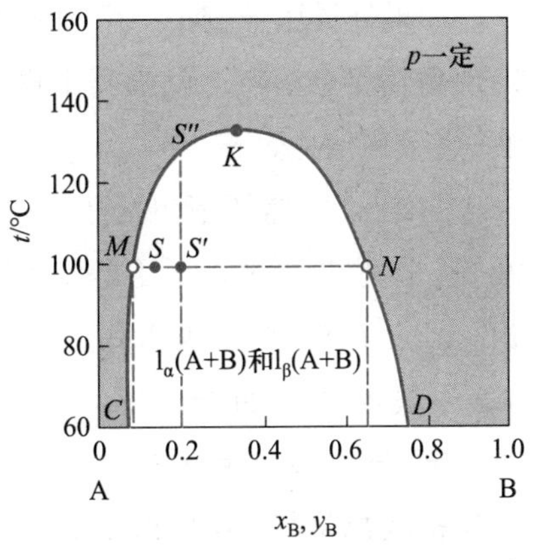

图 5.5.1　水 (A)-异丁醇 (B) 的 $t-x$ 平衡相图

关于该相图的绘制及其相态变化机制，现以在 100 ℃、某压强（即该相图的对应压强）条件下向水中滴入异丁醇时系统相态的变化进行说明：当向水中逐滴加入异丁醇时，只要系统点 S 的组成 x_B 小于 0.09，系统平衡后便保持单一液相。此时，若继续向系统中加入异丁醇，使系统点 S 经过 M 点向 N 点移动进入了两相区（例如，滴入异丁醇使系统组成达到 $x_B=0.2$，即 S 点移动至 S'），由于在该温度下异丁醇在水中的最大溶解度对应于 M 点给出的溶液组成［即溶液 $l_\alpha(A+B)$ 的组成］，因此多出来的异丁醇只能另外成相［$l_\beta(A+B)$］。该新相 $l_\beta(A+B)$ 是由多出来的异丁醇和从 $l_\alpha(A+B)$ 中获取的少量水（$x_A=0.35$）所形成的。继续向系统中加入异丁醇时，由于新加入的异丁醇进入 $l_\beta(A+B)$ 时需要一定配比的水溶入其中，则原来处于 $l_\alpha(A+B)$ 相的部分异丁醇也由于溶剂水的减少而进入 $l_\beta(A+B)$ 相，从而使 $l_\alpha(A+B)$ 相减少。当异丁醇的加入总量使系统组成达到 $x_B=0.65$（即 S 点移动至 N 点）时，最后一滴 $l_\alpha(A+B)$ 消失，系统再次成为均相。

若系统点 S 起始就处于 S' 点，系统为两个共轭液相 $l_{\alpha}(A+B)$ 和 $l_{\beta}(A+B)$。当提高温度，使系统点移动至 S'' 时，则系统由于 B 在 A 中溶解度的显著增加使 $l_{\beta}(A+B)$ 消失而变为一相。

若系统组成为 $x_B=0.33$，当系统由较低温度开始被加热时，随温度升高 $l_{\alpha}(A+B)$ 相和 $l_{\beta}(A+B)$ 相在组成上便越来越接近，最后在 K 点变为一相。因此，将 K 点称为**高临界会溶点**。

依据 A 和 B 相互作用的性质，有的共轭双液系统有**低临界会溶点**，即部分互溶的 A 和 B 在低于某个温度时反而变得完全混溶。也有的共轭双液系统，既有高温临界会溶点，又有低温临界会溶点。这就是说，A 和 B 在低于低临界会溶点和高于高临界会溶点的温度下都可以无限混溶，而在这两个温度之间却表现为部分互溶。

2. 液态部分互溶的液-液、液-气平衡相图

如果外界压强较小，水和异丁醇所形成的共轭双液系统在提高温度时，将未及出现高临界会溶点，就沸腾出现气相。于是，其相图便同时有部分互溶的液-液及液-气平衡信息。

图 5.5.2 为常压下包括液-液部分互溶平衡和液-气平衡的水 (A)-正丁醇 (B) 二组分 t-x 平衡相图。点 I 和 J 分别为水和正丁醇的沸点。曲线 IEJ 为气相线；曲线 IC、JD、CF、DG 为液相线。IEJ 气相线以上区域为气相区；ICE 相区和 JED 相区都是气-液两相平衡区。ICF 相区为水中溶有少量正丁醇的均一液相区，而 JDG 相区为正丁醇中溶有少量水的均一液相区。$CDGF$ 相区则为两个共轭的液相区。

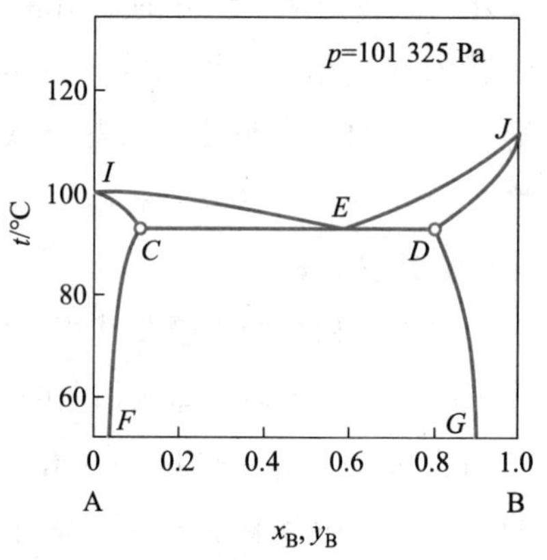

图 5.5.2 常压下包括液-液部分互溶平衡和液-气平衡的水 (A)-正丁醇 (B) 二组分 t-x 平衡相图

如果系统点处于该相图的任一两相区，过系统点作等温联结线与气相线相交，可知系统的平衡气相组成，与液相线相交，则可知系统的平衡液相组成。当然，在相图中任一两相区内，均可由杠杆规则计算处于两相中物质的量的比例。CED 为三相线，其对应的相态和组成分别是 l_{α} 相（组成由 C 点给出）、l_{β} 相（组成由 D 点给出）和 g 相（组成由 E 点给出）。

若外压足够大，则可能由于水和正丁醇共沸点的升高，系统在气相出现前，其两共轭相［$l_{\alpha}(A+B)$ 相和 $l_{\beta}(A+B)$ 相］便到达高温会溶点，而表现为图 5.5.3 所示相

图形式。

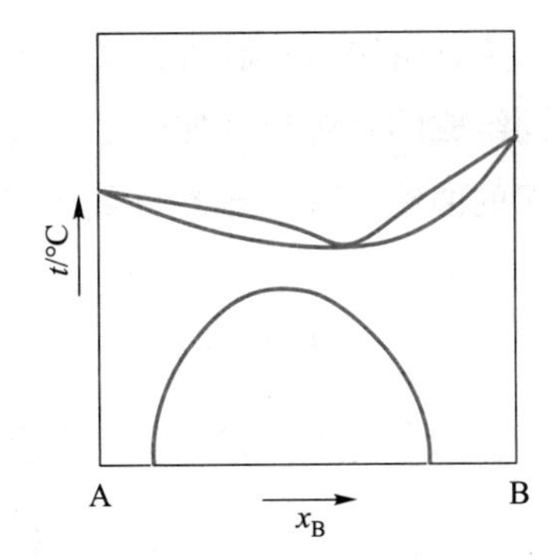

图 5.5.3 水 (A)- 正丁醇 (B) 在足够大外压下的 $t-x$ 平衡相图

例 5.5.1 液态的 A 和 B 部分互溶。A 和 B 在 100 kPa 下的沸点分别为 100 ℃和 120 ℃。该二组分的气-液平衡相图如图 5.5.4 所示。

已知 C、E、D 三个点的组成分别为 $x_{B,C}=0.05$，$y_{B,E}=0.60$，$x_{B,D}=0.97$。

（1）将 14.4 mol 纯液体 A 和 9.6 mol 纯液体 B 混合后加热，当温度 t 无限接近 60 ℃时，有哪几个相平衡共存？各相的物质的量是多少？当温度 t 刚刚离开 60 ℃时，有哪几个相平衡共存？各相的物质的量是多少？

（2）假定平衡点 D 所代表的溶液可视为理想稀溶液。试计算纯 B(l) 在 60 ℃的饱和蒸气压，以及该溶液中溶质的亨利系数（浓度以摩尔分数表示）。

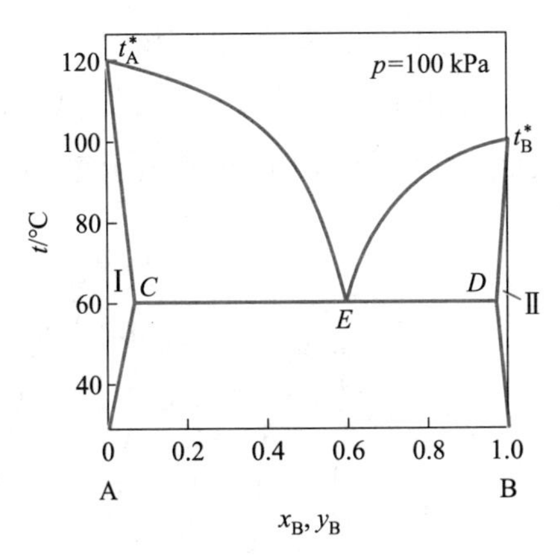

图 5.5.4 A 和 B 在 100kPa 下的 $t-x$ 平衡相图

解：（1）系统点组成 $X_B=9.6/(9.6+14.4)=0.40$，当将混合溶液加热至无限接近 60 ℃时，两共轭液相 l_1 和 l_2 共存。

设 l_1 的物质的量为 n_1，l_2 的物质的量为 n_2，由杠杆规则得

$$n_1\times(0.40-0.05)=n_2\times(0.97-0.40)$$

$$n_1+n_2=24\ \text{mol}$$

以上两式联立，解得 $n_1=14.9$ mol，$n_2=9.1$ mol。

当温度 t 刚刚离开 60 ℃时，液相 l_1 和气相 g_E 共存，由杠杆规则得

$$n_l\times(0.40-0.05)=n_g\times(0.60-0.40)$$

$$n_l+n_g=24\ \text{mol}$$

以上两式联立，解得 $n_g=15.3$ mol，$n_l=8.7$ mol。

（2）对于平衡点 D 所代表的溶液可视为理想稀溶液，则溶剂 B 服从拉乌尔定律，溶质 A 服从亨利定律。与溶液相平衡的气相组成为 $y_B=0.60$，气体总压为 $p=100$ kPa。则对于溶剂 B，可得 $p_B^*x_B=p_B=py_B$，代入数据，$p_B^*\times0.97=(100\times0.60)$ kPa，解得 $p_B^*=61.9$ kPa；对于溶质 A，可得 $k_{x,A}x_A=p_A=py_A$，代入数据，$k_{x,A}\times0.03=(100\times0.40)$ kPa，解得 $k_{x,A}=1.33\times10^3$ kPa。

5.6 二组分系统液-固平衡相图

仅含有液相和固相的系统，称为**凝聚系统**。对于凝聚系统，压强对平衡的影响很小。即当改变环境压强时，相图基本不变。

热分析法是绘制凝聚系统相图最常用的实验方法。其具体操作方法是：将具有不同组成的系统分别加热至完全熔化，然后让其缓慢冷却，记录各系统温度随时间变化的曲线（称为**步冷曲线**）。然后将各系统步冷曲线的**温度转折点**、**停歇点**标注在 $t-x$ 图上，再将各温度转折点与纯组分的熔点连接在一起，将各温度停歇点连接在一起，即可得到二组分系统液-固平衡相图。

1. 液相完全互溶、固相完全不互溶的相图

依据二组分是否生成固体化合物，以及所生成的固体化合物在熔融温度以下是否分解，液相完全互溶、固相完全不互溶的相图可分为简单液-固平衡相图，有稳定固体化合物生成的液-固平衡相图，以及有不稳定固体化合物生成的液-固平衡相图。

（1）简单液-固平衡相图

图 5.6.1(a) 为邻硝基氯苯 (A)-对硝基氯苯 (B) 二组分系统几条有代表性的步冷曲线，而图 5.6.1(b) 就是基于它们绘制得到的相应液-固平衡相图。

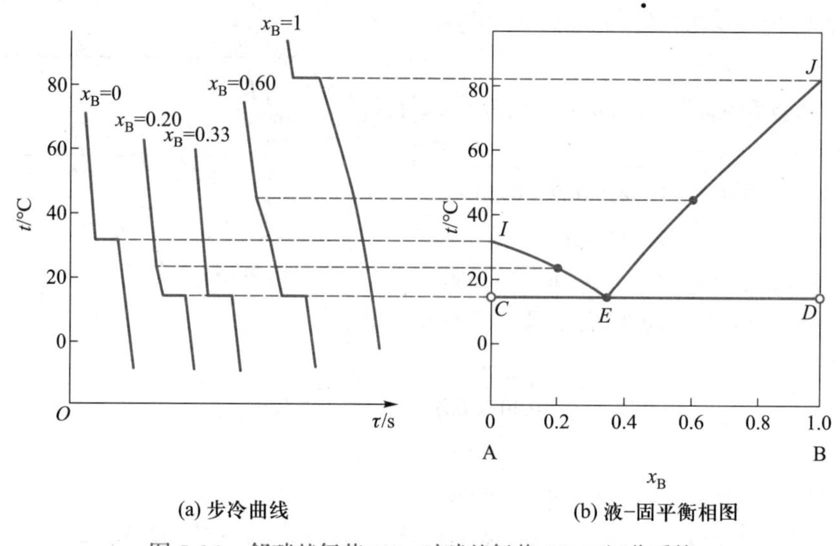

(a) 步冷曲线　　(b) 液-固平衡相图

图 5.6.1　邻硝基氯苯 (A)-对硝基氯苯 (B) 二组分系统

图 5.6.1(b) 中 I 点和 J 点分别为 A 和 B 的熔点。曲线 IEJ 为液相线。曲线 IEJ 以上的区域为 A 和 B 的混溶液 - 液相区。区域 ICE 为 s(A) 与 l(A+B) 平衡的固 - 液两相区；区域 JDE 则为 s(B) 与 l(A+B) 平衡的固-液两相区；直线 CED 以下区域为 s(A) 和 s(B) 同时存在的两相区。在直线 CED 上（C 和 D 两点除外），s(A)、s(B) 及 l(A+B)（其组成为 $x_B=0.33$，对应 E 点）三相平衡，因此将直线 CED 称为三相线。E 点对应 s(A) 和 s(B) 的最低共熔点。

由图 5.6.1(b) 可知，将系统组成为 $x_B=0.20$ 的 A 和 B 的混合熔融液的温度降低至 22 ℃时，系统便开始析出晶体 A。由于此时系统热容改变，步冷曲线就在相应位置出现拐点。同理，组成为 $x_B=0.6$ 的系统在 45 ℃开始析出晶体 B，相应步冷曲线出现对应拐点［见图 5.6.1(a)］。

将固态的 A、B 二组分系统升温时，无论系统组成如何，在三相线所在温度熔化所形成的熔融液的组成一定为 $x_B=0.33$（对应 E 点）。

液-固平衡相图，对于化学反应产物分离、材料制备等工业过程的设计非常重要。例如，在氯苯经硝化所得的硝基氯苯中，对硝基氯苯和邻硝基氯苯的摩尔分数分别约为 0.8 和 0.2。相应两个纯组分的沸点分别为 113℃和 119 ℃。因为它们的沸点相差很小，因此单纯用精馏的方法很难分离。但是，由于其熔点分别为 82 ℃和 32℃，该较大的熔点差则使其可用液-固平衡原理实现分离(称其为结晶分离法)。图 5.6.2 给出了应用液-固平衡相图和气-液平衡相图，联合分离对硝基氯苯和邻硝基氯苯的基本原理。

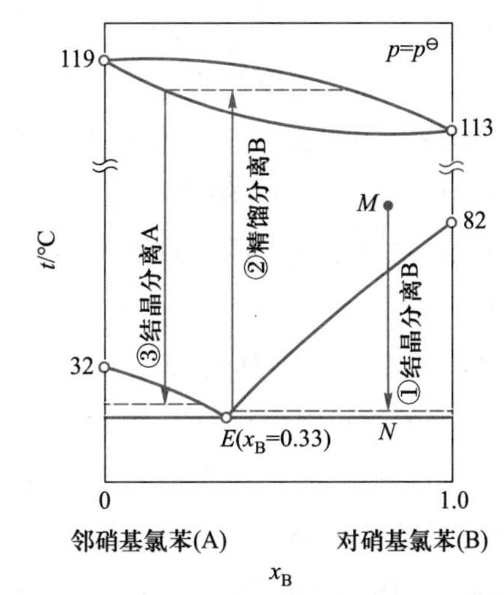

图 5.6.2　将结晶分离和精馏分离联合用于对硝基氯苯和邻硝基氯苯分离的原理

将系统点在 M 点的上述两异构体液态均相混合物投入结晶分离器中，冷却到 N 点，将析出的对硝基氯苯 (B) 结晶分离后，再将母液输入精馏塔中精馏，待液相中的邻硝基氯苯 (A) 的含量高于 E 点所示最低共熔物的组成时，再将液相输入另一结晶分离器中，使邻硝基氯苯结晶分离。

对于水盐二组分系统，其液-固平衡相图的绘制，在热分析法的基础上，配以溶解度法则更为方便。现以 $H_2O-(NH_4)_2SO_4$ 二组分系统相图（见图 5.6.3）为例进行说明。

在图 5.6.3 中，LE 为不同温度下 $(NH_4)_2SO_4$ 在 H_2O 中的溶解度曲线。KE 为不同浓度 $(NH_4)_2SO_4$ 水溶液结冰（析出固态水，凝固点降低）的温度曲线。

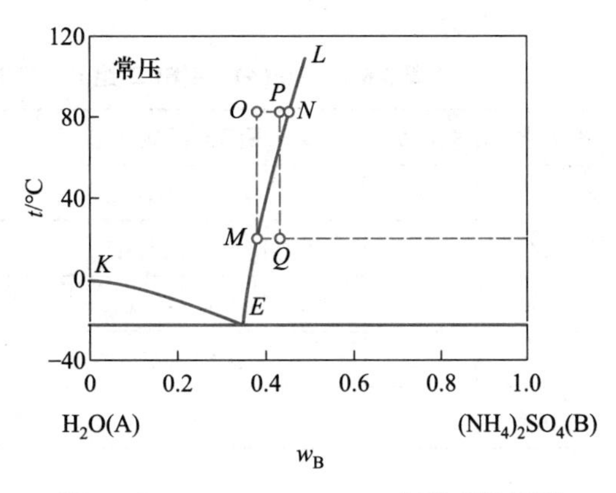

图 5.6.3　$H_2O-(NH_4)_2SO_4$ 二组分系统相图

在工业上的粗硫酸铵，由于产生于煤焦化厂炼焦煤气中氨的回收过程，因而含有不溶于水的固体颗粒。在利用 $H_2O-(NH_4)_2SO_4$ 二组分系统相图时，设计了下述除去硫酸铵粗盐中这些不溶性杂质的过程：开始时系统点在 P 点，过滤除去不溶性杂质，然后降温至 Q 点，将不含不溶性杂质的硫酸铵晶体取出。此时，系统点变为母液的相点（M），将该系统点加热至 O 点，然后加入新的粗硫酸铵使其溶解，使系统点回到 P 点。重复前面的操作，每次循环都加入新的粗硫酸铵，而得到精制硫酸铵盐。显然，当 P 点越接近 N 点，根据杠杆规则，每次循环所得精制硫酸铵盐越多。

（2）有稳定固体化合物生成的液-固平衡相图

这里所说的 A、B 二组分之间生成稳定的固体化合物，是指该固体化合物在熔融前不分解。现用 C 表示由 A、B 二组分生成的该固体化合物。假定 C 和 A、B 在固态完全不互溶。则该二组分的液-固平衡相图必表现为各组分与 C 的平衡相图再拼合而成的形式。图 5.6.4 给出了具有该典型特点的 Mg(A)-Si(B) 二组分系统的熔点-组成相图。

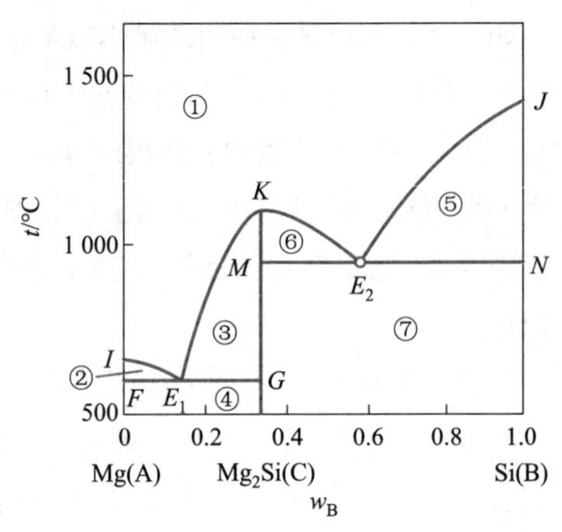

图 5.6.4　Mg(A)-Si(B) 二组分系统的熔点-组成相图

Mg 与 Si 形成固体化合物 Mg_2Si，该固体化合物熔化时所得液相的组成与其固体化合物的组成完全相同，因此该固体化合物是稳定固体化合物。在固态时 Mg 与 Mg_2Si 完全不互熔，二者间有最低共熔点 E_1（638℃，$w_B=0.14$）。在固态时 Mg_2Si 与 Si 也完全不互熔，二者间有最低共熔点 E_2（950℃，$w_B=0.58$）。由该相图可读得的各相区的相数、相态和组成，见表 5.6.1。

该相图的对应步冷曲线仅表现为有一个温度转折点，对应组成有 $w_B=0$，0.14，0.33，0.58 和 1。图中各相区的相数、相态和组成如表 5.6.1 所示。

表 5.6.1　Mg(A)-Si(B) 二组分系统相图中各相区的相数、相态和组成

相区	相数	相态（组成）	相区	相数	相态（组成）
①	1	l(A+B)	⑤	2	l(A+B), s(B)
②	2	l(A+B), s(A)	⑥	2	l(A+B), s(C)
③	2	l(A+B), s(C)	⑦	2	s(C), s(B)
④	2	s(A), s(C)			
$\overline{FE_1G}$	3	l_{E1}(A+B), s(A), s(C)	$\overline{ME_2N}$	3	l_{E2}(A+B), s(B), s(C)

应该注意的是，由于固体化合物 C 中同时包含两种组分，因此在有固体化合物 C

存在的相区（如图 5.6.4 所示相图中相区③、④、⑥和⑦），以摩尔分数为基础应用杠杆规则容易出现错误。例 5.6.1 和例 5.6.2 给出了应该采用的相应定量计算方法。

例 5.6.1 用热分析法测得 Sb(A)−Cd(B) 二组分系统步冷曲线的转折温度和停歇温度如下所示：

$w_{Cd}\times100$	转折温度 /℃	停歇温度 /℃	$w_{Cd}\times100$	转折温度 /℃	停歇温度 /℃
0	—	630	58	—	439
20	550	410	70	400	295
37	460	410	93	—	295
47	—	410	100	—	321
50	419	410			

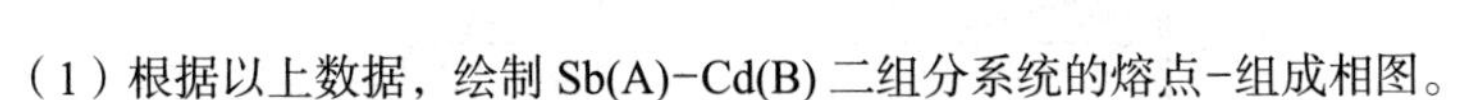

（1）根据以上数据，绘制 Sb(A)−Cd(B) 二组分系统的熔点−组成相图。

（2）由相图求 Sb 和 Cd 形成固体化合物的最简分子式。

（3）当系统组成为 $w_{Cd}=0.7$，温度降至 350 ℃时，析出的固体物质是什么？如系统中起始熔融液的总质量为 10 kg，此时析出的固体物质的质量为多少？

解：（1）根据所给数据绘制的 Sb(A)−Cd(B) 二组分系统的熔点−组成相图如图 5.6.5 所示。

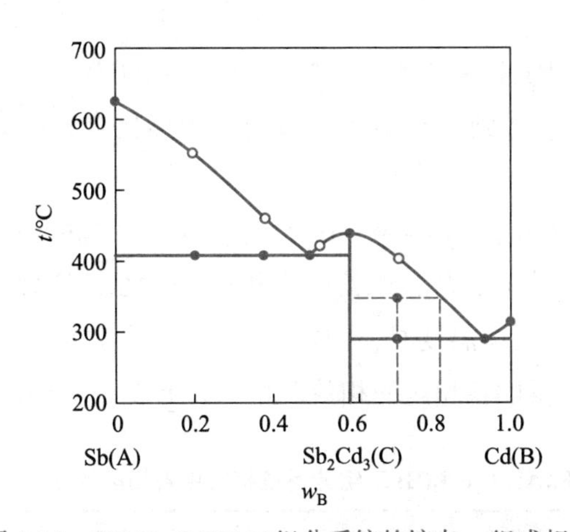

图 5.6.5 Sb(A)−Cd(B) 二组分系统的熔点 − 组成相图

（2）$\dfrac{n(\mathrm{Cd})}{n(\mathrm{Sb})}=\dfrac{0.58/112.4}{0.42/121.8}\approx\dfrac{3}{2}$，则 Sb 和 Cd 形成固体化合物的最简分子式为 Sb_2Cd_3。

（3）析出的固体物质是 Sb 和 Cd 形成的固体化合物。

设此时析出固体化合物的质量为 Mkg，与之平衡的熔融液的质量为 Nkg，则有

$$M\times0.58+N\times0.8=10\times0.7$$

$$M+N=10$$

将以上两式联立，解得 $M=4.5$，即此时析出的 Sb_2Cd_3 固体化合物为 4.5kg。

（3）有不稳定固体化合物生成的液-固平衡相图

A、B 二组分之间生成不稳定的固体化合物，是指该固体化合物在未达到其熔融温度前就已经分解。现用 C 表示由 A、B 二组分生成的该固体化合物。该类熔点－组成相图不具有前述生成稳定固体化合物的拼合特征。图 5.6.6(a) 为等压下 CaF_2(A)−$CaCl_2$(B) 二组分系统的熔点-组成相图。图 5.6.6(b) 为由系统点 S 开始的步冷曲线。

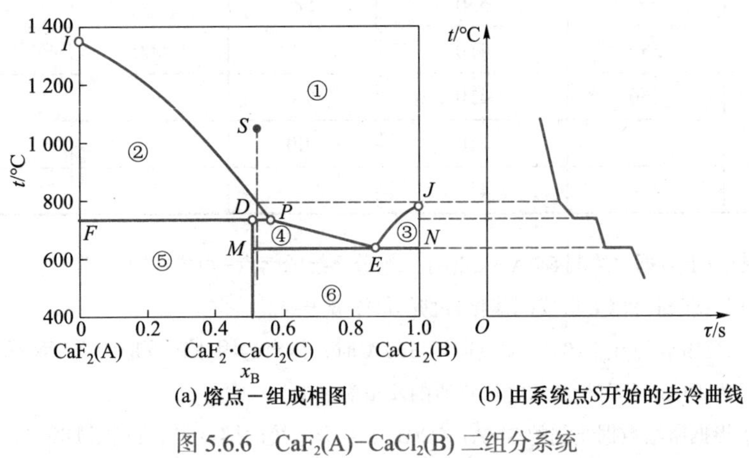

图 5.6.6　CaF_2(A)−$CaCl_2$(B) 二组分系统

CaF_2(A) 和 $CaCl_2$(B) 生成固体化合物 $CaF_2 \cdot CaCl_2$(C)。若系统点位于 P 点左下方，当系统被加热升温达到 P 点对应温度时，固体化合物因为不稳定，按以下反应式

$$CaF_2 \cdot CaCl_2\,(s) \longrightarrow CaF_2\,(s) + \text{熔融液}\left[CaF_2 + CaCl_2\right]$$

分解生成 CaF_2 固体和对应于 P 点组成的熔融液。反之，若系统点位于 P 点左上方，当系统被降温达到 P 点对应温度时，则发生上述反应的逆向过程。

由图 5.6.6(a) 可读得的各相区的相数、相态和组成如表 5.6.2 所示。

表 5.6.2　CaF_2(A)−$CaCl_2$(B) 二组分系统相图中各相区的相数、相态和组成

相区	相数	相态（组成）	相区	相数	相态（组成）
①	1	l (A + B)	④	2	l (A + B), s(C)
②	2	l (A + B), s(A)	⑤	2	s(A), s(C)
③	2	l (A + B), s(B)	⑥	2	s(C) , s(B)
$\overline{FDP}$	3	l_P (A + B), s(A), s(C)	$\overline{MEN}$	3	l_E (A + B), s(B), s(C)

例 5.6.2　图 5.6.7 是 Na(A)−K(B) 二组分系统的熔点-组成相图。

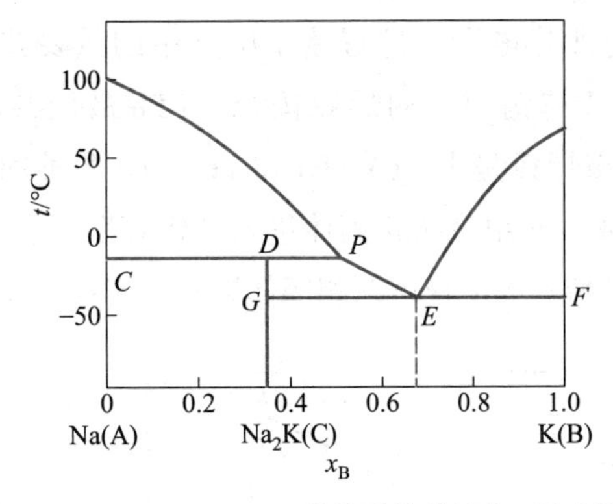

图 5.6.7　Na(A)−K(B) 二组分系统的熔点−组成相图

（1）以 x_B 表示的系统组成落入相图的哪两点间时，在较短的时间内使熔融液降温即可得到纯 Na_2K 晶体？为什么？

（2）含有 3 mol K(B) 和 2 mol Na(A) 的熔融液降温时最多可得多少纯 Na_2K 晶体？

解：（1）当以 x_B 表示的系统组成落入相图中的 P 和 E 两点间时使熔融液降温才能得到纯 Na_2K 晶体（当系统的组成落入相图中的 D 和 P 两点间时，后析出的 Na_2K 会包裹先析出的 Na，而要使晶体内部的 Na 完全消失，需要耗费很长的时间）。

（2）要得到最多的纯 Na_2K 晶体，应将系统温度降低至接近三相线 $\overline{GEF}$（但不能降至三相线所在温度，否则将出现混晶）。设最多可得纯 Na_2K 晶体的物质的量为 n_C，则有

$$n_C + 0.65\, n_L = 3\ \text{mol}$$

$$2n_C + 0.35\, n_L = 2\ \text{mol}$$

将以上两方程联立，解得 $n_C \approx 0.26$ mol。即最多可得纯 Na_2K 晶体 0.26 mol。

2. 液相完全互溶、固相部分互溶的相图

该类相图可分为具有**最低共熔点**的和具有**转熔温度**的两种相图形式，其特征分别与相应液态部分互溶系统的沸点−组成图相似。

（1）具有最低共熔点的液−固平衡相图

在液态，Sn 和 Pb 可无限混溶，而在固态，Sn 和 Pb 在不同温度下只能溶解不同量的另一种金属。图 5.6.8(a) 即为 Sn(A)−Pb(B) 二组分系统的熔点−组成相图。Sn 和 Pb 的熔点分别为 232℃和 327℃，二者在组成为 x (Pb) = 0.26 处有最低共熔点 t_E = 183.3℃（E 点）。区域④为 Sn 中溶有少量 Pb 的固溶体［可表示为 s_α(A+B)］相区，曲线 IMF 是固相中 Pb 在 Sn 中的溶解度曲线（即固相线）；区域⑤为 Pb 中溶有少量 Sn 的固溶体［可表示为 s_β(A+B)］相区，曲线 JNG 是固相中 Sn 在 Pb 中的溶解度曲线。

曲线 IE 和 EJ 为液相线（或结晶开始曲线）。图 5.6.8(b) 是由系统点 S 开始的步冷曲线。表 5.6.3 为由相图 5.6.8(a) 读得的各相区的相数、相态和组成。

“锡焊”是电子行业将电子元件焊接于电路中的重要技术。为了便于在较低温度下熔融焊接，用于“锡焊”的焊锡按 Sn 与 Pb 最低共熔点［图 5.6.8(a) 中 E 点］的组成配制。即该焊锡是由 $s_\alpha(A+B)$ 和 $s_\beta(A+B)$ 两种固溶体混合微晶组成的 $x(Pb)=0.26$ 的两相固体。使用该两相固体进行“锡焊”，就可以在比使用纯锡熔点低得多的温度（最低共熔点）下使该两相固体熔化，实现“锡焊”焊接。

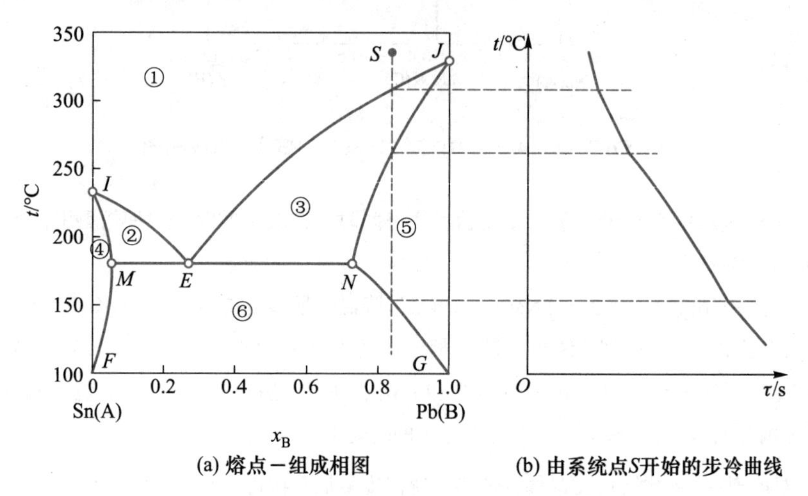

图 5.6.8　Sn(A)−Pb(B) 二组分系统

表 5.6.3　Sn(A)−Pb(B) 二组分系统相图中各相区的相数、相态和组成

相区	相数	相态(组成)	相区	相数	相态(组成)
①	1	$l(A+B)$	⑤	1	$s_\beta(A+B)$
②	2	$l(A+B)$，$s_\alpha(A+B)$	⑥	2	$s_\alpha(A+B)$，$s_\beta(A+B)$
③	2	$l(A+B)$，$s_\beta(A+B)$	$\overline{MEN}$	3	$l(A+B)$，$s_\alpha(A+B)$，$s_\beta(A+B)$
④	1	$s_\alpha(A+B)$			

A5-8
固溶体

（2）具有转熔温度的液－固平衡相图

转熔温度是指一种固溶体转变为另一种固溶体时的温度。因为这两种固溶体的组成不同，当这两种固溶体相互转变时，便伴随熔融液的出现或消失。转熔温度总是处于组成该固溶体的两个纯组分的熔点之间。

图 5.6.9(a) 为 Ag(A)−Pt(B) 二组分系统的熔点－组成相图。Ag 和 Pt 在液态完全互溶，而在固态二者相互间均部分互溶。在 1200 ℃下，$w_B=0.55$ 的固溶体转化为 $w_B=0.85$ 的固溶体和 $w_B=0.37$ 的熔融液（对应于 P 点组成）：

$$s_\alpha(A+B)\xrightarrow{1200℃}s_\beta(A+B)+l_P(A+B)$$

反之，当系统被降温至 1200 ℃时，组成为 $w_B=0.85$ 的固溶体和 $w_B=0.37$ 的熔融液按上式相反的方向转化为 $w_B=0.55$ 的固溶体。因此该温度称为转熔温度。图

5.6.9(b) 为相图中由系统点 S 开始的步冷曲线。表 5.6.4 为由相图 5.6.9(a) 读得的各相区的相数、相态和组成。

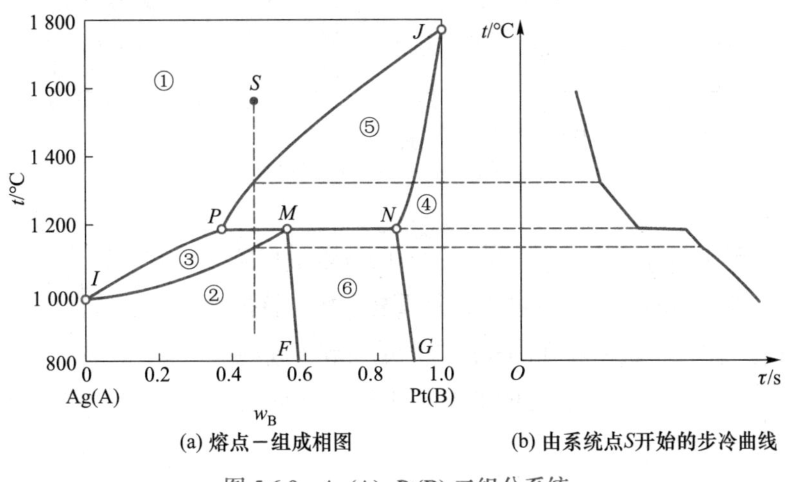

图 5.6.9　Ag(A)−Pt(B) 二组分系统

表 5.6.4　Ag(A)−Pt(B) 二组分系统相图中的各相区的相数、相态和组成

相区	相数	相态(组成)	相区	相数	相态(组成)
①	1	l(A+B)	⑤	2	l(A+B)，s_β(A+B)
②	1	s_α(A+B)	⑥	2	s_α(A+B)，s_β(A+B)
③	2	l(A+B)，s_α(A+B)	*PMN*	3	l_P(A+B)，s_α(A+B)，s_β(A+B)
④	1	s_β(A+B)			

3. 区域熔炼法

有时由于性能上的要求，工业生产需要高纯度的材料。例如，作为半导体材料的锗、硅，要求纯度达 99.999 999% 以上。区域熔炼法为这些高纯材料的生产提供了非常有效的方法。图 5.6.10 给出了区域熔炼制备高纯材料 A（待熔炼材料 A 中含少量杂质 B）的区域熔炼法原理。如果 B 的熔点低于 A 的熔点，则当加热该待熔炼材料使其处于液−固两相平衡时，B 在液相中浓度高于在固相中的浓度［见图 5.6.10(a)］，反之，则 B 在固相中浓度高于在液相中的浓度［见图 5.6.10(b)］。基于这一相图认知，工业上开发了区域熔炼法。

首先将待熔炼材料做成圆棒，然后将该圆棒置于加热管中。在加热管一端套入高频加热环，在惰性气体保护下，当该圆棒的相应端熔融时将加热环慢慢向加热管的另一端移动，该圆棒的相应区域经过加热环时熔融。这样，当 B 的熔点低于 A 的熔点［见图 5.6.10(a)］时，杂质 B 在该圆棒的再凝固区的含量（固相 S 的组成）一定低于在原待熔炼材料中的含量（系统的组成），而在熔融区的含量（液相 L 的组

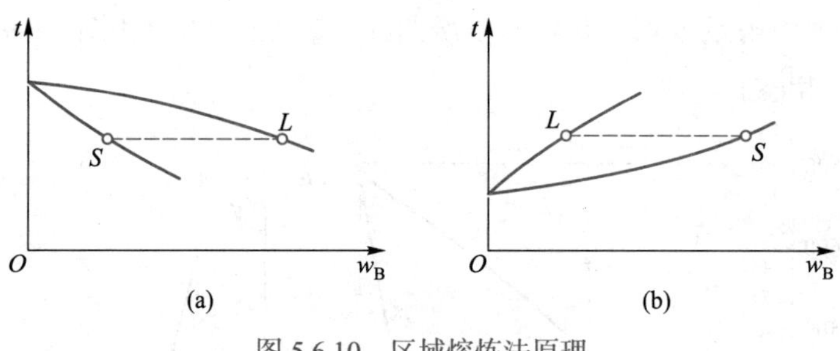

图 5.6.10 区域熔炼法原理

成）一定低于在原待熔炼材料中的含量。随着熔融移向另一端，杂质 B 在熔融区的含量越来越高。不断重复这一过程，每重复一次，就把杂质 B 从圆棒的起始端向终端富集一次。这样，最后就在圆棒的起始端得到了高纯材料 A。

显然，当 B 的熔点高于 A 的熔点［见图 5.6.10(b)］时，最后将在圆棒的终端得到高纯材料 A。

A5-9
铁-钕合金的工业生产

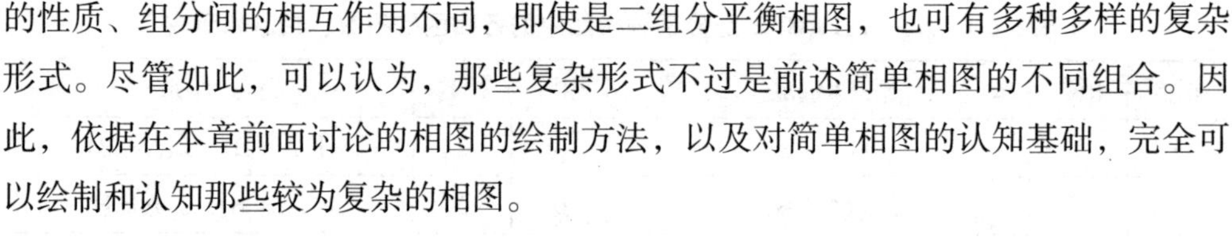

本章仅是讨论了简单的具有特点的单组分和二组分平衡相图。因系统组成物质的性质、组分间的相互作用不同，即使是二组分平衡相图，也可有多种多样的复杂形式。尽管如此，可以认为，那些复杂形式不过是前述简单相图的不同组合。因此，依据在本章前面讨论的相图的绘制方法，以及对简单相图的认知基础，完全可以绘制和认知那些较为复杂的相图。

例 5.6.3 A、B 二组分凝聚系统相图如图 5.6.11 所示。C、D 为 A 和 B 形成的固体化合物，其组成 w_B 分别为 0.52 和 0.69。C 和 D 在 $w_B=0.55$ 处有最低共熔点。A 和 B 的摩尔质量分别为 $0.108\ kg \cdot mol^{-1}$ 和 $0.119\ kg \cdot mol^{-1}$。

（1）标出相区①～⑥的相态和组成；

（2）确定化合物 C、D 的分子式；

（3）在右侧温度-时间图上标出组成分别为 a 和 b 的步冷曲线。

（4）将 $w_B=0.60$ 的 1 kg 熔融液冷却，可得何种纯固体物质？计算该纯固体物质析出的最大值，指出析出控制温度。

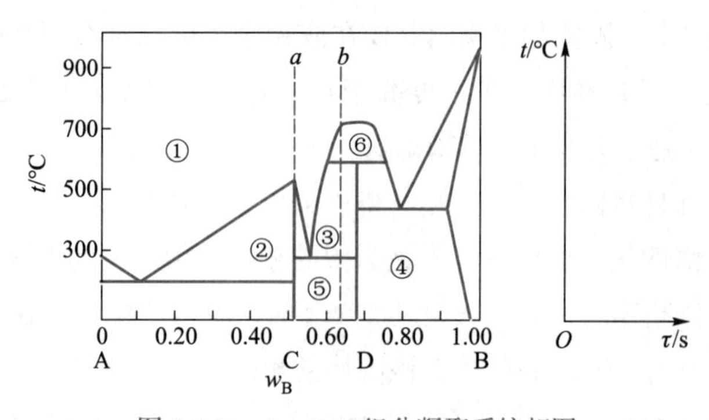

图 5.6.11 A、B 二组分凝聚系统相图

解：（1）各相区的相态和组成如表 5.6.5 所示。

表 5.6.5　A–B 二组分凝聚系统相图各相区的相态和组成

相区	相态（组成）	相区	相态（组成）
①	l(A+B)	④	s(D), s(A+B)
②	l(A+B), s(C)	⑤	s(C), s(D)
③	l(A+B), s(D)	⑥	l_α(A+B), l_β(A+B)

（2）对于化合物 C，$\dfrac{0.52/0.119}{0.48/0.108}\approx\dfrac{1}{1}$，因此化合物 C 的分子式为 AB。对于化合物 D，$\dfrac{0.69/0.119}{0.31/0.108}\approx\dfrac{2}{1}$，因此化合物 D 的分子式为 AB_2。

（3）a 和 b 的步冷曲线如图 5.6.12 所示。

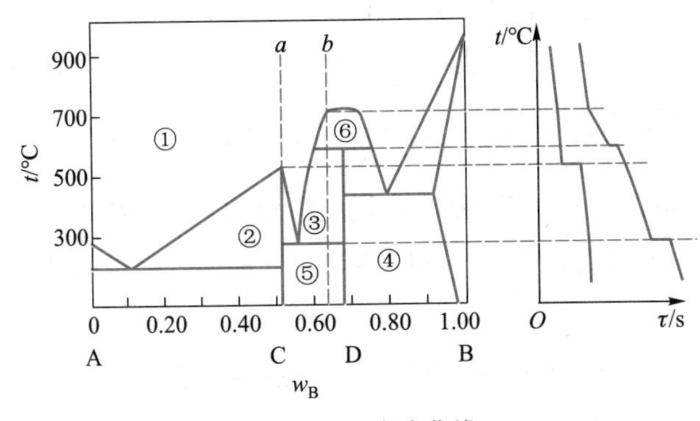

图 5.6.12　步冷曲线

B5-3

液体部分互溶相图、固体部分互溶相图

B5-4

相图上一些特殊点的自由度

（4）析出纯 D 固体，析出温度控制在 250 ℃，纯 D 固体析出的最大值应在析出温度无限接近相应三相线处。由杠杆规则可知，纯 D 固体的析出量为

$$m=\left[\frac{1\times(0.60-0.55)}{0.69-0.55}\right]\text{kg}=0.36\ \text{kg}$$

5.7　三组分系统相图*

在工业生产中，三组分系统也涉及很多。例如，三组分合金系统、二盐一水系统、部分互溶的三组分有机系统等。对于三组分系统，$C=3$，$f=3-\phi+2=5-\phi$。当 $\phi=1$ 时，$f=4$，这就是说，对于三组分系统，要完整地描述系统的状态必须有四个独立变量，即温度、压强和任意两个独立的浓度。

在确定的温度和压强下，$f'=2$，用两个独立的浓度变量（对应平面图形）就可

* 本节为长学时补充内容。

以把相应条件下系统的状态描述清楚了。这样，在等温、等压条件下，三组分系统就可以用平面相图进行描述。平面相图，有直角三角形相图和等边三角形相图两种。下面仅就三组分等边三角形相图进行讨论。在此必须说明的是，对于凝聚系统，一般情况下压强对相图信息的影响不大。但是，在不同的温度下，同一系统有不同的相图。读取相图信息前，必须首先确认相应相图对应的系统温度。

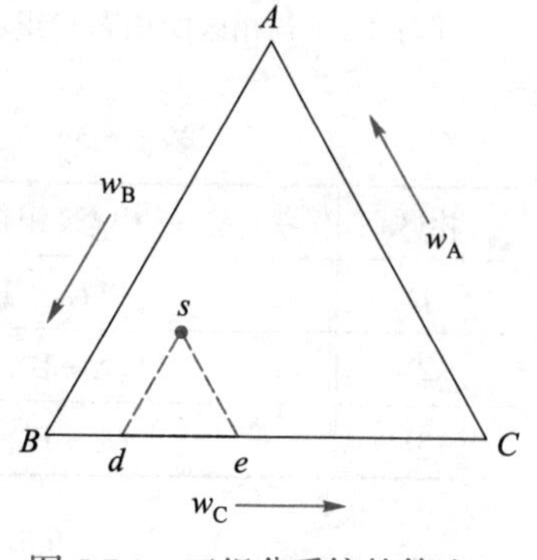

图 5.7.1　三组分系统的等边三角形表示法

如图 5.7.1 所示，等边三角形的三个顶点 *A*、*B*、*C* 分别代表对应的 A、B、C 三个纯组分，三条边 *AB*、*BC*、*CA* 上的点分别代表由 A 和 B、B 和 C、C 和 A 所形成的二组分系统。两个组分的相对含量由所在边的质量分数 w 给出。

三角形内的任意一点 s 都代表一个三组分系统。这个三组分系统的组成用下述方法表述：$w_A=\dfrac{de}{BC}$，$w_C=\dfrac{Bd}{BC}$，$w_B=\dfrac{eC}{BC}$。显然，$w_A+w_B+w_C=1$，且系统点越远离 *A*、*B*、*C* 中的哪一点，表明系统中相应组分的含量就越少。

基于等边三角形的几何性质，可证明等边三角形坐标组成表示法存在下述一般规律：

（1）平行于等边三角形任一边直线上的各点所代表的系统，其对顶角所代表的组分含量相同。如图 5.7.2(a) 所示，$de//AB$，则在 de 线上的所有系统，其 C 的质量分数都相同，它们的差别仅在于 A 和 B 的质量分数不同。

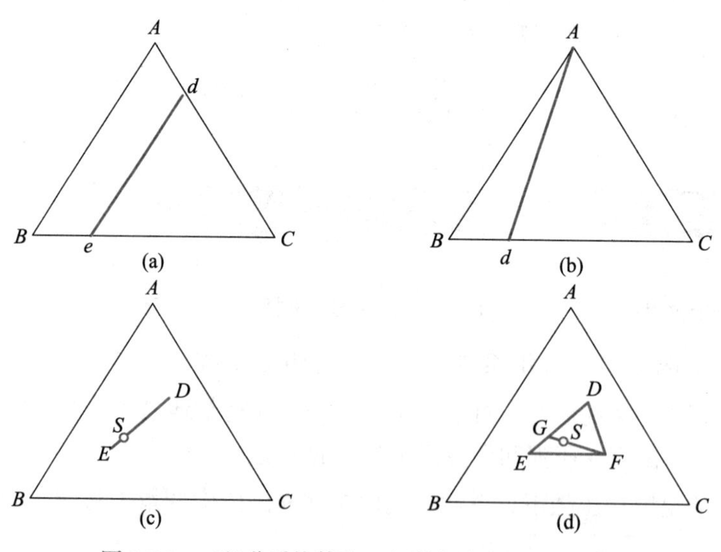

图 5.7.2　三组分系统等边三角形表示法的一般规律

（2）在过某一顶点的任一条直线上，各点所代表的系统，其另外两个顶点对应组分的含量比值都相同。如图 5.7.2(b) 所示，*Ad* 线上的所有系统，有同一 $w_B : w_C$ 值。这就是说，如果由 B 和 C 形成的二组分系统的系统点 *S* 在 *d* 点，当向该二组分系统中加入组分 A 时，系统点 *S* 一定沿着直线 *dA* 向 *A* 点移动。

（3）将两个系统混合成一个新的系统时，这个新系统的系统点一定在前两个系统点的连线上。如图 5.7.2(c) 所示，新系统的系统点 *S* 必在前两个系统点 *D* 和 *E* 的连线上，且 *SE* 和 *SD* 的长度比，符合杠杆规则。同样，如果一个系统由两个物相所构成，则系统点在这两个相点的连线上，其位置使得两个物相的质量符合杠杆规则。

（4）如果一个系统由 *D*、*E*、*F* 三个相点所代表的物相所构成，则系统点 *S* 的位置必在△*DEF* 的重心处。该△*DEF* 的重心可用下述两次杠杆规则确定：如图 5.7.2(d) 所示，先用杠杆规则确定任意两个物相（如 *D* 和 *E*）的重心 *G* 所在位置，然后再用杠杆规则确定 *G* 与第三个物相（如 *F*）构成的系统点 *S* 所在位置，这就是△*DEF* 的重心。

认知了三组分系统等边三角形表示法的一般规律，我们就可以学习讨论具体的三组分系统等边三角形相图了。

1. 部分互溶的三液相系统相图

该类系统有下述三种情况：一对液体部分互溶；两对液体部分互溶；三液体之间都部分互溶。下面就这三种情况逐一进行讨论。

（1）只有一对液体部分互溶

例如，HAc (A)−$CHCl_3$ (B)−H_2O(C) 三组分系统，其中 $CHCl_3$（氯仿）和 H_2O 部分互溶，而 HAc（乙酸）和 H_2O、HAc 和 $CHCl_3$ 完全互溶。其常温、常压的相图如图 5.7.3 所示。该相图的绘制过程如下：向 B 液中加入适量 C 液，使 B−C 二组分系统的组成介于 *a* 和 *b* 之间（充分振荡混合后静止），系统以 a 和 b 两个共轭溶液（溶液分两层，一层为 C 在 B 中的饱和溶液 a，另一层为 B 在 C 中的饱和溶液 b）存在，测定 a、b 两液的组成，在 *BC* 边上标上位置。然后向该双液系统中少量分次加入 A，每次加入 A 充分振荡混合后静止，测出两个共轭溶液中三个组分的质量分数，把相应的点 a_1，b_1，…，a_i，b_i 标在相图的相应位置，并在相图上连接 a_1b_1，a_2b_2，…，a_ib_i 线段。当向该双液系统中加入 A 时，系统点就由 *S* 点沿直线 *SA* 移向 *A* 点。若发现该双共轭溶液中有一层变少，如含 B 较多的那一层变少，可向该双液系统中补加 B 后再继续加入 A（此时系统点由 S_3 移到 S_4），继续测定两共轭溶液的成分，直到两共轭溶液变为一相液体。用平滑曲线连接 *a*，a_1，a_2，…，b_2，b_1，*b*，即完成该三液体间只有一对液体为部分互溶的三组分系统相图。

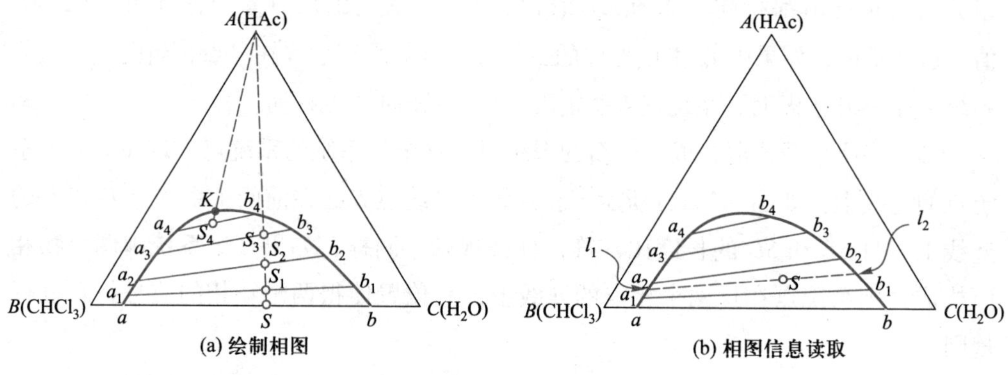

图 5.7.3 HAc(A)−$CHCl_3$(B)−H_2O(C) 三组分系统相图

了解了上述三液相系统的绘制过程，读取相图的信息便极其容易了。如果系统点 S 落入共轭溶液两相区 a_ib_i 与 $a_{i+1}b_{i+1}$ 两共轭溶液组成线之间［如图 5.7.3(b) 所示］，只要过 S 点与该二线（延长线）所形成角的顶点作直线（简称为**系顶线**），交共轭溶液两相区轮廓线上两点 (l_1 和 l_2)，该两点即指示相应系统 S 的两个液相组成。通过杠杆规则，便可求得每个液相的质量。

（2）有两对液体部分互溶

哪两对液体部分互溶，从等边三角形相图的边就一目了然了。例如，由图 5.7.4 可知乙烯腈和水、乙烯腈和乙醇部分互溶，而水和乙醇完全互溶。

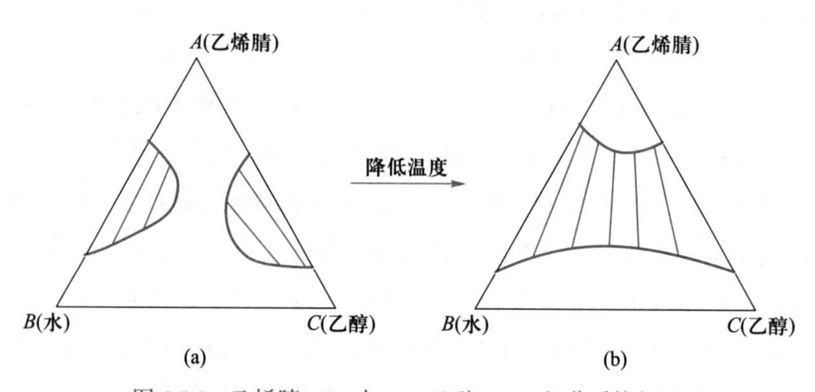

图 5.7.4 乙烯腈 (A)−水 (B)−乙醇 (C) 三组分系统相图

在图 5.7.4(a) 所示的相图中有两个双共轭液相区，当系统点 S 处于双共轭液相区中时，由系顶线与两相区轮廓线的交点可知两个液相组成，由杠杆规则可知每个液相的质量。基于组分的不同和系统温度的不同，相图可能只有一个共轭液相区。例如，随系统温度的降低，图 5.7.4(a) 所示的两个双共轭液相区逐渐扩大。当温度降低至一定程度，两个双共轭液相区就连成一个共轭液相区了［如图 5.7.4(b) 所示］。

（3）三液体之间均部分互溶

三液体之间均部分互溶时，其相图如图 5.7.5(a) 或图 5.7.5(b) 所示。对于图 5.7.5(b) 所示相图上，有接近三角形顶点的 3 个单相区，有 3 个共轭两相区。如系统点 S 处于任一共轭两相区时，由系顶线与两相区轮廓线的交点可知两个液相组成，由杠杆规则可知每个液相的质量；如系统点 S 处于$\triangle DEF$ 中共轭三液相区，此时 $f' = C - \phi = 3 - 3 - 0$，则无论 S 位于$\triangle DEF$ 中何处，系统的共轭三液相组成都分别是 D、E、F 三点所代表的相应组成。当 S 在$\triangle DEF$ 中的位置不同时，只是共轭三液相的相对质量不同。共轭三液相的质量，可依据前述等边三角形表示法的一般规律（4）求出。

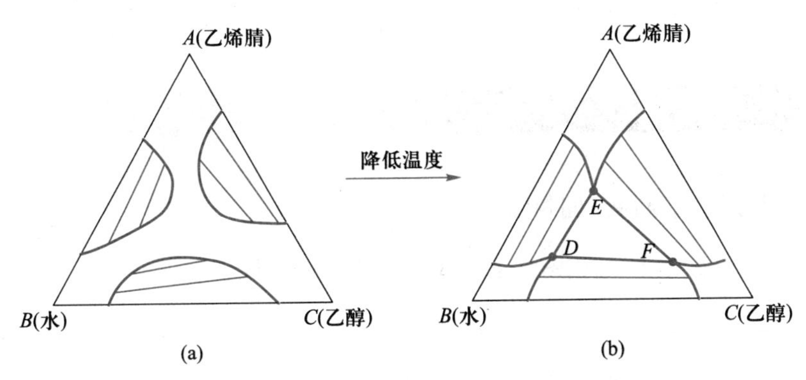

图 5.7.5　乙烯腈 (A)-水 (B)-乙醚 (C) 三组分系统相图

2. 二盐－水系统相图

两种盐和水构成的三组分系统在科学研究和工业生产中经常用到。这类相图形式多样。下面只讨论有共同离子的两种盐［例如，KCl-NaCl、NH_4Cl-NH_4NO_3、NaCl-$NaNO_3$、NH_4Cl-$(NH_4)_2SO_4$］和水构成的三组分系统相图。

图 5.7.6 给出了 25 ℃下 H_2O(A)-NaCl(B)-KCl(C) 三组分系统溶解度相图。在相图中 D 点和 E 点分别代表 NaCl 和 KCl 在纯水中的溶解度。DF 线是 NaCl 在含有 KCl 的水溶液中的溶解度曲线，而 EF 线是 KCl 在含有 NaCl 的水溶液中的溶解度曲线。

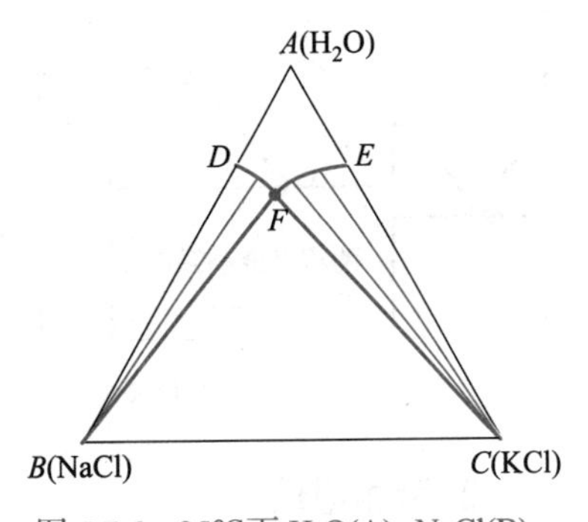

图 5.7.6　25℃下 H_2O(A)-NaCl(B)-KCl(C) 三组分系统溶解度相图

在 DFB 区 NaCl 晶体和 NaCl 饱和溶液呈两相

平衡，而在 EFC 区 KCl 晶体和 KCl 饱和溶液呈两相平衡。FBC 区是 NaCl 晶体、KCl 晶体与它们的饱和溶液同时呈平衡的三相区。

利用这些相图，可以指导盐的提纯。例如，从 NaCl 与 KCl 混合盐中分离出纯 NaCl 晶体：作 AF 的延长线（见图 5.7.7），交 $\triangle ABC$ 的 CB 边于 G 点。如果 NaCl 与 KCl 混合盐的系统点在 BG 之间（例如在 S 点），根据相图，计算将系统点 S 移到 S_1 点所需要的水量，把相应定量的水加入混合盐中，充分搅拌使混合盐中的 KCl 完全溶解。把 NaCl 晶体过滤出来冲洗、干燥后即得纯 NaCl 晶体。如果 NaCl 与 KCl 混合盐的系统点在 CG 之间，进行类似的操作即可以得到纯 KCl 晶体。

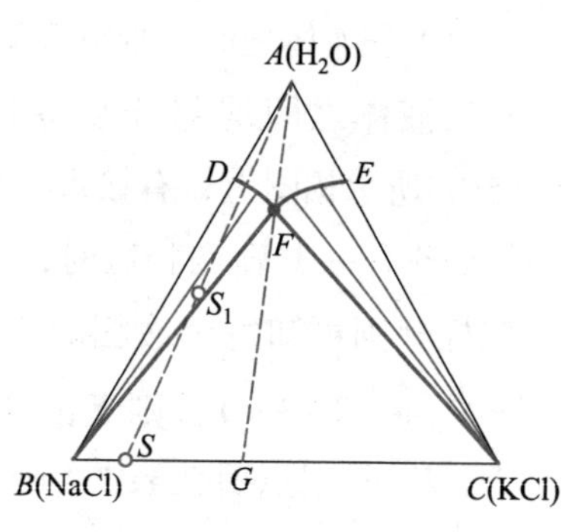

图 5.7.7　利用 H_2O(A)-NaCl(B)-KCl(C) 三组分相图分离出纯 NaCl 晶体

5.8 本章概要

C5-1
独立组分数

C5-2
相律的应用（1）

C5-3
相律的应用（2）

1. 二组分气-液和液-固相图

二组分气-液和液-固相图的基本形式如图 5.8.1 所示。

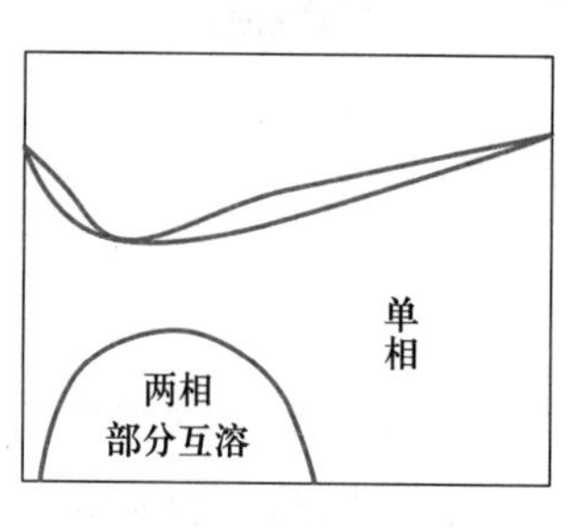

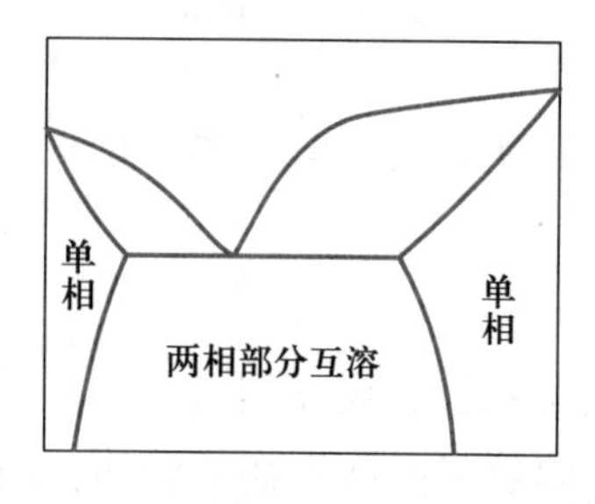

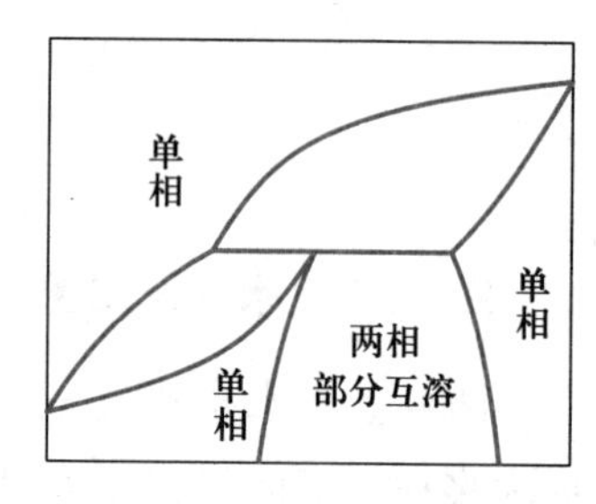

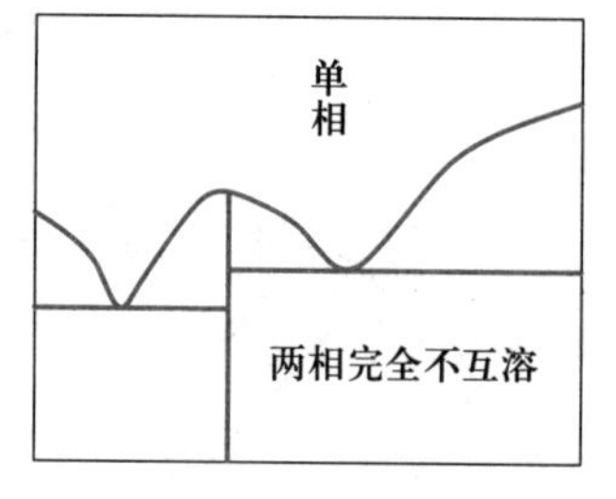

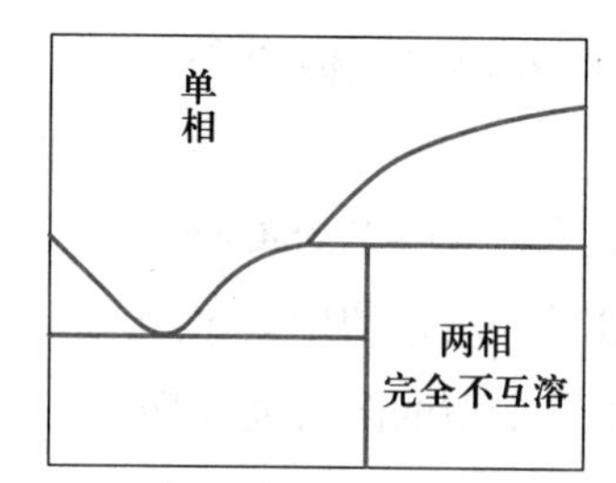

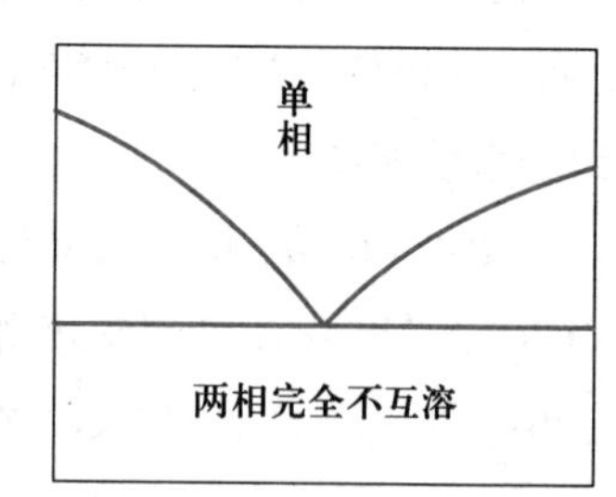

图 5.8.1　二组分气-液和液-固相图的基本形式

2. 两相组成

只要在两相区，其两相组成都可以过系统点作等温联结线的方法读出。

3. 步冷曲线表现的规律

步冷曲线的转折点一定在相图上的曲、斜线上，而物质的熔点和相图上的平台都在步冷曲线上表现为停歇点。

习题

1. 已知 NH_4HS (s) 的热分解反应为 $NH_4HS(s) \Longrightarrow NH_3(g) + H_2S(g)$。求：

（1）将 NH_4HS (s)、NH_3 (g) 和 H_2S (g) 按任意比例混合，放入一个密闭容器中建立反应平衡时，系统的组分数 C 及自由度 f。

（2）将 NH_4HS (s) 放入一抽空的密闭容器中，发生部分分解反应建立平衡后，系统的组分数 C 及自由度 f。

2. $CuSO_4$ 与 H_2O 作用可生成 $CuSO_4 \cdot H_2O$、$CuSO_4 \cdot 3H_2O$ 和 $CuSO_4 \cdot 5H_2O$ 三种水合物。求：在确定的温度下，与水蒸气、$CuSO_4$(s) 平衡共存的含水盐最多有几种？

3. 附图是 A、B 二组分在常压下的 t−w 相图。

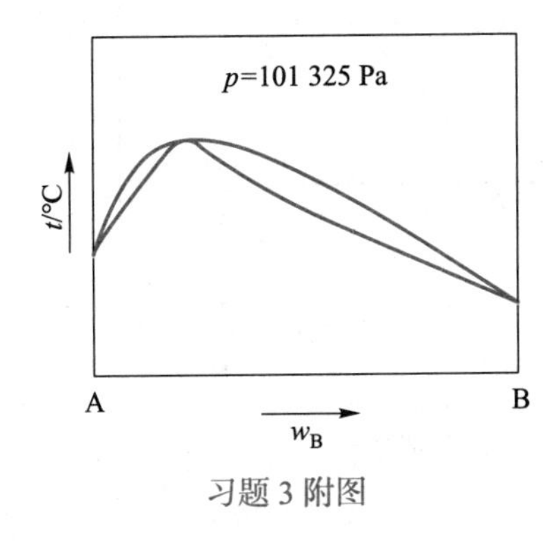

习题 3 附图

问：组成为 $w_B = 55\%$ 的 A 和 B 的混合液体在常压下进行精馏后，在塔顶（进行冷却前）和塔釜中分别得到的物质的组成和相态。

4. 电解 LiCl 制备金属锂时，为降低熔融盐的熔点，选用比 LiCl(s) 难电解的 KCl(s) 与 LiCl 混合后加热使其熔融后进行电解。附图为 LiCl−KCl 二组分系统的熔点−组成相图。请根据相图回答以下问题：

（1）若电解温度为 750 K，在电解前为确保电解液中没有晶体存在，在 100 kg KCl 中加入的 LiCl 最多不能超过多少？

（2）随 LiCl 电解反应 $2LiCl(共熔液) \xrightarrow{电解} 2Li(s) + Cl_2\uparrow$ 的进行，熔融液中所含的 LiCl 逐渐减少。如果不及时补充 LiCl，会观察到什么现象？

（3）为使电解共熔液在 LiCl 电解和补充 LiCl 过程中不析出任何晶体，其 KCl 的质量分数应控制在什么范围内？

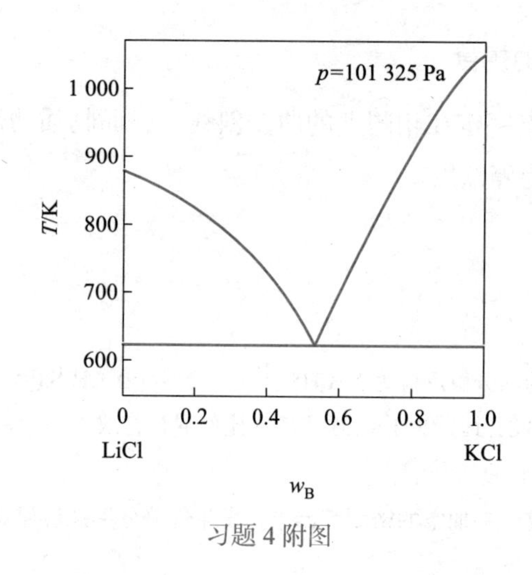

习题 4 附图

5. 附图 (a) 是 A、B 二组分系统的熔点−组成相图。请依据该相图回答以下问题：

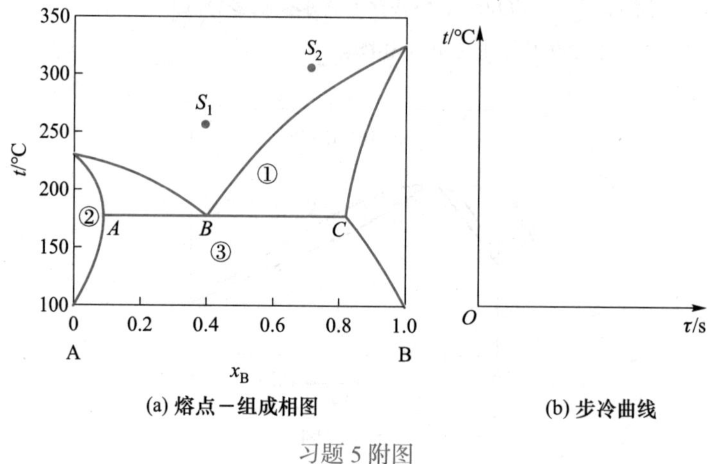

(a) **熔点－组成相图**　　(b) **步冷曲线**

习题 5 附图

（1）在附图右侧的 $t-\tau$ 平面坐标系上画出由系统点 S_1 和 S_2 出发降温的步冷曲线。

（2）在附表中填写所标注相区的相数、相态（组成）和条件自由度 f'。

习题 5 附表

相区	相数	相态 (组成)	条件自由度 f'
①			
②			
③			
$\overline{DEF}$			

（3）由 2 mol A 和 3 mol B 组成的共熔液，降温时最多能析出多少固体物质？这种固体物质是什么？其中含有 A 的物质的量是多少？

6. 已知A、B二组分系统液–固平衡相图如附图所示。请依据该相图回答以下问题：

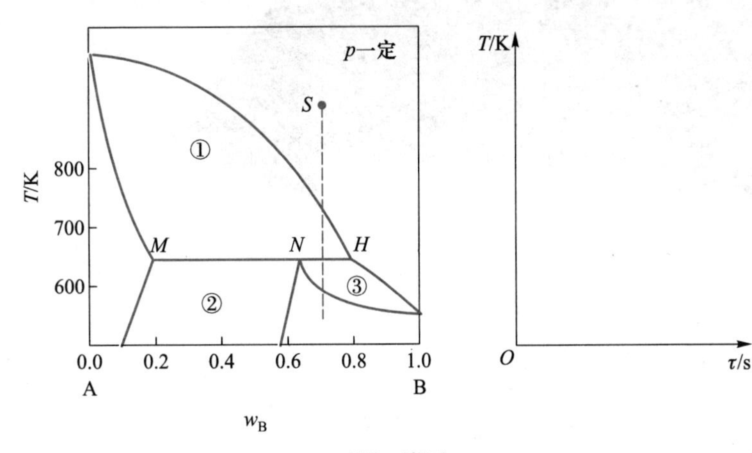

习题6附图

（1）填附表。

习题6附表

相区	平衡相的聚集态(组成)	条件自由度 f'
①		
②		
③		
$\overline{MNH}$		

（2）说明系统以三相共存时，其中液相的组成。

（3）在附图右侧画出由系统点 S 出发降温的步冷曲线。

C5-4

气–液相图求组分的活度因子（1）

7. 附图为等压下A、B二组分系统的液–固平衡相图。请依据该相图回答以下问题：

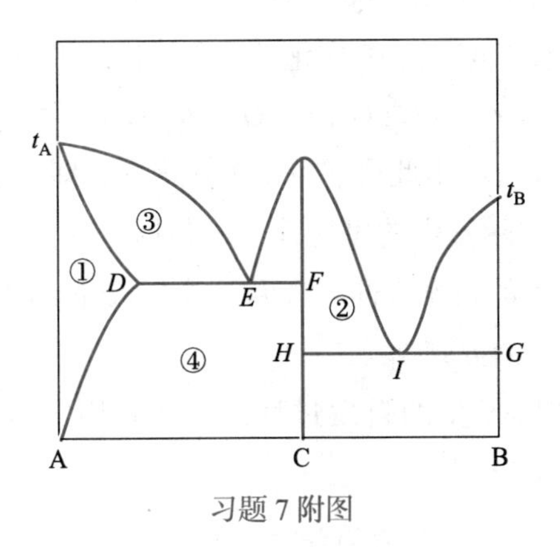

习题7附图

C5-5

气–液相图求组分的活度因子（2）

（1）画出C熔融液的步冷曲线。

（2）列表说明附图中相区①～④及两条三相线对应的相态和组成。

化学热力学主要内容总结

1. 化学热力学的主要内容

化学热力学最重要的核心内容包括以下四个方面：

（1）由基础热力学数据，计算化学反应的热效应和标准平衡常数，即由各反应参与物的 $\Delta_f H_m^\ominus(298.15K)$ 、$\Delta_c H_m^\ominus(298.15K)$ 、$S_m^\ominus(298.15K)$ 和 $C_{p,m}^\ominus$ 等已有的热力学数据，计算得到给定化学反应在温度 T 下的 $\Delta_r H_m^\ominus(T)$ 和 $\Delta_r G_m^\ominus(T)$ 。

$$\Delta_r H_m^\ominus(T) = \Delta_r H_m^\ominus(298.15\,K) + \int_{298.15K}^{T} \sum_B \nu_B C_{p,m}^\ominus(B)\mathrm{d}T$$

$$\Delta_r S_m^\ominus(T) = \Delta_r S_m^\ominus(298.15K) + \int_{298.15K}^{T} \frac{\sum \nu_B C_{p,m}^\ominus(B)}{T}\mathrm{d}T$$

$$\Delta_r G_m^\ominus(T) = \Delta_r H_m^\ominus(T) - T\Delta_r S_m^\ominus(T)$$

在忽略混合焓变，并将气态反应参与物视为理想气体的条件下，$\Delta_r H_m^\ominus(T)$ 近似等于 $\Delta_r H_m(T)$ ，而 $\Delta_r H_m(T)$ 在等温、等压条件下等于 Q_p，这就是反应的热效应。$\Delta_r G_m^\ominus(T)$ 可直接用于计算温度 T 下相应化学反应的标准平衡常数 $K^\ominus(T)$ 。

$$\Delta_r G_m^\ominus(T) = -RT\ln K^\ominus(T)$$

对于绝大多数化学反应，由此可求得平衡转化率，即化学反应的限度。

（2）判定一个过程实际发生的可能性（熵判据）。对于一个可能实际发生的过程，判定其在一定条件下的自发方向（等温、等容条件下的亥姆霍兹函数判据和等温、等压条件下的吉布斯函数判据）。

（3）对于一个能实际发生的自发过程，判断利用它可获得最大非体积功 W'（电能或光能）的限度：

$$-\Delta A_{T,V} \geqslant -W'$$
$$-\Delta G_{T,p} \geqslant -W'$$

（4）对于一个能实际发生的非自发过程，判断要实现它时，至少必须注入的非体积功 W'（电能或光能）：

$$\Delta A_{T,V} \leqslant W'$$

$$\Delta G_{T,p} \leqslant W'$$

2. 化学热力学的框架

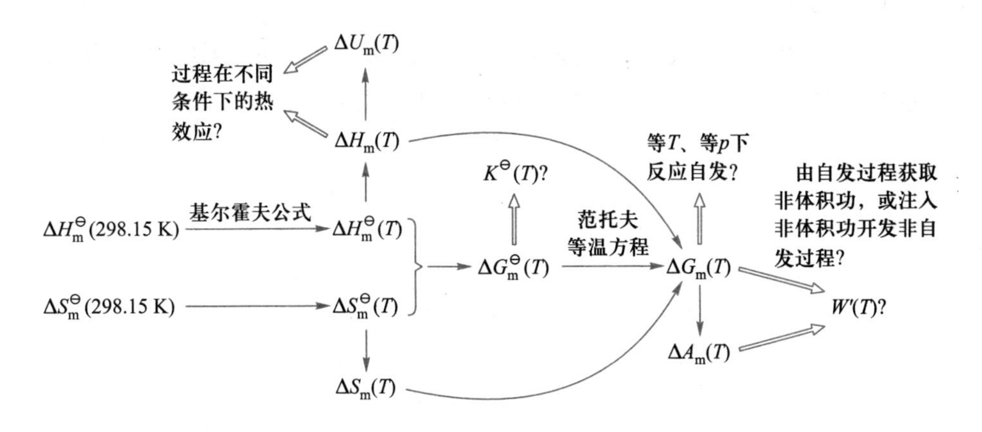

3. 化学热力学的应用边界

化学热力学，其核心理论始于由卡诺热机向可逆循环规律的升华，在热力学三大定律的支撑下，基于气态和以常规尺度分散形态存在的物质的基础热力学数据（如标准摩尔生成焓、标准摩尔熵等），研究讨论在没有非体积功的条件下，封闭系统中达到平衡（化学平衡和相平衡）时的规律。其巨大的成功表现在自20世纪初化学热力学逐渐形成和完善以来，迄今尚未发现任何一个实验事实不符合化学热力学规律。

在连续流动反应器内进行的过程，例如气相和液相反应，虽然流体在反应器内不断地流出流进，但对于反应物和产物每一均匀分布的宏观反应区域而言，完全符合封闭系统的特征（其中物质的量不随时间而变）。因此，前述封闭系统的化学热力学规律，完全适用于在连续流动反应器内进行的过程。

对于等压下的简单蒸馏过程，随着气相物移出蒸馏系统，塔釜内液相组成随时间不断改变。因此，虽然其瞬时气-液组成符合相图，但其累积气相冷凝液和塔釜内残液组成偏离相图，相对蒸出量越大，偏离程度越大。

无视化学热力学的应用条件而盲目套用热力学规律是不科学的。例如，在等离子条件下进行的化学反应和在激光照射条件下进行的化学反应，其转化率高于常规化学平衡转化率这一现象，不是对化学热力学的否定，而是对化学热力学规律的反向肯定（其原因是引入了非体积功）。

以介观尺度（纳米～微米）分散形态存在的物质，与以常规尺度分散形态存在的物质相比，其热力学数据有显著的差别。物质的分散度越高（颗粒尺度越小），该差别越大。因此，对于有介观尺度参与物（反应物和生成物）的过程，直接使用常规尺度分散形态物质的基础热力学数据给出化学热力学判定，也是不科学的。在此必须说明的是，这样的过程不是不符合化学热力学规律，而在于没有相应参与物的基础热力学数据给予支持（见第 6 章）。

研究定量非体积功（电能或光能）参与下的平衡规律，是化学热力学发展的继续。这些内容，将在第 9 章和第 10 章进行进一步的介绍。

第6章 界面化学

界面化学研究物质在两相界面处分子（或原子）的特性，包括界面的存在所引起的系统内局部力学性质、各组分分布的变化，以及界面的显著增加所导致的系统物理化学性质改变等。因此，界面化学是化学、物理、材料和生物等学科研究发展的基础。可以认为，近年来材料和生命科学领域研究突飞猛进的发展，在相当程度上也得益于界面化学理论的重要支撑。

界面层是存在于两相之间，厚度为几个分子的一个薄层，简称**界面**。常见的界面有固/液、液/液、固/固和气/液和气/固界面。气/液、气/固界面通常称为**表面**。位于界面的分子或原子，由于与体相分子所处的化学环境不同（见6.1节），因而表现出特殊的性质。正因为如此，对于同一物质而言，当它以较大表面的形态存在时，将不同程度地偏离其常规形态（见第1～5章）的物理化学性质。因此，本章除了讨论界面性质以外，还将定性地讨论物质处于大表面形态时的热力学性质相对于其处于常规形态时的热力学性质的偏离。

6.1 表面张力和表面能

对于液体表面而言，处于表面的分子与处于体相的分子的不同之处是，处于表面的分子受周围分子的引力是不对称的。如图6.1.1所示，液体体相的分子受周围分子引力的合力为零，而在液体表面的分子则由于周围分子引力的不对称，而受到一个指向液体内部的合力。

由于界面分子受到指向物质体相内部的合力，这必然使得定量物质处于界面的分子数自发地减少，在宏观上表现为物质界面自发地收缩减小。因此，自由状态的液滴自发地变为球形（见图6.1.2）。

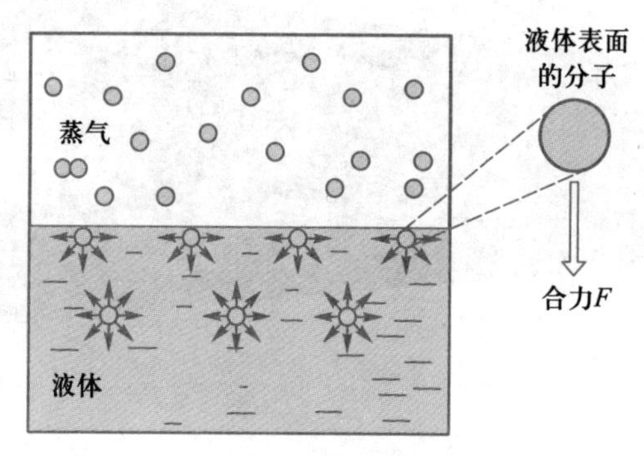

图 6.1.1　界面层分子与体相分子所处的环境差异

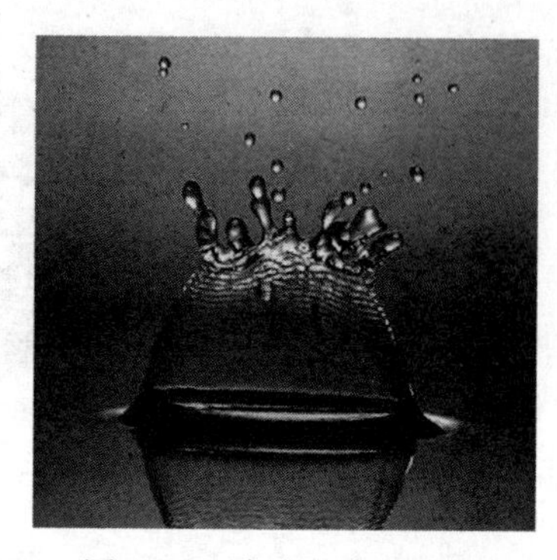
图 6.1.2　自由状态的液滴形状

上述使物质界面自发收缩的作用力，称为**界面张力**。当界面一侧为气相时，界面张力也称为**表面张力**，其单位为 $N\cdot m^{-1}$。液滴之所以自发地变为球形，就是表面张力的结果。液滴只有呈球形时，其表面的分子数才会最少。

思考题 6.1.1

你认为在真空中下落的雨滴是什么形状?

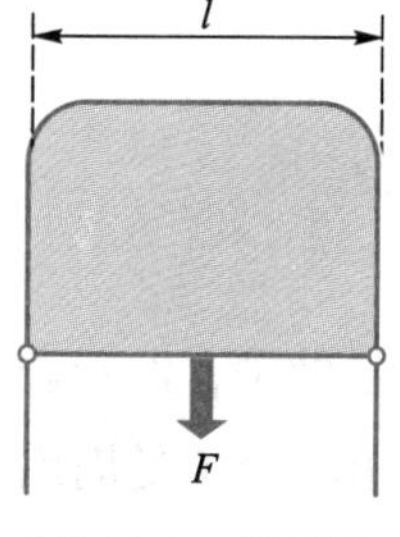

图 6.1.3　表面活性剂溶液表面张力的测定

液体的表面张力，可由下面的实验得到清晰的表述。

如图 6.1.3 所示，细直金属滑丝可以沿 U 形金属架自由地滑动。将该金属丝移至 U 形金属架顶端，滴上一滴待测表面张力的表面活性剂溶液并拉开该金属丝，使表面活性剂溶液在该金属丝（长度为 l）与 U 形金属架之间形成液膜。由于该作用力 F 是由液膜两侧的两个 g/l 界面收缩形成的，所以该表面活性剂溶液在测定温度、压强下的表面张力 σ，就是测定抗衡该液膜收缩的作用力 F 与 2 倍滑丝长度的比值：

$$\sigma = \frac{F}{2l}$$

它表现为单位长度表面的收缩力（单位为 $N\cdot m^{-1}$）。

1. 影响表面张力大小的因素

（1）物质 B 分子之间的作用力

如前所述，表面张力的产生是表面分子在表面两侧的受力不均衡所导致的，因此，表面张力的大小必然与表面分子受力不均衡的程度直接相关。显然，物质 B 分子之间的作用力越大，表面分子在表面两侧的受力不均衡程度就越大。因此，对于具有不同结合作用的物质而言，其表面张力的相对大小便与其内部分子（或原子、离子）间的作用力存在直接的关系。在一般情况下，该关系如下：

σ（金属键物质）>σ（离子键物质）>σ（极性共价键物质）>σ（非极性共价键物质）

（2）温度

同一物质的表面张力随温度升高而降低。这是因为液体的密度随温度的升高而降低，因而表面分子在表面两侧受力的不均衡程度便有所降低。

（3）压强

同一物质的表面张力随压强增加而下降。这是因为表面分子在表面一侧为气相，另一侧为液相或固相。当压强增大时，液相或固相一侧的密度变化极小，而气相一侧密度变化较大。压强越大，表面分子在表面两侧受力的不均衡程度就越小。

（4）两不相溶液体相间界面的界面张力

表 6.1.1 给出了几种常用液体物质表面张力随温度的变化。表 6.1.2 给出了几种液体物质在 20℃下的表面张力及其相间的界面张力。可以发现，液 / 液界面的界面张力一般介于该两种液体各自的表面张力之间。

表 6.1.1　几种常用液体物质表面张力随温度的变化

物质	表面张力 σ/（$mN \cdot m^{-1}$）					
	0 ℃	20 ℃	40 ℃	60 ℃	80 ℃	100 ℃
水	75.6	72.8	69.6	66.2	62.6	58.9
甲醇	24.5	22.6	20.9	—	—	—
乙醇	24.1	22.3	20.6	19.0	—	—
丙酮	26.2	23.7	21.2	18.6	16.2	—
苯	31.6	28.9	26.3	23.7	21.3	—
甲苯	30.7	28.4	26.1	23.8	21.5	19.4
四氯化碳	—	26.8	24.3	21.9	—	—

表 6.1.2　几种液体物质在 20 ℃下的表面张力及其相间的界面张力

物质	$\frac{表面张力}{mN\cdot m^{-1}}$	物质的界面	$\frac{界面张力}{mN\cdot m^{-1}}$
水	72.8	乙醇 / 汞	389
苯	28.9	水 / 汞	415
乙醇	22.3	苯 / 汞	357
汞	487	水 / 正辛烷	50.8
正辛烷	21.8	水 / 苯	35.0

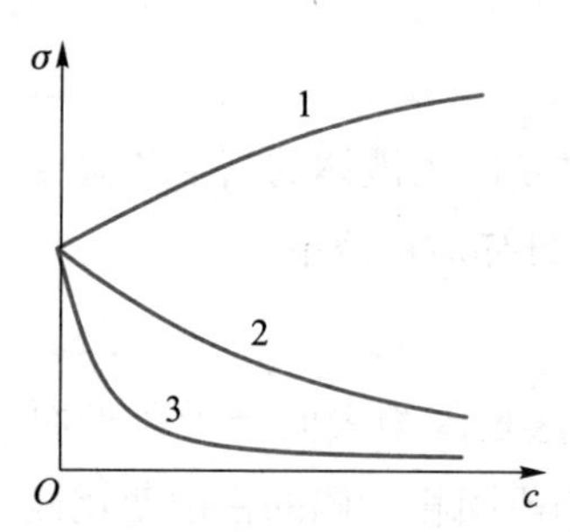

图 6.1.4　不同溶质水溶液的表面张力与浓度的关系

1—无机酸、碱、盐等；2—有机酸、醇、醛、醚、酮等；3—表面活性剂

（5）溶液的表面张力

水的表面张力因溶质的加入而改变，有的溶质（如无机酸、碱、盐等）使液体的表面张力升高；有的溶质（如有机酸、醇、醛、醚、酮等）使液体的表面张力降低，如图 6.1.4 所示。还有的溶质（如肥皂、合成洗涤剂等），加入少量即可使液体表面张力大幅度下降，这类物质，通称为表面活性剂（surfactant）。

2. 表面功

对于一个由单一物质组成的多相（g−l，l−s 或 g−s）系统，因界面层中的分子受到一个指向体相内部的拉力，因此要将分子从体相反移到界面以扩大界面面积，环境就必须对系统做功。该功称为表面功，它是一种非体积功。在可逆条件下，该功与系统增加的表面积 dA_s 成正比：

$$\delta W_r' = \sigma dA_s \tag{6.1-1}$$

式中，σ 就是表面张力，在该式中表现为增加单位界面面积时需要环境对系统做的功，σ 的单位是 $J\cdot m^{-2} = N\cdot m\cdot m^{-2} = N\cdot m^{-1}$。

显然，物质表面张力 σ 的大小，不仅是相应界面单位长度上的收缩力大小的表征（见图 6.1.3），还是该物质增加单位界面面积时需环境做非体积功大小的表征。

该收缩力的方向平行于该界面，相切于弯曲界面点。

例 6.1.1　水的表面张力与温度的关系为 $\sigma/(mN\cdot m^{-1}) = 75.64 - 0.14\ t/℃$。若将 10 kg 纯水在常压、303 K 下均匀地分散为半径 $r = 10^{-8}$m 的球形雾滴，计算需要付出多少非体积功（假定在该条件下水的密度为 995 $kg\cdot m^{-3}$）。

解： 在 303 K 下，水的表面张力 $\sigma = [75.64 - 0.14\times(303-273)]\text{mN}\cdot\text{m}^{-1}$

$$= 71.44\text{mN}\cdot\text{m}^{-1}$$

$$\delta W_r' = \sigma \text{d}A_s,\quad W_r' = \sigma \Delta A_s$$

$$\Delta A_s = \frac{m}{\frac{4}{3}\pi r^3 \times \rho} \times 4\pi r^2 = \frac{3\times 10\ \text{kg}}{1\times 10^{-8}\text{m}\times 995\ \text{kg}\cdot\text{m}^{-3}} = 3.0\times 10^6\text{m}^2$$

则

$$W_r' = \sigma\Delta A_s = 71.44\times 10^{-3}\text{N}\cdot\text{m}^{-1}\times 3.0\times 10^6\text{m}^2 = 214\text{ kJ}$$

思考题 6.1.2

切削铜材比切削钢材省力。由该现象你能用式（6.1−1）判断铜和钢的表面张力哪个大吗？

思考题 6.1.3

玻璃用肉眼看上去很平，但其表面在电镜下观察仍是凸凹不平的。玻璃厂为了玻璃的运输的安全，在每片玻璃之间撒些水，这样每片玻璃就都牢牢地粘在一起很难揭开了（见图 6.1.5）。

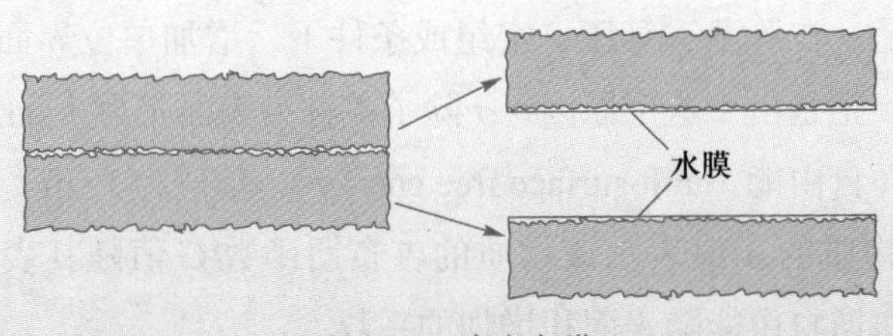

图 6.1.5 玻璃水膜

你知道在 20℃下揭开两片面积都是 1 m^2 的这样粘在一起的玻璃时需要多少非体积功吗？

3. 表面能

下面讨论将界面因素考虑在内的多组分多相系统热力学基本方程，借以研究讨论物质界面自发收缩的现象。

（1）多组分多相系统热力学基本方程

对于一个多组分多相系统，其吉布斯函数不仅是温度、压强、每一相中各物质的物质的量及各相组成的函数，还是各相间界面面积及表面张力的函数。如果该多相系统中有 α，β，…相，共 s 个界面，将界面面积的改变和表面张力的改变对系统吉布斯函数的影响一并考虑在内，则相应多组分多相系统的热力学基本方程就是

$$\text{d}G = -S\text{d}T + V\text{d}p + \sum_s \sigma_{\alpha/\beta}\text{d}A_{s,\alpha/\beta} + \sum_s A_{s,\alpha/\beta}\text{d}\sigma_{\alpha/\beta} + \sum_\alpha\sum_B \mu_B^\alpha \text{d}n_B^\alpha \qquad (6.1-2)$$

对于封闭系统，如果系统中只有一种物质、一个界面（即只有两个相），相间没有物质的交换，那么上述热力学基本方程就简化为

$$dG = -SdT + Vdp + \sigma dA_s + A_s d\sigma \tag{6.1-3}$$

于是，该封闭系统在等温、等压且界面张力一定的条件下有

$$dG_{T,p,n(B)} = \sigma dA_s \tag{6.1-4}$$

因为表面张力 $\sigma>0$，所以在上述条件下，凡是可使界面 A_s 变小（即使 dA_s 为负值）的过程都使系统发生 $dG_{T,p,n(B)}<0$ 的变化，因而都是自发进行的。例如，两个小液滴在等温、等压条件下自发地合并为大液滴；在等温、等压条件下分散在载体上的贵金属纳米颗粒自发地合并为大颗粒；在等温、等压条件下置于饱和溶液中的溶质的多个小晶粒自发地溶解消失而同时大晶粒长大；在等温、等压条件下处于气-液平衡的小液珠自发消失而同时大液珠长大，等等。这些自发过程，都是由式（6.1-4）所决定的。

将式（6.1-4）两边同时除以 dA_s，则有

$$\left(\frac{\partial G}{\partial A_s}\right)_{T,p,n(B)} = \sigma \tag{6.1-5}$$

显然，σ 表述的是，在等温、等压、定组成条件下，增加单位界面面积时系统吉布斯自由能的增加。正是由于这个原因，σ 除了被称为表面张力（surface tension）外，还被称为单位表面自由能（unit surface free energy），单位为 $J \cdot m^{-2}$。

这就是说，物质的 σ 值表示该物质的吉布斯函数 G 值随其表面积增大的变化率，即物质的吉布斯自由能随表面积增加的系数。

思考题 6.1.4

将液体喷成雾，环境需要付出非体积功。喷雾所成的雾滴越小，需要环境付出的非体积功就越多。那么，环境付出的非体积功去哪了？

物质的吉布斯自由能，是物质表面积的函数。那么，在此必须回答下面的问题：通常数据表给出的液态或固态物质 B 的 $\Delta_f G_m^\ominus(T)$，每摩尔 B 的表面积大致有多大？

在目前所有中外文物理化学手册、书籍中，如无特殊说明，所给出的液态或固态物质的 $\Delta_f G_m^\ominus(298.15\,K)$、$\Delta_f H_m^\ominus(298.15\,K)$、$S_m^\ominus(298.15\,K)$ 及 $C_{p,m}^\ominus(298.15\,K)$ 等，均为物质以常规形态（一般每摩尔物质的表面积小于几平方米）存在时的数据。

这样，对于一个化学反应，只要其中任一聚集态参与物 B（反应物和生成物）为大表面积的物质，如果由常规形态的上述热力学基础数据推演其热力学行为，就必出现一定程度的偏差。B 的表面积越大，所造成的偏差就越大。

例 6.1.2 反应 $CaCO_3(s) \Longrightarrow CaO(s)+CO_2(g)$ 在一定温度和压强下已呈平衡状态。现在不改变压强，也不改变 $CaO(s)$ 的颗粒大小，只减小 $CaCO_3(s)$ 的颗粒直径，即增加 $CaCO_3(s)$ 的分散度，

试回答，反应是否由平衡变为正向自发进行，为什么？

解：反应将变为正向自发进行。

在已有条件（条件 1）下，反应已呈平衡状态。因此，

$$\Delta_r G_m(1) = G_m(\mathrm{CaO, s}, A_s) + G_m(\mathrm{CO_2, g}, p) - G_m(\mathrm{CaCO_3, s}, A_{s,1}) = 0$$

现在增加 $CaCO_3(s)$ 的分散度（条件 2），有 $G_m(\mathrm{CaCO_3, s}, A_{s,2}) > G_m(\mathrm{CaCO_3, s}, A_{s,1})$，则

$$\Delta_r G_m(2) = G_m(\mathrm{CaO, s}, A_s) + G_m(\mathrm{CO_2, g}, p) - G_m(\mathrm{CaCO_3, s}, A_{s,2}) < 0$$

因此反应由平衡变为正向自发进行。

（2）具有高表面能的固态物质

物质的表面积越大，其表面能就越高。对式（6.1-4）积分则有

$$\Delta G = G_{T,p,n(\mathrm{B})}(\mathrm{B},\text{大表面}) - G_{T,p,n(\mathrm{B})}(\mathrm{B},\text{常规表面}) = \sigma A_s$$

对于晶形相同的同一固体物质 B，当忽略常规尺度固体的表面积时，该差值 σA_s 就是大表面物质 B 的表面能。

$$G_{\text{表}} = \sigma A_s \tag{6.1-6}$$

显然，物质的表面张力越大，表面积越大，其表面能越高。

例 6.1.3 在 298 K 下，MgO(s) 的表面张力为 $1.2\ \mathrm{N \cdot m^{-1}}$。现有比表面为 $150\ \mathrm{m^2 \cdot g^{-1}}$ 的 MgO (s)，若其表面洁净，求其具有的表面能。

解：$G_{\text{表}} = \sigma A_s = 1.2\ \mathrm{N \cdot m^{-1}} \times 150\ \mathrm{m^2 \cdot g^{-1}} \times 40.3\ \mathrm{g \cdot mol^{-1}} = 7.3\ \mathrm{kJ \cdot mol^{-1}}$

具有大表面积的固体物质，被广泛用于吸附剂和催化剂的载体。制备得到**大比表面**（1g 固体物质所具有的表面积）的固体物质 B 是材料制备领域极为重要的研究方向。固体物质 B 要具有大比表面，一定要具有下述两个物理结构特点之一：

① 多孔物质

多孔物质的大表面积来自其内部孔壁的表面积。例如，用作吸附剂的活性炭，用作干燥剂的硅胶，用作催化剂载体的 $\gamma-Al_2O_3$ 等之所以具有非常大的比表面，就是因为它们的颗粒内部都具有非常丰富的微孔和纳米孔。有的活性炭，其比表面可高达 $1900\ \mathrm{m^2 \cdot g^{-1}}$。通常的硅胶 (SiO_2) 和 $\gamma-Al_2O_3$，其比表面也可高达每克数百平方米。这些多孔物质，其固体颗粒的几何表面（称为**外表面**）对其总表面积的贡献很小，其大表面积主要来自固体颗粒内部的微孔和纳米孔的表面（称为**内表面**）。图 6.1.6 给出了一种作为催化剂载体的活性炭的扫描电子显微镜（SEM）照片。

② 极小粒、棒（管）、片的组成物

极小粒、棒（管）、片的组成物的大表面来自其纳米尺度、微米尺度的颗粒、棒（管）或片、膜组成单元的几何表面积。碳纳米线、管，纳米金属颗粒和纳米氧化物颗粒等均属此类。图 6.1.7 给出了一种碳纳米线的透射电子显微镜（TEM）照片。

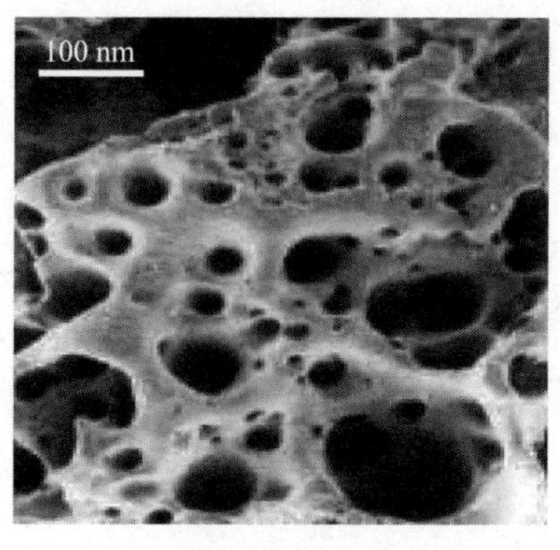

图 6.1.6　活性炭的扫描电子显微镜（SEM）照片

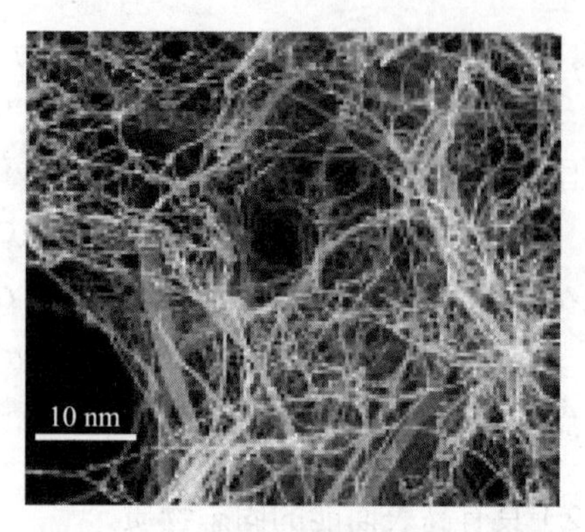

图 6.1.7　碳纳米线的透射电子显微镜（TEM）照片

对于该类物质，为在其表面积和其组成单元的尺度之间建立一个大致的量化关系，现假定其组成单元为均一的小立方体。那么，对于总体积为 1 cm^3 的该物质，其组成单元的总几何表面积随该单元尺度的改变如表 6.1.3 所示。

表 6.1.3　组成单元（物质总体积为 1 cm^3）总几何表面积随该单元尺度的改变

单元边长 /m	单元数 / 个	物质的表面积 /m^2
10^{-3}	10^3	6×10^{-3}
10^{-6}	10^{12}	6
10^{-9}	10^{21}	6×10^3

显然，随物质的分散程度的增加，即组成单元尺度的减小，物质表面积增加的程度是超乎想象的。当微粒的粒径达到 1 nm（10^{-9} m）时，体积仅为 1cm^3 的物质（质量一般在 1～10 g），其表面积已达 6×10^3 m^2（相当于一个足球场的面积）。

实际上，该类物质由于各组成单元间的部分接触，以及组成单元可能表现为非棱角形貌，其总表面积会在一定程度上低于上述粗略估算的表面积。尽管如此，随着纳米材料制备技术的不断发展，这种比表面高达 2000 $m^2\cdot g^{-1}$ 的材料已不罕见。

例 6.1.4　常压下，将空气和甲醇蒸气的混合物 (其中 O_2 的分压为 15 kPa) 在 823 K 下以原位还原所得的高度分散状态的金属 Ag 为催化剂，来合成甲醛。研究发现，随反应进行，该 Ag 催化剂的催化活性逐渐降低。有人通过以下热力学计算提出，这不可能是起催化作用的 Ag 与反应气中的 O_2 作用生成了非活性的 Ag_2O 所致的。其给出的论证过程和结论如下：

（1）查表得 $\Delta_f G_m^\ominus(Ag_2O,298K) = -11200\ J\cdot mol^{-1}$，$\Delta_f H_m^\ominus(Ag_2O,298K) = -31050\ J\cdot mol^{-1}$，$C_{p,m}^\ominus(Ag) = 26.8\ J\cdot K^{-1}\cdot mol^{-1}$，$C_{p,m}^\ominus(Ag_2O) = 65.70\ J\cdot K^{-1}\cdot mol^{-1}$，$C_{p,m}^\ominus(O_2) = 31.38\ J\cdot K^{-1}\cdot mol^{-1}$。

（2）计算：对于反应 $2Ag(s) + 1/2O_2(g) \longrightarrow Ag_2O(s)$ 有

$$\Delta_r H_m^\ominus(298\ K) = \Delta_f H_m^\ominus(Ag_2O, 298\ K) = -31050\ J\cdot mol^{-1}$$

$$\Delta_r G_m^\ominus(298\,\text{K}) = \Delta_f G_m^\ominus(\text{Ag}_2\text{O},\ 298\,\text{K}) = -11200\ \text{J}\cdot\text{mol}^{-1}$$

$$\Delta_r S_m^\ominus(298\,\text{K}) = \left[\Delta_f H_m^\ominus(298\,\text{K}) - \Delta_f G_m^\ominus(298\,\text{K})\right]/298\,\text{K} = -66.61\ \text{J}\cdot\text{K}^{-1}\cdot\text{mol}^{-1}$$

$$\Delta_r S_m^\ominus(823\,\text{K}) = \Delta_r S_m^\ominus(298\,\text{K}) + \int_{298\text{K}}^{823\text{K}} \frac{\sum \nu_B C_{p,m}(\text{B})}{T}\,\text{d}T = -70.2\ \text{J}\cdot\text{K}^{-1}\cdot\text{mol}^{-1}$$

$$\Delta_r H_m^\ominus(823\,\text{K}) = \Delta_r H_m^\ominus(298\,\text{K}) + \int_{298\text{K}}^{823\text{K}} \sum \nu_B C_{p,m}(\text{B})\,\text{d}T = -32.93\ \text{kJ}\cdot\text{mol}^{-1}$$

$$\Delta_r G_m^\ominus(823\,\text{K}) = \Delta_r H_m^\ominus(823\,\text{K}) - T\Delta_r S_m^\ominus(823\,\text{K}) = 24.84\ \text{kJ}\cdot\text{mol}^{-1}$$

根据范托夫等温方程，有

$$\begin{aligned}\Delta_r G_m^\ominus(823\,\text{K}) &= \Delta_r G_m^\ominus(823\,\text{K}) + RT\ln\frac{1}{(p_{O_2}/p^\ominus)^{0.5}}\\ &= \left(24.84 + 8.314\times10^{-3}\times823\times0.5\times\ln\frac{100}{15}\right)\text{kJ}\cdot\text{mol}^{-1}\\ &\approx 31.33\ \text{kJ}\cdot\text{mol}^{-1}\end{aligned}$$

（3）结论：在该反应条件下金属 Ag 被 O_2 氧化的过程非自发。因此，催化剂的催化活性逐渐降低，不可能是催化剂 Ag 与反应气中的 O_2 作用生成了非活性的 Ag_2O 所致的。

对于其上述论证过程和结论，你是否同意?

解：其查表给出的 Ag 和 Ag_2O 的数据都是常规尺度相应物质的热力学数据，因而所得结果 $\Delta_r G_m(823\text{K}) = 31.33\ \text{kJ}\cdot\text{mol}^{-1}$ 是常规尺度 Ag 与 O_2 反应的热力学数据。该数据并不能用来判定高度分散状态的金属 Ag（作为催化剂）与 O_2 的反应是否自发。上述论证过程，并不支持其结论。

4. 纳米材料的特殊性质

纳米颗粒一般是指粒径在 1～100 nm 的颗粒（比纳米颗粒更小的，由几个到十几个原子组成的三维或二维聚集体称为原子簇）。由纳米颗粒单元组成的材料称为纳米材料。由图 6.1.8 可以看出，纳米颗粒具有较多的表面原子。表 6.1.4 给出了纳米颗粒尺寸与其表面原子所占比例的关系。

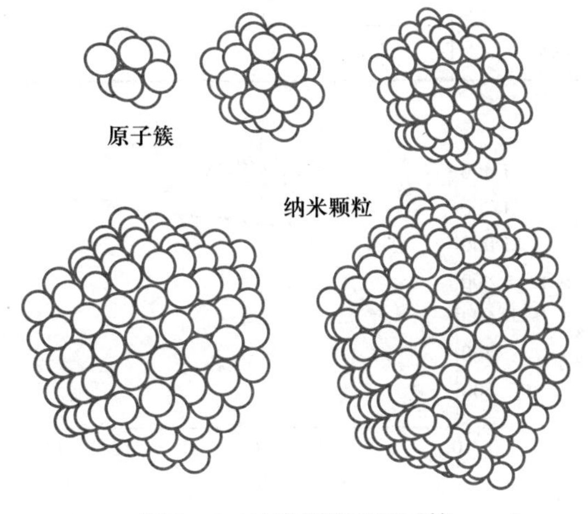

图 6.1.8　纳米颗粒和原子簇

表 6.1.4　纳米颗粒尺寸与其表面原子所占比例的关系

纳米颗粒的直径 /nm	一个纳米颗粒包含的总原子数	表面原子所占的比例 /%
100	3000000	2
10	30000	20
4	4000	40
2	250	80
1	30	99

纳米颗粒直径越小，表面原子所占的比例越大。相应纳米材料的比表面越大、表面能越大。显而易见，纳米材料的吉布斯函数 G 之所以随其纳米颗粒单元直径变小而升高，是因为表面原子具有较高的能位，该纳米材料中高能位原子的比例随纳米颗粒直径的减小而增多。

物质随分散程度的增加，其组成颗粒的晶粒粒径变小，其吉布斯函数逐渐增加。这必然导致下述性质的相应改变：

（1）物质的化学性质变得越来越活泼，例如，纳米 Ag 暴露在室温空气中会快速氧化以致发生自燃。

（2）其熔点逐渐变低。表 6.1.5 给出了几种纳米金属材料的熔点。图 6.1.9 给出了 Au 纳米颗粒的熔点随粒径的变化关系。

表 6.1.5　几种纳米金属材料的熔点

金属	正常熔点 /℃	纳米颗粒的粒径 /nm	纳米金属材料的熔点 /℃
Cu	1053	40	750
Ag	690	—	100
Au	1064	2	327

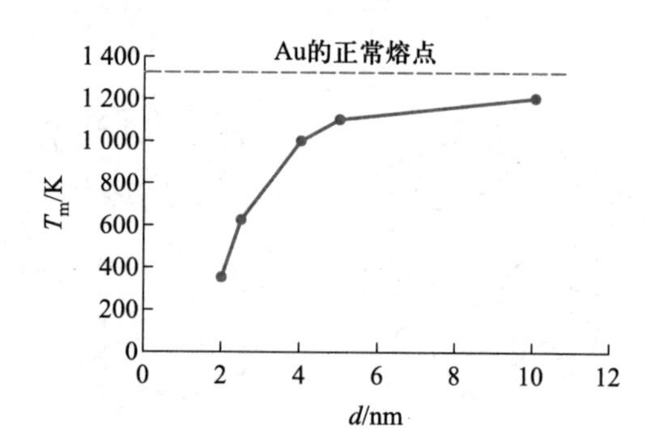

图 6.1.9　Au 纳米颗粒的熔点随粒径的变化

（3）等温下，饱和蒸气压逐渐变大（这将在 6.2 节中介绍）。

（4）等温下，指定溶剂中的溶解度逐渐变大 (见表 6.1.6)。

表 6.1.6　在室温附近水中物质微晶与普通晶体的相对溶解度

物质	温度 /℃	晶粒平均半径 /nm	相对溶解度（微晶 / 普通晶体）
PbI_2	30	200	1.02
PbF_2	25	150	1.09
CaF_2	30	150	1.18
$BaSO_4$	25	50	1.8
$SrSO_4$	30	125	1.26
Ag_2CrO_4	26	150	1.1

思考题 6.1.5

在等温、等压条件下，向常规晶粒尺寸的食盐与其平衡的饱和水溶液中，加入少许食盐的微米晶体，放置一段时间。你能表述将要发生的过程及其实质吗？你能确认相应过程是自发的吗？

（5）晶体的等压摩尔热容逐渐变大 (见表 6.1.7)。

表 6.1.7　一些常规晶体和纳米晶体在等压摩尔热容上的比较

物质	常规晶体$C_{p,\mathrm{m}}^{\ominus}$/$\mathrm{J\cdot mol^{-1}\cdot K^{-1}}$	纳米晶体$C_{p,\mathrm{m}}^{\ominus}$/$\mathrm{J\cdot mol^{-1}\cdot K^{-1}}$	测定温度 /K
Pb	25	37（粒径 6nm）	250
Cu	24	26（粒径 8nm）	250
Ru	23	28（粒径 15nm）	250
$Ni_{80}P_{20}$	23.2	23.4（粒径 6nm）	250
Sc	24.1	24.5（粒径 10nm）	145
钻石	7.1	8.2（粒径 20nm）	323

6.2 液体表面的热力学性质

1. 弯曲液面的附加压强

如图 6.2.1 所示，弯曲液面可分为两种，凸液面（如气相中的液滴）和凹液面

（如液相中的气泡）。

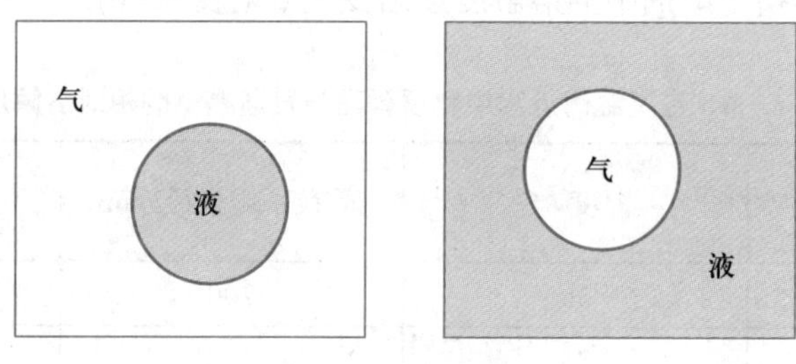

图 6.2.1 弯曲液面

由于表面张力使界面收缩，弯曲液面曲心一侧的压强总是高于另一侧的压强。将该压强差 Δp 称为弯曲液面的**附加压强**。可以推导证明，附加压强与液体表面张力及弯曲液面曲率半径有下列关系：

$$\Delta p = p_{内} - p_{外} = \frac{2\sigma}{r} \tag{6.2-1}$$

该式称为**拉普拉斯（Laplace）方程**。式中，σ 为液体的表面张力，r 为液面的曲率半径。弯曲液面有时仅为球面的一部分，有时则呈现其他形状（如椭球面），但附加压强总是指向曲心。当弯曲液面为球面的一部分时，附加压强的大小和方向并不因此而受到影响。

水上漂浮的水黾不因重力沉入水中［见图 6.2.2(a)］，滴管中挤出未达一定程度的液滴没有因重力而落下［见图 6.2.2(b)］，都是附加压强作用的结果。

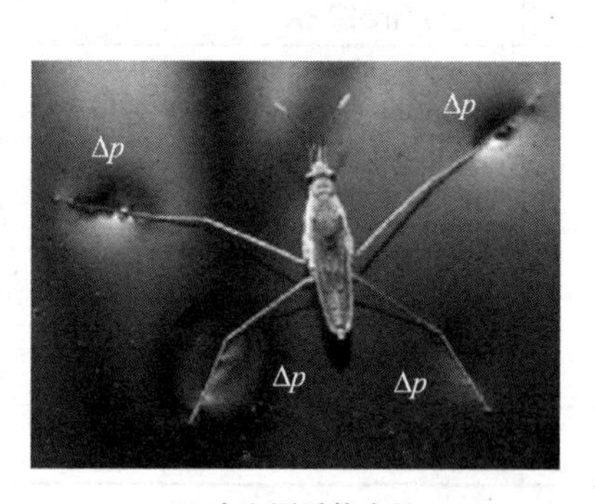

(a) 水上漂浮的水黾

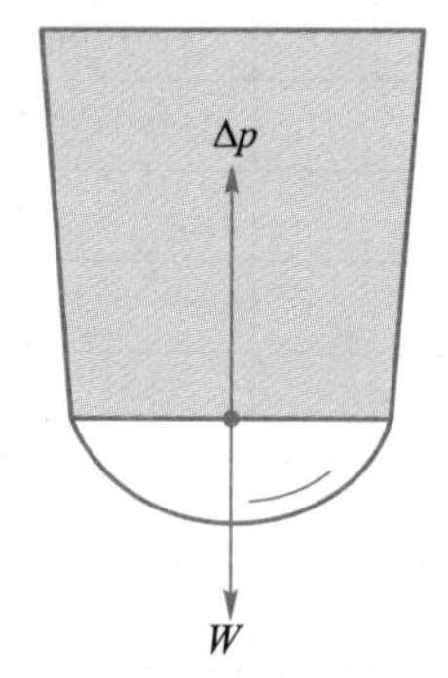

(b) 在滴管口悬挂的液滴

图 6.2.2 附加压强的作用

下面，就以在滴管口悬挂的液滴为例，推导拉普拉斯方程。

如图 6.2.3(a) 所示，设滴管口的半径为 R，液滴的曲率半径为 r，液体的表面张力为 σ，则管口周长为 $2\pi R$，整个管口在垂直方向的张力为 $F = 2\pi R\sigma\cos\theta$ 。因为管

口面积为 πR^2，因此附加压强 $\Delta p=\dfrac{2\pi R\sigma\cos\theta}{\pi R^2}=\dfrac{2\sigma\cos\theta}{R}=\dfrac{2\sigma}{r}$。即导出拉普拉斯方程。

A6-1
滴重法测定液体的表面张力

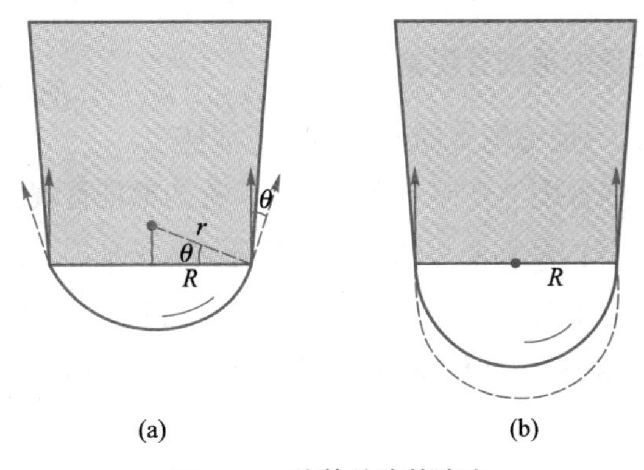

图 6.2.3　液体从滴管滴出

自由态液滴和液体中的气泡之所以呈现规则的球形，在 6.1 节中已用等温、等压条件下表面积减小是自发过程给出了证明。在此，还可由附加压强的方向给出合理的解释。如图 6.2.4 所示，如果液滴在起始时呈不规则形状，则作用于各不同曲面部位的附加压强必然将其拉成同一曲率的球形液滴。即在凸面处附加压强指向液滴内部，而凹面处附加压强指向液滴外部，它们迫使液滴自动调整形状而最终呈现规则的球形。

A6-2
最大泡压法测定液体的表面张力

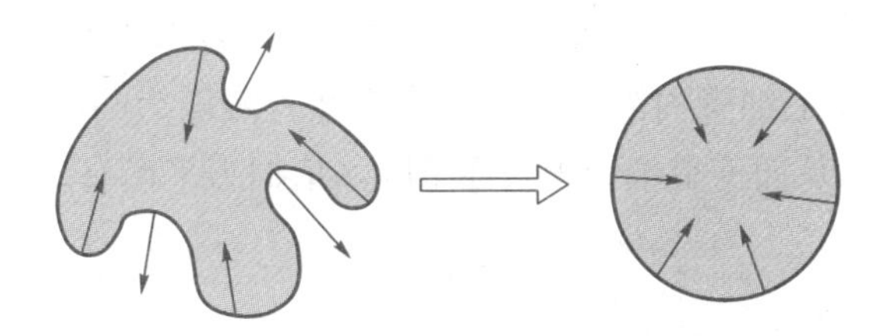

图 6.2.4　附加压强使自由态液滴自发变为规则球形

例 6.2.1　如图 6.2.5 所示，在大气中有一带旋塞的玻璃管，其两端各有一个与玻璃管连通的肥皂泡，半径分别为 r_1 和 r_2 $(r_2<r_1)$。如打开旋塞，会观察到什么现象？如果打开旋塞时右侧肥皂泡的半径由 r_1 变为终态的 r_3，画出上述两肥皂泡变化终态的示意图，给出玻璃管内终态的压强。

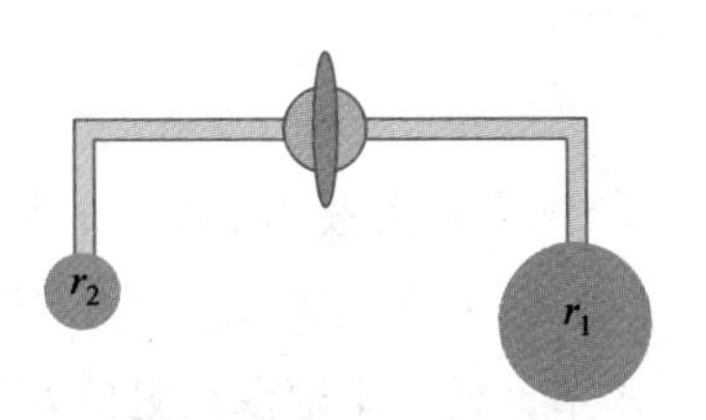

图 6.2.5　例 6.2.1 图 1

解： 右侧肥皂泡内的附加压强较小，而左侧肥皂泡内的附加压强较大，因此打开旋塞时左侧肥皂泡内的气体通过旋塞流入右侧，导致左侧肥皂泡变小而右侧肥皂泡变大。其终态的结果是，左侧玻璃管口处肥皂泡仅残留一部分，但其曲率半径与右侧肥皂泡半径 r_3 相等，从而使玻璃管两端肥皂泡形成的附加压强相同（如图 6.2.6 所示）。

由于终态肥皂泡的曲率半径为 r_3，故其产生的附加压强为 $\Delta p=\dfrac{4\sigma}{r_3}$（因肥皂泡存在内、外两个 g/l 界面），其中 σ 为相应肥皂水的表面张力。

图 6.2.6　例 6.2.1 图 2

2. 由附加压强导致的毛细管现象

如图 6.2.7 所示，当把毛细管插入液体时，液体离开原来的液面在毛细管中上升或下降的现象，称为**毛细管现象**。若液体能润湿毛细管管壁（$\theta<90°$），管内液面必呈凹形。毛细管插入液面时，由于弯曲液面向上的附加压强，液面便沿毛细管上升一定高度；反之，若液体不能润湿管壁（$\theta>90°$），管内液面必呈凸形，由于弯曲液面向下的附加压强，液体便沿毛细管下降一定高度。

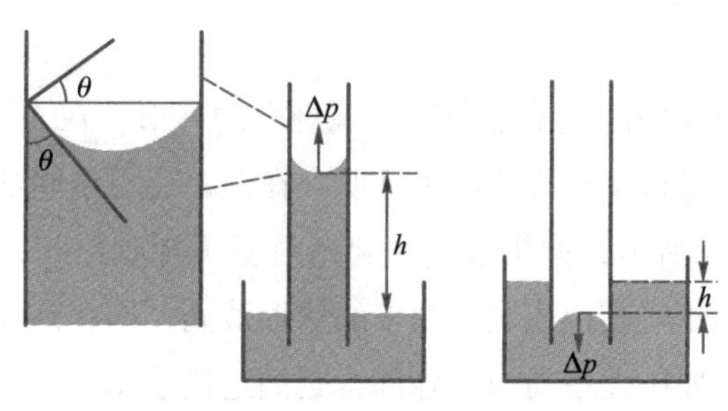

图 6.2.7　毛细管现象

A6-3
毛细上升法测定液体的表面张力

当毛细管液面为凹液面时，Δp 使作用在液面上的压强（平液面上的压强为大气压）减小，从而使毛细管内液面上升；当毛细管液面为凸液面时，Δp 使作用在液面上的压强增大，从而使毛细管内液面下降。依据力平衡有

$$\rho_{\mathrm{B}}gh=\Delta p=\frac{2\sigma}{r} \tag{6.2-2}$$

将毛细管半径 R 与弯曲液面的曲率半径 r 间的关系 $\cos\theta=\dfrac{R}{r}$ 代入上式有

A6-4
由附加压强导致的“气蚀”现象

$$h=\frac{2\sigma\cos\theta}{\rho_{\mathrm{B}}gR} \tag{6.2-3}$$

式中，ρ_{B} 为液体密度；g 为重力加速度。

毛细管现象大量存在于生物过程中，在日常生活中也经常遇到。例如，在干旱季节，处于土壤深层处的水可通过土壤的毛细管作用为植物提供水分；在地面居室内，为避免潮湿，人们通过特殊的防水层将沿毛细管上升的水切断。毛细管现象也被应用于科学研究中。例如，要把活性组分负载在硅胶表面制备催化剂，只要把作为载体的硅胶浸渍于有相应活性组分的溶液中，由于毛细管作用，溶液就自发地进入硅胶载体的微孔中。

A6-5
由附加压强导致的“气塞”现象

3. 弯曲液面的饱和蒸气压

由 2.8 节已知，纯液体 B 在确定的温度和外压下，有确定的饱和蒸气压。但是，那仅限于纯液体 B 处于平液面的形态。如果纯液体 B 的液面处于弯曲形态，那么其液面的饱和蒸气压还是弯曲液面曲率半径 r 的函数。下面，就用已学过的热力学知识推导该函数关系。

设一个系统中有两个均在温度 T 下的分平衡系统（简称分系统）Ⅰ和Ⅱ。如图 6.2.8 所示，在分系统Ⅰ内平液面液体 B 在温度 T 下与蒸气压为 p^* 的 B 蒸气构成平衡；在分系统Ⅱ内一个 B 的悬浮液珠（半径为 r）在温度 T 下与蒸气压为 p_r^* 的 B 蒸气构成平衡。在分系统Ⅰ中，B 在液体中与在蒸气（压强为 p^*）中具有同一化学势；在分系统Ⅱ中，B 在液珠中与在蒸气（压强为 p_r^*）中具有另一相同的化学势。那么，当定量物质 B 从分系统Ⅰ转移到分系统Ⅱ时，无论从分系统Ⅰ中的平液面液体移向分系统Ⅱ的液珠，还是从分系统Ⅰ的蒸气移向分系统Ⅱ的蒸气，系统都有相同的吉布斯函数改变值 $\mathrm{d}G$。

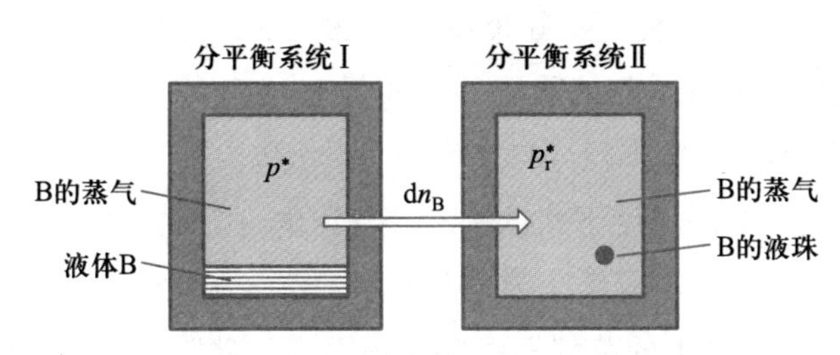

图 6.2.8　在两个分平衡系统之间转移 $\mathrm{d}n_B$

若物质的量为 $\mathrm{d}n_B$ 的物质 B 从分系统Ⅰ的具有平液面的液体移向分系统Ⅱ的液珠，使液珠的半径从原来的 r 增至 $r+\mathrm{d}r$，表面由 $4\pi r^2$ 增至 $4\pi(r+\mathrm{d}r)^2$，表面积增大 $8\pi r\mathrm{d}r$（略去了 $\mathrm{d}r\cdot\mathrm{d}r$），则表面能的增大值为

$$\mathrm{d}G_1=\sigma 8\pi r\mathrm{d}r$$

该表面能增大值即总系统吉布斯函数改变值。

若物质的量为 $\mathrm{d}n_B$ 的物质 B 从分系统Ⅰ中的蒸气（压强为 p^*）移向分系统Ⅱ的蒸气（压强为 p_r^*），将两蒸气均视为理想气体，则总系统吉布斯函数改变值 $\mathrm{d}G$ 即 $\mathrm{d}n_B$ 与化学势增大值 $RT\ln\dfrac{p_r^*}{p^*}$ 之积：

$$\mathrm{d}G_2=\mathrm{d}n_B\cdot RT\ln\frac{p_r^*}{p^*}$$

式中，$\mathrm{d}n_B=\mathrm{d}V\cdot\dfrac{\rho_B}{M_B}=4\pi r^2\mathrm{d}r\cdot\dfrac{\rho_B}{M_B}$，$M_B$ 和 ρ_B 分别为液体的摩尔质量及密度。

前已讨论，$\mathrm{d}G_1=\mathrm{d}G_2$，于是有

$$\ln\frac{p_r^*}{p^*}=\frac{2\sigma}{r}\frac{M_B}{\rho_B RT} \quad (6.2-4)$$

该式就是著名的**开尔文（Kelvin）方程**。它表示在温度 T 下，同一纯物质 B 弯曲液面的饱和蒸气压 p_r^* 和平液面的饱和蒸气压 p^* 之间的关系。

进一步的研究表明，当弯曲液面为凹液面时，只要将曲率半径 r 代入负值，式（6.2−4）同样成立。

显然，对于凸液面，式（6.2−4）右侧恒为正，而对于凹液面，式（6.2−4）右侧恒为负，这表明在指定的温度 T 下，凸液面的饱和蒸气压总是大于同一物质平液面上的饱和蒸气压，其曲率半径越小，饱和蒸气压越大；对于凹液面，其饱和蒸气压总是小于同一物质平液面上的饱和蒸气压，其曲率半径越小，饱和蒸气压越小。

饱和蒸气压受液面曲率半径的影响规律，被广泛用于科学研究、工业生产和日常生活。例如，在 77 K(N_2 的凝结温度) 下，通过测定不同压强下 N_2 在多孔物质微孔中的液体凝结量，可有效探查得知多孔物质的微孔分布。又如，硅胶是一种多孔的 SiO_2，其微孔半径 R 一般主要分布在 50～100 nm，其可用于一般性干燥剂（虽然它的吸水量较大，但可达到的除湿程度较低）。由于水对其表面润湿，水在其微孔中凝结时为凹液面（曲率半径 r 与 R 为同一量级）。在室温下（如 20 ℃），当**相对湿度**（即水的蒸气压与同温度下水的饱和蒸气压的百分比）从较小值向 100% 增大时，水在宏观器物表面并不凝结（因为此时水的蒸气压尚未达到该温度下平液面水的饱和蒸气压），但此时水的蒸气压已高于该温度下硅胶微孔中凹液面水的饱和蒸气压，因此水便凝结于硅胶的微孔中，从而降低周围环境中水的蒸气压。这就是硅胶作为干燥剂使用的原理。

由开尔文方程可知，干燥剂的微孔半径 R 越小，水在其中凝结时形成的凹液面的曲率半径 r 就越小，所能达到的除湿程度就越高（即平衡水蒸气分压越低）。

例 6.2.2 作为干燥剂用的某硅胶，在 293 K 下除湿使环境的相对湿度达到 40% 时，其吸水量为总质量的 20%，使相对湿度达到 90% 时，其吸水量为总质量的 30%。已知水的表面张力为 $72.75\ mN\cdot m^{-1}$。若水在硅胶孔内的润湿角为 θ，问：使环境相对湿度分别达到 40% 和 90% 时，被水凝聚的硅胶微孔，其最大的孔径（d）各为多大?

解： 设 293 K 下平液面水的饱和蒸气压为 p^*，则相对湿度为 40% 和 90% 的空气中水的蒸气分压分别为 40% p^* 和 90% p^*。该水蒸气分压即分别为硅胶微孔中最大曲率半径凹液面凝聚水的饱和蒸气压。分别将 $p_r(1)=40\%\,p^*$ 和 $p_r(2)=90\%\,p^*$ 代入 $\ln\frac{p_r^*}{p^*}=\frac{2\sigma}{r}\frac{M_B}{\rho_B RT}$，可得

$$r(1)=-1.2\times10^{-9}\ \mathrm{m},\ r(2)=-1.1\times10^{-8}\ \mathrm{m}$$

该曲率半径为负值是由于硅胶微孔中凝聚水呈凹液面。由 $\cos\theta=\frac{R}{r}$，则对应最大被水凝聚的毛细

管直径分别为 $d(1) = (2\cos\theta) \times 1.2 \times 10^{-9}$ m 和 $d(2) = (2\cos\theta) \times 1.1 \times 10^{-8}$ m。

A6-6
实验室常规沉淀物的干燥温度

4. 溶质在溶液表面的吸附

溶质在溶液表面层中与在溶液本体中浓度不同的现象称为**溶质在溶液表面上的吸附**。溶质 B 在溶液表面上的吸附量用 Γ_B 表示，单位为 $mol \cdot m^{-2}$。

由式（6.1−3）给出的只有一种物质、一个界面、相间没有物质交换的封闭系统的热力学基本方程

$$dG = -SdT + Vdp + \sigma dA_s + A_s d\sigma$$

可知，在等温、等压条件下，当溶液的表面积 A_s 已确定时，有

$$dG = A_s d\sigma$$

那么，对于浓度升高可使溶液表面张力降低的物质，如表面活性剂，有机酸、醇、醛、醚、酮等（见图 6.1.4）而言，溶液表面的浓度较高这一终态和等于溶液本体浓度的始态相比，$d\sigma < 0$，故表面自发发生正吸附；而对于浓度减小可使溶液表面张力降低的物质（如无机酸、碱、盐及蔗糖和甘油等）而言，情况刚好相反，故表面自发发生负吸附。

可以用热力学方法导出溶质 B 在溶液表面上的吸附量 Γ_B 与表面张力 σ 随溶质活度 a_B 改变的定量关系：

$$\Gamma_B = -\frac{a_B}{RT}\left(\frac{\partial \sigma}{\partial a_B}\right)_T \qquad (6.2-5)$$

如果溶液很稀，上式可写为

$$\Gamma_B = -\frac{c_B}{RT}\left(\frac{\partial \sigma}{\partial c_B}\right)_T \qquad (6.2-6)$$

以上两式称为**吉布斯方程**。

该方程表明，如 $\left(\frac{\partial \sigma}{\partial c_B}\right)_T > 0$，即如果表面张力随溶液浓度的增大而增大（如无机盐的溶液），则 $\Gamma_B < 0$，溶质 B 在溶液表面上自发发生**负吸附**，溶质在溶液表面层的浓度比在体相中的浓度小；若 $\left(\frac{\partial \sigma}{\partial c_B}\right)_T < 0$（如醇溶液），则 $\Gamma_B > 0$，溶质 B 在溶液表面上自发发生**正吸附**，溶质在溶液表面层的浓度比在体相中的浓度大。

5. 表面活性剂在溶液中的分布

表面活性剂分子一端是亲水基团，另一端是憎水基团。表面活性剂分子在水溶液表面发生正吸附。在表面层的表面活性剂，其亲水基团（通常表述为“头”）插入水中，而其憎水基团（通常表述为“尾”）则由于被水分子排斥而竖起在水面上。

表面活性剂的这种排列形式，可使表面水分子的不对称立场在一定程度上降低，从而降低表面张力。

在图 6.1.4 中可观察到如下结果：表面活性剂少量存在即可使溶液的表面张力显著降低，而当其浓度超过一定值后溶液的表面张力几乎不再随其浓度的增加而改变。该结果与向水中增加表面活性剂的量时，表面活性剂在溶液表面和溶液体相中的下述分布变化直接相关。

表面活性剂在其水溶液中优先以单分子表面膜的形式排列于表面层上。如图 6.2.9 所示，当表面活性剂在溶液中的表观浓度较小时，绝大部分以单分子表面膜的形式排列于表面层上，而其在溶液体相中的实际浓度很小；当表面活性剂在溶液中的表观浓度超过一定量时，因表面已近排满，继续增加的表面活性剂分子只能进入溶液体相中，这使得溶液的表面张力不再减小。这就是表面活性剂溶液的表面张力随溶液浓度的变化很接近 L 形的原因。在表面活性剂溶液的体相，由于水对表面活性剂憎水基团的排斥作用，以及表面活性剂憎水基团间的亲和作用，被迫进入溶液体相中的表面活性剂以胶束（球状、棒状及层状）的形式存在。表面活性剂在体相形成缔合胶束时所需要的最低浓度，称为**临界胶束浓度**（critical micelle concentration，CMC）。

A6-7

表面活性剂的有效去污浓度

当逐渐增大表面活性剂在溶液中的量时，由于表面活性剂是优先在溶液表面排满后，继续加入的表面活性剂开始全部进入体相，因此可以认为，临界胶束浓度和在溶液表面排满表面活性剂所需浓度几乎同时到达。在临界胶束浓度以上形成的球状、棒状及层状的胶束中，几十至几百个表面活性剂分子的憎水基处于胶束内部，而亲水基与水分子接触（图 6.2.9 给出了各种胶束的剖面示意图）。

A6-8

利用表面活性剂进行“三次采油”

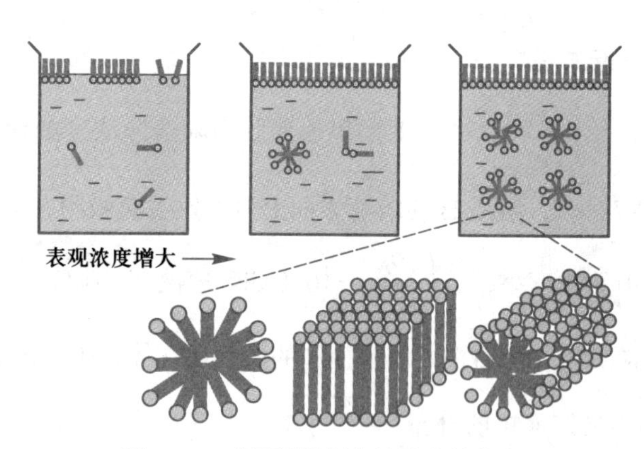

图 6.2.9　表面活性剂在溶液中的分布

A6-9

利用表面活性剂进行矿物的浮选

6. 表面润湿

表面润湿是指固体表面的气体被液体取代的过程。可以认为该过程发生的驱动力是系统表面能的减小，在等温、等压条件下表现为系统吉布斯能的降低。如图 6.2.10 所示，表面润湿有沾附润湿、浸渍润湿和铺展润湿三种形式。

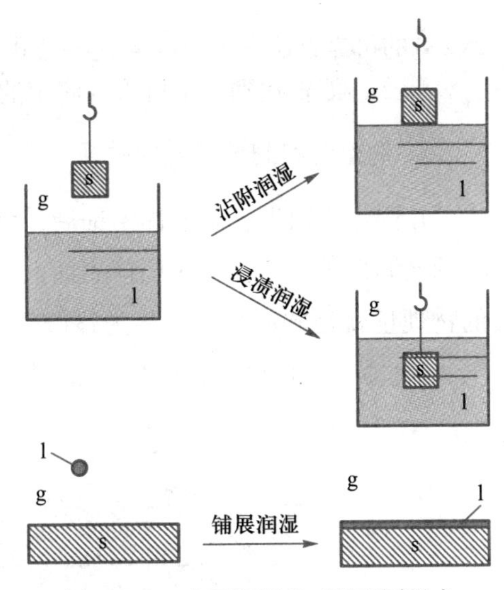

图 6.2.10　表面润湿的三种不同形式

当固体的表面发生**沾附润湿**过程时，相应表面的 g/s 界面和 g/l 界面消失，产生 l/s 界面，因此单位表面上沾附润湿过程的吉布斯函数变 ΔG 为

$$\Delta G = \sigma(\mathrm{l/s}) - [\sigma(\mathrm{g/l}) + \sigma(\mathrm{g/s})] \quad (6.2-7)$$

当固体的表面发生**浸渍润湿**过程时，相应表面的 g/s 界面消失，产生 l/s 界面，因此单位表面上浸渍润湿过程的吉布斯函数变 ΔG 为

$$\Delta G = \sigma(\mathrm{l/s}) - \sigma(\mathrm{g/s}) \quad (6.2-8)$$

当固体的表面发生**铺展润湿**过程时，相应表面的 g/s 界面消失，产生 l/s 界面和 g/l 界面，因此单位表面上铺展润湿过程的吉布斯函数变 ΔG（液滴的表面太小，将其忽略）为

$$\Delta G = [\sigma(\mathrm{l/s}) + \sigma(\mathrm{g/l})] - \sigma(\mathrm{g/s}) \quad (6.2-9)$$

当上述任一表面润湿过程的 $\Delta G<0$ 时，相应润湿过程就自发发生。否则，相应润湿过程不能实现。

由于所有界面张力均大于 0，因此，对于指定的固体和液体，在等温、等压条件下各润湿过程发生的难易顺序为铺展润湿＞浸渍润湿＞沾附润湿，即铺展润湿最难发生。

在三种润湿形式中，铺展润湿对于实际应用最为重要。根据需要，通过铺展润湿可以在固体表面形成薄而稳定的功能膜保护固体，或赋予固体表面防水、吸收微波、改变颜色等新的性能。铺展润湿能否发生还可以用**铺展系数** s（定义为铺展润湿过程吉布斯函数变 ΔG 的相反数，$s = -\Delta G = \sigma(\mathrm{g/s}) - [\sigma(\mathrm{l/s}) + \sigma(\mathrm{g/l})]$）的正负来判断。当 $s \geqslant 0$ 时，铺展润湿能够发生。铺展系数 s 的值越大，表明相应液体越倾向于铺展在那个固体的表面上。

在理论上说，只要知道式（6.2-7）～式（6.2-9）中所需的 $\sigma(\mathrm{l/s})$、$\sigma(\mathrm{g/s})$、$\sigma(\mathrm{g/l})$ 的值，那么对润湿可否发生、表现为哪一种形式（浸渍润湿还是铺展润湿）等问题都能够给出判断。但遗憾的是，迄今人们尚未找到能够准确测定 $\sigma(\mathrm{l/s})$、

σ(g/s) 的可靠方法。这意味着这些公式目前尚不能直接用于解决上述应用问题。

那么，能否找到一个可直接测定的物理量，解决上述应用问题呢？

7. 润湿角和润湿形式的关系

在固体表面上，若液体不铺展，就一定会依据它们之间相互亲和的程度，以确定的液滴形貌稳定存在于固体表面上。准确表述该液滴在固体表面上稳定存在形貌的物理量就是**润湿角**（也称为**接触角**）θ。如图 6.2.11 所示，所谓**润湿角**，就是从气、液、固三相交界点 O 沿气 / 液界面作的切线与固 / 液界面间的夹角。

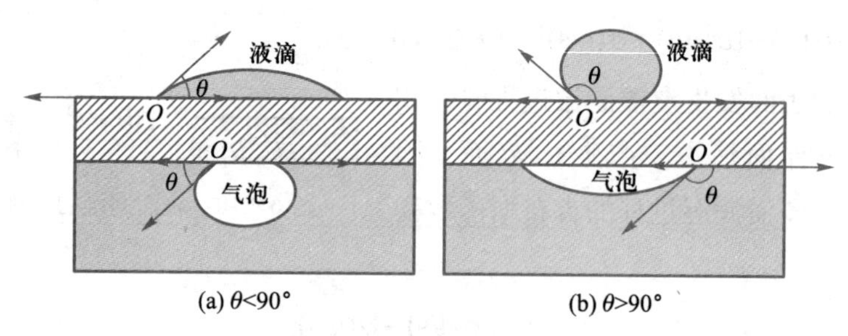

图 6.2.11　润湿角

既然液滴在固体表面上稳定存在，且其形貌因液 / 固两种物质间的作用不同而异，那么可以肯定，决定液滴形貌的气、液、固三相交界点 O 一定达到了受力平衡，且其受力平衡必是各相间的界面张力对其共同作用的结果。由于各界面张力均要缩小相应界面，因此对于图 6.2.11(a) 所示液滴，σ(l/s) 将三相交界点 O 点向右拉，而 σ(g/s) 将 O 点向左拉，σ(g/l) 则沿向右上的液面切线方向拉 O 点。由于 O 点受力平衡，必有

$$\sigma(\mathrm{g/s}) = \sigma(\mathrm{l/s}) + \sigma(\mathrm{g/l})\cos\theta \tag{6.2-10}$$

该式称为**杨氏方程**。

当观察到润湿角 θ=0（即实际已经观察到铺展润湿了）时，由杨氏方程可导出 $[\sigma(\mathrm{l/s})+\sigma(\mathrm{g/l})]-\sigma(\mathrm{g/s})=0$。即与式（6.2−9）给出的判断一致。若铺展自发发生 $[\sigma(\mathrm{l/s})+\sigma(\mathrm{g/l})]-\sigma(\mathrm{g/s})<0$，铺展润湿过程将自发进行到固体表面完全被液体覆盖或液体被固体表面“拉”至单层为止。此时，液体在固体表面的铺展并非止于杨氏方程表述的力平衡。这就是说，此时已失去了讨论润湿角 θ 的前提。

当 $0<\theta<90°$ 时，$0<\cos\theta<1$，则式（6.2−8）$\Delta G=\sigma(\mathrm{l/s})-\sigma(\mathrm{g/s})<0$，浸渍润湿过程自发发生。

当 $90°<\theta<180°$ 时，$\sigma(\mathrm{g/1})\cos\theta>-\sigma(\mathrm{g/1})$，则式（6.2−7）$\Delta G=\sigma(\mathrm{1/s})-[\sigma(\mathrm{g/1})+\sigma(\mathrm{g/s})]<0$，沾附润湿过程自发发生。因为任何液体在任何固体上的接触角总是小于

180°，所以任何液体在任何固体上的沾附润湿过程都自发发生。这样，润湿角究竟是大于还是小于 90°就成为表述液体在固体上润湿情况的关键节点。通常称 $\theta<90°$ 的情况为液体在固体上**润湿**；称 $\theta>90°$ 的情况为液体在固体上**不润湿**。当然，这实际上说的就是发生浸渍润湿和不发生浸渍润湿。

A6-10
既透气又防水的衣服

A6-11
弹性耐油超疏水高分子材料用于海上漂浮原油回收

讨论题 6.2.1

水陆两栖飞机

图 6.2.12 给出了水陆两栖飞机机腹浸入水中时的情况。如果发生润湿，飞机由水中起飞时就必须克服润湿脱出功 $W'=-\Delta G$。那么，如何计算该 ΔG？要减小飞机由水中起飞时所需的润湿脱出功，机腹的涂料应该如何选择？

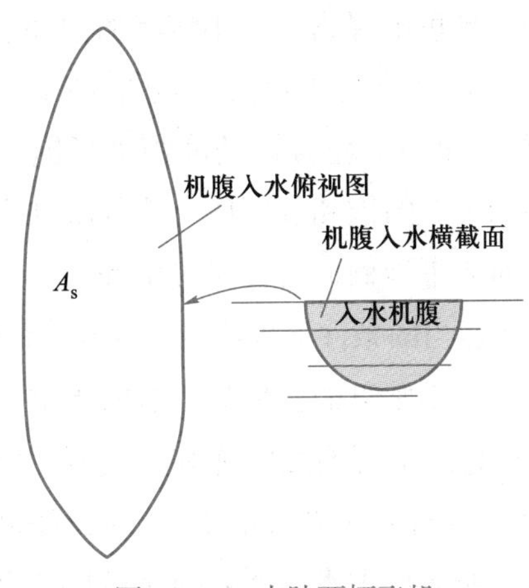

图 6.2.12　水陆两栖飞机

6.3 物质的亚稳状态

在一定条件下，如果物质处于热力学平衡态，则物质的该形态一定能在该条件下长期稳定存在。物质某些存在形态，虽然属于非热力学平衡态，但在适当的条件下也能稳定存在一段时间，则该形态称为物质的**亚稳状态**。

物质的亚稳状态很多。例如，将烧得红热的碳钢突然浸入冷水或油中让碳钢急速冷却，使已冷却的碳钢保持了在红热温度下的微晶结构从而具有较大的硬度，该工艺称为**淬火**。这样的微晶结构在室温下就是碳钢的亚稳状态。如果将红热的碳钢慢慢冷却，其微晶结构随温度的降低慢慢改变（该工艺称为**退火**，退火后材料变软），冷却至室温时，所得碳钢的结构形态则为其在热力学平衡态所具有的结构形态。在日常生活中使用的碳钢锐器（如刀、剪等）都是在退火后加工成型再淬火而成的，在使用时其碳钢处于亚稳状态。

处于高度分散的纳米金属颗粒属于相应金属的亚稳状态。溶胶也是物质的一种亚稳状态存在形式。

思考题 6.3.1

用磨石磨刀、磨剪时为什么不“干磨”而应蘸水磨?

本节下面要讨论的物质的亚稳状态，仅是其中最常见的几种亚稳状态。

1. 过饱和蒸气

在一定温度下，蒸气分压已超过该温度下平液面的饱和蒸气压，而该蒸气仍未凝结的现象称为**蒸气的过饱和现象**，处于该状态的蒸气称为**过饱和蒸气**。

蒸气的过饱和现象的出现可解释为，微小液滴的饱和蒸气压大于平液面的饱和蒸气压，液滴半径越小，其饱和蒸气压越大，如图 6.3.1 所示。温度为 T_1，分压为 p_1 的蒸气（S 点），对于平液面和半径为 r_2 的液滴为过饱和蒸气，但其分压尚未达到半径更小的液滴（半径为 r_1）的饱和蒸气压。蒸气凝结为液体在一般条件下始于更小的微小液滴，这使得对于平液面而言已是过饱和的蒸气在该条件下却难以变为液体。这就是过饱和蒸气在适当的条件下也能稳定存在一段时间的原因。

在自然界中，过饱和蒸气是常见的。例如，有时天空云层中空气的相对湿度已远大于 1，即水蒸气压已经超过了该温度的饱和蒸气压，但却不下雨。例如，云层的温度为 T_1，水蒸气的分压为 p_1（见图 6.3.1），此时，如果有条件向云层中散布一些半径大于 r_2 的微小水滴，则云层中水汽所处的亚稳状态便可立即被打破。

A6-12 载体表面上亚稳状态纳米金属颗粒在高温下的合并长大

当然，在云层中散布一些半径大于 r_2 的对水润湿性好的固体颗粒，这些固体颗粒的表面立即吸附水分子，使得这些固体颗粒表面上形成水膜，与上述在云层中散布的微小水滴所起到的作用是相同的。

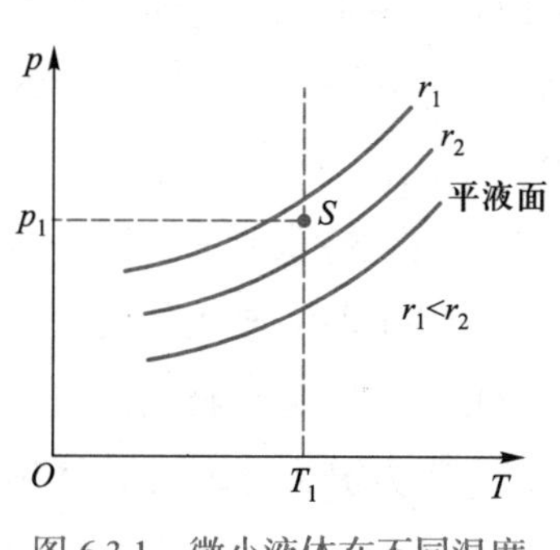

图 6.3.1 微小液体在不同温度下的饱和蒸气压

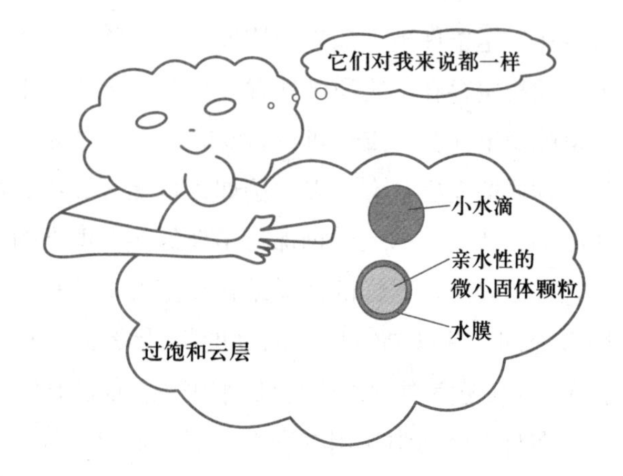

在干旱的地面刮起大风将半径大于 r_2 的灰尘颗粒吹入云层，往往导致自然降雨，就是这个原因。人工降雨也是利用该原理由飞机或地面射弹，向处于水的亚稳状态的云层中散布亲水的微小固体颗粒而实现的。

2 过热液体

在一定压强下，液体的温度已高于在该压强下液体的沸点，而液体仍未沸腾的现象称为液体的**过热**现象，处于该状态的液体称为**过热液体**。使液体沸腾就是让液体不仅在液面汽化，也在液体内部汽化（形成能够变大的气泡而溢出液体表面）。

要使液面下 h 处，半径为 r 的气泡长大，气泡内气体压强（一般情况下即液体的蒸气压强）p 必须大于 $p_0+\rho gh+\dfrac{2\sigma}{r}$（其中 p_0 为大气压强），如图 6.3.2 所示。

在液体的正常沸点温度 T 下，平液面液体的饱和蒸气压刚好为 p_0。显然，只有当液体被加热到更高的温度（T_1）时，液体内部生成小气泡（半径为 r_1）需要的蒸气压 $p(T_1)=p_0+\rho gh+\dfrac{2\sigma}{r_1}$ 才能达到。当液体的温度高于正常沸点而低于该所需温度 T_1 之前，液体内部因不能生成小气泡而不沸腾，这就形成了过热液体。当液体被加热到上述温度 T_1 以上［即可形成的饱和蒸气压大于 $p(T_1)$］，则气泡一旦变大，就必出现气泡半径变大和气泡内外的压强差变得更大之间的恶性循环。其结果必然是小气泡一旦形成，便急剧膨胀而导致暴沸。

为了避免液体过热而出现暴沸现象，在实验室进行蒸馏时，通常向蒸馏液中加入少量多孔的固体物质（如沸石）。这些固体物质的微孔中存在的空气受热可逸出到蒸馏液中形成较大的初始气泡，从而可有效避免因液体过热而出现暴沸现象。显然，只要不断地向蒸馏液中提供较大的初始气泡，蒸馏液就不会过热暴沸。当知道液体的暴沸原因和上述避免暴沸的原理后，人们在进行减压蒸馏时，不再加入沸石，而是通过毛细管不断向蒸馏瓶中充入小气泡（如图 6.3.3 所示）。

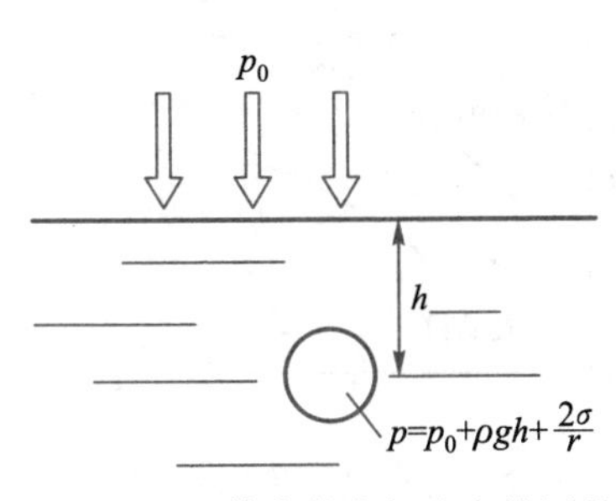

图 6.3.2　液体中微小气泡内的压强

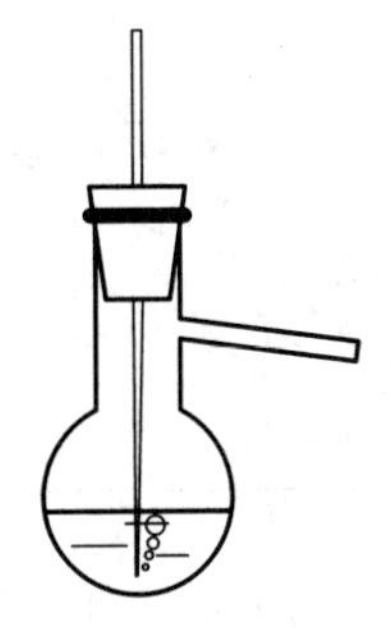

图 6.3.3　减压蒸馏时避免液体过热

3. 过冷液体

在一定压强下，液体的温度已低于该压强下液体的凝固点，而液体仍未凝固的现象称为液体的**过冷**现象，处于该状态的液体称为**过冷液体**。

由开尔文方程可知，在等温下，同一种物质的微小晶粒与大晶粒相比具有较大的饱和蒸气压，如图 6.3.4 所示。微小晶粒的饱和蒸气压随温度变化的曲线（s_1）在任一温度都处于大晶粒相应曲线（s）的上方。曲线 l 是同一物质在液态时的饱和蒸气压曲线。当液体冷却时，其饱和蒸气压沿该曲线降低。当温度降低至 T_s 时，曲线 l 和 s 相交，即液体和大晶粒具有相同的饱和蒸气压，此时的温度即物质的正常凝固点。但是，由于大晶粒的生成始于微小晶粒，而出现微小晶粒则要求温度进一步降低至 T_1（此时微小晶粒和液体具有相同的饱和蒸气压），则在温度 T 低至 T_1 之前并不出现晶体，这就形成了过冷液体。显然，如果能向过冷液体中加入少量晶种（如粒径为 r_2，饱和蒸气压随温度变化的曲线为 s_2），因其在 T_1 下有较低的饱和蒸气压，则其晶粒便可迅速长大，从而破坏过冷液体的亚稳状态。

4. 过饱和溶液

在一定温度、压强下，溶质在溶液中的浓度已超过其常规形貌晶粒在该条件下的溶解度，而仍未析出溶质的现象称为溶液的**过饱和**现象，处于该状态的溶液称为**过饱和溶液**。过饱和溶液的存在，是由于物质的微小晶粒与其大晶粒相比具有较大的溶解度。如图 6.3.5 所示，同一物质微小晶粒的溶解度随温度改变的溶解度曲线 s_1 总是位于大晶粒溶解度曲线 s 的上方。在温度 T_1 下，大晶粒的溶解度为 m_s，小晶粒的溶解度为 m_1。如果将溶液的浓度浓缩至高于 m_s 而尚低于 m_1（例如，浓缩至图 6.3.5 所示中等晶粒溶解度 m_2 对应的浓度处），则晶体因其微小晶粒不能形成而不能析出，这样就形成了过饱和溶液。如果此时向溶液中投入一些晶种，只要晶种的粒径大于与该浓度对应的晶粒，则该晶粒便可长大析出。

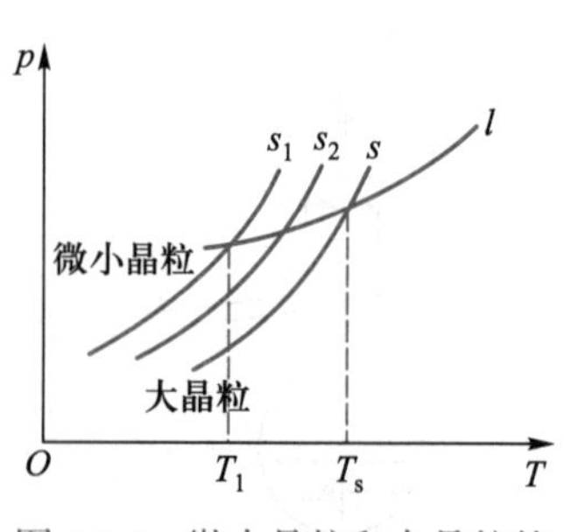

图 6.3.4 微小晶粒和大晶粒的饱和蒸气压

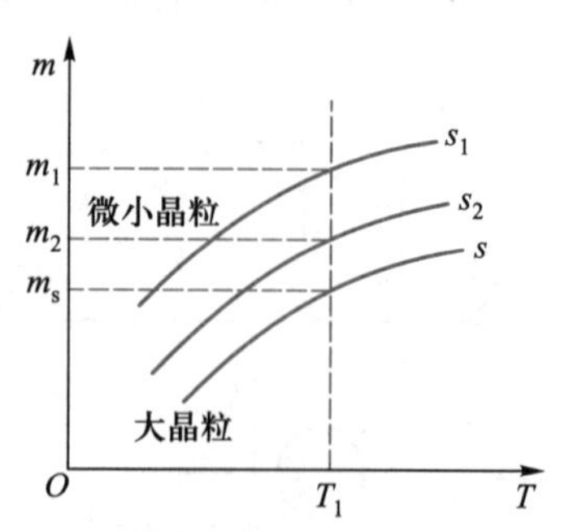

图 6.3.5 物质的溶解度和晶粒大小的关系

6.4 固体表面

在通常情况下，固体表面原子所处的化学环境并不相同。有的固体，其表面原子的化学结构甚至存在极为复杂的情况。

1. 金属

金属，即便是化学性质极不活泼的纯铂（Pt），在常温空气中其表面原子也并非完全以 Pt^0 金属态存在。用 X 射线光电子能谱（XPS）测定其表面发现，随其分散度的提高，表面原子中 Pt^{4+} 和 Pt^{2+} 所占比例逐渐变大。对于纳米 Pt 颗粒，Pt^{4+} 和 Pt^{2+} 所占比例甚至可能超过 Pt^0 所占的比例。

对于经过用 H_2 还原和用惰性气体吹扫后使表面变得纯净的单晶金属表面，即使肉眼看上去极为平滑，但在高分辨率扫描电子显微镜（SEM）下，仍会发现其表面存在着多种化学环境不同的原子。它们有的处于两个不同晶面的交界处，有的处于晶面上，有的处于晶棱上，也有的正好处于晶角的位置。图 6.4.1 给出了金属单晶微观表面的示意图。由该图可知，这些金属原子，其配位不饱和度按其处于晶面的交界处、晶面上、晶棱上、晶角的位置而依次减小。

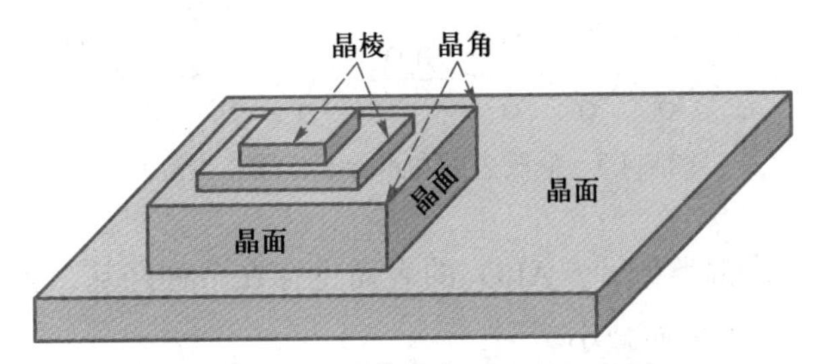

图 6.4.1　金属单晶微观表面示意图

2. 非变价金属氧化物、非金属氧化物

前已述及，大表面的硅胶（SiO_2）和 $\gamma-Al_2O_3$ 常用作催化剂的载体。现以它们为例，说明氧化物表面的情况。

通常硅胶是用水玻璃（Na_2SiO_3 的水溶液）和稀硫酸反应制备的。由于开始生成的硅酸［$Si(OH)_4$］不稳定，其分子间又通过缩合脱水再形成多聚硅酸，最终变为硅胶，这使得硅胶表面自然存在大量的羟基，如图 6.4.2 所示。

研究表明，粉状 SiO_2 因真空煅烧温度的不同，其表面存在不同密度（单位表面上的数目）的羟基（见表 6.4.1）。

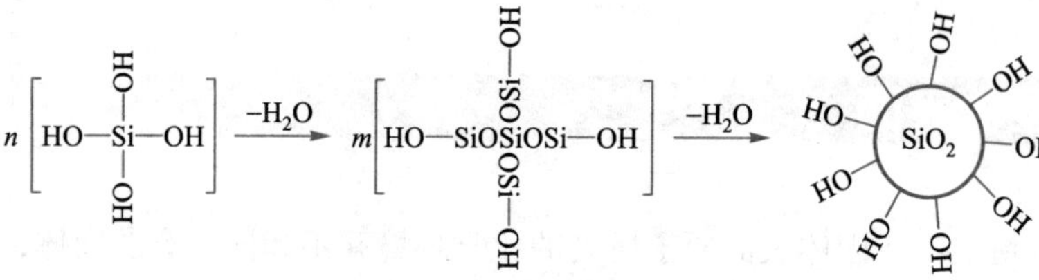

图 6.4.2　硅胶的表面羟基

表 6.4.1　粉状 SiO_2 表面羟基密度与真空煅烧温度的关系

真空煅烧温度 /℃	表面羟基密度 数目 · nm^{-2}	真空煅烧温度 /℃	表面羟基密度 数目 · nm^{-2}
200	4.7	600	1.6
300	3.4	700	1.4
400	2.0	800	0.9
500	1.8	900	0.7

硅胶的骨架是以硅原子为中心，氧原子为顶点的 Si—O 四面体在空间不太规则地堆积而形成的无定形体。硅胶一旦和湿空气接触，即便已经脱除硅羟基的表面，还会和水分子作用产生羟基，如图 6.4.3 所示。

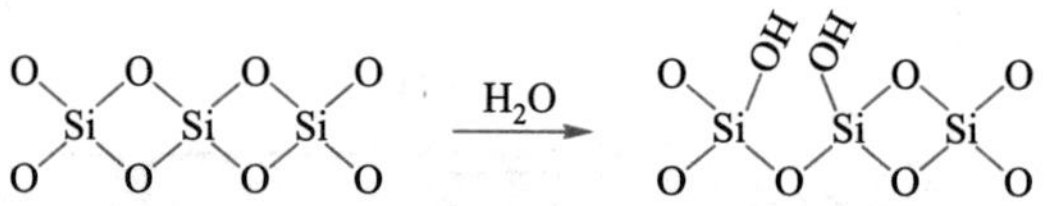

图 6.4.3　硅胶表面和水分子作用产生羟基

与硅胶的情况非常类似，γ-Al_2O_3 的表面也存在多种羟基，且其表面的羟基密度也随着煅烧温度的提高而减小。

3. 变价金属的氧化物

二氧化铈、二氧化锰、三氧化二钴、三氧化二铁等变价金属的氧化物，在不同条件下其表面除了具有不同密度的羟基外，还存在不同密度的 O^{2-} 空位（如图 6.4.4 所示）。

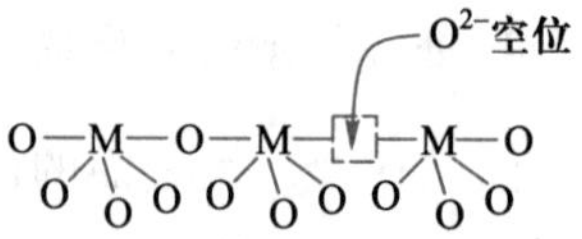

图 6.4.4　氧化物表面的 O^{2-} 空位

由上述讨论，我们已有了非常清晰的认知：固体的表面极为复杂，既存在同一原子在配位不饱和程度上的不同，又存在未能用其化学式表述出来的“杂原子”及“原子缺位”。表面原子的配位不饱和程度越大，就越倾向于捕获“外来分子”以降低配位不饱和程度。当然，并不排除那些“杂原子”或“原子缺位”与某些“外来分子”之间具有比一般的表面原子更强的化学“亲和作用”。正因为如此，固体表面这些特殊的点位往往在对“外来分子”吸附和活化中扮演特殊的角色，发挥特殊的作用。

这样，具有大表面积的固体物质，其表面能必然因其种类、来源、经历及所处环境的不同而存在非常大的差异。

6.5 气体在固体表面上的吸附

绝大多数固体是由原子、离子通过金属键、共价键和离子键键合而形成的。其较强的键力使得固体表面的原子（或离子）受力的不均衡程度比通常液体表面分子要大得多。固体虽然难以通过收缩其表面以降低其表面能，但可自发地利用其表面未饱和的自由价捕获气相或液相中的分子，使之在其表面上浓集，从而使自身表面分子受力不均衡的程度得到缓解，降低其表面能。

1. 吸附和脱附

固体表面捕集气相或液相中一些分子的现象，称为固体对分子的**吸附**；被吸附的物质称为**吸附质**；起吸附作用的固体称为**吸附剂**。

依据吸附作用本质的不同，吸附可分为**物理吸附**和**化学吸附**。发生物理吸附时，吸附质仅是通过分子间力与吸附剂相互作用；而发生的化学吸附，则可看作吸附质与吸附剂表面原子进行化学反应而形成了化学键。吸附作用本质的不同，导致了物理吸附和化学吸附在吸附性质上存在很大的差别，如表 6.5.1 所示。

表 6.5.1　物理吸附与化学吸附在吸附性质上的区别

吸附性质	物理吸附	化学吸附
吸附力	分子间力	化学键力
吸附热	小	大
吸附分子层	不必单层	只能单层
吸附选择性	无	有
脱附温度	低	高

因为化学吸附的实质是吸附剂表面原子（或基团）与吸附质分子发生化学反应，所以其吸附热（即反应热）在量值上比物理吸附热大得多。因为并非所有物质之间都能发生化学反应，所以吸附质在吸附剂表面原子上发生化学吸附也同样具有选择性。要发生化学吸附作用，吸附质必须能够键连于吸附剂表面，这必然要求化

学吸附为单层，否则，将无法满足其有效化学键键长的要求。物理吸附之所以可以不是单层的，是因为分子间力不仅存在于吸附剂表面和吸附质之间，也存在于同种吸附质的分子之间。在温度不高于吸附质液化温度的条件下，吸附质分子就可以吸附在已被吸附的吸附质分子上，从而实现多层吸附（这相当于吸附质的凝结）。

脱附是吸附的逆过程，即吸附于吸附剂表面的吸附质，脱离吸附剂表面的过程。显而易见，吸附质和吸附剂之间的吸附作用力越强，即吸附强度越高，吸附质就越难以脱附，那么脱附所需要的温度就越高。

物理吸附的作用力就是分子间力，所以物理吸附于吸附剂上的吸附质，其脱附温度较低。相应吸附质的脱附温度，一般在其汽化温度附近。

化学吸附于吸附剂表面的吸附质，若要从吸附剂上脱附，必须断裂与吸附剂表面间的化学键。因此，化学吸附的脱附温度较高。对于一种吸附质而言，如果吸附剂表面上的吸附位不同导致吸附质具有不同的吸附强度，那么，当逐渐升温时，那些吸附质就应该依据其吸附强度在对应的温度从吸附剂表面脱附下来。基于这一认知，在科学研究中，常常用吸附质的程序升温脱附（TPD）谱分析研究吸附质在吸附剂表面上吸附强度的分布，借以推测吸附剂表面上吸附位的分布（对吸附质有不同吸附强度的各吸附位的量）情况。图 6.5.1 给出了一种碱性表面固体（吸附剂）的 CO_2-TPD 谱。吸附在该吸附剂表面的 CO_2 分别集中在 225 ℃、260 ℃和 340 ℃脱附下来，这表明该固体表面有三种不同强度的吸附位，而相应信号强度，指示了它们的相对多寡。

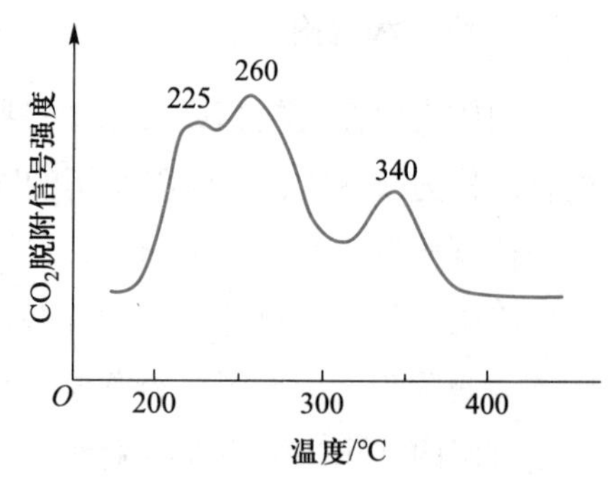

图 6.5.1　一种碱性表面固体的 CO_2-TPD 谱

A6-14
气相色谱如何实现不同物质的分离测定

A6-15
变温吸附技术和新吸附材料

A6-16
变温吸附法收集烟道气中的 CO_2

如果吸附同时发生在吸附剂表面的不同吸附点位，且相应吸附强度存在较大的差异，那么就很难给出在一个确定的温度下，达到吸附平衡时吸附剂表面吸附位被吸附质占据的比例与吸附质分压之间的关系。

朗缪尔（Langmuir　I）通过简单的吸附模型，总结出了吸附只在吸附剂的一种吸附位上进行时的相应关系。

朗缪尔，美国著名物理化学家，界面化学的开拓者，1932 年诺贝尔化学奖获得者

2. 朗缪尔吸附

（1）经典的朗缪尔吸附假设

朗缪尔吸附理论于 1916 年首次被提出，后于 1918 年和

1932 年两次经朗缪尔本人丰富和完善。其基本假设如下：

① **吸附是单层的**。由于固体表面原子配位没有饱和，因此当裸露的固体表面（即空白表面）被气体分子碰撞时就将该气体分子吸附到固体表面上。当固体表面吸附了一层气体分子后，就不再对气体分子有吸附力，因此吸附是单层的。

② **固体表面是均匀的**。即其表面配位不饱和情况相同。这决定了固体表面各个位置对气体分子的吸附强度相同。

③ **气体分子在固体表面的吸附不受邻近气体分子的影响**。被吸附的气体分子与待吸附的气体分子间的相互作用力可以忽略。

④ **吸附平衡是吸附速率和脱附速率达到相等的结果**。在一定的吸附质气体外压下，吸附速率与吸附剂表面的空白面积成正比，而脱附速率则与固体表面被气体分子覆盖的面积成正比。达到吸附平衡时，吸附和脱附仍在进行，只是二者的速率相等。

根据上述假定，就可以推导在一个确定的温度下达到吸附平衡时，吸附剂表面上吸附位的占据比例与吸附质分压之间的关系了。描述这一关系的方程称为**吸附等温方程**。

分别以 k_a和k_d 代表吸附质在吸附剂表面吸附和从吸附剂表面脱附的速率常数，A 代表气态的吸附质分子，M 代表固体表面原子，则吸附和脱附过程可表示为

$$\mathrm{A+M} \underset{k_d}{\overset{k_a}{\rightleftharpoons}} \begin{matrix}\mathrm{A}\\ |\\ \mathrm{M}\end{matrix}$$

设 θ 为吸附剂的表面覆盖度（即吸附剂表面被吸附质覆盖的分数），则

$$\theta=\frac{\text{被吸附质覆盖的表面积}}{\text{吸附剂总表面积}}$$

于是，吸附剂空白表面分数就是（$1-\theta$）。

吸附速率 v_a 应正比于吸附物分子的浓度（用其分压 p_A 表述）和吸附剂空白表面分数（$1-\theta$）：

$$v_a=k_a(1-\theta)p_A$$

脱附速率 v_d 应正比于表面覆盖度 θ，即

$$v_d=k_d\theta$$

当吸附达到平衡时，吸附速率和脱附速率相等，即 $v_a=v_d$，则

$$k_a(1-\theta)p_A=k_d\theta$$

于是

$$\theta=\frac{k_a p_A}{k_d+k_a p_A}$$

令 $b=\dfrac{k_a}{k_d}$（b 称为**吸附平衡常数**，其大小反映吸附的强弱，与吸附剂、吸附质的本性及温度有关），则

$$\theta=\frac{bp_A}{1+bp_A} \tag{6.5-1}$$

这就是被科学研究领域广泛应用的**朗缪尔吸附等温方程**。

根据表面覆盖度的定义，有

$$\theta=\frac{V}{V_m}$$

式中，V_m 和 V 分别为满单层吸附时的吸附质体积和在吸附质的分压 p_A 下的平衡吸附体积。将式（6.5−1）整理得

$$V=\frac{V_m bp_A}{1+bp_A}$$

A6-17
平衡吸附量的测定及吸附等温线的绘制

将 V 相对于 p_A 作图，可得吸附质的平衡吸附量随吸附质分压改变的曲线（称为**吸附等温线**），如图 6.5.2 所示。

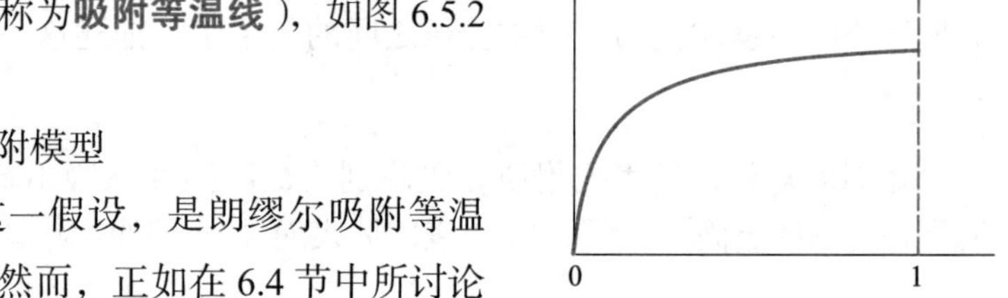

图 6.5.2　吸附等温线

（2）现代朗缪尔吸附模型

吸附剂表面均匀这一假设，是朗缪尔吸附等温方程导出的重要基础。然而，正如在 6.4 节中所讨论的，吸附剂表面的实际情况并非如此。那么，难道朗缪尔吸附等温方程就只能局限地用于吸附剂表面接近均匀的极为特殊情况下的吸附吗？其实不然。

现在让我们考虑下述情况。

虽然吸附剂表面很不均匀（即吸附剂表面存在多种吸附强度不同的吸附位），但若在吸附条件下吸附质只在其中吸附强度最高的那种吸附位上吸附，那么，如果将前述经典朗缪尔吸附模型修正为

① 气体只吸附在固体表面确定的吸附位上；

② 所有吸附位的吸附能力都相同；

③ 吸附质的吸附和脱附不受邻近吸附质分子的影响；

④ 吸附达吸附平衡后，吸附和脱附仍以相同的速率进行。

同时，将表面覆盖度 θ 的定义修正为

$$\theta=\frac{\text{已被吸附质覆盖的吸附位数}}{\text{起吸附作用的吸附位总数}}$$

那么，在经典朗缪尔吸附中 $\theta=1$ 相应于吸附剂表面被吸附质单层覆盖，经上述修正后的 $\theta=1$，便仅相应于对吸附质起吸附作用的吸附位被吸附质占满的情况。这样，

朗缪尔吸附等温方程仍为式（6.5−1）。这就是现代的朗缪尔吸附模型。

这就是说，**现代的朗缪尔吸附模型的实质**就是，吸附于吸附剂表面上的吸附质，具有相同的吸附强度。显然，经典的朗缪尔吸附，只不过是符合现代的朗缪尔吸附的一种特殊情况。即不过是其吸附位在吸附剂表面“紧密排列”而已。

式（6.5−1）可整理为

$$\frac{p_{\mathrm{A}}}{V}=\frac{1}{bV_{\mathrm{m}}}+\frac{p_{\mathrm{A}}}{V_{\mathrm{m}}} \tag{6.5−2}$$

该式表明，对于气体在固体表面的吸附，若记录在等温下一系列吸附质分压 p_{A} 下的平衡吸附体积 V，以 p_{A}/V 相对于 p_{A} 作图得到一条直线，则可判定该吸附即为朗缪尔吸附。这就是朗缪尔吸附的**判据**。

当然，由于朗缪尔吸附只要求所有被吸附的吸附质具有相同的吸附强度，而未限定其统一吸附强度的大小，因而符合朗缪尔吸附特点的吸附，并不限于化学吸附。

在通常的温度（接近常温或高于常温）下，吸附往往是只发生在固体材料表面上的一些特殊点位（即吸附位）上。这些吸附位可能紧密排布［即经典朗缪尔吸附表面，如图 6.5.3(a) 所示］，也可能较集中地分布在固体材料表面的某些区域［如图 6.5.3(b) 所示］，还可能在固体材料表面上无规则地稀疏分布着［如图 6.5.3(c) 所示］。无论这些吸附位在吸附剂表面上的分布属于上述哪一种形式，只要吸附位具有相同的结构和环境，则同一吸附态的同一吸附质，在各吸附位上的吸附都具有相同的吸附强度。

贵金属担载型催化材料在一定条件下吸附 H_2 时，H_2 只吸附在贵金属的表面上而并非吸附在催化剂的所有表面上，此时吸附位在固体表面的分布就属于图 6.5.3(b) 所示的情况。正因为如此，在科学研究中用 H_2 吸附法测定贵金属在载体表面的分散度。其原理如图 6.5.4 所示。

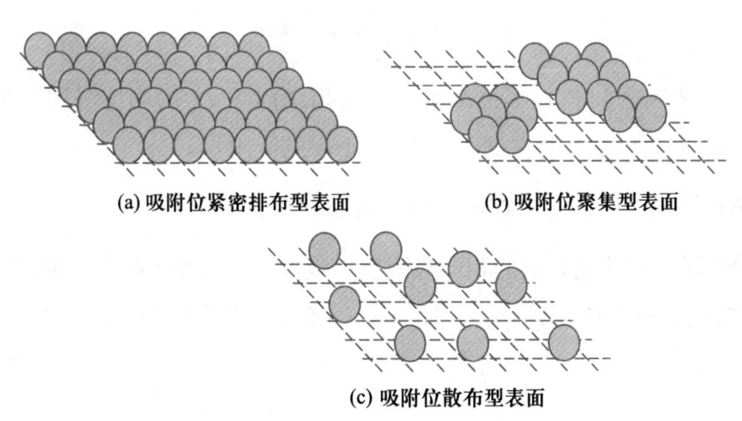

图 6.5.3　固体表面上吸附位的可能分布情况

通常的固体酸材料，酸位在其表面上的分布一般没有规律。NH_3、吡啶这些碱性气体在较高的温度下只被固体酸材料的酸位所吸附。此时吸附位在固体表面的分布就属于图 6.5.3(c) 所示的情况。

若在一固体酸材料的表面上只有两种不同酸强度的酸位，NH_3 在温度 T 下只被该固体酸材料的这两种酸位吸附，那么，当吸附达到饱和进行程序升温脱附时，在所记录的 NH_3-TPD 谱上将出现 NH_3 的脱附峰，分别对应上述两种不同酸强度的酸位，如图 6.5.5 所示。

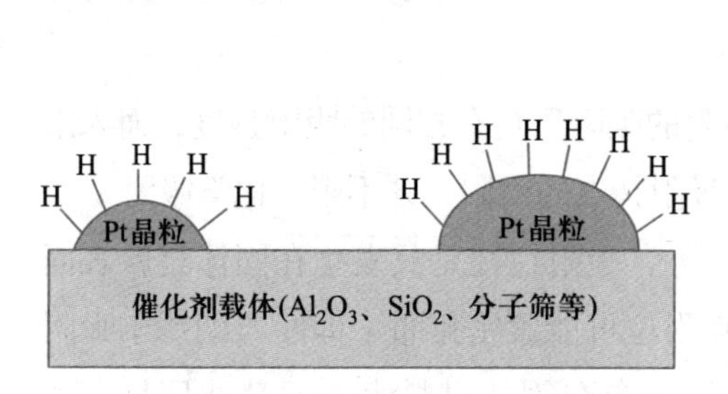

图 6.5.4　用 H_2 吸附法测定 Pt 的分散度原理
（H 原子只吸附在 Pt 晶粒裸露的 Pt 原子上）

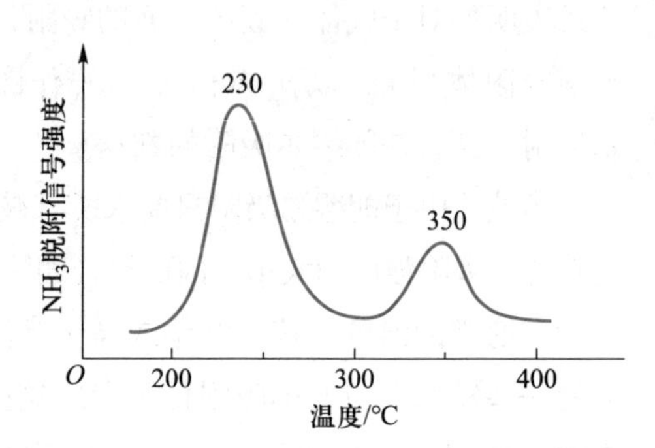

图 6.5.5　某固体酸材料上的 NH_3-TPD 谱

思考题 6.5.1

对于上述固体酸材料在温度 T 下对 NH_3 的吸附，你认为是否可能为朗缪尔吸附？要是控制 NH_3 的吸附在 300 ℃进行呢？

朗缪尔吸附并不限于固体吸附材料对气体的吸附，也广泛应用于固体吸附材料在溶液中对溶质分子或离子的吸附。对于固体吸附材料在溶液中对吸附质 A 的吸附，上述式（6.5-2）就变为

$$\frac{c_A}{\Gamma_A}=\frac{1}{b\Gamma_m}+\frac{c_A}{\Gamma_m}$$

式中，Γ_A 为固体吸附材料在平衡浓度 c_A 下的吸附量；Γ_m 为固体吸附材料表面上所有的吸附位都被吸附质 A 所占据时，即 $\theta=1$ 时的吸附量。

3. 两种吸附质（A 和 B）在同一种吸附位的朗缪尔吸附

当两种吸附质均在吸附剂的相同吸附位上吸附（称为竞争吸附）时，吸附剂的空白吸附位分数就变成了 $(1-\theta_A-\theta_B)$，用与式（6.5-1）相类似的推导方法，可推导得到

$$\theta_A=\frac{b_A p_A}{1+b_A p_A+b_B p_B}$$

$$\theta_B=\frac{b_B p_B}{1+b_A p_A+b_B p_B}$$

式中，b_A、b_B 分别为吸附质 A 和 B 在吸附温度 T 下的吸附平衡常数；p_A、p_B 分别为达到吸附平衡时吸附质 A 和 B 的分压。

4. 吸附质对称解离的朗缪尔吸附

有的吸附质，在吸附剂表面的物理吸附形态是其分子形态，而进行化学吸附时，则对称解离为原子吸附于吸附剂的表面上。例如 H_2 在 Pt、Pd 表面的吸附。如果忽略这些金属原子在不同晶面、晶棱、晶角处配位不饱和的差异，则 H 原子在这些金属表面可视为具有相同的吸附强度，即相应吸附表现为朗缪尔吸附。

$$H_2 + 2Pd \rightleftharpoons 2\overset{\overset{\displaystyle H}{|}}{Pd}$$

A6-18

催化剂表面上吸附氢原子的“氢溢流”

那么，吸附速率为 $v_a = k_a(1-\theta)^2 p$，脱附速率为 $v_d = k_d\theta^2$（吸附和脱附过程均为元步骤，这是由元步骤的质量定律得出的，见 8.6 节）。

由此可推导得到，在达到吸附平衡时，$\theta = \dfrac{\sqrt{bp}}{1+\sqrt{bp}}$。这就是相应的对称解离吸附等温方程。

5. 液氮温度下 N_2 在吸附剂微孔中的吸附凝聚

在液氮温度下，只要空间允许，N_2 分子在吸附剂表面的任何位置都发生物理吸附。在该温度下，N_2 分子不仅在吸附剂表面上吸附，在被吸附的 N_2 分子表面也能吸附，这就是说，该吸附是多分子层的。另外，由于 N_2 在吸附剂的微孔中呈凹液面，因此当用静态法（见前面二维码中有关平衡吸附量测定的内容）逐渐增大系统中 N_2 的平衡分压时，N_2 必依据开尔文方程，按照半径从小到大在相应微孔中凝聚。这样，在一个吸附剂上记录了其一系列平衡分压下的吸附量后，即可分别依据下列不同吸附模型得到该吸附剂的比表面和孔分布。

（1）用 BET 吸附模型测定固体的比表面

前已述及，所谓**比表面**就是 1g 固体所具有的表面积，单位为 $m^2 \cdot g^{-1}$。

BET 吸附模型如图 6.5.6 所示，可简单表述为吸附剂平面上吸附质的多层吸附模型。因为该吸附模型和相应吸附方程由 Brunauer、Emmett 和 Teller 三人于 1938 年提出，因此被称为 BET 吸附模型和 BET 吸附方程。

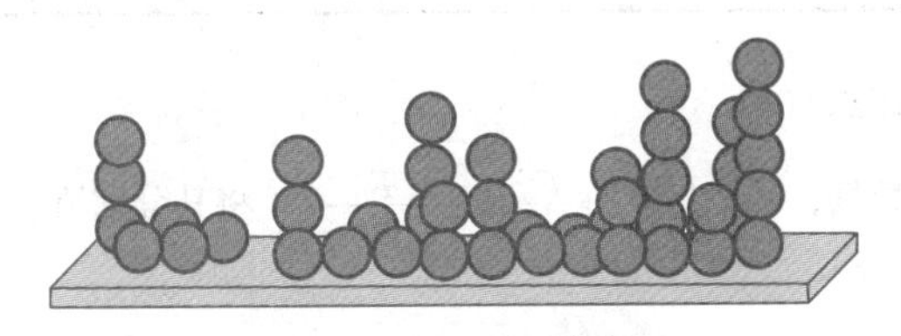

图 6.5.6　BET 吸附模型

BET 吸附方程的导出思想是，第一层 N_2 吸附的作用力是 N_2 和吸附剂之间的分子间力，因而相应吸附焓变和吸附剂有关；从第二层开始，N_2 吸附的作用力是 N_2 分子之间的作用力，因而相应吸附焓变就是 N_2 的凝结焓变。达到吸附平衡时，每一层的吸附速率和脱附速率都达到动态平衡。基于这些条件，导出的 BET 吸附方程如下：

$$\frac{p}{V(p^*-p)}=\frac{1}{V_mC}+\frac{C-1}{V_mC}\frac{p}{p^*}$$

式中，V 为 T、p 下达吸附平衡时吸附质气体的体积；V_m 为吸附质达到单层紧密铺满吸附剂表面时所需要吸附的吸附质气体的体积；p^* 为吸附质气体在温度 T 下呈液态时的饱和蒸气压；C 为与吸附第一层气体的吸附焓及该气体的凝结焓有关的常数。

BET 吸附方程是一个直线方程。对各压强 p 下测得的数据进行处理，得到一系列 $\frac{p}{V(p^*-p)}$ 和 $\frac{p}{p^*}$，将前者对后者作图得一直线，则直线斜率 $=\frac{C-1}{V_mC}$，截距 $=\frac{1}{V_mC}$。由此可解得 V_m 和常数 C。由 V_m 可算出单层紧密铺满固体表面所需 N_2 分子的个数。再将吸附质分子个数乘以每个 N_2 分子所占的横截面积 A_m，其结果即为被测固体吸附剂的表面积 S。该固体吸附剂表面积 S（单位为 m^2）与固体吸附剂质量 m（单位为 g）的比值即为该固体吸附剂的比表面。

实际上，微孔中的吸附模型与平面上的吸附模型存在一定差异。为尽量避开相应情况，用 BET 吸附方程作直线时，一般只取相对压强 $p/p^*=0.05\sim0.35$ 的测定数据。

例 6.5.1 已知，N_2 分子的横截面积 $A_m=1.62\times10^{-19}\,m^2$，在液氮温度下，以氮气为吸附质测定固体表面的 BET 吸附方程为 $\frac{p}{V(p^*-p)}=\frac{1}{V_mC}+\frac{C-1}{V_mC}\frac{p}{p^*}$，其中 p^* 为在液氮温度下液氮的饱和蒸气压（99.125 kPa）。待测固体样品的质量 $m=1.2532$ g，经原位抽空升温除去微孔内可能存在的吸附水后，冷却至液氮温度，向系统中引入少量 $N_2(g)$，达到平衡后记录 $N_2(g)$ 的平衡分压和在样品中的吸附量 V。现测得各平衡分压下该固体样品对 N_2 的吸附体积（折算成标准状况后）如下所示。

p/kPa	7.2583	12.153	20.326	28.521	38.154
V/ mL	113.21	123.10	142.32	161.52	182.66

求：该固体样品的比表面。

解： 依据题中所给数据，计算相应的 $\frac{p}{p^*}$ 和 $\frac{p}{V(p^*-p)}$，将其分别填入表 6.5.2。

表 6.5.2 计算数据

p/kPa	7.2583	12.153	20.326	28.521	38.154
V/ mL	113.21	123.10	142.32	161.52	182.66
p/p^*	0.07322	0.1226	0.2051	0.2877	0.3849
$\dfrac{p}{V(p^*-p)}\Big/(10^{-3}\text{mL}^{-1})$	0.698	1.135	1.812	2.501	3.426

以 $\dfrac{p}{V(p^*-p)}$ 为纵坐标，p/p^* 为横坐标作图，得图 6.5.7。

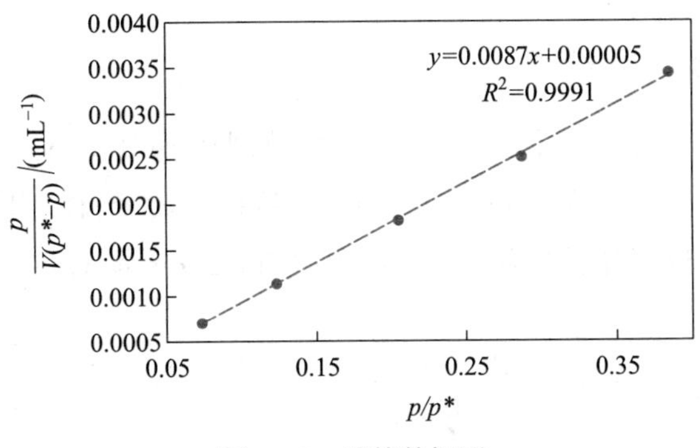

图 6.5.7 计算数据图

由图 6.5.7 可知，各数据点基本处于同一直线上，斜率为 0.0087，在 y 轴（$x=0$）上的截距为 5×10^{-5}。因此有

$$\frac{C-1}{\{V_\text{m}\}C}=0.0087 \tag{a}$$

$$\frac{1}{\{V_\text{m}\}C}=5\times10^{-5} \tag{b}$$

联立 (a) 和 (b) 两方程，解得 V_m=114.29 mL。则

$$n=\frac{114.29}{22400}\text{mol}=5.102\times10^{-3}\text{mol}$$

该固体样品的比表面：

$$A_\text{s}=\frac{nLA_\text{m}}{m}=\left(\frac{5.102\times10^{-3}\times6.023\times10^{23}\times1.62\times10^{-19}}{1.2532}\right)\text{m}^2\cdot\text{g}^{-1}=397.2\ \text{m}^2\cdot\text{g}^{-1}$$

（2）用开尔文毛细管凝聚模型测定固体的孔分布

Barret、Joyner 和 Halenda 认为，在各平衡相对压强 p/p^* 下，所观测到的 N_2 的吸附量来自固体微孔中 N_2 的凝聚。基于开尔文方程，他们创新提出了由一系列平衡分压下的 N_2 吸附量数据，计算给出固体中微孔分布（即固体中微孔在各微孔尺度上的体积）的方法，简称 BJH 法。图 6.5.8 给出了用 BJH 法计算所得某固体吸附剂的孔分布示意图。

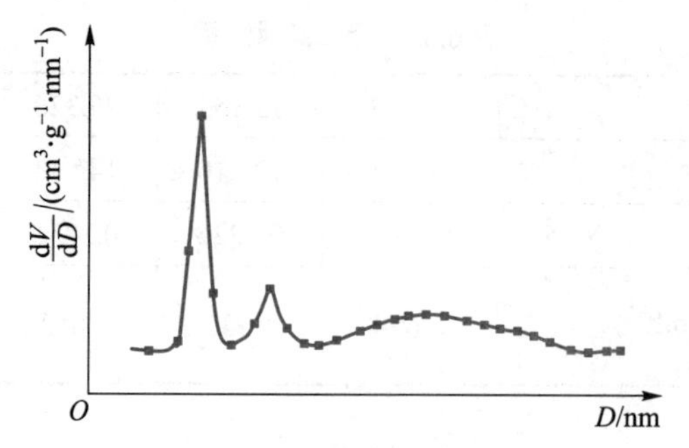

图 6.5.8　用 BJH 法计算所得固体吸附剂的孔分布示意图

6. 常见的吸附等温线类型

吸附等温线是一定温度下，吸附量与吸附质平衡分压 p 的关系曲线。测得的吸附量不仅来自吸附剂表面对吸附质真正意义的吸附，还来自吸附质在吸附剂毛细管中的凝聚。常见的吸附等温线有五种类型（如图 6.5.9 所示）。

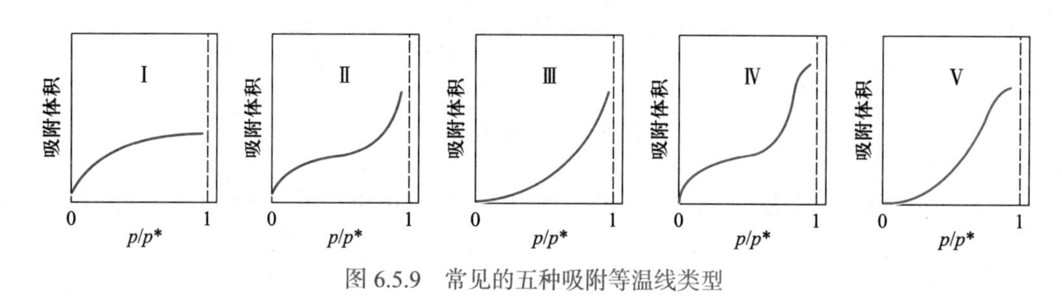

图 6.5.9　常见的五种吸附等温线类型

吸附等温线Ⅰ对应单层物理 / 化学吸附，以及仅在微孔中的吸附质的凝聚。

吸附等温线Ⅱ在相对压强较低段的形状和成因与吸附等温线Ⅰ相同；而吸附体积在相对压强较高段随相对压强增大的逐渐增加，成因是吸附质在吸附剂的中孔和大孔中的凝聚。当吸附质的蒸气压逐渐加大时，由开尔文方程可知，首先达到小孔内其液体的饱和蒸气压，因而吸附质首先在吸附剂小孔内凝聚，然后随相对压强的增大，吸附质才依次在中孔和大孔中凝聚。

吸附等温线Ⅲ对应于吸附质与吸附剂作用极弱且吸附剂微孔很少的情况。在相对压强较高时所出现的较大吸附量，几乎完全来自吸附质在中孔和大孔中的凝聚。

A6-19

压汞法测定固体内的中孔和大孔

吸附等温线Ⅳ对应的吸附剂与吸附等温线Ⅱ相比，区别仅在于吸附等温线Ⅳ对应的吸附剂没有大孔。吸附剂缺乏大孔则无法在较高的相对压强下凝聚更多吸附质而继续增加吸附量。

吸附等温线Ⅴ对应的吸附剂与吸附等温线Ⅲ相比，区别也仅在于吸附等温线Ⅴ对应的吸附剂在较高的相对压强下吸附量增加平缓。这反映出吸附剂缺乏大孔，无法在较高的相对压强下凝聚更多吸附质而继续增加吸附量。

6.6 本章概要

（1）不能用常规形态物质的热力学基础数据，对有大表面积物质参与过程的热力学规律进行预测。这不仅因为大表面积物质具有很大的表面能，还因为物质的表面化学组成与其体相组成通常存在很大差异。

（2）表面张力即单位表面自由能 $\left(\dfrac{\partial G}{\partial A_s}\right)_{T,p,n(\mathrm{B})}=\sigma$。在等温、等压条件下，微量增加物质的表面时，所需的非体积功和系统表面能的增大为 $\delta W_r'=\mathrm{d}G_{T,p,n(\mathrm{B})}=\sigma \mathrm{d}A_s$。

（3）弯曲液面的附加压强 $\Delta p=p_{内}-p_{外}=\dfrac{2\sigma}{r}$；饱和蒸气压 p_r^* 遵循开尔文方程 $\ln\dfrac{p_r^*}{p^*}=\dfrac{2\sigma}{r}\dfrac{M_B}{\rho_B RT}$。

（4）润湿角 $\theta<90°$ 为润湿；$\theta>90°$ 为不润湿。能否发生铺展，取决于由界面能计算所得 ΔG 是否小于 0。

（5）朗缪尔吸附描述的吸附本质为，吸附质在吸附剂上的吸附强度完全相同。单一吸附质的非解离吸附等温方程为 $\theta=\dfrac{bp_A}{1+bp_A}$。

判定是否为朗缪尔吸附的方法为，依据 $\dfrac{p_A}{V}=\dfrac{1}{bV_m}+\dfrac{p_A}{V_m}$，以 p_A/V 对 p_A 作图，看是否为一条直线。

在通常情况下物质的表面并不是均匀的。但是，这并不排除有的吸附在特定的条件下表现为朗缪尔吸附。此时 $\theta=\dfrac{\text{已被吸附质覆盖的吸附位数}}{\text{起吸附作用的吸附位总数}}$，而不是 $\theta=\dfrac{\text{被吸附质覆盖的表面积}}{\text{吸附剂总表面积}}$。

（6）固体的比表面和孔分布通常用 N_2 为吸附质在液氮温度下测定。同一套数据用 BET 吸附模型处理时，可得比表面数据，而用开尔文毛细管凝聚模型处理时，可得固体的孔分布。

习题

1. 已知，大块 $CaCO_3$ 固体在 773 K 下的分解压为 100 Pa。在相同温度下其表面张力 $\sigma=1.21\ \mathrm{N\cdot m^{-1}}$，密度 $\rho=3900\ \mathrm{kg\cdot m^{-3}}$。若 $CaCO_3(s)$ 的颗粒直径为 30 nm，求：

（1）1 mol $CaCO_3(s)$ 所具有的表面能；

（2）在 773 K 下分解反应的摩尔吉布斯函数变；

（3）在 773 K 下分解反应的分解压。

2. 在水中插有材质相同而内径和形状不同的毛细管。如附图所示，已知水在毛细管 A、B 中上升达到平衡后的所在位置。试说明：

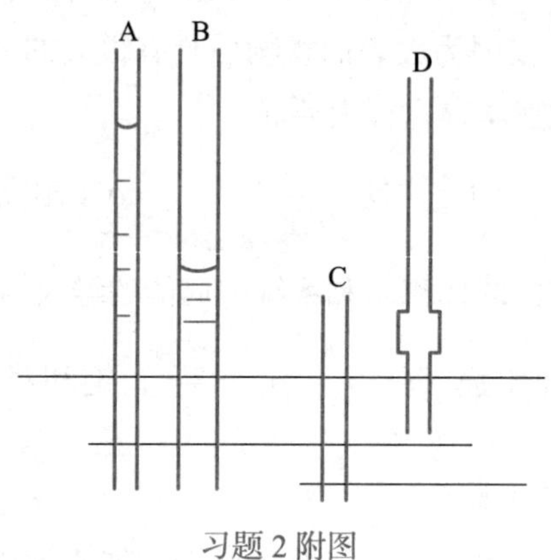

习题 2 附图

（1）在毛细管 C 中是否存在水面平衡位置。如认为存在，请定性说明水面形状（凸、凹液面及曲率半径）；如认为不存在，请说明原因。

（2）在毛细管 D 中水面的平衡位置，并说明原因。

3. 已知，在 20 ℃下水的界面张力为 72.75 $mN \cdot m^{-1}$；5A 分子筛的微孔孔道直径为 0.5 nm，该分子筛为晶态硅铝酸盐，对水有非常好的润湿性。若将水在该分子筛中的润湿角取值为 30 °，试计算：将 5A 分子筛置于干燥器的下层，通过其微孔吸水的方法，在 20 ℃下可使干燥器内的物质处于相对湿度为多大的环境中？

4. 在 20 ℃下水和汞的表面张力分别为 72.75 $mN \cdot m^{-1}$ 和 483 $mN \cdot m^{-1}$，汞和水之间的界面张力为 375 $mN \cdot m^{-1}$。试判断：水是否在汞的表面上自发铺展？

5. Ni/Al_2O_3（Ni 的质量分数为 3%）催化剂是通过一定的方法将金属 Ni 高度分散在 Al_2O_3 载体上得到的。已知，在一定的条件下 CO 只吸附在裸露的金属 Ni 原子上，且吸附符合朗缪尔等温方程，因而可通过测定 CO 在该催化剂上的最高吸附量 V_m，求得金属 Ni 在 Al_2O_3 载体上的分散度。在确定的温度下，不同平衡压强的 CO 在 0.9981 g 该催化剂上的吸附量 V（折算成标准状况的体积）如下所示：

p/kPa	15.213	28.456	44.684	61.310	77.550
V/mL	10.42	15.69	19.46	22.56	24.87

（1）求在该催化剂的 Ni 表面上，覆盖度达到 1 时的最高吸附量 V_m；

（2）若 CO 在 Ni 表面的吸附按反应 $Ni+4CO \longrightarrow Ni(CO)_4$ 进行，求 Ni 金属在该催化剂中的分散度 d（即裸露的金属 Ni 原子占所有 Ni 原子的百分数）；

（3）用被吸附的 CO 分子数目表述上述吸附覆盖度 θ。

6. 已知，在 20 ℃下汞的表面张力为 $\sigma_{Hg}=0.483\ N\cdot m^{-1}$。为用压汞法测定固体样品的中孔和大孔，准确称量质量 $m=2.5261\ g$ 固体样品，经原位抽空升温除去微孔内可能存在的吸附水后，冷却至 20℃。在该温度下用常压液体汞浸没该固体样品，达平衡后逐渐加压 Δp 测定该固体样品外部液体汞的相应减少值。如果想知道该固体样品孔半径在 0.1～1 μm 范围内的孔体积，应注重哪两个 Δp 下液体汞的相应减少值？这两个附加压强下液体汞的相应减少值的差值，可表明该固体样品什么孔结构信息？

C6-1
由附加压强导致的玻璃毛细管内水柱升高

C6-2
由表面张力决定的液滴大小

C6-3
溶质在溶液表面的吸附

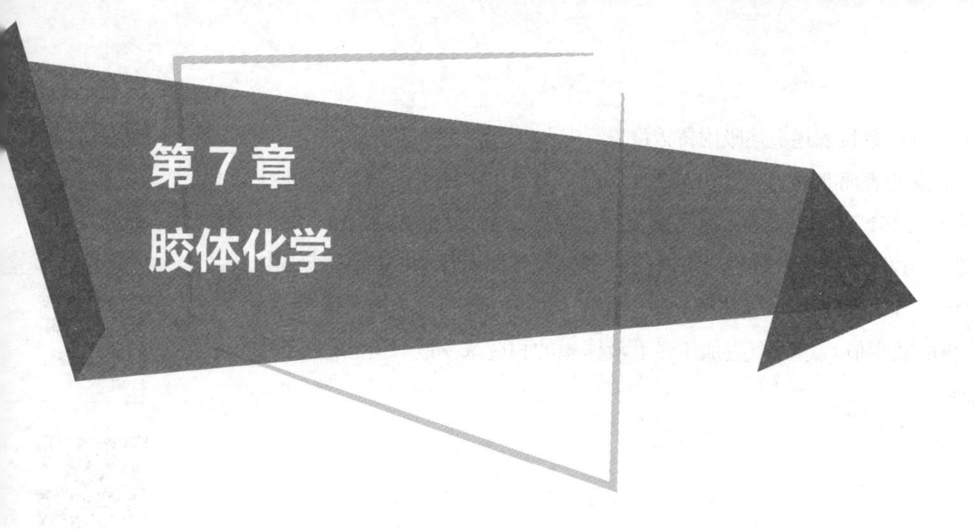

第 7 章 胶体化学

将一种或几种物质以一定大小的粒子分散在另一种物质中所构成的系统，称为**分散系统**。其中，被分散的物质称为**分散相**，起分散作用的物质称为**分散介质**。**胶体**，泛指分散相的粒子处于 1～100 nm 范围内的分散系统。

在一般情况下，胶体的分散介质为液相。分散相为液相而分散介质为气相的胶体称为气溶胶。

7.1 胶体化学概论

1. 分散系统的分类

如图 7.1.1 所示，胶体包括均相的大分子溶液、缔合胶束溶液和多相的溶胶。在大分子溶液中，大分子只有一维尺寸落入了 1～100 nm，而其他两个维度的尺寸很小。缔合胶束溶液，就是当表面活性剂的浓度超过了临界胶束浓度后，在溶液本体出现了缔合胶束后的溶液。虽然大分子溶液和缔合胶束溶液分散相的尺寸比真溶液（电解质溶液和小分子溶液）大得多，但由于它们在热力学上是稳定的，因此也将其与电解质溶液和小分子溶液一并列入了均相分散系统。但是，作为胶体成员的溶胶则是物质存在的一种亚稳态，即在热力学上是不稳定性的，因而属于多相分散系统。

由于大分子只有一维尺寸落入了 1～100 nm，因而大分子溶液的丁铎尔效应非常微弱。虽然缔合胶束溶液与溶胶均具有较强的丁铎尔效应（图 7.1.2 为激光在夜空的气溶胶上散射形成的美丽景象），但二者的其他性质却相差甚远。例如，缔合胶束溶液无论放置多长时间，其体相浓度永远保持均一；而溶胶在长时间放置时其分散相在分散介质中则存在一定规律的分布。这就是说，上述三类以不同形态存在的胶体，仅在分散相的最大一维尺寸上具有一定的共性，而在其他性质上很难一概而论。

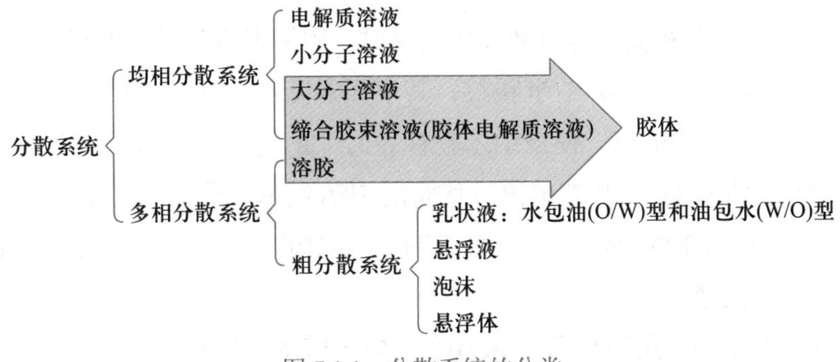

图 7.1.1　分散系统的分类

图 7.1.2　激光在夜空的气溶胶上散射形成的美丽景象

在上述三类胶体中，溶胶不仅成员众多，而且在化工生产、环境保护、新材料制备、食品、医疗等诸多方面发挥的作用也最为重要。因此，在本章中，只讨论溶胶的结构、性质和制备方法，以及通过溶胶制备纳米材料及大表面多孔物质的方法。

2. 溶胶的胶团结构

高度分散在水（或水溶液）中的固体颗粒，其表面总是带有电荷的。固体颗粒表面电荷的成因，因固体颗粒的性质和所处介质的性质不同而异，但不外下述两种可能的原因。

① 吸附：即分散介质中离子在固体颗粒表面的选择性吸附。在一般情况下，固体颗粒表面总是优先吸附那些与其组成相同或类似的离子。例如，用 $AgNO_3$ 和 KI 制备 AgI 溶胶时，由于溶液中存在的 Ag^+ 和 I^- 都是 AgI 溶胶的组成离子，若形成胶体时溶液中 $AgNO_3$ 过量，则所得 AgI 固体颗粒表面便吸附 Ag^+ 而带正电荷；反之，

当 KI 过量时，AgI 固体颗粒表面吸附 I^- 而带负电荷。又如，由 $FeCl_3$ 水解而形成的 $Fe(OH)_3$ 纳米颗粒，由于吸附溶液中与 $Fe(OH)_3$ 组成类似的 FeO^+，使相应纳米颗粒带正电荷。

② 解离：当分散相固体与分散介质接触时，固体表面分子发生解离，因而使固体颗粒表面带电荷。如 SiO_2 纳米颗粒，其表面羟基在酸性溶液中（结合溶液中的 H^+）以— OH_2^+ 的形式解离，使该纳米颗粒表面带正电荷。当 SiO_2 纳米颗粒处于碱性溶液中时，则以— O^- 的形式解离，从而使 SiO_2 纳米颗粒带负电荷。

这样，具有 1～100 nm 直径，表面带有一定密度（正或负）电荷的固体颗粒，就构成了溶胶的**胶核**。

溶胶的胶团结构可用**斯特恩（Stern）双电层模型**进行描述。

如图 7.1.3 所示，因静电作用，溶液中一些与胶核所带电荷相反的离子（称为**反离子**）便以静电引力吸附在胶核表面。这部分反离子能够较牢固地结合在胶核表面，因此将该反离子层称为**紧密层**（或**斯特恩层**）。这就是胶核外的第一层离子。紧密层反离子中心所形成的假想面，称为**斯特恩面**。由于在溶液中反离子的水化作用，上述紧密层的厚度近似于水化离子的半径。胶核连同其外围紧密层离子，被称为**胶粒**。因紧密层离子所带电荷不足以平衡胶核表面所带电荷，因而胶粒表面带有与胶核同号的电荷，但带有的电荷与胶核所吸附的反离子所带电荷相比要少得多。

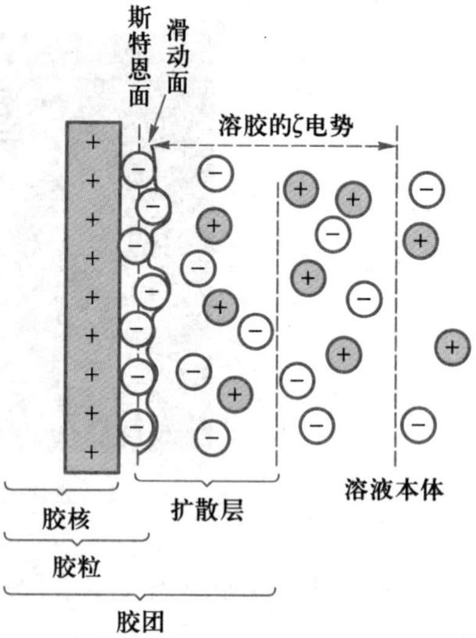

图 7.1.3　斯特恩双电层模型

胶团被定义成不带电荷的电中性微粒。那么可以想象，胶粒会通过静电作用而吸引一层反离子，形成胶核外的第二层离子。这一外层称为扩散层。在该扩散层中，不仅存在反离子，也存在**同离子**（和胶核电荷相同的离子）。离胶粒越远，扩散层中同离子所占的比例就越大。该扩散层的厚度，就是从斯特恩面开始直到胶粒所带电荷刚好被反离子和同离子的净电荷完全消除的那一假想面之间的厚度。

胶粒与扩散层构成胶团。由于扩散层的净电荷（正、负电荷抵消后的剩余电荷）刚好与胶粒所带电荷符号相反，数量大小相等，因此整个胶团是电中性的。

实际上，胶粒与扩散层间的离子结合力极弱，而紧密层反离子与胶核的结合紧密，因此胶粒在溶胶中移动，实际上就是以胶粒上紧密层水合离子外缘所构成的球面作为滑动面在扩散层中滑动。在胶粒移动中，随时随地与邻近的离子形成新的扩散层。

胶粒的上述滑动面相对于溶胶本体的电势称为**溶胶的 ζ 电势**。当然。溶胶的胶粒所带的净电荷越多，溶胶的 ζ 电势的绝对值就越大。

胶团结构可用结构式表述。在结构式中扩散层中的同离子不写出。如前述 KI 溶液滴加到过量 $AgNO_3$ 溶液中所得 AgI 溶胶，可用结构式表述为 $[(AgI)_m nAg^+ \cdot (n-x)NO_3^-]^{x+} \cdot xNO_3^-$。忽略扩散层中同离子的胶团结构如图 7.1.4 所示。

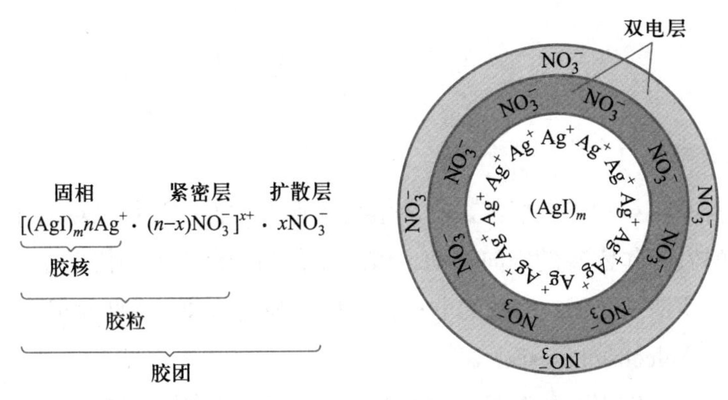

图 7.1.4　在 $AgNO_3$ 溶液中的 AgI 溶胶

7.2 溶胶的性质与利用

1. 溶胶的沉降与沉降平衡

与大分子溶液、缔合胶束溶液不同，溶胶中的胶粒在重力场中会逐渐下沉。胶粒的下沉过程称为**沉降**。由于介质的黏度对胶粒下沉的阻止，以及布朗运动和胶粒间静电排斥对胶粒的扩散作用，沉降过程实际上进行得非常缓慢，以至于难以测定其沉降速度。

当沉降过程使胶粒在容器中的密度形成了一定的梯度分布［见图 7.2.1(a)］后，上述胶粒的沉降与扩散作用便达到一定的平衡。在等温条件下，胶粒在容器中的密度梯度分布就不再变化，此时称溶胶达到了**沉降平衡**。

由于溶胶的沉降造成了胶粒和扩散层在一定程度上的相对分离，因此溶胶的沉降必然导致溶胶上层液和下层液之间出现沉降电压，如图 7.2.1(b) 所示。显然，随着沉降过程的进行，沉降电压逐渐增大，对沉降的阻止作用越来越强，这也是使溶胶最终达到沉降平衡的主要原因之一。

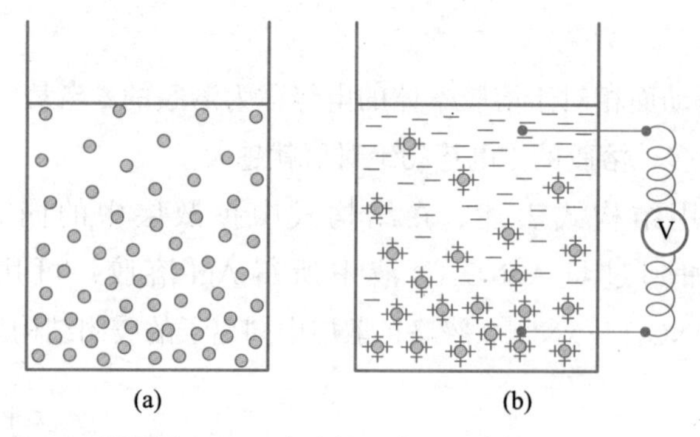

图 7.2.1　溶胶的沉降和沉降电压

2. 溶胶的电动行为

既然溶胶的胶粒和扩散层都带有净电荷，那么它们在外加电场的作用下必然会分别向相反的方向作宏观的定向移动，该现象称为电动现象。依据在外加电场的作用下胶粒的移动是否受限，溶胶的电动行为可分为电泳和电渗两种情况。

（1）电泳（electrophoresis）

在外加电场的作用下，溶胶的胶粒和扩散层离子都不受限制地在分散介质中定向移动，这一过程称为电泳。这与电解质溶液中的离子在外加电场中作定向移动的现象在本质上是相同的。胶粒如果所带的净电荷为正，则向外加电场的负极移动，反之则向外加电场的正极移动。因此，电泳是判定胶粒所带电荷电性的重要研究手段。

研究电泳的方法主要分为界面移动法、区域电泳法和显微电泳法（即在显微镜下直接观察胶粒的电泳速度）。图 7.2.2 给出了用界面移动法测定胶粒的宏观移动速度的装置图。

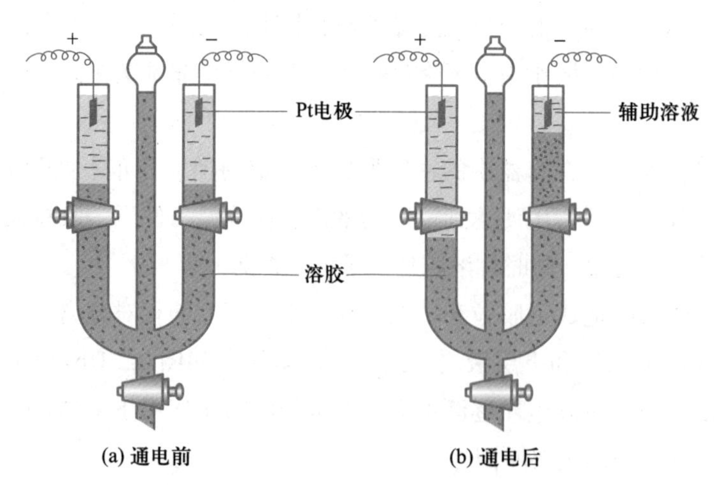

图 7.2.2　用界面移动法测定胶粒的宏观移动速度的装置图

溶胶的ζ电势的绝对值越高，在确定的电场强度和分散介质黏度条件下，胶粒在电泳中的宏观移动速度就越快，因而由胶粒的宏观移动速度就可计算得到溶胶的ζ电势。这部分知识将在专业课中进行深入学习。

电泳被广泛应用于工业生产、材料制备、医疗等诸多领域。例如，橡胶微粒是带电荷的，应用电泳原理可以使橡胶电镀在金属、布匹或木材上。医用乳胶手套就是利用橡胶电镀制成的。所得乳胶手套轻薄、均匀，还易于硫化，具有高弹性。陶瓷工业利用电泳使高岭土中的黏土粒子与杂质分离而获得很纯的黏土，利用这种高纯的黏土可以制造高质量和特殊用途的陶瓷制品。环境工程中的静电除尘，则是利用外加电场使烟雾气溶胶中的灰尘等固体物带电荷后，通过在气态分散介质中的电泳富集于筒形基板上而达到除尘的目的的。电泳还是污水处理中常用的有效方法，污水中带有电荷的污染物胶粒通过电泳方法可直接在电极上放电后富集，进而清除。通过“三次采油”抽到地面上的石油乳状液的油水分离也应用到电泳原理。医生通过“纸上电泳”分离血清蛋白来确认患者的肝硬变情况。

（2）电渗 (electroosmosis)

在外加电场的作用下，利用只允许离子和分散介质穿过的半透膜或固体的微孔，限制溶胶的胶粒运动，而仅使扩散层离子在分散介质中定向移动，这一过程称为**电渗**。图 7.2.3 给出了电渗仪示意图。

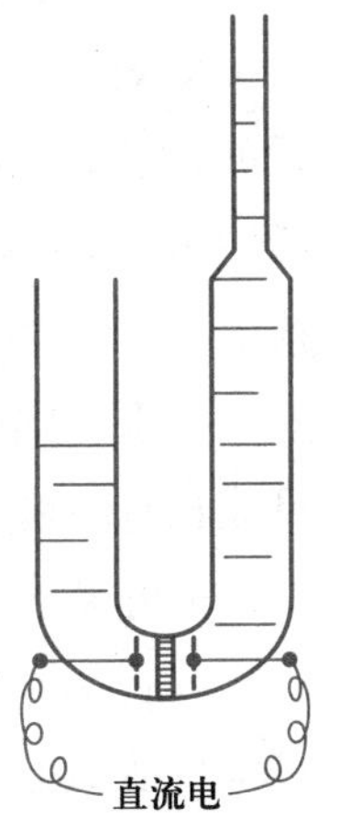

图 7.2.3 电渗仪示意图

电渗目前较多地应用于科学研究，在工业上应用较少。例如，电渗可用于难过滤浆液（如纸浆、黏土浆等）的快速过滤。

3. 溶胶的聚沉

由于溶胶是物质存在的一种亚稳态，是一种热力学的不稳定系统，因而有通过其胶粒之间的相互聚结而降低其界面能的自发趋势。但是，正如其他物质的亚稳态一样，要打破相应亚稳态使其向稳定的热力学态转变需要一定的条件（能垒）。也就是说，溶胶虽然在热力学上是不稳定的，但在动力学上是稳定的。例如，密封的金溶胶在没有震动、光等外加非体积功的条件下甚至可以稳定存放几十年。

支持溶胶动力学稳定的因素有以下两方面：

① 胶粒所带的电荷。同种胶粒，总是带有同号的电荷。当两个胶粒被可能的布朗运动推近时，其相同电荷的排斥力足以使之分开。胶粒所带的净电荷数越多，即溶胶的ζ电势越高，这种排斥作用就越强，溶胶就越稳定。也就是说，胶粒之间电荷排斥作用是保持溶胶动力学稳定的“第一道关键屏障”。

② 胶粒的溶剂化作用。在溶胶中，所有离子都是溶剂化的。包围反离子的溶剂分子，被胶核紧密吸附形成胶粒时被“陪嫁”到胶粒表面，这就使得胶粒的滑动面被这些溶剂分子包围起来，形成了一层溶剂外壳。当两个胶粒相互靠近时，胶粒的溶剂外壳因受到挤压而变形，形成弹开这两个胶粒的“弹力”。也就是说，胶粒的溶剂化外壳是阻碍胶粒聚结的“第二道屏障”。

既然胶粒表面的溶剂化可以阻碍胶粒间的聚结，那么如果在胶粒表面“安”上较长的“弹性刺”应该对阻碍胶粒间的聚结更为有效。这一正确认知助力人类在制备纳米粒子技术上实现了突飞猛进的发展。

为了避免胶粒间聚结成大颗粒沉淀物，在加入沉淀剂前，先向溶液中加入与胶粒结合能力较强的长链表面活性剂，使胶粒一经形成就被表面活性剂分子保护起来（见图 7.2.4），更加难以相互接近，从而使溶胶得到了更好的动力学稳定性。

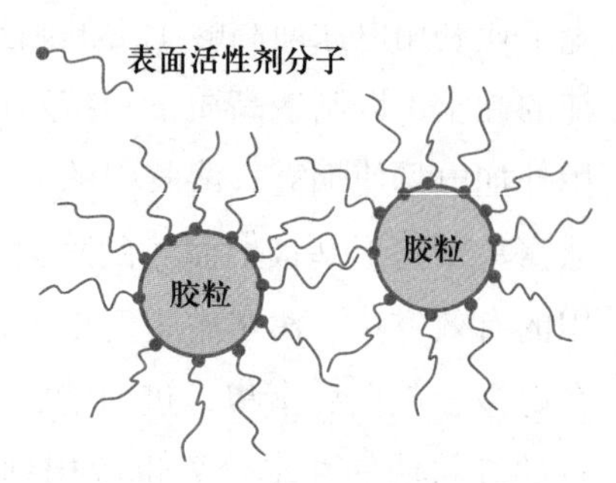

图 7.2.4　表面活性剂大幅度提高了溶胶的动力学稳定性

出于不同的应用目的，有时人们希望溶胶尽可能长时间地保持已有的热力学亚稳态，而有时人们又需要破坏溶胶的动力学稳定性，推近该热力学亚稳态向热力学稳定态转化，即需要溶胶的胶粒相互聚结形成沉淀物。后一情况的实例不仅在科学研究、化工生产、环境保护中比比皆是，而且在日常生活中也极为常见。例如，用豆浆制作豆腐，使污水中以溶胶存在的污染物沉积下来，等等。

使溶胶中分散相的微粒相互聚结生成沉淀的过程，称为**溶胶的聚沉**。

（1）电解质对溶胶的聚沉

要使溶胶聚沉，当然就要想方设法破坏上述溶胶在动力学上赖以稳定的最关键因素，即降低和消除胶粒之间的静电排斥作用。

向溶胶中加入强电解质，是使胶体聚沉最简便的方法。这是因为，溶胶中的离子浓度越高，就会使越多的反离子进入斯特恩层，使胶粒所带的净电荷变得越少，ζ 电势的绝对值变得越低，胶粒间斥力变得越小。当胶体中电解质的浓度达到一定程度时，进入斯特恩层的反离子所带的电荷甚至可将胶核所带的电荷完全抵消，使胶粒不再带电荷（称为**等电态**，ζ 电势的绝对值为 0）。此时，保持溶胶动力学稳定的“第一道关键屏障”已不复存在，溶胶就变得极易聚沉了。在长江、黄河、珠江等江河的入海口处之所以会形成三角洲，就是因为江河水中带负电荷的硅溶胶（黏土颗粒）在海水中无机阳离子的作用下，发生聚沉而逐渐沉积形成的。

由此可知，加入强电解质使胶体聚沉时，实际起作用的是与胶粒电荷相反的离子，即反离子。那么，强电解质中反离子价数越高，它对胶体的聚沉能力就越强，使胶体聚沉时所需要的浓度就越小。电解质对溶胶的聚沉能力，通常用**聚沉值**来表示。聚沉值是指使一定量的溶胶在一定时间内完全聚沉所需电解质的最小浓度。舒尔策和哈代由实验数据总结得出，聚沉值大致与反离子价数的 6 次方成反比（**舒尔策-哈代规则**）。之所以用卤水（$MgCl_2$）或石膏 ($CaSO_4$) “点豆腐”，使带负电荷的大豆蛋白质胶粒聚结，就是因为其 Mg^{2+} 或 Ca^{2+} 作为胶粒反离子的价数较高。

对于价数相同的反离子，其聚沉能力虽然相近，但也略有不同。对于负溶胶，一价正离子的硝酸盐的聚沉能力排序为

$$H^+ > Cs^+ > Rb^+ > NH_4^+ > K^+ > Na^+ > Li^+$$

对于正溶胶，一价负离子的聚沉能力排序为

$$F^- > Cl^- > Br^- > NO_3^- > I^-$$

这种顺序称为**感胶离子序**。

当然，电解质中的“同离子”，对胶体的聚沉也有一定的作用。不过，“同离子”的作用表现为“负作用”。“同离子”的价数越高，越不利于电解质对溶胶的聚沉。

例 7.2.1 用等体积的 $0.08\ mol \cdot L^{-1}$ 的 $AgNO_3$ 溶液和 $0.10\ mol \cdot L^{-1}$ 的 KI 溶液混合制备 AgI 溶胶。写出该溶胶的胶团结构式，并比较电解质 $NaNO_3$、Na_2SO_4、$CaCl_2$、$MgSO_4$ 对该溶胶聚沉能力的强弱。

解：由于 KI 过量，胶核优先吸附 I^- 而形成带负电荷的胶粒，胶团结构式为

$$[(AgI)_m\ nI^- \cdot (n-x)K^+]^{x-} \cdot xK^+$$

由于 AgI 胶粒带负电荷，因此起聚沉作用的应该是电解质溶液中的正离子。根据舒尔策-哈代规则，二价正离子的聚沉能力较强，因而聚沉能力为 $CaCl_2$、$MgSO_4 > Na_2SO_4$、$NaNO_3$。对于同离子（此处指负离子）而言，价数越高，对聚沉的不利作用越强。所以四种电解质对 AgI 溶胶聚沉能力由强到弱的顺序为

$$CaCl_2 > MgSO_4 > NaNO_3 > Na_2SO_4$$

（2）正溶胶和负溶胶的相互聚沉

将两种电性不同的溶胶混合往往导致聚沉。这是因为，库仑引力使带相反电荷的胶粒彼此接近并使其所带电荷相互抵消，如图 7.2.5 所示。

例如，明矾在水中水解生成带正电荷的 $Al(OH)_3$ 胶粒，使水中带负电荷的黏土胶粒聚沉；不同牌号的墨水相混会产生聚沉（堵塞墨水笔）；医学上利用血液能否相互凝结（聚沉）来判断输血时是否与要求血型匹配等，都与电性不同的溶胶的相互聚沉作用有关。

不过，电性不同溶胶的混合，与电解质对溶胶聚沉的影响不同。只有当两种溶胶所带正、负电荷的总量相等时才会完全聚沉，否则将聚沉不完全或不发生聚沉。

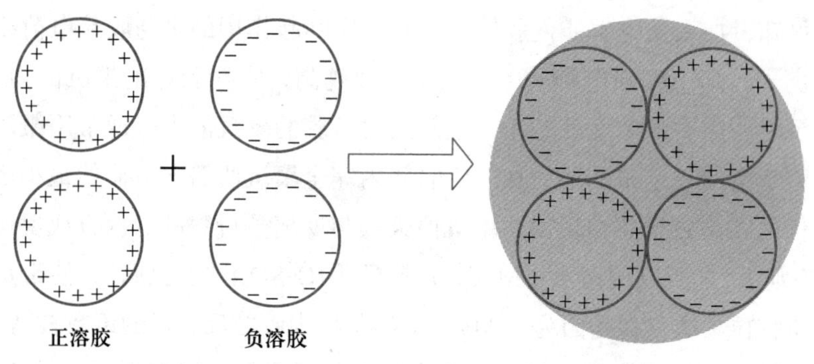

图 7.2.5　两种电性不同的溶胶混合时导致的聚沉

（3）特殊高聚物分子对溶胶的聚沉

特殊高聚物分子对溶胶的聚沉作用来自其搭桥效应。由高聚物分子加入溶胶而引起的溶胶聚沉又称为絮凝，相应的高分子物质称为絮凝剂。作为絮凝剂的高聚物分子，在结构上一般是具有很多个吸附基团的线型聚合物（例如，相对分子质量达几百万的聚丙烯酰胺）。少量絮凝剂使溶胶聚沉的机制为，当絮凝剂被加入溶胶中时，其长链高聚物分子的多个吸附基团吸附在多个胶粒上，因此长链高聚物分子将这些胶粒"搭桥"连接在一起，形成较大的聚集体而使溶胶聚沉，如图 7.2.6 所示。

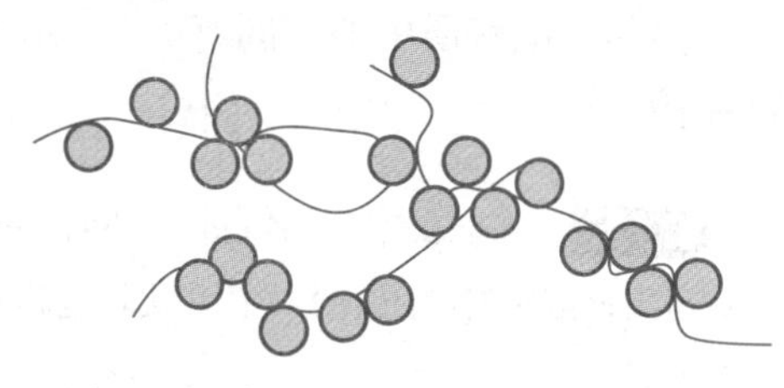

图 7.2.6　高聚物分子对溶胶的聚沉作用

加入溶胶中聚沉溶胶用的絮凝剂必须是适量的，否则，有可能会导致多个絮凝剂分子吸附缠绕同一胶粒。这样，反而使胶粒之间相互接近受到阻碍，使溶胶变稳定。

讨论题 7.2.1

溶胶的沉降与聚沉有何不同？丁铎尔效应对于二者的作用是否相同？

7.3 溶胶的制备与净化

溶胶，不仅本身就是非常重要的产品存在形态，如硅溶胶、涂料、椰奶等，而且是制备纳米粒子、大表面气凝胶、多孔干凝胶的中间体。溶胶正吸引着越来越多研究者加入其制备研究的行列，近几十年来溶胶的制备技术得到迅速发展。得益于此，纳米粒子、大表面多孔材料等的制备技术也得到了突飞猛进的发展。在此我们仅学习溶胶制备的一些主要方法。

1. 溶胶的制备

在一般策略上，溶胶的制备有以下两个大方向。

一个大方向是分散法，也被称为自上而下（top-down）法，即将大尺寸的物质用适当的方法进行粉碎，并分散在一定的介质中形成胶体的方法。由于分散时物质的界面面积增加巨大，因此不是需要实施该过程的机器具有很大的功率就是需要该过程进行很长的时间。这是因为，溶胶的巨大界面能需要相应表面功对等转换。同时，还必须加入第三种物质（如表面活性剂），以增大溶胶的动力学稳定性。分散法可细分为胶体研磨法、超声波分散法、电分散法、胶溶法等。一般而言，用分散法所得的溶胶粒径范围分布较宽。

另一个大方向是凝聚法，也被称为自下而上（bottom-up）法。与分散法相比，凝聚法在能量上有利于生成分散度高的溶胶，是制备小于 10 nm 胶粒的最佳方法。凝聚法可分为物理凝聚法和化学凝聚法两类。

物理凝聚法只应用于特殊的情况。例如，在高真空下加热金属使其缓慢汽化，将金属的蒸气在惰性载气携带下通入不能使其溶解和反应的液态介质中，使金属原子聚集成原子簇或胶粒。又如，在室温下将水加入硫的乙醇饱和溶液中，由于硫在水中的溶解度很低而在乙醇和水的混合溶剂中析出，形成硫溶胶。

化学凝聚法的应用极为广泛。在理论上说，凡是能生成不溶物的化学反应，只要控制好反应条件，并配以表面活性剂对形成的胶粒进行保护，都可以用来制备溶胶。下面仅介绍三种最常用的化学凝聚法。

（1）复分解反应

两种可溶性盐的复分解反应，是制备大颗粒难溶盐、氢氧化物沉淀物的常用方法。如果在可形成沉淀的条件下，使用稀溶液并施以超强搅拌和超声分散等手段，确保在一种离子过量的条件下不出现另一种离子的局部过浓，配以表面活性剂保护形成的胶粒不相互聚结，就可得到相应溶胶而非大颗粒沉淀物。例如，由硝酸盐和氯化钾的稀溶液制备乳白色的氯化银正溶胶或负溶胶。

（2）水解反应

用较稀的金属盐水溶液水解，是制备相应金属氢氧化物或氧化物溶胶常用的方法。依据相应金属盐是否容易水解的性质，可以控制水解在一定的 pH 范围内进行。例如，向低浓度的三氯化铁溶液中加入少量酸，加热至沸后，生成棕红色氢氧化铁溶胶或三氧化二铁溶胶：

$$FeCl_3 + 3H_2O \xlongequal{} Fe(OH)_3(\text{溶胶}) + 3HCl$$

依据三氯化铁溶液的浓度、溶液中加酸的种类及溶液的 pH，所得溶胶的胶粒可表现出不同形状和粒径大小（如图 7.3.1 所示）。

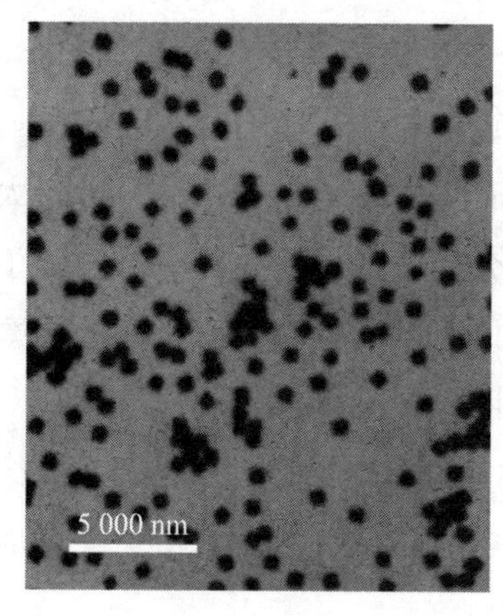

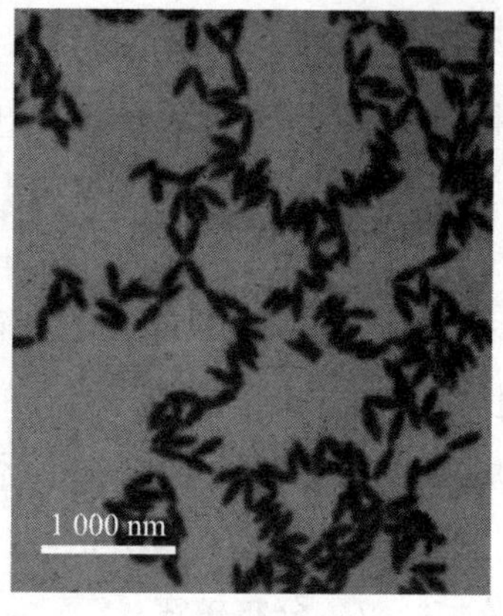

图 7.3.1　控制水解条件制得的溶胶胶粒的 TEM 图

通常所说的溶胶-凝胶法，其溶胶的制备（见二维码 A7-2）也属于此法。

（3）还原反应

在室温或加热条件下，溶液中的金属离子很容易被较强的还原剂还原成金属原子。后者不溶于分散介质水，因此经过原子间团聚生成溶胶胶粒。常用的还原剂包括硼氢化钠、甲醛、有机多元酸及其盐、多元醇等。例如，将柠檬酸三钠溶液加入沸腾的氯金酸稀溶液中共沸 15 min，即可得到胶粒粒径为十几纳米的金溶胶。研究表明，用该法所得金属胶粒的尺寸，不仅和还原剂的种类、加入量、还原温度有关，还与溶液的 pH、加料顺序有关。

2. 溶胶的净化

有时，由于制备条件选择不当或制备方法存在固有缺陷，导致在溶胶中除了待制备的胶粒外还存在较大聚集颗粒。为使最终所得固体颗粒的尺寸均匀，相应大颗粒也需要除去。在这样的情况下，通常先采用普通滤纸过滤法或低速离心法除去这些较大的聚集颗粒后再进行溶胶的净化。

所谓**溶胶的净化**，就是除去溶胶中过量的电解质的过程。

由于溶胶的胶粒极小（1～100 nm），因而将溶胶中过多的电解质和分散介质除去往往非常困难。下面介绍几种最常用的溶胶的净化方法。

（1）超离心法

超离心法是使用转速大于 80000 $r \cdot min^{-1}$ 的超离心机使胶粒沉降分离的方法。

（2）超过滤法

超过滤法是利用半透膜（允许离子和分散介质通过的膜）加压过滤（即加压超过滤，见图 7.3.2）或利用半透膜进行电渗辅助的抽滤（即电超过滤，见图 7.3.3）净化溶胶的方法。

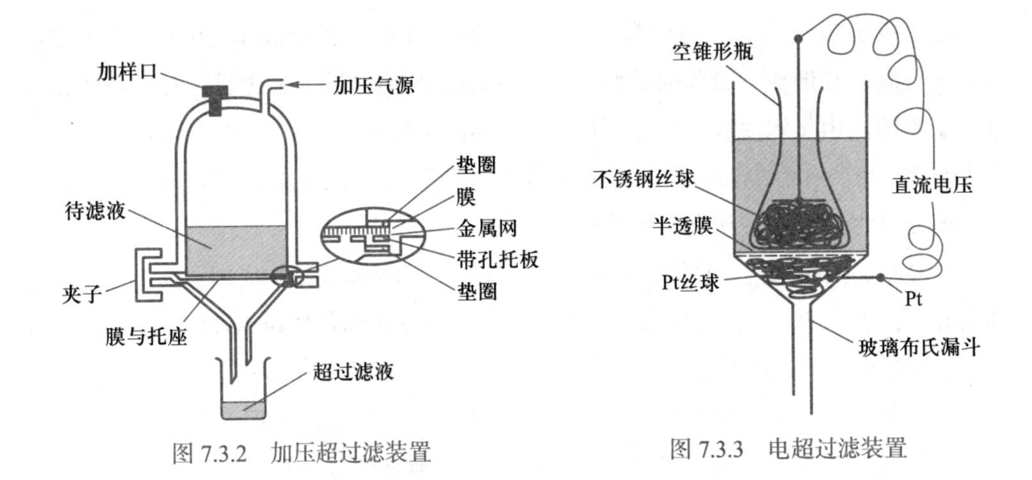

图 7.3.2 加压超过滤装置　　图 7.3.3 电超过滤装置

（3）渗析法

渗析（dialysis）也称为透析，是利用半透膜袋对溶胶进行清洗的方法。所使用的半透膜袋由火棉胶、醋酸纤维膜和改性聚乙烯醇膜制成。将待清洗的溶胶装入袋内，然后将袋浸入蒸馏水中。由于膜内外离子浓度的不同，膜内离子和小分子自发地向膜外转移。

A7-1
血液渗析

3. 凝胶

凝胶分为水凝胶和干凝胶。

在水溶胶（即分散介质为水的溶胶）中，如果胶粒的密度足够大，在放置过程中胶粒便相互靠近联结成线状，再交联成网状结构，而水溶液则填充于该网状结构中。此时，该高度分散系统便失去了原来的流动性而呈现半固体状态［如沼泽、$Al(OH)_3$ 水溶胶等］。该状态被称为**水凝胶**。

很多水凝胶受到搅动时又可恢复水溶胶原来的流动性，该现象称为**触变**。触变现象发生的机制是，水凝胶中由胶粒形成的网状结构因搅动而受到破坏变为胶粒线状结构，从而使溶胶的流动性得到复原（如图 7.3.4 所示）。静止后，线状结构的胶粒可重新相互交联为网状，系统则再次变为水凝胶。除了较长时间放置外，温度的改变、溶剂的转化（如向水溶液中加入乙醇）、电解质的加入等也都会使水溶胶变为水凝胶。

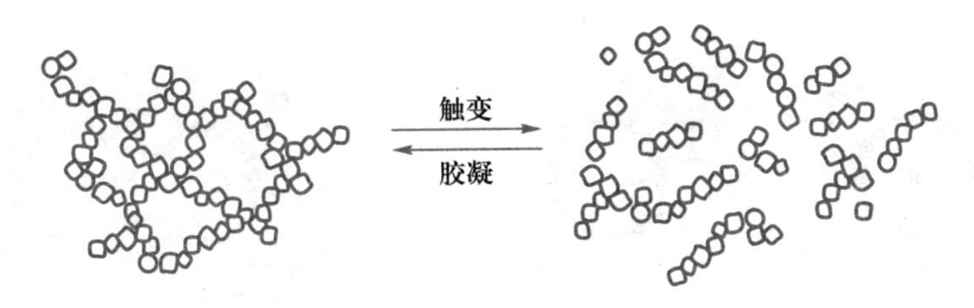

图 7.3.4 水凝胶触变模型

水凝胶干燥脱水即成为**干凝胶**（如通常作为干燥剂的硅胶）。由水凝胶干燥形成的干凝胶，在形成干凝胶时其胶粒形成的网状结构可进一步交联，并导致体积的进一步收缩。由于水凝胶变为干凝胶时网状结构的进一步交联，以及胶粒外围水膜消失导致的胶粒间结合的增强，使所形成的干凝胶（如 SiO_2、TiO_2、Al_2O_3、V_2O_5 等）即使吸水也很难重新变为水凝胶。

干凝胶的网状结构，是**湿法**制备多孔无机物时的基本孔结构成因。要通过湿法得到具有大比表面的多孔固体物质，首先要探求有效方法制备粒径小且均一的溶胶。其次，还要探求有效方法避免在水凝胶干燥脱水形成干凝胶的过程中胶粒的合并长大。

反相微乳法是制备纳米粒子的重要方法之一。该方法的原理是将制备纳米粒子的前身物溶解在水中，利用表面活性剂将该水溶液高度分散在油相（反相）中形成微乳（如图 7.3.5 所示）。受微乳滴大小的限制，微乳滴中沉淀前身物与沉淀剂反应后就变成了微小的沉淀颗粒。显然，最终制得的纳米粒子的均匀度和晶粒大小与微乳滴的均匀度、大小及微乳滴中沉淀前身物的浓度直接相关。

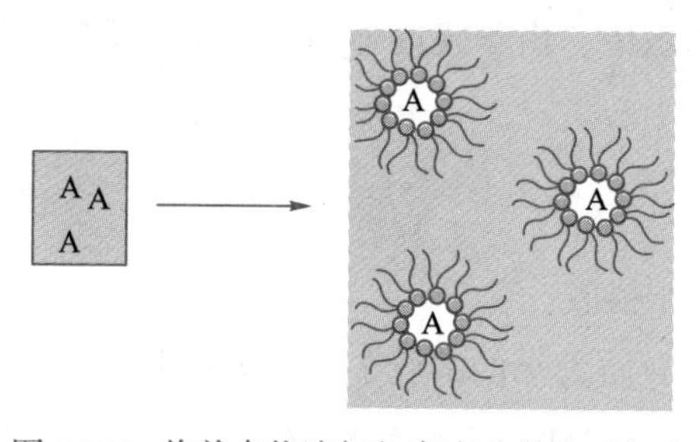

图 7.3.5　将前身物溶解相高度分散在反相中

向反相微乳中加入沉淀剂的方法通常有两种。一种是双微乳法，另一种是单微乳法。现以 $CaCO_3$ 纳米粒子的制备为例进行说明。将 $CaCl_2$（作为 $CaCO_3$ 的制备前身物）溶解在水中，然后将该水溶液加入含有少量表面活性剂的环己烷中，用超声波震荡分散得到 $CaCl_2$ 水溶液 / 环己烷（$CaCl_2$ 水溶液高度分散在环己烷中）微乳。

反相双微乳法是将作为沉淀剂的 $(NH_4)_2CO_3$ 也同样制成反相微乳，然后将两种微乳混合，让生成沉淀 $CaCO_3$ 的反应在各分离的微乳滴中进行，如图 7.3.6 所示。由于微乳滴的限制，反应得到纳米 $CaCO_3$ 溶胶。

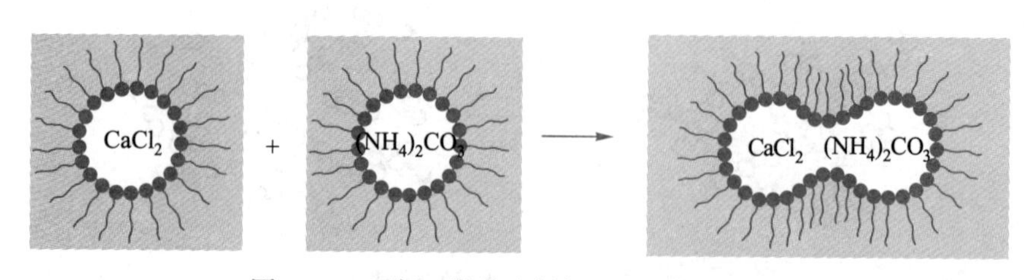

图 7.3.6　反相双微乳法制备 $CaCO_3$ 纳米粒子

反相单微乳法是向 $CaCl_2$ 水溶液 / 环己烷反相微乳中通入 CO_2 气体，让 CO_2 分子透过表面活性剂膜向微乳内渗透，与其中的 $CaCl_2$ 反应得到纳米 $CaCO_3$ 溶胶。

A7-2

用溶胶 - 凝胶法制备不同材料

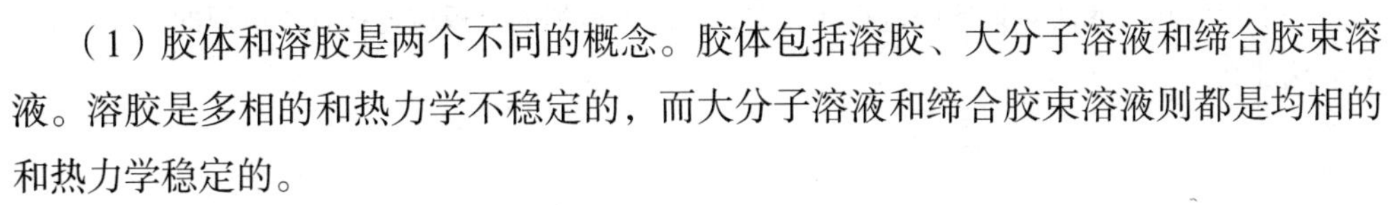

7.4 本章概要

（1）胶体和溶胶是两个不同的概念。胶体包括溶胶、大分子溶液和缔合胶束溶液。溶胶是多相的和热力学不稳定的，而大分子溶液和缔合胶束溶液则都是均相的和热力学稳定的。

（2）维持溶胶这一亚稳态的动力学稳定因素有二：胶粒间的斥力和胶粒表面吸附溶剂层的阻挡作用。溶胶的 ζ 电势越大，胶粒间的斥力越大。胶粒表面吸附单官能团的有机分子、表面活性剂分子后，对胶粒聚结的阻挡作用增强，可大幅度提升溶胶的动力学稳定性。

（3）胶粒的沉降与溶胶的聚沉是两个不同的概念。前者指溶胶在放置时，其胶粒由于重力的作用出现密度分布不均的过程，而后者则指多个胶粒间聚结形成沉淀物的过程。溶胶沉降后略经搅拌或摇动就会恢复原来胶粒密度比较均一的形态。但是，溶胶聚沉后，系统的界面能已大幅度降低，分散相大幅度长大，如不输入巨大的表面功便不能再使其逆变回溶胶。

（4）溶胶的沉降速度很慢。胶粒密度较大的溶胶略经静止放置，几乎尚未出现沉降现象就会因胶粒间网状连接而快速变为水凝胶。水凝胶略经搅动即可使溶胶恢复其流动性。

（5）溶胶是制备大表面固体物质的中间体。水凝胶经冰冻风干可得到表面积很大的气凝胶，经烘干煅烧可得到结构稳定的多孔大表面干凝胶。如果选择合适的分散介质，且有合适表面活性剂的辅助，则可由溶胶制得纳米粒子。该法称为制备纳米粒子的“湿法”。

（6）加入强电解质使溶胶聚沉的机制就是破坏溶胶赖以维持的最重要的动力学因素——胶粒间的库仑排斥作用。对此，反离子的价数越高，强电解质的聚沉能力越强。同离子对溶胶的聚沉不利，同离子的价数越高，不利作用越强。

习题

1. 将 KI 溶液滴入过量 $AgNO_3$ 溶液中激烈搅拌，可制得 AgI 溶胶。写出该溶胶的胶团结构式，并比较电解质 $NaNO_3$、$Ca(NO_3)_2$、$Fe(NO_3)_3$ 对于该溶胶聚沉能力的相对强弱。

2. 用甲醛溶液还原溶解在 NaOH 中的四氯金酸，可制得金溶胶。所涉及的化学反应如下：

$$HAuCl_4 + 5NaOH \longrightarrow NaAuO_2 + 4NaCl + 3H_2O$$

$$2NaAuO_2 + 3HCHO + NaOH \longrightarrow 2Au(s) + 3HCOONa + 2H_2O$$

已知 $NaAuO_2$ 是该法制备金溶胶的稳定剂。写出胶团的结构式，并指明胶粒的电泳方向。

3. 将 $FeCl_3$ 溶液滴入沸水中可制得 $Fe(OH)_3$ 溶胶。

（1）写出胶团的结构式。

（2）用电超过滤法对该溶胶进行净化时，溶胶上所加的电极应连接直流电源的正极还是负极？为什么？

第 8 章 化学反应动力学

8.1 化学反应动力学概论

化学反应动力学与化学反应热力学一样，也是物理化学最重要的组成部分。但是，化学反应动力学与化学反应热力学在研究内容上有着本质的不同。化学反应热力学研究在一定条件下化学变化的自发方向、限度和平衡规律，而化学反应动力学则研究在自发方向上和该限度范围内的反应速率规律。前者专注于对系统宏观平衡态的刻画，而后者专注于对系统非平衡态变化速率的描述。

显然，对于化学变化，化学反应动力学和化学反应热力学研究的内容完全属于不同的范畴。一个化学反应，即便在温度 T 下的自发趋势很大 [$\Delta_r G_m(T)$ 负值很大]，也并不意味着其反应速率就一定很大。例如，在 298.15 K 下，$H_2(g)$ 和 $O_2(g)$ 生成 $H_2O(g)$ 的反应 $2H_2(g)+O_2(g) = 2H_2O(g)$，其 $\Delta_r G_m^{\ominus}(298.15K)$ 为 $-457.15\ kJ\cdot mol^{-1}$，由此可知其 $\Delta_r G_m(298.15\ K)$ 负值很大。但是，即使是化学计量比（2∶1）的 H_2-O_2 常压混合物，在无光照、内壁涂有石蜡的玻璃容器中放置几十年，也仍难以检测到水的生成。反之，一个化学反应，即便在温度 T 下的自发趋势很小，也并不意味着它在该温度下不能以很快的反应速率进行反应。总之，化学反应的速率与反应的自发趋势之间没有必然的关系。

但是，对于一个非自发反应，在不对反应系统做足够非体积功的条件下，试图通过新催化剂（属于动力学范畴）实现该反应的努力则毫无意义。与此类似，对于一个自发反应，无论使用多么高效的催化剂加速其反应速率，只要不向反应系统输入非体积功，则在指定条件下反应所能达到的转化率（称为**动力学转化率**）便不可能超过由化学反应热力学决定的平衡转化率。这就是说，化学反应热力学虽然决定不了化学反应的速率，却能决定它的终点。

化学反应动力学的主要研究内容包括以下两个方面。一个方面是，在远离化学反应平衡态的范围内，化学反应宏观速率与各种反应条件的关系。这些条件包括：各反应物的浓度、反应温度、催化剂的性质及其在反应系统中的添加量。另一个方面是，反应的机理，即反应进行时先后发生的实际微观步骤。当然，前述化学反应宏观速率与各种反应条件的关系一定是这些微观步骤的直接反映。因此，化学反应动力学也非常关注化学反应宏观速率与这些微观步骤之间的关系。

在实验室研究和实际化工生产中，化学反应有的在间歇式反应器（batch reactor）中进行，有的在连续式反应器（continuous reactor）中进行。

顾名思义，在反应器中一次性加入反应物后进行反应，一定时间后放出反应所得物，以便进行下次反应，这样的反应器被称为**间歇式反应器**。显然，实验室中的常压反应烧瓶、高压反应釜都是间歇式反应器。对于在间歇式反应器中进行的反应，在反应达到平衡之前，随着反应时间的增长，反应器内反应物的浓度必然越来越小（如图 8.1.1 所示）。因此，不同时间点的反应速率在一般情况下随时间增长而变小。

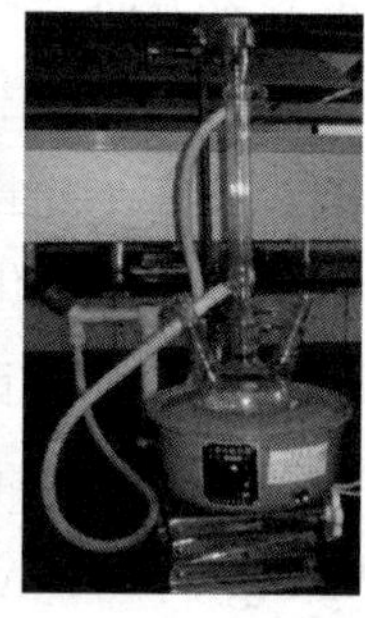

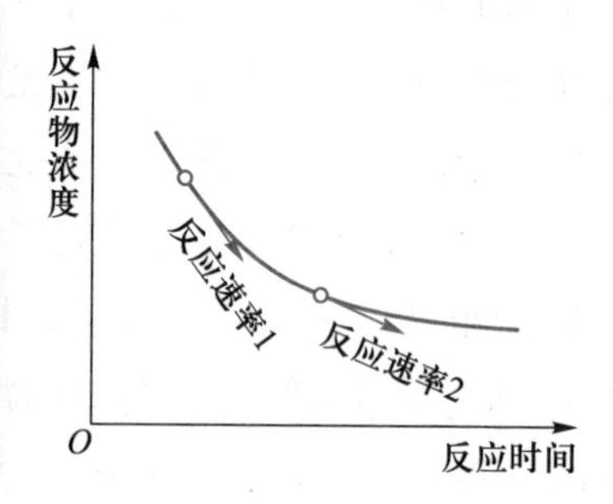

图 8.1.1　间歇式反应器和间歇反应规律

连续式反应器多为连续流动管式反应器。当反应在连续流动管式反应器中进行时，反应物不断地从反应管入口流入而产物不断地从反应管出口流出。这样的反应器称为**固定床连续流动管式反应器**。当反应在连续流动管式反应器中进行时，在反应器中的任何一点，反应物浓度和反应速率都不随反应时间而改变。这一点与反应在间歇式反应器中进行时的情况截然不同。在连续流动管式反应器中的各反应区（点）上，随反应混合物流体的后移，反应物浓度和反应速率逐渐减小（如图 8.1.2 所示）。

鉴于反应在间歇式反应器中和在连续式反应器中进行时规律的不同，相应化学反应动力学研究必然有所不同。对于那些相异的研究方法和反应规律，我们将在后面的学习中分别加以讨论。

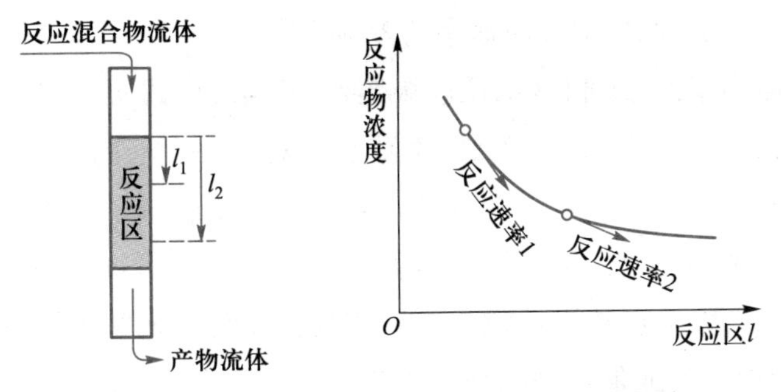

图 8.1.2 连续流动管式反应器和连续流动反应规律

化学反应，绝大多数都是在催化剂的作用下进行的。在催化剂的作用下进行的反应称为**催化反应**。视催化剂是否与反应物处于同一相中，催化反应可分为**均相催化反应**（反应物和催化剂处于同一相中）和**多相催化反应**（反应物和催化剂处于不同相中）。

8.2 浓度对反应速率的影响

1. 微分反应速率方程

对于一个指定的宏观化学反应（通常称其为表观反应或总包反应）$aA+bB \longrightarrow yY+zZ$，其速率可以用反应的任一参与物的浓度（或压强）随反应时间的变化率来表示。例如，$v_{A,c}=-\frac{dc_A}{dt}$，$v_{Y,c}=\frac{dc_Y}{dt}$ 等。

由于
$$-\frac{1}{a}\frac{dc_A}{dt}=-\frac{1}{b}\frac{dc_B}{dt}=\frac{1}{y}\frac{dc_Y}{dt}=\frac{1}{z}\frac{dc_Z}{dt} \tag{8.2-1}$$

所以有
$$\frac{v_{A,c}}{a}=\frac{v_{B,c}}{b}=\frac{v_{Y,c}}{y}=\frac{v_{Z,c}}{z} \tag{8.2-2}$$

该化学反应速率与各反应物浓度之间的关系，称为反应的微分速率方程。例如，
$$v_c=-\frac{1}{a}\frac{dc_A}{dt}=k_c c_A^{\alpha} c_B^{\beta}\cdots \tag{8.2-3}$$

反应的微分速率方程也称为**反应的动力学方程**。其中，k_c 称为总包反应的速率常数；α 和 β 分别称为对于反应 $aA+bB \longrightarrow yY+zZ$ 的反应物 A 的级数和反应物 B 的级数。$n=\alpha+\beta+\cdots$ 称为反应的总级数（the overall order of reaction）。如果 α 为正值，说明反应物 A 的浓度越大，反应速率 $v_c=-\frac{1}{a}\frac{dc_A}{dt}$ 越大；反之，如果 α 为负值，说明反应物 A 的浓度越大，反应速率 v_c 越小。对于指定的反应，一种反应物的级数

越高，代表该反应物的浓度对反应速率的影响越强。

在此必须说明的是，A 和 B 的反应级数 α、β 与反应式 $aA + bB \longrightarrow yY + zZ$ 的化学计量数之间并不存在什么必然关系。对于一个确定的宏观化学反应 $aA + bB \longrightarrow yY + zZ$，相应 k_c、α、β 的值只有通过实验测定才能得到。当反应温度和催化剂改变时，k_c 必然随之改变。对于确定反应条件下的确定反应，α 和 β 的值分别是确定的实数（正数、负数、零；整数、分数、无理数）。对于同一反应，当反应温度大幅度改变或催化剂的种类改变，导致了反应的速率控制步骤或机理改变时，α 和 β 的值也可能随之改变（这将在 8.3 节介绍）。这就是说，对于一个确定反应条件下的宏观化学反应，反应动力学方程（8.2−3）中的所有动力学参量，都只有通过科学的实验设计和科学的分析才能得到。

对于指定的化学反应 $aA + bB \longrightarrow yY + zZ$，因为反应物是 A 和 B，因此影响其宏观速率 $\upsilon_c = -\frac{1}{a}\frac{dc_A}{dt}$ 的浓度因素似乎应该只有 c_A 和 c_B，即反应的动力学方程应表现为 $\upsilon_{A,c} = k_{A,c}c_A^{\alpha}c_B^{\beta}$。对于均相反应，在大多数情况下的确如此。但是，多相催化反应，却常常表现为另外的情况。对此，可通过下述催化反应模型进行说明。

对于化学反应 $aA + bB \longrightarrow yY + zZ$，假设反应物 A 分子和 B 分子都在催化剂表面的 S 位（活性中心）上吸附活化，而生成的产物 Y 也在 S 位上强吸附。那么，产物 Y 的浓度越大，催化剂表面的 S 位被产物 Y 占据的比例就越多，能吸附活化 A 和 B 的 S 位就越少，反应的速率就越小。在这种情况下，产物 Y 的浓度 c_Y 就出现在反应的动力学方程中了。

对于工业上的反应，反应的动力学方程还有更复杂的情况。例如，若反应物中混有的少量杂质 D 也在 S 位上强吸附（此时该杂质 D 被称为催化剂毒物），因而也使吸附活化 A 和 B 的 S 位减少，那么，毒物 D 的浓度 c_D 也就出现在该反应的动力学方程中了。当然，无论上述情况的产物 Y 还是催化剂毒物 D，对于该反应的级数一定是负值。这是因为，它们在反应系统中的浓度越大，反应速率就越小。

有的多相催化反应，在一定条件下某反应物的级数也可能表现为负值。这可用下面可能的反应模型进行说明。若反应物 A 分子和 B 分子都在催化剂表面同种 S 吸附位上吸附后才能发生反应，且 A 在 S 位上的吸附很强而 B 在 S 位上的吸附较弱，那么，A 在反应混合物中存在少量就可能足以使自己在 S 位上的吸附占有统治地位。在这种情况下，反应混合物中 A 的浓度越大，B 就越难以吸附在 S 位上，反应就越难以实现，反应速率就越小。

当反应速率用不同反应参与物的消耗或生成速率来表示时，反应的微分速率方程形式并不发生变化。例如，对于反应 $aA + bB \longrightarrow yY + zZ$，如果 $\upsilon_{A,c} = k_{A,c}c_A^{\alpha}c_B^{\beta}$，根据式（8.2−2），必有 $\upsilon_{B,c}=k_{B,c}c_A^{\alpha}c_B^{\beta}$，$\upsilon_{Y,c}=k_{Y,c}c_A^{\alpha}c_B^{\beta}$ 及 $\upsilon_{Z,c}=k_{Z,c}c_A^{\alpha}c_B^{\beta}$。同时，也必有

$$\frac{1}{a}k_{A,c}=\frac{1}{b}k_{B,c}=\frac{1}{y}k_{Y,c}=\frac{1}{z}k_{Z,c}=k_c \tag{8.2-4}$$

2. 气相反应不同速率常数之间的关系

对于气相反应，例如 $a\text{A(g)}\longrightarrow y\text{Y(g)}$，若其动力学方程为 $\upsilon_{A,c}=-\frac{dc_A}{dt}=k_{A,c}c_A^n$，则一定也可以表示为 $\upsilon_{A,p}=-\frac{dp_A}{dt}=k_{A,p}p_A^n$。其中 $k_{A,c}$ 和 $k_{A,p}$ 分别是反应物 A 用物质的量浓度和分压表示时的微分速率常数。那么，对于同一气相反应，其 $k_{A,c}$ 和 $k_{A,p}$ 之间是什么关系呢?

将反应气体混合物视为理想气体混合物，则 $p_A=c_ART$。于是，等温下有

$$\upsilon_{A,p}=-\frac{dp_A}{dt}=\frac{d(c_ART)}{dt}=-RT\frac{dc_A}{dt}=RTk_{A,c}c_A^n$$

又

$$\upsilon_{A,p}=-\frac{dp_A}{dt}=k_{A,p}p_A^n=k_{A,p}(c_ART)^n=k_{A,p}(RT)^nc_A^n$$

于是，$RTk_{A,c}c_A^n=k_{A,p}(RT)^nc_A^n$，故得

$$k_{A,p}=k_{A,c}(RT)^{1-n} \tag{8.2-5}$$

8.3 间歇反应转化率和时间的关系

就间歇反应而言，反应物因对于反应的级数不同，其浓度、转化率和反应时间的关系也大不相同。那么，借助这些关系就可以解析得到相应反应物对于该反应的级数，这就是动力学的宏观研究方法。反之，若已知反应物对于反应的级数，就可以在理论上解析出反应物浓度、反应物转化率和反应时间的关系，并可将其运用于化学反应的工程设计和生产控制中。

1. 零级反应 (the zeroth order reaction)

根据反应级数的定义，对于零级反应，$n=\alpha+\beta+\cdots=0$，其反应的微分速率方程为

$$-\frac{dc_A}{dt}=k_{A,c} \tag{8.3-1}$$

例如，光化学反应，在特定的条件下有时就表现为零级反应。光化学反应的反应速率只与入射光的强度有关，并不随着反应物浓度而改变。

（1）速率常数的单位

反应速率 $v_A=-\dfrac{dc_A}{dt}$ 的量纲为 $[c][t]^{-1}$。由式（8.3-1）可知，零级反应速率常数 $k_{A,c}$ 的单位与反应速率的单位完全相同。因此，零级反应速率常数 $k_{A,c}$ 的量纲为 $[c][t]^{-1}$。

（2）积分速率方程

将式（8.3-1）分离变量得 $-dc_A=k_{A,c}dt$，再对该式进行定积分（$c_A=c_{A,0}$～c_A，$t=0$～t），即 $-\int_{c_{A,0}}^{c_A}dc_A=\int_0^t k_{A,c}dt$，得 $c_{A,0}-c_A=k_{A,c}t$，即

$$c_A=c_{A,0}-k_{A,c}t \tag{8.3-2}$$

由式（8.3-2）可知，如果所研究的反应为零级反应，将反应物浓度相对于反应时间作图，所得 c_A-t 的关系一定为一直线，而直线的斜率刚好为 $-k_{A,c}$（如图 8.3.1 所示）。

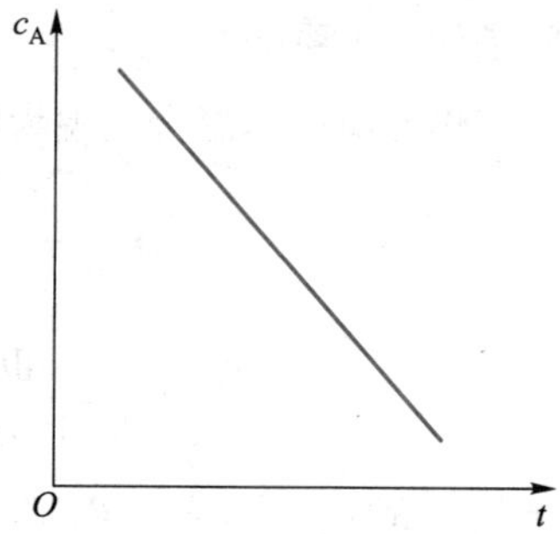

图 8.3.1　零级反应的反应物浓度与反应时间的关系

对于间歇反应，该“直线法”是实验室确认零级反应并获取反应速率常数的科学研究方法。

将反应物的浓度与其转化率的关系 $c_A=c_{A,0}(1-x_A)$ 代入式（8.3-2），得

$$t=\frac{c_{A,0}x_A}{k_{A,c}} \tag{8.3-3}$$

式（8.3-2）和式（8.3-3）均被称为**零级反应的积分速率方程**，分别描述零级反应的反应物浓度、反应物转化率与反应时间的关系。

（3）反应的半衰期

对于指定的反应物，其浓度降低至其起始浓度的一半时所需要的时间称为反应的半衰期。反应的半衰期用 $t_{1/2}$ 表示。将 $c_A=0.5c_{A,0}$ 代入式（8.3-2）或将 $x_A=0.5$ 代入式（8.3-3），都可得到零级反应的半衰期：

$$t_{1/2}=\frac{c_{A,0}}{2k_{A,c}} \tag{8.3-4}$$

反应的半衰期与反应物的初始浓度 $c_{A,0}$ 成正比，反应速率常数的量纲为 $[c][t]^{-1}$，以及 c_A-t 呈直线关系，是 $-\dfrac{dc_A}{dt}=k_{A,c}$ 型零级反应的三个重要特征。

2. 一级反应（the first order reaction）

最简单的一级反应，其微分速率方程为

$$-\frac{dc_A}{dt}=k_{A,c}c_A \tag{8.3-5}$$

一些物质的热分解反应、异构化反应常常表现为微分速率方程为该形式的一级反应。

（1）速率常数的单位

由式（8.3-5）可知，$k_{A,c}c_A$ 对应的量纲为 $[c][t]^{-1}$。于是，一级反应速率常数的量纲必为 $[t]^{-1}$。

（2）积分速率方程

与推导前述零级反应的步骤相同，将式（8.3-5）分离变量、定积分：

$$\int_{c_{A,0}}^{c_A} -\frac{dc_A}{c_A} = \int_0^t k_{A,c}dt$$

进而

$$t = \frac{1}{k_{A,c}}\ln\frac{c_{A,0}}{c_A} \tag{8.3-6}$$

将 $c_A = c_{A,0}(1-x_A)$ 代入式（8.3-6）得

$$t = \frac{1}{k_{A,c}}\ln\frac{1}{1-x_A} \tag{8.3-7}$$

则式（8.3-6）和式（8.3-7）即为 $-\frac{dc_A}{dt} = k_{A,c}c_A$ 型一级反应的积分速率方程，分别描述反应物浓度、反应物转化率与反应时间的关系。

由式（8.3-6）可得

$$\ln\{c_A\} = -k_{A,c}t + \ln\{c_{A,0}\}$$

显然，这是一个 $\ln\{c_A\}-t$ 的直线方程。即 $\ln\{c_A\}-t$ 图为一直线（如图 8.3.2 所示），直线的斜率为 $-k_{A,c}$。

这是实验室确认 $-\frac{dc_A}{dt} = k_{A,c}c_A$ 型一级反应并获取反应速率常数的科学研究方法。

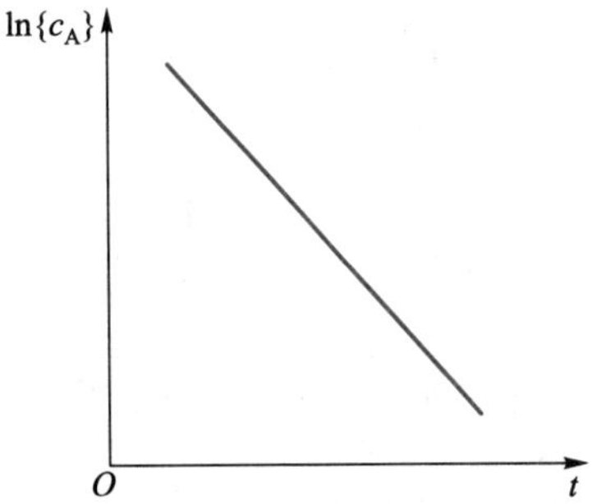

图 8.3.2　一级反应的反应物浓度与反应时间的关系

（3）反应的半衰期

将 $c_A = 0.5\ c_{A,0}$ 代入式（8.3-6），或将 $x_A = 0.5$ 代入式（8.3-7）可得

$$t_{1/2} = \frac{0.693}{k_{A,c}} \tag{8.3-8}$$

该式表明，一级反应的半衰期与反应物的初始浓度 $c_{A,0}$ 无关。

反应的半衰期与反应物的初始浓度 $c_{A,0}$ 无关，反应速率常数的量纲为 $[t]^{-1}$，以

B8-1

半衰期和半半衰期

及反应物浓度的对数与反应时间呈直线关系，是$-\dfrac{dc_A}{dt}=k_{A,c}c_A$型一级反应的三个重要特征。

放射性元素的蜕变本身虽属于物理过程，但速率表现为一级反应。药物的分解通常也表现为一级反应。

3. 二级反应（the second order reaction）

简单的二级反应的微分速率方程有$-\dfrac{dc_A}{dt}=k_{A,c}c_A^2$和$-\dfrac{dc_A}{dt}=k_{A,c}c_A^{\alpha}c_B^{\beta}$ $(\alpha+\beta=2)$两种类型，下面分别进行讨论。

（1）$-\dfrac{dc_A}{dt}=k_{A,c}c_A^2$型

对微分速率方程$-\dfrac{dc_A}{dt}=k_{A,c}c_A^2$分离变量、定积分，可得

$$\int_{c_{A,0}}^{c_A}-\frac{dc_A}{c_A^2}=\int_0^t k_{A,c}dt$$

进而得
$$t=\frac{1}{k_{A,c}}\left(\frac{1}{c_A}-\frac{1}{c_{A,0}}\right) \tag{8.3-9}$$

将$c_A=c_{A,0}(1-x_A)$代入式（8.3−9）得

$$t=\frac{x_A}{k_{A,c}c_{A,0}(1-x_A)} \tag{8.3-10}$$

上述式（8.3−9）和式（8.3−10）即微分速率方程为$-\dfrac{dc_A}{dt}=k_{A,c}c_A^2$型二级反应的积分速率方程，分别描述反应物浓度、反应物转化率与反应时间的关系。

将式（8.3−9）整理为

$$\frac{1}{c_A}=k_{A,c}t+\frac{1}{c_{A,0}} \tag{8.3-11}$$

这是一个$\dfrac{1}{c_A}-t$的直线方程，如图8.3.3所示。

将$x_A=0.5$代入式（8.3−10）可得

$$t_{1/2}=\frac{1}{c_{A,0}k_{A,c}} \tag{8.3-12}$$

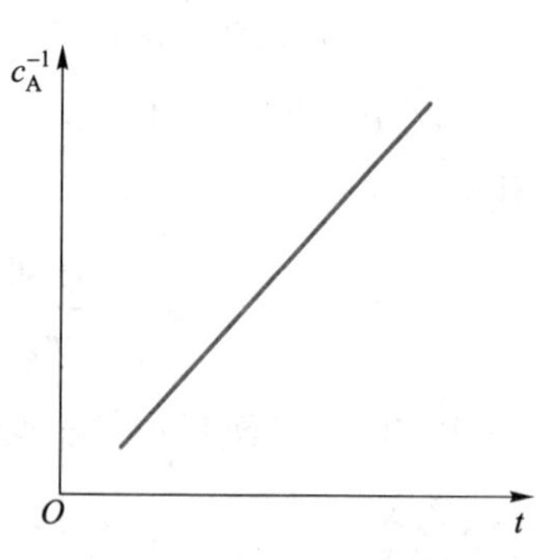

图8.3.3　二级反应的反应物浓度与反应时间的关系

由上述讨论可以总结$-\dfrac{dc_A}{dt}=k_{A,c}c_A^2$型二级反应的特征是：反应的半衰期与反应物的初始浓度成反比；

反应速率常数的量纲为 $[t]^{-1}[c]^{-1}$；反应物浓度的倒数与反应时间呈直线关系。

（2）$-\dfrac{dc_A}{dt}=k_{A,c}c_A^{\alpha}c_B^{\beta}\ (\alpha+\beta=2)$ 型

对于反应 $aA+bB\longrightarrow yY+zZ$，若反应物的起始浓度 $c_{A,0}$ 和 $c_{B,0}$ 满足 $\dfrac{c_{A,0}}{a}=\dfrac{c_{B,0}}{b}$，则可推导出在反应的任一时刻都会有 $\dfrac{c_A}{a}=\dfrac{c_B}{b}$。将其整理为 $c_B=\dfrac{b}{a}c_A$，代入上述微分速率方程得

$$-\frac{dc_A}{dt}=k_A\left(\frac{b}{a}\right)^{\beta}c_A^2$$

因 b 和 a 均为常数，令 $k_A'=k_A\left(\dfrac{b}{a}\right)^{\beta}$，则该微分速率方程变为 $-\dfrac{dc_A}{dt}=k_A'c_A^2$，显然，其积分速率方程即 $t=\dfrac{x_A}{k_A'c_{A,0}(1-x_A)}$。

若反应物的起始浓度不存在 $\dfrac{c_{A,0}}{a}=\dfrac{c_{B,0}}{b}$ 关系，则推导过程比较复杂，这里不进行讨论。

例 8.3.1 某液相反应 $2A+B\longrightarrow C+D$，在给定的反应条件下其反应微分速率方程为 $-\dfrac{dc_A}{dt}=k_{A,c}c_A^{1.3}c_B^{0.7}$。如该反应在此条件下的反应终点不受热力学限制，反应物 A 和 B 的起始浓度分别为 $3.0\ mol\cdot dm^{-3}$ 和 $1.5\ mol\cdot dm^{-3}$，反应进行至 30 min 时测得 B 的转化率为 30%。求 B 的转化率达到 50% 时所需要的时间及 $k_{A,c}$、$k_{B,c}$。

解：方法（1） 对于反应 $2A+B\longrightarrow C+D$，其反应物 A 和 B 消耗的物质的量比值为 2 : 1，二者的起始浓度之比 $c_{A,0}$: $c_{B,0}$ 刚好也为 2 : 1。因此，在任一反应时刻，总有 $c_A : c_B=2:1$，即 $c_B=\dfrac{1}{2}c_A$。将其代入 $-\dfrac{dc_A}{dt}=k_{A,c}c_A^{1.3}c_B^{0.7}$，有

$$-\frac{dc_A}{dt}=\left(\frac{1}{2}\right)^{0.7}k_{A,c}c_A^2$$

令 $k_A'=\left(\dfrac{1}{2}\right)^{0.7}k_{A,c}$，则反应的微分速率方程变为

$$-\frac{dc_A}{dt}=k_A'c_A^2$$

因此，反应的积分速率方程为

$$t=\frac{x_A}{k_A'c_{A,0}(1-x_A)}$$

将 $t_1=30$ min，$x_{A,1}=0.3$（因反应物起始浓度之比与反应的化学计量比一致，则任一时刻 $x_A=x_B$）及 $c_{A,0}=3.0\ mol\cdot dm^{-3}$ 代入得

$$k_A'=4.8\times10^{-3}\ dm^3\cdot mol^{-1}\cdot min^{-1}$$

再将该 k_A' 值及 $x_{A,2}=0.5$ 代入得

$$t_2 = 69\ \text{min}$$

由 $k'_{\mathrm{A}} = \left(\dfrac{1}{2}\right)^{0.7} k_{\mathrm{A},c}$ 得

$$k_{\mathrm{A},c} = 7.8 \times 10^{-3}\ \mathrm{dm^3 \cdot mol^{-1} \cdot min^{-1}}$$

由 $\dfrac{1}{2}k_{\mathrm{A},c} = k_{\mathrm{B},c}$ 得

$$k_{\mathrm{B},c} = 3.9 \times 10^{-3}\ \mathrm{dm^3 \cdot mol^{-1} \cdot min^{-1}}$$

方法（2） 对于反应 $2\mathrm{A}+\mathrm{B} \longrightarrow \mathrm{C}+\mathrm{D}$，由该化学计量式和 A、B 的起始浓度得出在任一时刻：

$$c_{\mathrm{A}} = 2c_{\mathrm{B}}$$

将其代入 $-\dfrac{\mathrm{d}c_{\mathrm{A}}}{\mathrm{d}t} = k_{\mathrm{A},c}c_{\mathrm{A}}^{1.3}c_{\mathrm{B}}^{0.7}$ 得

$$-\frac{\mathrm{d}c_{\mathrm{A}}}{\mathrm{d}t} = 2^{1.3}k_{\mathrm{A},c}c_{\mathrm{B}}^{2}$$

因 $-\dfrac{1}{2}\dfrac{\mathrm{d}c_{\mathrm{A}}}{\mathrm{d}t} = -\dfrac{\mathrm{d}c_{\mathrm{B}}}{\mathrm{d}t}$ 及 $\dfrac{1}{2}k_{\mathrm{A},c} = k_{\mathrm{B},c}$，则有

$$-\frac{\mathrm{d}c_{\mathrm{B}}}{\mathrm{d}t} = 2^{1.3}k_{\mathrm{B},c}c_{\mathrm{B}}^{2}$$

因此，反应的积分速率方程为

$$t = \frac{x_{\mathrm{B}}}{2^{1.3}k_{\mathrm{B},c}c_{\mathrm{B},0}(1-x_{\mathrm{B}})}$$

将 $t_1 = 30\ \text{min}$，$x_{\mathrm{B},1} = 0.3$ 及 $c_{\mathrm{B},0} = 1.5\ \mathrm{mol \cdot dm^{-3}}$ 代入得

$$k_{\mathrm{B},c} = 3.9 \times 10^{-3}\ \mathrm{dm^3 \cdot mol^{-1} \cdot min^{-1}}$$

再将该 $k_{\mathrm{B},c}$ 值及 $x_{\mathrm{B},2} = 0.5$ 代入得

$$t_2 = 69\ \text{min}$$

由 $\dfrac{1}{2}k_{\mathrm{A},c} = k_{\mathrm{B},c}$ 得

$$k_{\mathrm{A},c} = 7.8 \times 10^{-3}\ \mathrm{dm^3 \cdot mol^{-1} \cdot min^{-1}}$$

4. $-\dfrac{\mathrm{d}c_{\mathrm{A}}}{\mathrm{d}t} = k_{\mathrm{A},c}c_{\mathrm{A}}^{n}$ 型的 n 级反应

对微分速率方程 $-\dfrac{\mathrm{d}c_{\mathrm{A}}}{\mathrm{d}t} = k_{\mathrm{A},c}c_{\mathrm{A}}^{n}$ 分离变量、定积分，可得

$$t = \frac{1}{k_{\mathrm{A},c}(n-1)}\left(\frac{1}{c_{\mathrm{A}}^{n-1}} - \frac{1}{c_{\mathrm{A},0}^{n-1}}\right) \qquad (\text{其中}\ n \neq 1) \qquad (8.3\text{−}13)$$

式（8.3−13）即为 n 级（$n \neq 1$）反应的积分速率方程，描述反应物浓度随反应时间的变化。

将 $c_A = 0.5\, c_{A,0}$ 代入式（8.3−13），可得微分速率方程为 $-\dfrac{dc_A}{dt} = k_{A,c} c_A^n$ 形式的 n 级反应的半衰期公式：

$$t_{1/2} = \frac{2^{n-1} - 1}{(n-1) k_{A,c} c_{A,0}^{n-1}} \quad (n \neq 1) \qquad (8.3-14)$$

5. 反应物级数相同的平行反应

相同的反应物同时进行不同的反应，这样的反应被称为平行反应（或平行竞争反应），例如：

$$A + B \xrightarrow{k_1} C + D$$

$$A + B \xrightarrow{k_2} X + Y$$

在实验室研究和化工生产中，平行反应极为常见。例如，甲苯的硝化、氯化、磺化，同时生成邻位产物和对位产物。这些平行反应无论表现为相同的几级反应，只要其动力学方程的形式相同，那么反应物的转化率和反应时间之间，以及不同竞争产物的浓度之间便均有如下规律可循。

（1）反应物 A 消耗的速率方程

设生成 C 和生成 Y 的微分速率方程分别为

$$\frac{dc_C}{dt} = k_1 c_A^\alpha c_B^\beta \qquad (a)$$

$$\frac{dc_Y}{dt} = k_2 c_A^\alpha c_B^\beta \qquad (b)$$

如果没有其他平行反应，A 的消耗必符合下述微分速率方程：

$$-\frac{dc_A}{dt} = k_1 c_A^\alpha c_B^\beta + k_2 c_A^\alpha c_B^\beta = (k_1 + k_2) c_A^\alpha c_B^\beta$$

不难证明，只要将前面关于单一反应相应积分速率方程中的 k_A 用（$k_1 + k_2$）代替，就可直接得到 A 在这两个平行反应中消耗的积分速率方程。例如，若 A 消耗的微分速率方程为 $-\dfrac{dc_A}{dt} = (k_1 + k_2) c_A^2$，则 A 消耗的积分速率方程一定是 $t = \dfrac{x_A}{(k_1 + k_2) c_{A,0} (1 - x_A)}$。

（2）平行反应的产物

将平行反应的微分速率方程（a）和（b）两式相除，可得

$$\frac{dc_C}{dc_Y} = \frac{k_1}{k_2}$$

反应开始时 $c_{C,0}=0$，$c_{Y,0}=0$，分离变量、定积分后必有

$$\frac{c_C}{c_Y}=\frac{k_1}{k_2} \tag{8.3-15}$$

这就是说，无论这两个平行反应的级数如何，只要它们的微分速率方程具有相同的表现形式，则在反应系统中任一时刻其反应产物浓度之比总是等于其速率常数之比。

在实际生产中，人们总是希望反应物高选择性地生成目的产物。这就要求优化反应条件，促进主反应（目的反应）而抑制副反应。根据主、副反应活化能的相对大小适当地改变温度（见 8.5 节），选用合适的催化剂（见 8.10 节），有效地改变两个平行反应速率常数 k_1、k_2 的相对大小，以提高主、副产物浓度之比，从而达到反应物的有效利用，也是化学反应动力学研究的主要任务。

8.4 化学反应动力学方程的建立方法

化学反应级数的研究测定，是通过实验考察各反应物浓度对反应速率的影响来实现的。相应研究分为**静态研究法**和**流动态研究法**。所谓静态研究法是指对在间歇式反应器中进行的反应的研究，而流动态研究法则是指对在连续流动管式反应器中进行的反应的研究。这两种研究方法在原理上是完全不同的。

静态研究法是借助前面学习的积分反应物浓度和反应时间之间的规律来判断反应物的级数，而流动态研究法是通过研究反应物的浓度对反应初始速率的影响规律来确定反应物的级数。下面对这两种研究方法分别进行介绍。

1. 静态研究法

用静态研究法建立反应 $a\text{A}+b\text{B}\longrightarrow y\text{Y}+z\text{Z}$ 的动力学方程时，通常是将反应物 A 和 B 独立放置（催化剂可混于其中一种反应物中），都加热至所需温度。然后利用特殊的技术（如用电动搅拌子将隔开两反应物的小薄玻璃瓶打碎）将两反应物在反应器中瞬间混合，并同时记录反应开始的时间。精确控制反应温度，每隔一定的时间，从反应系统中抽取一定量的反应物混合液分析测定。随着化学反应的进行，反应物的浓度 c_A 不断减少，记录 c_A-t 数据或 x_A-t 数据。

（1）隔离法

为了便于分别测定反应物 A 的级数 α 和反应物 B 的级数 β，需要设计实验分别让反应在反应物 A 的相对浓度极端高和反应物 B 的相对浓度极端高，而温度和催化剂等都相同的条件下进行。

为测定反应物 A 的级数 α，设计实验使反应物 B 和反应物 A 的起始浓度的关系为 $c_{B,0} >> c_{A,0}$（一般要求 $bc_{B,0}:ac_{A,0} > 95$）。这样，虽然反应物 B 在反应过程中有所消耗，但由于 c_B 的减小值相对于 $c_{B,0}$ 小得多，可以忽略（即可认为在反应过程中 c_B 始终保持在 $c_{B,0}$ 不变），于是反应的微分速率方程就变为了

$$-\frac{dc_A}{dt} = k'_A c_A^{\alpha}$$

其中 $k'_A = k_{A,c} c_{B,0}^{\beta}$。

为测定反应物 B 的级数 β，再重新开始实验，使 $c_{A,0} >> c_{B,0}$（一般要求 $ac_{A,0}:bc_{B,0} > 95$）。这样，则可认为在反应过程中 c_A 始终保持在 $c_{A,0}$ 不变。那么反应的微分速率方程变为了

$$-\frac{dc_B}{dt} = k''_B c_B^{\beta}$$

其中 $k''_B = k_{B,c} c_{A,0}^{\alpha}$。

这样，反应物 A 的级数 α 和反应物 B 的级数 β，以及 $k_{A,c}$ 和 $k_{B,c}$ 就可以分别由上述两个特殊反应混合物的实验结果来判定和计算得到。

C8-1

反应级数的确定

对于反应 $aA + bB \longrightarrow yY + zZ$，由于上述方法实现了 α 和 β 的分离测定，因此将其称为**隔离法**。

（2）反应物级数的确定

基于记录的 c_A-t 数据或 c_B-t 数据，要确定 α 或 β 的值有很多方法。下面就这些方法分别进行讨论。

① 作图尝试法（直线法）

作图尝试法就是将 α 或 β 假想为 0、1 或 2，将上述数据直接作图（即作 $c-t$ 图），或将数据处理后作 $\ln\{c\}-t$ 图和 $\frac{1}{c}-t$ 图。如果发现哪个图具有很好的线性关系，那么根据前面学习的零级、一级和二级反应的特征，相应的 α 或 β 值就可以直接判断得到了。由于该作图尝试法来自较多的原始数据，少量误差实验点不会对反应结果产生重要影响，因此该法是科学严谨和常用的动力学数据处理方法。

当然，如果 α 或 β 为其他值，则只能用其他的方法确定。

例 8.4.1 开始反应前在定容反应器中只有气体 A 和 B，压强为 1.0×10^5 Pa，温度为 400 K 时发生如下反应：$2A(g) + B(g) \longrightarrow Y(g) + Z(g)$。在一次实验中，B 的分压由 $p_{B,0}$=4 Pa 降至 p_B=2 Pa 所需时间与由 $p_{B,0}$=2 Pa 降至 p_B=1 Pa 所需时间相等。在另一次实验中，反应开始时气体混合物总压强仍为 1.0×10^5 Pa，A 的分压由 $p_{A,0}$=4 Pa 降至 p_A=2 Pa 所需时间为由 $p_{A,0}$=2 Pa 降至 p_A=1 Pa 所需时间的一半。试写出该反应的动力学方程。

解：设反应速率方程为 $v_A = -\dfrac{dp_A}{dt} = k_{A,p}p_A^{\alpha}p_B^{\beta}$。

在第一次实验中，因 A 的分压接近 1.0×10^5 Pa，气体 A 相对于气体 B 大大过量，反应使 A 分压的减小可忽略，因此可认为过程中 $p_A = p_{A,0}$，反应为准 β 级反应：

$$v_B = \frac{1}{2}v_A = \left(\frac{1}{2}k_{A,p}p_{A,0}^{\alpha}\right)p_B^{\beta} = k'p_B^{\beta}$$

在该次实验中，B 的半衰期与其初压强无关，因此反应对于气体 B 为一级，即 $\beta = 1$。

在另一次实验中，气体 B 大大过量（其分压接近 1.0×10^5 Pa），可认为在该反应过程中 $p_B = p_{B,0}$，反应为准 α 级反应：

$$v_A = -\frac{dp_A}{dt} = (k_{A,p}p_{B,0})p_A^{\alpha}$$

在该次实验中，A 的半衰期与其初压强成反比，表明反应对气体 A 为二级，即 $\alpha = 2$。因此，该反应的动力学方程为

$$v_A = -\frac{dp_A}{dt} = k_{A,p}p_A^2 p_B$$

② 微分法

在 $c_A - t$ 曲线上，任一时刻 t 曲线上的切线斜率 $-\dfrac{dc_A}{dt}$，都是该时刻 t 的即时速率，如图 8.4.1 所示。那么，在该 $c_A - t$ 曲线上取两个相距较远的时间点 t_1 和 t_2（注意：t_2 应仍远离平衡，否则相应数据不能用于动力学研究），由斜率得 t_1、t_2 时刻的即时速率为 $-\dfrac{dc_{A,1}}{dt}$ 和 $-\dfrac{dc_{A,2}}{dt}$。设反应物 A 对反应的级数为 α，则有 $-\dfrac{dc_{A,1}}{dt} = k'_{A,c}c_{A,1}^{\alpha}$，$-\dfrac{dc_{A,2}}{dt} = k'_{A,c}c_{A,2}^{\alpha}$。两式分别取对数，得

$$\ln\left\{-\frac{dc_{A,1}}{dt}\right\} = \ln\{k'_{A,c}\} + \alpha\ln\{c_{A,1}\}$$

$$\ln\left\{-\frac{dc_{A,2}}{dt}\right\} = \ln\{k'_{A,c}\} + \alpha\ln\{c_{A,2}\}$$

两式相减后可得

$$\alpha = \frac{\ln\left\{-\dfrac{dc_{A,1}}{dt}\right\} - \ln\left\{-\dfrac{dc_{A,2}}{dt}\right\}}{\ln\{c_{A,1}\} - \ln\{c_{A,2}\}} \qquad (8.4\text{-}1)$$

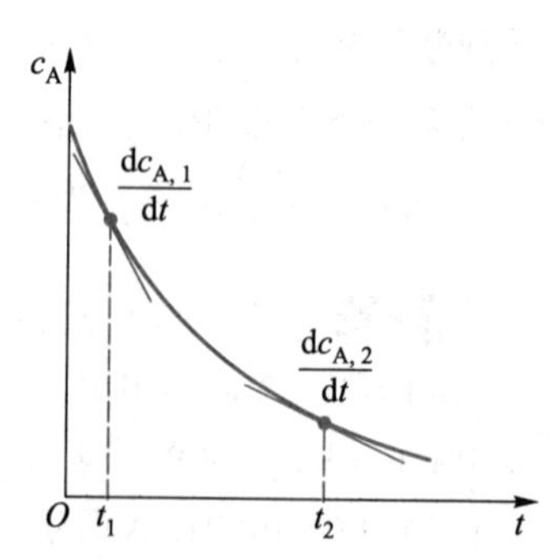

图 8.4.1　任一时刻的即时速率

③ 半衰期法

设计两个实验，让该反应从不同的起始浓度 $c_{A,0,1}$ 和 $c_{A,0,2}$ 开始，准确测定反应物 A 在两次反应中的半衰期。如果反应对反应物 A 为一级，则该两次反应 A 的半衰期必然相同。实际上，只要在一次反应中准确记录反应物 A 消耗至起始浓度的 1/2、1/4、1/8 时所对应

的时间 $t_{1/2}$、$t_{1/4}$、$t_{1/8}$，上述结果完全可以由这一次反应得到确认。这是因为，如果 $t_{1/2}$ 和（$t_{1/4}-t_{1/2}$）相等，同样可表明反应的半衰期与反应物 A 的起始浓度无关（请思考原因）。如反应物 A 的反应级数不是一级，则由公式（8.3-14），对应于两个不同起始浓度的半衰期 $(t_{1/2})_1$ 及 $(t_{1/2})_2$ 之间必存在如下关系：

C8-2

由定容反应器内气相总压的改变计算反应速率常数

$$\frac{(t_{1/2})_2}{(t_{1/2})_1}=\left(\frac{c_{A,0,1}}{c_{A,0,2}}\right)^{\alpha-1}$$

将上式等号两边取对数，可整理得到

$$\alpha=1+\frac{\ln\{(t_{1/2})_1\}-\ln\{(t_{1/2})_2\}}{\ln\{c_{A,0,2}\}-\ln\{c_{A,0,1}\}} \qquad (8.4-2)$$

上述三种方法，直线法最严谨，但应用受限，只有当反应物的级数刚好为 0、1、2 时适用。微分法和半衰期法则可用于任何非一级反应级数的确定，但前者的准确性偏低。

2. 流动态研究法

对于气相反应和气-固多相催化反应，其动力学最适合用流动态研究法进行研究。这是因为，流动态研究法是通过研究反应物的浓度对反应初始速率的影响规律来确定反应物的级数的。这样的反应，当反应物处于气相，反应混合物（一般由反应物和惰性气体组成）中各反应物的浓度（分压）极易通过在线控制而实现。

用流动态研究法研究反应的动力学时，反应必须在微分反应器中进行。所谓**微分反应器**，是指反应管的内径较细，反应混合气通过反应区（等温的高温区或催化剂层）的线速度可以很大，从而可使反应物的转化率控制在 5% 以内的管式反应器。这样，在微分反应器测得的反应速率 $\upsilon_{A,c}$ 就可以近似视为反应物 A 的**初始速率** $\left(-\frac{dc_A}{dt}\right)_{t=0}$（即所有反应物的浓度均为初始浓度时的反应速率）了。

在此应该说明的是，在 $\upsilon_{A,c}$ 的单位中体积单位对应的体积是指上述实际反应区的体积。例如，$\upsilon_{A,c}=0.3\ \text{mmol}\cdot\text{dm}^{-3}\cdot\text{min}^{-1}$ 表明反应物 A 在 1 dm^3 实际反应区内，1 min 反应 0.3 mmol。对于多相催化反应，因为催化剂床层就是实际反应区，则上述反应速率数据表明反应物 A 在 1 dm^3 堆体积的催化剂层中 1 min 反应 0.3 mmol。

在实验室科学研究中，因为催化剂的量用质量表述比用堆体积表述时更容易准确把握，因此通常给出的反应速率数据单位为 $\text{mmol}\cdot\text{g}_{\text{cat}}^{-1}\cdot\text{min}^{-1}$。它表述反应物 A 在每分钟每克催化剂（catalyst）上反应的物质的量。

下面，通过一个实际例题具体说明如何用流动态研究法研究化学反应的动力学。

例 8.4.2 常温（25 ℃）下，将气体总流速为 100 $\text{mL}\cdot\text{min}^{-1}$ 的混合气通入装有 0.05 g 某固相

催化剂微粒的固定床微型流动反应器中。使气相反应 $A+B \longrightarrow X+Y$ 在常压、450 ℃下进行。测得的在不同反应混合气配比条件下反应物 A 的转化率如下所示：

实验序号	$V_A : V_B : V_{N_2}$	A 的转化率 /%
1	20 : 20 : 60	2.2
2	20 : 40 : 40	4.3
3	40 : 20 : 40	1.6

计算给出反应物 A 和 B 各自对该反应的级数。

解： A 的比反应速率（每克催化剂上的化学反应速率）为 $v_{A,0}=\dfrac{pF_A x_A}{RTm_{cat}}$，其中 F_A 为气体反应物 A 的常温流速。

代入实验 1 数据，得

$$v_{A,0,1}=\left(\frac{101325\times 20\times 10^{-6}\times 0.022}{8.314\times 298\times 0.05}\right)\text{mmol}\cdot g_{cat}^{-1}\cdot \text{min}^{-1}=3.6\times 10^{-4}\ \text{mmol}\cdot g_{cat}^{-1}\cdot \text{min}^{-1}$$

代入实验 2 数据，得

$$v_{A,0,2}=\left(\frac{101325\times 20\times 10^{-6}\times 0.043}{8.314\times 298\times 0.05}\right)\text{mmol}\cdot g_{cat}^{-1}\cdot \text{min}^{-1}=7.0\times 10^{-4}\ \text{mmol}\cdot g_{cat}^{-1}\cdot \text{min}^{-1}$$

代入实验 3 数据，得

$$v_{A,0,3}=\left(\frac{101325\times 40\times 10^{-6}\times 0.016}{8.314\times 298\times 0.05}\right)\text{mmol}\cdot g_{cat}^{-1}\cdot \text{min}^{-1}=5.2\times 10^{-4}\ \text{mmol}\cdot g_{cat}^{-1}\cdot \text{min}^{-1}$$

比较实验 2 和实验 1 的实验条件和相应结果 $v_{A,0,2}$ 和 $v_{A,0,1}$ 可知，在反应物 A 浓度不变的条件下将 B 的浓度增大至原来的 2 倍时，A 的反应速率基本变为原来反应速率的 $\dfrac{0.70}{0.36}=1.94\approx 2$ 倍，因此可以认为，反应物 B 对该反应的级数 β 为 1。

设 A 对该反应的级数为 α，则因实验 3 和实验 1 的实验条件差异在于 B 浓度不变的条件下将 A 的浓度增大至原来的 2 倍，所以 $\dfrac{v_{A,3}}{v_{A,1}}=2^{\alpha}$，则 $\alpha=\dfrac{\ln v_{A,3}-\ln v_{A,1}}{\ln 2}=\dfrac{-0.65+1.0}{0.69}=0.51\approx 0.5$

因此可以认为，反应物 A 对该反应的级数 α 为 0.5。

利用流动态研究法研究化学反应的动力学时，在确保反应的转化率能够测定准确的前提下，应尽可能增大反应的空速（每小时通过催化剂床层的反应混合气体体积与催化剂床层的体积之比），使得反应物的转化率较小，以便得到接近反应物初始浓度时的微分反应速率$\left(-\dfrac{dc_A}{dt}\right)_{t=0}$。

当然，对于液相反应，即使在间歇式反应器中进行，如果所用的间歇式反应器能够做到反应物的等温瞬间混合，准确地得到反应物的转化率低于 5% 时对应的时间，且各反应物的浓度能够借助实际反应中所用的溶剂自由配置，那么也完全可以采用与上述流动态研究法相似的方法来测定得到各反应物对反应的级数。

例 8.4.3 计算说明，在例题 8.4.2 的实验 3 中，将反应物 A 的转化率为 4.3% 时计算所得微分反应速率视为反应的初始速率时，所造成的相对误差多大。并由该数据说明，为什么用流动态研究法研究反应动力学时，必须利用微分反应数据而不能利用积分反应数据。

解：在实验 3 中，设 A 的起始浓度为 1，B 的起始浓度为 2，则 A 在催化剂床层中的平均浓度为 $\frac{1+0.957}{2}=0.978$，B 在催化剂床层中的平均浓度为 $\frac{2+1.957}{2}=1.978$。则相对误差为

$$\frac{1\times 2^{0.5}-0.978\times 1.978^{0.5}}{1\times 2^{0.5}}\times 100\%=2.7\%$$

当利用微分反应将反应物的转化率控制在 5% 以内时，反应物在催化剂床层的平均浓度偏离其起始浓度较小，所测反应级数偏离实际反应级数较小。如果利用积分反应数据，那么必使反应物在催化剂床层的平均浓度大大低于其起始浓度，使所测反应级数偏离实际反应级数较大。

8.5 温度对反应速率的影响

反应温度对反应速率的影响比较复杂。首先，反应速率常数 k 是反应温度的函数。其次，当反应温度在较大范围内发生变化时，反应的速率控制步骤有可能发生改变并导致反应级数的变化。这样，反应温度就不仅仅是通过影响反应速率常数而影响反应速率了。

总体而言，反应速率与温度的关系，大致有图 8.5.1 所示的五种类型：对于大多数反应，其反应速率随反应温度的升高呈指数型增加，即第 Ⅰ 种类型；第 Ⅱ 种类型为当反应温度升高至某定值后，反应速率急剧增加，热爆炸反应通常表现为这种类型；第 Ⅲ 种类型为反应速率随温度的改变有极值出现，如酶催化反应；第 Ⅳ 种类型为反应速率不规则地随反应温度而变化，如炭黑在一定温度范围内的氧化反应；第 Ⅴ 种类型为反应速率随反应温度的升高而减小，如在 20～100 ℃的温度区间内，HZSM−5 分子筛上进行的 $2NO+O_2 \longrightarrow 2NO_2$ 反应即表现为这种类型。但值得注意的是，即使是在同一催化剂上进行的同一反应，当反应温度在较大范围内变化时，反应速率与温度的关系完全有可能从一种类型变为另外一种类型。例如，当反应温度高于 150 ℃时，上述 HZSM−5 分子筛上 NO 与 O_2 进行的氧化反应则由第 Ⅴ 种类型变为第 Ⅰ 种类型。

本书只讨论反应速率与反应温度的关系为第 Ⅰ 种类型时反应速率常数 k 随反应温度的具体定量关系。这是因为这种类型适合于绝大多数的反应。

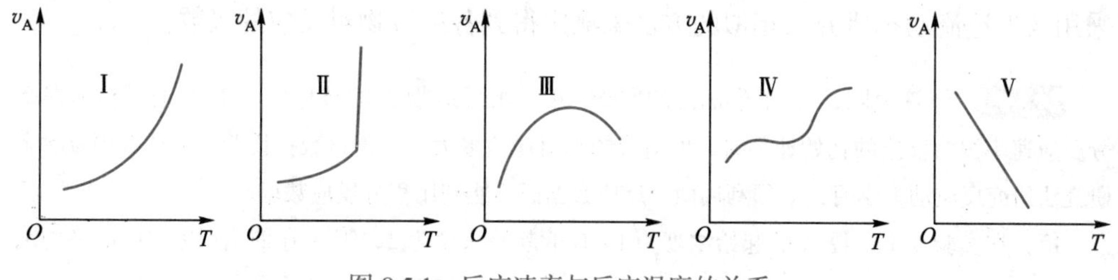

图 8.5.1　反应速率与反应温度的关系

1. **范托夫规则**

范托夫（van't Hoff）在总结常见的反应速率与温度的关系时发现，在室温附近，反应温度每提高 10 K，反应速率便提高 2～4 倍。该规律可表述为

$$\gamma = \frac{k(T+10\mathrm{K})}{k(T)} = 2\sim 4$$

式中，γ 称为反应速率常数的温度系数。

2. **阿伦尼乌斯方程和反应的活化能**

阿伦尼乌斯（Arrhenius）在上述范托夫规则的启发下，通过实验深入地研究了反应温度对反应速率的影响规律。关于反应速率常数与反应温度之间的关系，他提出了如下指数函数形式的经验方程：

$$k = k_0 \exp\left(-\frac{E_a}{RT}\right) \tag{8.5-1}$$

该经验方程被称为**阿伦尼乌斯方程**。该方程将反应速率常数与反应温度之间的关系量化，从而适用于绝大多数反应。在该方程中，R 为摩尔气体常数；k_0 和 E_a 是两个经验参数，分别称为**指前因子**和**活化能**。

对于反应 $a\mathrm{A}+b\mathrm{B}\longrightarrow y\mathrm{Y}+z\mathrm{Z}$，因为反应参与物的反应速率常数间有下列关系：

$$\frac{1}{a}k_\mathrm{A} = \frac{1}{b}k_\mathrm{B} = \frac{1}{y}k_\mathrm{Y} = \frac{1}{z}k_\mathrm{Z} = k$$

因此，不管反应速率常数用哪一种反应参与物的相应值进行表述，其受温度的影响都是完全相同的。

与克-克方程、范托夫方程类似，阿伦尼乌斯方程也有多种变换形式。以 k_A 为例，把式（8.5-1）两边取自然对数后得

$$\ln\{k_\mathrm{A}\} = -\frac{E_a}{RT} + \ln\{k_0\} \tag{8.5-2}$$

显然，该式是 $\ln\{k_A\}-\dfrac{1}{T}$ 的直线方程，被称为**阿伦尼乌斯方程的不定积分式**，如图 8.5.2 所示。直线的斜率为 $-\dfrac{E_a}{R}$，直线在 $\ln\{k_A\}$ 轴上的截距为 $\ln\{k_{A,0}\}$。这就是通过研究化学反应在不同反应温度的反应速率常数，获取反应活化能数据的重要方法（见例题 8.5.1 和例题 8.5.2）。

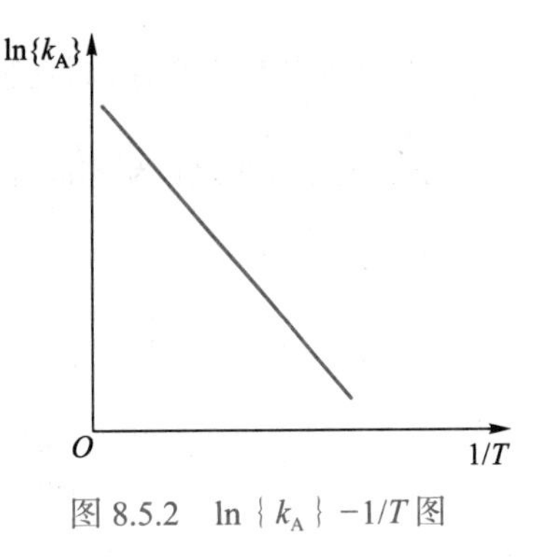

图 8.5.2　$\ln\{k_A\}-1/T$ 图

将式（8.5-2）对温度 T 进行求导，可得

$$\frac{\mathrm{d}\ln\{k_A\}}{\mathrm{d}T}=\frac{E_a}{RT^2} \qquad (8.5\text{-}3)$$

该式被称为**阿伦尼乌斯方程的微分式**。

在一定的温度范围内，可以将 E_a 看成与温度无关。将上式进行定积分，还可得

$$\ln\frac{k_{A,2}}{k_{A,1}}=\frac{E_a}{R}\left(\frac{1}{T_1}-\frac{1}{T_2}\right) \qquad (8.5\text{-}4)$$

该式被称为**阿伦尼乌斯方程的定积分式**。

阿伦尼乌斯方程的定积分式通常只用于在已知活化能时，从一个温度下的反应速率常数求算另一个温度下的反应速率常数。在理论上，利用该式由两个温度对应的反应速率常数也可得知反应的活化能（即“两点法”）。但是，在研究中为了避免较大的误差，在测定反应的活化能时总是采用图 8.5.2 所示的直线法。

应该指出的是，在确定的反应条件下，反应 $a\mathrm{A}+b\mathrm{B}\longrightarrow y\mathrm{Y}+z\mathrm{Z}$ 的速率常数 k_A、k_B、k_Y 和 k_Z 在数值上的差异，仅来源于其各指前因子 k_0 的不同。

为便于掌握连续流动反应活化能的测定方法，下面给出了两个在实验室测定连续流动管式反应器中反应活化能的实例。

例 8.5.1　现有一在 250 ℃下、连续流动管式反应器中某固相催化剂上进行的常压气相反应 $2\mathrm{A}+\mathrm{B}\longrightarrow 3\mathrm{Y}+4\mathrm{Z}$。为了准确测定反应的活化能，将 20 ℃、常压下总流速为 100 $\mathrm{mL\cdot min^{-1}}$，A、B、$N_2$ 配比为 2 : 1 : 7 的混合气体通入分别装有不同质量的同种固体催化剂的反应器中，分别在 200 ℃、250 ℃和 300 ℃下进行反应，得到的不同温度下反应物 A 的转化率如下所示：

反应温度 /K	催化剂量 /g	A 的转化率 /%
473	0.1511	4.1
523	0.0626	4.2
573	0.0345	4.5

求该反应在催化剂上的活化能 $E_{a,p}$。

解：A 的比反应速率（每克催化剂上的化学反应速率）为 $v_{A,p,0}=\dfrac{p_0F_Ax_A}{RTm_{cat}}$，其中 F_A 为气体反应物 A 的常温流速，p_0 为常压。设 $M=\left\{\dfrac{p_0F_A}{100RT}\right\}$，则 $v_{A,p,0}=\left(\dfrac{100x_A}{m_{cat}}M\right)\mathrm{mmol\cdot min^{-1}}$。代入各反应温度实验数据，得

$$v_{A,p,0}(473\ \mathrm{K})=\left(\frac{4.1}{0.1511}M\right)\mathrm{mmol\cdot g_{cat}^{-1}\cdot min^{-1}}=(27.13\ M)\mathrm{mmol\cdot g_{cat}^{-1}\cdot min^{-1}}$$

$$v_{A,p,0}(523\ \mathrm{K})=\left(\frac{4.2}{0.0626}M\right)\mathrm{mmol\cdot g_{cat}^{-1}\cdot min^{-1}}=(67.09\ M)\ \mathrm{mmol\cdot g_{cat}^{-1}\cdot min^{-1}}$$

$$v_{A,p,0}(573\ \mathrm{K})=\left(\frac{4.5}{0.0345}M\right)\ \mathrm{mmol\cdot g_{cat}^{-1}\cdot min^{-1}}=(130.43\ M)\ \mathrm{mmol\cdot g_{cat}^{-1}\cdot min^{-1}}$$

设该反应在催化剂上的动力学方程为 $v_{A,p}(T)=k_{A,p}(T)p_A^{\alpha}p_B^{\beta}$，则

$$k_{A,p}(T)=\frac{v_{A,p,0}(T)}{p_{A,0}^{\alpha}p_{B,0}^{\beta}}$$

$$\ln\{k_{A,p}(T)\}=\ln\{v_{A,p,0}(T)\}-\ln\{p_{A,0}^{\alpha}p_{B,0}^{\beta}\}$$

直接将 $\ln\left\{\dfrac{v_{A,p,0}}{M}\right\}$ 对 $1/T$ 作图得图 8.5.3。

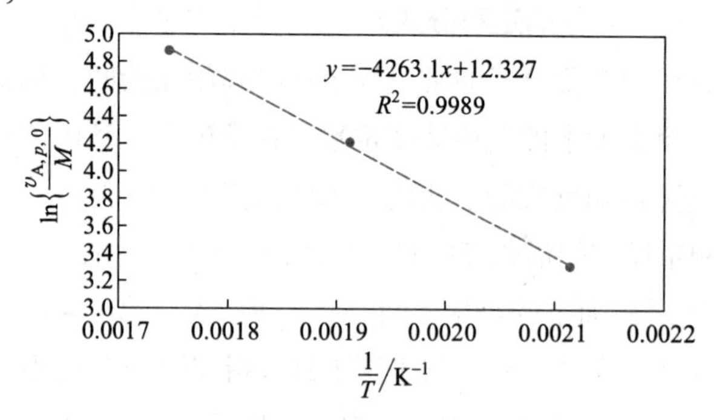

图 8.5.3　例 8.5.1 附图

由该图可知直线斜率为 $k_{line}=-4263.1\ \mathrm{K}$。根据阿伦尼乌斯方程的不定积分式 $\ln\{k_{A,p}\}=-\dfrac{E_{a,p}}{RT}+\ln\{k_0\}$，可知 $-\dfrac{E_{a,p}}{R}=-4263.1\ \mathrm{K}$，则

$$E_{a,p}=R\times4263.1\ \mathrm{K}=8.314\ \mathrm{J\cdot K^{-1}\cdot mol^{-1}}\times4263.1\ \mathrm{K}=35.44\ \mathrm{kJ\cdot mol^{-1}}$$

思考题 8.5.1

分析例 8.5.1，式 $v_{A,p,0}=\dfrac{p_0F_Ax_A}{RTm_{cat}}$ 中的温度 T 是题中的哪一个温度？为什么？

例 8.5.2　现有一在 150 ℃下、连续流动管式反应器中某固相催化剂上进行的常压气相反应 $A+B\longrightarrow 2Y+Z$。为了准确测定反应的活化能，将常温、常压、不同总流速下，A、B、N_2 配比

为 1 : 1 : 8 的混合气体通入装有 0.05 g 固体催化剂的反应器中，分别在 100 ℃、150 ℃和 200 ℃下进行反应。测得反应物 A 的转化率如下所示：

反应温度 /K	总流速 /（$mL \cdot min^{-1}$）	A 的转化率 /%
373	40	4.2
423	60	4.3
473	80	4.5

求该反应在催化剂上的活化能 $E_{a,p}$。

解：A 的比反应速率（每克催化剂上的化学反应速率）为 $\upsilon_{A,p,0}=\dfrac{p_0F_Ax_A}{RTm_{cat}}$，其中 F_A 为气体反应物 A 的常温流速，p_0 为常压。设 $M=\left\{\dfrac{p_0}{100RTm_{cat}}\right\}$，则 $\upsilon_{A,p,0}=(100x_A\{F_A\}M)\mathrm{mmol\cdot g_{cat}^{-1}\cdot min^{-1}}$。代入各反应温度实验数据，得

$$\upsilon_{A,p,0}(373\ K)=(4\times4.2\ M)\ \mathrm{mmol\cdot g_{cat}^{-1}\cdot min^{-1}}=(16.8\ M)\mathrm{mmol\cdot g_{cat}^{-1}\cdot min^{-1}}$$

$$\upsilon_{A,p,0}(423\ K)=(6\times4.3\ M)\ \mathrm{mmol\cdot g_{cat}^{-1}\cdot min^{-1}}=(25.8\ M)\ \mathrm{mmol\cdot g_{cat}^{-1}\cdot min^{-1}}$$

$$\upsilon_{A,p,0}(473\ K)=(8\times4.5\ M)\ \mathrm{mmol\cdot g_{cat}^{-1}\cdot min^{-1}}=(36\ M)\ \mathrm{mmol\cdot g_{cat}^{-1}\cdot min^{-1}}$$

设该反应在催化剂上的动力学方程为 $\upsilon_{A,p}(T)=k_{A,p}(T)p_A^{\alpha}p_B^{\beta}$，直接用 $\ln\left\{\dfrac{\upsilon_{A,p,0}}{M}\right\}$ 代替 $\ln\{k_{A,p}\}$ 对 $1/T$ 作图得图 8.5.4。

由该图可知直线斜率为 $k_{line}=-1345\ K$。由阿伦尼乌斯方程的不定积分式 $\ln\{k_{A,p}\}=-\dfrac{E_{a,p}}{RT}+\ln\{k_0\}$，可知 $-\dfrac{E_{a,p}}{R}=-1345\ K$，则

$$E_{a,p}=R\times1345\ K=8.314\ \mathrm{J\cdot K^{-1}\cdot mol^{-1}}\times1345\ K=11.18\ \mathrm{kJ\cdot mol^{-1}}$$

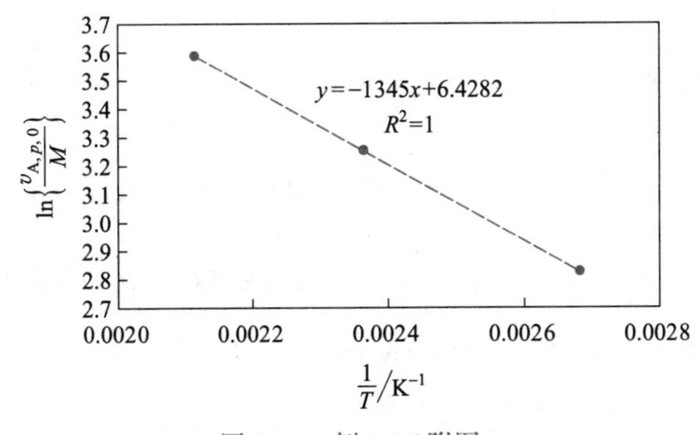

图 8.5.4　例 8.5.2 附图

C8-3
由不同温度下的反应物转化率计算活化能

3. 反应温度对平行反应速率的影响

对于平行反应，如果主反应（生成目的产物）的活化能高于副反应的活化能，虽然提高反应温度时主、副反应的速率都会提高，但主反应速率提高的倍数更多，即提高了主反应的相对速率，从而有利于目的产物的生成。反之，如果主反应的活化能低于副反应的活化能，虽然降低反应温度将使主、副反应的速率同时降低，但降低反应温度可以提高主反应的相对速率，使反应物以更高的选择性生成目的产物。

C8-4
在反应级数已知的条件下求反应的活化能

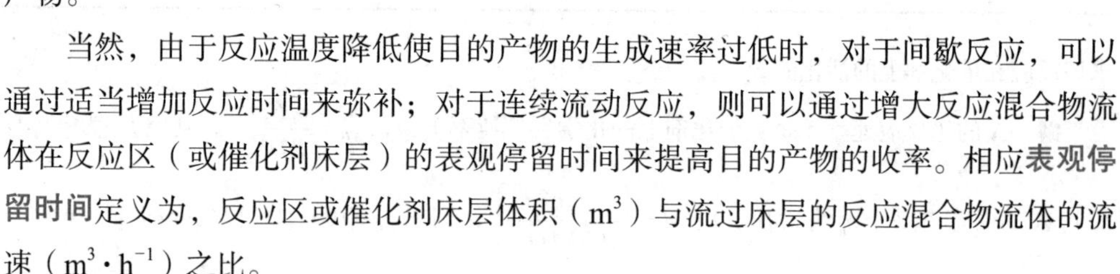

当然，由于反应温度降低使目的产物的生成速率过低时，对于间歇反应，可以通过适当增加反应时间来弥补；对于连续流动反应，则可以通过增大反应混合物流体在反应区（或催化剂床层）的表观停留时间来提高目的产物的收率。相应**表观停留时间**定义为，反应区或催化剂床层体积（m^3）与流过床层的反应混合物流体的流速（$m^3 \cdot h^{-1}$）之比。

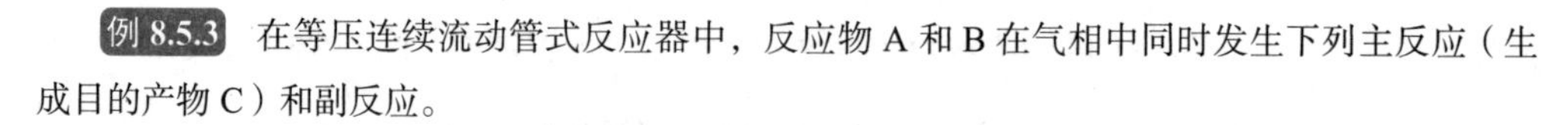

例 8.5.3 在等压连续流动管式反应器中，反应物 A 和 B 在气相中同时发生下列主反应（生成目的产物 C）和副反应。

$$A(g)+B(g)\xrightarrow{k_1, E_{a,1}}C(g)+D(g) \tag{1}$$

$$A(g)+B(g)\xrightarrow{k_2, E_{a,2}}X(g)+D(g) \tag{2}$$

已知两种反应物对于上述主、副反应表现出相同的级数（即 $\alpha_1=\alpha_2, \beta_1=\beta_2$），在确定的反应物配比和流速下，两反应的反应速率与温度的关系分别为

$$\ln\frac{v_A(1)}{mol \cdot dm^{-3} \cdot min^{-1}}=-\frac{6.5\times10^3}{T/K}+21.2$$

$$\ln\frac{v_A(2)}{mol \cdot dm^{-3} \cdot min^{-1}}=-\frac{3.1\times10^3}{T/K}+12.9$$

求：（a）主、副反应的活化能；（b）反应在 400 K 和 500 K 下进行时各主、副反应的反应速率之比。

解：（a）将题中给出的两式与阿伦尼乌斯方程的线性关系式 $\ln\{k_A\}=-\frac{E_a}{RT}+\ln\{k_0\}$ 比较，可得

$$\frac{E_a(1)}{R}=6.5\times10^3 K，则主反应的活化能 E_a(1)=54 kJ \cdot mol$$

$$\frac{E_a(2)}{R}=3.1\times10^3 K，则副反应的活化能 E_a(2)=26 kJ \cdot mol$$

（b）由题中给出的两式，可知当反应在 400 K 下进行时，

$$\ln\frac{v_1(400\ K)}{v_2(400\ K)}=\frac{3.1-6.5}{400}\times10^3+(21.2-12.9)=-0.2$$

$$\frac{v_1(400\ K)}{v_2(400\ K)}=0.82$$

当反应在 500 K 下进行时，

$$\ln\frac{v_1(500\ \mathrm{K})}{v_2(500\ \mathrm{K})}=\frac{3.1-6.5}{500}\times10^3+(21.2-12.9)=1.5$$

$$\frac{v_1(500\ \mathrm{K})}{v_2(500\ \mathrm{K})}=4.5$$

例 8.5.4 在一等容的容器中，反应物 A 在液相发生如下的平行反应：

$$\mathrm{A}\xrightarrow{k_1,E_{\mathrm{a},1}}\mathrm{X}+\mathrm{Y}\qquad(1)$$

$$\mathrm{A}\xrightarrow{k_2,E_{\mathrm{a},2}}\mathrm{Z}\qquad(2)$$

已知 A 对于这两个反应的级数相同。

（a）在 50 ℃下，实验测得 $c_{\mathrm{Y}}/c_{\mathrm{Z}}$ 恒为 2。当反应进行到第 10 min 时，A 的转化率为 50%；把反应时间延长一倍时，则 A 的转化率提高到 75 %。试确定消耗 A 的总反应对于反应物 A 的级数，并求两平行反应的速率常数 k_1 与 k_2。

（b）当温度提高 10 ℃时，测得 $c_{\mathrm{Y}}/c_{\mathrm{Z}}$ 恒为 3。试求平行反应的活化能 $E_{\mathrm{a},1}$ 与 $E_{\mathrm{a},2}$ 之差。

（c）用实验数据说明，提高反应温度有利于活化能高的平行反应。

解：（a）因反应物 A 的半衰期与其初始浓度无关，故总反应对于反应物 A 为一级。因此，在 50 ℃时，有

$$t_{1/2}=\frac{\ln2}{k_1+k_2}=10\,\mathrm{min}$$

$$\frac{k_1}{k_2}=\frac{c_{\mathrm{Y}}}{c_{\mathrm{Z}}}=2$$

两式联立，解得 $k_1=0.046\ \mathrm{min}^{-1}$，$k_2=0.023\ \mathrm{min}^{-1}$。

（b）当提高反应温度时，两反应温度下速率常数分别由 $k_1(T_1)$ 提高到 $k_1(T_2)$，由 $k_2(T_1)$ 提高到 $k_2(T_2)$。

对于反应（1），有

$$\ln\frac{k_1(T_2)}{k_1(T_1)}=\frac{E_{\mathrm{a},1}}{R}\left(\frac{1}{T_1}-\frac{1}{T_2}\right)$$

对于反应（2），有

$$\ln\frac{k_2(T_2)}{k_2(T_1)}=\frac{E_{\mathrm{a},2}}{R}\left(\frac{1}{T_1}-\frac{1}{T_2}\right)$$

则

$$\ln\frac{k_1(T_2)}{k_1(T_1)}-\ln\frac{k_2(T_2)}{k_2(T_1)}=\frac{E_{\mathrm{a},1}-E_{\mathrm{a},2}}{R}\left(\frac{1}{T_1}-\frac{1}{T_2}\right)$$

上式可变为

$$\ln\frac{k_1(T_2)}{k_2(T_2)}-\ln\frac{k_1(T_1)}{k_2(T_1)}=\frac{E_{\mathrm{a},1}-E_{\mathrm{a},2}}{R}\left(\frac{1}{T_1}-\frac{1}{T_2}\right)$$

代入 $\ln\dfrac{k_1(T_2)}{k_2(T_2)}=\ln3$，$\ln\dfrac{k_1(T_1)}{k_2(T_1)}=\ln2$，$T_1=323\ \mathrm{K}$，$T_2=333\ \mathrm{K}$，以及 $R=8.314\ \mathrm{J\cdot mol^{-1}\cdot K^{-1}}$，得

C8-5

平行反应的总表观活化能

$$E_{a,1}-E_{a,2}=36\ \text{kJ}\cdot\text{mol}^{-1}$$

（c）由以上计算可知 $E_{a,1}>E_{a,2}$，又 $\ln\dfrac{k_1(T_{高})}{k_2(T_{高})}=\ln 3 > \ln\dfrac{k_1(T_{低})}{k_2(T_{低})}=\ln 2$，因此，提高反应温度有利于活化能高的平行反应。

8.6 反应机理

对于绝大多数化学反应而言，反应物的分子变为生成物的分子要经过若干个简单的反应步骤。反应物是如何经过微观的简单反应步骤最终变为生成物的，对这一过程的相应描述称为**反应机理**（或**反应历程**）。

描述反应机理的每一个微观反应步骤称为**元反应**，而被研究的化学反应称为**总包反应**或**表观反应**。

对于化学反应，深刻认知其反应机理是非常重要的。这是因为，只有认识了化学反应的机理，才能更有成效地设计新型催化剂，以便有目标地加速反应过程中的某个元反应。一个化学总包反应，尽管从计量方程式上看似乎很简单，但要确定其机理却往往非常困难。这是因为，一个总包反应到底是通过什么元反应进行的，人们只能通过一些实验现象进行推测。

1. 元反应的反应分子数

与总包反应方程式不同，元反应步骤的反应方程式不仅要描述反应物、生成物，以及二者间的化学计量关系，更重要的是还要描述相应反应步骤中反应物间的真实作用过程。元反应方程式中反应物的粒子（包括反应物自由基、离子、分子和催化剂的作用点位）数的总和称为元反应的**反应分子数** n。相应地，该元反应称为 n **分子反应**。例如，对于下列元反应（a）、（b）、（c），其反应分子数分别为 1、2、3；相应反应分别称为**单分子反应**、**双分子反应**和**三分子反应**：

$$Cl_2 \xrightarrow{h\nu_1} 2Cl\cdot \qquad (a)$$

$$Cl\cdot + H_2 \xrightarrow{k_2} HCl + H\cdot \qquad (b)$$

$$2Cl\cdot + M \xrightarrow{k_3} Cl_2 + M \qquad (c)$$

在上述 3 个元反应中，Cl· 和 H· 分别表示氯原子（氯自由基）和氢原子（氢自由基）。元反应（b）和（c）箭头上面的 k_2 和 k_3，分别表示这两个元反应各自的速率常数。

2. 元反应的质量作用定律

分子是不断运动的。两个分子之间要发生反应，只有相互强烈地碰撞在一起才能够实现。假如在一定温度下这种强烈碰撞的次数与这两个分子总碰撞次数的比例一定，那么，就一定有下述规律：

两个分子之间发生反应的速率与相应元反应中各反应物浓度的幂乘积成正比，其中各反应物浓度的幂指数，刚好为元反应方程中相应反应物的分子数。该规律被称为**元反应的质量作用定律**（其推导见 8.7 节）。

例如，对于元反应 $A+B\xrightarrow{k}C+\cdots$，其微分速率一定是 $-\dfrac{dc_A}{dt}=k_{A,c}c_Ac_B$；对于元反应 $2A+B\xrightarrow{k}C+\cdots$，其微分速率一定是 $-\dfrac{dc_A}{dt}=k_{A,c}c_A^2c_B$。这就是说，对于元反应，其反应的分子数是几，该元反应就是几级反应。

那么，对于 M 催化的总包反应 $A+B\longrightarrow AB$，若反应的机理 I 为

$$A+M\xrightarrow{k_1}A-M \tag{a}$$

$$B+M\xrightarrow{k_2}M-B \tag{b}$$

$$A-M+B-M\xrightarrow{k_3}M+M-AB \tag{c}$$

$$M-AB\xrightarrow{k_4}M+AB \tag{d}$$

则根据元反应的质量作用定律：

反应步骤（a）的速率为 $$-\frac{dc_A}{dt}=k_1c_Ac_M$$

反应步骤（b）的速率为 $$-\frac{dc_B}{dt}=k_2c_Bc_M$$

反应步骤（c）的速率为 $$-\frac{dc_{A-M}}{dt}=k_3c_{A-M}c_{B-M}$$

反应步骤（d）的速率为 $$-\frac{dc_{A-M}}{dt}=k_4c_{M-AB}$$

这里需要特别注意的是，质量作用定律只适用于元反应，而不适用于非元反应。在第 7 章中所讨论的朗缪尔吸附和脱附过程，都是元反应。正因为知道它们都是元反应，相应吸附的微分速率方程才得以直接依据相应步骤的反应分子数直接写出。否则，过程的微分速率方程就必须通过实测才能得到。也就是说，若将质量作用定律用于总包反应过程，则是非常谬误的，除非那个总包反应本身就是一个元反应。

上述 M 催化的总包反应 $A+B \longrightarrow AB$，其机理既可以描述气均相催化反应、液均相催化反应，也可以描述气 / 固相多相催化反应以及液 / 固相多相催化反应。对于上述两种均相催化反应，M 可以是某种气相分子、自由基或离子。对于上述两种多相催化反应，则 M 就是固相催化剂表面在几何空间上能够被反应物分子接触的某种化学环境的特殊点位。在固相催化剂表面上，对反应起催化作用的点位被称为催化剂的**活性位**（**活性中心**）。

对于一个确定的化学反应，随着反应温度的改变或（和）催化剂的物理结构、化学结构的改变，其反应机理完全可能发生改变。例如，对于气 / 固相多相催化反应 $A+B \xrightarrow{\text{cat}} AB$，若产物分子 AB 在 M 位上的吸附很弱，当反应温度升高到 AB 几乎不在 M 位上吸附［不再有吸附态的 AB（即 M−AB）］时，则前述反应机理Ⅰ就变为下述反应机理Ⅱ：

$$A+M \xrightarrow{k_1} A-M \tag{a}$$

$$B+M \xrightarrow{k_2} M-B \tag{b}$$

$$A-M+B-M \xrightarrow{k_3} 2M+AB \tag{c}$$

假如对于气 / 固相多相催化反应 $A+B \xrightarrow{\text{cat}} AB$，反应物分子 B 不在催化剂表面上吸附，反应是通过气相中游离的 B 分子碰撞到吸附态的 A(即 M−A）而实现的，则上述反应机理Ⅱ就变为下述反应机理Ⅲ：

$$A+M \xrightarrow{k_1} A-M \tag{a}$$

$$A-M+B \xrightarrow{k_2} M+AB \tag{b}$$

或反应机理Ⅳ：

$$A+M \xrightarrow{k_1} A-M \tag{a}$$

$$A-M+B \xrightarrow{k_2} M-AB \tag{b}$$

$$M-AB \xrightarrow{k_3} M+AB \tag{c}$$

对于一个在确定条件下进行的化学反应，提出的假定反应机理是否正确，要看其是否在理论上符合观测到的所有实验事实。因为化学反应动力学研究在实验室最容易做到，因此假定的反应机理首先要通过的就是基于该假定机理，借助元反应的质量作用定律，推导得出应表现的动力学形式（该内容将在 8.7 节中介绍），看其是否与实测反应动力学规律相一致。

有时，一个反应所表现的若干实验现象，可以同时被几个可能的机理所解释。这就要求研究者不断开发新的研究手段，在“新的角度”上研究该化学反应，在总包反应这个“黑箱”上打开新的观测窗口，从而提出更符合实际的反应机理。

有时，一个可能的反应机理可以合理解释当时已发现的各种实验事实，并因此被认为是正确的。但是，随着科学技术的进步，新观测到的实验现象有可能又将其完全推翻。

例如，对于气相反应 $H_2+I_2 \longrightarrow 2HI$，1894 年 Bodenstein M 发现该反应在 556～781 K 下的反应动力学刚好符合 $-\dfrac{dc_{H_2}}{dt}=kc_{H_2}c_{I_2}$，因而他提出该总包反应就是这样一步生成的（即该总包反应就是元反应）。直到 20 世纪 50 年代，由于质谱应用于该气相反应研究，检测到在该反应过程中有 I 原子出现，因而研究者提出了以下新的反应机理：

$$I_2+M^0 \longrightarrow 2I\cdot$$

$$H_2+2I\cdot \longrightarrow 2HI$$

$$2I\cdot+M_0 \longrightarrow I_2+M^0$$

其中 I· 为带有一个单电子的 I 原子自由基，M 为反应系统中的 H_2 分子或 I_2 分子。M_0 为相对动量较低的分子，M^0 为相对动量较高的分子。

当气相反应 $H_2+I_2 \longrightarrow 2HI$ 在较高的反应温度（>800 K）下进行时，较高密度的 H 原子在反应过程中被发现。这使人们又认识到该反应在较高温度进行时的链反应机理（该内容将在 8.10 节中介绍）。

3. 反应的速控步

在反应机理的研究中，一个关键的内容就是确定总包反应的速控步骤。在描述反应机理的所有反应步骤中，如果存在一个进行得最慢的反应步骤（有的总包反应不存在最慢的反应步骤，其各步反应速率大致相等），则该反应步骤的快慢必然对总包反应的速率产生决定性的影响，因此将该反应步骤称为总包反应的**速控步**。

显然，要加快总包反应的速率，关键在于加快速控步的速率。因此，深入认识反应机制，推定总包反应的速控步，将会使得催化剂的研究具有更明确的方向性。

8.7 元反应的速率理论

1. 简单碰撞理论（simple collision theory）

简单碰撞理论认为，在气相中进行的 A 和 B 之间的双分子元反应，只有通过反应物分子 A 和 B 的相互碰撞才能实现。并且，只有当碰撞的强度超过某一临界值时才能发生化学反应。这样，阿伦尼乌斯方程中的指前因子和活化能就应该能够通过碰撞的频率和碰撞的强度获得定量描述。

（1）简单碰撞理论的基本假设

为了简化理论推导，简单碰撞理论对于该气相双分子元反应进行了下述基本假设：

① 将两种反应物分子均看作无内部结构和相互作用的简单硬球。

② 反应必须通过分子碰撞才可能发生。

③ 只有当相互碰撞的两个分子在碰撞方向上的相对能量达到或超过某阈能值 E_0 时，反应才能发生。这样的碰撞称为活化碰撞。

④ 两种反应物分子的速率均遵守玻尔兹曼（Boltzmann）分布。

（2）单位体积中 dt 时间内 B 与 A 分子的碰撞次数

假设 A 分子不动。那么，如图 8.7.1 所示，只有当 B 分子的质心落在以 A 分子的质心为中心，半径为 $r=\dfrac{d_A+d_B}{2}$（d_A 和 d_B 分别为分子 A 和 B 的直径）的虚线圆内时，B 分子才能和这个 A 分子碰撞。该虚线圆所占有的区域 πr^2 称为**碰撞截面**。

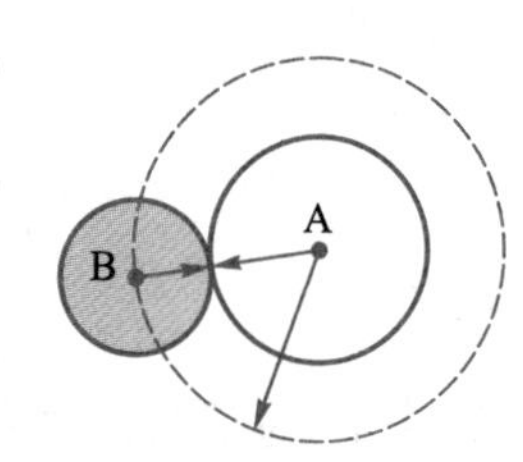

图 8.7.1　B 分子与 A 分子的碰撞截面 πr^2

若一个 B 分子以平均速率 $\langle v_B\rangle$ 以垂直于纸面的方向做直线运动，那么它在 dt 时间内运动的距离就是 $\langle v_B\rangle$dt。因此，凡是质心落在长度为 $\langle v_B\rangle$dt，底面积为 πr^2 的圆柱体内的 A 分子都有机会与该 B 分子相碰撞。如果单位体积中 A 和 B 的分子数分别为 $C_A=\dfrac{N_A}{V}$ 和 $C_B=\dfrac{N_B}{V}$，则在单位体积中 dt 时间内 B 分子与 A 分子的碰撞数就是

$$Z_{AB}=\pi r^2\langle v_B\rangle C_A C_B \mathrm{d}t$$

但是，实际上 A 分子和 B 分子都在运动。不过，只要用 B 分子相对于 A 分子的平均运动速率 $\langle v_r\rangle$ 代替 B 分子的平均运动速率 $\langle v_B\rangle$，就可以把 A 分子和 B 分子实际上都在运动的这一问题解决了。根据气体分子运动论，A、B 分子的平均相对运动速率为 $\langle v_r\rangle=\left(\dfrac{8kT}{\pi\mu}\right)^{1/2}$（其中$k$为玻尔兹曼常量；$\mu$为A、B分子的折合质量，$\mu=\dfrac{m_A m_B}{m_A+m_B}$）。则单位体积中 d$t$ 时间内 B 分子与 A 分子的碰撞数就是

$$Z_{AB}=\pi r^2\left(\frac{8kT}{\pi\mu}\right)^{1/2} C_A C_B \mathrm{d}t \qquad (8.7\text{-}1)$$

（3）活化碰撞分数

按照简单碰撞理论的基本假设，只有活化碰撞才能导致反应发生。依据玻尔兹

曼公式，平动能量可达到活化碰撞阈能值 E_0 的分子数（用 N^* 表示）与分子总数的比值（**活化碰撞分数**）为

$$f=\frac{N^*}{N}=\mathrm{e}^{-E_0/RT}$$

（4）反应速率和速率常数

单位体积中 dt 时间内 B 分子与 A 分子的碰撞数 $Z_{\mathrm{AB}}=\pi r^2\left(\frac{8kT}{\pi\mu}\right)^{1/2}C_{\mathrm{A}}C_{\mathrm{B}}\mathrm{d}t$ 与活化碰撞分数 f 之积，就是单位体积中 dt 时间内的活化碰撞数：

$$Z_{\mathrm{AB}}^*=Z_{\mathrm{AB}}f=\pi r^2\left(\frac{8kT}{\pi\mu}\right)^{1/2}\mathrm{e}^{-E_0/RT}C_{\mathrm{A}}C_{\mathrm{B}}\mathrm{d}t \qquad (8.7-2)$$

即单位体积中 dt 时间内减少的 A 分子数。该值也是 dt 时间内 A 分子浓度的减少：

$$-\mathrm{d}C_{\mathrm{A}}=\pi r^2\left(\frac{8kT}{\pi\mu}\right)^{1/2}\mathrm{e}^{-E_0/RT}C_{\mathrm{A}}C_{\mathrm{B}}\mathrm{d}t$$

于是有

$$-\frac{\mathrm{d}C_{\mathrm{A}}}{\mathrm{d}t}=\pi r^2\left(\frac{8kT}{\pi\mu}\right)^{1/2}C_{\mathrm{A}}C_{\mathrm{B}}\mathrm{e}^{-E_0/RT}$$

因为 $C_{\mathrm{A}}=Lc_{\mathrm{A}}$，$C_{\mathrm{B}}=Lc_{\mathrm{B}}$（$L$ 为阿伏加德罗常数），则 $\mathrm{d}C_{\mathrm{A}}=L\mathrm{d}c_{\mathrm{A}}$，$\mathrm{d}c_{\mathrm{A}}=\frac{1}{L}\mathrm{d}C_{\mathrm{A}}$，

$$-\frac{\mathrm{d}c_{\mathrm{A}}}{\mathrm{d}t}=\frac{1}{L}\cdot\left(-\frac{\mathrm{d}C_{\mathrm{A}}}{\mathrm{d}t}\right)=\pi r^2L\left(\frac{8kT}{\pi\mu}\right)^{1/2}\mathrm{e}^{-E_0/RT}c_{\mathrm{A}}c_{\mathrm{B}} \qquad (8.7-3)$$

式（8.7-3）就是由简单碰撞理论推导得到 A 分子和 B 分子元反应 $\mathrm{A+B\longrightarrow C}+\cdots$ 的微分速率方程。

前面已经讨论过，凡是元反应，都可以直接利用反应的质量作用定律直接写出反应速率和反应物浓度的关系。那么，对于元反应 $\mathrm{A+B\longrightarrow C}+\cdots$，其微分速率方程就是 $-\frac{\mathrm{d}c_{\mathrm{A}}}{\mathrm{d}t}=k_{\mathrm{A}}c_{\mathrm{A}}c_{\mathrm{B}}$。将式（8.7-3）与其比较，其中的 k_{A} 实际就是

$$k_{\mathrm{A}}=\pi r^2L\left(\frac{8kT}{\pi\mu}\right)^{1/2}\mathrm{e}^{-E_0/RT} \qquad (8.7-4)$$

再将式（8.7-4）与阿伦尼乌斯方程 $k=k_0\mathrm{e}^{-E_{\mathrm{a}}/RT}$ 对比，可知，指前因子就是

$$k_{\mathrm{A},0}=\pi r^2L\left(\frac{8kT}{\pi\mu}\right)^{1/2} \qquad (8.7-5)$$

（5）概率因子 P

对于一些已知的双分子元反应，将简单碰撞理论计算结果与实验结果相比较可

以发现，两数据吻合较好的仅是个别情况，而在多数情况下 k_0 的计算值比实验值大得多，有的反应甚至高出几个数量级，如表 8.7.1 所示。

表 8.7.1　几种双分子元反应的 k_0 计算值和实验值的比较

反应	k_0		概率因子 P
	计算值	实验值	
$2NO_2 \longrightarrow 2NO + O_2$	7.08×10^9	2.63×10^8	0.0371
$2NOCl \longrightarrow 2NO + Cl_2$	2.95×10^9	3.23×10^9	1.09
$NO + O_3 \longrightarrow NO_2 + O_2$	7.94×10^9	6.31×10^7	7.94×10^{-3}
$Br\cdot + H_2 \longrightarrow HBr + H\cdot$	1.70×10^{10}	2.04×10^9	0.120
$\cdot CH_3 + H_2 \longrightarrow CH_4 + H\cdot$	1.86×10^{10}	1.78×10^7	9.57×10^{-4}
$\cdot CH_3 + CHCl_3 \longrightarrow CH_4 + \cdot CCl_3$	1.51×10^{10}	1.25×10^6	8.28×10^{-5}

以上数值的差别，可以认为，主要是由于简单碰撞理论将两种反应物分子均看作无内部结构和相互作用的简单硬球，而无视其具体的内部结构，也就是由于这一模型过于粗糙。实际上，当两种反应物分子碰撞时，是否发生反应至少还应考虑下述影响因素：

① 方位因素

若碰撞点不是特定部位，反应就难以发生。例如反应 $\cdot CH_3 + CHCl_3 \longrightarrow CH_4 + \cdot CCl_3$，若甲基碰撞的不是 $CHCl_3$ 的氢原子而是氯原子，则反应很难进行。

② 能量传递耗散因素

只有碰撞能量能有效地传到某个反应分子内部待断裂的键时，才会使相应键断裂，实现 A 分子和 B 分子的反应。但因分子过长，导致碰撞能量在分子内部中传递时被各化学键的伸缩逐步耗减。这样，很大的碰撞动能也会造成无效碰撞。

③ 能量转移因素

如果碰撞能量在分子内的传递尚未传到待断裂的键时，却又发生了另一次弱碰撞，则前次碰撞的能量有可能被转移出去，从而使前次碰撞成为无效碰撞。

④ 屏蔽因素

如果待断裂的键附近存在的基团对待断裂的键起屏蔽作用，也会降低有效碰撞的概率。正是由于这一因素，乙苯亲电取代反应的对位产物高于邻位产物。

上述诸多因素对反应的影响情况，必然因反应物分子的内部结构不同而异，使 k_0 的实验值不同程度地低于计算值。这些假想，都已被分子反应动态学的现代实验结果所证明。将这些影响因素综合在一起，用一个校正的**概率因子** P（见表 8.7.1）对 k_A 和 $k_{A,0}$ 进行校正，则有

$$k_A = P\pi r^2 L\left(\frac{8kT}{\pi\mu}\right)^{1/2} e^{-E_0/RT} \tag{8.7-6}$$

$$k_{A,0} = P\pi r^2 L\left(\frac{8kT}{\pi\mu}\right)^{1/2} \tag{8.7-7}$$

显然，简单碰撞理论计算能否给出符合实际的 k_A 和 $k_{A,0}$ 值，关键在于能否给出合适的校正概率因子 P。如果不断积累反应的计算值和实验值的比较数据，总结校正概率因子 P 与反应分子结构的特点，简单碰撞理论就有可能实现对元反应 k_A 和 $k_{A,0}$ 值的较准确预测。

（6）摩尔阈能 E_0 与活化能 E_a 的关系

将式（8.7-6）取自然对数，对 T 求导代入 $\frac{d\ln\{k_A\}}{dT} = \frac{E_a}{RT^2}$ 可得

$$E_a = \frac{1}{2}RT + E_0 \tag{8.7-8}$$

其中 E_0 为分子对的活化碰撞摩尔阈能，而 E_a 为该元反应的活化能（该活化能将由后面的元反应过渡态理论给出明确的表述）。

对于多数化学反应，E_a 的数量级为 10^2 kJ·mol^{-1}，当温度不高（如 400 K）时，$\frac{1}{2}RT \approx 2\ \text{kJ}\cdot\text{mol}^{-1}$，所以 $E_0 \approx E_a$。

基于简单碰撞理论模型，对三分子元反应进行类似的计算可知，在单位时间单位体积内，三个反应物的粒子同时碰撞在一起的次数非常少。这意味着三分子反应进行得很慢。这就是说，一个进行得很快的总包反应，其反应机理一般不会包含三分子反应的元步骤。同理，一个总包反应的机理如果包括三分子反应的元步骤，那么这个元步骤很可能就是限制该总包反应的速控步。

2. 活化络合物理论（activated complex theory）

活化络合物理论，又称为过渡态理论（transition state theory）。该理论认为，双分子元反应发生时，反应物分子内部的旧化学键逐渐断裂而产物内部的新化学键逐渐生成，由所有反应参与物构成实体的势能，伴随上述旧键的逐渐断裂和新键的逐渐生成，经历一个能量先升高再降低的过程。

（1）超分子

将反应过程中所有反应参与物的原子核及电子组成的系统看作一个量子力学实体，称其为**超分子**。超分子的势能 E 与其中每个原子的相对位置有关。现以双分子反应 $A + BC \longrightarrow AB + C$ 为例，说明超分子的势能在反应过程中随着 A、B、C 三原子相对位置的改变而变化的情况。如图 8.7.2 所示，该超分子的势能是 A、B 两原子

间距 R_{AB}，B、C 两原子间距 R_{BC} 及 θ 的函数。

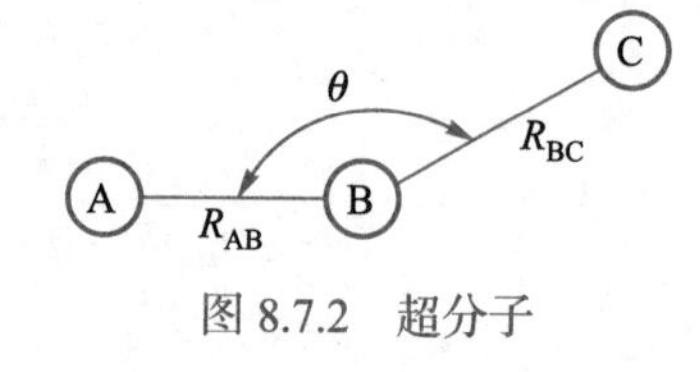

图 8.7.2　超分子

当 $R_{AB}=\infty$，$R_{BC}=r_{B-C}$ 时（r_{B-C} 表示反应物分子中 B、C 原子间的正常键长），相当于反应前的 A + BC 状态；当 $\theta=180°$ 时，表示 A 分子与 BC 分子发生共线碰撞。

当 A 分子与 BC 分子发生碰撞，生成 AB 分子和 C 分子时，在碰撞的瞬间，A 与 B 之间的距离逐渐缩短成键，而 B 与 C 之间的距离逐渐拉长（B 与 C 之间的化学键逐渐松动）。该过程可表示为

$$A+BC\longrightarrow(A\cdots B\cdots C)\longrightarrow AB+C$$

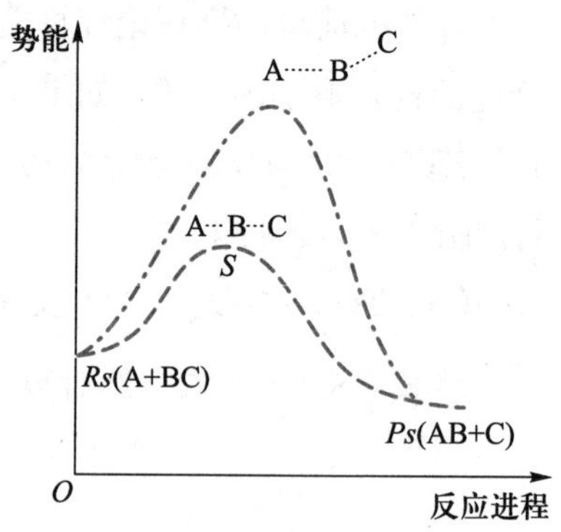

图 8.7.3　超分子的势能伴随反应过程的变化

图 8.7.2 所示的超分子，伴随该反应过程的演变，其势能必然经过一个逐渐升高，而后再降低的过程（如图 8.7.3 所示）。

图 8.7.3 中，*Rs* 点为反应前超分子（反应物 A+BC）的势能高度，*Ps* 点为反应后超分子（产物 AB+C）的势能高度。依据 A 分子向 BC 分子接近的角度，以及 A 与 B 之间的距离逐渐缩短时 B 与 C 之间距离的不同，超分子的势能伴随反应过程的演变呈现无数各不相同的曲线。图 8.7.3 中只画出了其中两条曲线。

（2）最低能量途径

可以想象，在上述无数各不相同的曲线中，一定有一条能量途径最低（the lowest reaction path in energy）的曲线。用 *RSP* 曲线表示该曲线，用 *S* 点代表超分子在该能量最低途径的能量最高点［称为鞍点（saddle point）］。则相应超分子在该鞍点处的势能与反应物分子势能之差［称为反应的能垒（energy barrier）］就是该元反应的活化能 E_a。

上述超分子的势能依据 A 分子向 BC 分子接近的角度，以及 A 与 B 之间的距离逐渐缩短时 B 与 C 之间距离的不同，伴随反应过程的演变呈现无数各不相同的曲线。这些曲线可连成如图 8.7.4 所示的马鞍形曲面。

将图 8.7.4 所示的马鞍形曲面用平面等高线画出，就是图 8.7.5。

当反应的超分子能量低于 *S* 点的能量时，反应则不能发生。显然，曲线 *RSP* 所示最低能量途径一定是实现反应概率最大的途径。即，在通常条件下反应的发生绝大多数都是沿着该能量最低途径实现的。当然，由于反应系统中的分子能量高低的不同，该能量最低途径也一定不是反应发生的唯一途径。

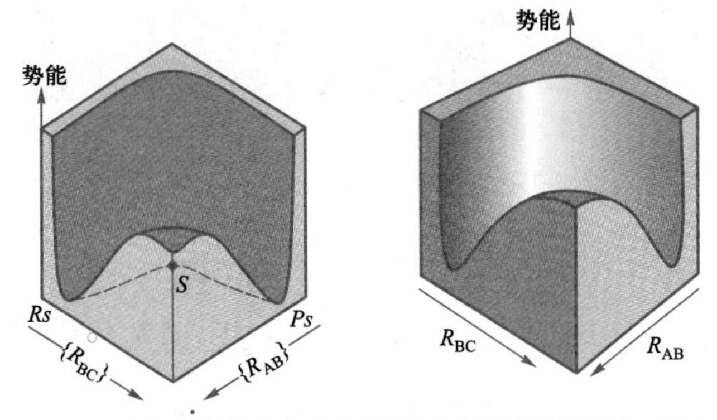

图 8.7.4 超分子的势能伴随反应过程演变呈现的曲线所连成的曲面

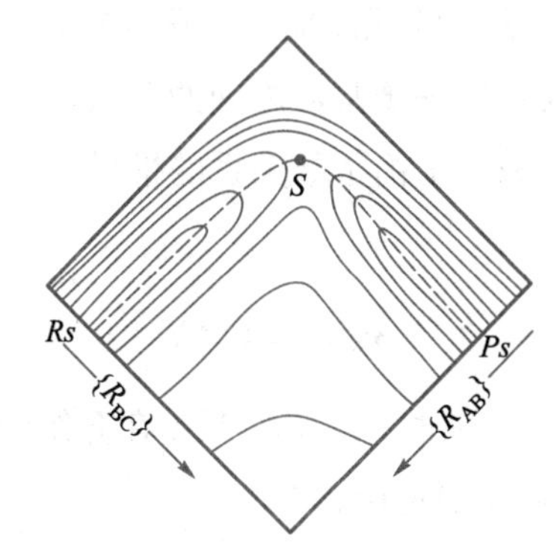

图 8.7.5 超分子势能曲面的平面投影图

（3）活化络合物

用量子化学计算的方法，对反应的超分子进行计算，通过优化 A 分子向 BC 分子接近的角度及 A 与 B 之间的距离使超分子的能量最低，就可以描述在 S 点超分子的结构。该对应的结构被称为反应的**活化络合物**。对于确定的元反应而言，简单地说，活化络合物就是 S 点对应的结构特定的超分子。这样，**元反应的活化能**就非常容易表述了。它就是活化络合物的势能与反应物的势能之差（如图 8.7.6 所示）。

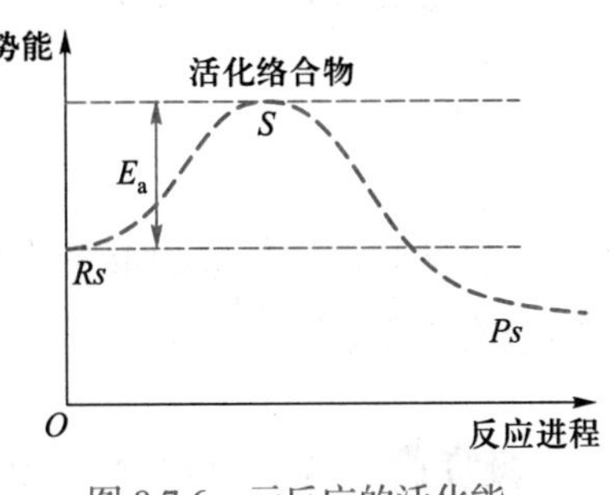

图 8.7.6 元反应的活化能

当然，并不是所有的元反应都需要活化能。两个自由基之间的复合反应，如 $2I\cdot \longrightarrow I_2$ 和 $Cl\cdot + H\cdot \longrightarrow HCl$，其反应超分子势能与反应进程之间的关系如图 8.7.7 所示。

对于这样的元反应，作为反应物的两个自由基势能最高，因而反应时不需要任何活化能。

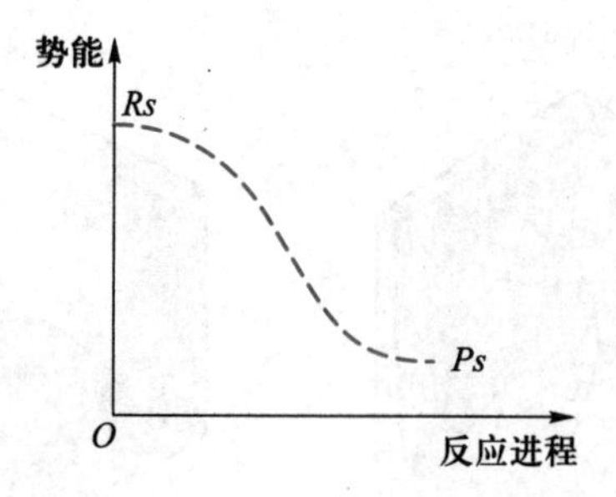

图 8.7.7　自由基复合反应的超分子势能与反应进程之间的关系

3. 正、逆元反应活化能与反应热力学能变之间的关系

向正、逆两个方向同时进行的元反应，被称为对行元反应。我们首先讨论对行元反应的速率常数与这个元反应平衡常数之间的关系。

（1）对行元反应速率常数与平衡常数关系的推导

当下列对行元反应

$$\mathrm{A} \underset{k_{-1},E_{-\mathrm{a},c}}{\overset{k_1,E_{\mathrm{a},c}}{\rightleftharpoons}} \mathrm{Y}$$

达到平衡时，其正、逆元反应的速率一定相等（在介绍吸附平衡时，我们已有过这样的讨论）。由元反应的质量作用定律，有

$$k_1 c_{\mathrm{A}} = k_{-1} c_{\mathrm{Y}}$$

则

$$\frac{k_1}{k_{-1}} = \frac{c_{\mathrm{Y}}}{c_{\mathrm{A}}}$$

换一个角度来看，当反应达到平衡时，有 $\frac{c_{\mathrm{Y}}}{c_{\mathrm{A}}} = K_c$，于是有

$$\frac{k_1}{k_{-1}} = K_c \tag{8.7-9}$$

这是对行元反应的重要关系式。它是对行元反应动力学和热力学之间的一架重要理论“桥梁”。

例 8.7.1 推导证明下述对行元反应，$\frac{k_1}{k_{-1}} = K_c$ 。

$$2\mathrm{A} \underset{k_{-1}}{\overset{k_1}{\rightleftharpoons}} \mathrm{Y}$$

证明（1）： 对于上述对行元反应，有 $\frac{k_{\mathrm{A}}}{2} = k_1$， $k_{\mathrm{Y}} = k_{-1}$ 。当反应达到平衡时，

$$-\frac{\mathrm{d}c_{\mathrm{A}}}{\mathrm{d}t} = k_{\mathrm{A}} c_{\mathrm{A}}^2 - 2k_{\mathrm{Y}} c_{\mathrm{Y}} = 2k_1 c_{\mathrm{A}}^2 - 2k_{-1} c_{\mathrm{Y}} = 0$$

则
$$k_1 c_A^2 = k_{-1} c_Y$$

$$\frac{k_1}{k_{-1}} = \frac{c_Y}{c_A^2} = K_c$$

证明（2）: 反应达到平衡时，正反应 $2A \xrightarrow{k_1} Y$ 和逆反应 $Y \xrightarrow{k_{-1}} 2A$ 以反应参与物 Y 计的速率相等，即 $k_1 c_A^2 = k_{-1} c_Y$，则

$$\frac{k_1}{k_{-1}} = \frac{c_Y}{c_A^2} = K_c$$

（2）正、逆元反应活化能与反应摩尔热力学能变之间的关系

对式（8.7-9）取对数并对 T 求导，有

$$\frac{\mathrm{d}\ln\{k_1\}}{\mathrm{d}T} - \frac{\mathrm{d}\ln\{k_{-1}\}}{\mathrm{d}T} = \frac{\mathrm{d}\ln\{K_c\}}{\mathrm{d}T} \tag{8.7-10}$$

在等容条件下，范托夫微分方程 $\frac{\mathrm{d}\ln K^{\ominus}(T)}{\mathrm{d}T} = \frac{\Delta_r H_m^{\ominus}(T)}{RT^2}$ ［见式（4.4-1）］就是

$$\frac{\mathrm{d}\ln K_c(T)}{\mathrm{d}T} = \frac{\Delta_r U_m(T)}{RT^2}$$

将阿伦尼乌斯方程式（8.5-3）和上式同时代入式（8.7-10），有

$$\frac{E_1}{RT^2} - \frac{E_{-1}}{RT^2} = \frac{\Delta_r U_m(T)}{RT^2}$$

于是，可得

$$E_1 - E_{-1} = \Delta_r U_m(T) \tag{8.7-11}$$

式中，E_1、E_{-1} 分别为正、逆元反应的活化能；$\Delta_r U_m(T)$ 为正向元反应的摩尔热力学能变。显然，这是对行元反应动力学与热力学之间的另一架“桥梁”。

实际上，式（8.7-11）给出的能量关系可以由图 8.7.8 所示的正、逆元反应的活化能随反应进程的变化得到清晰的表示。

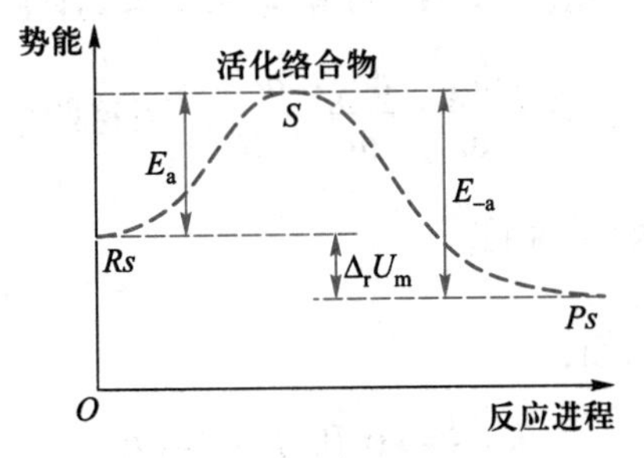

图 8.7.8　正、逆元反应的活化能随反应进程的变化图

在这里必须说明的是，式（8.7-9）和式（8.7-11）都只适用于对行元反应。若

将其直接应用于对行总包反应，则是非常谬误的。这是因为，质量作用定律只适用于元反应，式（8.7-9）和式（8.7-11）的推导均依赖质量作用定律的应用。此外，总包反应只能表述反应参与物都是什么，以及它们之间的定量关系，并不能表述反应实际上是如何进行的，因此在满足上述要求的条件下其反应方程式的写法有很大的随意性。例如，CO 在气相被 O_2 氧化的反应，既可以写成 $2CO+O_2 = 2CO_2$，也可以写成 $CO+\frac{1}{2}O_2 = CO_2$。该反应平衡常数 K_c 的值与反应方程式的写法有关，而该反应的活化能却与反应方程式的写法毫无关系。

8.8 总包反应动力学方程的推导

1. 近似处理

一个总包反应，当反应温度有较大的改变和（或）所用的催化剂变更时，其反应机理有可能发生改变。一个新提出的反应机理（称为假定的反应机理），必须首先经过动力学验证。所谓动力学验证，就是从那个假定的反应机理出发，借助元反应作用定律，推导给出总包反应应该表现的动力学方程，看它给出的反应级数与实验测得的经验动力学方程是否一致。若不一致，则相应假定的反应机理一定存在错误。

不管假定的反应机理多么复杂，所涉及元反应的相互之间不外表现为下述三种关系：

① 平行的元反应。例如，

$$A \xrightarrow{k_1} B \text{ 和 } A \xrightarrow{k_2} C$$

$$A+N \xrightarrow{k_1} B \text{ 和 } A+M \xrightarrow{k_2} C$$

$$A+M \xrightarrow{k_2} C+D \text{ 和 } A+N \xrightarrow{k_1} B+E$$

这样的两个元反应一定有 $-\frac{dc_A}{dt}=\frac{dc_B}{dt}+\frac{dc_C}{dt}$。当这两个元反应的分子数相同时，还会有 $\frac{c_A}{c_B}=\frac{k_1}{k_2}$［见式（8.3-15）］。

② 对行的元反应。例如，

$$A \xrightarrow{k_1} B \text{ 和 } B \xrightarrow{k_{-1}} A$$

$$A+M \xrightarrow{k_2} C+D \text{ 和 } C+D \xrightarrow{k_{-2}} A+M$$

这样的两个元反应一定有 $\dfrac{k_1}{k_2}=K_c$。其中 K_c 为这两个对行元反应达到平衡时的平衡常数。

③ 连串的元反应。例如，

$$\mathrm{A}\xrightarrow{k_1}\mathrm{B}\xrightarrow{k_2}\mathrm{C}$$

总包反应动力学方程的推导，必须根据假定机理中所涉及元反应的相对快慢，选择合理的近似处理方法才能够实现。下面，以总包反应 $\mathrm{A}\xrightarrow{k}\mathrm{Y}$ 的假定机理（如下所示）为例，讨论近似处理方法的应用。

$$\mathrm{A}\underset{k_{-1}}{\overset{k_1}{\rightleftharpoons}}\mathrm{B}\xrightarrow{k_2}\mathrm{Y}$$

（1）稳态近似

对于上述假定机理，若元反应速率常数有 $(k_{-1}+k_2)>>k_1$ 的特征，这说明中间物 B 非常活泼。也就是说，中间物 B 一经生成，不是立即再生成 A 就是生成 Y。在这种情况下，中间物 B 的浓度 c_B 可近似看作不随时间（间歇反应）或不随反应床层位置（连续流动反应）而变，即

$$\frac{\mathrm{d}c_\mathrm{B}}{\mathrm{d}t}=0 \tag{8.8-1}$$

稳态近似，就是指中间物 B 在反应过程中不能累积增多，而采用上述公式表述的一种近似。

根据元反应质量作用定律，中间物浓度的增长速率为

$$\frac{\mathrm{d}c_\mathrm{B}}{\mathrm{d}t}=k_1c_\mathrm{A}-(k_{-1}+k_2)c_\mathrm{B}$$（注：B 生成 A 和生成 Y 是平行反应）

将式（8.8-1）代入上式，则有

$$k_1c_\mathrm{A}-(k_{-1}+k_2)c_\mathrm{B}=0$$

于是

$$c_\mathrm{B}=\frac{k_1c_\mathrm{A}}{k_{-1}-k_2}$$

对于总包反应 $\mathrm{A}\xrightarrow{k}\mathrm{Y}$，元反应 $\mathrm{B}\xrightarrow{k_2}\mathrm{Y}$ 的速率为

$$\frac{\mathrm{d}c_\mathrm{Y}}{\mathrm{d}t}=k_2c_\mathrm{B}$$

就是该总包反应的速率。那么，将 $c_\mathrm{B}=\dfrac{k_1c_\mathrm{A}}{k_{-1}-k_2}$ 代入该式得

$$\frac{\mathrm{d}c_\mathrm{Y}}{\mathrm{d}t}=\frac{k_1k_2}{k_{-1}+k_2}c_\mathrm{A} \tag{8.8-2}$$

式（8.8-2）就是由上述假定的反应机理推导所得的总包反应 $A \xrightarrow{k} Y$ 应表现的动力学方程。

（2）平衡近似

对于总包反应 $A \xrightarrow{k} Y$，若假定其反应机理

$$A \underset{k_{-1}}{\overset{k_1}{\rightleftharpoons}} B \xrightarrow{k_2} Y$$

的元反应速率常数 k_1 和 k_{-1} 均远远大于 k_2，则可认为 B 和 A 间相互转化的反应速率很大，中间物 B 的浓度由二者之间的快速平衡决定。因此有

$$\frac{c_B}{c_A} = K_c = \frac{k_1}{k_{-1}} \tag{8.8-3}$$

则

$$c_B = \frac{k_1}{k_{-1}} c_A$$

因元反应 $B \xrightarrow{k_2} Y$ 的速率

$$\frac{dc_Y}{dt} = k_2 c_B$$

就是该总包反应 $A \xrightarrow{k} Y$ 的速率，所以可得总包反应应表现的动力学方程为

$$\frac{dc_Y}{dt} = k_2 c_B = \frac{k_1 k_2}{k_{-1}} c_A$$

上述推导步骤可以总结为

① 先找到可代表总包反应速率的元反应；

② 利用元反应的质量作用定律，写出该元反应的速率；

③ 采用合适的近似法，用总包反应参与物的浓度表述中间物的浓度，使中间物的浓度不再出现在上述元反应的速率表示式中。

在此必须说明的是，即便推导所得动力学方程与实验测定所得经验动力学方程相一致，那个假定的机理仍然还要经得起对所有中间物确认后，才可认为是实际的反应机理（例如，在 8.6 节中提及的 $H_2+I_2 \longrightarrow 2HI$ 气相反应）。

近年来，通过量子化学计算元反应活化能，提出反应最可能途径的方法正越来越多地用于初步提出可能的反应机理。在动力学检验之后，要进一步确认反应机理，除了可用质谱测定气相、液相游离态的中间物以外，还有用原位红外光谱测定催化剂表面吸附态中间物，用确定的同位素对某反应物中的特定原子进行标记跟踪等许多方法。

例 8.8.1 有人提出，N_2O_5 气相分解反应 $N_2O_5 \longrightarrow 2NO_2 + \frac{1}{2}O_2$ 的可能反应机理为

$$N_2O_5 \xrightarrow{k_1} NO_2 + NO_3$$

$$NO_2 + NO_3 \xrightarrow{k_{-1}} N_2O_5$$

$$NO_2 + NO_3 \xrightarrow{k_2} NO_2 + NO + O_2$$

$$NO + NO_3 \xrightarrow{k_3} 2NO_2$$

在反应过程中所有反应中间物的浓度处于稳态。基于该假定反应机理，试推导给出相应总包反应应该表现的动力学方程，并说明反应物对该总包反应应表现的级数。

解： 比较总包反应 $N_2O_5 \longrightarrow 2NO_2 + \frac{1}{2}O_2$ 和其反应机理，可知 NO_3 和 NO 为反应中间物。因其浓度处于稳态，因而可利用稳态近似推导该总包反应的动力学方程，即 $\frac{dc_{NO_3}}{dt} = 0$，$\frac{dc_{NO}}{dt} = 0$，则

$$\frac{dc_{NO_3}}{dt} = k_1 c_{N_2O_5} - k_{-1} c_{NO_2} c_{NO_3} + k_2 c_{NO_2} c_{NO_3} + k_3 c_{NO} c_{NO_3} = 0 \tag{1}$$

$$\frac{dc_{NO}}{dt} = k_2 c_{NO_2} c_{NO_3} - k_3 c_{NO} c_{NO_3} = 0 \tag{2}$$

由（1）、（2）两式，可得 $k_1 c_{N_2O_5} = (k_{-1} + 2k_2) c_{NO_2} c_{NO_3}$，于是有

$$c_{NO_2} c_{NO_3} = \frac{k_1 c_{N_2O_5}}{k_{-1} + 2k_2} \tag{3}$$

由于

$$-\frac{dc_{N_2O_5}}{dt} = k_1 c_{N_2O_5} - k_{-1} c_{NO_2} c_{NO_3}$$

将式（3）代入有

$$-\frac{dc_{N_2O_5}}{dt} = k_1 c_{N_2O_5} - \frac{k_{-1} k_1 c_{N_2O_5}}{k_{-1} + 2k_2} = \frac{2k_1 k_2}{k_{-1} + 2k_2} c_{N_2O_5} = k c_{N_2O_5} \quad \left(\text{其中} k = \frac{2k_1 k_2}{k_{-1} + 2k_2}\right)$$

即总包反应 $N_2O_5 \longrightarrow 2NO_2 + \frac{1}{2}O_2$ 按该反应机理进行，反应物 N_2O_5 对其表现为一级反应。

2. 总包反应的活化能

对于 k_1 和 k_{-1} 均远远大于 k_2 的假定反应机理

$$A \underset{k_{-1}}{\overset{k_1}{\rightleftharpoons}} B \xrightarrow{k_2} Y$$

由平衡近似法得到的速率方程为

$$\frac{dc_Y}{dt} = \frac{k_1 k_2}{k_{-1}} c_A = k c_A$$

其中 k 即为总包反应的速率常数（rate coefficient of the overall reaction）。

将 $k = \frac{k_1 k_2}{k_{-1}}$ 等式两边取对数，得

$$\ln\{k\}=\ln\{k_1\}+\ln\{k_2\}-\ln\{k_{-1}\}$$

再对 T 求导有

$$\frac{\mathrm{d}\ln\{k\}}{\mathrm{d}T}=\frac{\mathrm{d}\ln\{k_1\}}{\mathrm{d}T}+\frac{\mathrm{d}\ln\{k_2\}}{\mathrm{d}T}-\frac{\mathrm{d}\ln\{k_{-1}\}}{\mathrm{d}T}$$

由阿伦尼乌斯方程，有

$$\frac{E_{\mathrm{a}}}{RT^2}=\frac{E_1}{RT^2}+\frac{E_2}{RT^2}-\frac{E_{-1}}{RT^2}$$

则
$$E_{\mathrm{a}}=E_1+E_2-E_{-1}$$

E_{a} 即为总包反应的活化能，而 E_1、E_2、E_{-1} 分别为上述假定反应机理中各元反应的活化能。

由假定反应机理推导总包反应动力学的方程时，由于采用近似方法的不同（在一定的条件下，稳态近似和平衡近似可能都适合），以及在推导中对反应物消耗或产物增长着眼点的不同，基于同一假定反应机理，有时得到的总包反应速率常数可能有所不同。尽管如此，这并不妨碍总包反应动力学方程推导的最根本目的——给出各反应物应表现的级数。此外，上述总包反应速率常数差异，也不会影响到推导所得的活化能（见例题 8.8.2）。

例 8.8.2 臭氧在等压下气相分解反应 $2O_3 \longrightarrow 3O_2$ 的机理为

$$O_3 \underset{k_{-1},E_{-1}}{\overset{k_1,E_1}{\rightleftharpoons}} O_2+O \text{（快速平衡）}$$

$$O+O_3 \xrightarrow{k_2,E_2} 2O_2$$

基于该反应机理，分别由 O_3 消耗和 O_2 生成出发推导总包反应动力学方程，试说明所得两动力学方程在速率常数上与总包反应化学计量数不符合的原因。

解：第二步反应相对较慢，为反应的速控步。因此，有

$$-\frac{\mathrm{d}c_{O_3}}{\mathrm{d}t}=k_2c_{O}c_{O_3} \tag{1}$$

$$\frac{\mathrm{d}c_{O_2}}{\mathrm{d}t}=2k_2c_{O}c_{O_3} \tag{2}$$

由快速平衡步骤有 $\dfrac{c_{O}c_{O_2}}{c_{O_3}}=\dfrac{k_1}{k_{-1}}$，$c_{O}=\dfrac{k_1c_{O_3}}{k_{-1}c_{O_2}}$，分别代入式（1）和式（2）可得

$$-\frac{\mathrm{d}c_{O_3}}{\mathrm{d}t}=\frac{k_1k_2}{k_{-1}}c_{O_3}^2c_{O_2}^{-1} \tag{3}$$

$$\frac{\mathrm{d}c_{O_2}}{\mathrm{d}t}=\frac{2k_1k_2}{k_{-1}}c_{O_3}^2c_{O_2}^{-1} \tag{4}$$

这里 $\frac{dc_{O_2}}{dt}=2\left(-\frac{dc_{O_3}}{dt}\right)$，只表明经由第二步 $O+O_3 \xrightarrow{k_2,E_2} 2O_2$ 的 O_2 浓度增长速率与 O_3 浓度消耗速率之比为 2∶1。该结果与总包反应 O_2 浓度增长速率与 O_3 浓度消耗速率比为 3∶2 这一结果并不矛盾。由于第一步也导致 O_3 分解生成 O_2，在该步骤中 O_2 浓度增长速率与 O_3 浓度消耗速率之比为 1∶1，且第一步和第二步是基于一个 O 的连串反应，因此，对于总包反应 $2O_3 \longrightarrow 3O_2$ 而言，其 O_2 浓度增长速率与 O_3 浓度消耗速率之比仍为（2+1）∶（1+1）= 3∶2。

例 8.8.3 有人提出，反应 $A+B+C \xrightarrow{k,\,E_a} X+Y$ 的机理为

$$A+B \xrightarrow{k_1,\,E_{a,1}} M$$

$$M \xrightarrow{k_{-1},\,E_{a,-1}} A+B$$

$$M+C \xrightarrow{k_2,\,E_{a,2}} X+Y$$

其中第一步和第二步为快速平衡步骤。依据该假定反应机理，证明该总包反应的速率常数 k 与温度的关系为 $k=k_0\mathrm{e}^{-(E_{a,2}+\Delta_r U_m)/RT}$，其中 $\Delta_r U_m$ 为第一步的热力学能变。

证明： $\frac{dc_Y}{dt}=k_2 c_M c_C$，M 为反应中间物。由平衡近似得 $k_1 c_A c_B = k_{-1} c_M$，则

$$\frac{k_1}{k_{-1}}=\frac{c_M}{c_A c_B}$$

$$c_M=\frac{k_1 c_A c_B}{k_{-1}}$$

于是，总包反应 $A+B+C \xrightarrow{k,\,E_a} X+Y$ 的动力学方程应为

$$\frac{dc_Y}{dt}=k_2 c_M c_C=\frac{k_2 k_1 c_A c_B c_C}{k_{-1}}=k c_A c_B c_C$$

其中 $k=\frac{k_2 k_1}{k_{-1}}$ 为该总包反应的速率常数。将 k 取对数后，再对 T 求导得

$$\frac{d\ln k}{dT}=\frac{d\ln k_2}{dT}+\frac{d\ln k_1}{dT}-\frac{d\ln k_{-1}}{dT}$$

由阿伦尼乌斯方程，可得

$$E_a=E_{a,1}+E_{a,2}-E_{a,-1}$$

对于对行元反应，有 $E_{a,1}-E_{a,-1}=\Delta_r U_m$，则 $E_a=E_{a,2}+\Delta_r U_m$。

因此，对于总包反应 $A+B+C \xrightarrow{k,\,E_a} X+Y$，其速率常数 k 与温度的关系为 $k=k_0\mathrm{e}^{-(E_{a,2}+\Delta_r U_m)/RT}$。

对于一些总包反应，例如 $A \longrightarrow X$，$A+B \longrightarrow X+Y$，如果其反应机理表现为特殊的连串元反应形式，例如 $A \xrightarrow{k_1} C \xrightarrow{k_2} X$，$A+B \xrightarrow{k_1} C+D \xrightarrow{k_2} X+Y$ 的形式，由于所有元反应都含有相同的原子核数及电子数目，则每个元反应的活化能就可以用同一个超分子的势能随反应进程的变化表示出来，如图 8.8.1 所示。那么，总包反应的活化能 E_a 就是在反应进程势能曲线最高点位的势能与反应物势能之

差。逆向总包反应的活化能 E_{-a} 则为该曲线最高点位的势能与产物势能之差。反应中间物的势能总是位于该曲线的谷底，而反应过渡态的势能总是处于该曲线的峰顶。

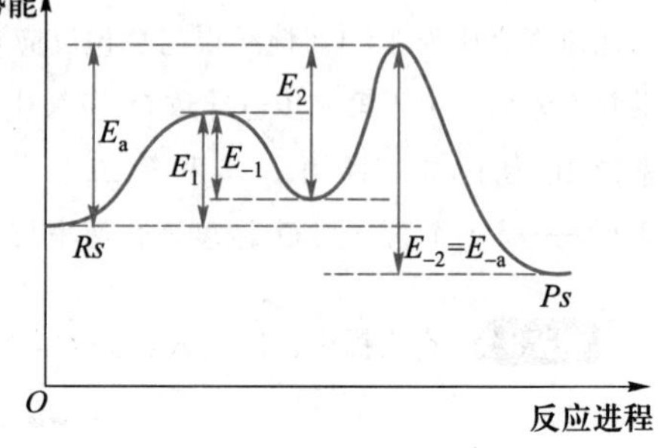

图 8.8.1　一些总包反应的活化能

只有这样的总包反应，且当其总包反应方程式刚好写成与反应机理相匹配的形式时，其正向表观活化能与逆向表观活化能的差值才等于总包反应的热力学能变。

同一总包反应 $A \longrightarrow X$，若其反应机理为 $A \xrightarrow{k_1} C$，$2C \xrightarrow{k_2} X$，即便该反应机理仍由简单的连串元反应组成，但却难以用同一个超分子的势能随反应进程的变化表述出每个元反应的活化能，那么表观活化能与热力学能变的关系是否存在便不言而喻了。

8.9 催化剂对反应速率的影响

1. 催化剂和催化作用

少量存在就能显著加快化学反应的速率，而本身并不损耗的物质称为**催化剂**。在催化剂的作用下进行的反应称为**催化反应**。在催化反应中，催化剂通过吸附反应物、弱化其化学键、与反应物结合成为反应中间物等作用参加反应过程。也就是说，催化剂的**催化作用**就是改变反应机理（即改变反应历程），降低反应的活化能。

催化剂加快反应速率的原因其实就是增大反应的表观速率常数 k。

下面，以一个最简单的一步反应（即总包反应就是元反应）为例，说明催化剂的催化作用。

假如热化学反应 $A \longrightarrow Y$ 一步完成，其活化能为 E_a，其活化络合物为 c（如图 8.9.1 所示）。在有催化剂 M 时，反应经历了一个中间物 A−M，反应机理变为

$$A + M \longrightarrow A-M \qquad (1)$$

$$A-M \longrightarrow Y + M \qquad (2)$$

这两个新的元反应对应的活化络合物分别为 c_1 和 c_2，该催化反应的活化能为 E_a'。这就是催化剂改变反应机理而降低反应活化能的催化作用。

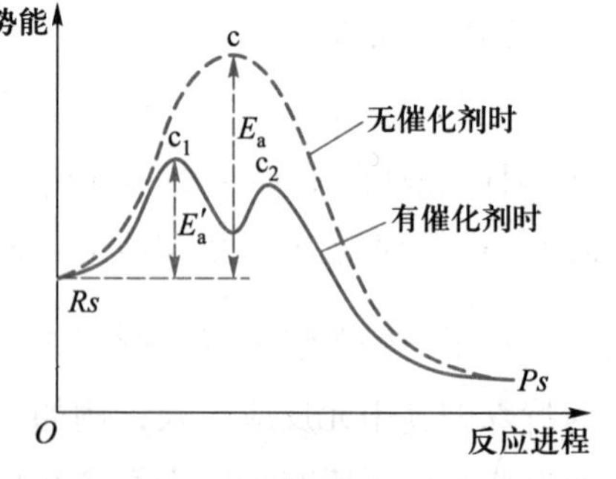

图 8.9.1　有、无催化剂时反应的最低能量途径和相应活化能

2. 催化循环

A8-1
齐格勒－纳塔催化剂

催化剂参与催化反应，但本身并不损耗，也就是说催化剂必须在反应完成时“全身而退”。可以想象，在一个间歇式反应器中，少量催化剂之所以能够加速相当于其成千上万倍的反应物的反应，一定是通过逐一“帮助”这些反应物分子相互作用，使其转化成产物分子的。也就是说，催化剂在反应中的参与和退出，是通过反复的催化循环而实现的。

一个完整的催化反应机理，应该能够清晰地表述该催化循环。以前面用来说明催化作用的两步机理为例：催化剂参与催化作用起始于元反应（1），而催化剂退出反应实现于元反应（2），从而实现了催化循环。在催化研究中，研究者更喜欢用图8.9.2所示的催化循环更直观地表述催化反应机理。上述两步机理的对应表述就是图8.9.2(a)。

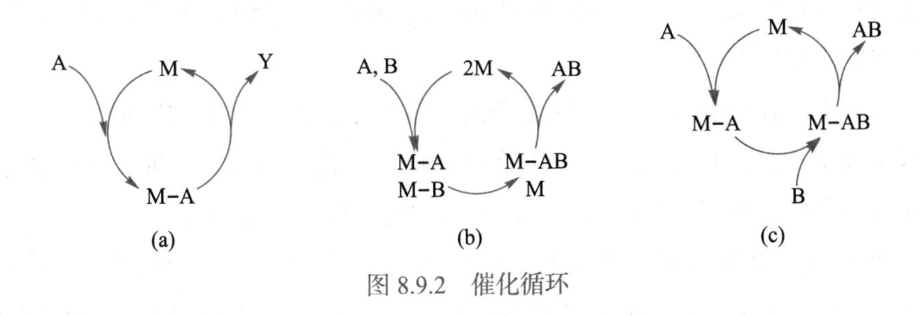

图8.9.2　催化循环

8.6节中的反应机理Ⅰ，可以表述为图8.9.2(b)；反应机理Ⅳ，则可表述为图8.9.2(c)。如果把催化循环中出现的游离态和各结合态的催化剂看作催化剂的不同化学态，则催化循环实质描述的就是催化剂在其不同化学态之间的循环。

3. 催化剂的基本特征

催化剂的第一特征：催化剂参与反应、改变反应历程、降低活化能、加快反应速率，但当完成一个催化循环（即当描述反应机理的最后一个元反应终了）时，催化剂完全复原为其原来的化学形态。

催化剂的第二特征：由于催化剂在反应前后保持其化学形态，因此未影响反应系统的始态和终态，因而不改变系统过程（化学反应）的热力学规律。例如，不改变反应的焓变和吉布斯函数变，即①不改变化学反应的反应热；②不能使非自发反应变为自发，也不能改变化学平衡的位置（也就是不能改变平衡常数的大小），只是缩短到达化学平衡所需要的时间。

催化剂的第三特征：催化剂具有选择性。同一反应物在相同的反应条件下，因使用不同的催化剂，其主要反应产物可能完全不同。催化剂有利于某一平行反应或有利于停留在连串反应中间物的性质称为催化剂的选择性（selectivity）。有时，即便由同一反应物生成副反应产物比生成目的产物的热力学趋势大得多［前者比后者的 $\Delta_r G_m(T)$ 更负］，只要选择合适的催化剂，利用其优异的选择性仍然可以实现反应物向目的产物近 100% 的转化（这称为反应的**动力学控制**）。**催化剂的选择性**定义为

$$选择性=\frac{转化为目的产物的反应物的消耗量}{反应物的总消耗量}\times 100\%$$

4. 均相催化和多相催化

（1）均相催化

在催化反应中，催化剂与反应物可以处于同一相中，也可以处于不同相中。催化剂与反应物、生成物均处于同一相中时称为**均相催化**（homogeneous catalysis）。例如，NO 在气相催化 SO_2 与 O_2 的氧化反应，硫酸催化羧酸与醇发生的酯化反应，硫酸催化甲苯的硝化反应等，都是均相催化。著名的齐格勒–纳塔催化剂，也是在液相均相催化烯烃的聚合。

一般认为，在均相催化中，催化剂能够最大限度地与反应物接触，因而均相催化的催化效率最高，这是均相催化的优点。均相催化的缺点是，催化剂往往难以与产物分离而实现再利用，从产物中去除催化剂时工序比较复杂。

对于同一温度下、同一催化剂催化的同一化学反应，当改变催化剂的使用量时，反应初始速率的不同当然是相应反应速率常数 k 的不同所致的。因为反应相同、反应温度相同、催化剂也相同，因此可以得出以下结论：

阿伦尼乌斯方程 $k=k_0\exp\left(-\frac{E_a}{RT}\right)$ 中的指前因子 k_0 的大小和催化剂的使用量直接相关。在一定范围内，催化剂的使用量越大，指前因子 k_0 就越大。

（2）多相催化

催化剂与反应物处于不同相时，称为**多相催化**（heterogeneous catalysis）。多相催化分为气 / 固相催化和液 / 固相催化。例如，在合成氨的催化反应系统中，反应物 N_2、H_2 和产物 NH_3 均处于气相，而所用的催化剂 K_2O-Fe/Al_2O_3 处于固相，因而属于气 / 固相催化；磺酸树脂固体酸在较低温度下催化的羧酸与醇的酯化反应属于液 / 固相催化。多相催化特别适合连续流动反应。由于固定床催化剂催化的连续流动反应工艺简单，易于控制，因而如果没有其他特殊的原因，大规模工业反应均被设计成多相催化，且多以固定床催化的连续流动反应工艺实施。

对于多相催化，由于固相催化剂与反应物不在同一相中，对反应物实施催化作用的仅限于能与反应物接触的那部分催化剂，即暴露于反应物相的那部分催化剂，因此可以认为，多相催化反应仅在固相催化剂的表面上进行。

在绝大多数情况下，并非所有固相催化剂表面都对反应起催化作用，对反应起催化作用的仅是固相催化剂表面上的一些特殊点位。因此，将这些点位称为催化剂的活性位（活性中心）。

A8-2
催化剂活性中心和催化剂中毒机制的提出

对于固相催化剂而言，既然仅是其表面的活性位起催化作用，那么，阿伦尼乌斯方程中的指前因子 k_0，实质上就应该和催化剂中的活性中心数目直接相关。催化活性位数目越多，指前因子 k_0 就越大。显然，一种固相催化剂的活性，将同时取决于其活性中心数目的多少和其活性中心结构的优劣。前者决定了 k_0 的大小，后者则决定了活化能的大小。

依据所催化的反应不同，催化剂的活性中心有的是处于特定化学环境下的一个原子、离子或基团，有的是位于晶体的晶角、晶棱上的某个原子或晶面上几个原子的组合，有的是晶体上离子缺失留下的空位，还有的是处于某特定几何空间的几个相同或不同原子间的组合点位。

思考题 8.9.1

1922 年，Vavon 和 Huson 研究发现因少量二硫化碳的毒化，对二丙基酮的加氢反应已完全失去了催化作用的 Pt 催化剂，对胡椒醛的加氢反应和硝基苯的加氢反应仍有催化作用。继续加入少量二硫化碳，该 Pt 催化剂对胡椒醛的加氢反应也失去了催化作用，但对硝基苯的加氢反应却仍有催化作用。当加入更大量的二硫化碳时，该 Pt 催化剂对硝基苯的加氢反应也不再有催化作用。通过上述现象，对于催化剂催化不同反应的活性中心结构，你有什么认知？

对用于同一反应的两种不同催化剂而言，其活性的差异是由活性中心的数目和其活性中心的结构共同决定的。为了准确认知哪种活性中心结构催化该反应更有效，除了比较两催化剂的活化能（见例 8.5.1 和例 8.5.2）高低外，还可以比较两催化剂各自的一个活性中心在单位时间内所转化的反应物分子数目。由于每转化一个反应物分子，活性中心就要经历一次催化循环，因此在催化研究中，将一个活性中心在单位时间内所转化的反应物分子数目称为**转化频率**（turn over frequency, TOF）。转化频率越大，说明其活性中心结构对于催化相应反应更合理。

当然，相应合理性，必然反映在反应机理上。正因为如此，近年来借助量子化学计算最低活化能，推测反应的最可能途径，进而预测最合理的催化剂活性中心结构，指导催化剂设计的研究越来越受到科学研究者的关注。

随着催化理论的发展和量子化学计算对催化过程研究的不断深入，催化剂的主要研究方式正悄然从催化组分的尝试筛选逐渐转向借助量子化学计算实现对催化剂比较理性的设计和实践检验。

8.10 多相催化反应

1. 固相催化剂应有的性能

一个较理想的固相工业催化剂，应该同时具备以下三个性能。

① 对目的产物的生成具有高选择性。否则，必将造成反应物的大量浪费。

② 催化活性高。只有这样，反应进行得才会快。

③ 催化稳定性好。只有这样，催化剂的使用寿命才会长，才能避免不断更换催化剂或再生催化剂带来的麻烦。

当然，催化剂的成本较低也是其工业应用所希望的。

2. 固相催化剂的常规组分

为了使固相催化剂同时具有上述三大性能，催化剂组成可能需要不断改进。有时，这样会使工业固相催化剂的组分变得非常复杂。依据各组分在催化剂中所起的作用，可以大致将这些组分划分为以下三大部分。

（1）主催化剂

主催化剂是在催化剂中起主要活性作用的组分。例如，合成氨催化剂 K_2O-Fe/Al_2O_3 中的 Fe。该催化剂如果没有 Fe 这一组分，对合成氨就几乎没有催化作用。主催化剂的作用就是形成催化活性点位。

（2）助催化剂

助催化剂本身对反应基本上没有催化作用。其作用有的是调变催化活性点位的化学环境，从而显著提高主催化剂的活性（例如，合成氨催化剂 K_2O-Fe/Al_2O_3 中的 K_2O）；有的是为了除去催化剂表面的某些点位，以抑制副反应；有的是为了促进主催化剂在载体上的分散，以提高催化剂表面上活性中心的密度；还有的则是为了抑制催化反应过程中**催化剂的烧结**（因高温造成的主催化剂微粒聚集长大、表面活性中心的密度减小），增强催化剂的催化稳定性，以延长催化剂的使用寿命。

（3）载体

载体主要对主催化剂和助催化剂起分散作用。载体通常选择耐受催化环境的多孔物质，从而为主催化剂和助催化剂的分散提供较大的表面积。

3. 多相催化剂的筛选和表征

多相催化剂组分的优化，通常是在积分反应器中，比较同一反应条件下不同组分催化剂上反应物的转化率和产物的选择性而实现的。简单地说，就是通过比较催化剂的活性变化，确定哪些组分作为催化剂的组分更好，并确定合适的比例。同时，基于催化剂中一些组分的有、无及含量的改变所引起的反应物的转化率、产物的选择性的改变和催化稳定性的变化，还可以初步认知相应组分在催化反应中所起的作用。

A8-3
积分反应和积分反应器

催化剂的表征就是通过多种仪器，对催化剂的物理、化学结构进行测定和描述。将催化剂的物理、化学结构与催化剂的性能相关联，分析催化剂的“构效关系”，可以比较清晰地“刻画”出催化剂的活性中心结构。

4. 多相催化反应机理的研究

（1）多相催化反应的基本步骤

对于固相催化剂，其绝大多数表面来自催化剂颗粒内部微孔的表面（称为**内表面**）。这样，反应物分子要与催化剂内表面的活性中心作用，必须扩散到这些微孔中去，不仅如此，在那里生成的产物还得扩散出来才能保证反应的连续进行。这就是说，一种固相催化剂如果催化活性不好，完全有可能仅因为反应物和/或产物在这些微孔中扩散较慢。因此，在研究多相催化反应机理时，必须首先把反应物向催化剂表面扩散和产物由催化剂表面扩散出来这两个步骤列入。这样，在研究多相催化反应机理时，应考虑以下五个基本步骤：

① 反应物由气相（或液相）本体扩散到催化剂表面；

② 反应物在催化剂表面上被吸附；

③ 反应物在催化剂表面进行化学反应；

④ 产物从催化剂表面脱附；

⑤ 产物由催化剂表面扩散回气相（或液相）本体。

其中第一个步骤和最后一个步骤称为传质步骤。

（2）反应速控步是否为传质步骤的识别

对于多相催化反应，前述任何步骤都可能是反应的速控步。如果催化剂的微孔很长且其孔径很小（例如，微孔分子筛），而反应物分子体积较大，则反应物分子在催化剂微孔中扩散所受的阻碍较大，第①步便可能成为速控步；反之，若产物分子体积较大，则第⑤步便可能成为速控步（这就是微孔分子筛不作为聚合反应催化剂使用的原因）。当扩散步骤是多相催化反应的速控步时，称该催化反应为**扩散控制**。

当催化反应为扩散控制时，任何试图通过改进活性中心结构和增加活性中心数目，以提高催化剂活性的主催化剂组分改进和助催化剂组分改进，均变得毫无意义。这时候需要做的就是改进载体的孔结构，使催化剂具有更多的中孔和大孔。当催化反应不再是扩散控制（即基本步骤②～④为速控步）时，主催化剂组分和助催化剂组分的优化研究才能够继续进行。当然，随着主催化剂组分和助催化剂组分的优化，这些步骤快到足够程度以后，催化剂孔内的扩散有可能会再次成为催化反应的速控步。

显然，要不断提高固相催化剂的活性，识别当前多相催化反应是否为扩散控制极为重要。识别方法为，将同一固相催化剂筛分成尺寸大小显著不同的两种颗粒。当催化剂颗粒尺寸较小时，反应物扩散到催化剂颗粒中心和产物扩散出来的平均路径都较短。那么，若当前多相催化反应为扩散控制，那么颗粒尺寸较小的催化剂就一定在相同的反应条件下给出明显较高的反应物转化率。否则，当前多相催化反应就不是扩散控制。

这里必须说明的是，虽然多相催化反应的进行一定通过第①和第⑤两个传质步骤，但当任一传质步骤都不是速控步并且产物的选择性也与之无关时，一般情况下不将相应传质步骤列入所提出的反应机理。

（3）催化剂表面化学反应的模式

因为反应物只有吸附于催化剂表面才能被活化，所以两种反应物分子在催化剂表面上进行的反应（即步骤③），至少是通过其中一种反应物分子被吸附于催化剂的表面上而实现的。那么，步骤③必然是通过下述两个模式之一而实现的：

① 朗缪尔－欣谢尔伍德（Langmuir－Hinshelwood）模式（简称 L－H 模式）

L－H 模式的特点是，两种反应物分子均被吸附后，才在催化剂表面发生反应：

$$\mathrm{A+M} \rightleftharpoons \begin{matrix}\mathrm{A}\\|\\\mathrm{M}\end{matrix}$$

$$\mathrm{B+N} \rightleftharpoons \begin{matrix}\mathrm{B}\\|\\\mathrm{N}\end{matrix}$$

$$\begin{matrix}\mathrm{A}\\|\\\mathrm{M}\end{matrix} + \begin{matrix}\mathrm{B}\\|\\\mathrm{N}\end{matrix} \longrightarrow \mathrm{AB+M+N}$$

其中 M 和 N 为催化剂表面的吸附位，二者可能相同，也可能不同。

现代研究结果表明，较多的气 / 固相催化反应是按照 L－H 模式进行的。例如，铁催化剂表面进行的合成氨反应。L－H 模式看上去似乎很简单，但在该模式下的反应机理，仍可以有极大的不同。例如，在过去相当长一段时间里，人们一直认为铁催化剂表面的合成氨反应是按照图 8.10.1 所示的机理进行的。但是，近期经多方面的精确实验证明，该反应实际是按照图 8.10.2 所示的机理进行的。

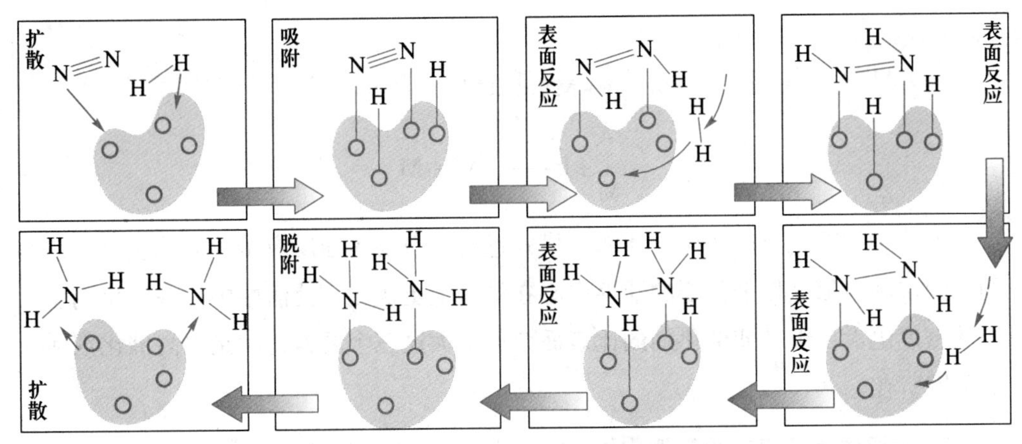

图 8.10.1　过去提出的铁催化剂表面的合成氨反应机理

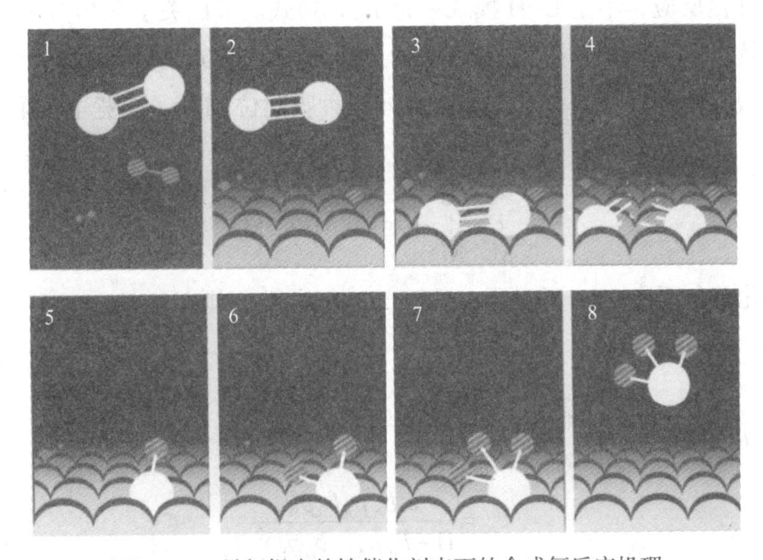

图 8.10.2　最新提出的铁催化剂表面的合成氨反应机理

比较两图所示机理可知，两种机理虽然都属于 L–H 模式，即反应物 N_2 和 H_2 都在催化剂表面吸附后才发生反应，但两种机理的关键区别在于，前者认为 N_2 以分子态吸附在铁催化剂表面上，而后者认为 N_2 以原子态吸附在铁催化剂表面上。近期研究发现，钾作为助催化剂加入铁催化剂中，之所以能大幅度提高催化剂的活性，就在于它可有效促进 N_2 的吸附解离这一反应的速控步。

由于埃特尔（Ertl G）对上述固体表面的化学过程研究的杰出贡献，这位德国化学家荣获了 2007 年诺贝尔化学奖。

② 朗缪尔 – 里迪尔 (Langmuir–Rideal) 模式（简称 L–R 模式）

L–R 模式的特点是，两种反应物中只有一种反应物在催化剂表面吸附，另一种反应物直接与催化剂表面这种吸附物发生反应：

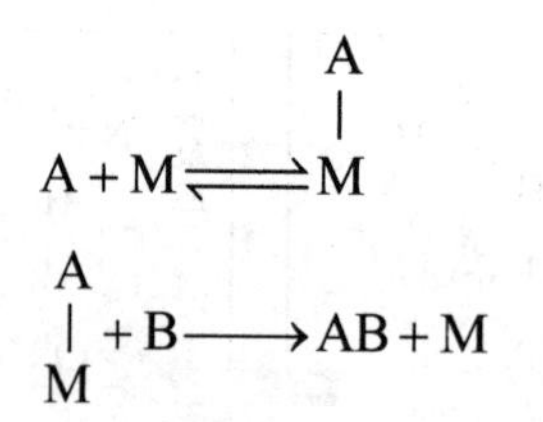

B8-2

决定反应速率常数大小的指前因子和活化能

不管多相催化反应按照上述哪一模式进行，只要表面反应步骤为总包反应速率的控制步骤，那么使催化剂的活性中心在结构上更优化，使活性中心在催化剂表面上的密度更大，以及使催化剂的比表面变得更大这三个要素，就是提高催化剂活性的关键所在。

5. 多相催化反应的表观活化能

多相催化反应，不是L–H模式就是L–R模式。下面关于多相催化反应的表观活化能，就以气/固相催化反应且其表面反应为L–H模式的情况为例进行讨论。

（1）假定两种反应物分子都吸附在同一种吸附位M上（即竞争吸附），且表面反应

$$\underset{\mathrm{M}}{\overset{\mathrm{A}}{|}} + \underset{\mathrm{M}}{\overset{\mathrm{B}}{|}} \xrightarrow{k_2, E_2} \mathrm{AB} + 2\mathrm{M}$$

为多相催化总包反应 $a\mathrm{A} + b\mathrm{B} \xrightarrow{\mathrm{cat}} y\mathrm{Y} + z\mathrm{Z}$ 的速控步，则

$$v_\mathrm{A} = k_2 \theta_\mathrm{A} \theta_\mathrm{B}$$

将 $\theta_\mathrm{A} = \dfrac{b_\mathrm{A} p_\mathrm{A}}{1 + b_\mathrm{A} p_\mathrm{A} + b_\mathrm{B} p_\mathrm{B}}$ 及 $\theta_\mathrm{B} = \dfrac{b_\mathrm{B} p_\mathrm{B}}{1 + b_\mathrm{A} p_\mathrm{A} + b_\mathrm{B} p_\mathrm{B}}$ 代入得

$$v_\mathrm{A} = \frac{k_2 b_\mathrm{A} p_\mathrm{A} b_\mathrm{B} p_\mathrm{B}}{(1 + b_\mathrm{A} p_\mathrm{A} + b_\mathrm{B} p_\mathrm{B})^2} \tag{8.10-1}$$

① 若 b_A 和 b_B 都很小（即两种反应物在M上的吸附均为弱吸附），且A和B的分压 p_A 和 p_B 均较低时，则 $b_\mathrm{A} p_\mathrm{A}$ 和 $b_\mathrm{B} p_\mathrm{B}$ 均远小于1，忽略式（8.10–1）分母中的相应部分，则

$$v_\mathrm{A} = k_2 b_\mathrm{A} p_\mathrm{A} b_\mathrm{B} p_\mathrm{B} = k p_\mathrm{A} p_\mathrm{B} \tag{8.10-2}$$

那么，反应物A和B就均应该对反应表现为一级。因反应的表观速率常数为

$$k = k_2 b_\mathrm{A} b_\mathrm{B}$$

则由阿伦尼乌斯方程及范托夫方程可推得

$$E_\mathrm{a} = E_2 + \Delta_\mathrm{a} H_\mathrm{m}(\mathrm{A}) + \Delta_\mathrm{a} H_\mathrm{m}(\mathrm{B})$$

由于A和B吸附的焓变 $\Delta_\mathrm{a} H_\mathrm{m}(\mathrm{A})$ 和 $\Delta_\mathrm{a} H_\mathrm{m}(\mathrm{B})$ 为负值（吸附时放热），这将使得反应的表观活化能略小于相应表面元反应的活化能。

② 若 b_A 很小而 b_B 很大（即 A 为弱吸附而 B 为强吸附），且当 A 的分压 p_A 较低而 B 的分压 p_B 较高时，式（8.10−1）分母中的 $b_A p_A$ 和 1 均可忽略，则

$$v_A = \frac{k_2 b_A p_A}{b_B p_B} \tag{8.10-3}$$

则反应物 A 对反应就应该表现为一级，而 B 则表现为负一级。因反应的表观速率常数为

$$k = \frac{k_2 b_A}{b_B}$$

由此可推得

$$E_a = E_2 + \Delta_a H_m(A) - \Delta_a H_m(B)$$

在此情况下，反应对反应物 B 的级数为负很容易理解。这是由于 B 为强吸附，且其分压较高，这使得催化剂表面几乎所有的吸附位均被 B 所占据，导致吸附态的 B 难以“碰到”临近的吸附态的 A 以发生反应。此时，反应物 B 的分压越大，越不利于反应。

（2）若两种反应物分子分别吸附在催化剂表面吸附位 M 和 N 上（非竞争吸附），且表面反应

$$\begin{array}{ccc} A & & B \\ | & + & | \\ M & & N \end{array} \xrightarrow{k_2, E_2} AB + M + N$$

为总包反应 $aA + bB \xrightarrow{cat} yY + zZ$ 的速控步，则反应物对反应表现为负级数的情况将不会出现。这是因为：

$$v_A = k_2 \theta_A \theta_B \text{（注：此时的 } \theta_A \text{ 和 } \theta_B \text{ 分别为 M 和 N 的覆盖度）}$$

将 $\theta_A = \dfrac{b_A p_A}{1 + b_A p_A}$ 及 $\theta_B = \dfrac{b_B p_B}{1 + b_B p_B}$ 代入得

$$v_A = \frac{k_2 b_A p_A b_B p_B}{(1 + b_A p_A)(1 + b_B p_B)} \tag{8.10-4}$$

在此需要说明的是，朗缪尔吸附模型常用于描述反应物在固体表面的吸附，并将其应用于反应动力学方程的推导。其原因仅在于该吸附模型简单便于推导。但是，当同种反应物分子在催化剂表面的吸附强度表现为覆盖度的函数时，就不再适合用朗缪尔吸附模型对吸附进行描述。为此，弗罗因德利希（Freundlich）提出了吸附强度随覆盖度呈对数下降的吸附模型；焦姆金（Тёмкин）则提出了吸附强度随覆盖度呈线性下降的吸附模型。这些吸附模型，将在催化化学专业课中进行介绍。

8.11 有溶剂存在的液相反应

很多液相反应是在溶剂存在下进行的。这里所说的溶剂是指加入反应系统中，在表观上不参加反应的液态物质。

在液相反应中之所以加入溶剂，通常来自下述考虑：①有利于将反应物 A 和 B 混溶成均相；②有利于催化剂在反应物中溶解，以实现均相催化；③抑制目的产物的进一步反应；④有利于加速生成目的产物的平行反应。

在液相反应系统中加入较多的溶剂时，溶液中每个反应物分子不仅被充分地溶剂化，还被溶剂分子包围和相互阻隔，如图 8.11.1 所示。因此，这使得该条件下的液相反应在热力学和动力学上均显著不同于气相反应。

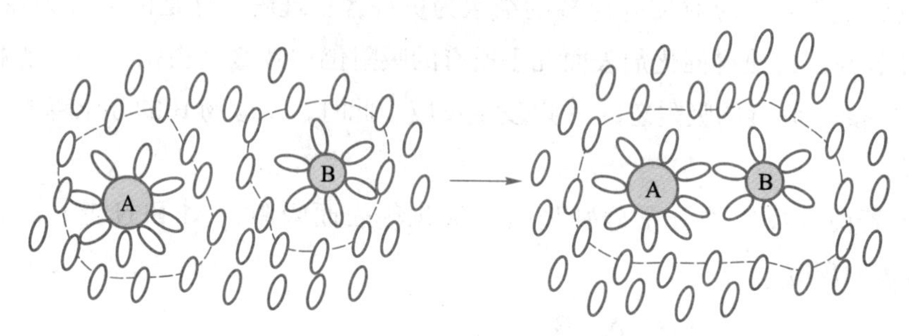

图 8.11.1　溶剂化的反应物分子及其在溶剂笼中扩散示意图

1. 热力学分析

在上述条件下，反应物分子和产物分子都在溶剂化状态下参与反应，反应参与物的实际形态和其游离形态并不相同。由于反应物和产物溶剂化作用的强弱不同，必然使得反应系统的实际吉布斯函数变 $\Delta_r G_m^{\ominus}(T)$ 和平衡常数 $K^{\ominus}(T)$ 在一定程度上偏离正常计算值。不过，在通常情况下，由于各反应参与物的溶剂化焓变值相差不大，因此溶剂化作用对 $\Delta_r G_m^{\ominus}(T)$ 和 $K^{\ominus}(T)$ 的影响并不大。

2. 动力学分析

与反应物均处于自由态时相比，溶剂化的反应物分子由于受溶剂分子的包围而不能自由地运动和碰撞。首先，它们必须扩散至同一个溶剂笼中才能发生反应（这被称为**溶剂笼效应**）。其次，溶剂分子在溶剂化的反应物分子发生碰撞时对反应物分子有屏蔽作用，从而可降低有效碰撞的概率。显然，以上分析并没有把溶剂对反应活化能的改变考虑在内。

由活化络合物理论，将溶剂分子和反应物分子一并列入反应超分子，则可得下述分析结果：

若活化络合物的溶剂化作用比反应物的溶剂化作用大，则活化络合物溶剂化后其势能比反应物溶剂化后的势能降低得更多，这就使得反应的活化能在一定程度上得到了降低。在这种情况下，有溶剂存在时的反应速率完全有可能高于没有溶剂时的反应速率。

实际上的确如此。在很多情况下，反应的速率取决于加入溶剂的种类。例如，苯甲醛苯环上的溴代反应，在 CCl_4 溶剂中进行比在 $CHCl_3$ 溶剂中进行快 1000 倍。有时，一些溶剂还可选择性地加速平行反应中的一个反应。

例如，以 $AlCl_3$ 为催化剂的苯酚酰基化反应：

$$C_6H_5OH + CH_3COCl \xrightarrow{AlCl_3} \begin{cases} o-C_6H_4OHCOCH_3 + HCl \\ p-C_6H_4OHCOCH_3 + HCl \end{cases}$$

若用二硫化碳为溶剂，主要产物是邻位的；若用硝基苯为溶剂，则主要产物是对位的。

再如，甲苯的液相溴代反应。若用二硫化碳为溶剂，取代反应主要发生在甲基上；若用硝基苯为溶剂，则取代反应主要发生在苯环的邻对位。

上述实例充分说明，合适的溶剂能够选择性地加速特定的反应。溶剂的性质与被加速的反应之间，有下述一般性规律：

① 溶剂的极性越大，越有利于生成离子和极性产物的反应。

② 与反应物相比，若活化络合物的极性较大，则选取极性溶剂对加速反应有利。反之，则选取非极性溶剂对加速反应有利。

8.12 链反应

链反应（chain reaction）的中间物通常是一些含有单电子的自由原子或自由基，如 H·，Cl·，CH_3·，HO·等（在不致引起误解的情况下，表示自由基的单电子符号“·”可以省略不写）。

链反应的机理一般由三个步骤组成：链的引发、链的传递和链的终止。

① 链的引发：稳定态反应物分子接收能量，均裂分解成单电子传递物（自由原子或自由基）。链引发的方法有热引发、光引发和引发剂引发。

② 链的传递：单电子传递物与反应物分子发生作用形成产物的同时，又生成新的单电子传递物，使反应如同链锁一样一环扣一环地传递下去。

③ 链的终止：即单电子传递物猝灭。其猝灭途径有以下两种：ⓐ 在气相中单电子传递物相互碰撞形成稳定分子；ⓑ 与能量较低的第三体（如器壁或稳定的分子）

碰撞，将能量传给第三体。

现以气相反应 $H_2 + Cl_2 \longrightarrow 2HCl$ 为例说明链反应机理。

链的引发：$Cl_2 + M \xrightarrow{k_1} 2Cl + M$（在该式中 M 为光、引发剂或其他高能量的分子）

链的传递：$Cl + H_2 \xrightarrow{k_2} HCl + H$

$H + Cl_2 \xrightarrow{k_3} HCl + Cl$

…………（上述循环共重复 n 次）

链的终止：$2Cl + S \xrightarrow{k_4} Cl_2 + S$

（在该式中 S 为稳定分子、容器内的固体粉末或容器壁）

链反应分为直链反应（straight chain reaction）和支链反应（side chain reaction）。直链反应的特点是，在链的传递过程中，每消耗一个单电子传递物，只再产生一个新的单电子传递物。支链反应的特点是，在链的传递过程中，存在消耗一个单电子传递物而同时产生两个或两个以上新的单电子传递物的元步骤。

1. 直链反应的速率方程

上述气相反应 $H_2 + Cl_2 \longrightarrow 2HCl$ 是典型的直链反应。下面以该反应为例，推导直链反应的速率方程。

根据上述反应机理有

$$\frac{\mathrm{d}c(\mathrm{HCl})}{\mathrm{d}t} = nk_2c(\mathrm{Cl})c(\mathrm{H_2}) + nk_3c(\mathrm{H})c(\mathrm{Cl_2})$$

式中，n 为相应链传递元步骤在链终止前进行的次数。

在直链反应过程中，由于中间物 Cl 和 H 的浓度不变，则应用稳态近似法：

$$\frac{\mathrm{d}c(\mathrm{H})}{\mathrm{d}t} = nk_2c(\mathrm{Cl})c(\mathrm{H_2}) - nk_3c(\mathrm{H})c(\mathrm{Cl_2}) = 0 \qquad (1)$$

$$\frac{\mathrm{d}c(\mathrm{Cl})}{\mathrm{d}t} = 2k_1c(\mathrm{Cl_2})c(\mathrm{M}) - nk_2c(\mathrm{Cl})c(\mathrm{H_2}) + nk_3c(\mathrm{H})c(\mathrm{Cl_2}) - 2k_4[c(\mathrm{Cl})]^2c(\mathrm{S}) = 0 \qquad (2)$$

式中，$c(\mathrm{S})$ 和 $c(\mathrm{M})$ 分别表示系统中非反应物的稳定质点和高能质点的点位数（或入射光子数）。

由式（1）有 $$k_2c(\mathrm{Cl})c(\mathrm{H_2}) = k_3c(\mathrm{H})c(\mathrm{Cl_2})$$

代入式（2）得 $$k_1c(\mathrm{M})c(\mathrm{Cl_2}) = k_4c(\mathrm{S})[c(\mathrm{Cl})]^2$$

则 $$c(\mathrm{Cl}) = (k_1/k_4)^{1/2} \cdot \left[\frac{c(\mathrm{M})}{c(\mathrm{S})}\right]^{1/2} \cdot [c(\mathrm{Cl_2})]^{1/2}$$

于是得 $$\frac{\mathrm{d}c(\mathrm{HCl})}{\mathrm{d}t} = 2nk_2c(\mathrm{H_2})c(\mathrm{Cl}) = 2nk_2 \cdot (k_1/k_4)^{1/2} \cdot \left[\frac{c(\mathrm{M})}{c(\mathrm{S})}\right]^{1/2} c(\mathrm{H_2})[c(\mathrm{Cl_2})]^{1/2}$$

$$= kc(H_2)[c(Cl_2)]^{1/2}$$

式中，$k = 2nk_2 \cdot (k_1/k_4)^{1/2} \cdot \left[\dfrac{c(M)}{c(S)}\right]^{1/2}$。

因此，反应物 Cl_2 和 H_2 对于该 $H_2 + Cl_2 \longrightarrow 2HCl$ 气相反应应分别表现为 0.5 级和 1 级。光照强度、容器内的惰性分子、可能存在的固体粉末，以及容器壁表面积等的不同，不仅导致 $c(M)/c(S)$ 不同，还与各反应物的分压一起决定了链传递阶段其传递次数 n 的不同。这些反应条件的变化，最终决定了反应的表观速率常数 k 的较大差异。

例 8.12.1 在一般条件下，反应的表观速率常数 k 只决定于反应温度和催化剂（种类及用量），而不受反应物浓度（分压）大小的影响。如何理解上述直链反应的表观速率常数 k 受反应物分压的影响这一特殊性？

解： 直链反应的表观速率常数 k 的上述特殊性完全是由于链传递次数 n 的不同所引起的。链传递次数 n 的大小，取决于在反应条件下活性质点（单电子传递物）与反应物分子碰撞的概率。如果反应物的分压较大（即反应物分子的密度较大），则活性质点更易于与反应物分子碰撞而继续进行链传递。反之，则易于与系统内稳定质点（如反应器器壁）碰撞而发生链终止。因此，直链反应的表观速率常数 $k = 2nk_2 \cdot (k_1/k_4)^{1/2} \cdot \left[\dfrac{c(M)}{c(S)}\right]^{1/2}$ 间接地受反应物分压的影响。

2. 支链反应与爆炸界限

通常的爆炸都是瞬时发生化学反应引起的。根据反应瞬时发生的机制，爆炸反应分为两种：一种是热爆炸，另一种是支链反应爆炸。

热爆炸的原因是反应放出的大量热不能及时传递出去使反应温度迅速升高，温度的升高又使反应速率呈指数地增加而放出更大量的热，这一恶性循环导致爆炸。对于放热的直链反应，如果链反应还可热引发，也能发生热爆炸。例如，在较大的容器内体积比为 1 : 1 的 H_2 和 Cl_2 的混合物，经强光照射也会发生爆炸。

支链反应爆炸的原因是，随着支链反应的进行，活性链传递物的数量迅速增多（如图 8.12.1 所示），使反应速率迅猛增大，最后导致爆炸。

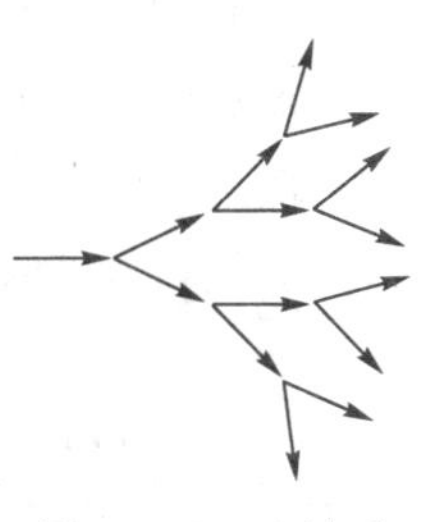

图 8.12.1　支链反应爆炸的原因

例如，气相反应 $H_2 + \frac{1}{2}O_2 \longrightarrow H_2O$ 是一个典型的支链反应，其反应机理如下：

链的引发：　　$H_2 + M \longrightarrow 2H\cdot + M$

链的传递：　　$H\cdot + O_2 \longrightarrow HO\cdot + \cdot O\cdot$　　（支链步骤）

$HO\cdot + H_2 \longrightarrow H_2O + H\cdot$　　（直链步骤）

$\cdot O\cdot + H_2 \longrightarrow HO\cdot + H\cdot$　　（支链步骤）

链的终止：

在器壁上　　$H\cdot + H\cdot + S_1 \longrightarrow H_2 + S_1$　　（1）

$H\cdot + HO\cdot + S_1 \longrightarrow H_2O + S_1$　　（2）

在气相中　　$H\cdot + H\cdot + S_2 \longrightarrow H_2 + S_2$　　（3）

$H\cdot + HO\cdot + S_2 \longrightarrow H_2O + S_2$　　（4）

其中 M 代表反应系统中的高能粒子，S_1 代表反应器器壁上的原子，而 S_2 代表气相中的低能粒子。

链爆炸反应的温度、压力、组成通常都有一定范围，该范围称为爆炸界限（如图 8.12.2 所示）。

① 当温度低于反应温度 T_1 时，系统中的高能粒子较少，链的引发是速控步。该气体混合物在任何压强下反应都不发生爆炸，反应可平稳进行。

② 当温度高于 T_3 时，该气体混合物在任何压强下反应都发生热爆炸。

③ 当温度为 T_2 时，反应平稳进行出现于两个不同的压强范围。

图 8.12.2　链反应的爆炸界限

当压强很小时，活性链传递物很容易与器壁碰撞［链的终止反应（1）和（2）］，因而反应可平稳进行。当压强增大，活性体链传递的概率变大，出现链反应爆炸。但是当压强增加到一定程度时，气相三体碰撞链终止［链的终止反应（3）和（4）］变快，使活性体链传递的概率变小，反应又可平稳进行。当反应物压强进一步增大时，反应则发生热爆炸。

爆炸除了受温度和压强的影响之外，还与气体混合物的组成有关。对于不同可燃气体，其爆炸界限存在很大差别。表 8.12.1 给出了一些可燃气体在常温常压下与空气混合物的爆炸界限。

A8-4
防止挥发性有机化合物的烘干爆炸

表 8.12.1　一些可燃气体在常温常压下与空气混合物的爆炸界限（体积分数 φ_B）

可燃气体	$\varphi_B \times 100$	可燃气体	$\varphi_B \times 100$
H_2	4～74	CO	13～74

续表

可燃气体	$\varphi_B \times 100$	可燃气体	$\varphi_B \times 100$
NH_3	16～27	CH_4	5.3～14
CS_2	1.3～14	C_2H_6	3.2～12.5
C_2H_4	3.0～29	C_6H_6	1.4～6.7
C_2H_2	2.5～80	CH_3OH	7.3～36
C_3H_8	2.4～9.5	C_2H_5OH	4.3～19
C_4H_{10}	1.9～8.4	$(C_2H_5)_2O$	1.9～48
C_5H_{12}	1.6～7.8	$CH_3COOC_2H_5$	2.1～8.5

8.13 化学动力学与化学热力学综合问题

至此，我们已经详细地学习了化学反应动力学的研究内容和方法，并全面系统地掌握了化学反应动力学的重要规律。

前已述及，化学反应热力学专注于对系统宏观平衡态的刻画和平衡规律的描述，而化学反应动力学则专注于对系统非平衡态变化速率规律的描述。但是，在科学研究和化工生产中，有时二者的关联极为紧密。例如，若气 / 固相催化反应 $2A + B \xrightarrow{cat} Y + Z$ 强放热，当不同配比的反应混合气在常压下通过不同温度的催化剂反应床时，反应物 A 的转化率（x）随反应温度和反应混合气配比的变化曲线将表现为图 8.13.1 所示的形式。

① 在反应温度较低的区域，反应的积分转化率随反应温度的升高而增大，说明反应速率随反应温度的升高而增大（动力学）这一通常规律与反应是否放热（热力学）毫无关系。

② 当反应尚未达到平衡但接近平衡时，反应的积分转化率随反应温度的升高（动力学）便开始下降。这说明当反应接近平衡点时，动力学规律就已经开始变得不适用。

③ 反应温度越高，平衡转化率 x_e 越低（沿虚线变化），该规律与反应放热（热力学）有关。

④ 在远离反应平衡点的条件下（例如，各曲线在 T_1 温度时），当增大某一反应物的分压

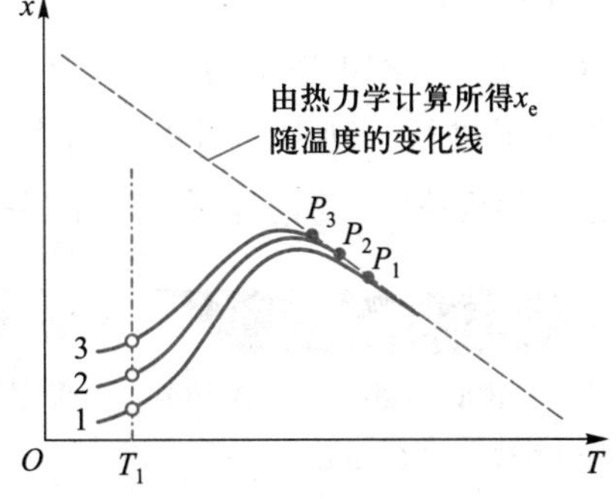

1—A : B : N_2=1 : 1 : 8；2—A : B : N_2=2 : 1 : 7；3—A : B : N_2=2 : 2 : 6

图 8.13.1　x 随反应温度和反应混合气配比的变化曲线

时，若反应物 A 的转化速率提高，（注意：A 的转化率不一定提高），说明相应反应物对于该反应为正级数（动力学）。这与该反应总气体反应分子数减少这一特点并无关系。

⑤ 工业上生产 Y 之所以在 T_1 以上的温度进行，很可能是由于没有低温高活性的催化剂，为确保较高的反应速率不得不放弃更高的平衡转化率。

下面，就以工业合成氨的实例说明上述化学反应动力学与热力学综合问题的处理。

热力学数据：

反应 $N_2+3H_2 \longrightarrow 2NH_3$ 的 $\Delta_r H_m^{\ominus}(298\ K)=-92.2\ kJ\cdot mol^{-1}$，反应中等放热。

动力学数据：

热化学反应的活化能为 335 $kJ\cdot mol^{-1}$。在 K_2O-Fe/Al_2O_3 催化剂上，催化反应的活化能为 167 $kJ\cdot mol^{-1}$，动力学方程为 $\frac{dc_{NH_3}}{dt}=kc_{N_2}c_{H_2}^{1.5}c_{NH_3}^{-1}$，$N_2$ 的解离吸附（见图 8.10.2）是反应的速控步。NH_3 在催化剂活性位上强吸附，与 N_2 的吸附形成竞争，因而以负级数出现在动力学方程中。

气 / 固相催化反应 $N_2+3H_2 \longrightarrow 2NH_3$ 发生在 400～500 ℃的催化剂上，该反应中等放热，$\Delta_r H_m^{\ominus}(298\ K)=-92.2\ kJ\cdot mol^{-1}$。

工业生产的控制：

反应在 427 ℃下进行（动力学考虑：为确保反应速率较快）；反应混合气 N_2 与 H_2 的体积比为 1∶2.8，接近但不是化学计量比（动力学考虑：为增强 N_2 的吸附这一速控步，确保反应速率较快）；NH_3 的出口浓度仅为 13 %～14 %（体积分数），NH_3 分离出去（动力学考虑：降低 NH_3 对 N_2 吸附的抑制作用，确保反应速率较快）而未反应的 N_2 和 H_2 循环使用；反应在较高的压强（因合成器的耐压性能不同，可选择 $p_{低}=1\times10^7\,Pa$，$p_{中}=2\times10^7$～$3\times10^7\,Pa$，$p_{高}=8.5\times10^7$～$1\times10^8\,Pa$ 三种生产压强）下进行（动力学考虑：增大 N_2 和 H_2 的浓度，确保反应速率较快；热力学考虑：使反应的平衡点移向较高的平衡转化率）。

A8-5

科学史话：氨的合成

讨论题 8.13.1 动力学分析的复杂性

物质的量相等的 A 和 B，在确定的温度 T 和压强 p 下进行液相反应，由下列平行反应分别生成产物 C 和 D。

$$A+B \xrightarrow{k_1} C+Y$$
$$A+B \xrightarrow{k_2} D+Y$$

若在反应系统中开始时只有 A 和 B，A 的转化率在反应进行 1 h 时为 50%，进行 2 h 时为 75%，进行 4 h 时为 81%，进行 8 h 时为 82%。那么，这个总反应是几级的？在反应后期，反应数据大幅度偏离动力学规律的可能原因是什么？

8.14 本章概要

1. 各反应速率表述及各速率常数间的关系

对于反应 $aA + bB \xrightarrow{k} yY + zZ$，有

$$-\frac{1}{a}\frac{dc_A}{dt} = -\frac{1}{b}\frac{dc_B}{dt} = \frac{1}{y}\frac{dc_Y}{dt} = \frac{1}{z}\frac{dc_Z}{dt}$$

$$\frac{1}{a}k_{A,c} = \frac{1}{b}k_{B,c} = \frac{1}{y}k_{Y,c} = \frac{1}{z}k_{Z,c} = k$$

2. 间歇反应的规律（能力 1）

在间歇式反应器中，除零级反应外，反应速率随反应时间而降低。反应的级数用流动态研究法测定时，所依据的原理是积分反应的转化率与反应时间的关系依反应级数的不同而不同。

确定各反应物的级数时需要采用隔离法设计实验，记录每次实验的 c_A-t 关系。

（1）$-\dfrac{dc_A}{dt} = k_{A,c}$ 型零级反应

反应的半衰期与反应物的初始浓度 $c_{A,0}$ 成正比，反应速率常数的量纲为 $[c][t]^{-1}$，c_A-t 呈直线关系是其三个重要特征；$t = \dfrac{c_{A,0}x_A}{k_{A,c}}$。

（2）$-\dfrac{dc_A}{dt} = k_{A,c}c_A$ 型一级反应

反应的半衰期与反应物的初始浓度 $c_{A,0}$ 无关，反应速率常数的量纲为 $[t]^{-1}$，$\ln\{c_A\}-t$ 呈直线关系是其三个重要特征；$t = \dfrac{1}{k_{A,c}}\ln\dfrac{1}{1-x_A}$。

（3）$-\dfrac{dc_A}{dt} = k_{A,c}c_A^2$ 型二级反应

反应的半衰期与反应物的初始浓度 $c_{A,0}$ 成反比，反应速率常数的量纲为 $[t]^{-1}[c]^{-1}$，$\dfrac{1}{c_A}-t$ 呈直线关系是其三个重要特征；$t = \dfrac{x_A}{k_{A,c}c_{A,0}(1-x_A)}$。

（4）$-\dfrac{dc_A}{dt} = k_{A,c}c_A^{\alpha}c_B^{\beta}$ 型二级反应

只要起始浓度 $c_{A,0}$ 和 $c_{B,0}$ 满足 $\dfrac{c_{A,0}}{a} = \dfrac{c_{B,0}}{b}$，就可以转化成 $-\dfrac{dc_A}{dt} = kc_A^2$ 型，利用相应积分速率方程，解决转化率和时间之间的关系问题。

（5）$-\dfrac{dc_A}{dt} = k_{A,c}c_A^n$ 型 n 级反应

$$t = \frac{1}{k_A(n-1)}\left(\frac{1}{c_A^{n-1}} - \frac{1}{c_{A,0}^{n-1}}\right)\text{（其中 } n \neq 1\text{）}$$

（6）平行反应

只要各平行反应的动力学方程相同，则反应物的消耗速率常数 $k=k_1+k_2+\cdots$；在任一时间点上各竞争产物的浓度之比都等于相应平行反应的速率常数之比。

3. 连续流动反应的规律（能力 2）

在连续流动管式反应器中的确定一点，反应物的浓度和反应速率都不随反应时间而改变。

反应的级数，用流动态研究法测定时，所依据的原理是直接考察反应的起始速率与各反应物浓度之间的关系。反应的起始速率的测定必须在微分反应器中进行。

4. 活化能的测定（能力 3）

反应的速率常数，是反应温度的函数，当有催化剂存在时，还因催化剂及其使用量的不同而不同。由阿伦尼乌斯方程的不定积分式 $\ln\{k_A\}=-\dfrac{E_a}{RT}+\ln\{k_0\}$，以 $\ln\{k_A\}$ 对 $\dfrac{1}{T/\mathrm{K}}$ 作图，直线的斜率即为 $-\dfrac{E_a}{R}$。指前因子 k_0 的大小和催化剂的使用量或和固相催化剂的活性位数目直接相关。

5. 由假定反应机理推导总包反应的级数（能力 4）

推导的依据是元反应的质量作用定律；推导的目标是消去反应物消耗或产物生成速率方程中的中间物浓度；推导可根据具体情况选择稳态近似或平衡近似。

习题

1. 因为宇宙射线的存在，大气的 CO_2 中放射性的 ^{14}C 在 C 元素中的比例维持在 1.10×10^{-13} %。生活在大气中的所有生物，由于不断地将自身中的 C 元素与周围环境中的 C 元素进行交换，因而其体内 ^{14}C 在 C 元素中的比例也保持在上述同一水平。但是，一旦某生物个体终止前述 C 元素的交换（如树木枯萎、动物死亡），其体内的 ^{14}C 便开始仅因放射性衰变而减少。基于这一原理，测定相应死体中 ^{14}C 的含量，便可推算其死亡的年代。已知 ^{14}C 放射性衰变的半衰期为 5730 年，今在一木乃伊中测得 ^{14}C 在 C 元素中的比例仅为前述 ^{14}C 平衡比例的 72%，试问该木乃伊产生年份。

2. 在等容反应器中和温度 T 下进行的液相反应 $A+B\longrightarrow X+Y$，在反应开始时 A 和 B 的浓度均为 $0.1\ \mathrm{mol\cdot dm^{-3}}$。如果反应在该温度下可以进行到接近完全，反应进行 1 h 时 A 的转化率为 75%。求：当反应分别符合下列假设时，反应的微分速率方程、反应速率常数，以及反应进行 2 h 时反应物 A 的剩余率。

（1）对 A 为一级反应，对 B 为零级反应；

（2）对 A 和 B 均为一级反应；

（3）对 A 和 B 均为零级反应。

3. 实验测得，在 1130 K 下一钨催化剂上 $NH_3(g)$ 的分解反应 $2NH_3(g) \longrightarrow N_2(g) + 3H_2(g)$ 的速率常数 $k_p = 7.52\ Pa \cdot s^{-1}$。若在一等容容器中，反应开始时只有反应物 NH_3，$NH_3(g)$ 的初始压强为 40 kPa。求反应进行到 10 min 时系统的压强。

4. 已知均相反应 $A + 2B \longrightarrow P$ 在 298.2 K 下的微分速率方程为 $v_A = k_A c_A c_B$，且 $k_A = 6.06 \times 10^{-3}\ mol^{-1} \cdot dm^3 \cdot s^{-1}$。计算在等容反应器中该反应在该温度进行时，下列两种情况下消耗 25 % 的 A 所需的时间。

（1）$c_{A,0} = 5.00 \times 10^{-3}\ mol \cdot dm^{-3}$，$c_{B,0} = 1.00\ mol \cdot dm^{-3}$；

（2）$c_{A,0} = 5.00 \times 10^{-3}\ mol \cdot dm^{-3}$，$c_{B,0} = 1.00 \times 10^{-2}\ mol \cdot dm^{-3}$。

5. 某抗生素在人体血液中的分解为简单级数的反应。给患者注射一针该抗生素，在不同时刻 t 测定抗生素在血液中的浓度 c，得到数据如下：

t / h	4	8	12	16
c /[mg · (100 cm^3)$^{-1}$]	0.480	0.326	0.222	0.151

（1）确定该抗生素分解反应的级数；

（2）求分解反应的速率常数 k 和半衰期 $t_{1/2}$；

（3）若抗生素在血液中的浓度只要不低于 0.37 mg · (100cm^3)$^{-1}$ 即为有效，那么需间隔多长时间再注射第二针？

6. 一定温度下，某药物 A 分解的半衰期与其起始浓度无关，其分解反应的速率常数与温度的关系为 $\ln\{k\} = -\dfrac{8398}{T/K} + 20.40$。试计算：

（1）该药物分解所需的活化能 E_a；

（2）若该药物分解率达 70% 即为失效，欲使该药物的有效期至少为两年（一年以 365 天计算），要求其保存温度不能超过多少？

7. 将总流速为 100 mL · min^{-1} 的混合气通入装有 0.10 g 固相催化剂微粒的固定床微型流动反应器中，使气相反应 $2A + B \longrightarrow X + 3Y$ 在常压、500 ℃下进行。设该反应的动力学方程为 $-\dfrac{dp_A}{dt} = k_{A,p} p_A^\alpha p_B^\beta$。改变混合气配比，测得不同条件下反应物 A 的转化率如下所示：

实验序号	A : B : Ar（体积比）	A 的转化率 /%
1	10 : 5 : 85	3.2
2	10 : 10 : 80	4.5
3	20 : 5 : 75	3.2

求：A 和 B 对该反应的级数及反应的级数。

8. 等容反应器中的某均相异构化反应 $A \longrightarrow B$，A 转化 50% 时所需的时间与 A 的初始浓度成反比，试推断该异构化反应的级数。测得该异构化反应在不同起始浓度 c_0 和温度 T 下的半衰期 $t_{1/2}$ 如下：

T / K	967	1030
c_0 / (mol · dm^{-3})	0.392	0.480
$t_{1/2}$ /s	1520	212

（1）计算该异构化反应在 967 K 和 1030 K 下的速率常数 k；

（2）求反应的实验活化能。

9. 反应 $Co(NH_3)_5F^{2+} + H_2O \xrightarrow{H^+} Co(NH_3)_5(H_2O)^{3+} + F^-$ 被酸所催化。该反应的速率方程为 $v = k\left[Co(NH_3)_5F^{2+}\right]^{\alpha}\left[H^+\right]^{\beta}$。在等容反应器中，不同反应温度及 $Co(NH_3)_5F^{2+}$ 初始浓度条件下进行三次反应，分别测得反应的半衰期如下所示：

T / K	298	298	308
$[Co(NH_3)_5F^{2+}]$ /(mol · cm^{-3})	0.10	0.20	0.10
$[H^+]$ /(mol · cm^{-3})	0.010	0.020	0.010
$t_{1/2}$ / (10^2s)	36	18	18
$t_{1/4}$ / (10^2s)	72	36	36

试计算：

（1）反应级数 α 和 β 的值；

（2）不同温度的反应速率常数 k；

（3）反应的实验活化能 E_a。

10. 已知气相反应 $A + 2B \longrightarrow Y$ 在 600～900 K 的温度范围内可以接近反应完全，其动力学速率方程为

$$-\frac{dp_A}{dt} = k_{A,p} p_A p_B$$

在等温（700 K）下、已抽空的等容容器内，注入反应物 A(g) 及 B(g)，使其初始分压分别为 $p_{A,0} = 1.33$ kPa，$p_{B,0} = 2.66$ kPa，记录总压 p_t 随时间的变化可知，该气相反应以总压 p_t 表示的初始速率为 $-\left(\frac{dp_t}{dt}\right)_{t=0} = 1.20 \times 10^4\ Pa \cdot h^{-1}$。

（1）推导给出 $-\frac{dp_A}{dt}$ 与 $-\frac{dp_t}{dt}$ 的关系；

（2）计算在上述条件下，A 的消耗初始速率 $-\left(\frac{dp_A}{dt}\right)_{t=0}$、速率常数 $k_{A,p}$(700 K) 及以 B 的消耗速率表示的速率常数 $k_{B,p}$(700 K)；

（3）计算在上述条件下，气体 A(g) 反应掉 80% 所需时间；

（4）测得该反应在 800 K 下的速率常数 $k_{A,p}(800\ K) = 3.00 \times 10^{-3}\ Pa^{-1} \cdot h^{-1}$，计算该反应的活化能。

11. 均相反应 $A + B \longrightarrow P$ 的反应机理是

$$A \xrightarrow{k_1} C$$

$$C \xrightarrow{k_{-1}} A$$

$$C + B \xrightarrow{k_2} P$$

中间产物 C 为不稳定中间体。对于上述总包反应，推导证明：

（1）当 $k_{-1} << k_2 c_B$ 时，反应的总级数为一级；

（2）当 $k_{-1} >> k_2 c_B$ 时，反应的总级数为二级。

12. 在 550～600 K 下，对于碘与乙烷进行的气相反应

$$I_2 + C_2H_6 = C_2H_5I + HI$$

有人根据实验现象提出了如下反应机理：

$$I_2 + M \xrightarrow{k_1} 2I\cdot + M$$

$$2I\cdot + M \xrightarrow{k_{-1}} I_2 + M$$

$$C_2H_6 + I\cdot \xrightarrow{k_2} C_2H_5\cdot + HI$$

$$C_2H_5\cdot + I_2 \xrightarrow{k_3} C_2H_5I + I\cdot$$

在上述机理中的 M 为惰性物质分子，I· 和 $C_2H_5\cdot$ 均为自由基。

（1）说明应采用的近似法和相应理由；

（2）导出以 C_2H_6 的消耗速率表示的总包反应速率方程；

（3）给出总包反应的表观活化能与各元反应活化能之间的关系式。

第 9 章
有光参与的化学反应

非体积功 $W' = 0$ 时的化学反应，称为**热化学反应**（或**暗化学反应**）。在前面我们讨论的化学反应规律（热力学规律和动力学规律），都是热化学反应规律。本章要学习的有光参与的化学反应，是伴随着光能注入而发生的。那么，向反应系统注入光能是否就是向反应系统注入非体积功？如果是，那么有光参与的化学反应无论在热力学规律还是在动力学规律上，必然有别于前面学过的相应规律。有光参与的化学反应的特殊规律，就是本章要讨论的内容。

一个在高温下进行的热化学反应，所吸收的热能来自环境的输入。那么，有光参与的化学反应和热化学反应在本质上有什么区别？要明确这一问题，就必须从认知光能和热能在“品位”上的差异开始。

9.1 光化学反应和光催化反应概论

1. 光能和热能在“品位”上的不同

热和功是系统和环境之间交换的形式不同的能量。传热是系统和环境之间在微观粒子水平上无序程度改变的能量转移，而功则是系统和环境之间有序的能量转移。在第二章中已详细讨论，热机不可能从单一热源吸热并将其完全转化为功，而不引起其他变化。即，热机不能持续不断地从单一热源吸热并将其完全转化为功。但是，功却可以持续不断地转化为热（例如，对电炉做电功）。这就是说，热和功这两种不同形式的能量存在“品位”之差。功这种具有“有序”特征的能量形式是高品位的，而热这种具有“无序”特征的能量形式则是低品位的。能量可以从高品位形式持续不断地转化为低品位形式，而反之则不能。

光能，是一种具有“有序”特征的能量形式。光能可以连续地转变为电能。例如，人造地球卫星和宇宙飞船持续地从太阳接受光能获得电能。反之，电能也可以持续地转变为光能。这表明，光能和电能的能量“品味”是相同的。另一方面，热能可以来自高品位的能量转化。对电炉通电时，可以认为电能持续地转化为热能。反应系统在接受光能时，其实都是接受环境给予的非体积功，这与接受环境给予的热这一低品位能量时的宏观反应热力学规律，必然有所不同。

2. 光化学反应与光催化反应

有光参与的化学反应，在其反应过程中一定包含物质的基本粒子或基团吸收光子，从基态跃迁到激发态这一步骤。

在该步骤中如果接受光子的是反应物分子本身，则将相应的总包反应称为**光化学反应**（photochemical reaction）。例如，在 8.12 节中介绍的 Cl_2 和 H_2 生成 HCl 气体的光化学反应，始于 $Cl_2 \xrightarrow{h\nu} 2Cl\cdot$。对于光化学反应，吸收光子这一步骤称为初级过程，由该过程的生成物再进行的一系列反应，称为次级过程。光化学反应由初级过程和次级过程最终生成总包光化学反应的产物。

若反应物对光不敏感（即受到光照时不吸收光），那么就不能直接接受光子而得到激发。但是，如果在系统中存在少量可吸收光子的物质 A（例如，植物进行光化学反应时的叶绿素，这种物质 A 称为**光敏剂**或**光催化剂**），A 吸收光子变为 A 的激发态，后者再与反应物作用，就可以间接地将吸收的光能作用于反应物了。这种在催化剂存在下有光参与的化学反应，称为**光催化反应**（photocatalytic reaction）。

3. 光化学定律

光的强度，对应单位时间内光子的入射数目，而光子能量的大小则是由入射光的频率$\left(\varepsilon = h\nu = \dfrac{hc}{\lambda}\text{，其中}c\text{为光速，}\lambda\text{为光的波长，}h\text{为普朗克常量}\right)$决定的。经过长期研究人们发现，对于特定的光化学反应，并不是所有波长的光都对反应有活性。同时，对一个光化学反应有活性的光，也并不是对所有光化学反应都有活性。

基于大量实践认识的总结，Grotthuss 和 Draper 于 1818 年提出，只有被系统吸收的光才对光化学反应有效，不被吸收的光不能引起光化学反应。这就是**光化学第一定律**（the first law of photochemistry）。

显然，这很容易从光化学反应的初级过程得到理解：依吸光物质（反应物 B 或光敏剂 A）从基态到激发态能级差的不同，光化学反应的初级过程必然需要不同的光能，即吸收不同频率的光。

很多研究表明，即便某波长的光对一光化学反应有很好的活性，但两倍和数倍于该波长的光对相应光化学反应并不表现活性。即使相应光源的强度很强，也不能被反应吸收以激发初级过程。基于大量的此类实验结果，Einstein 和 Stark 于 1908—1912 年提出，初级过程所需要的能量，并不能由两个或多个光子共同分担提供。因此，他们总结出了**光化学第二定律**（the second law of photochemistry）：在初级过程中，一个光子活化一个分子。不过，基于激光发展起来的非线性光学现代研究发现，在特殊情况下可以实现多个光子激发一个分子。这意味着上述经典光化学第二定律只适用于常规情况。

在常规条件下，对化学反应有效的光，其波长分布在可见光（visible light）和紫外光（ultraviolet light）的范围，如图 9.1.1 所示。红外光光子的能量太小，它被反应物的分子或光敏剂吸收后只能引起反应物分子的转动和化学键振动，并不能使其电子由基态向激发态跃迁；X 射线光子的能量过大，它不是使分子外层成键轨道的电子跃迁，而是使分子内层的电子跃迁，因而也不能引发光化学反应。

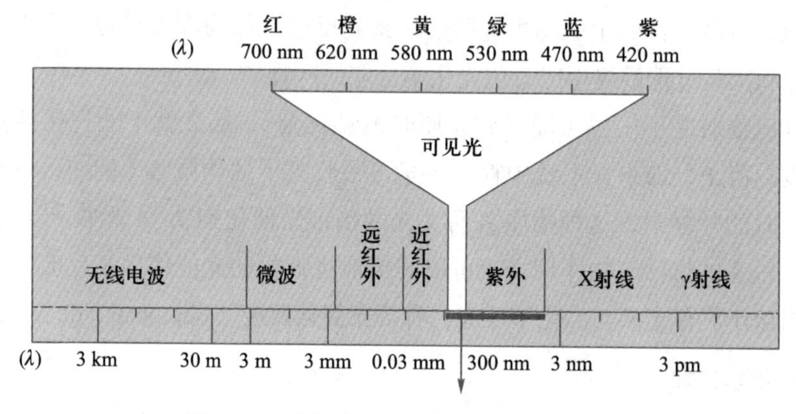

图 9.1.1　对化学反应有效的光的波长范围

4. 光子吸收能量的耗散

反应物分子或光敏剂在初级过程中吸收了光子变为激发态后，其能量在光化学反应或光催化过程中存在下述三个不同的随机耗散途径：

① 与反应物分子碰撞引发次级过程，导致化学反应产物生成。这使得相应光子的能量贡献于化学反应的 ΔG。当然，有的光化学反应在次级过程中可能会导致多个反应分子进行反应和多个产物分子生成（例如，Cl_2 和 H_2 生成 HCl 气体的链反应）。

A9-1
荧光和磷光

② 与系统中稳定的非反应分子（例如，系统中存在 N_2 分子、溶剂分子时）或器壁碰撞，相应能量便以热能放出。

③ 因处于激发态的反应物分子或光敏剂非常不稳定，未能在极短的时间内实现上述任一碰撞，便从激发态回到基态，相应能量以荧光或磷光的形式辐射放出。

5. 光化学反应的量子效率

为了表述在光化学反应中一个光子导致化学反应的效率，在光化学中提出了量子效率 ϕ 这一概念。

$$\phi = \frac{\text{确定产物的分子数或确定反应物的分子数}}{\text{吸收的光子数}} \tag{9.1-1}$$

量子效率的大小对于研究光化学反应机理是一个非常重要的窗口。当 $\phi<1$ 时，表明至少有（$1-\phi$）部分的激发态高能反应物分子或光敏剂未能进行次级反应便猝灭（前述能量耗散途径②和③）而失去活性了；若 $\phi>1$，则表明其次级过程包含链反应步骤。对于光引发的链反应，依据反应条件（反应器的形状大小、各反应物的压强，以及反应系统中含惰性物的浓度等）的不同，链的传递次数 n 大不相同，使得其量子效率也显著不同。有时，ϕ 值可高达 10^6 数量级。

6. 有光参与的化学反应的速率

在热化学反应中，分子能量的分布服从玻尔兹曼分布。系统中活化分子的比例随温度的升高按 $f=\frac{N^*}{N}=e^{-E_0/RT}$ 而增加（见 8.7 节）。因此，热化学反应速率的大小与反应温度紧密相关。

对于有光参与的化学反应，影响其初级光化学反应速率的因素和影响其总包反应速率的因素有所不同。

初级光化学反应的速率，只与被吸收的光强度（即被吸收的光子数）有关，而与温度和反应物的浓度无关。只要光的波长合适（即光子的能量刚好与被激发物质基态与激发态间的能级差相等），即便在很低的温度下，光化学反应仍然可以进行。不过，若入射光光强度（不是被吸收的光强度）一定，那么，并不排除被吸收的光强度和反应物（或光敏剂）浓度有关。这是因为，反应物（或光敏剂）浓度增大时，光的透射比减小。

在一般情况下，有光参与的化学反应，其速控步就是其初级过程。在此条件下，相应化学反应的速率受温度的影响很小。不过，反应物的浓度通过影响量子效率 ϕ 而对光化学反应的速率有很大影响。反应物浓度增加不仅可能大幅度减小激发态分子或光敏剂的猝灭比例（光子吸收能量的耗散途径②和③），对于光激发的链反应来说，还可以增加链传递的次数。例如，光引发的 Cl_2 和 H_2 生成 HCl 气体的链反应就是如此。

从光所起的作用看，有光参与的化学反应可分成两类。一类是**光驱动的化学反应**。对于该类光化学反应，光的作用是参与反应，改变反应的平衡常数，使非自发过程得以实现。另一类是**光促进的化学反应**。对于该类化学反应，光的作用则在于把其高能量赋予反应物分子或光敏剂，使确定的温度下较多的分子克服反应途径上的最高能垒或使光敏剂活化，从而加快反应速率。这两类有光参与的化学反应，将在后面两节中分别进行讨论和学习。

9.2 光驱动的化学反应

由 2.6 节可知，在等温、等压条件下，如果一个化学反应在非体积功为 0 时（即热化学反应），其 $\Delta_r G_m(T,p)>0$，则反应为非自发的（即其反向过程自发发生）。但是，如果向反应系统输入非体积功，使输入的非体积功 W' 满足 $\Delta_r G_m(T,p)<W'$［见式（2.6-9）］时，则可实现上述化学反应。

由 9.1 节可知，反应系统从环境接受光能，就是接受非体积功。也就是说，一些热化学反应，即便是非自发的，当其吸收的光能超过其 $\Delta_r G_m(T,p)$ 时，仍可实际发生。例如，光解水就是在光的作用下将水分解为氢气和氧气的。从这个意义上说，这样的反应就是**光驱动的化学反应**。

此类中的最典型反应莫过于“光合作用”。“光合作用”反应的本质就是

$$6CO_2(g)+6H_2O(l)\xrightarrow{nLh\nu}C_6H_{12}O_6(b,\text{葡萄糖})+6O_2(g)$$

众所周知，烃及其衍生物燃烧（即上述反应的逆反应）的最终产物就是 $CO_2(g)$ 和 $H_2O(l)$，相应 $\Delta_r G_m(T,p)$ 的负值足以驱动燃烧反应接近完全。就连这样的燃烧反应，只要入射光的波长合适，且光强达到一定强度，也能让它逆向进行，即进行上述光合作用。

在此必须注意的是，使得“光合作用”正向进行的决定因素，是光而并非植物体内的叶绿素光敏剂。下述事实足以证明这一点：在同样有叶绿素存在的条件下，若将相应光强变弱，植物便转向“呼吸作用”。这就是说，上述反应实际向哪一方向进行，取决于系统是否从环境得到了足够的光能。那么，可以推论，肯定有一个特定的光强，刚好使上述“光合作用”和“呼吸作用”呈现动态平衡。

1. 平衡常数

既然化学反应在有光参与时仍有化学平衡存在，那么其化学平衡点与吸收的光能之间有何关系呢？

由 9.1 节可知，对于有光参与的化学反应，在其初级过程中所生成的活性物既可能引发次级过程，也可能沿耗散途径②或③猝灭，使初级过程吸收光子的能量以热能、荧光或磷光放出。这就是说，并非将初级过程中所吸收的光能完全转变为化

学能。只有当在初级过程中所生成的活性物引发次级过程时，相应部分的光才对化学反应起到了效果，才转化成了化学能。一个有光参与的化学反应，当发生 1 mol 进度时，若吸收的光子中上述有效光子的物质的量为 n（n 有时小于 1），那么，该化学反应在等温、等压条件下进行时，便有

$$\Delta_r G_m(T,p) \leqslant nLh\nu \quad (<\text{不可逆};=\text{可逆}) \tag{9.2-1}$$

式中，L 为阿伏加德罗常数；$\Delta_r G_m(T,p)$ 为热化学反应的摩尔吉布斯自由能变。

将式（9.2-1）变为

$$\Delta_r G_m(T,p) - nLh\nu \leqslant 0 \quad (<\text{不可逆};=\text{可逆}) \tag{9.2-2}$$

将其代入 $\Delta_r G_m(T,p) = \Delta_r G_m^{\ominus}(T) + \sum_B \nu_B RT \ln a_B$ [见式（3.6-11）]，则有

$$\Delta_r G_m^{\ominus}(T) + \sum_B \nu_B RT \ln a_B - nLh\nu \leqslant 0 \quad (<\text{不可逆};=\text{可逆})$$

于是，在光照下反应达到平衡时有

$$\Delta_r G_m^{\ominus}(T) + RT\sum_B \nu_B \ln a_B^{eq} - nLh\nu = 0$$

令光驱动化学反应的平衡常数 $K^{\ominus\prime} = \prod_B (a_B^{eq})^{\nu_B}$，则

$$\Delta_r G_m^{\ominus}(T) - nLh\nu = -RT\ln K^{\ominus\prime} \tag{9.2-3}$$

这就是在等温、等压条件下光驱动化学反应的平衡常数，与发生 1 mol 进度化学反应吸收有效光子物质的量之间的关系。

2. 光的作用

在前面的讨论中，总是将光视为能量，一种“品味”比热能高的能量。众所周知，光具有“波粒两象性”。光的粒子性，表述光子是实际存在的极小粒子（正是由于这一原因，在前面的讨论中用物质的量来表述光子）。这就是说，光既是能量，也是一种物质。爱因斯坦（Einstein）很早就在其“狭义相对论”中指出，能量是广义的物质。

既然光也是一种物质，在特定的化学反应中按式（9.2-3）定量地消耗，那么我们就有理由将被反应消耗的光子视为“反应物”，尽管这一视角已经超出了现有化学研究这一视野（所涉及的最小粒子为电子，并聚焦于原子中电子运动范围变化所导致的物质及其性质的变化）。

那么，设非自发化学反应 $a\mathrm{A} + b\mathrm{B} \longrightarrow y\mathrm{Y} + z\mathrm{Z}$ 吸收 n mol 光子时发生 1 mol 进度，则其光驱动的化学反应为

$$aA + bB + nLh\nu \longrightarrow yY + zZ$$

用 $\Delta_r G_m^\ominus(T)$ 代表相应热化学反应的标准摩尔吉布斯函数变，而用 $\Delta_r G_m^\ominus(T)'$ 代表这一光驱动化学反应的标准摩尔吉布斯函数变，则可直接得到

$$\Delta_r G_m^\ominus(T)' = \Delta_r G_m^\ominus(T) - nLh\nu \qquad (9.2-4)$$

设该光驱动化学反应的平衡常数为 $K^{\ominus\prime}$，由于 $\Delta_r G_m^\ominus(T)' = -RT\ln K^{\ominus\prime}$，于是有

$$\Delta_r G_m^\ominus(T) - nLh\nu = -RT\ln K^{\ominus\prime}$$

该式即前面将被反应吸收的光视为向反应注入的非体积功时推导得到的式（9.2-3）。

无论将被反应吸收的光视为向反应注入的高“品位”能量，还是视为一种超出现有化学研究视野的“反应物”，都会得到光驱动化学反应用式（9.2-3）表述的平衡常数关系。

3. 光驱动的化学反应平衡的移动

若将被反应吸收的光视为“反应物”，则讨论有光参与的化学反应平衡规律，就变得极其容易了。现仍以前述“光合作用”为例。在“光合作用”和“呼吸作用”两个相反过程的动态平衡下，若减小相应波长的入射光强，平衡将移向“呼吸作用”；若增大相应波长的入射光强，平衡将移向“光合作用”。也就是说，将被反应吸收的光子视为“反应物”，再用已有的热化学平衡规律对光驱动的化学反应平衡进行讨论时，已完全符合我们观察到的实际现象。

基于光驱动的化学反应平衡与吸收光强度的关系，已经开发出可自动调节光通量的墨镜。该墨镜是在玻璃镜片中加入了适量的溴化银和氧化铜（后者为光催化剂）的微小晶粒而制成的。当有强光照射在镜片上时，溴化银分解反应

$$AgBr + h\nu \xrightarrow{CuO} Ag + \frac{1}{2}Br_2$$

的平衡向反应正向移动，分解出的银微小晶粒使玻璃镜片呈现暗棕色，减小光通量使人的眼睛得到保护；当照射在镜片上的光线转弱时，反应平衡又向相反的方向移动。银和溴又可在氧化铜的催化作用下重新生成无色的溴化银，使玻璃镜片的光通量得到恢复。

A9-2

“绿色氢能”技术和“液态阳光”技术

讨论题 9.2.1

对于上述光驱动的化学反应，在常规条件下当其发生 1 mol 反应进度时，其吸收的必需的光子数是否一定？能否通过相应热化学反应的热力学数据对其进行说明？

9.3 光促进的化学反应

A9-3

用于污水净化的光催化反应

A9-4

光化学烟雾

光促进的化学反应，在完全没有光的条件下（即热化学反应）是自发的，只是其反应活化能较高，无光照时反应速率很慢。在光照的条件下，由于反应物分子可直接获得光能或间接从激发态光敏剂获得能量，因而得以翻越相应的能垒，使反应速率得到显著加速。

不过，这类有光参与的化学反应，虽然没有像光驱动的化学反应那样在初级过程中把吸收的光能储存于产物中，但却将具有高品位能量属性的光能转变成了具有低品位能量属性的热能。光子在参与反应过程之后并没有做到“全身而退”。因此，可以认为，光在该类反应中所起的作用不是催化作用。**光催化反应**，是除催化剂外有光参与的反应。

9.4 本章概要

1. 光能的“品位”

光能和电能是同一高“品位”的能量，二者之间可以相互持续地等量转化。光能的“品位”高于热能，光能可以持续地转化为热能，但热能不能持续地转化为光能，尽管二者之间的转换都是等量的。

2. 对化学反应有用的光及其作用

只有能被吸收的光才对化学反应有效（光化学第一定律）。吸收的光子 ($h\nu$) 使反应物或光敏剂的分子从基态跃迁到激发态（初级过程）。在常规条件下，由于反应物或光敏剂的基态与激发态之间的能级差 ($\Delta\varepsilon$) 一定，而完成该激发过程只能依靠一个光子（光化学第二定律），因此当反应物或光敏剂一定时，只有确定频率的光 ($h\nu=\Delta\varepsilon$) 才对光化学反应起作用。

3. 光化学反应的量子效率

由于被激发的反应物分子可能将吸收光子所得能量以荧光、磷光或热能释放而耗散，因此，若次级过程不包含链反应，则 $\phi<1$。

$$\phi=\frac{\text{确定产物的分子数或确定反应物的分数}}{\text{吸收的光子数}}$$

4. 光驱动的化学反应的平衡常数

对于光驱动的化学反应，其平衡常数$K^{\ominus\prime}$与相应热化学反应的标准摩尔吉布斯函数变$\Delta_r G_m^{\ominus}(T)$之间的关系为$\Delta_r G_m^{\ominus}(T) - nLh\nu = -RT\ln K^{\ominus\prime}$。

习题

1. 对于光化学反应$H_2 + Cl_2 \xrightarrow{h\nu} 2HCl$，你认为它是一个光驱动的化学反应还是一个光促进的化学反应？（1）在确定的H_2分压和Cl_2分压下，该光化学反应在同一单色光照射下，其量子效率随系统中存在的N_2分压的增大而降低，为什么？（2）在一确定的条件下，若该光化学反应对于HCl生成的量子效率为10^5，当吸收波长为480 nm的光时，生成10 mol HCl需要吸收多少光能？（3）吸收的光能是否转化成了化学能？

2. 某热化学反应$2A + B \longrightarrow C + D$在25 ℃下的标准摩尔吉布斯函数变$\Delta_r G_m^{\ominus}(298.15\text{K})$为120 $kJ \cdot mol^{-1}$。在日光下该反应吸收波长为600 nm的光。如果相应光化学反应$2A + B \xrightarrow{h\nu} C + D$发生1 mol进度时吸收了2 mol光子，而只将其中0.8 mol光子转化为了化学能，其余光能转化为热能。求：（1）对于反应物A而言，该光化学反应的量子效率；（2）该光化学反应在25 ℃下的标准平衡常数。

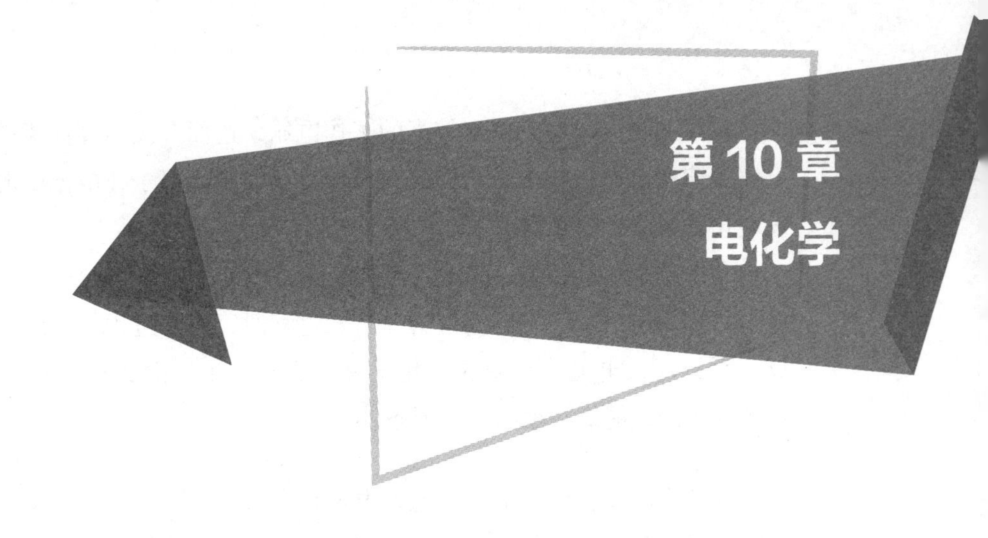

第 10 章 电化学

10.1 电化学概论

电化学是研究化学能与电能之间相互转化规律的科学。**电化学反应**伴随电极与反应物质之间的电子交换，既可以在人们为了实现化学能与电能间相互转换而设计的宏观装置中进行，也可以在某些自然形成的微观环境中进行（例如，人们熟知的电化学腐蚀）。上述宏观装置，统称为**电池**（cell）。按电化学反应是否自发，将电池分为**原电池**和**电解池**。无论原电池还是电解池，都是由两个电极、电解质和构成电流通路的外电路组成的**多相系统**。

利用**自发**的电化学反应，将化学能转化为电能（向外输送能量）的电池称为**原电池**（primary cell，galvanic cell）。对于在一定温度下电池中进行的确定的自发化学反应，可获取的电能有确定的限度。该最高限度的判据，就是在 2.6 节学习的吉布斯函数判据：

$$-\Delta G_{T,p} \geqslant -W'$$

该式表明，当定量的电化学反应发生时，反应的吉布斯函数降低值（$-\Delta G_{T,p}$）一定，这就是相应电化学反应能对外做电功（$-W'$）的最高限度。在可逆条件下，上述等式成立，原电池的最大做功取决于其电动势（E_{MF}，即电流强度 $I \to 0$ 时两电极间的电势差值）。由此，对于给定条件下的确定电池反应，E_{MF} 及其如何随温度改变，可通过电化学方法测量，从而可方便地获得相应电化学反应的吉布斯函数变（$\Delta_r G_m$）、熵变（$\Delta_r S_m$）和焓变（$\Delta_r H_m$），而无须查找各反应参与物的基础热力学数据再进行烦琐的热力学计算，这是原电池应用的一个重要方面，称为**电化学热力学**。

此外，人们更关心的是在实际工作状态下，当化学反应在电池中以不同的速率（给出相应不同的电流强度）进行时，其输出电压如何改变，是什么因素在控制其改变，以及如何研究和利用这些规律设计电池（包括电极的微结构），才能使原电池在较高的电流强度下输出较高的工作电压，进而开发出高性能的化学电源。掌握上述规律和电池、电极微结构研究设计方法，减小离子在电池中的扩散阻力，是开发电化学新能源的必要基础。

利用外部电能驱动一个化学反应进行的装置称为**电解池**（electrolytic cell），相应过程称为**电解**。当电解反应为非自发过程时，电解过程的实质就是向这个非自发反应系统注入电能，迫使这个化学反应实际发生。由 2.6 节可知，在这种情况下，这个注入的电能值必须满足下列条件：

$$W' \geqslant \Delta G_{T,p}$$

人们之所以要注入电能，通过电解来实现这个非自发化学反应过程，原因在于相应电解过程能为人们带来重要的经济回报，或能维护人们赖以生存的环境。掌握电解液的成分、电极材料、电解温度和电解速率对电解产物的影响规律，是在诸多竞争电解反应中实现目的电解反应，以及得到高质量目标电解产品所必需的基础。

本章主要内容分为电化学热力学、高性能化学电源、电解三个模块。无论原电池还是电解过程，都离不开高导电性的电解质和高性能的电极。对于电解质，通常应用的是水溶液，但有时需要采用有机溶液（如锂电池）或熔融盐。在一些情况下，无机固态电解质及聚合物电解质也表现出了突出的应用性能。

综上所述，可以认为，电解质水溶液的性质是以上三个模块理论的共同基础，其基本规律同样适用于其他电解质。这三个模块理论构成了电化学的核心，其发展必须依赖对电解质导电规律的认识。

大功率密度（即单位体积电池的输出电功率）和大能量密度（即单位体积电池可输出的电能）的化学电源，不仅在航空航天、军事等领域必不可少，还与人们生活息息相关。要在该研究领域取得突破性成果，关键在于能否成功地加快离子在两极间的传输。

近年来，电化学实现了快速的发展。电化学与化学分析、催化、生物等学科的交叉，不仅促进这些学科自身的快速发展，还大大地扩展了电化学的应用领域。可以预见，电化学不仅将在新能源的开发方面“大显身手”，还将在快速分析、环境和生物监测、自动化生产过程控制等领域发挥越来越大的作用。

10.2 电解质溶液

1. 电解质溶液导电和法拉第定律

（1）电解质溶液导电

一般的导体，如金属、石墨等，都是电子导电，即其导电的原因是自由电子或

大 π 键上的电子在外电场中的定向运动。但是，对于电解质溶液（包括水或有机溶剂）和电解质流体（如熔融的电解质、室温离子液体）而言，其导电机理则是电解质的阳离子和阴离子向外电场负极和正极的定向迁移。

下面就电流在一个电解池中如何形成回路，用图 10.2.1 作一简单的描述。图 10.2.1 所示的是一个用于电解 $CuCl_2$ 水溶液的简单电解池。插入 $CuCl_2$ 水溶液中的两个惰性 Pt 电极与外电源相连，通电时电流在电解池中的通路如图所示。

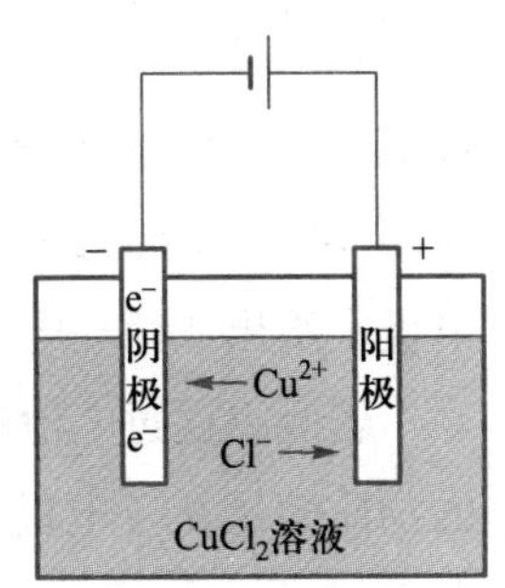

图 10.2.1 电解 $CuCl_2$ 水溶液的简单电解池

在电场作用下，在外电路导线和电极上，电子发生定向迁移；在溶液中的 Cu^{2+} 从阳极移向阴极（相当于负电荷从阴极移向了阳极），Cl^- 从阴极移向阳极（也将负电荷从阴极移向了阳极）。因此，在溶液内部是阴、阳离子共同承担了导电任务。

在电极 / 溶液界面上，Cu^{2+} 在阴极上得到电子，发生还原反应 $Cu^{2+}+2e^- \longrightarrow Cu(s)$，这相当于把阴极上的电子传到了溶液中；而 Cl^- 在阳极上失去电子，发生氧化反应 $2Cl^- \longrightarrow Cl_2(g)+2e^-$，把电子交给了阳极。这样，$CuCl_2$ 水溶液就和电极、外电路一起构成一个电子流动的闭合回路。

如上所述，伴随电流在电解质溶液中的导通，在两个电极 / 溶液界面处发生化学变化，总的结果是，电解池通过向化学反应 $CuCl_2(aq) \longrightarrow Cu(s) + Cl_2(g)$（其 $\Delta_r G_{T,p}>0$）注入电功 $W'=qV$（q 为通过的电荷量，V 为外加电压），将电功转化成化学能。

一个电池，无论是原电池还是电解池，当电流在电池中流动时，在电极 / 溶液界面必然伴随电化学氧化－还原反应的发生。通常，把发生氧化反应的电极称为**阳极**（anode），发生还原反应的电极称为**阴极**（cathode）；电势高的电极称为**正极**，电势低者称为**负极**。该规定对原电池、电解池均适用，如表 10.2.1 所示。电子总是从电势低的负极流向电势高的正极。

表 10.2.1 电化学装置中电极命名的对应关系

原电池		电解池	
正极	负极	正极	负极
阴极	阳极	阳极	阴极

（2）法拉第定律

法拉第（Faraday M）通过归纳总结大量的电解实验结果，在 1833 年提出了下述基本定律：

通电于电解质溶液，在电极上（即两相界面）发生化学变化的物质的量与通过电极的电荷量（q）成正比。该定律被称为**法拉第定律**。

法拉第定律指出，当电极反应的反应进度为 ξ 时，通过电极的电荷量为

$$q = z\xi F \tag{10.2-1}$$

该式为**法拉第定律的数学表达式**。式中，F 称为**法拉第常数**（$F = Le = 6.022 \times 10^{23}\ \text{mol}^{-1} \times 1.6022 \times 10^{-19}\ \text{C} = 96485\ \text{C} \cdot \text{mol}^{-1}$）；$z$ 为电极反应发生 1 mol 进度时，在电极上给出或消耗电子的物质的量。

若测得通过电池的电流强度 I 和通电时间 t，则可由下式计算出电极上发生反应的物质的量 n_B（电极反应中化学计量数为 ν_B）：

$$q = It = zF(n_B/\nu_B)$$

法拉第定律虽是在研究电解时归纳出来的，但它对原电池放电过程（如化学电源）的电极反应也同样适用。该定量定律适用于任何温度和压强下的任何介质体系（包括水溶液、有机溶液或熔盐），且非常准确。电化学中常用的银电量计（库仑计）正是根据该定量关系设计制成的。

在实际电解时，电极上常有副反应或次级反应发生。因此，要析出一定数量的某物质，实际上所消耗的电荷量一般要比按照法拉第定律计算所需的理论电荷量多一些。两者之比称为**电流效率**（current efficiency），表示为

A10-1
Faraday Discussions 期刊

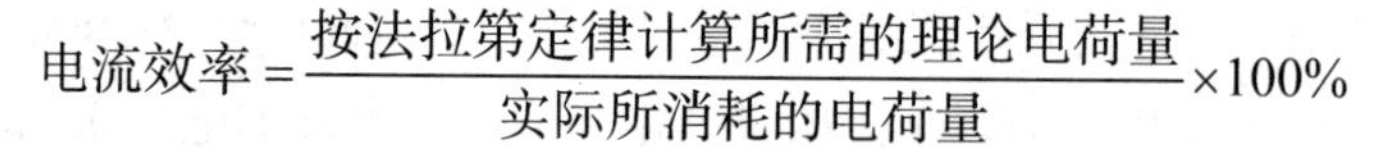

$$\text{电流效率} = \frac{\text{按法拉第定律计算所需的理论电荷量}}{\text{实际所消耗的电荷量}} \times 100\%$$

或者，当通过一定的电荷量后

$$\text{电流效率} = \frac{\text{电极上产物的实际质量}}{\text{按法拉第定律计算应获得产物的质量}} \times 100\%$$

2. 电解质溶液的导电规律

（1）无限稀释时的离子独立迁移定律

电解质溶液的导电情况，用电导仪来测定。电导仪测出的数据是电导 G $\left(G = \dfrac{1}{R}\right)$。如表 10.2.2 所示，电解质溶液的电导除了和电解质溶液本身的性质有关外，还是电极极板间距 l、极板面积 A_s 的函数，因此它并不能反映电解质溶液的本征导电能力。我们知道，描述导体本征导电能力的参数是导体的电阻率 ρ 的倒数 $1/\rho$。同样，描述电解质溶液这一离子导体本征导电能力强弱的参数，就应该是电解质溶液**电导率** κ。

表 10.2.2 表征导电能力的物理量

名称	定义	本征参数	单位
电阻	$R=\rho\frac{l}{A_s}$	电阻率 ρ	Ω（欧[姆]）
电导	$G=\kappa\frac{A_s}{l}$	电导率 κ	S（西[门子]，$1S=1\Omega^{-1}$）

要由电导仪测出的电导 G 给出电导率 κ 的数据，实际上无须测定极板面积 A_s 和极板间距 l，只要将待测溶液倒入标有**电导池常数**（$K_{cell}=l/A_s$）值的电导池中测定电导即可。若电导池的电导池常数未知，可以先将电导率确定的标准 KCl 水溶液（如 25 ℃时，0.001 $mol\cdot dm^{-3}$ KCl 溶液的电导率为 0.0147 $S\cdot m^{-1}$，0.01 $mol\cdot dm^{-3}$ KCl 溶液的电导率为 0.1411 $S\cdot m^{-1}$）倒入电导池，通过测定其电导而获取相应电导池的电导池常数。当然，已有的电导池常数值，就是用该法测得的。这样，就有

$$\kappa=K_{cell}G \tag{10.2-2}$$

A10-2
用电导率检查去离子水的质量

在电化学研究中，还需要比较电解质本身的本征导电能力。

前已述及，衡量电解质溶液的本征导电能力强弱的参数是电解质溶液的电导率 κ，那么，怎样由该 κ 值给出衡量电解质本征导电能力的参数呢？

电解质溶液是依靠溶液中电解质的阳离子和阴离子定向共同迁移电荷而导电的。因此，电解质溶液的导电能力必然与溶液中阴、阳两种离子的密度，即电解质溶液的浓度有关，如图 10.2.2 所示。

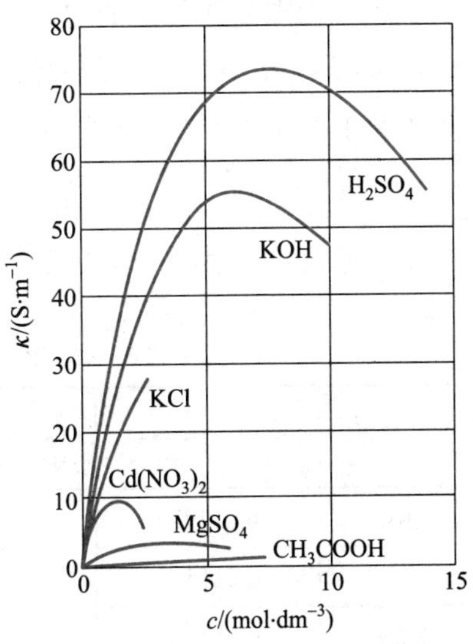

图 10.2.2 一些电解质的电导率与浓度的关系

要比较电解质本身的本征导电能力，就应该在比较电解质溶液导电能力时，将电解质的浓度调至同一水平。显然，比较电解质的**摩尔电导率** Λ_m $\left(\Lambda_m=\frac{\kappa}{c}\right)$ 是一个不错的办法。不过，如图 10.2.2 所示，随电解质溶液浓度的逐渐增大，其电导率 κ 呈现先增大后减小的“火山形”变化。这说明在溶液中存在的阴、阳离子之间的静电引力束缚，不利于电解质溶液导电。因此，更能科学地衡量电解质的本征导电能力的参数，应该是在上述离子之间的束缚不存在的条件下的摩尔电导率 Λ_m。当然，要做到这一点，就得要求溶液中阴、阳离子的距离无限远，即溶液无限稀释。那么，怎么才能得到无限稀释条件下的摩尔电导率数据呢？

科尔劳施（Kohlrausch F，德国物理学家）发现，在浓度较低时，对于强电解质而言，其 Λ_m 与其浓度的平方根 $\sqrt{c}$ 之间有近线性的关系（如图 10.2.3 所示）。将该线性关系 $\Lambda_m-\sqrt{c}$ 外推至 $c=0$，相应截距刚好就是要得到的 Λ_m^∞（**电解质在无限稀释条件下的摩尔电导率，或称电解质的无限稀薄摩尔电导率**）。

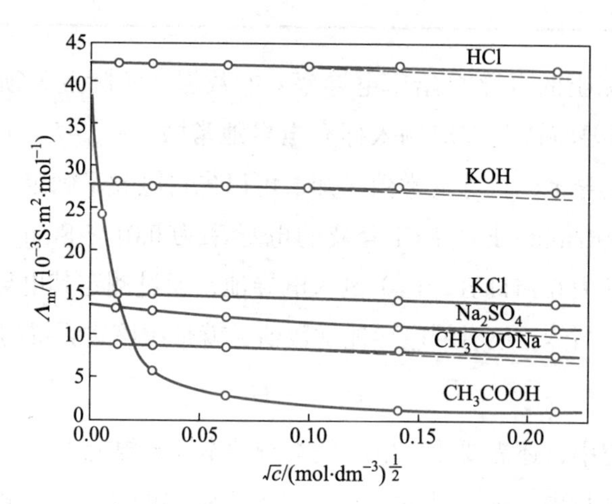

图 10.2.3　几种电解质在水溶液中的摩尔电导率随浓度的变化情况

对于弱电解质而言，则未发现其 Λ_m 与浓度之间存在线性关系。那么，如何获取弱电解质的 Λ_m^∞ 呢？科尔劳施认为，既然电解质溶液的导电是由其阴、阳离子分担的，且在无限稀薄的溶液中，每一种离子的运动不受其他共存离子的影响。那么，任何电解质 $M_{\nu+}A_{\nu-}$，在无限稀薄溶液中的 Λ_m^∞ 就应该是其在溶液中解离出的阴、阳离子摩尔电导率（$\Lambda_{m,-}^\infty$ 与 $\Lambda_{m,+}^\infty$）的计权加和。即

$$\Lambda_m^\infty=\nu_+\Lambda_{m,+}^\infty+\nu_-\Lambda_{m,-}^\infty \tag{10.2-3}$$

对于上述认知，他通过表 10.2.3 所列数据得到了确证。

表 10.2.3　25℃时一些强电解质的无限稀薄摩尔电导率 Λ_m^∞

电解质	$\frac{\Lambda_m^\infty}{S\cdot m^2\cdot mol^{-1}}$	$\frac{\Delta\Lambda_m^\infty}{10^{-4}S\cdot m^2\cdot mol^{-1}}$	电解质	$\frac{\Lambda_m^\infty}{S\cdot m^2\cdot mol^{-1}}$	$\frac{\Delta\Lambda_m^\infty}{10^{-4}S\cdot m^2\cdot mol^{-1}}$
KCl	0.014986	34.8	HCl	0.042616	4.86
LiCl	0.011503		HNO_3	0.042130	
$KClO_4$	0.014004	34.1	KCl	0.014986	4.90
$LiClO_4$	0.010598		KNO_3	0.014496	
KNO_3	0.01450	34.9	LiCl	0.011503	4.93
$LiNO_3$	0.01101		$LiNO_3$	0.011010	

式 (10.2−3) 的正确性已不言而喻，被称为**科尔劳施离子独立迁移定律**。

例 10.2.1 已知强电解质盐酸、乙酸钠、氯化钠的无限稀薄摩尔电导率，求相同温度下弱电解质 CH_3COOH 的无限稀薄摩尔电导率。

解：

$$\begin{aligned}\Lambda_m^\infty(CH_3COOH) &= \Lambda_m^\infty(H^+) + \Lambda_m^\infty(CH_3COO^-)\\ &= [\Lambda_m^\infty(H^+) + \Lambda_m^\infty(Cl^-)] + [\Lambda_m^\infty(Na^+) + \Lambda_m^\infty(CH_3COO^-)] - [\Lambda_m^\infty(Cl^-) + \Lambda_m^\infty(Na^+)]\\ &= \Lambda_m^\infty(HCl) + \Lambda_m^\infty(CH_3COONa) - \Lambda_m^\infty(NaCl)\end{aligned}$$

（2）无限稀释时离子的电迁移率

在外电场作用下，溶液中离子的定向运动称为**离子的电迁移**。离子的电迁移(速)率不仅与离子本性（包括离子半径、所带电荷）及溶剂性质（如黏度等）有关，还受电解质的浓度、温度及电场强度等影响。

表 10.2.4 列出了在 25 ℃时无限稀释水溶液中一些离子的电迁移率 u^∞。对于该 u^∞，H^+ 表现为其他阳离子的 5～9 倍；OH^- 表现为其他阴离子的 2～5 倍。为什么这两种离子表现出如此“与众不同”的现象？它们在外加电场的作用下迁移的速率真的更快吗？

表 10.2.4　25 ℃时无限稀释水溶液中一些离子的电迁移率

阳离子	$\frac{u^\infty}{10^{-8}\,m^2\cdot V^{-1}\cdot s^{-1}}$	阴离子	$\frac{u^\infty}{10^{-8}\,m^2\cdot V^{-1}\cdot s^{-1}}$
H^+	36.25	OH^-	20.52
Li^+	4.01	F^-	5.74
Na^+	5.19	Cl^-	7.91
K^+	7.62	Br^-	8.09
NH_4^+	7.61	NO_3^-	7.40
Ag^+	6.42	SO_4^{2-}	8.27
Ba^{2+}	6.59	CO_3^{2-}	7.18
La^{3+}	7.21	CH_3COO^-	4.24

有学者提出，H^+ 和 OH^- 这两种离子，在水溶液和在醇溶液中之所以有特别高的电迁移率，关键在于它们是借助两电极间溶剂分子形成的氢键通路传导电荷的，把电荷“扔”过去，而不是像其他离子那样带着电荷“跑”过去，如图 10.2.4 所示。

在电解质溶液中，阴、阳离子因其电迁移率不同，所带电荷不同，传递的电荷量也不相同。将一种离子所运载的电荷量与通过溶液的总电荷量之比称为**离子的迁移数**（t_B）。若溶液中阴、阳离子不止一种，则溶液中任一离子 B 的迁移数可表示为

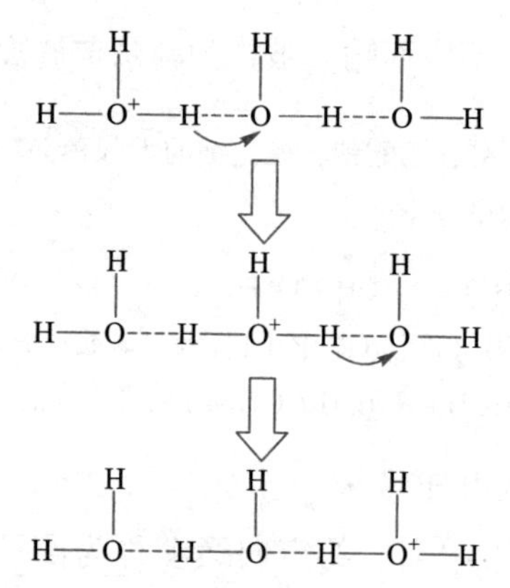

图 10.2.4　水溶液中 H^+（或 OH^-）在氢键通路上的交换传输机理

$$t_B = \frac{I_B}{I} = \frac{q_B}{q} = \frac{u_B^\infty}{\sum_B u_B^\infty}$$

（3）电解质的活度和离子的平均活度

在前面学习非电解质的实际溶液时已知，因其热力学性质与理想稀溶液有偏差，便用**活度**来代替浓度，从而较方便地解决了实际溶液的有关热力学计算。

在原电池和电解池中，电解质溶液通常都具有较高浓度，由于阴、阳离子间存在的静电作用力，使电解质溶液的导电能力显著低于理论值，因此，对于电解质溶液，也需引入活度这一概念来代替浓度。

电解质由于在溶液中实际以阴、阳离子存在，在外电场中阴、阳离子共同分担导电任务，因此只能将其导电能力低于理论值的情况与阴、阳离子的“平均”活度因子相关联。于是，路易斯（Lewis）提出了电解质**离子的平均活度** $a_\pm$ 和**离子的平均活度因子** $\gamma_\pm$ 的概念。

对于化学式为 $M_{\nu+}A_{\nu-}$ 的电解质，若其阴、阳离子的平均质量摩尔浓度为 $b_\pm = \left(b_+^{\nu+} b_-^{\nu-}\right)^{1/\nu}$，式中 $\nu = \nu_+ + \nu_-$；则离子的平均活度和平均活度因子可以表示为 $a_\pm = a_B^{1/\nu} = \gamma_\pm \dfrac{b_\pm}{b^\ominus} = \gamma_\pm \dfrac{(b_+^{\nu+} b_-^{\nu-})^{1/\nu}}{b^\ominus}$，式中 $b^\ominus = 1\ \text{mol} \cdot \text{kg}^{-1}$。

例如，对于质量摩尔浓度为 b 的 HCl 和 $ZnSO_4$，有 $a_\pm = a_B^{1/2} = \gamma_\pm b/b^\ominus$；对于质量摩尔浓度为 b 的 $FeCl_3$，则有 $a_\pm = a_B^{1/4} = \gamma_\pm 27^{1/4} b/b^\ominus$。

路易斯提出，可以用**离子强度** I 的大小来衡量离子在电解质溶液中受束缚的程度。离子强度定义为，溶液中各离子所带电荷数的平方与其质量摩尔浓度之积的和。

$$I = \frac{1}{2} \sum b_B z_B^2$$

式中，z_B 为溶液中阴、阳离子 B 所带的电荷数。显然，I 与离子 B 质量摩尔浓度的单位一致，均为 $mol \cdot kg^{-1}$。电解质溶液的离子强度越大，则阴、阳离子在相应溶液中受束缚的程度就越大，溶液中离子的平均活度因子就越低。

这一概念对电解质溶液导电理论的发展起到了非常重要的推动作用。不过，随着现代电解质溶液电导测定技术的不断发展，平均活度因子已很容易通过电解质溶液电导的测定准确给出，因而由其引出的定量研究已逐渐失去其原有的重要意义。

10.3 电化学热力学

原电池是利用电极上自发的反应把化学能转变为电能的装置。电能是一种非体积功，这在 9.1 节中已有讨论。如果一个自发反应在等温、等压条件下的原电池中可逆地进行，那么式（2.6-7）就变为 $-\Delta_r G_{T,p}=-W'$。其中 W' 就是电池反应可逆进行时的电功，而"−"代表系统对环境做功。在电化学中，因为系统和环境之间电功的授受关系特别清楚，因而通常将该"−"去掉。即，使用公式 $-\Delta_r G_{T,p}=W'$（可逆）。

根据法拉第定律 $q=z\xi F$，W'（可逆）$=W'_{r,\max}=qE_{MF}$。在等温、等压、可逆条件下，当电池反应进度 ξ 为 1 mol 时，有

$$\Delta_r G_m = -zFE_{MF} \tag{10.3-1}$$

式中，E_{MF} 为**可逆电池的电动势**。

1. 由电化学途径给出 $\Delta_r G_m^\ominus$

如果电池中所有反应参与物的活度均为 1，即都处于标准态，则相应电池称为**标准电池**。将式 (10.3-1) 应用于标准电池，就是

$$\Delta_r G_m^\ominus = -zFE_{MF}^\ominus \tag{10.3-2}$$

其中 $\Delta_r G_m^\ominus$就是当反应在标准电池中进行时，由式（3.6-2）定义的反应的标准摩尔吉布斯函数变，而 $E_{MF}^\ominus$为**可逆电池的标准电动势**。

由式（10.3-2）可以看出，只要使电池的所有反应参与物均处于标准态，并且能在电池可逆的条件下测得这个电池的 $E_{MF}^\ominus$，那么这个反应的 $\Delta_r G_m^\ominus$就可以直接计算得到了。显然，这是一条不依赖反应参与物的基础热力学数据（如反应参与物的标准摩尔熵、标准摩尔生成焓等）而直接由电化学测定得到 $\Delta_r G_m^\ominus$的新途径。它构成了本节电化学热力学的基础。

2. 由电化学途径给出 $K^\ominus$、$\Delta_r S_m$ 及 $\Delta_r H_m$

将式（3.6-8）$\Delta_r G_m^\ominus(T)=-RT\ln K^\ominus(T)$ 和式 (10.3-2) 关联，有

$$\ln K^{\ominus}(T)=\frac{zFE_{\mathrm{MF}}^{\ominus}}{RT} \tag{10.3-3}$$

因此，只要电池的所有反应参与物均处于标准态，借助可逆电池反应的 $E_{\mathrm{MF}}^{\ominus}$ 数据，就可以直接得到相应反应的标准平衡常数 $K^{\ominus}$了。在此需要说明的是，该 $E_{\mathrm{MF}}^{\ominus}$ 既可以由处于标准态的反应参与物在电池中进行可逆反应时测定得到，又可以由数据表中查得的两个相应标准电极电势求差（$E_{\mathrm{MF}}^{\ominus}=E_{+}^{\ominus}-E_{-}^{\ominus}$）得到，这已在无机化学课程中学习过。

例 10.3.1 利用已有标准电极电势（查附表 6）求算化学反应 $H_2+2FeCl_3 = 2FeCl_2+2HCl$ 在 298.15 K 下的标准平衡常数 $K^{\ominus}$（298.15 K）。

解： 由附表 6 查得 $E^{\ominus}(\mathrm{Pt}|\mathrm{Fe^{3+},Fe^{2+}})=0.770\ \mathrm{V}$，而 $E^{\ominus}[\mathrm{Pt}|\mathrm{H_2(g)}|\mathrm{H^+}]=0.000\ \mathrm{V}$，所以 $E_{\mathrm{MF}}^{\ominus}=0.770\ \mathrm{V}$。

阳极反应：$H_2(g)-2e^- \longrightarrow 2H^+$

阴极反应：$2Fe^{3+}+2e^- \longrightarrow 2Fe^{2+}$

电池反应：$2Fe^{3+}+H_2(g) \xrightarrow{z=2} 2Fe^{2+}+2H^+$

由 $\ln K^{\ominus}(T)=\dfrac{zFE_{\mathrm{MF}}^{\ominus}}{RT}$，则

$$\ln K^{\ominus}(298.15\mathrm{K})=\frac{2\times 96485\times 0.770}{8.314\times 298.15}=59.94$$

$$K^{\ominus}(298.15\mathrm{K})=1.08\times 10^{26}$$

由热力学基本方程 $\mathrm{d}G=-S\mathrm{d}T+V\mathrm{d}p$ 或 $\left(\dfrac{\partial G}{\partial T}\right)_p=-S$，有 $\left(\dfrac{\partial G_{\mathrm{m}}}{\partial T}\right)_p=-S_{\mathrm{m}}$ 及 $\left(\dfrac{\partial \Delta_{\mathrm{r}}G_{\mathrm{m}}}{\partial T}\right)_p=-\Delta_{\mathrm{r}}S_{\mathrm{m}}$，将式 (10.3-2) 代入得

$$\Delta_{\mathrm{r}}S_{\mathrm{m}}=zF\left(\frac{\partial E_{\mathrm{MF}}}{\partial T}\right)_p \tag{10.3-4}$$

式中，$\left(\dfrac{\partial E_{\mathrm{MF}}}{\partial T}\right)_p$ 称为**原电池电动势的温度系数**。它表示等压条件下原电池电动势随温度的变化率。要得到原电池电动势的温度系数数据，其实极为简单，只要测定同一电池在多个温度下的电动势 $E_{\mathrm{MF}}(T)$，然后将这些 $E_{\mathrm{MF}}(T)$ 数据相对于 T 作图，直线的斜率（或曲线上的切线）就是$\left(\dfrac{\partial E_{\mathrm{MF}}}{\partial T}\right)_p$。

有了电池反应的 $\Delta_{\mathrm{r}}S_{\mathrm{m}}$，$\Delta_{\mathrm{r}}H_{\mathrm{m}}$ 就可以直接由下式得到了：

$$\Delta_{\mathrm{r}}H_{\mathrm{m}}=\Delta_{\mathrm{r}}G_{\mathrm{m}}+T\Delta_{\mathrm{r}}S_{\mathrm{m}}$$

例 10.3.2 已知电池 Pt | H_2 (101.325 kPa) | HCl (0.1 mol·kg^{-1}) | Hg_2Cl_2 (s) | Hg (l) 在 25 ℃时电动势 $E_{MF}=0.3724$ V，电动势的温度系数为 $1.52\times10^{-4}\,\text{V}\cdot\text{K}^{-1}$。

（1）求该温度下反应的 $\Delta_r G_m$、$\Delta_r S_m$ 和 $\Delta_r H_m$。

（2）说明当电池反应进行 1 mol 时，最多能为环境提供的电功。

（3）说明电池反应以较大的电流强度进行 1 mol 时，不能给出最大电功的原因。

（4）说明电池反应以较大的电流强度进行 1 mol 时，过程放热与电流强度的关系及其变化范围。

解：（1）负极（氧化）反应：H_2 (101.325 kPa) $\quad$ $2H^+$ (0.1 mol·kg^{-1}) + $2e^-$

正极（还原）反应：Hg_2Cl_2 (s) + $2e^-$ $\quad$ 2Hg (l) + $2Cl^-$(0.1 mol·kg^{-1})

电池反应：$H_2(101.325\text{kPa})+Hg_2Cl_2(s)\longrightarrow 2Hg(l)+2HCl(0.1\,\text{mol}\cdot\text{kg}^{-1})$

对于该电池反应

$$\Delta_r G_m=-zFE_{MF}=-2\times96485\,\text{C}\cdot\text{mol}^{-1}\times0.3724\text{V}=-71.86\ \text{kJ}\cdot\text{mol}^{-1}$$

因 $\left(\dfrac{\partial E_{MF}}{\partial T}\right)_p=1.52\times10^{-4}\,\text{V}\cdot\text{K}^{-1}$，则

$$\Delta_r S_m=zF\left(\frac{\partial E_{MF}}{\partial T}\right)_p=2\times96485\,\text{C}\cdot\text{mol}^{-1}\times(1.52\times10^{-4}\,\text{V}\cdot\text{K}^{-1})=29.33\ \text{J}\cdot\text{K}^{-1}\cdot\text{mol}^{-1}$$

$$\Delta_r H_m=\Delta_r G_m+T\Delta_r S_m=(-71.86+298.15\times29.33\times10^{-3})\ \text{kJ}\cdot\text{mol}^{-1}=-63.12\ \text{kJ}\cdot\text{mol}^{-1}$$

（2）当电池反应进行 1 mol 时，最多能为环境提供的电功：

$$W'_{max}=-qE_{MF}=\Delta_r G_m=-71.86\ \text{kJ}\cdot\text{mol}^{-1}$$

（3）电池以较大的电流强度进行时，其输出电压 V 低于 E_{MF} ($V<E_{MF}$)。而当电池反应进行 1 mol 时，输出的电荷量 q 不变，因此给出的电功 $W'=-qV$ 较小。

（4）当电池反应可逆地进行（$I\to0$）1 mol 时，可逆放热 $Q_r=T\Delta_r S_m$。当电池反应以较大的电流强度进行 1 mol 时，过程放热为 Q，$Q>Q_r$；电流强度越大，电池反应过程放出的热量 $|Q|$ 就越多，且 $|Q_r|<|Q|<|Q_p|$（其中 $Q_p=\Delta_r H_m$，即等温、等压条件下正常反应的反应热）。

例 10.3.3 求证：当电池反应在等温、等压条件下不可逆地进行时，所放出的热量 $|Q|>|Q_r|$。

证明（1）：当电池反应可逆地进行时，环境和电池构成的隔离系统 $\Delta S_{隔离}=0$，因此环境得到的热有 $\dfrac{Q_{环}}{T}+\dfrac{Q_r}{T}>0$，即 $Q_{环}+Q_r>0$，$Q_{环}>-Q_r$。由于 Q_r 为负值，所以有 $|Q|>|Q_r|$。

证明（2）：只要电池反应进度一定，则 ΔU 一定。在等温、等压条件下，电池反应的体积功的大小也是确定的。但是，反应不可逆地进行时电功 $|W'|=qV$ 较小，则过程的 $|Q|$ 较大。

3. 电池反应的能斯特方程

一个反应，在确定的反应温度下，有

$$\Delta_r G_m=\Delta_r G_m^{\ominus}+RT\ln\prod_B(a_B)^{\nu_B}\qquad\text{（范托夫等温方程）}$$

将式（10.3−1）和式（10.3−2）代入上式，整理得

$$E_{MF}=E_{MF}^{\ominus}-\frac{RT}{zF}\ln\prod_{B}(a_B)^{\nu_B} \qquad (10.3\text{-}5)$$

该式称为**电池反应的能斯特（Nernst）方程**，它给出了可逆电池的电动势与各电池反应参与物活度之间的定量关系。式中，z 为电池反应发生 1 mol 进度时所传导电荷的物质的量；a_B 代表任一反应参与物 B 的活度。活度的取值规定为，对于纯液体或纯固体，活度 $a_B=1$；对于理想气体，$a_B=\frac{p_B}{p^{\ominus}}$；对于电解液中的电解质，$a_B=a_+^{\nu+}a_-^{\nu-}=a_\pm^{\nu}=\left(\gamma_\pm\frac{b_\pm}{b^{\ominus}}\right)^{\nu}=\gamma_\pm^{\nu}\frac{b_+^{\nu+}b_-^{\nu-}}{(b^{\ominus})^{\nu}}$。

显然，对于一个电池反应，若除了电解质的平均活度因子外，其他条件均为已知，那么，就可以通过测定电池的电动势，借助电池反应的能斯特方程，给出电解质的活度及平均活度因子。

例 10.3.4 在 298.15 K 下测得电池 Pt | H_2 ($p^{\ominus}$) | HCl (b=0.1 mol·kg^{-1}) | Cl_2($p^{\ominus}$) | Pt 的电动势为 1.488 V，求 HCl 水溶液中 HCl 的活度和离子平均活度因子。

解：负极（氧化）反应：$H_2(p^{\ominus})\longrightarrow 2H^+(a_{H^+})+2e^-$

正极（还原）反应：$Cl_2(p^{\ominus})+2e^-\longrightarrow 2Cl^-(a_{Cl^-})$

电池反应：$H_2(p^{\ominus})+Cl_2(p^{\ominus})=\!=\!=2H^+(a_{H^+})+2Cl^-(a_{Cl^-})$

由电池反应的能斯特方程有 $a_{H_2}=p_{H_2}/p^{\ominus}=1$，$a_{Cl_2}=p_{Cl_2}/p^{\ominus}=1$，则

$$E_{MF}=E_{MF}^{\ominus}-\frac{RT}{2F}\ln(a_{H^+}a_{Cl^-})^2$$

式中，$E_{MF}^{\ominus}=E^{\ominus}[Cl^-|Cl_2(g)|Pt]-E^{\ominus}(H^+|H_2|Pt)$。

由附表 6 查得，$E^{\ominus}[Cl^-|Cl_2(g)|Pt]=1.358$ V，$E^{\ominus}(H^+|H_2|Pt)=0$ V，则 $E_{MF}^{\ominus}=1.358$ V。

将 $T=298.15$ K, $E_{MF}=1.488$ V 代入能斯特方程，可解出

$$a_{HCl}=a_{H^+}a_{Cl^-}=6.34\times10^{-3}$$

由 $a_{H^+}a_{Cl^-}=a_\pm^2=\gamma_\pm^2(b/b^{\ominus})^2$ 解得

$$\gamma_\pm=\frac{(a_{H^+}a_{Cl^-})^{1/2}}{b/b^{\ominus}}=\frac{(6.34\times10^{-3})^{1/2}}{0.1/1.0}=0.796$$

由以上讨论可知，若要通过电化学的办法获得一个反应的上述热力学数据，只要设计这个反应在一个电池中进行，在电池可逆的条件下测得这个电池在不同温度的 E_{MF}（或 $E_{MF}^{\ominus}$），就可以依据公式求算相应的热力学数据了。

下面讨论如何在电池可逆的条件下通过实验测定电池的 E_{MF}（或 $E_{MF}^{\ominus}$）。

4. 电池电动势的测定

（1）电池过程可逆的三个条件

① 电极、电池反应可逆

例如，铜-锌电池［见图 10.3.1(a) 和图 10.3.1(c)］为负极 Zn 棒插在 $ZnSO_4$ 溶液中，正极 Cu 棒插在 $CuSO_4$ 溶液中构成的**双液电池**。该电池放电时发生的电极反应及电池反应为

负极 (Zn 极) 反应：$Zn(s) \longrightarrow Zn^{2+}(a_{Zn^{2+}})+2e^-$

正极 (Cu极) 反应：$Cu^{2+}(a_{Cu^{2+}})+2e^- \longrightarrow Cu(s)$

电池反应：$Zn(s)+Cu^{2+}(a_{Cu^{2+}}) \longrightarrow Zn^{2+}(a_{Zn^{2+}})+Cu(s)$

该电池充电时发生的反应为

阴极 (Zn 极) 反应：$Zn^{2+}(a_{Zn^{2+}})+2e^- \longrightarrow Zn(s)$

阳极 (Cu极) 反应：$Cu(s) \longrightarrow Cu^{2+}(a_{Cu^{2+}})+2e^-$

电池反应：$Zn^{2+}(a_{Zn^{2+}})+Cu(s) \longrightarrow Zn(s)+Cu^{2+}(a_{Cu^{2+}})$

由上可见，铜-锌电池在放电和充电时，相应电极反应和电池反应都刚好互为可逆。

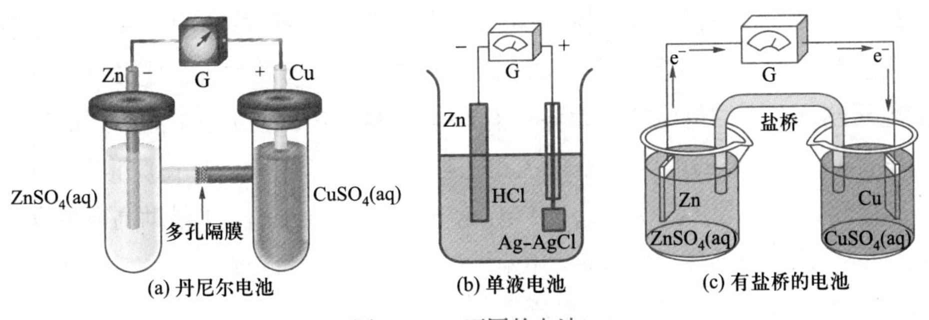

图 10.3.1　不同的电池

图 10.3.1(b) 所示电池，在充电和放电时实际发生的电极反应和电池反应就不是可逆的。

放电时，负极反应：$Zn(s) \longrightarrow Zn^{2+}(a_{Zn^{2+}})+2e^-$

正极反应：$2AgCl(s)+2e^- \longrightarrow 2Ag(s)+2Cl^-(a_{Cl^-})$

电池反应：$Zn(s)+2AgCl(s) \longrightarrow Zn^{2+}(a_{Zn^{2+}})+2Ag(s)+2Cl^-(a_{Cl^-})$

充电时，阴极反应：$2H^+(a_{H^+})+2e^- \longrightarrow H_2(p)$

阳极反应：$2Ag(s)+2Cl^-(a_{Cl^-}) \longrightarrow 2AgCl(s)+2e^-$

电池反应：$2H^+(a_{H^+})+2Ag(s)+2Cl^-(a_{Cl^-}) \longrightarrow H_2(p)+2AgCl(s)$

其实，只要有一个电极反应不可逆，电池反应就必然是不可逆的。

② 用盐桥消除两种溶液间的接界电势

在图 10.3.1(a) 所示的丹尼尔电池中，为避免 $ZnSO_4$ 溶液和 $CuSO_4$ 溶液的混合，两个溶液是用素烧陶瓷分隔开的。通过素烧陶瓷中的微孔，两溶液可接触，存在离

A10-3 液体接界电势的产生与消除

子传输的接界电势。因此，在图 10.3.1(a) 所示的丹尼尔电池中，仍然无法实现电池过程的可逆进行。

在图 10.3.1(c) 所示的电池中，将一个充满 KCl（或 NH_4NO_3）溶液琼脂凝胶的 U 形玻璃管倒置，其两臂分别插在 $ZnSO_4$ 溶液和 $CuSO_4$ 溶液中，构成**盐桥**。在盐桥中 KCl 溶液浓度很高，且 K^+、Cl^- 导电能力相近（见表 10.2.4 电迁移率），这样，液体间的接界电势基本上消除了。

③ 电流强度无限小（$I \to 0$）

无论放电或充电，通过电池的电流强度必须无限小，这样才能使电池中进行的过程在宏观上处于停止或进行得极其缓慢的状态。在图 10.3.1 给出的 3 个电池中，只有图 10.3.1(c) 所示的电池在电流强度趋于 0 的条件下，能准确地测得其电动势。

（2）E_{MF} 测定的实现

E_{MF} 的测定是用对消法实现的（如图 10.3.2 所示）。所谓对消法，就是通过观察高电阻直流电位差计的指针是否偏转，调节滑动电阻 X 的位置，使 IR（$A-X$）给出的电压刚好和所测电池的电动势对消，电路 $AX-G-E_{MF}-A$ 中检测不到电流通过时，IR（$A-X$）给出的电压值就是待测电池的电动势（用 E_{MF} 表示）。断开 $AX-G-E_{MF}-A$ 电路，再接通 $AX-G-E_{标准}-A$ 电路，用标准电池（$E_{标准}$）借助高电阻直流电位差计的指针是否偏转，调节滑动电阻 N 的位置。通过比较 $A-N$ 和 $A-X$ 的长度，计算得出上述 IR（$A-X$）给出的电压值。

这样，不仅在对消测定时电池的电流强度趋于 0，而且由于高电阻直流电位差计的电阻是由大到小地调节的，因此在调节时瞬间通过待测电池的电流强度也非常小。

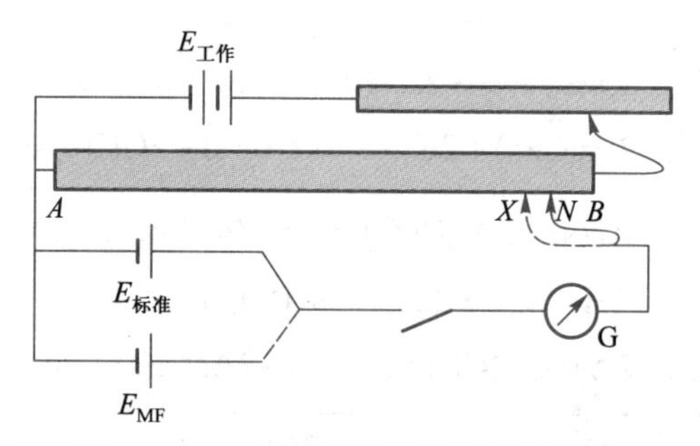

图 10.3.2　对消法测定原电池的电动势

5. 电池的设计

要用测定电动势的方法，给出尽可能多的化学反应热力学数据，必然要求能够设计在电池中进行的化学反应，即设计电池。电池是由两个电极和电解液构成的。

为了达到上述目标，就必须首先掌握那些已经成功用于科学研究的电极及其结构。

（1）常用的可逆电极

一个可逆电极的设计，最重要的两点是电极反应的可逆性和电极上电子的导出。

第Ⅰ类电极：单质–离子电极

金属电极是将金属片直接插入含有该金属离子的溶液中构成的。例如，锌电极 $Zn^{2+}(a) \mid Zn(s)$、铜电极 $Cu^{2+}(a) \mid Cu(s)$ 等。对于很活泼的金属，通常制备成汞齐电极。例如，将钠溶解在液态汞中，制成不同浓度的钠汞齐电极 $Na^{+}(a) \mid Na(Hg)$。$Na^{+}(a) \mid Na(Hg)$ 中 Na 的活度 a_m 随 Na(s) 在 Hg(l) 中的浓度而变化。钠汞齐电极上的还原反应为

$$Na^{+}(a) + Hg(l) + e^{-} \longrightarrow Na(Hg)\ (a_m)$$

气体电极是利用气体吸附在金属铂片上，插入与气体对应的溶液中实现的。例如：

氢电极 $H^{+}(a) \mid H_2(p) \mid Pt$：$2H^{+}(a)+2e^{-} \longrightarrow H_2(p)$

$OH^{-}(a) \mid H_2(p) \mid Pt$：$2H_2O + 2e^{-} \longrightarrow H_2(p) + 2OH^{-}(a)$

氧电极 $OH^{-}(a) \mid O_2(p) \mid Pt$：$O_2(p) + 2H_2O + 4e^{-} \longrightarrow 4OH^{-}(a)$

$H^{+}(a) \mid O_2(p) \mid Pt$：$O_2(p) + 4H^{+}(a) + 4e^{-} \longrightarrow 2H_2O$

氯电极 $Cl^{-}(a) \mid Cl_2(p) \mid Pt$：$Cl_2(p) + 2e^{-} \longrightarrow 2Cl^{-}(a)$

其中最重要的是氢电极和氧电极。这是因为，它们无论在酸性溶液（通常以稀硫酸作为电解质）还是在碱性溶液（通常以 KOH 作为电解质）中，对于 H^{+} 和 OH^{-} 都是可逆的。图 10.3.3 给出了**标准氢电极**的示意图。该氢电极是将金属铂片上镀一层疏松铂颗粒（称为铂黑）后，浸入 H^{+} 的活度为 1 的溶液中，不断通入标准压强（$p^{\ominus}$）下的纯氢气流而制成的。被铂黑所吸附的氢可失去电子变成 H^{+} 进入溶液，溶液中的 H^{+} 也可在铂黑上取得电子变成氢被吸附。这样，无论在金属铂片上氢的上述哪种倾向较大，金属铂片都能将多出的电子传出或缺少的电子传入。因此，金属铂片实质是起到了“能传输电子的氢片”的作用。

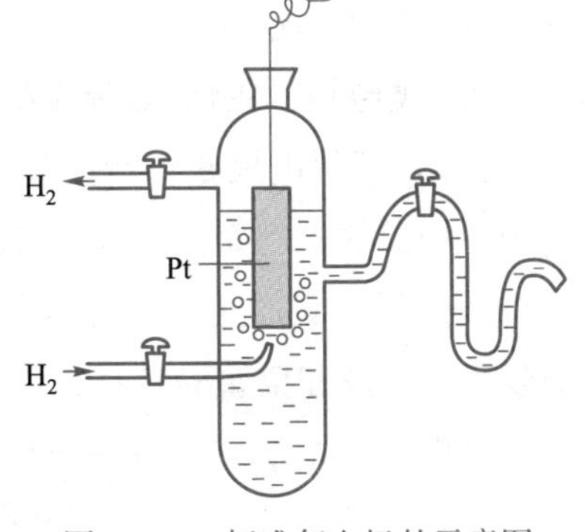

图 10.3.3　标准氢电极的示意图

第Ⅱ类电极：金属–难溶盐和金属–氧化物电极

金属–难溶盐电极是在金属表面覆盖一薄层该金属的难溶盐，再插入该难溶盐负离子的溶液中构成的电极，其特点是电极对难溶盐的负离子可逆。最常用的该类

电极有银-氯化银电极 Ag(s) | AgCl(s) | $Cl^-(a)$ 和甘汞电极 Hg(l) | Hg_2Cl_2(s) | $Cl^-(a)$。

甘汞电极上的还原反应为

$$Hg_2Cl_2(s) + 2e^- \longrightarrow 2Hg(l) + 2Cl^-(a)$$

该电极由于制作方便、电势稳定，常被用作参比电极，其构造如图 10.3.4 所示。按照电解质溶液 KCl 中 $Cl^-(a)$ 活度的不同，甘汞电极有 0.1 mol·L^{-1}、1.0 mol·L^{-1} 和饱和甘汞电极三种类型。

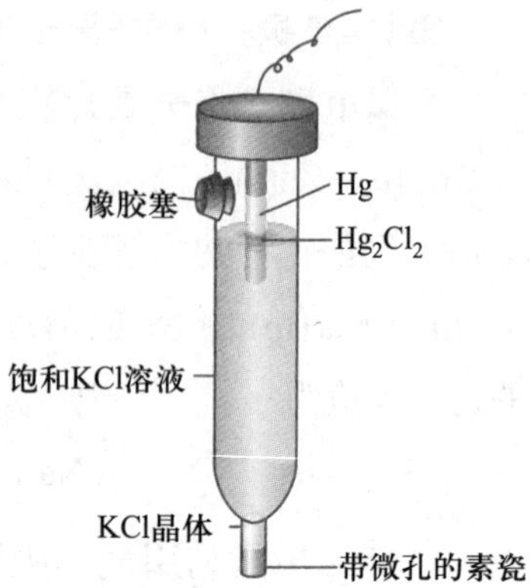

橡胶塞
Hg
Hg_2Cl_2
饱和KCl溶液
KCl晶体
带微孔的素瓷

图 10.3.4　饱和甘汞电极的示意图

金属-氧化物电极是在金属表面覆盖一薄层该金属的难溶氧化物，然后浸入含有 H^+ 或 OH^- 的溶液中构成的电极。例如，银-氧化银电极 Ag(s)|Ag_2O(s)|$OH^-(a)$、汞-氧化汞电极 Hg(l)|HgO(s)|$OH^-(a)$ 等。此类电极对 H^+ 和 OH^- 均可逆，例如：

在碱性溶液中，Hg(l)|HgO(s)|$OH^-(a)$ 的电极反应为

$$HgO(s) + H_2O(l) + 2e^- \longrightarrow Hg(l) + 2OH^-(a)$$

在酸性溶液中，Hg(l)|HgO(s)|$H^+(a)$ 的电极反应为

$$HgO(s) + 2H^+(a) + 2e^- \longrightarrow Hg(l) + H_2O(l)$$

该类电极对于可逆电极的设计非常重要。这是因为有许多负离子（如 SO_4^{2-}、$C_2O_4^{2-}$ 等）没有对应的第Ⅰ类电极，但却可形成对应的第Ⅱ类电极；还有一些负离子（如 Cl^- 等），虽有对应的第Ⅰ类电极，但由于第Ⅱ类电极比较容易制备且使用方便，因而也常被制成第Ⅱ类电极。

第Ⅲ类电极：氧化-还原电极

氧化-还原电极是将惰性金属（如 Pt 片）直接插入含有不同价态的同种离子的溶液中构成的。例如，$Fe^{3+}(a_1)$, $Fe^{2+}(a_2)$|Pt；$Sn^{4+}(a_1)$, $Sn^{2+}(a_2)$|Pt；醌氢醌电极等。其中金属极板只起输送电子的作用，参加电极反应的物质都在溶液中，氧化-还原反应发生在溶液和金属的界面处。

电极 $Fe^{3+}(a_1)$, $Fe^{2+}(a_2)$|Pt 的还原反应为

$$Fe^{3+}(a_1) + e^- \longrightarrow Fe^{2+}(a_2)$$

（2）电池表示式

电池表示式的写法如下：

① 负极写在左边，正极写在右边。

② 一般应注明其 T、p(如不写明，一般指 25 ℃和标准压强)、物态和组成（离

子或电解质溶液应标明活度，气体应标明压强，纯液体或纯固体应标明相态如 g、l、s 等）。如不进行任何定量计算，具体物质的活度和压强数据可以不写。

③ 用单垂线“|”表示不同物相间的界面，用双垂线“‖”表示盐桥。

④ 按顺序从左到右依次排列各个相的物质、组成（a 或 p）及相态，须反映电池内各界面的真实顺序。

例如，图 10.3.1(a) 所示的丹尼尔电池就是 $Zn(s)|ZnSO_4(aq)|CuSO_4(aq)|Cu(s)$，图 10.3.1(b) 所示的单液电池就是 $Zn(s)|HCl(aq)|AgCl(aq)|Ag(s)$，图 10.3.1(c) 所示的有盐桥的电池就是 $Zn(s)|ZnSO_4(aq)\parallel CuSO_4(aq)|Cu(s)$。

（3）电池的设计方法

设计原电池时，首先应考虑氧化反应生成的电子如何导出，还原反应所需要的电子如何导入；已有可逆电极是否可以直接应用；若电池不得不用双液，则应使用盐桥。然后，按照下述原电池表述的国际规则写出：①右极发生还原反应，左极发生氧化反应；②原电池的电动势等于右极的电势减去左极的电势。

下面通过例题进一步说明要使化学反应在可逆电池中进行，相应的可逆电池的设计思路。

例 10.3.5 将下列各化学反应设计成可逆电池，写出电池表示式。

（1）$Zn(s)+H_2SO_4(aq) = H_2(p)+ZnSO_4(aq)$

（2）$Pb(s)+H_2SO_4(aq) = H_2(p)+PbSO_4(s)$

（3）$Ag^+(a_1)+Cl^-(a_2) = AgCl(s)$

（4）$H_2(p_{H_2})+\frac{1}{2}O_2(p_{O_2}) = H_2O(l)$

解：（1）负极为 $Zn(s)|ZnSO_4(aq)$，正极为氢电极 $H^+(a)|H_2(p)|Pt$。由于两电解质溶液所需的正离子不同，所以设计成双液电池，并用盐桥连接两溶液：

$$Zn(s)|ZnSO_4(aq)\parallel H_2SO_4(aq)|H_2(p)|Pt$$

（2）该反应中发生氧化作用的是 Pb(s)，产物是难溶盐 $PbSO_4(s)$，故负极为 $Pb(s)|PbSO_4(s)|SO_4^{2-}(aq)$；正极为氢电极 $H^+(a)|H_2(p)|Pt$。由于 H^+ 和 SO_4^{2-} 可以在同一溶液中共存，因此采用 H_2SO_4 单液电池：

$$Pb(s)|PbSO_4(s)|H_2SO_4(aq)|H_2(p)|Pt$$

（3）因该反应缺少金属电极以传导电子，故在反应式两侧同时加 Ag(s), 则负极为 $Ag(s)|AgCl(s)|Cl^-(a_2)$，正极为 $Ag^+(a_1)|Ag(s)$：

$$Ag(s)|AgCl(s)|Cl^-(a_2)\parallel Ag^+(a_1)|Ag(s)$$

（4）因该反应缺少金属电极以传导电子，故在反应式两侧同时加 Pt(s)。考虑到氢、氧气体电极均对 H^+ 或 OH^- 可逆，所以既可以采用酸性电解质也可以采用碱性电解质：

$$Pt|H_2(p_{H_2})|H^+(aq)|O_2(p_{O_2})|Pt$$

或

$$Pt|H_2(p_{H_2})|OH^-(aq)|O_2(p_{O_2})|Pt$$

例 10.3.6 通过设计可逆电池，求 25℃时 AgBr(s) 的活度积 $K_{sp}^{\ominus}$。

解：AgBr(s) 的溶解反应为 $AgBr(s) \rightleftharpoons Ag^+(a_{Ag^+}) + Br^-(a_{Br^-})$。

设计电池为 $Ag(s) \mid Ag^+(a_{Ag^+}) \| Br^-(a_{Br^-}) \mid AgBr(s) \mid Ag(s)$

$$\text{负极反应：} Ag(s) \longrightarrow Ag^+(a_{Ag^+}) + e^-$$

$$\text{正极反应：} AgBr(s) + e^- \longrightarrow Ag(s) + Br^-(a_{Br^-})$$

$$\text{电池反应：} AgBr(s) \longrightarrow Ag^+(a_{Ag^+}) + Br^-(a_{Br^-})$$

查附表 6 知 $E^{\ominus}(Br^- \mid AgBr \mid Ag) = 0.0711\ V$，$E^{\ominus}(Ag^+ \mid Ag) = 0.7994\ V$，所以

$$E_{MF}^{\ominus} = E^{\ominus}(Br^- \mid AgBr \mid Ag) - E^{\ominus}(Ag^+ \mid Ag) = -0.7283\ V$$

$$\ln K_{sp}^{\ominus}(298.15K) = -\frac{-zFE_{MF}^{\ominus}}{RT} = \frac{1\times 96485\times(-0.7283)}{8.314\times 298.15} = -28.35$$

$$K_{sp}^{\ominus}(298.15K) = 4.87\times 10^{-13}$$

思考题 10.3.1

如何通过设计可逆电池，求水在 25 ℃下的离子积？

6. 浓差电池

例 10.3.7 已知电池 $Pt \mid H_2(g, 100\ kPa) \mid HCl$ 溶液 $(a) \mid H_2(g, 50.0\ kPa) \mid Pt$，完成下列各题。

（1）写出电极反应和电池反应；

（2）求该电池在 298.15 K 时的电动势；

（3）求 1 F 电荷量通过该电池时，反应的 $\Delta_r G$，$\Delta_r H$，$\Delta_r S$；

（4）求该电池的温度系数；

（5）若上述电荷量以电流强度无限趋于 0 的方式通过电池，求过程的热效应 Q。

解：（1）负极反应：$H_2\left(g, p^{\ominus}\right) \longrightarrow 2H^+(a) + 2e^-$

正极反应：$2H^+(a) + 2e^- \longrightarrow H_2\left(g, \frac{1}{2}p^{\ominus}\right)$

电池反应：$H_2\left(g, p^{\ominus}\right) \longrightarrow H_2\left(g, \frac{1}{2}p^{\ominus}\right)$

（2）由电池反应的能斯特方程得

$$E_{MF} = E_{MF}^{\ominus} - \frac{RT}{zF}\ln\frac{\frac{1}{2}p^{\ominus}}{p^{\ominus}} = \left(0 - \frac{8.314\times 298.15}{2\times 96485}\ln\frac{1}{2}\right)V = 8.90\times 10^{-3}\ V$$

（3）$\Delta_r G = n\Delta_r G_m = -nzFE_{MF}$，因 $z = 2$，则 $n = 1/2$ 时电池反应流过 $1F$ 的电荷量。

$$\Delta_r G = -nzFE_{MF} = (-1\times 96485\times 8.90\times 10^{-3})\ J = -859\ J$$

$$\Delta_r H = n\Delta_r H_m = 0 \text{（电池总反应相当于理想气体等温扩散过程）}$$

$$\Delta_r S = \frac{\Delta_r H - \Delta_r G}{T} = \left(\frac{0+859}{298.15}\right)\ J\cdot K^{-1} = 2.88\ J\cdot K^{-1}$$

（4）$\left(\frac{\partial E_{\mathrm{MF}}}{\partial T}\right)_p=\frac{\Delta_r S_m}{zF}=\frac{\Delta_r S}{nzF}=\left(\frac{2.88}{1\times 96485}\right)\ \mathrm{V\cdot K^{-1}}=2.98\times 10^{-5}\ \mathrm{V\cdot K^{-1}}$

（5）由于电池过程在可逆的条件下进行，因此 $Q=Q_r$，则

$$Q=Q_r=T\Delta_r S=(298.15\times 2.88)\mathrm{J}=859\ \mathrm{J}$$

当电池过程为化学变化时，相应电池称为**化学电池**。若电池过程表现为物质从高浓度向低浓度的转移，则相应电池称为**浓差电池**。

典型的浓差电池有两类：一类是**电极浓差电池**，另一类是**电解质浓差电池**。前者在同一溶液中插入相同电极材料，但电极物质浓度（如气体的分压、汞齐的浓度等）不同；后者的两个电极相同而电解质溶液浓度不同。例如：

电极浓差电池（单液浓差电池）：

$\mathrm{Pt}\,|\,\mathrm{H_2}(p_1)\,|\,\mathrm{HCl}(a)\,|\,\mathrm{H_2}(p_2)\,|\,\mathrm{Pt}$　　（$p_1>p_2$）

负极反应：$\mathrm{H_2}(p_1)\longrightarrow 2\mathrm{H^+}(a)+2\mathrm{e^-}$

正极反应：$2\mathrm{H^+}(a)+2\mathrm{e^-}\longrightarrow \mathrm{H_2}(p_2)$

电池反应：$\mathrm{H_2}(p_1)\longrightarrow \mathrm{H_2}(p_2)$

电解质浓差电池（双液浓差电池）：

$\mathrm{Pt}\,|\,\mathrm{H_2}(p)\,|\,\mathrm{HCl}(a)\,\|\,\mathrm{HCl}(a')\,|\,\mathrm{H_2}(p)\,|\,\mathrm{Pt}$　　（$a'>a$）

负极反应：$\mathrm{H_2}(p)\longrightarrow 2\mathrm{H^+}(a)+2\mathrm{e^-}$

正极反应：$2\mathrm{H^+}(a')+2\mathrm{e^-}\longrightarrow \mathrm{H_2}(p)$

电池反应：$\mathrm{H^+}(a)\longrightarrow \mathrm{H^+}(a')$

对于确定的电池过程，不论其过程的实质是化学反应过程还是物理扩散过程，依据电池反应的能斯特方程［式（10.3-5）］，电池的电动势都与电极上气体的分压、电解液中确定离子的浓度直接相关。也就是说，通过相应电池给出的电动势数据，人们就直接得到了电极上气体的分压或电解液中相应离子的浓度信息。这样的化学传感器可以成为人们所希望的“在远程处”“在不可及环境中”和“在黑箱里”随时对生产过程和环境进行监控的“眼睛”。

如果让相应原电池给出的电动势信号成为控制系统的触发开关，那么相应生产过程和环境管控就可以实现自动化了。21 世纪生产发展的主要动力在于自动化和通过网络而实现的远程控制。可以认为，借助原电池原理得到的化学传感器，就是其中的关键部件。

A10-4
浓差电池的利用

当然，另一方面，无论自发的化学反应过程，还是自发的物理扩散过程，只要自发趋势足够大，都可以借助电池装置利用其自发驱动力为环境做出电功，成为 21 世纪生产发展的新能源。

10.4 化学电源

化学电源，就是以获取实用电能为目标，将化学能转变为电能的电池。依据反应物在电池中的利用形式，可将化学电源分为一次电池、二次电池和连续电池。

一次电池是指反应物在电池中进行一次电化学反应放电之后全部被消耗，不能再次使用的电池。例如，锌-锰干电池、锌-空气电池、锂-锰电池等。

二次电池又称蓄电池。该类电池内的电池反应在放电和充电时刚好逆向进行。这样，反应物在该类电池中反应放电后可通过充电而得到复原，从而可重复循环使用。因此，这类电池得名为二次电池。例如，铅酸蓄电池、镍氢电池、锂离子电池等。

连续电池又称燃料电池。这类电池与一次电池的不同之处是，其反应物不断从电池外部流入而电池反应产物不断地流出，因此可以连续地放电工作。

化学电源的电动势，指的是未经任何放电的“原”电池的两电极之间的开路电压。在理论上说，化学电源在电路中电流强度无限趋于 0 的条件下，能够把电池反应的吉布斯函数变以 100% 的转化效率变成电能。但是，它们在工作条件下要使电路中有一定的电流强度通过，其化学能-电能转化效率却一般仅为 70%～90%。也就是说，所给出的电能仅是电流强度无限趋于 0 时的 70%～90%。

根据法拉第定律可知，在理论上当发生同量的确定电池反应时，流过电池的电荷量一定。那么，由此可以推论，化学电源在工作条件下给出的电能之所以低于电流强度无限趋于 0 时可给出的电能，一定是在输出一定电流强度时，其两极间的实际电压低于原电池的电动势所致。

电路中的电流强度越大，电池的能量转化效率就越低。由这一事实，还可以进一步推论，化学电源输出的电流强度越大，其两极间的电压就越低。实际的化学电源果真如此吗？那么，为什么会这样？对这些问题的准确认知属于电化学的理论基础，更是设计开发新型高转化效率化学电源所必需的。

1. 电动势产生的机理

因原电池不同，其电动势产生的机理也大不相同。为简便起见，原电池电动势产生的机理就以两个金属-离子电极构成的双液电池为例进行讨论。

金属 M 是由多个 M 原子、多个 M^{z+} 及多个电子构成的（金属键的定义），它总表现为电中性。当把金属 M 极板插入含有该金属离子 M^{z+} 的电解质溶液中时，一方面金属 M 表面上的 M^{z+} 可被电解质溶液中的水分子水化进入溶液，把电子留在极板上使极板出现额外电子带负电荷；另一方面电解质溶液中的 M^{z+} 也可在极板表面取得电子变为 M 原子沉积到极板上，使极板带额外正电荷。在极板插入电解质溶液时主要发生上述哪一过程，则取决于相应金属离子水化能与金属晶格能的相对大小。

必须注意的是，如果金属不是很活泼，当相应金属极板插入上述溶液中时，无论开始时在宏观上表现为金属原子变为其离子溶入溶液，还是溶液中的离子变为相应原子沉积到极板上，相应过程都不能持续地进行下去，而表现为瞬间终止。这是因为，随极板上电子或金属离子的逐渐增多，极板上的电子与 M^{z+} 之间静电作用就变得越来越强而使得相应的宏观过程被抑制，最终达到如下所示双向微观过程的动态平衡：

$$M(s) \rightleftharpoons M^{z+} + ze^-$$

当达到上述平衡后，金属极板上带额外的电子还是额外的正电荷，带多少额外的电子或多少额外的正电荷，取决于金属的种类和溶液中 M^{z+} 的浓度（当然，还与其他因素，如温度有关）。

例如，将 Zn 电极插入 $ZnSO_4$ 溶液中时，由于 Zn 电极上较多的 Zn^{2+} 水化进入溶液，使 Zn 电极上带有额外的电子（负电荷）。当将 Cu 电极插入 $CuSO_4$ 溶液中时，则由于溶液有较多的 Cu^{2+} 在 Cu 电极取得电子使 Cu 电极上带有额外的 Cu^{2+}（正电荷）。这样，Zn 电极的电势低于其本体溶液，而 Cu 电极的电势却高于其本体溶液（如图 10.4.1 所示）。

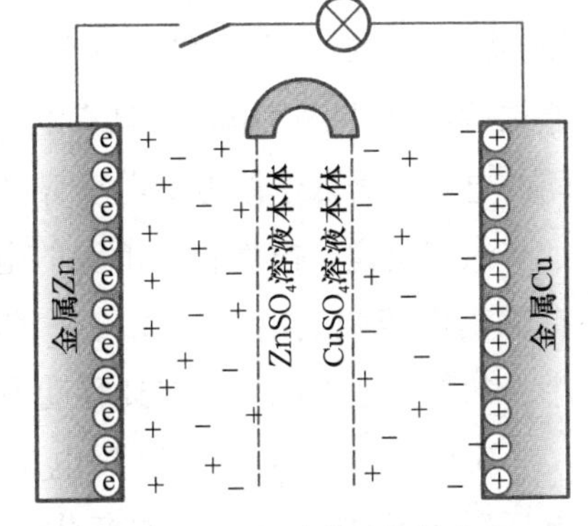

图 10.4.1　电池电动势的产生

当两个电极都处于其溶解-沉积微观过程的动态平衡（相当于电路处于开路状态）时，两个电极之间的电势差（即开路电压）就是该电池的电动势 E_{MF}。

对于该原电池的电动势 E_{MF}，还可以用从一个电极出发，沿原电池的内电路，累加电荷通路上各个界面的电势升高（或降低）的办法计算。下面以该原电池为例进行说明。

A10-5 有液体接界和固体接界时原电池电动势的构成

正电荷从 Zn 电极在电池内部传导到 Cu 电极所经过的界面和相应电势变化的情况如下：

Zn 电极到 $ZnSO_4$ 溶液本体的固 / 液接界电势（差）：电势升高 A

$ZnSO_4$ 溶液本体到 $CuSO_4$ 溶液本体：等电势（盐桥连接）

$CuSO_4$ 溶液到 Cu 电极的液 / 固接界电势（差）：电势升高 B

那么，该原电池的电动势 $E_{MF} = A + B$。

A10-6
热电偶工作原理

讨论题 10.4.1

在电池内部，离子运动的驱动力是什么？一次电池在电池内部是怎么实现这个驱动力的？

2. 化学电源的输出电压

下面再来分析合上图 10.4.1 所示电池的电键，让电路中有电流通过时的情况。

在外电路中，电子由 Zn 电极流向 Cu 电极。在电解液中，由 Zn 电极溶解下来在 Zn 电极附近变浓的 Zn^{2+} 自发移向 $ZnSO_4$ 溶液本体；在另一个半电池中，Cu 电极附近因 Cu^{2+} 不断沉积而出现 Cu^{2+} 匮乏，远处的 Cu^{2+} 自发移向 Cu 电极，SO_4^{2-} 移向盐桥。在盐桥中阴、阳两种离子以相反方向通过，在电池内部构成电流通路。可以设想，随着电流强度的增大，Zn 电极上的电子在外电路移到了 Cu 电极，而在 Zn 电极上溶解下来的 Zn^{2+} 却因不能快速自发移走而聚集在 Zn 电极附近，这势必阻止 Zn 的继续快速溶解，造成 Zn 电极上已减小的额外电子密度不能及时得到补充，使 Zn 电极的电势升高。在另一侧，Cu 电极则因其附近的 Cu^{2+} 不能得到及时补充，不能维持电路开路时电极所具有的额外正电荷密度而降低电势。这样，就使得两电极间的电压显著低于原电池电动势。

这就是说，虽然化学电源的电动势的大小取决于其电池反应的热力学，但其在有输出电流强度的工作条件下的输出电压的大小，却与电池内部离子的迁移动力学直接相关。

实际上，当化学电源放电工作时，其输出电压随电路中电流强度的变化正是如此（如图 10.4.2 所示）。电路中的电流强度越大，电池内离子传输不畅所导致的两电极附近离子的分布就越偏离电路开路的平衡状态，两电极上的超电势就越大，两电极间的电势差（电压）就变得越低。

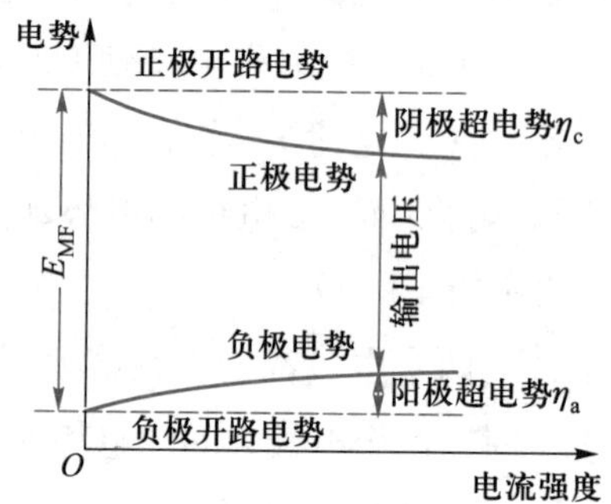

图 10.4.2 化学电源输出电压随输出电流强度的变化

当化学电源输出一定的电流强度时，其电极电势偏离平衡电极电势（电路开路时电极电势）的现象，称为电极的极化。电极的极化所导致的电极电势偏离值，称为**电极的超电势**。电极的超电势一般用 η 表示。η_c 表示阴极（cathode）超电势，而 η_a 表示阳极（anode）超电势。在电化学研究中，不同化学电源所用的极板面积大不相同，为了更准确地描述**电极的极化**情况，通常用电流密度 J 代替电流强度 I，给出化学电源输出电压随电流密度的变化情况。所谓电流密度，就是在化学电源的内电路中，单位极板面积所承载的电流强度 I/A_s。

由以上讨论可知，一个化学电源，其实用性并不能用其 E_{MF} 的大小来衡量。

重要的是，它能否在较高的电流强度 I 下给出较高的电压 V，即给出较大的功率（IV）。更重要的是，它在较大的功率下可运行较长的时间 t，即输出较多的电能（IVt）。当然，电池的体积还要越小越好。在电池研究开发领域，将上述因素合并，用**功率密度**（即单位体积电池的输出电功率，单位为 $W\cdot dm^{-3}$）及**能量密度**（即单位体积电池可输出的电能，单位为 $W\cdot h\cdot dm^{-3}$）来衡量电池性能的优劣。

显然，对于一个化学电源而言，要提高其功率密度，就必须有效克服离子在电池内迁移的阻碍，提高电解质的电导率，从而减小超电势。此外，还要优化其结构，增大界面面积，从而减小体积。当然，要提高其能量密度，电池反应的化学能释放量（ΔG）大，也是必要的前提。

例 10.4.1 写出下述实用化学电源放电时的电极反应和电池反应。

（1）锌-锰干电池 $Zn(s) \mid ZnCl_2,\ NH_4Cl$（糊状）$\mid MnO_2(s) \mid C$（石墨）

（2）铅酸蓄电池 $Pb(s) \mid PbSO_4(s) \mid H_2SO_4(aq) \mid PbSO_4(s) \mid PbO_2(s)$

（3）银-锌蓄电池 $Zn(s) \mid ZnO(s) \mid KOH\ (w_B=0.40) \mid Ag_2O(s) \mid Ag(s)$

（4）镍氢蓄电池 $MH(s) \mid OH^-(aq) \mid Ni(OH)_2(s)+NiOOH(s)$ ［注：MH (s) 为稀土储氢合金］

（5）碱性氢氧燃料电池 $Pt \mid H_2$(g, 常压)$\mid OH^-$（浓）$\mid O_2$(g, 常压)$\mid Pt$

（6）质子交换膜燃料电池 $Pt \mid H_2(g, 0.2MPa) \mid H^+(a=1) \mid O_2(g, 0.3MPa) \mid Pt$

解：（1）负极反应：$Zn(s)-2e^- + 2Cl^-$（糊中）$+ 2NH_3\cdot H_2O$（糊中）$\longrightarrow Zn(NH_3)_2Cl_2(s) + 2H_2O$

正极反应：$2MnO_2(s) + 2e^- + 2NH_4^+$（糊中）$+ 2H_2O \longrightarrow 2MnOOH(s) + 2NH_3\cdot H_2O$（糊中）

电池反应：$Zn(s)+2MnO_2(s)+2NH_4Cl$(糊中) $=\!=\!= Zn(NH_3)_2Cl_2(s)+2MnOOH(s)$

A10-7
碱性锌-锰干电池

（2）负极反应：$Pb(s)-2e^- + SO_4^{2-} \longrightarrow PbSO_4(s)$

正极反应：$PbO_2(s) + 2e^- + 4H^+ + SO_4^{2-} \longrightarrow PbSO_4(s) + 2H_2O(l)$

电池反应：$Pb(s) + PbO_2(s)+2H_2SO_4(aq) =\!=\!= 2PbSO_4(s)+2H_2O(l)$

（3）负极反应：$Zn(s)-2e^- + 2OH^- \longrightarrow Zn(OH)_2(s)$

正极反应：$Ag_2O(s) + 2e^- + H_2O(l) \longrightarrow 2Ag(s) + 2OH^-$

电池反应：$Zn(s)+Ag_2O(s)+H_2O(l) =\!=\!= 2Ag(s)+Zn(OH)_2(s)$

（4）负极反应：$MH(s)-e^- + OH^- \longrightarrow M(s) + H_2O(l)$

正极反应：$NiOOH(s) + e^- + H_2O(l) \longrightarrow Ni(OH)_2(s) + OH^-$

电池反应：$MH(s)+NiOOH(s) =\!=\!= M(s)+Ni(OH)_2(s)$

（5）负极反应：$2H_2$(g, 常压)$-4e^- + 4OH^-$（浓）$\longrightarrow 4H_2O(l)$

正极反应：O_2(g, 常压)$+ 4e^- + 2H_2O(l) \longrightarrow 4OH^-$（浓）

电池反应：$2H_2$(g,常压)$+O_2$(g,常压)$=\!=\!= 2H_2O(l)$

A10-8
质子交换膜燃料电池

（6）负极反应：$2H_2(g, 0.2MPa)-4e^- \longrightarrow 4H^+(a=1)$

正极反应：$O_2(g, 0.3MPa) + 4e^- + 4H^+(a=1) \longrightarrow 2H_2O(l)$

电池反应：$2H_2(g, 0.2MPa) + O_2(g, 0.3MPa) =\!=\!= 2H_2O(l)$

A10-9
固体氧化物燃料电池

燃料电池所依据的原理虽然比较简单，但是如何实现电极反应所涉及离子在两电极之间的快速传输，往往成为其开发应用的技术瓶颈。

10.5 电解

电解质溶液或熔融电解质在直流电的作用下发生化学反应的过程称为**电解**。电解的实质是通过向电池系统输入电能，将其转变为化学反应产物的化学能，实现所希望的非自发反应。当然，有时电解也用于加速自发反应，快速制备一些具有特殊性能的材料。

1. 外电压与电流密度的关系

除一些极特殊的情况（例如，铜的电解精制）外，电解过程加在电解池上的外电压 V 与电解池电流密度 J 之间，通常表现为图 10.5.1 所示的关系。

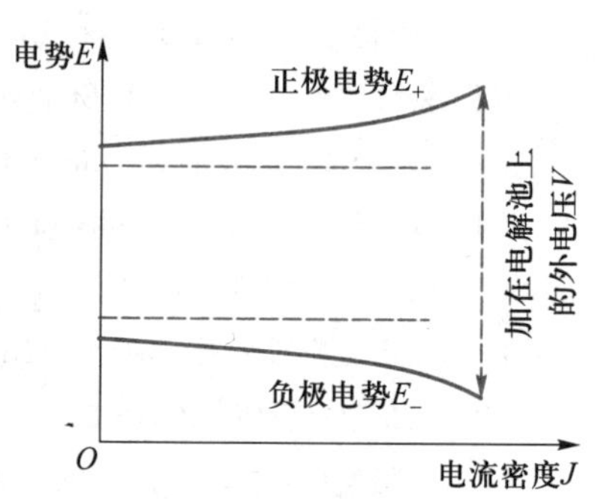

图 10.5.1　加在电解池上的外电压 V 和电解池电流密度 J 的关系

为了解析上述关系，在 25 ℃、大气压下分别精细测定了以 1.0 mol·dm^{-3} KOH 溶液和 0.50 mol·dm^{-3} H_2SO_4 溶液为电解液电解水时，电路中电流强度随电解池上外加电压的变化曲线。图 10.5.2 给出了实验室电解池装置的照片，所采用的电极为 Pt 光滑圆片 (φ=15 mm)，两极间距 60 mm。图 10.5.3 给出了两种电解液中水的电解曲线测定结果。

图 10.5.2　实验室电解池装置的照片

当使用 1.0 mol·dm^{-3} KOH 溶液为电解液时，在外电压升至 1.0～1.8 V 时，未观察到电流强度随外电压增大而增大的现象及电解反应气泡的产生。当外电压达到 2.0 V 时，开始看到有极微小的气泡产生并附着于两极片上，同时，电流强度在 0 A

和 0.01 A 之间闪烁，并最终又稳定于 0 A 点。当外电压调至 2.2 V 时，电流强度再次闪烁于 0 A 和 0.01 A 之间，但已开始不断有微小气泡从两极片上连续溢出。此后进一步增大外电压时，所测电流强度随之近线性增加［如图 10.5.3(b) 所示］。当外电压达到 20 V 后，大气泡激烈地从两极片上溢出，同时电流强度的增加开始变缓［如图 10.5.3(a) 所示］。

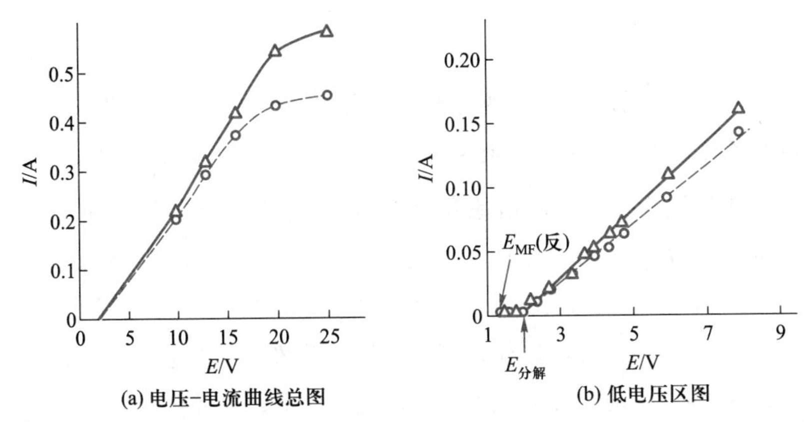

1.0 mol · dm^{-3} KOH 溶液为电解液（虚线）；0.5mol · dm^{-3} H_2SO_4 溶液为电解液（实线）

图 10.5.3 两种电解液中水的电解曲线

当使用 0.50 mol · dm^{-3} H_2SO_4 溶液进行电解时，除曲线的斜率有所不同外，其他所观测到的现象完全相同。

下面，就由上述电解水所观测到的现象，对电解池电流密度和外电压之间通常表现为图 10.5.1 所示曲线的原因进行解析。

（1）反电动势

当逐渐升高外电压，使阴极的电势逐渐下降、阳极的电势逐渐上升时，若电解液为 1.0 mol · dm^{-3} KOH 溶液，则在阴、阳两极上和电解池中将发生下列反应：

$$\text{阴极(连外电源的负极)反应：} 2H_2O + 2e^- \longrightarrow H_2 + 2OH^-$$

$$\text{阳极(连外电源的正极)反应：} 2OH^- \longrightarrow \frac{1}{2}O_2 + H_2O + 2e^-$$

$$\text{电解池反应：} H_2O \longrightarrow H_2 + \frac{1}{2}O_2$$

电解产物 H_2 和 O_2 构成的原电池：

$$Pt \mid H_2 \mid OH^-(H_2O) \mid O_2 \mid Pt$$

刚好其电动势要驱动的电流方向与外电压相反，如图 10.5.4 所示。因此，将电解池中形成原电池所产生的电动势称为**反电动势**。

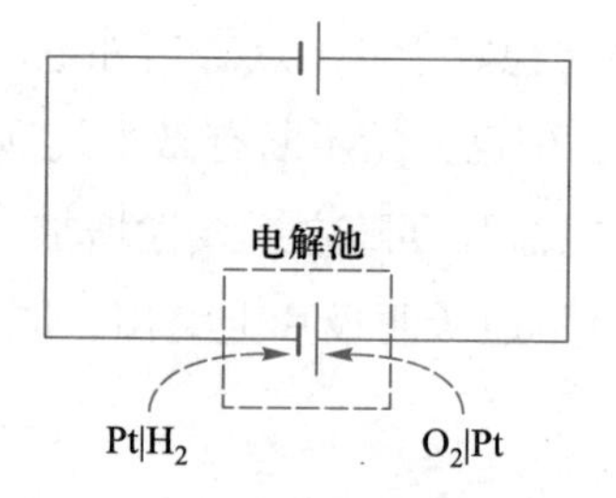

图 10.5.4 电解池中原电池的反电动势

电解池内 OH^- 的活度可近似视为 1。由于电解池中两个 Pt 电极插入 KOH 溶液较浅，KOH 溶液处于常压下，因此可将两个 Pt 电极上生成的 H_2 和 O_2 微小气泡中 H_2 和 O_2 的分压均视为 $p^{\ominus}$，则电解池内所形成的原电池的反电动势为

$$E_{\text{MF,反}} \approx E^{\ominus}_{\text{MF,反}} = E^{\ominus}\left[\text{OH}^- \mid \text{O}_2(\text{g}) \mid \text{Pt}\right] - E^{\ominus}\left[\text{OH}^- \mid \text{H}_2(\text{g}) \mid \text{Pt}\right]$$
$$= 0.4009\text{V} - (-0.8277\text{V}) = 1.229\ \text{V}$$

假如只要进一步调大外电压使之超过该反电动势，水的电解就开始发生，那么电解池中的电流强度就应该在外电压达到反电动势后，开始随外电压的进一步增大而从 0A 开始增大，两电极上的气泡也应该在外电压达到反电动势时开始形成。但是，如前所述，实际上并非如此。那么，到底是什么原因使得两极上 H_2 和 O_2 的析出电势明显偏离了它们的平衡电势呢？

（2）电极反应的平衡电势和活化超电势

当电极上没有电流通过时，电极处于平衡状态，与之相应的电势称为**电极的平衡电势** E_e。E_e 遵守能斯特方程：

$$E_e = E^{\ominus} - \frac{RT}{zF}\ln\frac{a^{\nu_R}_{\text{还原态}}}{a^{\nu_O}_{\text{氧化态}}} \tag{10.5-1}$$

电极反应通常也是分成若干步骤进行的，其中可能有某一步骤对应的反应速率比较缓慢，需要较高的活化能。因此，要使电极从平衡态转向进行电极反应，就必须使外电压从平衡电压（等于上述反电动势）增大，直到电极反应开始进行。此时电极电势偏离平衡电势的值，称为**活化超电势** η。用 η_+ 表示正极（阳极）活化超电势，η_- 表示负极（阴极）活化超电势。

对于前述电解水时，只有当外电压 V 达到 2.2 V，显著高于反电动势 1.229 V 时，两电极上才开始有气泡持续冒出这一现象，就是阴、阳两极都存在活化超电势之故。阴、阳两极活化超电势之和，就是两电极反应开始进行时所需外电压与反电动势的差。

当以较大的电流密度电解时，电极反应除了有活化超电势之外，还有其他原因形成的超电势。例如，由离子扩散的迟缓性造成的超电势，由电极表面气泡阻隔离子放电造成的超电势等。前者是指，放电离子在溶液中向电极迁移的速率赶不上其在电极表面上的放电速率，导致放电离子的密度在电极附近低于本体溶液而造成的浓差极化超电势；后者是指，由于电极上气泡形成量过大，造成放电离子难以接近电极所造成的超电势。在图 10.5.5 中，两电极随电流密度的增加，电极的电势越来越远离平衡电势的现象，主要是浓差极化超电势不断增大的原因，而在电流密度较大处所出现的电极电势大幅度弯曲的现象，则主要是气泡阻隔离子放电造成的超电势变严重所致。

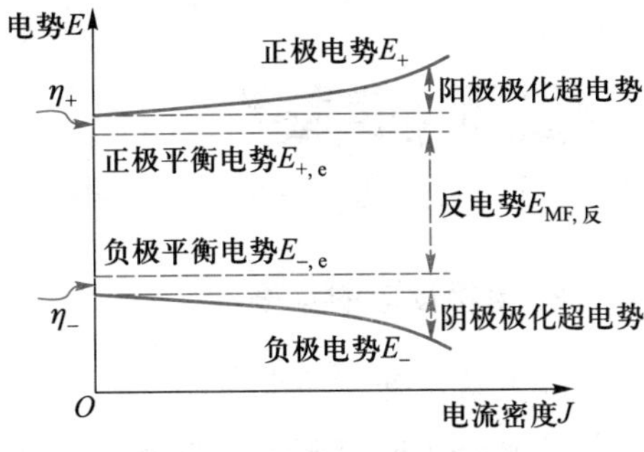

图 10.5.5　电极反应的活化超电势

影响超电势的因素很多，如电极材料、电极表面状态、电流密度、温度、电解质的性质和组成、溶液中的杂质等。这些将在电化学专业课中进行深入学习。

（3）分解电压

电解时在两电极上显著析出电解产物所需要的最小外加电压，称为**分解电压** $V_{分解}$。显而易见，分解电压与反电动势、活化超电势之间有如下关系：

$$V_{分解}=E_{MF,反}+\eta_++\eta_- \tag{10.5-2}$$

该式表明，无论阳极活化超电势 η_+，还是阴极活化超电势 η_-，其作用都是阻碍相应的离子在电极上的放电。

例 10.5.1 在 298.15 K、常压下，在隔膜电解槽中以石墨为阳极，铁网为阴极，电解浓度为 $1.0\ mol\cdot kg^{-1}$ 的 NaCl 水溶液（注：使用隔膜的目的在于避免产生的 H_2 和 Cl_2 混合）。已知，在石墨阳极上由于 $O_2(g)$ 的超电势很大，实际析出的是 $Cl_2(g)$；当电流密度为 $0.10\ A\cdot cm^{-2}$ 时，氢在铁网上的超电势为 0.61 V，$\eta(Cl_2,石墨)=0.20\ V$，$E^{\ominus}(Cl_2|Cl^-)=1.358\ V$。令 Cl^{-1} 的活度近似为 1，常压近似为标准压强，计算在该电流密度下进行电解时所需要的分解电压。

解：阴极反应为　$2H^+(a_{H^+}=1)+2e^-\longrightarrow H_2(g,100\ kPa)$

$H_2(g)$ 的实际析出电势为

$$E_c=E_e(H_2)-\eta_{H_2}=E^{\ominus}(H^+|H_2)-\frac{RT}{2F}\ln\frac{p_{H_2}/p^{\ominus}}{a_{H^+}^2}-\eta_{H_2}$$

$E^{\ominus}(H^+|H_2)=0$，电解在常压下进行，p_{H_2} 近似为 $p^{\ominus}$，NaCl 水溶液为中性（$a_{H^+}=10^{-7}$），代入上式得

$$E_c=-\frac{RT}{F}\ln\frac{1}{10^{-7}}-\eta_{H_2}=\left(-\frac{8.314\times298.15}{96485}\ln\frac{1}{10^{-7}}-0.61\right)V=-1.02V$$

阳极反应为　$2Cl^-(a_{Cl^-})\longrightarrow Cl_2(g,p_{Cl_2})+2e^-$

已知$a_{Cl^-}=1.0$，p_{Cl_2}近似为$p^{\ominus}$，$\eta(Cl_2, 石墨) = 0.20\ V$，故Cl_2的析出电势为

$$E_a = E^{\ominus}(Cl_2 | Cl^-) + \eta_{Cl_2} = 1.358\ V + 0.2\ V = 1.558\ V$$

则以电流密度 $0.10\ A \cdot cm^{-2}$ 进行电解时所需电压为

$$V = E_a - E_c = (1.558 + 1.02)\ V = 2.578\ V$$

***思考题 10.5.1**

为什么 $E_c = E_{c,e} - \eta_-$ 而 $E_a = E_{a,e} + \eta_+$?

2. 电极反应的竞争

除电解水外，通常在任一电极上能够放电的都不止一种离子。当外电压 V 从 0 开始逐渐调大时，阳极（正极）电势 E_a 随之逐渐增大，而阴极（负极）电势 E_c 随之逐渐减小。在这种情况下，同一电极上有的离子先发生电极反应放电，有的离子后发生电极反应放电，称为**电极反应的竞争**。

可以认为，在电解液中凡是能给出电子的离子都可能在阳极上放电。当然，就连充当阳极的电极本身也不例外，也同样可能放电而失去电子（如电解精炼铜）。在水溶液中，除了电解质的离子外，总是存在着 H^+ 和 OH^-。所以，在对阳极上离子竞争放电进行排序时，应将 OH^- 是否放电形成 O_2 考虑在内。同理，在对阳极上离子竞争放电进行排序时，也应将 H^+ 是否放电形成 H_2 考虑在内。

电极反应的竞争总是遵循如下规律：

① 当外加电压 V 从 0 开始逐渐调大时，阳极（正极）电势 E_a 随之逐渐增大，而阴极（负极）电势 E_c 随之逐渐减小。所以，阳极电势必然先达到较低的 E_a 使其放电，而阴极电势则是先达到较高的 E_c 使其放电。

② 无论阳极活化超电势 η_+，还是阴极活化超电势 η_-，其作用都是阻碍相应的离子在电极上放电。所以，在计算 E_a 时应该将 $E_{a,e}$ 与 η_+ 相加，而在计算 E_c 时却应该将 $E_{a,c}$ 与 η_- 相减。即 $E_a = E_{a,e} + \eta_+$ 而 $E_c = E_{c,e} - \eta_-$。

有了上述关于电极放电电势与电极平衡电势、活化超电势之间关系的认知，便掌握了电极上竞争反应的排序方法，因此也就获得了实施电解的目的主动权。通过控制电解条件，可使所希望单种离子放电，也可使两种离子同时放电，达到利用电极上离子竞争放电的排序控制外加电压进行电镀，或利用电解实现金属的分离的目的。只要两种金属离子的析出电势 $\Delta E_c \geqslant 0.2\ V$，就可以通过电解沉积的方法使析出电势 E_c 较高的金属离子在阴极上析出，使其在电解液中的浓度降低到 $M^{2+} \leqslant 10^{-7} mol \cdot kg^{-1}$ 而实现分离。

此外，若设法调整电解液中两种金属离子的浓度，使得两金属离子具有相同的

析出电势，则可使两种离子同时在阴极析出而形成金属合金层。

例 10.5.2 在常压、25 ℃下电解用 H_2SO_4 将 pH 调节为 7 的 Ni^{2+} 与 Fe^{2+} 的质量摩尔浓度均为 $0.05\ mol \cdot kg^{-1}$ 的溶液。若氢气在 Ni 阴极上析出的活化超电势为 $\eta_{H_2}=0.6\ V$，而 Ni^{2+} 与 Fe^{2+} 的析出活化超电势可忽略不计，Ni^{2+} 与 Fe^{2+} 的活度因子均为 1，那么当外电压从 0 V 逐渐调大时。

（1）哪种金属首先在阴极上析出？

（2）待第二种金属开始析出时，先析出的金属其离子在溶液中浓度还有多大？

解：（1）阴极上可能进行的反应有

$$Ni^{2+}+2e^- \longrightarrow Ni(s)$$
$$Fe^{2+}+2e^- \longrightarrow Fe(s)$$
$$2H^+ + 2e^- \longrightarrow H_2(g)$$

查附表 6 知，$E^\ominus(Ni^{2+}|Ni)=-0.2363\ V$，$E^\ominus(Fe^{2+}|Fe)=-0.4089\ V$，所以

$$\begin{aligned}\varphi_c(Ni^{2+}|Ni)&=E_e(Ni^{2+}|Ni)\\&=E^\ominus(Ni^{2+}|Ni)-\frac{RT}{2F}\ln\frac{1}{a(Ni^{2+})}\\&=-0.2363\ V-\left(\frac{8.314\times 298.15}{2\times 96485}\ln\frac{1}{0.05}\right)V=-0.275\ V\end{aligned}$$

$$\begin{aligned}\varphi_c(Fe^{2+}|Fe)&=E_e(Fe^{2+}|Fe)\\&=E^\ominus(Fe^{2+}|Fe)-\frac{RT}{2F}\ln\frac{1}{a(Fe^{2+})}\\&=-0.4089\ V-\left(\frac{8.314\times 298.15}{2\times 96485}\ln\frac{1}{0.05}\right)V=-0.447\ V\end{aligned}$$

氢气在阴极上析出的平衡电势为

$$\varphi_{c,e}(H^+|H_2)=E^\ominus(H^+|H_2)-\frac{RT}{2F}\ln\frac{p_{H_2}/p^\ominus}{a_{H^+}^2}$$

$E^\ominus(H^+|H_2)=0$，$p_{H_2}\approx p^\ominus$，水溶液 pH = 7 则 $a_{H^+}=10^{-7}$，代入得

$$\varphi_{c,e}(H^+|H_2)=-\left[\frac{8.314\times 298.15}{2\times 96485}\ln\frac{1}{(10^{-7})^2}\right]V=-0.414\ V$$

则
$$\varphi_c(H^+|H_2)=\varphi_{c,e}(H^+|H_2)-\eta_{H_2}=-1.014\ V$$

因 $\varphi_c(Ni^{2+}|Ni)>\varphi_c(Fe^{2+}|Fe)>\varphi_c(H^+|H_2)$，所以阴极上首先析出的是 Ni，其次是 Fe。

（2）要第二种金属 Fe 开始析出，阴极电势需达到 −0.447 V。那么，Ni^{2+} 的浓度就应降至

$$E^\ominus(Ni^{2+}|Ni)+\frac{RT}{2F}\ln(b_{Ni^{2+}}/b^\ominus)=-0.447\ V$$

即
$$-0.2363+\frac{0.02569}{2}\ln(b_{Ni^{2+}}/b^\ominus)=-0.447\ V$$

解得 $b_{Ni^{2+}}=7.52\times 10^{-8}\ mol\cdot kg^{-1}$。即，当第二种金属 Fe 开始析出时，溶液中 Ni^{2+} 的浓度已降低到 $7.52\times 10^{-8}\ mol\cdot kg^{-1}$。

以上例题还说明，析氢超电势的存在本来是不利的（电解水时要多消耗电能），但从另一角度来看，则可以利用析氢超电势，避免在阴极镀 Zn、Sn、Ni 等金属时析出氢气，使得平衡电极电势 $\varphi_{c,e}$ 小于 0 的金属离子优先在阴极上放电析出。由于氢气不与其同时析出而产生气泡，从而可以保证电镀面的平整和光亮。

在此需要注意的是，气体在电极上的析出超电势，与电极材质及其表面情况密切相关。例如，同样是 Pt 电极，在光亮 Pt 电极上 H_2 的析出超电势很大，但在镀有铂黑的 Pt 电极上，由于电极与电解液之间的界面显著增大，H_2 在电极上开始析出的超电势就变得较小了。

物质的电解制备是借助电极向反应物提供或夺取电子，获得所需产物的方法。与传统的化学合成相比，其优点在于：能够用电极电势控制反应物质；能够用电流密度控制反应速率；能够使氧化反应和还原反应分别进行，有利于生成物的分离；在常温常压的温和条件下即可进行。

目前，以水溶液电解体系大量制取的金属已达 30 多种，如电解精炼制取 Cu、Ni、Co 等；酸性或碱性水溶液电解是高纯度氢气的主要制备方法；用电解饱和食盐水溶液的方法制取氯气和烧碱（氯碱工业）是现代电化学工业中规模最大的部门；对于活泼金属 Al、Mg、Li、Na、K、Ca 等的制备，虽然用水溶液电解难以实现，但熔盐电解法是其唯一可行的工业方法。

10.6 本章概要

1. 电极反应的法拉第定律

当电极反应的反应进度为 ξ 时，通过电极的电荷量总是

$$q = z\xi F$$

因而可以通过电路中的电流强度，计算得知电极反应的速率和电池反应的速率。

2. 离子的电迁移率

H^+ 和 OH^- 分别在阳离子和阴离子中电迁移率最大，故强酸、强碱溶液比盐溶液的导电能力强得多。正因为如此，大功率密度的化学电源，一般使用强酸、强碱为电解液。

3. 科尔劳施离子独立迁移定律

在无限稀释条件下，对于电解质 $M_{\nu+}A_{\nu-}$ 有 $\Lambda_m^\infty = \nu_+\Lambda_{m,+}^\infty + \nu_-\Lambda_{m,-}^\infty$。

4. 离子的平均活度和平均活度因子

对于电解质$M_{\nu+}A_{\nu-}$，有

$$a_B = a_+^{\nu+}a_-^{\nu-} = a_\pm^\nu = \left(\gamma_\pm \frac{b_\pm}{b^\ominus}\right)^\nu = \gamma_\pm^\nu \frac{b_+^{\nu+}b_-^{\nu-}}{(b^\ominus)^\nu} \quad （其中 \nu = \nu_+ + \nu_-）$$

5. 电化学热力学

采用对消法测定可逆电池电动势，可直接得到电池反应的热力学数据：

$$\Delta_r G_m^\ominus = -zFE_{MF}^\ominus = -RT\ln K^\ominus(T)$$

包括反应平衡常数、解离平衡常数、络合平衡常数等各类平衡常数。

$$\Delta_r G_m = -zFE_{MF}$$

$$\Delta_r S_m = zF\left(\frac{\partial E_{MF}}{\partial T}\right)_p$$

式中，$\left(\frac{\partial E_{MF}}{\partial T}\right)_p$为电池的温度系数。

将目标化学过程，设计成可逆电池，是通过原电池电动势的测定而获取上述目标化学过程热力学数据的基础。因此，必须掌握常用的可逆电极及设计可逆电池的方法和技巧。

6. 电池反应的能斯特方程

$$E_{MF} = E_{MF}^\ominus - \frac{RT}{zF}\ln\prod_B (a_B)^{\nu_B} \quad （其中 E_{MF}^\ominus = E_+^\ominus - E_-^\ominus）$$

可求算电解质溶液的离子平均活度因子。

7. 化学电源

一个化学电源，所能一次给出的最大电能为$zFE_{MF} = -\Delta_r G_m$。

但实际上，当化学电源有电流输出时，其输出电压$V < E_{MF}$，给出的电功zFV比$-\Delta_r G_m$小。电极电势偏离电极平衡电势的现象称为电极的极化。电池输出电流强度越大，电极的极化就越严重，则阳极（负极）电势升高、阴极（正极）电势下降的幅度就越大，输出的电压就越小。因此，如何加速电池内离子的传输，从而减小电极的极化，是开发高性能化学电源的关键。

8. 电解

（1）电极反应的竞争规律

当外电压V从0开始逐渐调大时，阳极（正极）电势E_a随之逐渐增大，而阴

极（负极）电势 E_c 随之逐渐减小。所以，阳极电势必然先达到 E_a 较低的放电电势使其放电，而阴极电势则是先达到较高的 E_c 使其放电。

活化超电势的作用是阻碍相应的离子在电极上放电。所以，$E_c=E_{c,e}-\eta_-$ 而 $E_a=E_{a,e}+\eta_+$。

（2）最小分解电压

反电动势 $E_{MF,反}=E_{a,e}-E_{c,e}$。要给出分解电压，应首先确定当外电压从 0 开始逐渐调大时，阴、阳两极上离子竞争放电的顺序。阴、阳两极上最先放电电动势的差值，就是发生电解反应所需的最小电压。

$$V_{分解}=E_a-E_c=E_{MF,反}+\eta_++\eta_-$$

习题

D10-1

氨基甲酸铵热分解平衡常数的测定（1）

D10-2

氨基甲酸铵热分解平衡常数的测定（2）

D10-3

二组分气－液平衡相图的绘制

1. 以纯银片为阴极，以含有少量 Cu、Ni 的粗银板为阳极，以 $AgNO_3$ 溶液为电解液，通以电流强度为 0.20 A 的电流 30 min，求纯银片上应析出的纯 Ag 质量。

2. 在 25 ℃下，当在一电导池中充以 $0.01\ mol\cdot dm^{-3}$ HCl 溶液时，测得电导为 1.95×10^{-2} S，而在同一温度下当该电导池中充以 $0.01\ mol\cdot dm^{-3}$ KCl 溶液时，测得电导为 6.67×10^{-3} S。已知在该温度下 $0.01\ mol\cdot dm^{-3}$ KCl 水溶液的电导率为 $0.1411\ S\cdot m^{-1}$，计算：

（1）该电导池的电导池常数；

（2）$0.01\ mol\cdot dm^{-3}$ HCl 溶液的电导率和摩尔电导率。

3. 已知 $Ba(OH)_2$ 溶液、$BaCl_2$ 溶液、NH_4Cl 溶液的无限稀薄摩尔电导率 Λ^{∞} 在 25 ℃下分别为 $512.88\times10^{-4}\ S\cdot m^2\cdot mol^{-1}$、$277.99\times10^{-4}\ S\cdot m^2\cdot mol^{-1}$ 和 $149.75\times10^{-4}\ S\cdot m^2\cdot mol^{-1}$。求该温度下，$NH_3\cdot H_2O$ 溶液的无限稀薄摩尔电导率 Λ^{∞}。

4. 对于 $CaCl_2$ 水溶液：

（1）其活度 a_{CaCl_2} 与其平均活度 $a_{\pm}$ 之间的函数关系？

（2）其平均活度 $a_{\pm}$ 与其质量摩尔浓度 b 之间的函数关系？

（3）其活度 a_{CaCl_2} 与其质量摩尔浓度 b 之间的函数关系？

（4）其平均活度 $a_{\pm}$ 与其平均活度因子 $\gamma_{\pm}$ 之间的函数关系？

（5）在 25 ℃下，$0.1\ mol\cdot kg^{-1}$ 的 $CaCl_2$ 水溶液，其离子平均活度因子 $\gamma_{\pm}=0.519$，求其离子平均活度 $a_{\pm}$。

5. 写出下列各电池的电极反应及电池反应：

（1）$Pt\mid H_2(p^{\ominus})\mid HCl(a_{\pm})\mid Cl_2(p^{\ominus})\mid Pt$

（2）$Ag(s)\mid AgCl(s)\mid CuCl_2(b_{\pm})\mid Cu(s)$

（3）$Pt\mid H_2(p^{\ominus})\mid NaOH(a_{\pm})\mid HgO(s)\mid Hg(l)$

（4）$Pt\mid Fe^{3+}(a_1), Fe^{2+}(a_2)\parallel Ag^+(a_{Ag^+})\mid Ag(s)$

6. 将下列化学反应设计成电池：

（1）$2Ag(s) + Zn^{2+}(a_{Zn^{2+}}) \longequal 2Ag^{+}(a_{Ag^{+}}) + Zn(s)$

（2）$H_2(p) + I_2(s) \longequal 2HI(b)$

（3）$Pb(s) + Hg_2SO_4(s) \longequal PbSO_4(s) + 2Hg(l)$

（4）$Ni(s) + H_2O(l) \longequal NiO(s) + H_2(p^{\ominus})$

7. 设计合适的电池，通过附表 6 中数据，计算水在 25 ℃下的离子积。

8. 已知电池 $Pt \mid H_2(g,100\ kPa) \mid HCl(a) \mid H_2(g, 50.0\ kPa) \mid Pt$，

（1）写出电极反应和电池反应；

（2）求电池在 298.15 K 的电动势；

（3）求 1 F 电荷量通过该电池时，反应的 $\Delta_r G$、$\Delta_r H$、$\Delta_r S$；

（4）求电池的温度系数；

（5）若上述电荷量以电流强度无限趋于 0 的方式通过电池，求过程的热效应 Q。

9. 已知 $\Delta_f G_m^{\ominus}[H_2O(l), 298.15K] = -237.2\,kJ\cdot mol^{-1}$，在 298.15 K 下，电池 $Pt \mid H_2(p^{\ominus}) \mid NaOH(aq) \mid HgO(s) \mid Hg(l)$ 的标准电动势为 0.926 V，试计算反应 $HgO(s) \longequal Hg(l) + 1/2O_2(g)$ 的 $\Delta_r G_m^{\ominus}$。

10. 已知，在 25 ℃下，$Hg_2^{2+}(a) \mid Hg(l)$ 和 $Hg^{2+}(a) \mid Hg(l)$ 的标准电极电势分别为 0.796 V 和 0.851 V，计算电极反应 $Hg^{2+}(a) + e^- \longrightarrow \frac{1}{2}Hg_2^{2+}(a)$ 的标准电极电势。

11. 已知 $E^{\ominus}[Hg^{2+} \mid Hg(l)] = 0.851\ V$，$E^{\ominus}[Hg_2^{2+} \mid Hg(l)] = 0.796\ V$，计算离子反应 $Hg(l) + Hg^{2+}(aq) \longequal Hg_2^{2+}(aq)$ 的 $K^{\ominus}$。

12. 用铜片作为阴极，石墨作为阳极，在 25 ℃下逐渐调大电压对 0.1 $mol\cdot dm^{-3}$ 的 $CuCl_2$ 中性溶液进行电解。已知，$E^{\ominus}(Cu^{2+}/Cu) = 0.3370V$，$E^{\ominus}(Cl_2/Cl^-) = 1.358\ V$，$E^{\ominus}(O_2/H_2O,OH^-) = 0.4009\ V$，在该电流密度下，若氢气在铜电极上析出的超电势为 0.584 V，氧气在石墨电极上析出的超电势为 0.896 V，氯气在石墨电极上的超电势可忽略不计，设溶液中各离子的活度因子均为 1。计算回答：

（1）在阴极上先析出什么物质？

（2）在阳极上先析出什么物质？

（3）实际分解电压是多少？

13. 在常压、25 ℃下，用铂电极电解 1 $mol\cdot kg^{-1}$ 的 H_2SO_4 水溶液。已知 $E^{\ominus}(H_2O, H^+ \mid O_2) = 1.229\ V$，将常压近似为 $p^{\ominus}$，将溶液中 H^+ 的活度因子视为 1。试计算：

（1）理论分解电压；

（2）若两电极面积均为 1 cm^2，在某一确定的极板间距下，电解液的电阻为 100 Ω。$H_2(g)$ 和 $O_2(g)$ 析出超电势 η 与电流密度 J 的关系分别为

$$\eta[H_2(g)]/V = 0.472 + 0.118 \times \lg[J/(A\cdot cm^{-2})]$$

$$\eta[O_2(g)]/V = 1.062 + 0.118 \times \lg[J/(A\cdot cm^{-2})]$$

试计算当通过的电流强度为 100 mA 时，外电压为多少？

D10-4
燃烧热测定中的实际问题

D10-5
气体钢瓶和减压器的正确使用

D10-6
乙酸乙酯的皂化反应

D10-7
乙醇饱和蒸气压的测定（1）

D10-8
乙醇饱和蒸气压的测定（2）

第 11 章 统计热力学初步*

11.1 引言

与热力学一样，统计热力学研究的对象也是由大量粒子构成的宏观系统。在一个由大量分子构成的宏观系统中，分子的运动状态（如平动速度和分子形态）不尽相同，而它们都在时刻变化着。在一个指定的宏观条件（如 p、V、T）下，在某一瞬间，有的分子具有很高的平动动能，有的分子具有很高的转动动能，有的分子由于分子内某几个原子间的键角或键长偏离了其平衡位置具有较高的振动动能，而有的分子则由于分子内原子的一个电子被激发到较高能级而具有较高的能量。在另一瞬间，由于分子间的碰撞，这些高能分子有的变回其运动基态，有的被激发到其他不同的较高能态，而此时系统内一些原来处于基态的分子也改变了其原来的运动状态。在一指定的瞬间，系统内的一个分子可以在上述任一能态出现，但是，它在这些不同能态出现的概率大不相同。毫无疑问，它在低能态出现的概率远大于在高能态出现的概率。当然，一个分子在同一能态出现的概率，随系统宏观条件的改变而改变。在系统有较高热力学能的条件下，系统内一个分子在较高能态出现的概率相对较大。这是因为，系统的任何一个宏观观测量，都是系统内分子运动形态的统计平均结果。

B11-1 统计热力学原理

用统计的方法，计算系统内的一个分子出现在不同微观能态的概率，从而得到系统的宏观热力学性质，就是统计热力学的研究任务。正是由于这一原因，统计热力学被认为是联系微观性质与宏观性质的桥梁。

对于压强较低的气体，由于其分子间的作用力可以忽略，因此在热力学中用理

* 本章为长学时补充内容。

想气体模型对其性质进行描述非常成功。对于以其他聚集态存在的物质（如高压气体），由于其分子间的作用力不可忽略，便不能直接用理想气体模型对其性质进行描述。这是因为，此时系统内分子间作用力已不可忽略，相应地，分子间的势能对系统、对热力学能的贡献不可忽略。因此，统计热力学必须首先将这两种情况区别处理：粒子间没有相互作用（即相互作用可以忽略）的系统，称为**独立子系统 (system of independent particles)**；粒子间有相互作用（即相互作用不可忽略）的系统，称为**相依子系统 (system of interacting particles)**。

不同聚集态的宏观系统，系统中粒子的可能运动区域是不同的。例如，当系统的聚集态为气体、液体时，系统中的粒子没有固定的位置，其平动可遍及系统的整个区域，系统中粒子的运动非常混乱。当系统的聚集态为固态时，系统中的粒子只能在固定的位置上振动。因此，要得到准确的统计结果，统计热力学必须将这两种聚集态不同的情况区别处理。粒子的运动没有确定的位置，使得粒子间没法区别（即粒子无法分辨），这样的系统称为**离域子系统**，又称为**全同粒子系统 (system of identical particles)**；尽管粒子本身没有差别，如果它们有确定的运动位置，则可依据它们的位置来分辨它们，这样的系统称为**定域子系统 (system of localized particles)**，又称为**可辨粒子系统**。

作为统计热力学学习的初步内容，本章只讨论处理相对简单的独立子系统。显然，理想气体即**独立的离域子系统**。如果假设处于晶体中粒子的振动相互独立，这样的系统就是**独立的定域子系统**。

11.2 等概率原理和最概然分布

骰子有分别标着 1、2、3、4、5、6 个点的六个面。如果一个骰子每一个面向上代表骰子出现的一个态，那么，将无数个质心居中、相互可区分的正六面体骰子一起撒到地上的时候，任一骰子表现态的不同，都会导致系统微态（在一张照片中所有骰子的总表现态）的不同。假如上述系统中有 N 个骰子，则该骰子系统可能出现的系统微态数目为 $\Omega=6^N$。当撒骰子的次数趋于无穷大时，可以发现，该骰子系统出现上述系统微态中任一个系统微态的数学概率都是完全相同的，均为 $1/\Omega$。

粒子的运动有原子内核的运动、原子内电子的运动、分子内原子间相对位置的振动、分子的转动和分子的平动五种形式。

在统计热力学中，系统中的粒子（如分子）的平动速度，转动速度，分子中键长、键角，以及电子所处的轨道等参数，决定了这个粒子的运动形态 (particle state)。对于定域子系统而言，系统中任一粒子运动形态的改变，都导致系统微态 (system state) 的改变。对于统计热力学研究的、含有粒子数在约 10^{23} 量级的独立定域子系统，因为粒子的碰撞频率极高，所以在宏观看来极短的时间内各系统微态出现的次数足以大到使其每一个态出现的数学概率完全相同。对于离域子系统，由于粒子的不可区分性，各系统微态出现的次数则更大。因此，统计热力学假定：对于宏观性质一定的系统而言，系统的任何一个可能微态的出现，具有相同的数学概率。该假设称为**等概率原理**。

基于粒子运动形态相应能量的不同，可将系统内的粒子划分到不同的能级，这称为粒子的**能级分布** (distribution of energy levels)。但是，并不是处于不同运动形态的粒子一定属于不同的能级。比如，如果三个粒子的运动形态的差异仅在于其各自同一原子的价电子分别处于 p_x、p_y、p_z 轨道，那么，这三个粒子的能量就是相同的，就属于同一能级。

对于一个宏观状态（热力学能 U、体积 V、粒子数 N）一定的热力学封闭系统，它可有数目庞大的热力学微态。对于独立子系统，系统的总能量就是系统内所有粒子能量的总和，即 $U=\sum_i n_i\varepsilon_i$（其中 ε_i 为第 i 个能级的能位，n_i 为第 i 个能级上的粒子数）。

如果该系统内包含的粒子可以区分，则系统内粒子在各能级上的不同分布对应的系统微态数是大不相同的。下面的例子可以初步说明这一点。假定系统的总能量为 $\frac{9}{2}h\nu$，系统中有三个可区分的粒子，现将这三个粒子分配于 $\frac{1}{2}h\nu$，$\frac{3}{2}h\nu$，$\frac{5}{2}h\nu$，$\frac{7}{2}h\nu$，$\frac{9}{2}h\nu$，…多个量子化的能级上时，则可能有如表 11.2.1 所示的Ⅰ、Ⅱ和Ⅲ三种分布形式，而每种分布形式有不同的系统微态数。系统总能量为 $\frac{9}{2}h\nu$ 时对应的热力学态 Ω 共 10 个，其中分布Ⅰ对应的系统微态数为 $W_{\mathrm{D}}(\text{Ⅰ})=6$，分布Ⅱ对应的系统微态数为 $W_{\mathrm{D}}(\text{Ⅱ})=3$，而分布Ⅲ对应的系统微态数仅为 $W_{\mathrm{D}}(\text{Ⅲ})=1$。

表 11.2.1　三个可区分的粒子分配于总能量为 $\frac{9}{2}h\nu$ 的系统时的分布形式及各分布出现的系统微态数和数学概率

能级	$\frac{1}{2}h\nu$	$\frac{3}{2}h\nu$	$\frac{5}{2}h\nu$	$\frac{7}{2}h\nu$	$\frac{9}{2}h\nu$	分布出现的系统微态数 $W_{\mathrm{D}}(i)$	分布出现的数学概率 $W_{\mathrm{D}}(i)/\Omega$
分布Ⅰ	a	b	c	—	—	$C_3^1\cdot C_2^1=6$	3/5
	a	c	b	—	—		
	b	a	c	—	—		
	b	c	a	—	—		

续表

能级	$\frac{1}{2}h\nu$	$\frac{3}{2}h\nu$	$\frac{5}{2}h\nu$	$\frac{7}{2}h\nu$	$\frac{9}{2}h\nu$	分布出现的系统微态数 $W_D(i)$	分布出现的数学概率 $W_D(i)/\Omega$
分布Ⅰ	c	b	a	—	—		
	c	a	b	—	—		
分布Ⅱ	ab	—	—	c	—	$C_3^2=3$	3/10
	ac	—	—	b	—		
	cb	—	—	a	—		
分布Ⅲ	—	abc	—	—	—	$C_3^3=1$	1/10

对于宏观状态确定的热力学封闭系统（U、V、N 一定），其粒子在各能级上所有可能分布 i 对应的系统微态数之和 Ω 就是该宏观状态确定的系统的微态数：

$$\Omega=\sum_i W_D(i) \tag{11.2-1}$$

一种分布 i，它出现（即，系统以这种分布出现）的数学概率等于它占有的系统微态数 $W_D(i)$ 与宏观状态确定的热力学封闭系统（U、V、N 一定）所有可能微态数 Ω 之比：

$$P_D(i)=\frac{W_D(i)}{\Omega} \tag{11.2-2}$$

由式（11.2-2）可知，对于宏观状态确定的热力学封闭系统，其任何一种粒子分布可能出现的数学概率 $P_D(i)$ 与其对应的系统微态数 $W_D(i)$ 成正比（只差一个确定的系数 $1/\Omega$）。对于一种分布 i，其 $W_D(i)$ 越大，那么 $P_D(i)$ 就越大，即系统以这种分布出现的可能性就越大。因此，在统计热力学上把 $W_D(i)$ 称为**分布 i 的热力学概率**。相应地，把 Ω 称为宏观状态 U、V、N 确定的热力学**系统的热力学概率**。

Ω 是热力学系统宏观状态 U、V、N 的函数。由第一章的学习已知，熵也是热力学系统宏观状态 U、V、N 的函数。1876 年，玻尔兹曼 (Boltzmann) 发现了熵 S 与系统热力学概率 Ω 的关系：

$$S=k\ln\Omega \tag{11.2-3}$$

式中，$k=1.38\times10^{-23}\,\mathrm{J\cdot K^{-1}}$，称为玻尔兹曼常数。

式（11.2-3）就是著名的**玻尔兹曼关系式**（或**玻尔兹曼定理**）。它表明系统的宏观热力学函数熵，就是热力学系统可能出现的所有微态数——系统热力学概率 Ω 的大小量度。

由表 11.2.1 可知，虽然系统各微态的出现具有相同的数学概率，但是粒子的不同能级分布所拥有的系统微态数或热力学概率却显著不同。当热力学系统宏观状态

（U、V、N的函数一定）时，在系统的所有可能的粒子分布中热力学概率最大的分布，就是出现的数学概率最大的分布。将系统的所有可能分布中出现的数学概率最大的分布称为**最概然分布** (most probable distribution)。

表 11.2.1 用三个粒子的分布情况显示，最概然分布出现的数学概率显著高于与它相近分布的概率，更显著高于远离最概然分布出现的数学概率。随着粒子数的增多，最概然分布出现的数学概率迅速增大。对于一个粒子数在约 10^{23} 量级的热力学系统，最概然分布实质上足以代表系统达到热力学平衡态后可能出现的所有分布，相应推导证明称为**摘取最大项原理**。

这就是说，对于一个宏观状态 U、V、N 确定的热力学系统，虽然它的微态瞬息万变，但它几乎用其全部的时间重复最概然分布所拥有的微态，而在极少的其他时间里，又较多地以极为临近最概然分布的那些分布的微态出现。通常所说的**平衡分布**，就是最概然分布和那些以最概然分布为中心、与最概然分布极为临近的分布。此时，其最概然分布所拥有的系统微态数 W_D^* 与热力学系统可能出现的所有微态数 Ω 之间，满足下列关系：

B11-2
摘取最大项原理

$$S = k\ln\Omega = k\ln W_D^* \tag{11.2-4}$$

这就是**摘取最大项原理的数学表达式**。它是统计热力学发展的最关键一步。

11.3 玻尔兹曼分布和粒子的配分函数

1. 玻尔兹曼分布

假如各能级 i 对应的能位如下：

$$\varepsilon_1，\varepsilon_2，\cdots，\varepsilon_i，\cdots \qquad \text{（共 } M \text{ 个能级）}$$

各能级相应的简并度如下：

$$g_1，g_2，\cdots，g_i，\cdots$$

如果系统的一种粒子分布在上述各能级排布的粒子数分别为

$$n_1，n_2，\cdots，n_i，\cdots$$

且系统为含有 N 个可辨粒子的定域子系统，那么从 N 个粒子中取出 n_1 个粒子放入第一个能级的取法有 $C_N^{n_1}$ 种，从剩余的（$N-n_1$）个粒子中取出 n_2 个粒子放入第二个能级的取法有 $C_{N-n_1}^{n_2}$ 种，再从剩余的（$N-n_1-n_2$）个粒子中取 n_3 个粒子放入第三个能级的取法有 $C_{N-n_1-n_2}^{n_3}$ 种……。能级简并度 g_i 的存在，使同一能级 i 上的每个粒子都可以有 g_i 个态表现的可能性。因此，在简并度为 g_i 的能级 i 上，每个粒子都有 g_i 种放法。将 n_i 个粒子先后放到能级 i 上时，所有放法为 $g_i^{n_i}$ 种。因此，该种粒子分布对应

的系统微态数（即该种粒子分布的热力学概率）为

$$W_D^{\cdot} = g_1^{n_1}C_N^{n_1} \cdot g_2^{n_2}C_{N-n_1}^{n_2} \cdot g_3^{n_3}C_{N-n_1-n_2}^{n_3} \cdots$$

$$= \frac{g_1^{n_1}N!}{(N-n_1)!n_1!} \cdot \frac{g_2^{n_2}(N-n_1)!}{(N-n_1-n_2)!n_2!} \cdot \frac{g_3^{n_3}(N-n_1-n_2)!}{(N-n_1-n_2-n_3)!n_3!} \cdots$$

$$= N!\prod_i \frac{g_i^{n_i}}{n_i!} \tag{11.3-1}$$

若系统为含有 N 个粒子的离域子系统，由于粒子的不可辨性，系统粒子呈现与上述完全相同的分布时，其对应的所有系统微态数应为

$$W_D = \prod_i \frac{g_i^{n_i}}{n_i!}$$

在上一节，已经讨论了独立子系统的最概然分布，它满足 $N = \sum_i n_i$、$U = \sum_i n_i \varepsilon_i$。$W_D$ 最大的分布就是最概然分布。下面讨论系统中的 N 个粒子如何在各能级 i 上分布，才是最概然分布。

显然，该问题要解决的就是，在上述两个约束条件下，每个能级上 n_i 多大才可使 W_D 出现极大值。

将式（11.3−1）两边取自然对数得

$$\ln W_D = \ln\left(N!\prod_i \frac{g_i^{n_i}}{n_i!}\right) = \ln N! + \sum_i (n_i \ln g_i - \ln n_i!) \tag{11.3-2}$$

由于热力学系统中的粒子数 N 在约 10^{23} 量级，满足斯特林（Stirling）公式 $\lim\limits_{N\to\infty} \dfrac{N!}{\sqrt{2\pi N}\left(\dfrac{N}{e}\right)^N} = 1$，即 N 趋于无穷大时有 $N! = \sqrt{2\pi N}\left(\dfrac{N}{e}\right)^N$，所以有

$$\ln N! = \ln\left[\sqrt{2\pi N}\left(\frac{N}{e}\right)^N\right] = \ln\sqrt{2\pi} + \frac{1}{2}\ln N + N(\ln N - 1)$$

将其简化为

$$\ln N! = N\ln N - N \tag{11.3-3}$$

于是，将式（11.3−3）代入 $\ln W_D$ 的表示式［式（11.3−2）］中有

$$\ln W_D = N\ln N - N + \sum_i (n_i \ln g_i - n_i \ln n_i + n_i)$$

$$= N\ln N + \sum_i (n_i \ln g_i - n_i \ln n_i)$$

应用拉格朗日待定乘数法（在确定的条件求解未知数的一种方法），继续对使 $\ln W_D$

出现极大值的 n_i 求解，得

$$n_i^* = N \cdot \frac{g_i e^{-\varepsilon_i/kT}}{\sum_i g_i e^{-\varepsilon_i/kT}} \tag{11.3-4}$$

式中的 n_i^* 为可使 W_D 出现极大值的 n_i。因此，该式给出的分布即**最概然分布**，也称为**玻尔兹曼分布**（Boltzmann distribution law）。式中的 k 即玻尔兹曼常数。

这样，这种玻尔兹曼分布的热力学概率就是 $W_D^* = N!\prod_i \frac{g_i^{n_i}}{n_i!}$，其中 n_i^* 满足式（11.3-4）。

2. 粒子的配分函数

分析式（11.3-4）给出的玻尔兹曼分布规律，可发现有以下特点：在一定的温度 T 下，在任一能级 i 上分布的粒子数 n_i^*，均与该能级的高低直接相关。一个能级（例如能级 i）所处的能位越高（即 ε_i 值越大），相应的 $g_i e^{-\varepsilon_i/kT}$ 就越小，由式（11.3-4）给出的排在该能级的粒子数 n_i^* 就越小。

玻尔兹曼分布规律表明，热力学概率最大的分布满足：

在任一能级上，$n_i^* = N \cdot \frac{g_i e^{-\varepsilon_i/kT}}{\sum_i g_i e^{-\varepsilon_i/kT}}$，因此有

$$n_j^* = N \cdot \frac{g_j e^{-\varepsilon_j/kT}}{\sum_i g_i e^{-\varepsilon_i/kT}}$$

那么

$$\frac{n_i^*}{n_j^*} = \frac{g_i e^{-\varepsilon_i/kT}}{g_j e^{-\varepsilon_j/kT}} \tag{11.3-5}$$

这就是说，对于玻尔兹曼分布，各能级对应的 $g_i e^{-\varepsilon_i/kT}$ 的相对大小决定分布在该能级上的粒子数的相对多少，因此，把 $g_i e^{-\varepsilon_i/kT}$ 称为能级 i 的**有效量子状态数**。显然，$\sum_i g_i e^{-\varepsilon_i/kT}$ 就是所有有效量子状态数的和，将其简称为“**状态和**”。

由于该“状态和”是由决定分配各能级上粒子数的有效量子状态数加和而成，所以把 $\sum_i g_i e^{-\varepsilon_i/kT}$ 称为**粒子的配分函数**（partition function of particles），用 q 表示，即

$$q = \sum_i g_i e^{-\varepsilon_i/kT} \tag{11.3-6}$$

则玻尔兹曼分布规律也可表示为

$$n_i^* = N \cdot \frac{g_i e^{-\varepsilon_i/kT}}{q} \qquad (11.3-7)$$

由于 N 个粒子中，最概然分布于第 i 能级上的粒子数为 n_i^*，所以粒子在第 i 能级上出现的数学概率为

$$P_B = \frac{n_i^*}{N} = \frac{g_i e^{-\varepsilon_i/kT}}{q} \qquad (11.3-8)$$

B11-3
最概然分布的特点

配分函数在统计热力学中占有极重要的地位，系统的各种热力学性质都可以由配分函数来得到。统计热力学最重要的任务之一，就是通过配分函数来计算系统的热力学函数，这将在后面的章节中进一步学习。

3. 粒子配分函数的析因子性质

如 9.2 节中所述，系统中粒子的运动形态决定了该粒子的能量，而粒子的运动形态包括粒子的平动（t）、转动（r），粒子内部化学键的振动 (v)、电子运动 (e) 及原子核运动 (n) 所决定的运动形态。对于独立子而言，粒子的上述各种运动形式可以认为是彼此独立的，而粒子的能量则是各种运动能量的和，即

$$\varepsilon_i = \varepsilon_{t,i} + \varepsilon_{r,i} + \varepsilon_{v,i} + \varepsilon_{e,i} + \varepsilon_{n,i}$$

在每个能级上的粒子，每种运动形式分别具有各自的简并度，则**粒子运动的总简并度**与这些简并度的关系为

$$g_i = g_{t,i} \cdot g_{r,i} \cdot g_{v,i} \cdot g_{e,i} \cdot g_{n,i}$$

于是有

$$q = \sum_i g_i e^{-\varepsilon_i/kT} = \sum_i g_i^t g_i^r g_i^v g_i^e g_i^n \cdot e^{-(\varepsilon_{t,i}+\varepsilon_{r,i}+\varepsilon_{v,i}+\varepsilon_{e,i}+\varepsilon_{n,i})/kT}$$

在这里需要说明的是，该加和内容在取项上与通常数学加和的取项方法有所不同。由于粒子的不同运动形式之间没有制约关系，即一个粒子的核运动、电子运动、振动、转动和平动五种运动形态各自处于其哪一能级没有相互限制，因此在该加和中，其 g_i^t、g_i^r、g_i^v、g_i^e、g_i^n 和 $\varepsilon_{t,i}$、$\varepsilon_{r,i}$、$\varepsilon_{v,i}$、$\varepsilon_{e,i}$、$\varepsilon_{n,i}$ 可不同时取一个 i 值。因此有

$$q = \sum_i g_i^t e^{-\varepsilon_{t,i}/kT} \sum_i g_i^r e^{-\varepsilon_{r,i}/kT} \sum_i g_i^v e^{-\varepsilon_{v,i}/kT} \sum_i g_i^e e^{-\varepsilon_{e,i}/kT} \sum_i g_i^n e^{-\varepsilon_{n,i}/kT}$$

即

$$q = q_t \cdot q_r \cdot q_v \cdot q_e \cdot q_n \qquad (11.3-9)$$

式（11.3-9）常用的表现形式是

$$\ln q = \ln q_t + \ln q_r + \ln q_v + \ln q_e + \ln q_n \qquad (11.3-10)$$

式中，q_t、q_r、q_v、q_e 和 q_n 分别称为粒子的平动配分函数、转动配分函数、振动配

分函数、电子配分函数和核配分函数。式（11.3−9）和式（11.3−10）表述的独立子配分函数与粒子各独立运动配分函数间的关系，称为**独立子配分函数的析因子性质**（properties of factorization）。

需要注意的是，配分函数的析因子性质，只有在独立子系统中才能成立。

4. 能量零点的选择对配分函数的影响

对于粒子的配分函数 $q=\sum_i g_i \mathrm{e}^{-\varepsilon_i/kT}$ ，如果第一个能级（能位最低的能级，粒子在基态时所处的能级）用 ε_0 表示，相应的简并度用 g_0 表示，那么，粒子在第一激发态和第二激发态所处的能级就分别是 ε_1 和 ε_2，则粒子的配分函数就表述为

$$q=g_0\mathrm{e}^{-\varepsilon_0/kT}+g_1\mathrm{e}^{-\varepsilon_1/kT}+g_2\mathrm{e}^{-\varepsilon_2/kT}+\cdots \tag{11.3-11}$$

由第 1 章我们已经清楚，因人们对物质微观结构认识程度的限制，系统热力学能 U 的绝对值无法得知。由于同一原因，作为系统中的一个粒子，其核运动和电子运动形态对应能量的绝对值也无法得知。因此，必须选择一个能量标度零点，才能将式（11.3−11）给出的粒子配分函数应用于具体热力学系统状态函数的计算。

统计热力学通常选择粒子处于基态时，其具有的能量为 0，即选择基态能级的能位为零点。那么，粒子原来的能级

$$\varepsilon_0,\ \varepsilon_1,\ \varepsilon_2,\ \cdots$$

就分别变为了

$$\varepsilon_0^0=\varepsilon_0-\varepsilon_0=0，\ \varepsilon_1^0=\varepsilon_1-\varepsilon_0，\ \varepsilon_2^0=\varepsilon_2-\varepsilon_0，\ \cdots$$

此时粒子配分函数相应变为

$$\begin{aligned}q^0&=\sum_i g_i\mathrm{e}^{-\varepsilon_i^0/kT}\\&=\sum_i g_i\mathrm{e}^{-(\varepsilon_i-\varepsilon_0)/kT}=\left(\sum_i g_i\mathrm{e}^{-\varepsilon_i/kT}\right)\mathrm{e}^{\varepsilon_0/kT}\end{aligned}$$

即 $q^0=q\cdot\mathrm{e}^{\varepsilon_0/kT}$（其中 q^0 为将基态能级的能位视为零点时粒子的配分函数，而 q 则是与各态绝对能量对应的粒子配分函数）。

这样，对于一个确定的独立子物质系统，只要知道各激发态的能级与基态能级之间的能级差 $\varepsilon_i-\varepsilon_0$，将其差视为相应能级的能位 ε_i^0，那么在确定的温度下，粒子的配分函数 q^0 就确定了，每个能级上粒子的最概然分布也就可以由其得出了。但是，还有一个问题有待确认：由 $q^0=q\cdot\mathrm{e}^{\varepsilon_0/kT}$ 得出的粒子的最概然分布，是不是我们要得到的那个应由 $q=\sum_i g_i\mathrm{e}^{-\varepsilon_i/kT}$ 给出的粒子的最概然分布？

下面通过证明，对这一问题进行确认。

求证：将基态能级的能位视为零点，并不影响粒子的最概然分布（即不影响玻尔兹曼分布）。

证明：$n_i^* = N \cdot \dfrac{g_i \mathrm{e}^{-\varepsilon_i/kT}}{q}$

将 $q^0 = q \cdot \mathrm{e}^{\varepsilon_0/kT}$ 整理为 $q = q^0 \cdot \mathrm{e}^{-\varepsilon_0/kT}$，代入上式得

$$n_i^* = N \cdot \frac{g_i \mathrm{e}^{-\varepsilon_i/kT}}{q^0 \mathrm{e}^{-\varepsilon_0/kT}} = N \cdot \frac{g_i \mathrm{e}^{-(\varepsilon_i - \varepsilon_0)/kT}}{q^0}$$

则

$$n_i^* = N \cdot \frac{g_i \mathrm{e}^{-\varepsilon_i^0/kT}}{q^0}$$

因为该式表述的玻尔兹曼分布规律与式（11.3−7）表述的玻尔兹曼分布规律完全相同，因此将基态能级的能位视为零点，并不影响粒子的最概然分布。

由于统计热力学计算的关键在于找到最概然分布在各能级上的粒子数 n_i^*，因此，将基态能级的能位视为零点，不会影响统计结果。

有了各能级上粒子的分布后，则

$$\begin{aligned} U &= \sum_i n_i^* \varepsilon_i \\ &= \sum_i n_i^* (\varepsilon_i^0 + \varepsilon_0) \\ &= \sum_i n_i^* \varepsilon_i^0 + N\varepsilon_0 \\ &= \sum_i n_i^* \varepsilon_i^0 + E_0 \end{aligned} \qquad (11.3-12)$$

式中，E_0 为所有的粒子全部处于基态时，系统的热力学能。此外还有

$$H = U + pV$$
$$A = U - TS$$
$$G = U + pV - TS$$

这就是说，**由基态能级的能位为零的粒子配分函数 q_0，计算所得系统的热力学函数 U、H、A、G，与由绝对能量对应的粒子配分函数 q 计算所得的各热力学函数，在量值上也都会差一个 E_0。**只要最后将其补偿回来，就不再存在任何问题了。

将基态能级的能位视为零点，不影响粒子分布规律，却极有利于推导和计算。可以认为，这也是统计热力学发展很关键的一步。

11.4 粒子配分函数的计算

$$q^0 = q_n^0 \cdot q_e^0 \cdot q_v \cdot q_r \cdot q_t$$

$$q^0 = g_0 + g_1 e^{-\varepsilon_1^0/kT} + g_2 e^{-\varepsilon_2^0/kT} + \cdots$$

粒子配分函数，看上去极为复杂。但有时却极为简单。

首先，原子核的配分函数 q_n^0 可以忽略。这是因为原子核的能级间隔相差很大，在通常的条件下，粒子的原子核总是处于基态（即通常的条件难以使原子核从基态激发到较高的能级）。因此，粒子配分函数可以简化为 $q^0 = q_e^0 \cdot q_v \cdot q_r \cdot q_t$ 。

此外，**单原子分子不存在转动和振动**，因此单原子分子的配分函数就是 $q^0 = q_e^0 \cdot q_t$ 。

1. 电子配分函数

电子能级间隔较大。第一激发态和基态间的能级间隔（$\varepsilon_1^0 - \varepsilon_0^0$）较大，一般都在每摩尔数百千焦。这就是说，只有达到相当高的温度，电子才会从基态激发到第一激发态，即只有在相应高温下，才会有粒子对应的电子运动出现在对应的激发态能级上（见例 11.4.1）。通常，在到达相应的高温之前，一般分子就已经分解了。因此，电子配分函数，从第二项开始，通常都是可以忽略的。由于 q^0 将基态能级的能位视为零点，所以**电子配分函数在通常条件下就是基态能级的简并度**：

$$q_e^0 = g_{e,0} \qquad (11.4\text{−}1)$$

例 11.4.1 假如一单原子物质，其电子激发态和基态间的能级间隔为 800 kJ · mol^{-1}，基态和第一激发态的简并度分别为 1 和 3。

（1）试计算温度分别处于 1000 K 和 2000 K 时，最概然分布在这两个能级上的粒子数之比。

（2）1mol 该物质的粒子，按最概然分布，在上述两个温度下，分别有多少处于第一激发态？

解：（1）$\dfrac{n_1^*}{n_0^*} = \dfrac{g_1 e^{-\varepsilon_1^0/kT}}{g_0 e^{-\varepsilon_0^0/kT}}, g_1 = 3, g_0 = 1,\ \varepsilon_1^0 = \left(\dfrac{800 \times 1000}{6.02 \times 10^{23}}\right) \text{J} = 1.33 \times 10^{-18} \text{J},\ \varepsilon_0^0 = 0$ ，则

$$T = 1000\ \text{K 时：} \frac{n_1^*}{n_0^*} = 3e^{-1.33\times10^{-18}/(1.38\times10^{-23}\times1000)} = 4.18 \times 10^{-42}$$

$$T = 2000\ \text{K 时：} \frac{n_1^*}{n_0^*} = 3e^{-1.33\times10^{-18}/(1.38\times10^{-23}\times2000)} = 3.54 \times 10^{-21}$$

（2）$n_1^*(1000\ \text{K}) = N \cdot \dfrac{g_i e^{-\varepsilon_i^0/kT}}{q^0} = 6.02 \times 10^{23} ? \dfrac{3 \times e^{-1.33\times10^{-18}/(1.38\times10^{-23}\times1000)}}{1 + 3 \times e^{-1.33\times10^{-18}/(1.38\times10^{-23}\times1000)}}$

$$= 2.5 \times 10^{-18} < 1$$

即，在 1000 K 时无粒子处于第一激发态，粒子全部处于基态。

$$n_1^*(2000\ \text{K}) = 6.02\times10^{23}?\frac{3\times e^{-1.33\times10^{-18}/(1.38\times10^{-23}\times2000)}}{1+3\times e^{-1.33\times10^{-18}/(1.38\times10^{-23}\times2000)}}$$

$$= 2.1\times10^3$$

即，在 2000 K 时有 2.1×10^3 个粒子处于第一激发态。

2. 振动配分函数

双原子分子内两个原子化学键的振动可以视为一维谐振子的简谐振动。因为只有一个振动自由度，所以简并度为 1。振动的能级为

$$\varepsilon_{\text{v}}(\upsilon) = \left(\upsilon+\frac{1}{2}\right)h\nu \quad (\upsilon = 0,1,2,\cdots) \tag{11.4-2}$$

式中，υ 为振动量子数。它取 0 时就是振动基态对应的能级 $\varepsilon_{\text{v},0} = \frac{1}{2}h\nu$。

这就是说，粒子振动基态能级的能位并不是 0，而是 $\frac{1}{2}h\nu$。由于一维谐振子简并度为 1，由式（11.4−2）可知，一维谐振子的第 i 个粒子振动激发态能级的能位为 $\varepsilon_{\text{v},i} = \left(i+\frac{1}{2}\right)h\nu$。于是，粒子的振动配分函数就是

$$q_{\text{v}} = e^{-\frac{h\nu}{2kT}} + e^{-\frac{3h\nu}{2kT}} + e^{-\frac{5h\nu}{2kT}} + \cdots$$

$$= e^{-\frac{h\nu}{2kT}}\left(1+e^{-\frac{h\nu}{kT}}+e^{-\frac{2h\nu}{kT}}+\cdots\right) \tag{11.4-3}$$

式中，$\frac{h\nu}{k}$ 的单位为 K，可由实验测得的振动光谱数据得到，将其定义为**振动特征温度**（characteristic temperature of vibration），以 Θ_{v} 表示。于是，式（11.4−3）就是

$$q_{\text{v}} = e^{-\frac{\Theta}{2T}}\left(1+e^{-\frac{\Theta}{T}}+e^{-\frac{2\Theta}{T}}+\cdots\right)$$

在通常的温度 T 下，对于绝大多数物质来说，有 $\Theta\gg T$, 即 $e^{-\frac{\Theta}{T}}<1$。

利用数学公式 $1+x+x^2+\cdots=\frac{1}{1-x}$（当 $0<x<1$ 时），则有

$$q_{\text{v}} = e^{-\frac{\Theta}{2T}}\cdot\frac{1}{1-e^{-\frac{\Theta}{T}}} \tag{11.4-4}$$

这样，对于双原子分子，很容易从转动光谱数据得到其 Θ_{v}，进而得到其 q_{v}。多原子的情况比较复杂，在此不做讨论。表 11.4.1 给出了一些双原子分子的 Θ_{v}。

表 11.4.1　一些双原子分子的振动特征温度和转动特征温度

物质	H_2	N_2	O_2	CO	NO	HCl	HBr	HI	Cl_2	Br_2	I_2
Θ_v/K	6000	3340	2230	3070	2690	4140	3700	3200	810	470	310
Θ_r/K	85.4	2.86	2.07	2.77	2.42	15.2	12.1	9.0	0.35	0.12	0.054

例 11.4.2　已知 CO 分子的基态振动波数$\left(\dfrac{1}{\lambda}=\nu/c\right)$为 1907 cm^{-1}。

（1）求其特征温度；

（2）求其在 25 ℃下的振动配分函数；

（3）在 25 ℃下，求 CO 分子最概然分布于第一激发态的数学概率。

解：（1）$\Theta_v=\dfrac{h\nu}{k}=\dfrac{hc}{k}\cdot\dfrac{1}{\lambda}=\left(\dfrac{6.63\times10^{-34}\times3\times10^{8}}{1.38\times10^{-23}}\times1907\times10^{2}\right)\text{K}=2749\ \text{K}$

（2）$q_v=e^{-\frac{\Theta}{2T}}\cdot\dfrac{1}{1-e^{-\frac{\Theta}{T}}}=e^{-\frac{2749}{2\times298}}\times\dfrac{1}{1-e^{-\frac{2749}{298}}}=9.93\times10^{-3}\times\dfrac{1}{0.9999}=9.93\times10^{-3}$

（3）$P_B=\dfrac{n_1}{N}=\dfrac{g_{v,1}\cdot e^{-\varepsilon_{v,1}/kT}}{q_v}$

其中 $g_{v,1}=1$，$e^{-\varepsilon_{v,1}/kT}=e^{-\frac{3}{2}h\nu/kT}=e^{-3\Theta_v/2T}$，则

$$P_B=\frac{e^{-3\Theta_v/2T}}{q_v}=\frac{e^{-3\times2749/(2\times298)}}{9.93\times10^{-3}}=9.86\times10^{-5}$$

例 11.4.3　已知 HCl 的振动特征温度 Θ_v 为 4140 K，玻尔兹曼常数 $k=1.38\times10^{-23}\ \text{J}\cdot\text{K}^{-1}$，求 HCl 分子的振动第一激发态与振动基态之间的能级差，以及振动第二激发态与振动第一激发态之间的能级差。

解：振动的能级为

$$\varepsilon_v(\upsilon)=\left(\upsilon+\frac{1}{2}\right)h\nu\qquad(\upsilon=0,1,2,\cdots)$$

振动基态、振动第一激发态、振动第二激发态的所在能级分别为 $\varepsilon_{v,0}=\dfrac{h\nu}{2}$，$\varepsilon_{v,1}=\dfrac{3h\nu}{2}$，$\varepsilon_{v,2}=\dfrac{5h\nu}{2}$。

因 HCl 分子的振动特征温度 $\Theta_v=\dfrac{h\nu}{k}=4140$ K，所以 $h\nu=4140\ \text{K}\times1.38\times10^{-23}\ \text{J}\cdot\text{K}^{-1}=5.7\times10^{-20}$ J。则 HCl 分子的振动第一激发态与振动基态之间的能级差，以及振动第二激发态与振动第一激发态之间的能级差均为 5.7×10^{-20} J。

3. 转动配分函数

双原子分子存在转动运动。根据量子力学原理，线形刚性转子的能级公式为

$$\varepsilon_r(J)=J(J+1)\frac{h^2}{8\pi^2I},\quad g_r=2J+1\ (J=0,\ 1,\ 2,\cdots)$$

式中，J 为转动量子数；I 为转动惯量。对于双原子分子，

$$I = \mu r^2 = \frac{m_1 m_2}{m_1 + m_2} \cdot r^2$$

式中，m_1、m_2 分别为两个原子的质量；μ 是折合质量；r 是两原子的质心距离。则

$$q_r = \sum_J (2J+1)\exp\left[-J(J+1)\frac{h^2}{8\pi^2 IkT}\right]$$

式中，$\dfrac{h^2}{8\pi^2 Ik}$ 的单位为 K，可由实验测得的转动光谱数据得到，将其定义为**转动特征温度**（characteristic temperature of rotation），以 Θ_r 表示。一些双原子分子的 Θ_r 见表 11.4.1。

对于粒子的转动，由转动能量公式

$$\varepsilon_r(J) = J(J+1)\frac{h^2}{8\pi^2 I} \qquad (J = 0,\ 1,\ 2,\cdots)$$

可知，$J=0$ 时对应的能量为 0。也就是说，转动基态的能量本身就是 0。

例 11.4.4 已知 HCl 的转动特征温度 Θ_r 为 15.2 K，玻尔兹曼常数 $k=1.38\times10^{-23}\ \mathrm{J\cdot K^{-1}}$。求：

（1）HCl 分子转动基态的能量；

（2）HCl 分子转动第一激发态与转动基态之间的能级差，以及转动第二激发态与转动第一激发态之间的能级差。

解：线形刚性转子的能级公式为

$$\varepsilon_r(J) = J(J+1)\frac{h^2}{8\pi^2 I} \qquad (J = 0,\ 1,\ 2,\cdots)$$

（1）转动基态对应于 $J=0$，即转动基态 $\varepsilon_{r,0} = 0$。

（2）转动第一激发态和转动第二激发态分别对应于 $J=1$ 和 $J=2$。

由 $\Theta_r = \dfrac{h^2}{8\pi^2 Ik}$，得 $\dfrac{h^2}{8\pi^2 I} = \Theta_r k = 15.2\ \mathrm{K}\times1.38\times10^{-23}\ \mathrm{J\cdot K^{-1}} = 2.1\times10^{-22}\ \mathrm{J}$，因此，HCl 分子转动第一激发态与转动基态之间的能级差为

$$(2-0)\times2.1\times10^{-22}\ \mathrm{J} = 4.2\times10^{-22}\ \mathrm{J}$$

HCl 分子转动第二激发态与转动第一激发态之间的能级差为

$$(6-2)\times2.1\times10^{-22}\ \mathrm{J} = 8.4\times10^{-22}\ \mathrm{J}$$

由于转动能级间的能级差较小，用积分的方法代替对 q_r 中各式求和，可得

$$q_r = \frac{8\pi^2 IkT}{\sigma h^2} = \frac{T}{\sigma \Theta_r} \qquad (11.4\text{-}5)$$

式中，σ 称为对称数 (symmetry number)。对于同核双原子分子，$\sigma=2$；对于异核双原子分子，$\sigma=1$。

这样，对于双原子分子，很容易从转动光谱数据得到转动惯量 I 及 Θ_r，进而得

到其 q_r。多原子的情况比较复杂，在此不做讨论。

例 11.4.5 由转动光谱数据得知，CO 的转动惯量 $I = 1.45 \times 10^{-46}\ \text{kg} \cdot \text{m}^2$。试计算该分子的转动特征温度，以及在 298.15 K 和在 400.15 K 时的转动配分函数。

解： $\Theta_r = \dfrac{h^2}{8\pi^2 Ik} = \left[\dfrac{(6.63\times10^{-34})^2}{8\times3.14^2\times1.45\times10^{-46}\times1.38\times10^{-23}}\right]\text{K} = 2.79\ \text{K}$

$$q_r = \frac{T}{\sigma\Theta_r}$$

$$q_r(298.15\ \text{K}) = \frac{298.15\ \text{K}}{\Theta_r} = 106.9$$

$$q_r(400.15\ \text{K}) = \frac{400.15\ \text{K}}{\Theta_r} = 143.4$$

4. 平动配分函数

$$q_t = \sum_i g_{t,i} e^{-\varepsilon_{t,i}/kT}$$

对于限制在 x 轴向长度为 a，y 轴向长度为 b，z 轴向长度为 c 的三维势箱内运动的三维平动子，有

$$\varepsilon_t = \frac{h^2}{8m}\left(\frac{n_x^2}{a^2} + \frac{n_y^2}{b^2} + \frac{n_z^2}{c^2}\right)$$

所以

$$q_t = \sum_{n_x,n_y,n_z} \exp\left[-\frac{h^2}{8mkT}\left(\frac{n_x^2}{a^2} + \frac{n_y^2}{b^2} + \frac{n_z^2}{c^2}\right)\right]$$

$$= \left[\sum_{n_x}\exp\left(-\frac{h^2 n_x^2}{8mkTa^2}\right)\right]\left[\sum_{n_y}\exp\left(-\frac{h^2 n_y^2}{8mkTb^2}\right)\right]\left[\sum_{n_z}\exp\left(-\frac{h^2 n_z^2}{8mkTc^2}\right)\right]$$

$$= q_x \cdot q_y \cdot q_z$$

q_x、q_y、q_z 分别是运动长度为 a、b、c 的一维平动子的配分函数。由于 $\sum_{n_x}\exp\left(-\dfrac{h^2 n_x^2}{8mkTa^2}\right)$ 是一系列相差很小的数值的和，因此采用积分法计算，得出结果为

$$q_x = \sum_{n_x}\exp\left(-\frac{h^2 n_x^2}{8mkTa^2}\right) = \left(\frac{2\pi mkT}{h^2}\right)^{\frac{1}{2}} \cdot a$$

同理得

$$q_y = \left(\frac{2\pi mkT}{h^2}\right)^{\frac{1}{2}} \cdot b$$

$$q_z=\left(\frac{2\pi mkT}{h^2}\right)^{\frac{1}{2}}\cdot c$$

因此，粒子的平动配分函数为

$$q_{\mathrm{t}}=\frac{(2\pi mkT)^{\frac{3}{2}}}{h^3}\cdot V \tag{11.4-6}$$

对于粒子的平动，由平动能量公式

$$\varepsilon_{\mathrm{t}}=\frac{h^2}{8m}\left(\frac{n_x^2}{a^2}+\frac{n_y^2}{b^2}+\frac{n_z^2}{c^2}\right)$$

式中，$n_x, n_y, n_z=1, 2,\cdots$，粒子的平动基态能级，刚好对应 n_x, n_y, n_z 同时取 1 的情况，即粒子的实际平动基态能量不是 0。这对应于粒子的平动在任何实际条件下都不会停止。

综合以上的 1～4 部分可知，在研究化学问题时，q_{n}^0 可忽略，q_{v}、q_{r} 和 q_{t} 可计算，那么 $q^0=q_{\mathrm{e}}^0\cdot q_{\mathrm{v}}\cdot q_{\mathrm{r}}\cdot q_{\mathrm{t}}$ 就可直接得到了。

例 11.4.6 求处于长、宽、高分别为 0.4 m、0.3 m、0.2 m 长方体封闭系统内的 HCl 气体分子，处于平动基态时的平动能量；其第一平动激发态与平动基态之间的能级差，以及第二平动激发态与第一平动激发态之间的能级差。已知 HCl 分子的摩尔质量为 36.5 $\mathrm{g\cdot mol^{-1}}$。

解：三维势箱内运动的三维平动子，能级公式为 $\varepsilon_{\mathrm{t}}=\frac{h^2}{8m}\left(\frac{n_x^2}{a^2}+\frac{n_y^2}{b^2}+\frac{n_z^2}{c^2}\right)$，平动基态对应于 $n_x=1, n_y=1, n_z=1$。

设 $a=0.4$ m, $b=0.3$ m, $c=0.2$ m, 则第一平动激发态对应于 $n_x=2$（因为 $a>b>c$，$n_x=2$ 时比后二者为 1 时 ε_{t} 更小）, $n_y=1, n_z=1$, 而第二平动激发态对应于 $n_x=1, n_y=2, n_z=1$。

$$\varepsilon_{\mathrm{t},0}=\frac{h^2}{8m}\left(\frac{1}{a^2}+\frac{1}{b^2}+\frac{1}{c^2}\right)=\frac{(6.63\times10^{-34}\ \mathrm{J\cdot s})^2}{8\times36.5\ \mathrm{g\cdot mol^{-1}}/6.02\times10^{23}\ \mathrm{mol^{-1}}}\times42.36\ \mathrm{m^{-2}}=3.8\times10^{-44}\ \mathrm{J}$$

$$\varepsilon_{\mathrm{t},1}=\frac{h^2}{8m}\left(\frac{4}{a^2}+\frac{1}{b^2}+\frac{1}{c^2}\right)=\frac{(6.63\times10^{-34}\ \mathrm{J\cdot s})^2}{8\times36.5\ \mathrm{g\cdot mol^{-1}}/6.02\times10^{23}\ \mathrm{mol^{-1}}}\times61.11\ \mathrm{m^{-2}}=5.5\times10^{-44}\ \mathrm{J}$$

$$\varepsilon_{\mathrm{t},2}=\frac{h^2}{8m}\left(\frac{1}{a^2}+\frac{4}{b^2}+\frac{1}{c^2}\right)=\frac{(6.63\times10^{-34}\ \mathrm{J\cdot s})^2}{8\times36.5\ \mathrm{g\cdot mol^{-1}}/6.02\times10^{23}\ \mathrm{mol^{-1}}}\times75.69\ \mathrm{m^{-2}}=6.9\times10^{-44}\ \mathrm{J}$$

则 $\varepsilon_{\mathrm{t},1}-\varepsilon_{\mathrm{t},0}=1.7\times10^{-44}$ J；$\varepsilon_{\mathrm{t},2}-\varepsilon_{\mathrm{t},1}=1.4\times10^{-44}$ J。

例 11.4.7 求 Ar 在 $T=300$ K、$V=10^{-6}\ \mathrm{m^3}$ 条件下的平动配分函数及各平动自由度的配分函数。

解：Ar 的摩尔质量为 $39.948\times10^{-3}\ \mathrm{kg\cdot mol^{-1}}$，故一个 Ar 分子的质量为

$$m=\frac{39.948\times10^{-3}\ \mathrm{kg\cdot mol^{-1}}}{6.02\times10^{23}\ \mathrm{mol^{-1}}}=6.64\times10^{-26}\ \mathrm{kg}$$

则
$$q_{\mathrm{t}}=\frac{(2\pi mkT)^{\frac{3}{2}}}{h^3}\cdot V$$

$$=\frac{(2\times3.14\times6.64\times10^{-26}\times1.38\times10^{-23}\times300)^{\frac{3}{2}}}{(6.63\times10^{-34})^3}\times10^{-6}$$

$$=2.46\times10^{26}$$

$$q_x=q_{\mathrm{t}}^{\frac{1}{3}}=(2.46\times10^{26})^{\frac{1}{3}}=6.27\times10^8$$

5. 能级的能差及配分函数的比较

比较计算电子配分函数、转动配分函数、振动配分函数及平动配分函数的表达式［式（11.4−1）、式（11.4−4）、式（11.4−5）及式（11.4−6）］可以看到，在四个配分函数中只有平动配分函数与系统的体积有关。因此，也把平动配分函数称为外配分函数，而将其他三个配分函数的乘积称为内配分函数 q_{I}，即

$$q_{\mathrm{I}}=q_{\mathrm{r}}\cdot q_{\mathrm{v}}\cdot q_{\mathrm{e}}$$

于是有

$$q=q_{\mathrm{t}}\cdot q_{\mathrm{I}} \qquad (11.4-7)$$

由于 q_{r}、q_{v} 和 q_{e} 与系统的体积无关，故 q_{I} 也与系统的体积无关。

在上述四个配分函数中，其大小顺序是 $q_{\mathrm{t}}\gg q_{\mathrm{v}}>q_{\mathrm{r}}>q_{\mathrm{e}}$，因此粒子的配分函数主要来自平动配分函数的贡献。

与配分函数的大小相应，各配分函数的第一激发态与基态能级的能位差的大小顺序为 $(\varepsilon_{\mathrm{t},1}-\varepsilon_{\mathrm{t},0})\ll(\varepsilon_{\mathrm{r},1}-\varepsilon_{\mathrm{r},0})<(\varepsilon_{\mathrm{v},1}-\varepsilon_{\mathrm{v},0})<(\varepsilon_{\mathrm{e},1}-\varepsilon_{\mathrm{e},0})$。就其各基态和第一激发态间的能级差而言，平动能级差的量级约为 10^{-44} J（假定粒子的运动空间为 10^{-3} m^3 时），转动能级差的量级约为 10^{-22} J，振动能级差的量级约为 10^{-20} J，电子运动能级差的量级约为 10^{-17} J。

11.5 热力学函数与配分函数的关系

对于独立子系统，其总能量 $U=\sum_i n_i\varepsilon_i$。系统的宏观热力学性质，可以认为是在最概然分布条件下，相应微粒性质的统计平均结果。因此，热力学函数，实质上就可由按玻尔兹曼分布对相应微粒性质进行统计平均得出。

1. 热力学能 U

$$n_i=N\cdot\frac{g_i\mathrm{e}^{-\varepsilon_i/kT}}{q}$$

则有 $$U=\sum_i n_i\varepsilon_i=\frac{N}{q}\sum_i g_i\varepsilon_i \mathrm{e}^{-\varepsilon_i/kT} \tag{11.5-1}$$

将 $q=\sum_i g_i \mathrm{e}^{-\varepsilon_i/kT}$ 在等容 V 下对温度 T 求偏导数（注：q 只是 V 和 T 的函数）有

$$\left(\frac{\partial q}{\partial T}\right)_V=\sum_i g_i\left(\frac{\partial \mathrm{e}^{-\varepsilon_i/kT}}{\partial T}\right)_V=\frac{1}{kT^2}\sum_i g_i\varepsilon_i \mathrm{e}^{-\varepsilon_i/kT}$$

由该式可得

$$\sum_i g_i\varepsilon_i \mathrm{e}^{-\varepsilon_i/kT}=kT^2\left(\frac{\partial q}{\partial T}\right)_V$$

将此式代入式（11.5−1）有

$$U=\frac{N}{q}kT^2\left(\frac{\partial q}{\partial T}\right)_V=NkT^2\left(\frac{\partial \ln q}{\partial T}\right)_V \tag{11.5-2}$$

例 11.5.1 在 298.15 K 下，1 mol O_2 (g) 放在体积为 V 的容器中，压强为 $p^\ominus$ (已知 $k=1.38\times10^{-23}\ \mathrm{J\cdot K^{-1}}$, $h=6.63\times10^{-34}\ \mathrm{J\cdot s}$)，试计算：

（1）O_2 分子的平动配分函数 q_t；

（2）O_2 分子的平动热力学能 U_t。

解：（1） $$V=\frac{nRT}{p}=\left(\frac{1\times8.314\times298.15}{1\times10^5}\right)\mathrm{m^3}=0.0248\ \mathrm{m^3}$$

O_2 的摩尔质量为 $32\times10^{-3}\ \mathrm{kg\cdot mol^{-1}}$，故一个 O_2 分子的质量为

$$m=\left(\frac{32\times10^{-3}}{6.02\times10^{23}}\right)\mathrm{kg}=5.316\times10^{-26}\ \mathrm{kg}$$

$$q_t=\frac{(2\pi mkT)^{\frac{3}{2}}}{h^3}\cdot V=\frac{(2\times3.14\times5.316\times10^{-26}\times1.38\times10^{-23}\times298.15)^{\frac{3}{2}}}{(6.63\times10^{-34})^3}\times0.0248=4.33\times10^{30}$$

（2）$$U_t=NkT^2\left(\frac{\partial \ln q_t}{\partial T}\right)_{V,N}=\frac{3}{2}NkT=\left(\frac{3}{2}\times6.02\times10^{23}\times1.38\times10^{-23}\times298.15\right)\mathrm{J}=3715\ \mathrm{J}$$

2. 熵 S

$S=k\ln\Omega=k\ln W_\mathrm{D}^*$，对于定域子系统和离域子系统，其玻尔兹曼分布的热力学概率 W_D^* 不同，则其熵值也不同。

（1）定域子系统

对于定域子系统

$$S=k\ln\left(N!\prod_i\frac{g_i^{n_i}}{n_i!}\right)\qquad\left(\text{其中}n_i\text{服从玻尔兹曼分布}n_i=N\cdot\frac{g_i\mathrm{e}^{-\varepsilon_i/kT}}{q}\right)$$

将斯特林公式 $\ln N! = N\ln N - N$ 代入，得

$$S = Nk\ln N - k\sum_i n_i \ln\frac{n_i}{g_i}$$

再将玻尔兹曼分布公式代入，得

$$S = Nk\ln q + \frac{U}{T} = Nk\ln q + NkT\left(\frac{\partial \ln q}{\partial T}\right)_V \qquad (11.5-3)$$

（2）离域子系统

对于离域子系统

$$S = k\ln\left(\prod_i \frac{g_i^{n_i}!}{n_i!}\right) \qquad \left(其中n_i服从玻尔兹曼分布n_i = N\cdot\frac{g_i e^{-\varepsilon_i/kT}}{q}\right)$$

将斯特林公式和玻尔兹曼分布公式代入，得

$$S = Nk\ln q + \frac{U}{T} - k\ln N! = Nk\ln q + \frac{U}{T} - Nk\ln N + Nk$$

由于离域子系统的 W_D^* 为定域子系统的 $\frac{1}{N!}$，其熵的表示形式也相应地相差 $k\ln N!$。但是，需要注意的是，因为两个系统的 q 值的大小相差很大，比较熵的公式对于判断离域子系统和定域子系统熵的相对大小并无实际意义。

3. 其他热力学函数

由 $A = U - TS$，可进而得到系统的亥姆霍兹函数 A 与 q 的关系。

由 $p = -\left(\frac{\partial A}{\partial V}\right)_{T,N}$，可进而得到系统的压力 p（因为 $dA = -SdT - pdV$）与 q 的关系。

由 $H = U + pV$，可进而得到系统的焓 H 与 q 的关系。

由 $G = U + pV - TS$，可进而得到系统的吉布斯函数 G 与 q 的关系。

这些关系式如表 11.5.1 所示。

表 11.5.1　热力学函数与配分函数的关系

热力学函数	定域子系统	离域子系统
U	$NkT^2\left(\frac{\partial \ln q}{\partial T}\right)_V$	与定域子系统相同
S	$Nk\ln q + \frac{U}{T}$	$Nk\ln q + \frac{U}{T} - Nk\ln N + Nk$
A	$-NkT\ln q$	$-NkT\ln q + \frac{U}{T} + NkT\ln N - NkT$

续表

热力学函数	定域子系统	离域子系统
p	$NkT\left(\frac{\partial \ln q}{\partial V}\right)_T$	与定域子系统相同
H	$NkT^2\left(\frac{\partial \ln q}{\partial T}\right)_V + NkTV\left(\frac{\partial \ln q}{\partial V}\right)_T$	与定域子系统相同
G	$-NkT\ln q + NkTV\left(\frac{\partial \ln q}{\partial V}\right)_T$	$-NkT\ln q + NkT\ln N - NkT + NkTV\left(\frac{\partial \ln q}{\partial V}\right)_T$

11.6 统计热力学应用举例

1. 理想气体的 U 和 H

(1) U 只是温度的函数

$U = NkT^2\left(\frac{\partial \ln q}{\partial T}\right)_V$，而 $q = q_t \cdot q_I$，其中 q_I 与 V 无关，于是

$$U = NkT^2\left[\frac{\partial \ln(q_I \cdot q_t)}{\partial T}\right]_V = NkT^2\left(\frac{\partial\left\{\ln\left[q_I \cdot \frac{(2\pi mkT)^{\frac{3}{2}}}{h^3}\right] + \ln V\right\}}{\partial T}\right)_V$$

$$= NkT^2\left(\frac{\partial\left\{\ln\left[q_I \cdot \frac{(2\pi mkT)^{\frac{3}{2}}}{h^3}\right]\right\}}{\partial T}\right)_V + NkT^2\left(\frac{\partial \ln V}{\partial T}\right)_V$$

$$= NkT^2\left(\frac{\partial\left\{\ln\left[q_I \cdot \frac{(2\pi mkT)^{\frac{3}{2}}}{h^3}\right]\right\}}{\partial T}\right)_V$$

由于 $q_I \cdot \frac{(2\pi mkT)^{\frac{3}{2}}}{h^3}$ 与体积无关，所以理想气体的 U 只是温度的函数。

(2) H 只是温度的函数

$$H = U + NkTV\left(\frac{\partial \ln q}{\partial V}\right)_T$$

由于 $\left(\frac{\partial \ln q}{\partial V}\right)_T = \left\{\frac{\partial\left[\ln\frac{(2\pi mkT)^{\frac{3}{2}}}{h^3}\right]}{\partial V}\right\}_T + \left(\frac{\partial \ln V}{\partial V}\right)_T = 0 + \frac{1}{V} = \frac{1}{V}$，所以

$$H = U + NkT$$

因为 NkT 与体积 V 无关，而前已证得理想气体的 U 与 V 无关，所以 H 也只是温度的函数。

2. 理想气体的状态方程

$$p = NkT\left(\frac{\partial \ln q}{\partial V}\right)_T$$

而 $q = q_t \cdot q_I = \left[q_I \cdot \frac{(2\pi mkT)^{\frac{3}{2}}}{h^3}\right] \cdot V$

则
$$p = NkT \cdot \left[0 + \left(\frac{\partial \ln V}{\partial V}\right)_T\right] = \frac{NkT}{V}$$

由于 $N = nL$，$k = \frac{R}{L}$（L 为阿伏加德罗常数），所以

$$p = \frac{nRT}{V}，即 pV = nRT$$

3. 单原子理想气体的 $C_{V,\mathrm{m}}$

C11-1
粒子的配分函数及其析因子性质

对于单原子而言，由于其没有转动和振动的自由度，所以其 q_r 和 q_v 均为 1，所以有 $q = q_e \cdot q_t$，则

$$q^0 = g_{e,0} \cdot \frac{(2\pi mk)^{\frac{3}{2}}}{h^3} \cdot V \cdot T^{\frac{3}{2}}$$

$$U = NkT^2\left(\frac{\partial \ln q^0}{\partial T}\right)_V + U^0 = NkT^2 \cdot \frac{3}{2} \cdot \frac{1}{T} + U^0 = \frac{3}{2}NkT + U^0$$

C11-2
振动能级及其上粒子的分布

当 $n = 1$ mol 时，$U = \frac{3}{2}NkT + U^0 = \frac{3}{2}LkT + U^0 = \frac{3}{2}RT + U^0$，则

$$C_{V,\mathrm{m}} = \left(\frac{\partial U_{\mathrm{m}}}{\partial T}\right)_V = \frac{3}{2}R$$

统计热力学对于系统的不同运动形态熵等宏观状态函数的计算，都表现出了其发展魅力。要真正领会它，还应在统计热力学专业课中对其内容进行深入学习。

11.7 本章概要

1. 玻尔兹曼定理

$S = k\ln\Omega$，给出了系统熵的真正意义。熵，实际上是描述系统微态数的函数。它与系统微态数的关系就是 $S = k\ln\Omega$。

2. 摘取最大项原理

最概然分布所拥有的系统微态数 W_D^* 非常接近热力学系统可能出现的所有微态数 Ω。因而有 $S=k\ln\Omega=k\ln W_D^*$（前半部分为玻尔兹曼关系式）。

3. 最概然分布和粒子的配分函数

最概然分布就是拥有系统微态数最多的分布，或者说是出现数学概率最大的分布。最概然分布在第 i 个能级上的粒子数为

$$n_i^* = N\cdot\frac{g_i e^{-\varepsilon_i/kT}}{q} \text{ 或 } n_i^* = N\cdot\frac{g_i e^{-\varepsilon_i^0/kT}}{q^0}$$

其中 $q=\sum_i g_i e^{-\varepsilon_i/kT}$ 或 $q^0=\sum_i g_i e^{-\varepsilon_i^0/kT}$ 为粒子的配分函数。

4. 粒子配分函数的析因子性质

$$q=q_t\cdot q_r\cdot q_v\cdot q_e\cdot q_n,\quad q_I=q_r\cdot q_v\cdot q_e,\quad q=q_t\cdot q_I$$

粒子运动总能量与各运动能量的关系为 $\varepsilon_i=\varepsilon_{t,i}+\varepsilon_{r,i}+\varepsilon_{v,i}+\varepsilon_{e,i}+\varepsilon_{n,i}$。

粒子运动总能量的简并度与各运动能量的简并度的关系为 $g_i=g_{t,i}\cdot g_{r,i}\cdot g_{v,i}\cdot g_{e,i}\cdot g_{n,i}$。

5. 粒子各运动的配分函数

C11-3
三维势箱内粒子平动能级差

$$q_e^0=g_{e,0}$$

$$q_v=e^{-\frac{h\nu}{2kT}}+e^{-\frac{3h\nu}{2kT}}+e^{-\frac{5h\nu}{2kT}}+\cdots$$

其中 $\varepsilon_v(\upsilon)=\left(\upsilon+\frac{1}{2}\right)h\nu\quad(\upsilon=0,1,2,\cdots)$。

C11-4
粒子总配分函数的具体表达

$$q_r=\frac{8\pi^2 IkT}{\sigma h^2}=\frac{T}{\sigma\Theta_r}$$

$$q_t=\frac{(2\pi mkT)^{\frac{3}{2}}}{h^3}\cdot V$$

习题

1. 将 $N_2(g)$ 在电弧中加热，从光谱中观察到，处于振动量子数 $\upsilon=1$ 的第一激发态上的分子数 $N_{\upsilon=1}$ 与处于振动量子数 $\upsilon=0$ 的基态上的分子数 $N_{\upsilon=0}$ 之比为 0.26。已知 $N_2(g)$ 的振动频率为 $6.99\times10^{13}\ s^{-1}$，普朗克常量 $h=6.63\times10^{-34}\ J\cdot s$，玻尔兹曼常数 $k=1.38\times10^{-23}\ J\cdot K^{-1}$。计算此时 $N_2(g)$ 的温度。

2. 设某理想气体 A，分子的最低能级是非简并的。如果其基态能级是非简并的，取分子的基态为能量零点，第一激发态能量为 $\varepsilon = kT$，简并度为 2，忽略更高能级，那么

（1）写出 A 分子配分函数 q 的表达式；

（2）求最概然分布在上述两能级上的粒子数之比。

3. 在 298.15 K 和 $p^{\ominus}$ 下，将 1 mol O_2 (g) 充入体积为 V 的容器中。普朗克常量 $h = 6.63 \times 10^{-34}$ J·s，玻尔兹曼常数 $k = 1.38 \times 10^{-23}$ J·K^{-1}，试计算：O_2 分子的平动配分函数 q_t。

4. 某分子 B，在一定条件下其运动能量只有三个可及的能级 ε_1、ε_2、ε_3，其基态能级是非简并的。与基态能级相邻近的两个能级 ε_2、ε_3 的简并度分别为 3 和 5。当将基态能级 ε_1 取作能量零点时，其邻近两个能级的大小分别为 $\varepsilon_2 / k = 100$ K，$\varepsilon_3 / k = 300$ K（式中 k 为玻尔兹曼常数）。

（1）写出 B 分子的粒子配分函数 q 的析因子表示式。

（2）计算 B 分子在 200 K 时粒子配分函数 q。

（3）计算在 200 K 时由 B 分子构成的理想气体中，在这三个能级上最概然分布的 B 分子数之比。

5. 用统计热力学方法证明，单原子理想气体的 $C_{p,\mathrm{m}} = \dfrac{5}{2}R$。

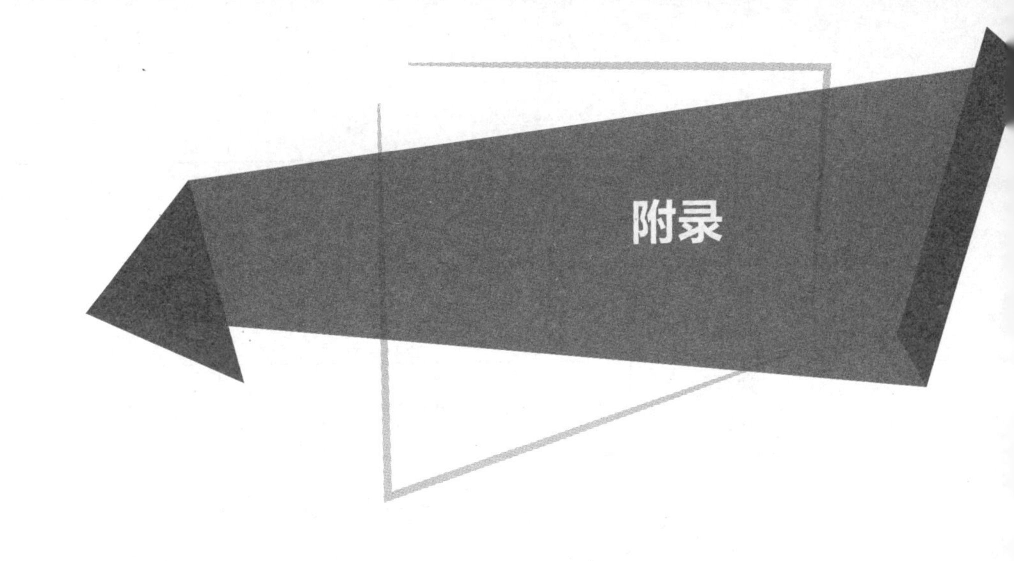

附表 1　常用基本物理常数

物理量	符号	1986 年 CODATA 推荐值		1998 年 CODATA 推荐值	
		量值	$U_r/10^{-6}$	量值	$U_r/10^{-6}$
真空中的光速	c	$299792458\ \mathrm{m \cdot s^{-1}}$	0	$299792458\ \mathrm{m \cdot s^{-1}}$	0
真空磁导率	μ_0	$12.566370614\cdots \times 10^{-7}\ \mathrm{N \cdot A^{-2}}$	0	$12.566370614\cdots \times 10^{-7}\ \mathrm{N \cdot A^{-2}}$	0
真空电容率	ε_0	$8.854187817\cdots \times 10^{-12}\ \mathrm{F \cdot m^{-1}}$	0	$8.854187817\cdots \times 10^{-12}\ \mathrm{F \cdot m^{-1}}$	0
普朗克常量	h	$6.6260755(40) \times 10^{-34}\ \mathrm{J \cdot s}$	0.60	$6.62606876(52) \times 10^{-34}\ \mathrm{J \cdot s}$	0.078
元电荷	e	$1.60217733(49) \times 10^{-19}\ \mathrm{C}$	0.30	$1.602176462(63) \times 10^{-19}\mathrm{C}$	0.039
玻尔磁子	μ_B	$9.2740154(31) \times 10^{-24}\ \mathrm{J \cdot T^{-1}}$	0.34	$9.27400899(37) \times 10^{-24}\ \mathrm{J \cdot T^{-1}}$	0.040
核磁子	μ_N	$5.0507866(17) \times 10^{-27}\ \mathrm{J \cdot T^{-1}}$	0.34	$5.05078317(20) \times 10^{-27}\ \mathrm{J \cdot T^{-1}}$	0.040
里德伯常数	R_∞	$10973731.534(13)\ \mathrm{m^{-1}}$	0.0012	$10973731.568549(83)\ \mathrm{m^{-1}}$	7.6×10^{-6}
玻尔半径	a_0	$0.529177249(24) \times 10^{-10}\ \mathrm{m}$	0.045	$0.5291772083(19) \times 10^{-10}\ \mathrm{m}$	3.7×10^{-3}
电子质量	m_e	$9.1093897(54) \times 10^{-31}\ \mathrm{kg}$	0.59	$9.10938188(72) \times 10^{-31}\ \mathrm{kg}$	0.079
质子质量	m_p	$1.6726231(10) \times 10^{-27}\ \mathrm{kg}$	0.59	$1.67262158(13) \times 10^{-27}\ \mathrm{kg}$	0.079
中子质量	m_n	$1.6749286(10) \times 10^{-27}\ \mathrm{kg}$	0.59	$1.67492716(13) \times 10^{-27}\ \mathrm{kg}$	0.079
阿伏加德罗常数	L	$6.0221367(36) \times 10^{23}\ \mathrm{mol^{-1}}$	0.59	$6.02214199(47) \times 10^{23}\ \mathrm{mol^{-1}}$	0.079
法拉第常数	F	$96485.309(29)\ \mathrm{C \cdot mol^{-1}}$	0.30	$96485.3415(39)\ \mathrm{C \cdot mol^{-1}}$	0.040

续表

物理量	符号	1986 年 CODATA 推荐值		1998 年 CODATA 推荐值	
		量值	$U_r/10^{-6}$	量值	$U_r/10^{-6}$
摩尔气体常数	R	$8.314510(70)\ J \cdot K^{-1} \cdot mol^{-1}$	8.4	$8.314472(15)\ J \cdot K^{-1} \cdot mol^{-1}$	1.7
玻尔兹曼常数	k	$1.380658(12) \times 10^{-23}\ J \cdot K^{-1}$	8.5	$1.3806503(24) \times 10^{-23}\ J \cdot K^{-1}$	1.7

注：① 以上给出的是科学技术数据委员会 CODATA 1986 年和 1998 年的基本物理常数推荐值。括号内的数字是量值最后两位数字的标准偏差不确定度 U，按 CODATA 的惯例取两位有效数数。

② U_r 为相对标准偏差不确定度。$U_r = 0$ 的量值为标准值。

③ 本书采用 1986 年 CODATA 推荐值。

附表 2　水的蒸气压　　单位：mmHg*

温度 /℃	蒸气压	温度 /℃	蒸气压	温度 /℃	蒸气压	温度 /℃	蒸气压	温度 /℃	蒸气压
−10.0	2.149	−8.1	2.495	−6.2	2.887	−4.3	3.334	−2.4	3.841
−9.9	2.167	−8.0	2.514	−6.1	2.909	−4.2	3.359	−2.3	3.871
−9.8	2.184	−7.9	2.533	−6.0	2.931	−4.1	3.384	−2.2	3.898
−9.7	2.201	−7.8	2.553	−5.9	2.955	−4.0	3.410	−2.1	3.927
−9.6	2.219	−7.7	2.572	−5.8	2.976	−3.9	3.436	−2.0	3.956
−9.5	2.236	−7.6	2.593	−5.7	3.000	−3.8	3.461	−1.9	3.986
−9.4	2.254	−7.5	2.613	−5.6	3.022	−3.7	3.487	−1.8	4.016
−9.3	2.271	−7.4	2.633	−5.5	3.046	−3.6	3.514	−1.7	4.045
−9.2	2.289	−7.3	2.654	−5.4	3.069	−3.5	3.540	−1.6	4.075
−9.1	2.307	−7.2	2.674	−5.3	3.092	−3.4	3.567	−1.5	4.105
−9.0	2.326	−7.1	2.695	−5.2	3.115	−3.3	3.593	−1.4	4.135
−8.9	2.343	−7.0	2.715	−5.1	3.139	−3.2	3.620	−1.3	4.165
−8.8	2.362	−6.9	2.736	−5.0	3.163	−3.1	3.647	−1.2	4.196
−8.7	2.380	−6.8	2.757	−4.9	3.187	−3.0	3.673	−1.1	4.227
−8.6	2.399	−6.7	2.778	−4.8	3.211	−2.9	3.702	−1.0	4.258
−8.5	2.418	−6.6	2.800	−4.7	3.235	−2.8	3.730	−0.9	4.289
−8.4	2.437	−6.5	2.822	−4.6	3.259	−2.7	3.757	−0.8	4.320
−8.3	2.456	−6.4	2.843	−4.5	3.284	−2.6	3.785	−0.7	4.353
−8.2	2.475	−6.3	2.866	−4.4	3.309	−2.5	3.813	−0.6	4.385

续表

温度 /℃	蒸气压	温度 /℃	蒸气压	温度 /℃	蒸气压	温度 /℃	蒸气压	温度 /℃	蒸气压
−0.5	4.416	2.7	5.565	5.9	6.965	9.1	8.668	12.3	10.728
−0.4	4.448	2.8	5.605	6.0	7.013	9.2	8.727	12.4	10.799
−0.3	4.480	2.9	5.645	6.1	7.062	9.3	8.786	12.5	10.870
−0.2	4.513	3.0	5.685	6.2	7.111	9.4	8.845	12.6	10.941
−0.1	4.546	3.1	5.725	6.3	7.160	9.5	8.905	12.7	11.013
0.0	4.579	3.2	5.766	6.4	7.209	9.6	8.965	12.8	11.085
0.1	4.613	3.3	5.807	6.5	7.259	9.7	9.025	12.9	11.158
0.2	4.647	3.4	5.848	6.6	7.309	9.8	9.086	13.0	11.231
0.3	4.681	3.5	5.889	6.7	7.360	9.9	9.147	13.1	11.305
0.4	4.715	3.6	5.931	6.8	7.411	10.0	9.209	13.2	11.379
0.5	4.750	3.7	5.973	6.9	7.462	10.1	9.271	13.3	11.453
0.6	4.785	3.8	6.015	7.0	7.513	10.2	9.333	13.4	11.528
0.7	4.820	3.9	6.058	7.1	7.565	10.3	9.395	13.5	11.604
0.8	4.855	4.0	6.101	7.2	7.617	10.4	9.458	13.6	11.680
0.9	4.890	4.1	6.144	7.3	7.669	10.5	9.521	13.7	11.756
1.0	4.926	4.2	6.187	7.4	7.722	10.6	9.585	13.8	11.833
1.1	4.962	4.3	6.230	7.5	7.775	10.7	9.649	13.9	11.910
1.2	4.998	4.4	6.274	7.6	7.828	10.8	9.714	14.0	11.987
1.3	5.034	4.5	6.318	7.7	7.882	10.9	9.779	14.1	12.065
1.4	5.070	4.6	6.363	7.8	7.936	11.0	9.844	14.2	12.144
1.5	5.107	4.7	6.408	7.9	7.990	11.1	9.910	14.3	12.223
1.6	5.144	4.8	6.453	8.0	8.045	11.2	9.976	14.4	12.302
1.7	5.181	4.9	6.498	8.1	8.100	11.3	10.042	14.5	12.382
1.8	5.219	5.0	6.543	8.2	8.155	11.4	10.109	14.6	12.462
1.9	5.256	5.1	6.589	8.3	8.211	11.5	10.176	14.7	12.543
2.0	5.294	5.2	6.635	8.4	8.267	11.6	10.244	14.8	12.624
2.1	5.332	5.3	6.681	8.5	8.323	11.7	10.312	14.9	12.706
2.2	5.370	5.4	6.728	8.6	8.380	11.8	10.380	15.0	12.788
2.3	5.408	5.5	6.775	8.7	8.437	11.9	10.449	15.1	12.870
2.4	5.447	5.6	6.822	8.8	8.494	12.0	10.518	15.2	12.953
2.5	5.486	5.7	6.869	8.9	8.551	12.1	10.588	15.3	13.037
2.6	5.525	5.8	6.917	9.0	8.609	12.2	10.658	15.4	13.121

续表

温度 /℃	蒸气压	温度 /℃	蒸气压	温度 /℃	蒸气压	温度 /℃	蒸气压	温度 /℃	蒸气压
15.5	13.205	18.7	16.171	21.9	19.707	25.1	23.897	28.3	28.847
15.6	13.290	18.8	16.272	22.0	19.827	25.2	24.039	28.4	29.015
15.7	13.375	18.9	16.374	22.1	19.948	25.3	24.182	28.5	29.184
15.8	13.461	19.0	16.477	22.2	20.070	25.4	24.326	28.6	29.354
15.9	13.547	19.1	16.581	22.3	20.193	25.5	24.471	28.7	29.525
16.0	13.634	19.2	16.685	22.4	20.316	25.6	24.617	28.8	29.697
16.1	13.721	19.3	16.789	22.5	20.440	25.7	24.764	28.9	29.870
16.2	13.809	19.4	16.894	22.6	20.565	25.8	24.912	29.0	30.043
16.3	13.898	19.5	16.999	22.7	20.690	25.9	25.060	29.1	30.217
16.4	13.987	19.6	17.105	22.8	20.815	26.0	25.209	29.2	30.392
16.5	14.076	19.7	17.212	22.9	20.941	26.1	25.359	29.3	30.568
16.6	14.166	19.8	17.319	23.0	21.068	26.2	25.509	29.4	30.745
16.7	14.256	19.9	17.427	23.1	21.196	26.3	25.660	29.5	30.923
16.8	14.347	20.0	17.535	23.2	21.324	26.4	25.812	29.6	31.102
16.9	14.438	20.1	17.644	23.3	21.453	26.5	25.964	29.7	31.281
17.0	14.530	20.2	17.753	23.4	21.583	26.6	26.117	29.8	31.461
17.1	14.622	20.3	17.863	23.5	21.714	26.7	26.271	29.9	31.642
17.2	14.715	20.4	17.974	23.6	21.845	26.8	26.426	30.0	31.824
17.3	14.809	20.5	18.085	23.7	21.977	26.9	26.582	30.1	32.007
17.4	14.903	20.6	18.197	23.8	22.110	27.0	26.739	30.2	32.191
17.5	14.997	20.7	18.309	23.9	22.243	27.1	26.897	30.3	32.376
17.6	15.092	20.8	18.422	24.0	22.377	27.2	27.055	30.4	32.561
17.7	15.188	20.9	18.536	24.1	22.512	27.3	27.214	30.5	32.747
17.8	15.284	21.0	18.650	24.2	22.648	27.4	27.374	30.6	32.934
17.9	15.380	21.1	18.765	24.3	22.785	27.5	27.535	30.7	33.122
18.0	15.477	21.2	18.880	24.4	22.922	27.6	27.696	30.8	33.312
18.1	15.575	21.3	18.996	24.5	23.060	27.7	27.858	30.9	33.503
18.2	15.673	21.4	19.113	24.6	23.198	27.8	28.021	31.0	33.695
18.3	15.772	21.5	19.231	24.7	23.337	27.9	28.185	31.1	33.888
18.4	15.871	21.6	19.349	24.8	23.476	28.0	28.349	31.2	34.082
18.5	15.971	21.7	19.468	24.9	23.616	28.1	28.514	31.3	34.276
18.6	16.071	21.8	19.587	25.0	23.756	28.2	28.680	31.4	34.471

续表

温度 /℃	蒸气压	温度 /℃	蒸气压	温度 /℃	蒸气压	温度 /℃	蒸气压	温度 /℃	蒸气压
31.5	34.667	34.7	41.480	37.9	49.424	42.2	62.14	48.6	86.28
31.6	34.864	34.8	41.710	38.0	49.692	42.4	62.80	48.8	87.14
31.7	35.062	34.9	41.942	38.1	49.961	42.6	63.46	49.0	88.02
31.8	35.261	35.0	42.175	38.2	50.231	42.8	64.12	49.2	88.90
31.9	35.462	35.1	42.409	38.3	50.502	43.0	64.80	49.4	89.79
32.0	35.663	35.2	42.644	38.4	50.774	43.2	65.48	49.6	90.69
32.1	35.865	35.3	42.880	38.5	51.048	43.4	66.16	49.8	91.59
32.2	36.068	35.4	43.117	38.6	51.323	43.6	66.86	50.0	92.51
32.3	36.272	35.5	43.355	38.7	51.600	43.8	67.56	50.5	94.86
32.4	36.477	35.6	43.595	38.8	51.879	44.0	68.26	51.0	97.20
32.5	36.683	35.7	43.836	38.9	52.160	44.2	68.97	51.5	99.65
32.6	36.891	35.8	44.078	39.0	52.442	44.4	69.69	52.0	102.09
32.7	37.099	35.9	44.320	39.1	52.725	44.6	70.41	52.5	104.65
32.8	37.308	36.0	44.563	39.2	53.009	44.8	71.14	53.0	107.20
32.9	37.518	36.1	44.808	39.3	53.294	45.0	71.88	53.5	109.86
33.0	37.729	36.2	45.054	39.4	53.580	45.2	72.62	54.0	112.51
33.1	37.942	36.3	45.301	39.5	53.867	45.4	73.36	54.5	115.28
33.2	38.155	36.4	45.549	39.6	54.156	45.6	74.12	55.0	118.04
33.3	38.369	36.5	45.799	39.7	54.446	45.8	74.88	55.5	120.92
33.4	38.584	36.6	46.050	39.8	54.737	46.0	75.65	56.0	123.80
33.5	38.801	36.7	46.302	39.9	55.030	46.2	76.43	56.5	126.81
33.6	39.018	36.8	46.556	40.0	55.324	46.4	77.21	57.0	129.82
33.7	39.237	36.9	46.811	40.2	55.91	46.6	78.00	57.5	132.95
33.8	39.457	37.0	47.067	40.4	56.51	46.8	78.80	58.0	136.08
33.9	39.677	37.1	47.324	40.6	57.11	47.0	79.60	58.5	139.34
34.0	39.898	37.2	47.582	40.8	57.72	47.2	80.41	59.0	142.60
34.1	40.121	37.3	47.841	41.0	58.34	47.4	81.23	59.5	145.99
34.2	40.344	37.4	48.102	41.2	58.96	47.6	82.05	60.0	149.38
34.3	40.569	37.5	48.364	41.4	59.58	47.8	82.87	60.5	152.91
34.4	40.796	37.6	48.627	41.6	60.22	48.0	83.71	61.0	156.43
34.5	41.023	37.7	48.891	41.8	60.86	48.2	84.56	61.5	160.10
34.6	41.251	37.8	49.157	42.0	61.50	48.4	85.42	62.0	163.77

续表

温度 /℃	蒸气压	温度 /℃	蒸气压	温度 /℃	蒸气压	温度 /℃	蒸气压	温度 /℃	蒸气压
62.5	167.58	75.0	289.1	87.5	477.9	94.0	610.90	99.0	733.24
63.0	171.38	75.5	295.3	88.0	487.1	94.2	615.44	99.2	738.53
63.5	175.35	76.0	301.4	88.5	496.6	94.4	620.01	99.4	743.85
64.0	179.31	76.5	307.7	89.0	506.1	94.6	624.61	99.6	749.20
64.5	183.43	77.0	314.1	89.5	515.9	94.8	629.24	99.8	754.58
65.0	187.54	77.5	320.7	90.0	525.76	95.0	633.90	100	760.00
65.5	191.82	78.0	327.3	90.2	529.77	95.2	638.59	102	815.86
66.0	196.09	78.5	334.2	90.4	533.80	95.4	643.30	104	875.06
66.5	200.53	79.0	341.0	90.6	537.86	95.6	648.05	106	937.92
67.0	204.96	79.5	348.1	90.8	541.95	95.8	652.82	108	1004.4
67.5	209.57	80.0	355.1	91.0	546.05	96.0	657.62	110	1074.6
68.0	214.17	80.5	362.4	91.2	550.18	96.2	662.45	112	1148.7
68.5	218.95	81.0	369.7	91.4	554.35	96.4	667.31	114	1227.2
69.0	223.73	81.5	377.3	91.6	558.53	96.6	672.20	116	1309.9
69.5	228.72	82.0	384.9	91.8	562.75	96.8	677.12	118	1397.2
70.0	233.7	82.5	392.8	92.0	566.99	97.0	682.07		
70.5	238.8	83.0	400.6	92.2	571.26	97.2	687.04		
71.0	243.9	83.5	408.7	92.4	575.55	97.4	692.05		
71.5	249.3	84.0	416.8	92.6	579.87	97.6	697.10		
72.0	254.6	84.5	425.2	92.8	584.22	97.8	702.17		
72.5	260.2	85.0	433.6	93.0	588.60	98.0	707.27		
73.0	265.7	85.5	442.3	93.2	593.00	98.2	712.40		
73.5	271.5	86.0	450.9	93.4	597.43	98.4	717.56		
74.0	277.2	86.5	459.8	93.6	601.89	98.6	722.75		
74.5	283.2	87.0	468.7	93.8	606.38	98.8	727.98		

*1 mmHg = 0.133 kPa

附表 3　常见物质的临界参数

物质	T_c/K	p_c / MPa	V_c/(cm^3 · mol^{-1})	Z_c
Ar	151.2	4.86	75	0.290
CO	133.0	3.50	93	0.294
CO_2	304.2	7.39	94	0.275

续表

物质	T_c/K	p_c / MPa	V_c/(cm^3·mol^{-1})	Z_c
CS_2	552.0	7.90	170	0.293
Cl_2	417.0	7.71	124	0.276
H_2	33.2	1.30	65	0.304
HCl	324.6	8.26	87	0.266
HCN	356.7	5.39	139	0.197
H_2O	647.4	22.12	56	0.230
H_2S	373.6	9.01	98	0.284
He	5.2	0.227	57	0.304
N_2	126.2	3.39	90	0.291
NH_3	405.6	11.28	73	0.243
NO	179.2	6.59	58	0.256
O_2	154.4	5.04	74	0.290
SO_2	430.7	7.88	122	0.269
SO_3	491.4	8.49	126	0.262
CH_4（甲烷）	190.6	4.64	99	0.290
C_2H_6（乙烷）	305.4	4.88	148	0.285
C_3H_8（丙烷）	369.8	4.25	203	0.277
C_4H_{10}（丁烷）	425.17	3.797	255	0.274
C_4H_{10}（异丁烷）	408.1	3.65	263	0.283
C_5H_{12}（戊烷）	469.8	3.37	311	0.269
C_5H_{12}（异戊烷）	461.0	3.33	308	0.268
C_2H_4（乙烯）	283.1	5.12	124	0.270
C_3H_6（丙烯）	365.1	4.60	181	0.274
C_4H_8（1−丁烯）	419.6	4.02	240	0.277
C_4H_6（1,3−丁二烯）	425.0	4.33	221	0.271
C_2H_2（乙炔）	309.5	6.24	113	0.274
C_6H_{12}（环己烷）	553.2	4.1	308	0.271
C_6H_6（苯）	562.6	4.92	260	0.274
C_7H_8（甲苯）	592.0	4.22	316	0.271
C_8H_{10}（乙苯）	617.1	3.74	374	0.272
C_8H_{10}（邻二甲苯）	631.6	3.62	369	0.254
C_8H_{10}（间二甲苯）	616.8	3.52	376	0.258

续表

物质	T_c/K	p_c / MPa	V_c/($cm^3 \cdot mol^{-1}$)	Z_c
C_8H_{10}（对二甲苯）	618.8	3.43	378	0.252
C_2H_6O（二甲醚）	400.1	5.33	178	0.285
C_3H_8O（甲乙醚）	437.9	4.40	221	0.267
$C_4H_{10}O$（乙醚）	467.0	3.61	281	0.261
C_2H_4O（环氧乙烷）	468.0	7.19	138	0.255
CH_4O（甲醇）	513.2	7.95	118	0.222
C_2H_6O（乙醇）	516.3	6.38	167	0.248
C_3H_8O（丙醇）	537.3	5.09	220	0.251
C_3H_8O（异丙醇）	508.2	4.76	220.4	0.248
C_2H_4O（乙醛）	461	5.54	168	0.257
C_3H_6O（丙酮）	508.7	4.72	213	0.238
C_4H_8O（甲乙酮）	535	4.15	267	0.249
$C_2H_4O_2$（乙酸）	594.8	5.79	171	0.200
$C_2H_4O_2$（甲酸甲酯）	487.2	6.00	172	0.255
$C_3H_6O_2$（甲酸乙酯）	508.5	4.69	229	0.257
$C_3H_6O_2$（乙酸甲酯）	506.9	4.69	228	0.254
$C_4H_8O_2$（乙酸乙酯）	523.3	3.83	286	0.252
$C_4H_{10}NH$（二乙胺）	496.6	3.71	301	0.270
CH_3Cl（一氯甲烷）	416.3	6.68	143	0.276
$CHCl_3$（氯仿）	536.6	5.47	240	0.294
$CC1_4$（四氯化碳）	556.4	4.56	276	0.272
C_6H_5Cl（氯苯）	632.4	4.52	308	0.265

附表 4　物质的标准摩尔生成焓、标准摩尔生成吉布斯函数、标准摩尔熵和标准等压摩尔热容

1. 单质和无机物

物质	$\Delta_f H_m^\ominus$ (298.15 K)	$\Delta_f G_m^\ominus$ (298.15 K)	$S_m^\ominus$ (298.15 K)	$C_{p,m}^\ominus$ (298.15 K)	$C_{p,m}^\ominus = a + bT + cT^2$或$C_{p,m}^\ominus = a + bT + c'T^{-2}$				适用温度/K
					a	b	c	c'	
	$kJ \cdot mol^{-1}$	$kJ \cdot mol^{-1}$	$J \cdot K^{-1} \cdot mol^{-1}$	$J \cdot K^{-1} \cdot mol^{-1}$	$J \cdot K^{-1} \cdot mol^{-1}$	$10^{-3}\, J \cdot K^{-2} \cdot mol^{-1}$	$10^{-6}\, J \cdot K^{-3} \cdot mol^{-1}$	$10^{5}\, J \cdot K \cdot mol^{-1}$	
Ag(s)	0	0	42.712	25.48	23.97	5.284		−0.25	293～1234
Ag_2CO_3(s)	−506.14	−437.09	167.36						
Ag_2O(s)	−30.56	−10.82	121.71	65.57					
Al(s)	0	0	28.315	24.35	20.67	12.38			273～932
Al(g)	313.80	273.2	164.553						
α−Al_2O_3	−1669.8	−2213.16	0.986	79.0	92.38	37.535		−26.861	27～1937
$Al_2(SO_4)_3$(s)	−3434.98	−3728.53	239.3	259.4	368.57	61.92		−113.47	298～1100
Br(g)	111.884	82.396	175.021						
Br_2(g)	30.71	3.109	245.455	35.99	37.20	0.690		−1.188	300～1500
Br_2(l)	0	0	152.3	35.6					
C(金刚石)	1.896	2.866	2.439	6.07	9.12	13.22		−6.19	298～1200
C(石墨)	0	0	5.694	8.66	17.15	4.27		−8.79	298～2300
CO(g)	−110.525	−137.285	198.016	29.142	27.6	5.0			290～2500
CO_2(g)	−393.511	−394.38	213.76	37.120	44.14	9.04		−8.54	298～2500
Ca(s)	0	0	41.63	26.27	21.92	14.64			273～673
CaC_2(s)	−62.8	−67.8	70.2	62.34	68.6	11.88		−8.66	298～720

续表

物质	$\Delta_f H_m^\ominus$ (298.15 K)	$\Delta_f G_m^\ominus$ (298.15 K)	$S_m^\ominus$ (298.15 K)	$C_{p,m}^\ominus$ (298.15 K)	$C_{p,m}^\ominus = a + bT + cT^2$ 或 $C_{p,m}^\ominus = a + bT + c'T^{-2}$				适用温度/K
					a	b	c	c'	
	$kJ \cdot mol^{-1}$	$kJ \cdot mol^{-1}$	$J \cdot K^{-1} \cdot mol^{-1}$	$J \cdot K^{-1} \cdot mol^{-1}$	$J \cdot K^{-1} \cdot mol^{-1}$	$10^{-3}\ J \cdot K^{-2} \cdot mol^{-1}$	$10^{-6}\ J \cdot K^{-3} \cdot mol^{-1}$	$10^{5}\ J \cdot K \cdot mol^{-1}$	
$CaCO_3$(方解石)	−1206.87	−1128.70	92.8	81.83	104.52	21.92		−25.94	298～1200
$CaCl_2$(s)	−795.0	−750.2	113.8	72.63	71.88	12.72		−2.51	298～1055
CaO(s)	−635.6	−604.2	39.7	48.53	43.83	4.52		−6.52	298～1800
$Ca(OH)_2$(s)	−986.5	−896.89	76.1	84.5					
$CaSO_4$(硬石膏)	−1432.68	−1320.24	106.7	97.65	77.49	91.92		−6.561	273～1373
Cl_2(g)	0	0	222.948	33.9	36.69	1.05		−2.523	273～1500
Cu(s)	0	0	33.32	24.47	24.56	4.18		−1.201	273～1357
CuO(s)	−155.2	−127.1	43.51	44.4	38.79	20.08			298～1250
α−Cu_2O	−166.69	−146.33	100.8	69.8	62.34	23.85			298～1200
F_2(g)	0	0	203.5	31.46	34.69	1.84		−3.35	273～2000
α−Fe	0	0	27.15	25.23	17.28	26.69			273～1041
$FeCO_3$(s)	−747.68	−673.84	92.8	82.13	48.66	112.1			298～885
FeO(s)	−266.52	−244.3	54.0	51.1	52.80	6.242		−3.188	273～1173
Fe_2O_3(s)	−822.1	−741.0	90.0	104.6	97.74	17.13		−12.887	298～1100
Fe_3O_4(s)	−117.1	−1 014.1	146.4	143.42	167.03	78.91		−41.88	298～1100
H_2(g)	0	0	130.695	28.83	29.08	−0.84	2.00		300～1500

续表

物质	$\Delta_f H_m^\ominus$ (298.15 K)	$\Delta_f G_m^\ominus$ (298.15 K)	$S_m^\ominus$ (298.15 K)	$C_{p,m}^\ominus$ (298.15 K)	$C_{p,m}^\ominus = a + bT + cT^2$ 或 $C_{p,m}^\ominus = a + bT + c'T^{-2}$				适用温度/K
					a	b	c	c'	
	$kJ \cdot mol^{-1}$	$kJ \cdot mol^{-1}$	$J \cdot K^{-1} \cdot mol^{-1}$	$J \cdot K^{-1} \cdot mol^{-1}$	$J \cdot K^{-1} \cdot mol^{-1}$	$10^{-3}\ J \cdot K^{-2} \cdot mol^{-1}$	$10^{-6}\ J \cdot K^{-3} \cdot mol^{-1}$	$10^{5}\ J \cdot K \cdot mol^{-1}$	
HBr(g)	−36.24	−53.22	198.60	29.12	26.15	5.86		1.09	298～1600
HCl(g)	−92.311	−95.265	186.786	29.12	26.53	4.60		1.90	298～2000
HI(g)	−25.94	−1.32	206.42	29.12	26.32	5.94		0.92	298～1000
H_2O(g)	−241.825	−228.577	188.823	33.571	30.12	11.30			273～2000
H_2O(l)	−285.838	−237.142	69.940	75.300					
H_2O_2(l)	−187.61	−118.04	102.26	82.29					
H_2S(g)	−20.146	−33.040	205.75	33.97	29.29	15.69			273～1300
H_2SO_4(l)	−811.35	(−866.4)	156.85	137.57					
H_2SO_4(aq)	−811.32								
HSO_4^-(aq)	−885.75	−752.99	126.86						
I_2(s)	0	0	116.7	55.97	40.12	49.79			298～386.8
I_2(g)	62.242	19.34	260.60	36.87					
N_2(g)	0	0	191.598	29.12	26.87	4.27			273～2500
NH_3(g)	−46.19	−16.603	192.61	35.65	29.79	25.48		−1.665	273～1400
NO(g)	89.860	90.37	210.309	29.861	29.58	3.85		−0.59	273～1500
NO_2(g)	33.85	51.86	240.57	37.90	42.93	8.54		−6.74	
N_2O(g)	81.55	103.62	220.10	38.70	45.69	8.62		−8.54	273～500
N_2O_4(g)	9.660	98.39	304.42	79.0	83.89	30.75		14.90	

续表

物质	$\Delta_f H_m^\ominus$ (298.15 K)	$\Delta_f G_m^\ominus$ (298.15 K)	$S_m^\ominus$ (298.15 K)	$C_{p,m}^\ominus$ (298.15 K)	$C_{p,m}^\ominus = a + bT + cT^2$或$C_{p,m}^\ominus = a + bT + c'T^{-2}$				适用温度/K
					a	b	c	c'	
	$kJ \cdot mol^{-1}$	$kJ \cdot mol^{-1}$	$J \cdot K^{-1} \cdot mol^{-1}$	$J \cdot K^{-1} \cdot mol^{-1}$	$J \cdot K^{-1} \cdot mol^{-1}$	$10^{-3} J \cdot K^{-2} \cdot mol^{-1}$	$10^{-6} J \cdot K^{-3} \cdot mol^{-1}$	$10^{5} J \cdot K \cdot mol^{-1}$	
N_2O_5(g)	2.51	110.5	342.4	108.0					
O(g)	247.521	230.095	161.063	21.93					
O_2(g)	0	0	205.138	29.37	31.46	3.39		−3.77	273～2000
O_3(g)	142.3	163.45	237.7	38.15					
S(单斜)	0.29	0.096	32.55	23.64	14.90	29.08			368.6～392
S(斜方)	0	0	31.9	22.60	14.98	26.11			273～368.6
S(g)	222.80	182.27	167.825					−3.51	
SO_2(g)	−296.90	−300.37	248.64	39.79	47.70	7.171		−8.54	298～1800
SO_3(g)	−395.18	−370.40	256.34	50.70	57.32	26.86		−13.05	273～900

2. 有机化合物

在指定温度范围内标准等压摩尔热容可用下式计算：$C_{p,m}^{\ominus}=a+bT+cT^2+dT^3$。

物质	$\Delta_f H_m^{\ominus}$ (298.15 K)	$\Delta_f G_m^{\ominus}$ (298.15 K)	$S_m^{\ominus}$ (298.15 K)	$C_{p,m}^{\ominus}$ (298.15 K)	$C_{p,m}^{\ominus}=a+bT+cT^2$ 或 $C_{p,m}^{\ominus}=a+bT+c'T^{-2}$				适用温度/K
					a	b	c	c'	
	$kJ \cdot mol^{-1}$	$kJ \cdot mol^{-1}$	$J \cdot K^{-1} \cdot mol^{-1}$	$J \cdot K^{-1} \cdot mol^{-1}$	$J \cdot K^{-1} \cdot mol^{-1}$	$10^{-3}\ J \cdot K^{-2} \cdot mol^{-1}$	$10^{-6}\ J \cdot K^{-3} \cdot mol^{-1}$	$10^{5}\ J \cdot K \cdot mol^{-1}$	
烃类									
甲烷 $CH_4(g)$	−74.847	−50.827	186.30	35.715	17.451	60.46	1.117	−7.205	298～1500
乙炔 $C_2H_2(g)$	226.748	209.200	200.928	43.928	23.460	85.768	−58.342	15.870	298～1500
乙烯 $C_2H_4(g)$	52.283	68.157	219.56	43.56	4.197	154.590	−81.090	16.815	298～1500
乙烷 $C_2H_6(g)$	−84.667	−32.821	229.60	52.650	4.936	182.259	−74.856	10.799	298～1500
丙烯 $C_3H_6(g)$	20.414	62.783	267.05	63.89	3.305	235.860	−117.600	22.677	298～1500
丙烷 $C_3H_8(g)$	−103.847	−23.391	270.02	73.51	−4.799	307.311	−160.159	32.748	298～1500
1, 3 − 丁二烯 $C_4H_6(g)$	110.16	150.74	278.85	79.54	−2.958	340.084	−223.689	56.530	298～1500
1− 丁烯 $C_4H_8(g)$	− 0.13	71.60	305.71	85.65	2.540	344.929	−191.284	41.664	298～1500
顺 − 2 − 丁烯 $C_4H_8(g)$	− 6.99	65.96	300.94	78.91	8.774	342.448	−197.322	34.271	298～1500
反 − 2 − 丁烯 $C_4H_8(g)$	−11.17	63.07	296.59	87.82	8.381	307.541	−148.256	27.284	298～1500
正丁烷 $C_4H_{10}(g)$	−126.15	−17.02	310.23	97.45	0.469	385.376	−198.882	39.996	298～1500
异丁烷 $C_4H_{10}(g)$	−134.52	−20.79	294.75	96.82	−6.841	409.643	−220.547	45.739	298～1500

续表

物质	$\Delta_f H_m^\ominus$ (298.15 K)	$\Delta_f G_m^\ominus$ (298.15 K)	$S_m^\ominus$ (298.15 K)	$C_{p,m}^\ominus$ (298.15 K)	$C_{p,m}^\ominus = a + bT + cT^2$或$C_{p,m}^\ominus = a + bT + c'T^{-2}$				适用温度/K
					a	b	c	c'	
	$kJ \cdot mol^{-1}$	$kJ \cdot mol^{-1}$	$J \cdot K^{-1} \cdot mol^{-1}$	$J \cdot K^{-1} \cdot mol^{-1}$	$J \cdot K^{-1} \cdot mol^{-1}$	$10^{-3} J \cdot K^{-2} \cdot mol^{-1}$	$10^{-6} J \cdot K^{-3} \cdot mol^{-1}$	$10^{5} J \cdot K \cdot mol^{-1}$	
苯 $C_6H_6(g)$	82.927	129.723	269.31	81.67	−33.899	471.872	−298.344	70.835	298～1500
苯 $C_6H_6(l)$	49.028	124.597	172.35	135.77	59.50	255.01			281 ~ 353
环己烷 $C_6H_{12}(g)$	−123.14	31.92	298.51	106.27	−67.664	679.452	−380.761	78.006	298～1500
正己烷 $C_6H_{14}(g)$	−167.19	−0.09	388.85	143.09	3.084	565.786	−300.369	62.061	298～1500
正己烷 $C_6H_{14}(l)$	−198.82	−4.08	295.89	194.93					
甲苯 $C_6H_5CH_3(g)$	49.999	122.388	319.86	103.76	−33.882	557.045	−342.373	79.873	298～1500
甲苯 $C_6H_5CH_3(l)$	11.995	114.299	219.58	157.11	59.62	326.98			281～382
邻二甲苯 $C_6H_4(CH_3)_2(g)$	18.995	122.207	352.86	133.26	−14.811	591.136	−339.590	74.697	298～1500
邻二甲苯 $C_6H_4(CH_3)_2(l)$	−24.439	110.495	246.48	187.9					
间二甲苯 $C_6H_4(CH_3)_2(g)$	17.238	118.977	357.80	127.57	−27.384	620.870	−363.895	81.379	298~1500
间二甲苯 $C_6H_4(CH_3)_2(l)$	− 25.418	107.817	252.17	183.3					
对二甲苯 $C_6H_4(CH_3)_2(g)$	17.949	121.266	352.53	126.86	−25.924	60.670	−350.561	76.877	298~1500

续表

物质	$\Delta_f H_m^\ominus$ (298.15 K)	$\Delta_f G_m^\ominus$ (298.15 K)	$S_m^\ominus$ (298.15 K)	$C_{p,m}^\ominus$ (298.15 K)	$C_{p,m}^\ominus = a + bT + cT^2$或$C_{p,m}^\ominus = a + bT + c'T^{-2}$				适用温度/K
					a	b	c	c'	
	$kJ \cdot mol^{-1}$	$kJ \cdot mol^{-1}$	$J \cdot K^{-1} \cdot mol^{-1}$	$J \cdot K^{-1} \cdot mol^{-1}$	$J \cdot K^{-1} \cdot mol^{-1}$	$10^{-3}\ J \cdot K^{-2} \cdot mol^{-1}$	$10^{-6}\ J \cdot K^{-3} \cdot mol^{-1}$	$10^{5}\ J \cdot K \cdot mol^{-1}$	
对二甲苯 $C_6H_4(CH_3)_2(l)$	−24.426	110.244	247.36	183.7					
含氧化合物									
甲醛 $HCHO(g)$	−115.90	−110.0	220.2	35.36	18.820	58.379	−15.606		291~1500
甲酸 $HCOOH(g)$	−362.63	−335.69	251.1	54.4	30.67	89.20	−34.539		300~700
甲酸 $HCOOH(l)$	−409.20	−345.9	128.95	99.04					
甲醇 $CH_3OH(g)$	−201.17	−161.83	237.8	49.4	20.42	103.68	−24.640		300~700
甲醇 $CH_3OH(l)$	−238.57	−166.15	126.8	81.6					
乙醛 $CH_3CHO(g)$	−166.36	−133.67	265.8	62.8	31.054	121.457	−36.577		298~1500
乙酸 $CH_3COOH(l)$	−487.0	−392.4	159.8	123.4	54.81	230			
乙酸 $CH_3COOH(g)$	−436.4	−381.5	293.4	72.4	21.76	193.09	−76.78		300~700
乙醇 $C_2H_5OH(l)$	−277.63	−174.36	160.7	111.46	106.52	165.7	575.3		283~348
乙醇 $C_2H_5OH(g)$	−235.31	−168.54	282.1	71.1	20.694	205.38	−99.809		300~1500
丙酮 $CH_3COCH_3(l)$	−248.283	−155.33	200.0	124.73	55.61	232.2			298~320

续表

物质	$\Delta_f H_m^\ominus$ (298.15 K)	$\Delta_f G_m^\ominus$ (298.15 K)	$S_m^\ominus$ (298.15 K)	$C_{p,m}^\ominus$ (298.15 K)	$C_{p,m}^\ominus = a + bT + cT^2$ 或 $C_{p,m}^\ominus = a + bT + c'T^{-2}$				适用温度/K
					a	b	c	c'	
	$kJ \cdot mol^{-1}$	$kJ \cdot mol^{-1}$	$J \cdot K^{-1} \cdot mol^{-1}$	$J \cdot K^{-1} \cdot mol^{-1}$	$J \cdot K^{-1} \cdot mol^{-1}$	$10^{-3}\ J \cdot K^{-2} \cdot mol^{-1}$	$10^{-6}\ J \cdot K^{-3} \cdot mol^{-1}$	$10^{5}\ J \cdot K \cdot mol^{-1}$	
丙酮 $CH_3COCH_3(g)$	−216.69	−152.2	296.00	75.3	22.472	201.78	−63.521		298~1500
乙醚 $C_2H_5OC_2H_5(l)$	−273.2	−116.47	253.1		170.7				290
乙酸乙酯 $CH_3COOC_2H_5(l)$	−463.2	−315.3	259		169.0				293
苯甲酸 $C_6H_5COOH(s)$	−384.55	−245.5	170.7	155.2					
卤代烃									
氯甲烷 $CH_3Cl(g)$	−82.0	−58.6	234.29	40.79	14.903	96.2	−31.552		273~800
二氯甲烷 $CH_2Cl_2(g)$	−88	−59	270.62	51.38	33.47	65.3			273~800
氯仿 $CHCl_3(l)$	−131.8	−71.4	202.9	116.3					
氯仿 $CHCl_3(g)$	−100	−67	296.48	65.81	29.506	148.942	−90.713		273~800
四氯化碳 $CCl_4(l)$	−139.3	−68.5	214.43	131.75	97.99	111.71			273~330
四氯化碳 $CCl_4(g)$	−106.7	−64.0	309.41	85.51					

续表

物质	$\Delta_f H_m^\ominus$ (298.15 K)	$\Delta_f G_m^\ominus$ (298.15 K)	$S_m^\ominus$ (298.15 K)	$C_{p,m}^\ominus$ (298.15 K)	$C_{p,m}^\ominus = a+bT+cT^2$或$C_{p,m}^\ominus = a+bT+c'T^{-2}$				适用温度/K
					a	b	c	c'	
	$kJ \cdot mol^{-1}$	$kJ \cdot mol^{-1}$	$J \cdot K^{-1} \cdot mol^{-1}$	$J \cdot K^{-1} \cdot mol^{-1}$	$J \cdot K^{-1} \cdot mol^{-1}$	$10^{-3} J \cdot K^{-2} \cdot mol^{-1}$	$10^{-6} J \cdot K^{-3} \cdot mol^{-1}$	$10^{5} J \cdot K \cdot mol^{-1}$	
氯苯 $C_6H_5Cl(l)$	116.3	−198.2	197.5	145.6					
含氮化合物									
苯胺 $C_6H_5NH_2(l)$	35.31	153.35	191.6	199.6	338.28	−1068.6	2022.1		278~348
硝基苯 $C_6H_5NO_2(l)$	15.90	146.36	244.3		185.4				293

注：本附录数据主要取自 Handbook of Chemistry and Physics, 70th ed.，1990；Editor John A. Dean，Lange's Handbook of Chemistry, 1967。原书标准压强 $p^\ominus$ = 101.325 kPa，本附录已换算成标准压强为 100 kPa 下的数据。两种不同标准压强下的 $\Delta_f G_m^\ominus$ (298.15 K) 及气态 $S_m^\ominus$ (298.15 K) 的差别按下式计算：

$$S_m^\ominus(298.15\ K)(p^\ominus = 100\ kPa) = S_m^\ominus(298.15\ K)(p^\ominus = 101.325\ kPa) + R\ln\frac{101.325\times 10^3}{100\times 10^3}$$

$$= S_m^\ominus(298.15\ K)(p^\ominus = 101.325\ kPa) + 0.1094\ J \cdot K^{-1} \cdot mol^{-1}$$

$$\Delta_f G_m^\ominus(298.15\ K)(p^\ominus = 100\ kPa) = \Delta_f G_m^\ominus(298.15\ K)(p^\ominus = 101.325\ kPa) - 0.0326\ kJ \cdot mol^{-1}\sum_B \nu_B(g)$$

式中，$\nu_B(g)$ 为生成反应式中气态组分的化学计量数。

读者需要时，可查阅·NBS 化学热力学性质表·SI 单位表示的无机和 C_1 与 C_2 有机物质的选择值。刘天和，赵梦月，译，北京：中国标准出版社，1998。

附表 5　一些有机化合物的标准摩尔燃烧焓（298.15K）

化合物	$\Delta_c H_m^\ominus / (kJ \cdot mol^{-1})$
$CH_4(g)$ 甲烷	−890.31
$C_2H_2(g)$ 乙炔	−1299.59
$C_2H_4(g)$ 乙烯	−1410.97
$C_2H_6(g)$ 乙烷	−1559.84
$C_3H_8(g)$ 丙烷	−2219.07
$C_4H_{10}(g)$ 正丁烷	−2878.34
$C_6H_6(l)$ 苯	−3267.54
$C_6H_{12}(l)$ 环己烷	−3919.86
$C_7H_8(l)$ 甲苯	−3925.4
$C_{10}H_8(s)$ 萘	−5153.9
$CH_3OH(l)$ 甲醇	−726.64
$C_2H_5OH(l)$ 乙醇	−1366.91
$C_6H_5OH(s)$ 苯酚	−3053.48
$HCHO(g)$ 甲醛	−570.78
$CH_3COCH_3(l)$ 丙酮	−1790.42
$C_2H_5COC_2H_5(l)$ 乙醚	−2730.9
$HCOOH(l)$ 甲酸	−254.64
$CH_3COOH(l)$ 乙酸	−874.54
C_6H_5COOH(晶) 苯甲酸	−3226.7
$C_7H_6O_3(s)$ 水杨酸	−3022.5
$CHCl_3(l)$ 氯仿	−373.2
$CH_3C1(g)$ 氯甲烷	−689.1
$CS_2(l)$ 二硫化碳	−1076
$CO(NH_2)_2(s)$ 尿素	−634.3
$C_6H_5NO_2(l)$ 硝基苯	−3091.2
$C_6H_5NH_2(l)$ 苯胺	−3396.2

附表 6　标准电极电势（298.15 K）

电极反应 氧化型 $+ze^- \rightleftharpoons$ 还原型	$E^\ominus$/V
$Li^+(aq) + e^- \rightleftharpoons Li(s)$	−3.040

续表

电极反应 氧化型 $+ze^- \rightleftharpoons$ 还原型	$E^{\ominus}$/V
$Cs^+(aq) + e^- \rightleftharpoons Cs(s)$	−3.027
$Rb^+(aq) + e^- \rightleftharpoons Rb(s)$	−2.943
$K^+(aq) + e^- \rightleftharpoons K(s)$	−2.936
$Ra^{2+}(aq) + 2e^- \rightleftharpoons Ra(s)$	−2.910
$Ba^{2+}(aq) + 2e^- \rightleftharpoons Ba(s)$	−2.906
$Sr^{2+}(aq) + 2e^- \rightleftharpoons Sr(s)$	−2.899
$Ca^{2+}(aq) + 2e^- \rightleftharpoons Ca(s)$	−2.869
$Na^+(aq) + e^- \rightleftharpoons Na(s)$	−2.714
$La^{3+}(aq) + 3e^- \rightleftharpoons La(s)$	−2.362
$Mg^{2+}(aq) + 2e^- \rightleftharpoons Mg(s)$	−2.357
$Sc^{3+}(aq) + 3e^- \rightleftharpoons Sc(s)$	−2.027
$Be^{2+}(aq) + 2e^- \rightleftharpoons Be(s)$	−1.968
$Al^{3+}(aq) + 3e^- \rightleftharpoons Al(s)$	−1.68
$[SiF_6]^{2-}(aq) + 4e^- \rightleftharpoons Si(s) + 6F^-(aq)$	−1.365
$Mn^{2+}(aq) + 2e^- \rightleftharpoons Mn(s)$	−1.182
$SiO_2(am) + 4H^+(aq) + 4e^- \rightleftharpoons Si(s) + 2H_2O$	−0.9754
$*SO_4^{2-}(aq) + H_2O(l) + 2e^- \rightleftharpoons SO_3^{2-}(aq) + 2OH^-(aq)$	−0.9362
$*Fe(OH)_2(s) + 2e^- \rightleftharpoons Fe(s) + 2OH^-(aq)$	−0.8914
$H_3BO_3(s) + 3H^+ + 3e^- \rightleftharpoons B(s) + 3H_2O(l)$	−0.8894
$Zn^{2+}(aq) + 2e^- \rightleftharpoons Zn(s)$	−0.7621
$Cr^{3+}(aq) + 3e^- \rightleftharpoons Cr(s)$	(−0.74)
$*FeCO_3(s) + 2e^- \rightleftharpoons Fe(s) + CO_3^{2-}(aq)$	−0.7196
$2CO_2(g) + 2H^+(aq) + 2e^- \rightleftharpoons H_2C_2O_4(aq)$	−0.5950
$*2SO_3^{2-}(aq) + 3H_2O(l) + 4e^- \rightleftharpoons S_2O_3^{2-}(aq) + 6OH^-(aq)$	−0.5659
$Ga^{3+}(aq) + 3e^- \rightleftharpoons Ga(s)$	−0.5493
$*Fe(OH)_3(s) + e^- \rightleftharpoons Fe(OH)_2(s) + OH^-(aq)$	−0.5468

续表

电极反应 氧化型 $+ze^- \rightleftharpoons$ 还原型	$E^{\ominus}/V$
$Sb(s) + 3H^+(aq) + 3e^- \rightleftharpoons SbH_3(g)$	−0.5104
$In^{3+}(aq) + 2e^- \rightleftharpoons In^+(aq)$	−0.445
*$S(s) + 2e^- \rightleftharpoons S^{2-}(aq)$	−0.445
$Cr^{3+}(aq) + e^- \rightleftharpoons Cr^{2+}(aq)$	(−0.41)
$Fe^{2+}(aq) + 2e^- \rightleftharpoons Fe(s)$	−0.4089
*$Ag(CN)_2^-(aq) + e^- \rightleftharpoons Ag(s) + 2CN^-(aq)$	−0.4073
$Cd^{2+}(aq) + 2e^- \rightleftharpoons Cd(s)$	−0.4022
$PbI_2(s) + 2e^- \rightleftharpoons Pb(s) + 2I^-(aq)$	−0.3653
*$Cu_2O(s) + H_2O(l) + 2e^- \rightleftharpoons 2Cu(s) + 2OH^-(aq)$	−0.3557
$PbSO_4(s) + 2e^- \rightleftharpoons Pb(s) + SO_4^{2-}(aq)$	−0.3555
$In^{3+}(aq) + 3e^- \rightleftharpoons In(s)$	−0.338
$Tl^+ + e^- \rightleftharpoons Tl(s)$	−0.3358
$Co^{2+}(aq) + 2e^- \rightleftharpoons Co(s)$	−0.282
$PbBr_2(s) + 2e^- \rightleftharpoons Pb(s) + 2Br^-(aq)$	−0.2798
$PbCl_2(s) + 2e^- \rightleftharpoons Pb(s) + 2Cl^-(aq)$	−0.2676
$As(s) + 3H^+(aq) + 3e^- \rightleftharpoons AsH_3(g)$	−0.2381
$Ni^{2+}(aq) + 2e^- \rightleftharpoons Ni(s)$	−0.2363
$VO_2^+(aq) + 4H^+ + 5e^- \rightleftharpoons V(s) + 2H_2O(l)$	−0.2337
$N_2(g) + 5H^+(aq) + 4e^- \rightleftharpoons N_2H_5^+(aq)$	−0.2138
$CuI(s) + e^- \rightleftharpoons Cu(s) + I^-(aq)$	−0.1858
$AgCN(s) + e^- \rightleftharpoons Ag(s) + CN^-(aq)$	−0.1606
$AgI(s) + e^- \rightleftharpoons Ag(s) + I^-(aq)$	−0.1515
$Sn^{2+}(aq) + 2e^- \rightleftharpoons Sn(s)$	−0.1410
$Pb^{2+}(aq) + 2e^- \rightleftharpoons Pb(s)$	−0.1266
$In^+(aq) + e^- \rightleftharpoons In(s)$	−0.125
*$CrO_4^{2-}(aq) + 2H_2O(l) + 3e^- \rightleftharpoons CrO_2^-(aq) + 4OH^-(aq)$	(−0.12)

续表

电极反应 氧化型 $+ze^- \rightleftharpoons$ 还原型	$E^\ominus$/V
$Se(s) + 2H^+(aq) + 2e^- \rightleftharpoons H_2Se(aq)$	−0.1150
$WO_3(s) + 6H^+(aq) + 6e^- \rightleftharpoons W(s) + 3H_2O(l)$	−0.0909
$^*2Cu(OH)_2(s) + 2e^- \rightleftharpoons Cu_2O(s) + 2OH^-(aq) + H_2O(l)$	(−0.08)
$MnO_2(s) + 2H_2O(l) + 2e^- \rightleftharpoons Mn(OH)_2(am) + 2OH^-(aq)$	−0.0514
$[HgI_4]^{2-}(aq) + 2e^- \rightleftharpoons Hg(l) + 4I^-(aq)$	−0.02809
$2H^+(aq) + 2e^- \rightleftharpoons H_2(g)$	0
$^*NO_3^-(aq) + H_2O(l) + 2e^- \rightleftharpoons NO_2^-(aq) + 2OH^-(aq)$	0.00849
$S_4O_6^{2-}(aq) + 2e^- \rightleftharpoons 2S_2O_3^{2-}(aq)$	0.02384
$AgBr(s) + e^- \rightleftharpoons Ag(s) + Br^-(aq)$	0.0711
$S(s) + 2H^+(aq) + 2e^- \rightleftharpoons H_2S(aq)$	0.1442
$Sn^{4+}(aq) + 2e^- \rightleftharpoons Sn^{2+}(aq)$	0.1539
$SO_4^{2-}(aq) + 4H^+(aq) + 2e^- \rightleftharpoons H_2SO_3(aq) + H_2O(l)$	0.1576
$Cu^{2+}(aq) + e^- \rightleftharpoons Cu^+(aq)$	0.1607
$AgCl(a) + e^- \rightleftharpoons Ag(s) + Cl^-$	0.2222
$[HgBr_4]^{2-}(aq) + 2e^- \rightleftharpoons Hg(l) + 4Br^-(aq)$	0.2318
$HAsO_2(aq) + 3H^+(aq) + 3e^- \rightleftharpoons As(s) + 2H_2O(l)$	0.2473
$PbO_2(s) + H_2O(l) + 2e^- \rightleftharpoons$ PbO(s,黄色) $+ 2OH^-(aq)$	0.2483
$Hg_2Cl_2(s) + 2e^- \rightleftharpoons 2Hg(l) + 2Cl^-(aq)$	0.2680
$BiO^+(aq) + 2H^+(aq) + 3e^- \rightleftharpoons Bi(s) + H_2O(l)$	0.3134
$Cu^{2+}(aq) + 2e^- \rightleftharpoons Cu(s)$	0.3370
$^*Ag_2O(s) + H_2O(l) + 2e^- \rightleftharpoons 2Ag(s) + 2OH^-(aq)$	0.3428
$[Fe(CN)_6]^{3-}(aq) + e^- \rightleftharpoons [Fe(CN)_6]^{4-}(aq)$	0.3557
$[Ag(NH_3)_2]^+(aq) + e^- \rightleftharpoons Ag(s) + 2NH_3(aq)$	0.3719
$^*ClO_4^-(aq) + H_2O(l) + 2e^- \rightleftharpoons ClO_3^-(aq) + 2OH^-(aq)$	0.3979
$^*O_2(g) + 2H_2O(l) + 4e^- \rightleftharpoons 4OH^-(aq)$	0.4009
$2H_2SO_3(aq) + 2H^+(aq) + 4e^- \rightleftharpoons S_2O_3^{2-}(aq) + 3H_2O(l)$	0.4101

续表

电极反应 氧化型 $+ze^- \rightleftharpoons$ 还原型	$E^{\ominus}/V$
$Ag_2CrO_4(s) + 2e^- \rightleftharpoons 2Ag(s) + CrO_4^{2-}(aq)$	0.4456
$2BrO^-(aq) + 2H_2O(l) + 2e^- \rightleftharpoons Br_2(l) + 4OH^-(aq)$	0.4556
$H_2SO_3(aq) + 4H^+(aq) + 4e^- \rightleftharpoons S(s) + 3H_2O(l)$	0.4497
$Cu^+(aq) + e^- \rightleftharpoons Cu(s)$	0.5180
$TeO_2(s) + 4H^+(aq) + 4e^- \rightleftharpoons Te(s) + 2H_2O(l)$	0.5285
$I_2(s) + 2e^- \rightleftharpoons 2I^-(aq)$	0.5345
$MnO_4^-(aq) + e^- \rightleftharpoons MnO_4^{2-}(aq)$	0.5545
$H_3AsO_4(aq) + 2H^+(aq) + 2e^- \rightleftharpoons H_3AsO_3(aq) + H_2O(l)$	0.5748
*$MnO_4^-(aq) + 2H_2O(l) + 3e^- \rightleftharpoons MnO_2(s) + 4OH^-(aq)$	0.5965
*$BrO_3^-(aq) + 3H_2O(l) + 6e^- \rightleftharpoons Br^-(aq) + 6OH^-(aq)$	0.6126
*$MnO_4^{2-}(aq) + 2H_2O(l) + 2e^- \rightleftharpoons MnO_2(s) + 4OH^-(aq)$	0.6175
$2HgCl_2(aq) + 2e^- \rightleftharpoons Hg_2Cl_2(s) + 2Cl^-(aq)$	0.6571
*$ClO_2^-(aq) + H_2O(l) + 2e^- \rightleftharpoons ClO^-(aq) + 2OH^-(aq)$	0.6807
$O_2(g) + 2H^+(aq) + 2e^- \rightleftharpoons H_2O_2(aq)$	0.6945
$Fe^{3+}(aq) + e^- \rightleftharpoons Fe^{2+}(aq)$	0.770
$Hg_2^{2+}(aq) + 2e^- \rightleftharpoons 2Hg(l)$	0.796
$NO_3^-(aq) + 2H^+(aq) + e^- \rightleftharpoons NO_2(g) + H_2O(l)$	0.7989
$Ag^+(aq) + e^- \rightleftharpoons Ag(s)$	0.7994
$[PtCl_4]^{2-}(aq) + 2e^- \rightleftharpoons Pt(s) + 4Cl^-(aq)$	0.8473
$Hg^{2+}(aq) + 2e^- \rightleftharpoons Hg(l)$	0.851
*$HO_2^-(aq) + H_2O(l) + 2e^- \rightleftharpoons 3OH^-(aq)$	0.8670
*$ClO^-(aq) + H_2O(l) + 2e^- \rightleftharpoons Cl^-(aq) + 2OH^-$	0.8902
$2Hg^{2+}(aq) + 2e^- \rightleftharpoons Hg_2^{2+}(aq)$	0.9083
$NO_3^-(aq) + 3H^+(aq) + 2e^- \rightleftharpoons HNO_2(aq) + H_2O(l)$	0.9275
$NO_3^-(aq) + 4H^+(aq) + 3e^- \rightleftharpoons NO(g) + 2H_2O(l)$	0.9637
$HNO_2(aq) + H^+(aq) + e^- \rightleftharpoons NO(g) + H_2O(l)$	1.04

续表

电极反应 氧化型 $+ze^- \rightleftharpoons$ 还原型	$E^{\ominus}/V$
$NO_2(g) + H^+(aq) + e^- \rightleftharpoons HNO_2(aq)$	1.056
$*ClO_2(aq) + e^- \rightleftharpoons ClO_2^-(aq)$	1.066
$Br_2(l) + 2e^- \rightleftharpoons 2Br^-(aq)$	1.0774
$ClO_3^-(aq) + 3H^+(aq) + 2e^- \rightleftharpoons HClO_2(aq) + H_2O(l)$	1.157
$ClO_2(aq) + H^+(aq) + e^- \rightleftharpoons HClO_2(aq)$	1.184
$2IO_3^-(aq) + 12H^+(aq) + 10e^- \rightleftharpoons I_2(s) + 6H_2O(l)$	1.209
$ClO_4^-(aq) + 2H^+(aq) + 2e^- \rightleftharpoons ClO_3^-(aq) + H_2O(l)$	1.226
$O_2(g) + 4H^+(aq) + 4e^- \rightleftharpoons 2H_2O(l)$	1.229
$MnO_2(s) + 4H^+(aq) + 2e^- \rightleftharpoons Mn^{2+}(aq) + 2H_2O(l)$	1.2293
$*O_3(g) + H_2O(l) + 2e^- \rightleftharpoons O_2(g) + 2OH^-(aq)$	1.247
$Tl^{3+}(aq) + 2e^- \rightleftharpoons Tl^+(aq)$	1.280
$2HNO_2(aq) + 4H^+(aq) + 4e^- \rightleftharpoons N_2O(g) + 3H_2O(l)$	1.311
$Cr_2O_7^{2-}(aq) + 14H^+(aq) + 6e^- \rightleftharpoons 2Cr^{3+}(aq) + 7H_2O(l)$	(1.33)
$Cl_2(g) + 2e^- \rightleftharpoons 2Cl^-(aq)$	1.358
$2HIO(aq) + 2H^+(aq) + 2e^- \rightleftharpoons I_2(s) + 2H_2O(l)$	1.431
$PbO_2(s) + 4H^+(aq) + 2e^- \rightleftharpoons Pb^{2+}(aq) + 2H_2O(l)$	1.458
$Au^{3+}(aq) + 3e^- \rightleftharpoons Au(s)$	(1.50)
$Mn^{3+}(aq) + e^- \rightleftharpoons Mn^{2+}(aq)$	(1.51)
$MnO_4^-(aq) + 8H^+(aq) + 5e^- \rightleftharpoons Mn^{2+}(aq) + 4H_2O(l)$	1.512
$2BrO_3^-(aq) + 12H^+(aq) + 10e^- \rightleftharpoons Br_2(l) + 6H_2O(l)$	1.513
$Cu^{2+}(aq) + 2CN^-(aq) + e^- \rightleftharpoons Cu(CN)_2^-(aq)$	1.580
$H_5IO_6(aq) + H^+(aq) + 2e^- \rightleftharpoons IO_3^-(aq) + 3H_2O(l)$	(1.60)
$2HBrO(aq) + 2H^+(aq) + 2e^- \rightleftharpoons Br_2(l) + 2H_2O(l)$	1.604
$2HClO(aq) + 2H^+(aq) + 2e^- \rightleftharpoons Cl_2(g) + 2H_2O(l)$	1.630
$HClO_2(aq) + 2H^+(aq) + 2e^- \rightleftharpoons HClO(aq) + H_2O(l)$	1.673
$Au^+(aq) + e^- \rightleftharpoons Au(s)$	(1.68)

续表

电极反应 氧化型 $+ze^- \rightleftharpoons$ 还原型	$E^{\ominus}$/V
$MnO_4^-(aq) + 4H^+(aq) + 3e^- \rightleftharpoons MnO_2(s) + 2H_2O(l)$	1.700
$H_2O_2(aq) + 2H^+(aq) + 2e^- \rightleftharpoons 2H_2O(l)$	1.763
$S_2O_8^{2-}(aq) + 2e^- \rightleftharpoons 2SO_4^{2-}(aq)$	1.939
$Co^{3+}(aq) + e^- \rightleftharpoons Co^{2+}(aq)$	1.95
$Ag^{2+}(aq) + e^- \rightleftharpoons Ag^+(aq)$	1.989
$O_3(g) + 2H^+(aq) + 2e^- \rightleftharpoons O_2(g) + H_2O(l)$	2.075
$F_2(g) + 2e^- \rightleftharpoons 2F^-(aq)$	2.889
$F_2(g) + 2H^+(aq) + 2e^- \rightleftharpoons 2HF(aq)$	3.076